Reine und angewandte Metallkunde in Einzeldarstellungen

Herausgegeben von W. Köster

10

Thermochemie der Legierungen

Von

Friedrich Weibke † und Oswald Kubaschewski

Dr.-Ing. · Abteilungsleiter am Kaiser Wilhelm-Institut für Metallforschung, Dozent
an der Technischen Hochschule, Stuttgart

Dr. phil. nat. · Dozent an der
Technischen Hochschule,
Stuttgart

Mit 161 Abbildungen

Berlin

Springer-Verlag

1943

ISBN 978-3-642-98150-0   ISBN 978-3-642-98961-2 (eBook)
DOI 10.1007/978-3-642-98961-2

Vorwort.

Als Dozent Dr. Friedrich Weibke nach schwerer Krankheit am
13. Juni 1941 starb, hinterließ er das vorliegende Werk in unvollende-
tem Zustand. Es ist sehr zu bedauern, daß er die Fertigstellung nicht
mehr erleben durfte, da ihm das Buch immer sehr am Herzen gelegen
und er mit großer Freude daran gearbeitet hat. Da ich während der
gemeinsamen Arbeitszeit der letzten Jahre vielfach mit ihm sein Buch
betreffende Probleme diskutiert hatte und ihm auch bei der Literatur-
zusammenstellung und durch die Abfassung des Kapitels über die Bestimmung von Bildungs- und Mischungswärmen durch unmittelbare
Vereinigung der Komponenten im Kalorimeter behilflich sein konnte,
habe ich die endgültige Fertigstellung der „Thermochemie der Legierungen" übernommen. Beim Tode Friedrich Weibkes hatte die
Arbeit folgenden Stand erreicht: Der erste Teil (Verfahren und Auswertung) lag nahezu fertig als Manuskript vor. Hier waren lediglich
einige wenige Ergänzungen und unwesentliche Änderungen erforderlich. Im zweiten Teil war die Besprechung der Ergebnisse für die
binären Systeme des Silbers und Aluminiums fertiggestellt. Ausführliche Literaturauszüge erleichterten mir die weitere Ausarbeitung
dieses Teiles. Die hierfür notwendige thermochemische Auswertung von
Gleichgewichtsmessungen war in einer größeren Zahl von Fällen bereits
durchgeführt. Dadurch enthält der spezielle Teil auch eine Reihe von
Daten für die Bildungs- und Mischungswärmen von Legierungen, die
mangels der Auswertung in diesem Sinne im Schrifttum bisher fehlten. —
Der dritte Teil war geplant.

Ich habe mich bei der Fortführung und Fertigstellung des von
Herrn Weibke begonnenen Werkes bemüht, diese in seinem Sinne
vorzunehmen. Hierbei war mir die Erinnerung an manche gemeinsame
Erörterung sehr förderlich. Ich hielt mich weitgehend an die ursprüng-
liche Disposition. Diese fand sich in den Notizen von Herrn Weibke
folgendermaßen präzisiert: „Der allgemeine Teil des Buches behandelt
die experimentellen und theoretischen Grundlagen der zur thermochemischen Untersuchung von Legierungen dienenden Arbeitsweisen.
Die weitere Unterteilung ist so getroffen, daß die direkten kalorimetri-

schen Verfahren einerseits und die indirekten Verfahren zur Bestimmung energetischer Daten von Legierungen aus Gleichgewichtsmessungen andererseits zusammenhängend erörtert werden. Im speziellen Teil werden sodann die Ergebnisse der Untersuchungen an den einzelnen Legierungssystemen mitgeteilt. In beiden Teilen wurde besonderer Wert auf eine kritische Darstellung gelegt, die den Benutzer einmal in die Lage versetzen soll, zu unterscheiden, welches Verfahren zur thermochemischen Untersuchung eines bestimmten Legierungssystems am besten geeignet ist, und die ihn zum anderen das zuverlässigste Beobachtungsmaterial ohne weiteres erkennen läßt. Um den Umfang des Buches nicht übermäßig anschwellen zu lassen, wurde gelegentlich auf eine ausführlichere Wiedergabe älterer überholter Schrifttumsangaben verzichtet."

Schwierig erschien zunächst die Frage der Art der Auswertung der vorliegenden energetischen Daten, da das Interesse der physikalisch-chemischen Forscher vorwiegend Affinitätsfragen gilt, während der praktische Metallurge sein Augenmerk mehr den Bildungs- und Mischungswärmen und den damit zusammenhängenden Fragen zuwendet. Ein Mangel an zusammenfassenden Buchveröffentlichungen war aber auf beiden Gebieten fühlbar; die „legierungsbildende Affinität der Metalle untereinander" wird zwar mehrfach erörtert, merkwürdigerweise jedoch meist ohne Berücksichtigung der doch in ziemlich stattlicher Zahl vorliegenden Experimentalarbeiten. Eine Entscheidung in diesem Zwiespalt ergab sich durch das Erscheinen des Handbuchbeitrages von Prof. Dr. C. Wagner, Darmstadt, über die „Thermodynamik metallischer Mehrstoffsysteme". Es wurde deshalb bewußt auf die Auswertung der hier gesammelten Daten auf Affinitäten verzichtet, selbstverständlich ohne daß damit gleichzeitig die Erläuterung der zum Verständnis des Ganzen notwendigen Zusammenhänge außer acht gelassen werden konnte. Sollte es gelungen sein, eine Brücke zwischen Theorie und Praxis zu schlagen, so ist der Zweck dieses Buches erreicht.

Ich weiß, daß Herr Weibke an dieser Stelle auch seinen Dank an diejenigen zum Ausdruck bringen wollte, die die „Thermochemie" in verschiedener Weise gefördert haben. Ich möchte das nun an seiner Stelle tun, weiß aber nicht, ob es mir gelingt, alle namhaft zu machen, denen er Dank schuldet. Ich glaube in seinem Sinne zu handeln, wenn ich hier folgende Herren nenne, die durch manche mündliche und schriftliche Erörterung ihr Interesse am Gelingen des Werkes zum Ausdruck gebracht haben: Prof. Dr. W. Biltz, Doz. Dr. W. Oelsen, Prof. Dr. W. A. Roth, Prof. Dr. H. Ulich und Prof. Dr. C. Wagner. Ich danke diesen Herren besonders auch darum, weil sie dieses Interesse später auf mich übertragen und mir manche Auskunft erteilt oder

Anregung gegeben haben. Dr. U. Frhr. von Quadt hat Herrn Weibke vor allem bei der Auswertung von EMK- und Dampfdruckmessungen unterstützt; Fräulein Studienreferendarin Anneliese Könneker war ihm bei der Sichtung des Schrifttums behilflich. Ich persönlich möchte hier besonderen Dank sagen: meinem verehrten Lehrer Prof. Dr. G. Grube und meinem Freunde Doz. Dr. A. Schneider, die mir die Fertigstellung der Arbeit durch häufige fördernde Diskussionen vereinfacht haben. Außerdem danke ich Fräulein Dr. Hertha Schmid für ihre Hilfe bei der Durchsicht der Korrekturen.

Stuttgart, November 1942.

Oswald Kubaschewski.

Inhaltsverzeichnis.

Einleitung.

Die Herausnahme der Thermochemie der Legierungen aus dem
Rahmen der gesamten Thermochemie und insbesondere aus dem Teilgebiet der Thermochemie anorganischer Verbindungen und ihre ge-
sonderte Behandlung in einer Monographie erscheint gerechtfertigt,
weil die Legierungschemie seit den Zeiten G. Tammanns als selb-
ständiges Gebiet gilt und die Interessenten für energetische Daten und
thermochemische Arbeitsverfahren an Legierungen häufig nicht gleichzeitig Interessenten für das Gesamtgebiet der Thermochemie sind.

So wie die Grenze zwischen intermetallischen Phasen und salzartigen Verbindungen im allgemeinen unscharf und fließend ist (Legierungsphasen mit Salzstruktur), ist auch die Abgrenzung des Gebietes der Legierungen im vorliegenden Falle nicht leicht. Wir verfuhren
bei der Auswahl der aufzunehmenden Stoffe nicht kleinlich und be-
rücksichtigten alle diejenigen, die für den Aufbau einer Legierung in
Frage kommen, wenn auch nur in untergeordneter Menge. Abgesehen
wurde dagegen von der Aufnahme der Bildungswärmen der oxydischen
Stoffe[1]. Diese verdienen zwar für die Beurteilung der Umsetzungen
zwischen Metallbädern und deren Schlacken stärkste Beachtung, indessen würde ihre Erfassung den Umfang des Buches zu sehr belastet
haben.

Geschichtliches
zur Thermochemie der Legierungen.

Die Geschichte der Thermochemie der Legierungen ist noch ziemlich jung. Zwar ist es eine dem Metallurgen seit langem bekannte Tatsache, daß beim Vermischen verschiedener Metall- oder Legierungsschmelzen beachtliche Temperatursteigerungen auftreten können, indessen tritt eine Neigung zu systematischen Untersuchungen über die
Größe der Wärmetönungen bei der Legierungsbildung erst verhältnismäßig spät zutage. Das hängt sicherlich zu einem gewissen Teil damit
zusammen, daß auch die systematische Erkundung des Aufbaus der

---

[1] Zusammenstellung der Bildungswärmen von Oxyden und anderen technisch
wichtigen Verbindungen vgl. z. B. H. Ulich, C. Schwarz und K. Cruse: Arch.
Eisenhüttenwes. Bd. 10 (1936/37) S. 493.

Legierungen, die in Deutschland und in der Welt untrennbar mit dem Namen G. Tammann verbunden ist, verhältnismäßig jungen Datums ist. Denn ohne diese Kenntnis der Konstitution der Legierungen wäre es freilich sinnlos, etwa systematische Messungen der Wärmeentwicklungen bei der Entstehung der intermediären Phasen vornehmen zu wollen. Zwar könnte man daran denken, thermochemische Untersuchungen als Hilfsmittel zur Konstitutionsforschung heranzuziehen, und das klassische Verfahren der thermischen Analyse beruht ja auf der Beobachtung des relativen Unterschiedes der Wärmeinhalte von Legierungsschmelzen während der Erstarrung und weiteren Abkühlung, jedoch erscheint eine „thermochemische Konstitutionsforschung" nicht einfach. Die Änderungen der Bildungswärmen in metallischen Systemen in Abhängigkeit von der Konzentration sind nämlich verhältnismäßig gering und wenig charakteristisch im Vergleich zu anderen Eigenschaftsänderungen. Deshalb stellen thermochemische Untersuchungen recht hohe Anforderungen an die experimentelle Genauigkeit und sind somit wesentlich zeitraubender als manche andere Verfahren. Das gilt auch in besonders ausgeprägtem Maße von dem Verfahren der Auswertung von Gleichgewichtsmessungen auf thermodynamischer Grundlage, dessen Wert auch für die Konstitutionsforschung man zwar frühzeitig erkannte, dessen allgemeiner Einführung aber auch heute noch gewisse Schwierigkeiten in der Frage der Gleichgewichtseinstellung entgegenstehen.

So nimmt es nicht wunder, daß kalorimetrische Untersuchungen über die Wärmetönung bei der Legierungsbildung, soweit sie vor der Aufklärung der Konstitution der Legierungen datieren, gegenwärtig nur beschränkten Wert beanspruchen können. Lediglich direkte und indirekte Messungen der Bildungswärmen von Legierungsschmelzen haben hier Bedeutung. So ist es erklärlich, daß die Thermochemie der Legierungen ihren eigentlichen Ausgangspunkt in der Bestimmung von derartigen Mischungswärmen hat. Daran ändert auch die Tatsache nichts, daß unsere Kenntnis der Konstitution von Legierungsschmelzen auch jetzt noch vergleichsweise gering ist.

Etwa um die Mitte des ersten Dezenniums dieses Jahrhunderts begann Th. W. Richards im Carnegie-Institut in Washington mit der Bestimmung elektromotorischer Kräfte galvanischer Ketten, die u. a. zur Feststellung der Normalpotentiale der Metalle dienen sollten. Da bei Zimmertemperatur nur in schmelzflüssigen Legierungen ein für die Reversibilität der Ketten erforderlicher rascher Konzentrationsausgleich durch Diffusion zu erreichen war, wurden für die Messungen ausschließlich quecksilberreiche, bei Zimmertemperatur flüssige Amalgame benutzt. Die mit aller erdenklichen Sorgfalt ausgeführten Untersuchungen wurden in vielen Fällen durch unmittelbare thermochemische Bestimmungen der Verdünnungswärmen der Amalgame durch

Quecksilber ergänzt und die Ergebnisse so erhärtet. Auch an der Princeton-Universität wurden von G. A. Hulett ähnliche elektrochemische Messungen vorgenommen.

Die thermodynamische Auswertung der Versuchsdaten wurde von den Autoren teils unmittelbar auf Wärmetönungen vorgenommen, teils erfolgte sie jedoch, vor allem später, in anderem Sinne. Um die Abweichung solcher ·binärer Schmelzen vom „idealen Verhalten", wie es durch das Raoultsche Gesetz gekennzeichnet ist, besonders deutlich erscheinen zu lassen, führte man den Begriff der „thermodynamischen Aktivität" ein[1]. Auch die in der Folgezeit von G. N. Lewis, J. H. Hildebrand und ihren Mitarbeitern sowie von K. Jellinek, C. Wagner und anderen Autoren vorgenommenen zahlreichen Messungen der elektromotorischen Kräfte und des Dampfdruckes von Schmelzen mit flüchtigen Metallen (Hg, Zn, Cd), die bereits auf höhere Temperaturen ausgedehnt wurden, sind meist in diesem Sinne ausgewertet und dadurch als thermochemische Beiträge zur Frage der Legierungsbildung vielleicht nicht immer genügend beachtet worden.

Während durch diese Untersuchungen die Kenntnis des energetischen Verhaltens der Legierungsschmelzen, vor allem der Amalgame, wesentlich gefördert wurde, finden sich systematische Messungen über die Größe der Wärmetönungen bei der Entstehung der festen Legierungen aus den festen Metallen erst etwa 15 Jahre später. Zwar liegen schon um die Jahrhundertwende einige Arbeiten vor, die die kalorimetrische Bestimmung der Bildungswärmen fester Legierungen zum Ziele haben, indessen haben derartige Messungen, wie schon erwähnt, vor der Kenntnis des Aufbaus dieser Legierungen kaum Bedeutung. Das Verdienst von M. Herschkowitsch, der sich 1898 u. a. mit der Frage der Anwendbarkeit thermochemischer Untersuchungen auf der Grundlage der Lösungswärmen zur Konstitutionsforschung befaßte, besteht zweifellos in der Auffindung eines nach ihm benannten geeigneten Lösungsmittels zur einheitlichen Auflösung zahlreicher Legierungen und der gleich zusammengesetzten unverbundenen Metallgemische.

Vom Jahre 1921 ab unterzog W. Biltz mit seinen Mitarbeitern die Legierungen systematischen Untersuchungen über die Größe ihrer Bildungswärmen bei der Entstehung aus den festen Metallen. Die Untersuchungen erfolgten im Rahmen einer Arbeitsreihe „Beiträge zur systematischen Verwandtschaftslehre", die sich u. a. die systematische Erkundung der Existenz und des energetischen Verhaltens anorganischer Verbindungen zum Ziele gesetzt hatte. Als Verfahren wurde die Bestimmung der Lösungswärmen der Legierungen und der entsprechenden unverbundenen Metallgemische in geeigneten Lösungsmitteln ge-

---

[1] Vgl. dazu Teil I, Kap. B, Abschnitt 3, S. 113.

wählt. Die Differenz dieser Werte ergibt unmittelbar die Bildungswärme. Bewußt wurde von Biltz auf die vollständige Untersuchung ganzer Legierungssysteme verzichtet, vielmehr wurden zur Begutachtung des thermochemischen Verhaltens singuläre Kristallarten, intermetallische Verbindungen, ausgewählt.

Das allgemeine Interesse an energetischen Daten für Legierungen war damals offenbar noch gering, denn die Arbeiten fanden kaum die ihnen auf Grund ihrer Zuverlässigkeit zukommende Beachtung. Erst mit zunehmender Erkenntnis der Bedeutung thermochemischer Unterlagen für metallurgische und metallkundliche Fragen erkannte man den Wert dieser Untersuchungen.

Eine entscheidende Förderung erfuhr die Thermochemie in den letzten Jahren durch das im Kaiser Wilhelm-Institut für Eisenforschung in Düsseldorf von F. Körber und W. Oelsen entwickelte Verfahren der unmittelbaren Vereinigung der Legierungspartner im Kalorimeter, also durch die direkte kalorimetrische Verfolgung der Legierungsbildung. Hatten diese Autoren das Verfahren zunächst vornehmlich an Eisenmetallen ausgearbeitet und erprobt, so paßten es W. Seith und O. Kubaschewski später den besonderen Bedürfnissen der Nichteisenmetall-Legierungen an. Die Eigenart der Verfahren brachte es mit sich, daß nunmehr nicht mehr einzelne ausgezeichnete Punkte thermochemisch erfaßt, sondern daß ganze Systeme untersucht wurden.

Parallel mit dieser Entwicklung der kalorimetrischen Technik lief die begriffliche und experimentelle Ausgestaltung der Thermochemie der Legierungen auf der Grundlage der Auswertung von Gleichgewichtsmessungen. Die hierfür sich vornehmlich bietenden beiden Möglichkeiten der Bestimmung von Dampfdrucken und von elektromotorischen Kräften wurden gleichermaßen ausgenutzt. Bei systematischen Untersuchungen über die energetischen Verhältnisse bei der Anlagerung von Ammoniak an Metallsalze wurde von W. Biltz eine Versuchsanordnung entwickelt, die mit gewissen Abänderungen später auch der Messung von Dampfdrucken des Schwefels und Phosphors über Sulfiden und Phosphiden diente. Auch zur Bestimmung des Dampfdruckes von bei höheren Temperaturen flüchtigen Metallen über deren Legierungen mit anderen Partnern wurden von verschiedenen Autoren neue Verfahren entwickelt.

Von gleicher Wichtigkeit für die Thermochemie der Legierungen war die Entwicklung von Verfahren zur Messung von elektromotorischen Kräften. Der Vorgang in galvanischen Ketten bei Stromschluß besteht bekanntlich in der Überführung des unedleren Metalls über den Elektrolyten zum edleren Metall bzw. dessen Legierung. Bedingung für die Reversibilität des Vorganges ist die genügend rasche Verteilung des überführten Metalls in der Legierung zur Vermeidung von Konzen trationsunterschieden. In den Amalgamen und den bei höherer Temperatur untersuchten flüssigen Legierungen ist diese Bedingung wegen der großen Beweglichkeit der Atome in der Schmelze erfüllt. Bei Zimmertemperatur sind indessen die Platzwechselgeschwindigkeiten zu gering, so daß innerhalb verfügbarer Zeiten kein Konzentrationsausgleich zwischen Oberfläche und Legierungsinnern eintritt. Aus diesem Grunde sind die zahlreichen Messungen elektromotorischer Kräfte an Legierungen bei Zimmertemperatur thermochemisch nicht auswertbar. Hinzu kommt noch, daß häufig Reaktionen der meist benutzten wäßrigen Elektrolyte mit dem unedleren Metall nicht auszuschließen waren.

Angeregt durch einen Aufenthalt bei E. D. Eastman, einem Mitarbeiter J. H. Hildebrands, dehnte A. Ölander seit 1931 die Messungen der elektromotorischen Kräfte von festen Legierungen auf höhere Temperaturen aus. Als Elektrolyt diente dabei eine Salzschmelze mit Ionen des unedleren Metalls der Legierung. Da bei höherer Temperatur die Diffusion genügend rasch erfolgt, werden so Konzentrationsunterschiede in der Legierung während der Messung wirksam vermieden. Ölander hat in der Folgezeit eine ganze Reihe von metallischen Systemen bei verschiedenen Temperaturen elektrochemisch untersucht und damit der thermochemischen Auswertung zugänglich gemacht. Fast gleichzeitig und unabhängig von ihm begannen mehrere andere Autoren mit Untersuchungen in gleicher Richtung (C. Wagner, H. Seltz).

Vor kurzem hat C. Sykes das Verfahren der Bestimmung von spezifischen Wärmen für Legierungen ausgestaltet und aus den Abweichungen im Temperaturgang der spezifischen Wärme der Versuchsprobe gegenüber der nach der Mischungsregel berechneten die Umwandlungswärme von Legierungen abgeleitet.

In jüngster Zeit haben K. Hauffe und C. Wagner[1] in unmittelbarer Anlehnung an Betrachtungen von W. Schottky[2] dargelegt, daß man durch die thermodynamische Analyse der Liquiduskurven intermetallischer Verbindungen energetische Größen für Legierungen ableiten kann, sofern die Schmelzkurven mit genügender Sicherheit bekannt sind. Vielleicht deutet sich mit dieser Arbeit die Möglichkeit an, das Zustandsbild eines Legierungssystems zur Grundlage auch des energetischen Verhaltens der Partner zueinander zu machen[3].

Die Möglichkeit einer Berechnung der Bildungswärme einer Mischkristallreihe, die bei tieferen Temperaturen eine Mischungslücke aufweist, auf Grund der Kenntnis des Zustandsbildes wurde neuerdings

---

[1] Hauffe, K., u. C. Wagner: Z. Elektrochem. angew. physik. Chem. Bd. 46 (1940) S. 160.

[2] Schottky, W., H. Ulich u. C. Wagner: Thermodynamik, S. 400. Berlin 1929.

[3] Vgl. vor allem auch die soeben erschienene Arbeit von E. Scheil, Z. Elektrochem. angew. physik. Chem. Bd. 49 (1943) S. 242.

ebenfalls verschiedentlich gezeigt. So leitete U. Dehlinger[1] z. B. die Bildungswärme der Gold-Nickel-Mischkristalle unter Zuhilfenahme lediglich der Angaben für deren Entmischungstemperatur ab. G. Borelius[2] hat das System Gold-Platin auf Grund von Messungen der Grenzen der Mischungslücke auf energetische Daten ausgewertet. Die berechneten Bildungswärmen liegen in der erwarteten Größenordnung. Eine Bestätigung der Ergebnisse dieser Arbeiten durch das Experiment steht jedoch noch aus. In Anbetracht der Wichtigkeit solcher Ansätze für die Thermochemie der Legierungen wäre eine experimentelle Nachprüfung sehr erwünscht.

So stehen heute die verschiedensten Verfahren zur thermochemischen Erkundung der Legierungen zur Verfügung, die teils neu ausgearbeitet, teils aus anderen Zweigen der Thermochemie nach entsprechender Überarbeitung übernommen wurden, und es wird an den verschiedensten Stellen an einer Häufung des Tatsachenstoffes gearbeitet. Dieser Umstand läßt es trotz des noch nicht erreichten Abschlusses auf diesem Gebiete ratsam erscheinen, das bisher gesammelte Material einer kritischen Sichtung zu unterziehen, die verschiedenen Verfahren nach ihren Vorzügen und Anwendungsmöglichkeiten näher zu beleuchten und eine vorläufige Auswertung der Daten zu versuchen.

Zur Nomenklaturfrage.

Für eine große Anzahl der in der physikalischen Chemie benutzten Zeichen besteht keine allgemeingültige Vereinbarung. Das gilt insbesondere hinsichtlich der Vorzeichen von thermodynamischen Wärme- und Arbeitsgrößen. Über die Vorteile der von verschiedenen Seiten vorgeschlagenen Bezeichnungen ist mehrfach berichtet worden, ohne daß bisher eine internationale Einigung zustande gekommen wäre.

In verschiedenen neueren Lehrbüchern[3] finden sich Gegenüberstellungen der Symbole von thermodynamischen Größen. Es ist hier nicht der Ort, eine Diskussion der Vor- und Nachteile jedes dieser Symbole durchzuführen. Es sollen lediglich die in der vorliegenden Arbeit benutzten und im folgenden zusammengestellten Zeichen kurz erläutert werden.

T abs. Temperatur.

N_A, N_B Molenbrüche der Metalle A und B in einer Legierung (Atomprozent/100); es ist in einer binären Legierung $N_A = 1 - N_B$.

---

[1] Dehlinger, U.: Chemische Physik der Metalle und Legierungen, S. 13. Leipzig 1939.

[2] Borelius, G.: Ann. Physik (5) Bd. 24 (1935) S. 489; Bd. 28 (1937) S. 507.

[3] Zum Beispiel H. Ulich: Lehrbuch der physikalischen Chemie, 3. Aufl. Dresden u. Leipzig 1942. — Eggert, J.: Lehrbuch der physikalischen Chemie, 5. Aufl., Anhang. Leipzig 1941.

W_p Reaktionswärme bei konstantem Druck (vom System abgegebene Wärme: positives Vorzeichen) $= -\Delta H = -\mathfrak{H} = +\mathfrak{Q}_p = -\mathfrak{w}$.

W_B integrale molare Bildungswärme bei der Entstehung von 1 g-Atom fester Legierung aus den Komponenten.

W_M integrale molare Mischungswärme bei der Entstehung von 1 g-Atom flüssiger Legierung aus den Komponenten.

$\overline{W}_A$ partielle molare Bildungs- bzw. Mischungswärme bei der Überführung von 1 g-Atom der Komponente A in eine theoretisch unendlich große Menge einer Legierung $A_m B_n$ (Vorzeichen wie oben) $= -\Delta \overline{H} = -\mathfrak{w}_i$.

W_K Kondensationswärme (Verdampfungswärme mit positivem Vorzeichen).

W_E Erstarrungswärme (Schmelzwärme mit positivem Vorzeichen).

W_U Umwandlungswärme (Vorzeichen entsprechend W_E).

H Wärmeinhalt (Enthalpie).

C_p Molarwärme bei konstantem Druck.

$\mathfrak{A}_p$ integrale molare Bildungsarbeit bei konstantem Druck = Änderung des thermodynamischen Potentials bei der Bildung einer Legierung aus den Komponenten (vom System geleistete Arbeit: positives Vorzeichen) $= -\Delta F = -\mathfrak{k} = +\mathfrak{N} = -\mathfrak{A} =$ maximale Nutzarbeit = integrale molare Restarbeit.

$\overline{\mathfrak{A}}_A$ partielle molare Bildungsarbeit bei der Überführung von 1 g-Atom der Komponente A in eine theoretisch unendlich große Menge einer Legierung $A_m B_n$ (Vorzeichen wie oben) $= -\Delta F = -\mathfrak{k} =$ partielle molare Restarbeit.

ΔS Entropiezunahme eines Systems bei der Legierungsbildung $= -(S_{\text{Anf}} - S_{\text{End}}) = \mathfrak{S}$.

Eine Wärmetönung bezeichnen wir also mit W. Unter der „Bildungswärme" einer chemischen Verbindung wird die Wärmemenge verstanden, die beim Zusammentreten der diese Verbindung aufbauenden Elemente an die Umgebung abgegeben, also nach außen spürbar wird. Sie wird bei exothermem Verlauf der Reaktion in Anlehnung an eine Nomenklatur von Eucken (1934) mit $+W_B$ bezeichnet. Die Bildungsarbeit schreiben wir dementsprechend ebenfalls mit positivem Vorzeichen bei Arbeitsleistung eines Systems nach außen und benutzen zu ihrer Darstellung das Symbol $\mathfrak{A}$. Von den Thermodynamikern werden vielfach die Änderungen betrachtet, die das System bei der Reaktion erfährt, und demzufolge die umgekehrten Vorzeichen gewählt. Dadurch wird zweifellos die thermodynamische Rechnung vereinheitlicht, und das Vorzeichen ist durch die Definition der spezifischen Wärme gegeben. Andererseits müssen dann aber fast alle Zahlenwerte von Wärme- und Arbeitsgrößen mit negativem Vorzeichen versehen werden, was besonders für Tabellierungen und graphische Darstellungen ungünstig ist. Auch erscheint dem auf Beobachtung geschulten Chemiker, dem ja in den ersten Semestern eine vollständige Reaktionsgleichung in der Form $A + B = AB + x$ cal erläutert wird, die klassische Vorzeichengebung als die natürlichere. Vielfach wurde auch ein Kompromiß geschlossen und die Bildungswärme bzw. Bildungsarbeit mit durchstrichenen Buchstaben und positivem Vorzeichen

bei exothermen Reaktionen geschrieben. Solange noch keine definitive
Einigung über die Symbol- und Vorzeichengebung erreicht ist, dürfte
es am günstigsten sein, wenn man unterscheidet zwischen der Änderung
des Wärmeinhalts eines Systems (Wärmeinhalt der Endprodukte vermindert um denjenigen der Ausgangsstoffe) und der Wärmetönung.
Es wäre dann die Bildungswärme (W_B) mit umgekehrtem Vorzeichen
gleich der Änderung des Wärmeinhalts (ΔH oder $\mathfrak{H}$). In gleicher Weise
würde sich die Bildungsarbeit ($\mathfrak{A}$) und die Änderung des thermodynamischen Potentials[1] (ΔG oder $\mathfrak{A}$) nur durch ihr Vorzeichen unterscheiden. Die gleichzeitige Beibehaltung der verschiedenen Symbole
sollte keine Schwierigkeiten machen. Nur die Begriffe „Bildungswärme"
und „Bildungsarbeit" müßten im klassischen Sinne beibehalten werden,
wie er am Anfang dieses Absatzes definiert ist.

Eine Unterscheidung zwischen W_B und W_M wäre grundsätzlich
nicht notwendig, sie ist jedoch zur Vereinfachung in der vorliegenden
Arbeit gemacht. Und zwar soll sich der Index immer auf den Aggregatzustand des entstehenden Stoffes beziehen. Der Aggregatzustand der
Ausgangsstoffe ist durch die Beifügung der Zahlenangabe für die abs.
Meßtemperatur festgelegt. Bei dem Beispiel der Entstehung der Le-
gierung KHg nach K + Hg = KHg + x cal sind die Komponenten und
die Legierung bei 200° C flüssig, wir schreiben also W_M^{473}. Bei den
Temperaturen 100, 20 und −50° C wird festes KHg gebildet, man
schreibt: W_B^{373}, W_B^{293} und W_B^{223}. Bei 100° C sind K und Hg flüssig, bei
Raumtemperatur ist K fest und Hg flüssig, bei −50° C sind beide
Elemente fest.

Neben den Bildungs- bzw. Mischungswärmen von Legierungen oder
ihren Schmelzen als den integralen Wärmetönungen bei ihrer Entstehung aus den Komponenten ist nicht nur theoretisch, sondern auch
für den praktischen Metallurgen die partielle oder differentielle
Wärmetönung der Legierungsbildung von stärkstem Interesse, da sie
unmittelbar Auskunft auf die oft gestellte Frage nach der Größe der
Temperaturerhöhung bei der Zugabe einer der Legierungskomponenten
zur Legierung gibt. Man versteht unter diesem von Lewis und Randall
eingeführten Begriff diejenige Wärmemenge, die beim Überführen eines
g-Atoms einer der Legierungskomponenten zu einer sehr (theoretisch
unendlich) großen Menge einer Legierung bestimmter Konzentration

---

[1] Die Änderung des thermodynamischen Potentials (ΔG) wird häufig auch
mit Änderung der freien Energie (ΔF) bezeichnet. Das ist nach der modernen
Symbolsetzung nicht ganz korrekt, denn es ist $\Delta G = \Delta F + p \cdot \Delta V$. Ebenso ist
die Änderung des Wärmeinhalts (ΔH) folgendermaßen mit der Änderung der
inneren Energie (ΔU) verknüpft: $\Delta H = \Delta U + p \cdot \Delta V$. ΔG und ΔH gelten also
für konstanten Druck, ΔF und ΔU für konstantes Volumen. Bei den nachfolgend
behandelten Legierungen handelt es sich jedoch nur um kondensierte Systeme,
so daß dieser Unterschied belanglos ist.

nach außen abgegeben oder aus der Umgebung aufgenommen wird.
Als Symbol soll $\overline{W}_A$ (abgegebene Wärme positiv gerechnet) gewählt
werden, wobei das Überstreichen den partiellen Wert andeuten soll
und der Index angibt, daß A das überführte Metall ist. Über die Zusammenhänge dieser thermochemischen mit den übrigen thermodynamischen und energetischen Größen vgl. in Kap. B, Abschnitt 1,
S. 80.

Gelegentlich, vor allem bei der thermodynamischen Auswertung
von Gleichgewichtsmessungen auf Bildungswärmen, ist es nicht ohne
weiteres möglich, die Wärmetönung bei der Entstehung der Legierung
aus den Komponenten anzugeben, sondern nur die Teilbildungswärme bei der Entstehung einer höheren Verbindung aus einer niederen und der einen freien Komponente. Das ist in besonders ausgeprägtem Maße der Fall bei den Sulfiden und Phosphiden, deren höhere
Stufen sich durch Dampfdruckmessungen thermochemisch erfassen
lassen, während die tieferen Stufen häufig erst bei Temperaturen genügend flüchtig sind, die der experimentellen Messung mangels geeigneter Gefäßmaterialien nicht zugänglich sind. Derartige Teilbildungswärmen werden als einfache Reaktionswärmen unter Angabe des formelmäßigen Umsatzes gekennzeichnet.

Schmelz- und Verdampfungswärme sollen die Symbole W_E
und W_K erhalten, wobei als Indizes die Anfangsbuchstaben von „Er-
starrungs- und Kondensationswärme" gewählt wurden. Diese Be-
zeichnungsart erscheint deshalb notwendig, weil, wie oben erläutert,
jeder unter Wärmeabgabe nach außen verlaufende Vorgang positives
Vorzeichen tragen soll. Da jedoch Kondensations- und Erstarrungs-
vorgänge stets einen Übergang vom energiereicheren in den energie-
ärmeren Zustand bedeuten und thermochemisch immer dasselbe Vorzeichen tragen, können ohne Bedenken auch die Begriffe „Schmelz-
und Verdampfungswärme" beibehalten werden. Die Bezeichnungsweise ist in der vorliegenden Arbeit vor allem deshalb nicht von besonderer Wichtigkeit, weil spezifische Wärmen von Legierungen nur
in sehr geringem Umfange und bis zu tiefsten Temperaturen bis jetzt
gar nicht bekannt sind und deshalb eine Betrachtung der Temperaturabhängigkeit von thermochemischen Größen der Legierungsbildung
sowieso kaum durchgeführt werden kann.

Für die Bezeichnung einer anderen grundlegenden thermodynamischen Größe, der Änderung der Entropie, hielten wir uns an die Schreibweise von Lewis und Randall. Verwendet man das Präfix Δ, wie es
im folgenden geschieht, so ist das Vorzeichen damit festgelegt. $+\Delta S$
bedeutet dann: Zunahme der Entropie des Systems bei einer Reaktion. Es ist hierbei jedoch nochmals ausdrücklich darauf hinzuweisen, daß W_p und A_p die nach außen abgegebene Wärme bzw. die

nach außen geleistete Arbeit wiedergeben, während ΔS die Entropie-änderung des reagierenden Systems darstellt. Zugunsten einer größeren Anschaulichkeit bei der Darstellung der Meßergebnisse soll jedoch dieser „thermodynamische Vorzeichenwechsel" in Kauf genommen werden.

I. Allgemeiner Teil: Die experimentellen und theoretischen Grundlagen der thermochemischen Verfahren.

Die Verfahren zur Erlangung thermochemischer Daten von Legierungen lassen sich unterteilen in solche der direkten kalorimetrischen Messung und in solche der indirekten thermodynamischen Auswertung von Gleichgewichtsmessungen. Beide Wege dürften bei sorgfältiger Abwägung der möglichen Fehlerquellen mit gleicher Berechtigung beschritten werden können, und beide bringen dann gleich zuverlässige Ergebnisse. Häufig führt mangels der Möglichkeit, beide Verfahren experimentell zu meistern, nur einer der beiden Wege zum Ziele, häufig indessen ergänzen sich beide Wege auf das glücklichste.

Im folgenden sollen zunächst die direkten kalorimetrischen Verfahren in ihren experimentellen und theoretischen Grundlagen erörtert werden. Bezüglich der allgemeinen kalorimetrischen Experimentaltechnik muß hier auf das einschlägige Schrifttum verwiesen werden[1].

A. Direkte kalorimetrische Verfahren.

1. Die Bestimmung der Bildungswärmen von Legierungen durch Lösungskalorimetrie.

Die Möglichkeit, die Bildungswärme einer Legierung aus der Differenz ihrer Lösungswärme und der des gleich zusammengesetzten unlegierten Metallgemisches in einem geeigneten Lösungsmittel zu bestimmen, beruht auf dem 1840 von G. H. Hess aufgestellten Satz von der Konstanz der Wärmesummen: Geht man von den gleichen Stoffen aus und kommt man zu den gleichen Endprodukten, so ist die Wärmetönung der Gesamtreaktion gleich; sie ist also vom Wege unabhängig. Für den speziellen Fall der Bildungswärmen heißt das: Die Wärmetönung einer Reaktion ist gleich der Summe der Bildungswärmen der entstehenden vermindert um die Summe der Bildungswärmen der

---

[1] Vgl. z. B. W. P. White: The modern calorimeter. New York 1928. — Swietoslawski, W., in Bd. VII des Handbuches der allgemeinen Chemie. — Eucken, A., in Wien-Harms Handbuch der Experimentalphysik Bd. 8 (1929) S. 1. — Roth, W. A.: Thermochemie. Sammlung Göschen. Berlin 1932.

verschwindenden Stoffe. Als praktisches Beispiel wollen wir die Bestimmung der Bildungswärme der intermetallischen Verbindung MgCd auf dem Wege über die Lösungskalorimetrie betrachten. Die Verbindung sowohl wie ihre Komponenten lösen sich in verdünnter Salzsäure, die Lösungsvorgänge lassen sich thermochemisch wie folgt formulieren:

$$[Mg] + 2\,HCl\ (\text{gelöst}) = MgCl_2\ (\text{gelöst}) + H_2 + W_1, \tag{1}$$

$$[Cd] + 2\,HCl\ (\text{gelöst}) = CdCl_2\ (\text{gelöst}) + H_2 + W_2, \tag{2}$$

$$[MgCd] + 4\,HCl\ (\text{gelöst}) = MgCl_2\ (\text{gelöst}) + CdCl_2\ (\text{gelöst}) + 2\,H_2 + W_3. \tag{3}$$

Durch Subtraktion von (3) von der Summe (1) + (2) erhält man:

$$[Mg] + [Cd] = [MgCd] + W_1 + W_2 - W_3,$$

d. h. die Bildungswärme der Verbindung ist gleich der Differenz der Lösungswärmen des unverbundenen Metallgemisches [Mg] + [Cd] und der Verbindung [MgCd] in Salzsäure der gleichen Konzentration zur gleichen Endlösung.

Damit ist bereits der experimentelle Weg skizziert, der auf den ersten Blick recht einfach erscheinen mag. Indessen ergeben sich bei näherer Betrachtung mehrere beachtenswerte Punkte. Der erste Punkt betrifft die Frage nach einem geeigneten Lösungsmittel. Diese Eignung wird im wesentlichen durch 2 Faktoren bestimmt: einmal muß die Reaktion einheitlich verlaufen; ist also beispielsweise der Lösungsvorgang wie im oben skizzierten Falle mit einer Wasserstoffentwicklung verbunden, so muß entweder der gesamte Wasserstoff als solcher bei der Reaktion entwickelt werden, oder es muß durch oxydierende Zusätze dafür gesorgt werden, daß der gesamte Wasserstoff oxydiert wird. Ungeeignet wäre ein Reaktionsweg, bei dem undefinierte Mengen an Wasserstoff entstünden, die von Versuch zu Versuch wechseln könnten. Die zweite Forderung betrifft die Lösungsgeschwindigkeit, die ein bestimmtes Maß nicht unterschreiten darf. Man wird im allgemeinen bei einer Dauer des Lösungsvorganges von einigen Minuten befriedigende Ergebnisse erhalten. Eine Beeinflussung der Lösungsgeschwindigkeit ist in weiten Grenzen durch bestimmte Zusätze zum Lösungsmittel oder durch Änderung der Lösungstemperatur möglich. Von beiden Möglichkeiten wurde in der Praxis Gebrauch gemacht.

Als Lösungsmittel zur thermochemischen Untersuchung von Legierungen kommen auf der einen Seite wäßrige Lösungen von Brom-Bromkalium, Salzsäure, Brom-Bromwasserstoff, Ferrichlorid-Salzsäure, Jodtrichlorid u. a., auf der anderen Seite Quecksilber in Frage. M. Herschkowitsch[1], der als erster Bestimmungen der Bildungswärmen von Legierungen auf der Grundlage der Lösungskalorimetrie

---

[1] Herschkowitsch, M.: Z. physik. Chem. Bd. 27 (1898) S. 123.

ausführte, kommt das Verdienst zu, ein für viele Legierungen geeignetes und später von anderen Autoren gern verwendetes Lösungsmittel in der nach ihm benannten Lösung aus 2 Gewichtsteilen Brom, 1 Gewichtsteil Kaliumbromid und 2 Gewichtsteilen Wasser angegeben zu haben. Zur Vermeidung von Bromverlusten wird die Lösung mit Brom unterschichtet aufbewahrt. Es empfiehlt sich, die Lösung unter Zusatz von etwas Bromwasser zu verwenden, um einer Beeinflussung der Wärmeentwicklung beim Lösen durch etwaige Entmischung des Lösungsmittels zu begegnen. Nach Biltz, Rohlffs und von Vogel[1] ist die Herschkowitschsche Lösung besonders geeignet für Legierungen mit Metallen, die unedler als Zinn sind, da diese mit stark säurehaltigen Lösungsmitteln, wie z. B. Brom-Salzsäure, undefinierte Mengen an Wasserstoff entwickeln. (Dichte der Lösung 1,80; spezifische Wärme 0,45 cal.) Herschkowitschsche Lösung wurde vor allem zur thermochemischen Untersuchung von Legierungen des Kupfers mit unedleren Partnern angewandt[2].

Die Schwierigkeiten eines uneinheitlichen Lösungsvorganges bei der Verwendung bromhaltiger Lösungsmittel lassen sich bei Legierungen aus sehr unedlen Partnern durch die Benutzung von Salzsäure vermeiden. Es erfolgt in diesem Fall eine quantitative Wasserstoffentwicklung. Auf diesem Wege bestimmte v. Wartenberg mit L. Mair[3] die Bildungswärme der intermetallischen Verbindung $MgZn_2$. W. Biltz und Mitarbeiter verwendeten Salzsäure verschiedener Verdünnung bei der thermochemischen Untersuchung zahlreicher intermetallischer Verbindungen des Magnesiums mit Zink, Kadmium, Aluminium und Kalzium[4], des Natriums mit Quecksilber[5] und Kadmium, der δ-Phase ($FeAl_3$) im System Eisen-Aluminium[6], der intermetallischen Verbindungen CoAl und Co_2Al_5[7], der Legierungen des Cers, Lanthans und Praseodyms mit Magnesium und Aluminium[8] und des Kalziums mit

[1] Biltz, W., G. Rohlffs u. H. U. v. Vogel: Z. anorg. allg. Chem. Bd. 220 (1934) S. 113.

[2] Rolla, L.: Gazz. chim. ital. Bd. 45 (1915) S. 192. — Biltz, W., u. C. Haase: Z. anorg. allg. Chem. Bd. 129 (1923) S. 141. — Biltz, W., W. Wagner, H. Pieper u. W. Holverscheit: Z. anorg. allg. Chem. Bd. 134 (1924) S. 25. — Biltz, W., G. Rohlffs u. H. U. v. Vogel: Z. anorg. allg. Chem. Bd. 220 (1934) S. 113. — Weibke, Fr.: Z. anorg. allg. Chem. Bd. 232 (1937) S. 289.

[3] Wartenberg, H. v.: Z. Elektrochem. angew. physik. Chem. Bd. 20 (1914) S. 443.

[4] Biltz, W., u. G. Hohorst: Z. anorg. allg. Chem. Bd. 121 (1922) S. 1.

[5] Biltz, W., u. F. Meyer: Z. anorg. allg. Chem. Bd. 176 (1928) S. 23.

[6] Biltz, W., u. C. Haase: Z. anorg. allg. Chem. Bd. 129 (1923) S. 141.

[7] Biltz, W., W. Wagner, H. Pieper u. W. Holverscheit: Z. anorg. allg. Chem. Bd. 134 (1924) S. 25.

[8] Biltz, W., u. H. Pieper: Z. anorg. allg. Chem. Bd. 134 (1924) S. 13. — Canneri, G., u. A. Rossi: Gazz. chim. ital. Bd. 62 (1932) S. 202; Bd. 63 (1932) S. 182.

Zink, Kadmium und Aluminium[1]. Die Lösungswärmen für die reinen Metalle wurden, soweit möglich, an die Präzisionsmessungen aus dem Richardsschen Laboratorium angeschlossen. Zur Auflösung von grünem Mangansulfid und Mangan diente Könneker und Biltz[2] bei der Bestimmung der Bildungswärme dieser Verbindung ebenfalls verdünnte Salzsäure.

Legierungen mit edleren Komponenten, die in Salzsäure nicht mehr löslich sind, lassen sich häufig unter Verwendung oxydierender Zusätze zum Lösungsmittel kalorimetrisch erfassen. Man hat Salpetersäure als Lösungsmittel für kupferhaltige Legierungen verwendet[3], aber schon bald deren Unbrauchbarkeit für diesen Zweck erkannt[4]. Vielfach bewährt haben sich dagegen bromhaltige wäßrige Lösungen in der Thermochemie der Legierungen. Die zu dieser Gruppe gehörige Herschkowitschsche Lösung wurde schon erwähnt, es handelt sich hierbei um ein neutral reagierendes Lösungsmittel. Auch wäßrige Lösungen mit elementarem Brom im Überschuß fanden als Lösungsmittel Verwendung[5], wobei indessen die Gefahr einer Verfälschung der Messungsergebnisse wegen der Schichtenbildung in der Lösung nicht auszuschließen ist. Die Lösungswärmen der Metalle in bromhaltigen Lösungsmitteln sind nach Biltz[6] ungemein empfindlich gegen Änderungen der Konzentration, der Lösungsdauer, ja selbst der Absolutmenge des Lösungsmittels. Man sollte sich deshalb von der thermochemischen Gleichwertigkeit der Endlösungen der Legierung einerseits und des gleich zusammengesetzten unverbundenen Metallgemisches andererseits durch die Bestimmung der Verdünnungswärmen überzeugen. Insbesondere kann das Verfahren, die Lösungswärme des unverbundenen Metallgemisches als Summe der einzeln bestimmten Lösungswärmen der Komponenten additiv zu berechnen, zu Werten führen, die von denen bei gemeinsamer Auflösung abweichen, sofern nämlich zwischen den ziemlich kompliziert zusammengesetzten konzentrierten Lösungen der Bromide bei ihrer Vereinigung Umsetzungen stattfinden. Baker[4] und Sefing[7] wählten zur Auflösung von Messingen

---

[1] Biltz, W., u. W. Wagner: Z. anorg. allg. Chem. Bd. 134 (1024) S. 1.

[2] Könneker, A., u. W. Biltz: Z. anorg. allg. Chem. Bd. 242 (1939) S. 225.

[3] Galt, A.: Philos. Mag. J. Sci. [5] Bd. 49 (1900) S. 405.

[4] Baker, T. J.: Proc. Roy. Soc. London Bd. 68 (1901) S. 9110 — Z. physik. Chem. Bd. 38 (1901) S. 630.

[5] Roos, G. D.: Z. anorg. allg. Chem. Bd. 94 (1916) S. 329.

[6] Biltz, W., H. Pieper u. W. Holverschoit: Z. anorg. allg. Chem. Bd. 134 (1924) S. 34. — Vgl. auch W. Biltz, u. C. Haase: Z. anorg. allg. Chem. Bd. 129 (1923) S. 152.

[7] Sefing, F. G.: Michigan State Coll. Agric. appl. Sci., Engng. Exp. Stat., Bull. Nr. 1, S. 3 — C. 1937 II, S. 4168.

und Bronzen mit Erfolg wäßrige Lösungen von NH_4Cl und $FeCl_3$ bzw. $CuCl_2$.

Weiter wurden zur Auflösung von Legierungen im Kalorimeter mehr oder weniger stark saure Lösungen mit Brom, Jodtrichlorid oder Ferrichlorid als Oxydationsmittel benutzt. Es ist, wie allgemein beim thermochemischen Arbeiten, auch hier unbedingt erforderlich, sich von der Eignung eines Lösungsmittels in Vorversuchen zu überzeugen, da sich allgemeingültige Regeln hierfür kaum geben lassen. Zu nennen sind hier:

1. Brom-Salzsäure, hergestellt aus 8 cm³ 30proz. Salzsäure und 2 cm³ Brom. Spezifische Wärme etwa 0,73 cal[1] ($AuSb_2$; 90°).

2. Brom-Bromwasserstoffsäure. Die Mischung soll 37% Br, 22% HBr und 41% H_2O enthalten. Dichte 1,72; spezifische Wärme etwa 0,51 cal[1]. Da die Lösung bei 20° nach längerem Aufbewahren Alterungserscheinungen zeigt, empfiehlt sich eine Vorbehandlung bei 100° (AuSn; 90°).

3. Jod-Jodtrichlorid in salzsaurer Lösung. Die Herstellung dieses auch besonders für Gold und seine Legierungen geeigneten Lösungsmittels wird von Fischer und Biltz[2] beschrieben:

„100 g JCl_3, aus Jod mit zunächst überschüssigem Chlor bei der Temperatur des Kohlensäureschnees bereitet, und 15 g Jod[3] wurden in 100 g Salzsäure gelöst, die 20,7 g HCl enthielt." Dichte 1.68; spezifische Wärme etwa 0,4 cal.

4. Ferrichlorid-Salzsäure. Zur Herstellung dieses Lösungsmittels sättigt man zimmerwarme Salzsäure, die 1 Mol HCl auf 8 Mole Wasser enthält, mit kristallisiertem Ferrichlorid und mischt einen Raumteil dieser Stammlösung mit 5 Raumteilen der Ausgangssäure[4]. Die Verwendung dieses Reagenses hat bei der thermochemischen Untersuchung von Zinnlegierungen zu Komplikationen geführt. Reines Zinn löst sich in Ferrichlorid-Salzsäure unter quantitativer Reduktion des Ferrichlorids zu Ferrochlorid; die unedleren Metalle Kalzium, Magnesium und Natrium lösen sich darin ohne jede Reduktion lediglich auf Kosten der Salzsäure unter Wasserstoffentwicklung; liegen diese Metalle aber mit Zinn verbunden vor, so tragen sie in wechselndem Maße auch zur Reduktion des Ferrichlorids bei[5]. Aber auch die Berücksichtigung einer Korrektur durch Bestimmung des Reduktionsgrades des Ferri-

---

[1] Biltz, W., G. Rohlffs u. H. U. v. Vogel: Z. anorg. allg. Chem. Bd. 220 (1934) S. 113.

[2] Fischer, W., u. W. Biltz: Z. anorg. allg. Chem. Bd. 176 (1928) S. 94.

[3] Durch den Zusatz freien Jods, also die Bildung von Jodmonochlorid, wird das Lösevermögen der Mischung für Chlorgas verbessert.

[4] Biltz, W., u. W. Holverscheit: Z. anorg. allg. Chem. Bd. 140 (1924) S. 261.

[5] Biltz, W., u. F. Meyer: Z. anorg. allg. Chem. Bd. 176 (1928) S. 23.

chlorids war unbefriedigend (!), wie W. Biltz das bereits gelegentlich einer systematischen Auswertung über die Bildungswärmen intermetallischer Verbindungen bemerkte[1] und wie das spätere Untersuchungen anderer Autoren nach anderen Verfahren bestätigten (vgl. beim System Mg-Sn, S. 269).

5. Ferrichlorid-Bromlösung. Die Lösung wird nach Biltz und Haase[2] aus 10 g kristallisiertem Ferrichlorid des Handels, 20 cm³ konz. Salzsäure und 30 cm³ Herschkowitschscher Lösung hergestellt und mit Brom gesättigt. Spezifische Wärme 0,50 cal; Dichte 1,60 (Cu_3Sb).

6. Ferribromid-Bromlösung, dargestellt aus einem Gewichtsteil kristallisierten Ferribromids des Handels, einem Gewichtsteil konz. Salzsäure und 2 Teilen Wasser. Die Lösung wird mit Brom gesättigt und mit Brom unterschichtet aufbewahrt. Spezifische Wärme 0,43 cal; Dichte 1,76. Die beiden zuletzt genannten Reagenzien bewährten sich vor allem bei der Auflösung von Antimonlegierungen.

7. Jod-Jodkaliumlösung, hergestellt nach Naeser[3] durch Auflösen von 25 g Jodkalium und 12,5 g Jod in einem Liter Wasser. Die etwa 0,1 n-Lösung wird mit einigen cm³ konz. Salzsäure angesäuert, sie bewährte sich als kalorimetrisches Lösungsmittel für Eisen und Cementit.

8. Alkoholische Jodlösung. Man löst nach Naeser[3] 35 g Jod in einem Liter 90proz. Äthylalkohol und säuert mit einigen cm³ konz. Salzsäure an. Die Lösung diente ebenfalls zur Überführung von Eisen und Zementit in das Jodid, indessen vollzieht sich die Umsetzung hier langsamer als mit „KJ/J".

9. Kupferammoniumchloridlösung. Die Lösung wird nach Naeser[3] durch Auflösen von 131 g kristallisiertem Kupferammoniumchlorid in einem Liter Wasser bereitet und mit Salzsäure angesäuert. Dieses schon von Campbell[4] zur Messung der Bildungswärme von Zementit benutzte Lösungsmittel wurde von Jeriomin[5] als ungeeignet angesehen, weil es beim Auflösen des Zementits Kohlenwasserstoffe bilden soll. Nach Naeser[3] und Brodie, Jennings und Hayes[6] ist das indessen nicht der Fall, vielmehr wird beim Lösen der Kohlenstoff quantitativ ausgeschieden.

---

[1] Biltz, W.: Z. Metallkunde Bd. 29 (1937) S. 73.

[2] Biltz, W., u. C. Haase: Z. anorg. allg. Chem. Bd. 129 (1923) S. 141. — Über eine salzsaure Ferrichloridlösung vgl. bei A. Kurtenacker u. F. Werner: Z. anorg. allg. Chem. Bd. 123 (1922) S. 166.

[3] Naeser, G.: Mitt. Kaiser-Wilhelm-Inst. Eisenforsch. Düsseldorf Bd. 16 (1934) S. 1.

[4] Campbell, E. D.: J. Iron Steel Inst. Bd. 59 (1) (1901) S. 211.

[5] Jeriomin, K. A.: Z. Elektrochem. angew. physik. Chem. Bd. 17 (1911) S. 94.

[6] Brodie, G. H., H. W. Jennings u. A. Hayes: Trans. Amer. Soc. Steel Treat. Bd. 10 (1926) S. 615.

Eine Beeinflussung der Lösungsgeschwindigkeit kann in Fällen erforderlich sein, in denen der Lösevorgang für eine bequeme kalorimetrische Erfassung zu langsam verläuft oder in denen das Lösungsmittel zu heftig angreift. Eine Beschleunigung der Auflösung in Salzsäure löslicher Metalle und Legierungen läßt sich außer durch feinere Körnung des Probegutes[1] im allgemeinen durch Zusatz von einigen Tropfen Platinchlorid erreichen[2]. Dabei ist indessen zu beachten, daß durch den entwickelten Wasserstoff die gelöste Platinchlorwasserstoffsäure reduziert wird und daß dadurch pro Mol H_2PtCl_6 73 kcal entwickelt werden. So beträgt die von der gemessenen Temperaturerhöhung in Abzug zu bringende Korrektur für 0,50 cm³ einer Lösung mit 8 mg Pt 0,004° (Wasserwert des Kalorimeters: 700 cal/° C). Auf eine auffallend große Resistenz der intermetallischen Verbindungen des Zinns mit Natrium, Magnesium und Kalzium wie auch des Metalles selbst, weisen Biltz und Holverscheit[3] hin. Ein Platinkatalysator war hier ohne stärkeren Einfluß.

Eine Verlangsamung der Lösungsgeschwindigkeit läßt sich außer durch Verminderung der Rührgeschwindigkeit durch Überziehen der Metallstücke mit unangreifbaren Stoffen erreichen. Um z. B. ein zu rasches Auflösen von Magnesium in Salzsäure zu verhindern, verwendeten Biltz und Hohorst[4] Magnesiumstücke, deren Oberfläche zum größten Teil durch Bepinseln mit Kollodium gegen den Angriff der Säure geschützt war. Beim Kalzium und Natrium bewährte sich Kollodium nicht, da es Feuchtigkeit durchläßt. Kalzium läßt sich wirkungsvoll schützen durch teilweises Eintauchen in erstarrendes Paraffin; bei der gleichen Behandlung von Natrium kann es vorkommen, daß die Paraffinhaut infolge der Reaktionswärme zusammenschmilzt und einen Rest des Metalls der Auflösung entzieht[3]. Geeigneter erwies sich die Verwendung von Paraffinöl, das in den Maschen des zum Einbringen des Metalls in die Kalorimeterflüssigkeit dienenden Körbchens eine völlig dichte Haut bildet und dieses überdies teilweise ausfüllt. Beim Eintauchen in die Säure wird das leichtere Öl verdrängt und das Metall reagiert.

---

[1] Das gilt naturgemäß nur innerhalb nicht allzu weiter Grenzen. Es erscheint vielleicht auch nicht überflüssig darauf hinzuweisen, daß bereits geringe Oxydschichten die Lösungsgeschwindigkeiten empfindlicher Metalle bis zur Unbrauchbarkeit vermindern können [Cd, Zn; vgl. W. Biltz u. G. Hohorst: Z. anorg. allg. Chem. Bd. 121 (1922) S. 1].

[2] Vgl. u. a. Th. W. Richards u. L. L. Burgess: J. Amer. chem. Soc. Bd. 32 (1910) S. 431. — Biltz, W., u. G. Hohorst: Z. anorg. allg. Chem. Bd. 121 (1922) S. 1. — Mehl, R. F., u. B. J. Mair: J. Amer. chem. Soc. Bd. 50 (1928) S. 56, Fußnote 7.

[3] Biltz, W., u. W. Holverscheit: Z. anorg. allg. Chem. Bd. 140 (1924) S. 261.

[4] Biltz, W., u. G. Hohorst: Z. anorg. allg. Chem. Bd. 121 (1922) S. 1; ähnlich verfuhren R. F. Mehl u. B. J. Mair: J. Amer. chem. Soc. Bd. 50 (1928) S. 57, Fußnote 7.

An nichtwäßrigen Lösungsmitteln hat vor allem das Quecksilber vielfach Eingang in die Thermochemie der Legierungen gefunden. Erstmalig verwendete Tayler[1] dieses Metall zur lösungskalorimetrischen Bestimmung der Bildungswärmen einiger Legierungen des Bleies mit Zinn, Wismut und Zink und des Zinks mit Zinn und Quecksilber. Ganz ähnlich arbeiteten Magnus und Mannheimer[2] bei der kalorimetrischen Untersuchung einiger Legierungen der Systeme Blei-Zinn, Blei-Kadmium, Zinn-Kadmium, Zinn-Zink und Wismut-Zinn[3]. Besonders günstig liegen die Verhältnisse naturgemäß in den Fällen, in denen das Quecksilber selbst bereits einer der Legierungspartner ist und so ist das Quecksilberlösungsverfahren gerade für Amalgame häufig angewandt worden. H. v. Wartenberg[4] bestimmte im Zusammenhang mit einer Untersuchung über die Beständigkeit intermetallischer Verbindungen im Dampfzustand die Bildungswärme des Natriumamalgams Na_3Hg aus der Differenz seiner Lösungswärme und der des Natriums in Quecksilber. Aus der Differenz der Lösungswärmen von Hg_5Tl_2 und Thallium in Quecksilber leiteten Biltz und Messerknecht[5] die Bildungswärme dieser Verbindung ab. Über die kalorimetrische Bestimmung der Wärmetönungen beim Verdünnen flüssiger Amalgame mit Quecksilber berichtet erstmals Th. W. Richards[6].

Weiterhin sei noch auf einen anderen Fall der Verwendung nichtwäßriger Lösungsmittel in der Legierungskalorimetrie hingewiesen. Kraus und Ridderhof[7] haben die Lösungs- und Reaktionswärmen verschiedener Substanzen in flüssigem Ammoniak bei $-33,4°$, d. h. beim Siedepunkt des Ammoniaks, gemessen. Bei exothermen Reaktionen wurde dabei grundsätzlich so vorgegangen, daß das verdampfte Ammoniak in Wasser aufgefangen und gewogen und der größte Teil der Reaktionswärme aus der Verdampfungswärme des Ammoniaks

---

[1] Tayler, J. B.: Philos. Mag. J. Sci. [5] Bd. 50 (1900) S. 37.

[2] Magnus, A., u. M. Mannheimer: Z. physik. Chem. Bd. 121 (1926) S. 267.

[3] Tammann, G., u. E. Ohlor [Z. anorg. allg. Chem. Bd. 135 (1924) S. 118] maßen die Lösungswärme mehrerer Metalle (Cd, Sn, Pb, Zn, Bi, Au) in Quecksilber bei Zimmertemperatur und bei 97°. Auch bestimmten sie die Lösungswärmen dieser Metalle in verdünntem Goldamalgam bei 97° und berechneten daraus Bildungswärmen für einige Goldlegierungen.

[4] Wartenberg, H. v.: Z. Elektrochem. angew. physik. Chem. Bd. 20 (1914) S. 443.

[5] Biltz, W., u. C. Messerknecht: Z. anorg. allg. Chem. Bd. 176 (1928) S. 38.

[6] Vgl. Th. W. Richards u. G. Sh. Forbes: Publ. Carnegie Inst. Nr. 56 — Z. physik. Chem. Bd. 58 (1907) S. 683. — Richards, Th. W., u. F. Daniels: J. Amer. chem. Soc. Bd. 41 (1919) S. 1732. — Richards, Th. W., H. L. Frevert u. Ch. E. Teeter: J. Amer. chem. Soc. Bd. 50 (1928) S. 1293. — Teeter jr., Ch. E.: J. Amer. chem. Soc. Bd. 53 (1931) S. 3917, 3927.

[7] Kraus, C. A., u. J. A. Ridderhof: J. Amer. chem. Soc. Bd. 56 (1934) S. 79.

(327,1 cal/g) berechnet wurde; bei endothermem Verlauf wurde die Druckabnahme bestimmt und die Kondensationswärme berechnet. Daneben wurde mit einem Thermoelement die Temperaturänderung des Kalorimeters gemessen. Der Strahlungsverlust wurde für sich bestimmt, die Wärme zum Abkühlen der Substanz auf $-33{,}4°$ berücksichtigt. Zur Feststellung z. B. der Bildungswärme von Na_4Pb wurde festes Natrium zu in flüssigem Ammoniak gelöstem $PbBr_2$ gegeben und die Wärmetönung der Legierungsbildung aus den Gleichungen

$$PbBr_2 \cdot am + 6\,[Na] = 2\,NaBr \cdot am + [Na_4Pb] + W_1,$$
$$PbBr_2 \cdot am + 2\,[Na] = 2\,NaBr \cdot am + [Pb] + W_2$$

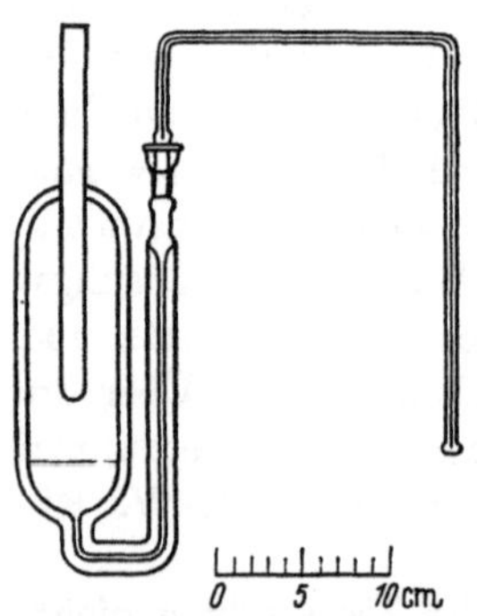

Abb. 1. Bunsensches Eiskalorimeter. (Nach W. Fischer und W. Biltz.)

durch Differenzbildung $(W_1 - W_2)$ erhalten (vgl. S. 281). Die Bildungswärme von Na_2Te z. B. erhielten Kraus und Ridderhof bei der Einwirkung von Tellur auf eine Lösung von Natrium in Ammoniak (unter Berücksichtigung der Lösungswärme des Na) oder beim Zugeben von festem Natrium zu einer Mischung von NH_3 und Te.

Die in der Thermochemie der Legierungen benutzten Kalorimetertypen unterscheiden sich grundsätzlich nicht von den in der Lösungskalorimetrie sonst üblichen Formen, so daß die nachfolgenden Beschreibungen und Erfahrungen sich auf einzelne besonders erprobte Geräte beschränken können. Hinsichtlich weiterer kalorimetrischer Meßanordnungen und ihrer Verwendungsmöglichkeiten sei auf das einschlägige Schrifttum verwiesen[1].

Für langsam verlaufende Reaktionen und für solche mit geringer Wärmetönung (kleine Einwaage) eignet sich besonders das Bunsensche Eiskalorimeter. Im Biltzschen Laboratorium wurde es u. a. auch zur Bestimmung der Lösungswärmen von Metallen und Legierungen benutzt[2], eine eingehende Beschreibung seines Aufbaues und seiner Anwendung unter Berücksichtigung der Erfahrungen von P. Oberhoffer[3] findet sich bei Fischer und Biltz[4].

Einrichtung des Gerätes (Abb. 1). Das Kalorimeter steht in einem Filtrierstutzen von etwa 170 mm Weite, der mit Eis gefüllt ist; der Stutzen steht in einem Zinkkasten mit einem Hohldeckel zur Aufnahme gewöhnlichen Eises und das Ganze in einem Eisschrank. Allmähliches Verschmutzen des Eises im Stutzen

---

[1] Vgl. u. a. W. A. Roth: Thermochemie. Sammlung Göschen. Berlin 1932. — White, W. P.: The modern calorimeter. New York 1928.

[2] Biltz, W., u. C. Messerknecht: Z. anorg. allg. Chem. Bd. 176 (1928) S. 38.

[3] Oberhoffer, P.: Diss. Aachen 1907.

[4] Fischer, W., u. W. Biltz: Z. anorg. allg. Chem. Bd. 176 (1928) S. 94.

gibt eine zu tiefe Außentemperatur (Auswechseln des Schmelzwassers!); bei höherer Eisschranktemperatur kommt gelegentlich eine Korrektur der Temperatur des Stutzeninhaltes durch etwas Salz im entgegengesetzten Sinne in Frage. Lästig ist, wenn das Eis im Stutzen durch Rekristallisation zu einer einzigen Masse zusammenbackt, weil man dann das Kalorimeter zur Besichtigung nicht mehr herausheben kann; dann hilft nur ein, freilich das Wärmegleichgewicht der Anordnung empfindlich störendes Auftauen dieses Eises. Das Zusammenbacken tritt besonders leicht ein, wenn der Stutzen enger ist als angegeben.

Der birnenförmige Eismantel, der im Innern des Kalorimeters das Reaktionsrohr umgeben soll, wird nach 24stündigem Wärmeausgleich im Eisschranke dadurch erzeugt, daß man zunächst nur $^1/_2$ cm^3 Alkohol auf dem Boden des Reaktionsrohres mit Kohlensäureschnee kühlt, bis die Eisausscheidung beginnt, und dann erst durch weitere Zugabe von Kältemittel den Eismantel auch nach oben wachsen läßt. Die Eisschicht um den Boden ist etwa 10—15 mm stark; sie soll nie dünner als 3 mm werden; die Eisbirne soll oben etwa 20 mm über den Flüssigkeitsspiegel des Reaktionsgemisches reichen, und zwischen Eisbirne und Reaktionsrohr soll sich niemals eine Wasserschicht stärker als 3 mm ansammeln. Man überzeugt sich gelegentlich von der Brauchbarkeit des Eismantels durch Herausheben des Kalorimeters etwa am Abend, damit über Nacht wieder das Wärmegleichgewicht erreicht wird. Das Volumen des Eismantels soll etwa 50 cm^3 betragen, entsprechend einer dabei herausgedrückten Menge von 60 g Quecksilber. Zum besseren Wärmeschutz ist das Steigrohr des Kalorimetergefäßes mit einem Vakuummantel zu umgeben.

Die Saugspitze wird in der von Oberhoffer empfohlenen Form durch Abschleifen des in Abb. 2 dargestellten, tropfenartig erweiterten Glasrohres auf einem glatten Stein erzeugt. Die Stirnfläche der Spitze hat einen Durchmesser von etwa 4—5 mm, das Saugloch einen solchen von 0,5—0,8 mm. Zur Erleichterung des gleichmäßigen Abreißens des Quecksilberfadens aus der vorgelegten Quecksilbermasse und zur Kontrolle des wieder eingetretenen Kontaktes war von C. Dieterici[1] empfohlen, einen Induktionsstrom an die betreffenden Quecksilberteile anzulegen. Die Beurteilungen dieses Kunstgriffes fallen verschieden aus. Eine Verschmutzung der Quecksilberoberfläche tritt jedenfalls nie ein, wenn man einen hinreichend schwachen Funken (4 Volt-Induktorium) verwendet; man kann dabei das Schließen des Quecksilberkontaktes an einer Veränderung des Summertones gut bemerken. Aber man kommt bei peinlichster Sauberkeit des Glases und Quecksilbers auch ohne das Hilfsmittel aus, wenn man das Abreißen und Schließen des Fadens durch Klopfen unterstützt.

Bei Verwendung von Flüssigkeiten mit großer Verdünnungswärme stört die Verdichtung von Feuchtigkeit an dem oberen Teile des Reaktionsrohres sehr; wenn dort kondensierte Wassertropfen in den Reaktionsraum herunterrinnen, entstehen große und unkontrollierbare Fehler. Man kann sich dagegen einigermaßen schützen, wenn man das Reaktionsgefäß oben verschlossen hält und nur zum Rühren öffnet. Besser ist es, einen Aufsatz mit Gegengasstrom nach Beckmann zu verwenden, ähnlich wie er beim Arbeiten mit hygroskopischen Lösungsmitteln in der Kryoskopie üblich ist. In diesen Aufsatz tritt seitlich getrocknete Kohlensäure ein, und oben an dem Rührgestänge vorbei strömt sie wieder heraus. Die Warnung Prechts[2] vor zu weiten Reaktionsrohren erweist sich auch hier als sehr berechtigt. Bei einem Kalorimeterexemplar, dessen Reaktionsrohr oben 16 mm weit war, machte sich der Wärmeaustausch nach

Abb. 2. Saugspitze zum Bunsenschen Eiskalorimeter. (Nach W. Fischer und W. Biltz.)

---

[1] Dieterici, C.: Ann. Phys. [4] Bd. 16 (1905) S. 593.
[2] Precht, J.: Ann. Phys. [4] Bd. 21 (1906) S. 596.

oben schon störend bemerkbar; besser bewährte sich ein Reaktionsrohr von nur 13—14 mm Weite. Da man aber damit an Reaktionsraum verliert, wird es vielleicht in manchen Fällen am besten sein, Reaktionsrohre zu verwenden, die oben eng und unten weit, vielleicht sogar kugelig sind.

Handhabung der Substanz. Die Proben kommen in allseitig dünnwandige Glaszylinder von etwa 45 mm Länge und 5 mm Weite mit flachem Boden, die oben zugeschmolzen und an einen Glasstab angesetzt werden (vgl. Abb. 3). Sind die Stoffe schwer löslich, so bringt man sie zusammen mit einem Glaswollebäuschchen in die Einschmelzröhren und verteilt sie durch Schütteln auf der Glaswolle. Der Glasstab trägt oben eine kleine Haube, die auf das Ende des in Abb. 3 rechts skizzierten Dornenträgers aufgesetzt wird. Der Dornenträger ist ein dünner Glasstab, an dem unten ein kleiner Glasteller mit einem Glasdorn sitzt. Man richtet die Masse so ein, daß der Boden des Substanzzylinderchens einige Millimeter vom Dorn entfernt ist und nicht zur Unzeit zerstoßen werden kann. Der Teller des Dornenträgers dient zugleich als Rührerblatt. Da sich schwer lösliche Substanzen bisweilen unter dem Rührerblatt der Einwirkung von Lösungsmitteln entziehen, wird empfohlen, das Rührerblatt mit 3 Sieblöchern zu versehen. Man kann bei nichthygroskopischen Lösungsmitteln auch Substanzgefäße verwenden, bei denen nur der Boden dünnwandig ist; die Substanz wird ebenfalls auf Glaswolle verteilt; solche Gefäße tragen statt des Glasstabes eine bis über den Rand des Reaktionsrohres reichende Kapillare, die, wenn die Reaktion durch Zerstoßen des Bodens eingeleitet ist, abgebrochen wird, damit die Flüssigkeit voll in das Substanzgefäß eintreten kann; entwickelt sich bei der Reaktion Gas, so wartet man mit dem Abbrechen der Kapillare, bis die Hauptreaktion vorbei ist. Die zuerst beschriebenen Substanzgefäße müssen vollständig zertrümmert werden, weil sich sonst Substanz dem Lösungsmittel entziehen kann. Regulinisches Gold wird als Blech in einen oben offenen Substanzzylinder eingehängt; zur Einleitung der Reaktion wird dessen Boden zerstoßen und zur Beendigung das Goldblech herausgenommen und zurückgewogen.

Abb. 3.
Substanzgefäß zum Bunsenschen Eiskalorimeter. (Nach W. Fischer und W. Biltz.)

Das Rühren geschieht von Hand.

Oft ist es nötig, das Reaktionsgemisch nach Beendigung der Messung zu analysieren. Man läßt die Reaktion dann nicht im eigentlichen Reaktionsrohr, sondern in einem Einsatzbecher (vgl. Abb. 3) verlaufen; der Einsatzbecher soll möglichst niedrig sein, also vom Reaktionsgemisch fast völlig gefüllt werden; er trägt angeschmolzen einen Glasstab, an dem er herausgehoben werden kann. Zum besseren Wärmeausgleich wird der Spalt zwischen Reaktionsrohr und Einsatzbecher mit Lösungsmittel gefüllt. Reicht der Einsatzbecher zu hoch hinauf, etwa bis zur Öffnung des Reaktionsrohres, so wird dadurch der schädliche Wärmeaustausch nach oben begünstigt. Arbeitet man ohne Einsatzbecher so muß das Volumen des Reaktionsgemisches bekannt sein, damit man ihm zur Analyse einen aliquoten Teil entnehmen kann.

Fehlergrenzen. Zur Umrechnung von Milligrammen Quecksilber in Kalorien bedient man sich des abgerundeten Dieterici-Griffithsschen Faktors: 1 cal = 15,49 mg Hg. Die Wägungen zur Gangbestimmung werden etwa alle 20 Minuten vorgenommen und auf gleiche Zeitabschnitte umgerechnet. Der Gang der Vor- und Nachperiode wird als konstant betrachtet, wenn die innerhalb 10 Minuten eingesaugten bzw. ausgetretenen Quecksilbermengen um nicht mehr als $\pm 0,4$ mg verschieden sind. Die Übereinstimmung der vergleichbaren Einzelbestimmun en hängt, abgesehen von Substanzfehlern, von der Sicherheit der Gangkorrektur und somit auch von der Reaktionszeit ab. Am weitesten ist die Genauigkeit wohl bei den am Radium ausgeführten Messungen Prechts getrieben, wo die Einzelwerte nur um 4 mg Hg schwankten; bei Fischer und Biltz schwankten sie bei sehr langsamen Lösungsvorgängen bis 15 mg Hg, in seltenen Fällen darüber; bei Oberhoffer innerhalb etwa 20 mg Hg. Die durch Häufung der Messungen gesteigerte Genauigkeit des Endergebnisses wird bei Fischer und Biltz mit ±0,1 bis 0,3 kcal/Mol angegeben.

Abgesehen von den Präzisionsmessungen der Lösungswärmen einiger Metalle in Salzsäure von Richards und Burgess[1], die in einem adiabatischen Kalorimeter ausgeführt wurden, sind die meisten kalorimetrischen Legierungsuntersuchungen nach dem Lösungsverfahren in isotherm arbeitenden Kalorimetern vorgenommen worden[2]. M. Herschkowitsch[3] verwendete als Reaktionsgefäß eine Art Probierrohr mit eingeschliffenem Stopfen, das durch einen Messinghalter, der gleichzeitig rotiert, in ein Wasserkalorimeter eingetaucht wird. Ähnlich arbeitete Roos[4].

Vielfach erprobt wurde das von Biltz und Hohorst[5] entwickelte Lösungskalorimeter, wie es in Abb. 4 wiedergegeben ist. Um den Lösevorgang sichtbar beobachten zu können, wurde das isotherm arbeitende Kalorimeter vollständig aus Glas gefertigt.

Als Kalorimetergefäß (Abb. 4) dient ein Weinhold-Becher (d) von 90 mm lichter Weite und 240 mm äußerer Höhe. Der Becher ist in einen Glasbecher von 117 mm innerem Durchmesser und 440 mm äußerer Höhe eingesenkt. Als Unterlage dient ein auf den Boden des äußeren Gefäßes festgeklebter Kork, der eine Asbestscheibe und auf dieser 3 Korkspitzen trägt. Der äußere Zylinder ruht in einem festen Holzgestell. Zum Verschluß benutzt man einen starken Holzdeckel, der in einer mit Watte ausgepolsterten Nute auf dem Rande des Bechers aufliegt. Unterhalb des Holzdeckels in einer Entfernung von 20 mm ist ein Reflektor aus starkem Nickelblech angebracht, dessen Politur zuweilen erneuert werden muß. Die Schraubenbolzen laufen

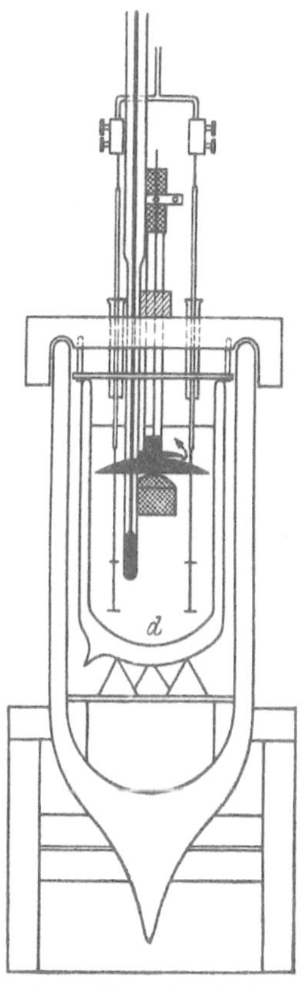

Abb. 4. Lösungskalorimeter.
(Nach W. Biltz
und G. Hohorst.)

---

[1] Richards, Th. W., u. L. L. Burgess: J. Amer. chem. Soc. Bd. 32 (1910) S. 431.

[2] Über die Leistungsfähigkeit beider Arbeitsweisen vgl. u. a. bei W. A. Roth: Liebigs Ann. Chem. Bd. 373 (1910) S. 255; Bd. 407 (1914) S. 115. Z. Elektrochem. angew. physik. Chem. Bd. 49 (1943) S. 322.

[3] Herschkowitsch, M.: Z. physik. Chem. Bd. 27 (1898) S. 151.

[4] Roos, G. D.: Z. anorg. allg. Chem. Bd. 94 (1916) S. 329.

[5] Biltz, W., u. G. Hohorst: Z. anorg. allg. Chem. Bd. 121 (1922) S. 1.

in 3 gleich langen Holzhülsen, durch die beim Anziehen der Bolzen die waagerechte
Lage des Reflektors gesichert wird. Holzdeckel und Reflektor besitzen 4 Löcher:
in der Mitte eines zum Einfüllen der Metallprobe, symmetrisch dazu 2 zur Führung des Rührergestänges und ferner ein viertes zur Aufnahme des Thermometers.
Der Rührer ist aus Platin und besitzt zwei in einem Abstande von 40 mm an-
geordnete Rührerbleche von 78 mm äußerem Durchmesser mit je 7 Löchern, im
wesentlichen von derselben Art, wie es bei Richards und Burgess abgebildet ist.
Die Rührerstiele bestehen, soweit sie durch den Deckel gehen, aus Glasrohr, im
übrigen aus starkem Platindraht. Die oberen Drahtenden sind durch Klemm-
schrauben an das Gestänge des Rührwerkes angesetzt; das Gestänge selbst besteht
aus einer exzentrisch gebogenen Gabel und dem Griff, der unmittelbar mit der
Pleuelstange des Triebwerkes verbunden ist.

Die Vorrichtung zum Einführen der Probe besteht zunächst aus
einem ganz aus Platindrahtnetz gefertigten Korbe von 30 mm Weite und 18 mm
Höhe. Um unzeitiges Herausfallen feinen Substanzpulvers aus dem Netzboden zu
verhindern, wird der Korb mit einem locker passenden unteren Verschlußdeckel
aus Platinblech versehen [1]. Der Verschlußdeckel trägt als Führung einen in der
Mitte eingenieteten langen Platindraht, der durch eine Masche des Netzbodens geht.
Um das Wegschwimmen leichten, wasserstoffbeladenen Substanzpulvers nach oben
zu verhindern, wird der Netzkorb durch eine Platinnetzhaube verschlossen, deren
unterer Rand über die Drahtversteifung des Korbes faßt. In der Mitte trägt die
Haube eine Öffnung, in die als Halter ein langes, nach außen führendes Glasrohr
paßt. Das obere Ende des Glasrohres ist mit Gummischlauch und Quetschhahn
verschließbar. Der genannte Führungsplatindraht ragt durch das Glasrohr nach
oben etwas hinaus und wird durch den Quetschhahn in dem Gummischlauch gas-
dicht festgehalten. Schließlich muß das Einfüllgerät noch mit einer Vorrichtung
versehen werden, die den sich beim Lösen des Metalls entwickelnden heißen Gasblasen eine Rast und somit Gelegenheit zum Wärmeaustausch bietet. Die Besorg-
nis um den hier durch unvollkommenen Wärmeaustausch entstehenden Fehler hat
oft zu wohl übertriebenen Vorsichtsmaßregeln geführt. Der Fehler kann bei der
kleinen spezifischen Wärme der Gase nur gering sein, und es genügt das einfache,
von Richards und Burgess angegebene Gegenmittel durchaus. Biltz und
Hohorst verwenden das in der Figur gezeichnete Doppeldach aus Platin: Ein
oben offener, einer ganz flachen Tüte gleichender Platinkonus von 84 mm Durchmesser trägt an zwei kurzen Drahthaltern ein zweites kleineres Dach, das
oben in einer kurzen Röhre endet, die mit starker Reibung über das als Halter
der ganzen Einfüllvorrichtung dienende Glasrohr paßt. Die Gesamthöhe des
Doppeldaches von der Peripherie des unteren Daches bis zur Rohrmündung beträgt 30 mm. Die Gasblasen quellen so zunächst an dem unteren Dach entlang,
treten durch die Öffnung gegen das obere, verfangen sich dort und gelangen erst
zwischen beiden Dächern in der Pfeilrichtung frei nach außen in die Kalorimeterflüssigkeit.

Die Versuchsausführung gestaltet sich folgendermaßen: 1. Temperieren
der dauernd im Kalorimeterraum aufbewahrten Salzsäure auf etwa 1° unter Raumtemperatur. Abwägen auf Zehntelgramm genau. 2. Zentrieren und Justieren des
einstweilen leeren Kalorimeters und des Rührwerkes. 3. Abwägen des Metalls in
einem Wägeglase schmaler Form. Die Probemenge wird so bemessen, daß die
Temperaturerhöhung im Kalorimeter stets etwa 2° beträgt. 4. Abnehmen des
Kalorimeterdeckels mitsamt der Einfüllvorrichtung. Beschicken des Kalorimeters

---

[1] Bei sehr langsam löslichen Metallen wurde gegen Ende des Lösungsvorganges
der Verschlußdeckel nach unten gestoßen, so daß die Metallpulverreste frei in die
Säure gelangten.

mit Säure. Glasstiele des Platinrührers schwach fetten. 5. Metall in den Netzkorb füllen bei schwach gelockertem Quetschhahn, wodurch eine gewisse Beweglichkeit des Korbes erzielt wird. Anbringen der Netzhaube und des Doppeldaches in der richtigen Stellung dicht unter dem Nickelreflektor. Anziehen des Quetschhahnes. 6. Wiederaufsetzen des Deckels über die Rührstiele auf den Rand des äußeren Bechers. 7. Motor anstellen und genaues Zentrieren und Justieren des Rührers.

Ganz ähnlich war die Versuchsanordnung von Canneri und Rossi[1] bei der Untersuchung von Legierungen des Lanthans und Praseodyms mit Magnesium und Aluminium. Während bei den Löseversuchen mit Salzsäure diese unmittelbar als Kalorimeterflüssigkeit diente, entwarfen Biltz und Haase[2] für das Arbeiten mit bromhaltigen und sonstigen Lösungsmitteln die in Abb. 5 wiedergegebene Anordnung.

Ein Reaktionsgefäß a trägt einen eingeschliffenen Stopfen b mit Halsteil. Durch den Halsteil des Stopfens führt ein Glasstab c, der in dem in der Figur schraffierten Teile zu einem Konusschliff erweitert ist und der vermittels dieses Konusschliffes von unten in den Halsteil dicht eingesetzt werden kann. Die Sicherung dieses Verschlusses bildet ein bei d über den Glasstab geschobener kurzer Gummischlauch. Nach unten ist der Glasstab zu einer Haube erweitert, die in der aus der Abbildung ersichtlichen Weise das Aufsteigen der in der Probe enthaltenen Glaskugel innerhalb der Reaktionsflüssigkeit verhindert. In der Mitte der Haube befindet sich ein Glasdorn. Das ganze Gerät wird in dem Kalorimeter (s. oben) an Stelle der vordem verwendeten Einführvorrichtung aus Platin angebracht, und zwar so, daß es, von der Führung c gehalten, mittels der Schnurscheibe f in Rotation um seine eigene Achse versetzt werden kann. Das Arbeiten mit diesem Gerät gestaltet sich folgendermaßen: Die Probe wird in eine dünnwandige, weithalsige Glaskugel eingefüllt und die Kugel zugeschmolzen. Die Kugel wird dann mit der abgemessenen (nicht abgewogenen) Reaktionsflüssigkeit in das Reaktionsgefäß gebracht, das von dieser bis etwas über den unteren Rand des Kugelfanges erfüllt wird; in der Abbildung ist der Flüssigkeitsmeniskus mit g bezeichnet. Nun wird der Verschluß aufgesetzt und gesichert und das Ganze im Kalorimeter montiert. Die Rührwirkung war infolge der gleichzeitigen Vertikal- und Axialrührung ausgezeichnet. Zur Einleitung der Reaktion löst man den Gummischlauch bei d, stößt den Glasstab kurz nach unten, zertrümmert dadurch die Kugel und verschließt den Reaktionsraum sofort wieder durch Hochziehen des Glasstabes und Eindrehen in den Konusschliff. Der Wasserwert der so veränderten Einrichtung setzt sich, abgesehen von dem Gewichte des Kalorimeterwassers und dem Wärmeinhalte der benutzten Reaktionsflüssigkeit, aus dem Wasserwerte des eigentlichen Kalorimeters und dem aus dem Gewichte und der spezifischen Wärme des Glases berechneten Wasserwerte des Reaktionsgefäßes zusammen.

Eine Beschleunigung des Lösungsvorganges läßt sich außer durch katalysierende Zusätze auch durch Anwendung höherer

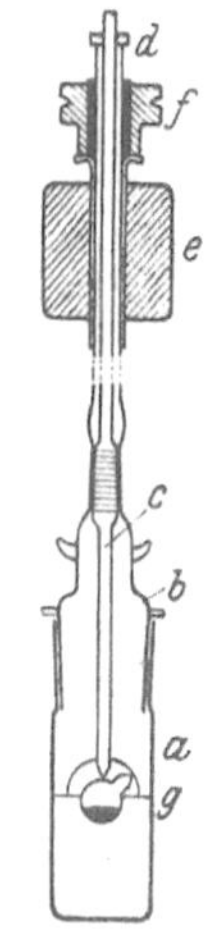

Abb. 5.
Reaktionsgefäß zum Lösungskalorimeter. (Nach W. Biltz und C. Haase.)

[1] Canneri, G., u. A. Rossi: Gazz. chim. ital. Bd. 62 (1932) S. 202.
[2] Biltz, W., u. C. Haase: Z. anorg. allg. Chem. Bd. 129 (1923) S. 141.

Temperatur erreichen. W. A. Roth[1] hat verschiedene Kalorimetertypen zur Bestimmung von Lösungswärmen bei Temperaturen bis 100°
entwickelt; v. Wartenberg und Schütza[2] arbeiteten bei der Messung der Bildungswärme des Fluorwasserstoffs ebenfalls bei 100°. Indessen hat die Hochtemperaturkalorimetrie sich infolge verschiedener
Schwierigkeiten nicht allgemein einbürgern können. Diese Schwierigkeiten bestehen vor allem dann, wenn bei gasentwickelnden Reaktionen
Kalorimeterflüssigkeit verdampft. Häufig wird die Korrektur dann
wesentlich größer als die Wärmetönung der Auflösung!

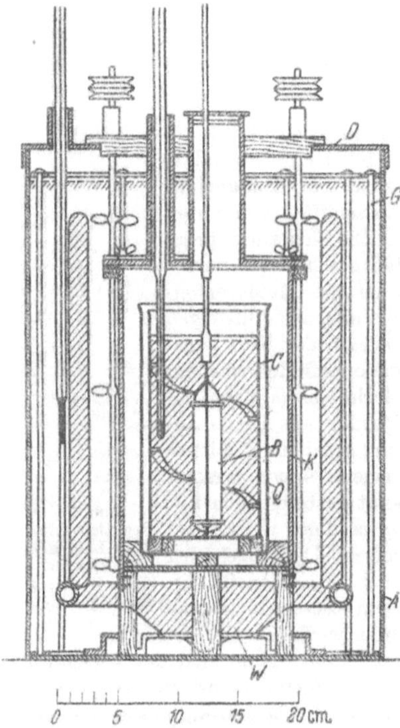

Biltz, Rohlffs und v. Vogel[3] haben durch einen Kunstgriff die Nachteile der Hochtemperaturkalorimetrie vermieden und so zahlreiche schwerer lösliche Legierungen, vor allem des Goldes, thermochemisch untersuchen können. Sie ließen die Reaktion bei 90° in einem zugeschmolzenen, dickwandigen Glasrohr, also einer Art kalorimetrischer Bombe, ablaufen, die das Lösungsmittel enthielt. Die zu lösende Substanz befand sich vor der Reaktion vom Lösungsmittel getrennt in einer Glaskugel, die zum Auslösen der Reaktion zertrümmert wurde. Das Kalorimeter war als ein mit Paraffinöl beschicktes Untertauchkalorimeter ausgebildet. Die genannten Autoren geben dazu folgende Beschreibung:

Das Kalorimeter (Abb. 6) besteht aus 4 Teilen: 1. dem Thermostaten A, 2. dem Kupferkessel K, 3. dem Kalorimeterbecher C und 4. dem Reaktionsgefäß B. Die Arbeitstemperatur von 90° wird sich nach Bedarf bei der gleichen Versuchsanordnung unschwer noch weiter steigern lassen.

Abb. 6. Kalorimeter für Temperaturen bis 100°. (Nach W. Biltz, G. Rohlffs und H. U. v. Vogel.)

Der Thermostat ist ein gut isolierter Kupferzylinder von 30 cm Durchmesser und 40 cm Höhe. Der aufschraubbare Ringdeckel D trägt 4 kleine Stutzen

[1] Roth, W. A., u. P. Chall: Z. Elektrochem. angew. physik. Chem. Bd. 34 (1928) S. 185. — Roth, W. A., H. Umbach u. P. Chall: Arch. Eisenhüttenwes. Bd. 4 (1930) S. 87. — Roth, W. A. u. H. Troitzsch: Arch. Eisenhüttenwes. Bd. 6 (1932) S. 79.
[2] Wartenberg, H. v., u. H. Schütza: Z. anorg. allg. Chem. Bd. 206 (1932) S. 65.
[3] Biltz, W., G. Rohlffs u. H. U. v. Vogel: Z. anorg. allg. Chem. Bd. 220 (1934) S. 113.

zur Führung von 3 Eisenrührern mit je 3 Doppelflügeln und einem Spiralrührer; ferner einen größeren Stutzen zur Aufnahme eines in Zehntelgrade geteilten Thermometers und einen zweiten größeren Stutzen als Durchlaß für das Steigrohr des Thermoreglers (in der Abb. 6 schraffiert). Der Thermostat ist mit so viel Paraffinöl beschickt, daß der Kupferkessel K etwa 7 cm unter die Paraffinoberfläche taucht. Die elektrische Heizung des Paraffinöles wird durch einen Nickelchromdraht vermittelt, der auf ein an der Wandung des Thermostaten stehendes, mit Glasrohr überzogenes Messinggestell (G) aufgewickelt ist. Die Thermostatentemperatur soll während des Betriebes nicht mehr als um 0,05 bis 0,1° schwanken.

Der Kupferkessel K von 25 cm Höhe und 14 cm Durchmesser ist aus 2 mm dickem Blech gefertigt und wird durch die weite Öffnung des Ringdeckels D in den Thermostaten eingeführt; er ruht etwa 7 cm über dem Boden des Thermostaten zentriert auf Holzfüßen. Der Kesseldeckel wird mittels eines stählernen Gegenringes und einer gegen 90° heißes Paraffin sehr widerstandsfähigen Klingeritpackung durch 6 Flügelschrauben so fest auf den Kessel aufgedichtet, daß kein Paraffin von außen eindringt. Die beiden Stutzen des Deckels sind so lang, daß sie durch eine die Mittelöffnung des Thermostatendeckels verschließende Holzplatte bis nach außen reichen. Der eine Stutzen dient zur Aufnahme des Beckmann-Thermometers, der zweite, wesentlich weitere, zur Einführung des Reaktionsgefäßes.

Der eigentliche Kalorimeterbecher C von 19 cm Höhe und 9 cm Durchmesser besteht aus vernickeltem Kupferblech und befindet sich zugleich mit dem als Strahlungsschutz dienenden, ebenfalls vernickelten Kupferbecher Q auf Holzfüßen zentriert in dem Kupferkessel K. Der Abstand zwischen Kalorimeterbecher und Strahlungsschutz beträgt 12 mm. Zum Strahlungsschutz nach oben kann nach Bedarf der Becher noch mit einem Deckel verschlossen werden. Der Kalorimeterbecher ist mit Paraffinum liquidum D.A.-B. 6 (in Abb. 6 schraffiert) gefüllt. Dieses Paraffin wurde vor Gebrauch mehrere Tage auf 200° gehalten, wobei die entweichenden Dämpfe durch einen Kohlensäurestrom von der Flüssigkeitsoberfläche fortgeführt wurden, und dadurch von leicht flüchtigen Anteilen, u. a.

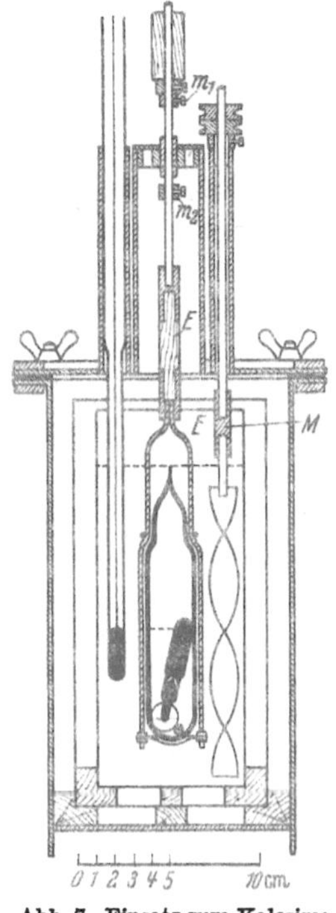

Abb. 7. Einsatz zum Kalorimeter für Temperaturen bis 100°. (Nach W. Biltz, G. Rohlffs und H. U. v. Vogel.)

Wasser, befreit. Ein Nachteil bei der Verwendung von Paraffinöl als Kalorimeterflüssigkeit ist sein geringes Wärmeleitvermögen; man kann aber durch starkes Rühren den Wärmeausgleich genügend groß machen. Einen Vorteil bedeutet die Kleinheit der spezifischen Wärme des Paraffinöls; sie beträgt bei dem verwendeten Präparat etwa 0,55 cal/Grad bei 90°; man erhält somit fast doppelt so große Temperaturdifferenzen als bei derselben Menge Wasser.

Als Reaktionsgefäß (vgl. Abb. 6 und Abb. 7) dient ein zugeschmolzenes Glasrohr von 2 mm Wandstärke, dessen unterer Hauptteil etwa 23 mm weit und 90—100 mm lang ist. Der obere Teil ist etwa 17 mm weit und läuft zu einer Spitze aus. In dem Reaktionsgefäß befindet sich das Lösungsmittel und die Glaskugel („Kirsche") mit Substanz. Nach dem Beschicken der Kirsche mit Substanz führt man in ihren Halsteil ein passendes Stück Glasstab ein, das beim Zuschmelzen der

Kirsche zugleich mit einem Stückchen Platindraht in die Spitze der Kirsche verschmolzen wird. Durch dieses Ausfüllen des Halsteiles vermeidet man den toten Raum, in dem sich nach dem Zerschlagen der Kirsche leicht Substanz der Einwirkung des Lösungsmittels entziehen würde. Man steckt den Halsteil der Kirsche in den Rohrstutzen eines Zerschlagekernes und sichert sie dort, indem man den Platindraht durch ein im Rohrstutzen vorgesehenes kleines Loch zieht und ihn außen verfestigt. Der Zerschlagekern besteht in seinem Hauptteile aus massivem Glas[1]. Bei einer kurzen ruckartigen Vertikalbewegung der Bombe genügt das Gewicht des Zerschlagekernes, um die Substanzkirsche zu zertrümmern. Sehr wirksam wird dies durch eine Glaskugel unterstützt, die in der in Abb. 7 wiedergegebenen Ruhelage seitlich zu sehen ist und die bei der Zerschlagebewegung nach unten rollt[2].

Das Reaktionsgefäß wird durch Anschrauben eines Bodenringes in den Bombenhalter' E (Abb. 7) eingespannt. Dieser Halter besteht aus dem unteren Teile, der Gabel, die aus Messing angefertigt ist, und dem Halterschaft, der oben und unten aus Messing, in der Mitte zur Isolierung aus Holz besteht.

Zum Rühren des Kalorimeterparaffins und des Reaktionsgemisches entwickelten Biltz, Rohlffs und v. Vogel zwei verschiedene Arbeitsverfahren, deren ausführliche Beschreibung der Originalarbeit entnommen werden kann.

Zur Untersuchung schwer löslicher Silikate, Schlacken u. dgl. haben Roth und Troitzsch[3] ein Kalorimeter entwickelt, in dem ein Gemisch von Salzsäure und Flußsäure als Lösungsmittel bei 77° dient. Als geeigneter Werkstoff erwies sich Feinsilber mit einem Einsatz aus Feingold; alle Zusatzgeräte (Rührer, Aufnahmegefäß und Kapsel für den elektrischen Heizwiderstand) waren aus 585er Gold gefertigt. — Für Legierungen wurde das erwähnte Lösungsmittel bisher nicht benutzt, indessen sei ausdrücklich auf die Möglichkeit seiner Verwendung für Legierungen hingewiesen, die gegen schwächere Reagenzien resistent sind (wie z. B. Legierungen und Verbindungen des Tantals). v. Wartenberg[4] verwendete Flußsäure in Gegenwart oxydierender Zusätze als Lösungsmittel bei der Bestimmung der Umwandlungswärme $Si_{amorph} \rightarrow Si_{kristallin}$.

Ähnlich ausführliche Beschreibungen von Kalorimetern zur Auflösung von Metallen und Legierungen in Quecksilber finden sich im Schrifttum nicht. Tayler[5] verwendete ein aus zwei ineinander passenden, reagensglasartigen Rohren zusammengesetztes Gerät mit einem Fassungsraum für 300 bis 500 g Quecksilber, das im Hals

---

[1] Die massiven Glasteile sind in Abb. 7 schwarz angelegt.

[2] Anfänglich nahm man als Zerschlagekern in Glas eingeschmolzene Eisenkörper, lief dabei aber Gefahr, daß bei einer Verletzung des Glases das Eisen mit dem kalorimetrischen Lösungsmittel reagierte.

[3] Roth, W. A., u. H. Troitzsch: Arch. Eisenhüttenwes. Bd. 6 (1932/33) S. 79. — Vgl. auch H. Richter u. W. A. Roth: Arch. Eisenhüttenwes. Bd. 11 (1937/38) S. 417.

[4] Wartenberg, H. v.: Nernst-Festschrift, S. 459. 1912. — Chem. Zentralbl. 1912. II. S. 1095.

[5] Tayler, J. B.: Philos. Mag. J. Sci. [5] Bd. 50 (1900) S. 37. — Vgl. auch die entsprechende Apparatur von A. Magnus u. M. Mannheimer: Z. physik. Chem. Bd. 121 (1926) S. 267.

einer weiteren Glasflasche montiert und zum Schutz gegen Strahlung versilbert war. Ein unten verschließbarer Einfülltrichter erlaubte die Einführung der Substanz, zum Durchmischen diente ein Glasrührer. Tammann und Ohler[1] benutzten eine ähnliche Anordnung, als Kalorimetergefäß ein kleines Becherglas, das in einem Weinhold-Becher stand. Die Beschreibung eines Kalorimeters zur Bestimmung der Verdünnungswärmen flüssiger Amalgame durch Quecksilber findet sich bei Richards und Forbes[2].

Die im Kalorimeter zu messende Wärmetönung ergibt sich aus dem Produkt aus der beobachteten Temperaturerhöhung und dem „Wasserwert" des Gerätes[3]. Unter Berücksichtigung der Einwaage erhält man so die Wärmetönung pro Gramm Substanz. Über die Bestimmung des Wasserwertes vgl. Näheres bei W. A. Roth[4]; man bevorzugt heute ganz allgemein die elektrische Eichung oder schließt die eigenen Messungen an Präzisionsbestimmungen der Lösungswärmen reiner Metalle an. Eine additive Berechnung des Wasserwertes des gesamten Kalorimeters ist zu unsicher. Lediglich für einige Zusatzgeräte, wie z. B. den Halter des Reaktionsgefäßes, für dieses selbst, für das Reaktionsgemisch und das Lösungsmittel usw. erscheint die additive Berechnung eines „Zusatzwasserwertes" unbedenklich. Ausführliche Angaben über Eichung usw. finden sich außer bei W. A. Roth[4] u. a. in den genannten Arbeiten von Biltz und Mitarbeitern[5]. Beim Arbeiten in der geschlossenen Glasbombe erfordern gasentwickelnde Lösungsvorgänge besondere Vorsichtsmaßnahmen, um den Beobachter und das Gerät vor eventuellen Explosionen zu schützen.

Die wichtigste Korrektur bei der isothermen Kalorimetrie ist die für den Wärmeaustausch mit der Umgebung. Von ihrer Zuverlässigkeit hängt die Brauchbarkeit der Messungen entscheidend ab. W. A. Roth[4] hat eine eingehende Anweisung für die Ausführung dieser Korrektur gegeben, Biltz und Hohorst[6] haben das Rothsche Rechenschema durch ein bequemeres ersetzt. Im folgenden soll diese wichtige Korrektur an einem Beispiel durchgerechnet und näher erläutert werden.

Jeder kalorimetrische Versuch besteht aus 3 Teilen: 1. der Vorperiode, d. h. der Zeit vor Beginn der Reaktion, 2. der Hauptperiode,

---

[1] Tammann, G., u. E. Ohler: Z. anorg. allg. Chem. Bd. 135 (1924) S. 118.

[2] Richards, Th. W., u. G. S. Forbes: Publ. Carnegie Inst. Nr. 56 — Z. physik. Chem. Bd. 58 (1907) S. 683.

[3] Summe der Produkte aus den spez. Wärmen und den Massen der an der Temperaturänderung teilnehmenden Teile des Kalorimeters samt Flüssigkeit und Hilfsgeräten.

[4] Roth, W. A.: Thermochemie. Sammlung Göschen. Berlin 1932.

[5] Biltz, W., u. G. Hohorst: Z. anorg. allg. Chem. Bd. 121 (1922) S. 1. — Biltz, W., G. Rohlffs u. H. U. v. Vogel: Z. anorg. allg. Chem. Bd. 220 (1934) S. 113.

[6] Biltz, W., u. G. Hohorst: Z. anorg. allg. Chem. Bd. 121 (1922) S. 1.

in der die Umsetzung abläuft, und 3. der Nachperiode, d. h. der Zeit nach Beendigung der Reaktion. Vor- und Nachperiode dienen zur Ermittlung der spezifischen Eigenheiten des Kalorimeters, in der Hauptperiode wird die Temperatursteigerung infolge der Reaktionswärme gemessen.

Es sei bezeichnet

mit t_1 die Zeit zu Beginn der Reaktion,

mit ϑ_1 die Temperatur zu Beginn der Reaktion,

mit t_2 die Zeit zu Beginn der geradlinigen Nachperiode,

mit ϑ_2 die Temperatur der geradlinigen Nachperiode,

mit ϑ_∞ die Konvergenztemperatur,

mit $\overline{\vartheta}$ das Mittel zwischen je zwei benachbarten Ablesungen der Hauptperiode,

mit z die Zahl der Ablesungen während der Hauptperiode,

mit k die Konstante des Newtonschen Abkühlungsgesetzes („Trägheit des Kalorimeters" oder „spezifische Gangänderung"),

mit v_1 der Gang in der Vorperiode,

mit v_2 der Gang in der Nachperiode.

Es gilt dann:

$$v_1 = k\,(\vartheta_\infty - \vartheta_1) \qquad \text{oder} \qquad \vartheta_\infty = \frac{v_1}{k} + \vartheta_1,$$

$$v_2 = k\,(\vartheta_\infty - \vartheta_2) \qquad \text{oder} \qquad \vartheta_\infty = \frac{v_2}{k} + \vartheta_2;$$

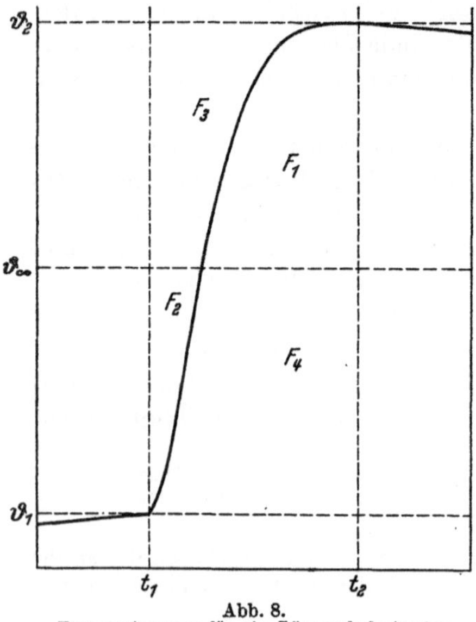

damit ergibt sich:

$$k = \frac{v_1 - v_2}{\vartheta_2 - \vartheta_1}.$$

In Abb. 8 ist der Temperaturgang eines Kalorimeters während eines Lösungsvorganges gezeichnet. Da es sich um ein wirkliches Versuchsdiagramm handelt, kommt hier infolge der Verkleinerung das Ansteigen in der Vorperiode und das Fallen in der Nachperiode nicht sehr stark zum Ausdruck.

Der beobachteten Temperaturdifferenz zu Beginn und am Ende der Hauptperiode $\vartheta_2 - \vartheta_1$ ist eine Korrektur zu addieren, die sich aus dem Produkt aus der Newtonschen Abkühlungskonstanten und der Differenz der Flächen F_1 und F_2 (Abb. 8) zusammensetzt. Diese beiden Flächen lassen sich geometrisch wie folgt ausdrücken:

Abb. 8.
Temperaturgang für ein Lösungskalorimeter.

Die Fläche $F_2 + F_3$ ergibt sich als die Summe der Produkte aus den variablen Differenzen $\vartheta_2 - \bar{\vartheta}$ und dem Zeitelement (1 Minute): $F_2 + F_3 = \sum (\vartheta_2 - \bar{\vartheta}) \cdot 1$. Die Fläche $F_1 + F_3$ ist gleich dem Rechteck aus der konstanten Differenz $\vartheta_2 - \vartheta_\infty$ und der Summe der Zeitelemente $t_2 - t_1$, d. h. der Zahl der Ablesungen während der Hauptperiode z: $F_1 + F_3 = (\vartheta_2 - \vartheta_\infty) \cdot z$. Daraus folgt durch Subtraktion:

$$F_1 - F_2 = (\vartheta_2 - \vartheta_\infty) \cdot z - \sum (\vartheta_2 - \bar{\vartheta})$$

und unter Berücksichtigung von:

$$-v_2 = k(\vartheta_2 - \vartheta_\infty),$$
$$(F_1 - F_2) \cdot k = -v_2 \cdot z - k \cdot \sum (\vartheta_2 - \bar{\vartheta}).$$

Mit der gleichen Berechtigung kann man naturgemäß auch die Flächen $F_1 + F_4$ und $F_2 + F_4$ zur Auswertung benutzen, indessen ist das wegen ihres größeren Inhaltes unbequemer.

Bei der Auflösung von Kupfer in Herschkowitschscher Lösung unter Zusatz von etwas Bromwasser bei 90° wurden die in der Tab. 1 zusammengestellten Zahlen erhalten[1]:

Tabelle 1.

Bestimmung der Lösungswärme von Kupfer in „KBr/Br" bei 90°.

Vorperiode		Hauptperiode			Nachperiode	
ϑ	$\varDelta\vartheta$	ϑ	$\bar{\vartheta}$	$\vartheta_2 - \bar{\vartheta}$	ϑ	$\varDelta\vartheta$
2,3030	+0,0025	2,3340	2,39	1,32	3,7080	−0,0020
2,3055	+0,0025	2,45	2,56	1,15	3,7060	−0,0025
2,3080	+0,0020	2,67	2,79	0,92	3,7035	−0,0025
2,3100	+0,0025	2,90	3,00	0,71	3,7010	−0,0025
2,3125	+0,0025	3,10	3,18	0,53	3,6985	−0,0025
2,3150	+0,0025	3,25	3,31	0,40	3,6960	−0,0020
2,3175	+0,0025	3,37	3,42	0,29	3,6940	−0,0025
2,3200	+0,0020	3,46	3,49	0,22	3,6915	−0,0025
2,3220	+0,0025	3,52	3,55	0,16	3,6890	−0,0025
2,3245	+0,0025	3,57	3,59	0,12	3,6865	−0,0025
2,3270	+0,0025	3,61	3,63	0,08	3,6835	−0,0030
2,3295	+0,0020	3,64	3,65	0,06	3,6810	−0,0025
2,3315	+0,0025	3,66	3,67	0,04	3,6785	−0,0025
2,3340		3,675	3,68	0,03	3,6755	−0,0030
	+0,0024	3,687	3,69	0,02		−0,0025
		3,6960	3,70	0,01		
		3,7005	3,70	0,01		
		3,7035	3,71	0		
		3,7065	3,71	$\sum = 6{,}07$		
		3,7075	3,71	$Z = 20$		
		3,7080				

Mit diesen Daten wird:

$$\vartheta_2 = 3{,}7080 \qquad v_1 = +0{,}0024$$
$$\vartheta_1 = 2{,}3340 \qquad v_2 = -0{,}0025 \qquad k = 0{,}0036$$
$$\overline{\vartheta_2 - \vartheta_1 = 1{,}3740} \qquad \overline{v_1 - v_2 = +0{,}0049}$$

[1] Weibke, Fr.: Z. anorg. allg. Chem. Bd. 232 (1937) S. 289.

Die Korrektur ergibt sich somit zu:

$$(F_1 - F_2) \cdot k = (-20 \cdot -0{,}0025) - 0{,}0036 \cdot 6{,}07$$
$$= +0{,}0284°.$$

Um diesen Betrag ist die abgelesene Temperatursteigerung in der Hauptperiode zu erhöhen, so daß die wahre Temperaturerhöhung durch die Reaktion:

$$\vartheta_2 - \vartheta_1 = 1{,}3740°$$
$$+ \text{Korrektur} = 0{,}0284°$$
$$= \text{wahre Temperaturerhöhung} = 1{,}4024° \text{ beträgt.}$$

Die Wärmetönung für die Auflösung von 1 g Kupfer in Herschkowitschscher Lösung unter Zusatz von Bromwasser (10 cm^3 „KBr/Br" + 5 cm^3 Bromwasser) errechnet sich unter Berücksichtigung eines Gesamtwasserwertes[1] von 415,4 cal pro Grad und einer Einwaage von 0,9997 g Cu zu 582,8 cal/g.

Eine weitere Korrektur betrifft beim Arbeiten im offenen Kalorimeter die für die Verdunstung der Kalorimeterflüssigkeit, vor allem unter der Einwirkung einer Gasentwicklung während des Lösungsvorganges. Infolge dieser Verdunstung wird die Temperaturerhöhung durch die Reaktion zu gering gefunden; die zu addierende Korrektur kann man nach Richards und Burgess[2] leicht im Blindversuch bestimmen, indem man die Temperaturabnahme eines mit Lösungsmittel beschickten Kalorimeters bei der entsprechenden Temperatur pro Liter durchgeleitete trockene Luft ermittelt. Sofern etwa die gleichen Versuchsbedingungen wie bei den genannten Autoren vorliegen, können deren Werte ohne weiteres übernommen werden.

Von der Korrektur für Katalysatoren zur Beschleunigung des Lösungsvorganges war S. 16 schon die Rede, eine besondere Korrektur für die durch das Rühren der Kalorimeterflüssigkeit erzeugte Wärme ist nur beim adiabatischen Arbeiten erforderlich[3], beim isothermen Arbeiten ist diese Korrektur bereits in derjenigen für den Wärmeaustausch mit der Umgebung enthalten. Die Rührung soll so stark sein, daß auch bei schnell verlaufenden Reaktionen keine Temperatur-Zeit-Kurven mit Wendepunkt in der Nachperiode erhalten werden. Ein solcher wird gelegentlich infolge von Wärmestauungen bei zu langsamer Rührung beobachtet; die Temperatur fällt dann nach dem Maximum zunächst ziemlich stark und erst später langsam ab. Die thermochemische Auswertung derartiger Kurven ist sehr unsicher.

Vorzüge und Nachteile der Lösungskalorimetrie.

Zur Kritik des Verfahrens ist folgendes zu sagen: Wie jede Methode zur Bestimmung von Bildungswärmen als kleine Differenzen

---

[1] Davon beträgt der additiv berechnete Zusatzwasserwert für das Lösungsmittel, den Zerschlagekern (Glas), die Glasbombe und den Bombenhalter 26,0 cal.

[2] Richards, Th. W., u. L. L. Burgess: J. Amer. chem. Soc. Bd. 32 (1910) S. 431. — Vgl. auch W. Biltz u. G. Hohorst: Z. anorg. allg. Chem. Bd. 121 (1922) S. 1.

[3] Vgl. u. a. bei Th. W. Richards u. L. L. Burgess: J. Amer. chem. Soc. Bd. 32 (1910) S. 431.

großer Absolutbeträge erfordert die Lösungskalorimetrie äußerste
Präzision in der experimentellen Durchführung. Wie die nachstehende Tab. 2 erkennen läßt, beträgt der Unterschied der Lösungswärmen verschiedener Messinge und ihrer entsprechend zusammengesetzten Metallgemische in „KBr/Br" bei 90° im günstigsten Falle
nur wenige Prozent[1]. Diese Forderung nach experimenteller Genauigkeit betrifft sowohl die kalorimetrische Untersuchung als auch die der
analytischen Zusammensetzung der Versuchsproben, da kleine Unterschiede in der Konzentration, vor allem bei Legierungen aus Komponenten von stark unterschiedlicher Edelart, große Unterschiede der

Tabelle 2. Lösungswärmen einiger Kupfer-Zink-Legierungen und
-Gemische in „KBr/Br" bei 90°[2].

Zusammensetzung		Lösungswärme in cal/g			
% Cu	% Zn	Legierung	Gemisch	Δ cal	Δ %
98,4	1,6	593	595	2	0,3
94,3	5,7	620	625	5	0,8
67,6	32,4	795	825	30	3,5
65,8	34,2	806	838	32	3,8
65,4	34,6	808	841	33	3,9
63,9	36,1	819	853	34	4,0
60,7	39,3	841	876	35	4,0
51,0	49,0	911	949	38	4,0
49,5	50,5	920	960	40	4,2
36,3	63,7	1012	1058	46	4,4

Beträge der Lösungswärmen zur Folge haben können. So unterscheiden
sich schon die Lösungswärmen von Kupfer und Zink um mehr als 100%!

Wegen dieser Umstände verzichtete der erfolgreichste Autor auf
dem Gebiete der Lösungskalorimetrie der Legierungen, W. Biltz, bei
seinen Messungen bewußt auf die vollständige Untersuchung ganzer
Legierungssysteme und wählte singuläre Punkte, intermetallische
Verbindungen, zur Charakterisierung des energetischen Verhaltens
zweier Metalle zueinander aus. War diese Einschränkung einerseits
versuchstechnisch notwendig, um durch eine Häufung der Messungen
an Proben gleicher Zusammensetzung den Genauigkeitsanforderungen
gerecht zu werden, so war sie andererseits recht geschickt getroffen,
da — wie wir heute auf Grund von Untersuchungen vollständiger
Systeme· wissen — die thermisch ausgezeichneten Punkte eines Zustandsbildes auch den Punkten besonderer energetischer Feinheiten
entsprechen. Durchweg sind im energetischen Schaubild einer binären

---

[1] Günstiger liegen die Verhältnisse beim Lösen in Quecksilber, da hier infolge
der kleineren Absolutbeträge der Lösungswärmen der Metalle die Differenz prozentisch größer ist.

[2] Nach Fr. Weibke: Z. anorg. allg. Chem. Bd. 232 (1937) S. 289.

Legierungsreihe lediglich die auch im thermischen Zustandsbild durch Schmelzmaxima besonders hervortretenden intermetallischen Verbindungen durch stärkere Richtungsänderungen oder Wendepunkte zu erfassen, während thermisch weniger beständige Phasen sich energetisch additiv aus den Nachbarphasen aufbauen lassen.

Ein entscheidender Vorteil des Verfahrens der Lösungskalorimetrie liegt darin, daß die Legierungen in jedem beliebigen Zustande gemessen werden können. Das macht es vor allem auch geeignet zur Untersuchung etwa der Wärmetönung bei der Aushärtung vergütbarer Legierungen oder bei der Umwandlung bzw. dem Zerfall von Legierungsphasen. Hier liegt auch ein nicht unwesentlicher Vorzug gegenüber den auf der Auswertung von Gleichgewichtsmessungen beruhenden Methoden. Da es sich indessen bei derartigen Vorgängen durchweg um Wärmetönungen handelt, die nur einen Bruchteil der Bildungswärmen ausmachen, müßte zu ihrer thermochemischen Untersuchung eine weitere Verfeinerung der Meßmethodik unbedingt nötig sein. Der Grund dafür, daß die Messungen sich bisher fast ausschließlich auf Legierungsphasen im thermodynamischen Gleichgewichtszustand erstreckten, liegt auf der Hand. Denn es wäre wohl sinnwidrig, etwaige Ungleichgewichte vor einer Klärung der Grundbedingungen des stabilen Endzustandes einer Prüfung zu unterwerfen.

Aus der Literatur ist ein Fall bekannt, in dem Unterschiede in der Lösungswärme von Aluminium-Zink-Legierungen in Salzsäure nach verschiedenen Lagerzeiten auf Wärmetönungen infolge eines eingetretenen Zerfalls hindeuten, ohne daß das indessen den Autoren selbst recht zum Bewußtsein gekommen zu sein scheint. Mehl und Mair[1] fanden für den Temperaturanstieg beim Lösen zweier Legierungen mit 14,5 bzw. 19,3% Zn unmittelbar nach dem Abschrecken von hoher Temperatur (575 bzw. 550°) und nach einmonatigem Lagern bei Zimmertemperatur Unterschiede von 0,069 bzw. 0,063°. Die Autoren halten das für unerwünscht und haben deshalb ihre Versuche abgebrochen. Offenbar handelt es sich indessen um die Wärmetönung bei der Entmischung der γ-Phase des Systems Al-Zn (vgl. bei diesem S. 149) infolge des Rückganges der Löslichkeit von Zink in Aluminium mit sinkender Temperatur.

2. Bestimmung der Bildungswärmen durch Verbrennungskalorimetrie.

Neben dem mit Erfolg verwendeten Verfahren der Lösungskalorimetrie zur Ermittlung der Bildungswärmen von Legierungen könnte man an eine Untersuchung in der kalorimetrischen Bombe mit dem gleichen Ziele denken. Denn grundsätzlich würde sich ja aus der Differenz der Verbrennungswärmen der Legierung und des gleich zusammengesetzten Metallgemisches die Bildungswärme ergeben. Praktisch stehen indessen diesem Verfahren sehr viele Schwierigkeiten entgegen, die seine Einführung verhinderten. Lediglich bei der thermochemischen

---

[1] Mehl, R. F., u. B. J. Mair: J. Amer. chem. Soc. Bd. 50 (1928) S. 57.

Untersuchung einiger halbmetallischer Verbindungen (Karbide, Silizide, Phosphide) hat es sich bewährt, wobei allerdings auch beträchtliche experimentelle Schwierigkeiten zu überwinden waren und die Ergebnisse häufig kaum Anspruch auf übermäßige Genauigkeit erheben können. Die Gründe für dieses Versagen sind mehrfacher Art.

Erfordert schon die Bestimmung der Bildungswärmen der verschiedenen Oxyde eines in mehreren Wertigkeitsstufen auftretenden Metalls aus verbrennungskalorimetrischen Daten experimentelles Geschick, analytische Erfahrung und scharfe Selbstkritik, so ist das in noch höherem Maße der Fall, wenn man die geringfügigen Unterschiede in der Oxydationswärme der Legierung und des Metallgemisches zu einer Bestimmung von Legierungswärmen ausnutzen will. Hinzu kommt noch, daß — besonders bei Karbiden — die Verwendung einer Hilfssubstanz (Paraffin, Zellophan, Benzoesäure) zur Förderung der Verbrennung notwendig ist. So beträgt die gesuchte Wärmetönung in der Regel nur 1%, häufig noch weniger der insgesamt gemessenen Wärmemenge.

Die Forderung nach gleicher Zusammensetzung und gleichem Zustand der Reaktionsprodukte nach der Verbrennung von Legierung und Gemisch läßt sich bei Metallen mit mehreren Oxydationsstufen nicht leicht aufrechterhalten, da man hier von schwer erfaßbaren Versuchsfeinheiten abhängig ist. Auch können Zusammenlagerungen der Einzeloxyde zu Doppelverbindungen oder Reaktionen mit dem Tiegelmaterial zusätzliche Wärmetönungen bedingen. Häufig wird bei dieser Arbeitsweise auf die eigene Bestimmung der Verbrennungswärme des Metallgemisches verzichtet und diese aus den aus der Literatur bekannten Daten für die reinen Metalle berechnet. Aber auch für bereits als sicher geltende Oxydbildungswärmen ergaben Nachprüfungen unter Verfeinerung der Meßmethoden oder an reineren Materialien zum Teil beträchtlich abweichende Werte.

Eine große Unsicherheit bei der kalorimetrischen Verbrennung liegt auch in der exakten analytischen Erfassung des Reaktionsgemisches beim Vorliegen mehrerer Oxydationsstufen des einen oder vielleicht sogar beider Legierungspartner. So entsteht bei der Verbrennung von Eisen bzw. Zementit ein Gemisch der Oxyde FeO, Fe_3O_4 und Fe_2O_3, dessen analytische Trennung nicht einfach ist.

Da die Oxydation einer Legierung oder einer halbmetallischen Verbindung sich praktisch nicht von der eines Elementes unterscheidet, diese aber nicht in das eigentliche Gebiet der Thermochemie der Legierungen gehört, sei bezüglich der Versuchsausführung auf die einschlägige Literatur[1] verwiesen. Im folgenden werden deshalb nur einige spezielle Eigenheiten der Untersuchung metallischer und halb-

---

[1] Vgl. u. a. W. A. Roth: Thermochemie. Sammlung Göschen. Berlin 1932.

metallischer Verbindungen durch Verbrennungskalorimetrie kurz behandelt.

Muthmann und Beck[1] bestimmten die Verbrennungswärme für einige Legierungen des Cers und Lanthans mit Aluminium, Magnesium und Zink und leiteten aus den Unterschieden gegenüber den reinen Metallen Werte für die Bildungswärmen ab. Diese Werte erscheinen unverhältnismäßig hoch und sind mit den Versuchsdaten anderer Autoren nicht vereinbar (vgl. u. a. beim System Al-La, S. 143). Da Muthmann und Beck bei der Herstellung ihrer Proben starke Wasserstoffentwicklung — wohl aus dem schmelzfluß-elektrolytisch dargestellten seltenen Erdmetall — feststellten, liegt es nahe, den Unterschied auf den verschiedenen Wasserstoffgehalt von Legierung und unverbundenem Metall zurückzuführen. Auf den Einfluß okkludierten Wasserstoffs und Methans als Fehlerquelle bei der kalorimetrischen Untersuchung des Zementits weist auch Roth[2] hin; die Verbrennungswärme eines bei 400° im Hochvakuum entgasten Karbides betrug 2027 ± 7 cal/g gegenüber 2150 ± 4 cal/g vor dieser Behandlung; infolge der Differenzbildung ändert sich dadurch die molekulare Bildungswärme von -26 kcal auf $-3,9$ kcal! Watasé[3] erörtert auf experimenteller Grundlage vor allem zwei Fehlermöglichkeiten bei der Verbrennung des Zementits, die unvollständige Verbrennung infolge teilweiser Zerstäubung des Präparates bei der sehr stürmischen Reaktion und die Bildung eines Silikates durch Umsetzung des geschmolzenen Eisenoxydes mit dem Tiegelmaterial. Die Verwendung eines von Brodie, Jennings und Hayes[4] empfohlenen geschlossenen Einsatztiegels hält er indessen nicht für ratsam, da dadurch infolge des vergrößerten Wärmeinhaltes die Hauptperiode beträchtlich verlängert wird. Auch bei der Verbrennung des Eisenphosphides [Fe_2P] in der kalorimetrischen Bombe bestand die Schwierigkeit einer gewissen Verstäubung und der analytischen Zerlegung des Reaktionsgutes; immerhin gelang es Roth, Meichsner und Richter[5], auf diesem Wege zu einem recht guten Näherungswert für diese metallurgisch wichtige Größe zu gelangen. Analytisch nicht einfacher war die Identifizierung der Bestandteile im Aluminiumkarbid [Al_4C_3] bei dessen thermochemischer Untersuchung durch Verbrennung[6]. Der starke Einfluß der „Hilfsgrößen" erhellt u. a.

---

[1] Muthmann, W., u. H. Beck: Liebigs Ann. Chem. Bd. 331 (1904) S. 46.

[2] Roth, W. A., mit O. Doepke: Z. angew. Chem. Bd. 42 (1929) S. 982.

[3] Watasé, Takeo: Sci. Rep. Tôhoku Imp. Univ. [1] Bd. 17 (1928) S. 1091.

[4] Brodie, G. H., H. W. Jennings u. A. Hayes: Trans. Amer. Soc. Steel Treat Bd. 10 (1926) S. 615.

[5] Roth, W. A., A. Meichsner u. H. Richter: Arch. Eisenhüttenwes. Bd. 8 (1934/35) S. 239.

[6] Meichsner, A., u. W. A. Roth: Z. Elektrochem. angew. physik. Chem. Bd. 40 (1934) S. 19.

aus der Tatsache, daß durch eine Neubestimmung der Bildungswärme des Korunds[1] die Bildungswärme des $[Al_4C_3]$, in deren Berechnung dieser Wert eingeht, auf das $2^1/_2$fache erhöht wurde!

Im weiteren Sinne gehört zur Verbrennungskalorimetrie auch das von Mixter[2] ausgearbeitete und zur Bestimmung der Bildungswärmen von Sulfiden angewandte Natriumsuperoxydverfahren. Zeumer und Roth[3] haben gelegentlich der Bestimmung der Bildungswärme des Zinksulfides auf diesem Wege eine Kritik der Methode gegeben. Auch hier erhält man die Bildungswärme des Sulfides als kleine Differenz der Oxydationswärmen der Verbindung und des Gemisches der Komponenten. Zeumer und Roth betonen nachdrücklich die Notwendigkeit, das äquivalent zusammengesetzte Gemisch zu oxydieren, da die Natriumsuperoxydschmelzen komplizierte Systeme darstellen, so daß bei getrennter Vornahme der Oxydation der Partner die Endzustände nicht vergleichbar sind. Auch wird über die mangelnde Beständigkeit der Tiegelmaterialien gegen die Schmelze geklagt, am meisten bewährte sich noch schwach vergoldetes Silber. Die von Zeumer und Róth in Anlehnung an die Angaben von Mixter entworfene Apparatur zeigt Abb. 9.

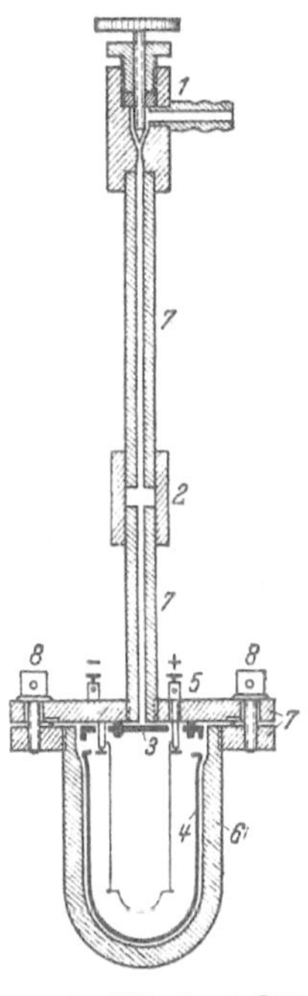

Abb. 9. Mikrobombe für das Natriumsuperoxydverfahren nach Mixter. (Nach H. Zeumer und W. A. Roth.)

Eine Mikrobombe (6) aus 800er Silber ist in einen Messingring (7) gefaßt, auf dem mit Stahlschrauben (8) ein Messingdeckel befestigt wird, der Zündung (5) und Zuleitungsrohr (7) trägt. In der Bombe ruht ein innen vergoldeter Feinsilbertiegel (4), in dem die Reaktion vor sich geht; darüber befindet sich eine Feinsilberplatte (3), um das Messing vor Spritzern zu schützen. Das Messingrohr, das aus dem Kalorimeter herausragt und oben ein Kegelventil (1) trägt, ist zur Verringerung der Wärmeverluste durch Leitung durch ein Pertinaxrohr (2) unterbrochen. Gezündet wird mit einem dünnen Platindraht, der an zwei dickeren Platinzuführungen befestigt war. Die Mikrobombe steht in einem Kalorimeter für eine gewöhnliche Makrobombe. Zur Bestimmung des Wasserwertes kann eine kleine Heizmanschette über die Mikrobombe gezogen werden, deren Wasserwert in Abzug gebracht wird. Die elektrische Eichung geschieht in der üblichen Weise aus Widerstand, elektromotorischer Kraft nach der Kompensationsmethode und Heizdauer mit einer öfters kontrollierten Stoppuhr. Der Wasserwert war bei Zeumer und Roth $3070 \pm 1,2$ cal pro Grad.

---

[1] Roth, W. A., Ursula Wolf u. Olga Fritz: Z. Elektrochem. angew. physik. Chem. Bd. 46 (1940) S. 42.

[2] Mixter, W. G.: Amer. J. Sci. [4] Bd. 24 (1907) S. 130; [4] Bd. 36 (1913) S. 55; [4] Bd. 43 (1917) S. 27 — Z. anorg. allg. Chem. Bd. 83 (1913) S. 97.

[3] Zeumer, H., u. W. A. Roth: Z. anorg. allg. Chem. Bd. 224 (1935) S. 257.

Das Verfahren wäre, wie auch schon Zeumer und Roth betonen, im Prinzip zur Bestimmung der Bildungswärmen von Siliziden, Phosphiden und anderen halbmetallischen Verbindungen geeignet; Ruff und Grieger[1] ermittelten so die Bildungswärme des Siliziumkarbids [SiC]. Die größte Unsicherheit liegt in der Bestimmung der bei der Reaktion umgesetzten Menge und in der Korrektur für etwaige Verunreinigungen.

Hier soll noch auf ein Verfahren hingewiesen werden, das es in vielen Fällen, in denen andere Methoden versagen, ermöglichen wird, die Bildungswärme einer Legierung doch noch mit brauchbarer Genauigkeit meßbar zu machen. Es ist die Bestimmung der Bildungswärmen aus der Differenz der Fluorierungswärmen der Legierung und ihrer Komponenten. Das Verfahren, das im erweiterten Sinne mit zur Verbrennungskalorimetrie gerechnet werden kann, wurde bisher nur beim Siliziumkarbid, und zwar durch v. Wartenberg und Schütte[2] zur Anwendung gebracht. Die Fluorierung geschah dabei in einem zunächst mit Stickstoff gefüllten Platinkalorimeter in einem mit Kalziumfluorid ausgekleideten Platintiegel.

So ist das Verfahren der Verbrennungskalorimetrie bei Legierungen hauptsächlich dann angewendet worden, wenn andere Verfahren infolge der Unlöslichkeit der Komponenten oder Verbindungen in gebräuchlichen Lösungsmitteln oder aus anderen Gründen nicht zum Ziele führen konnten. Da bei der Verbrennungskalorimetrie die gesuchte Wärmetönung nach dem Hessschen Satz berechnet und als sehr kleine Differenz großer Absolutbeträge erhalten wird und in die Rechnung überdies zahlreiche Hilfsgrößen eingehen, die man häufig nicht selbst bestimmt, sollte man die Erwartungen an die Genauigkeit des Endergebnisses nicht überspannen. Das Verfahren setzt viel Erfahrung voraus.

3. Bestimmung der Bildungs- und Mischungswärmen durch unmittelbare Vereinigung der Komponenten im Kalorimeter.

Während die Messung der Wärmetönung bei der unmittelbaren Einwirkung von Gasen auf Metalle ein gebräuchlicher Weg zur Bestimmung der Bildungswärmen der Oxyde und neuerdings auch der Nitride ist, erfolgte die kalorimetrische Erfassung der Reaktionswärme bei der Vereinigung zweier Metalle, also bei deren Legierung, erst in jüngster Zeit. Gleichwohl ist die Tatsache, daß bei der direkten Vereinigung von Metallen teilweise beträchtliche Wärmemengen frei werden können, dem Metallurgen schon seit längerer Zeit bekannt.

---

[1] Ruff, O., u. P. Grieger: Z. anorg. allg. Chem. Bd. 211 (1933) S. 145.
[2] Wartenberg, H. v., u. R. Schütte: Z. anorg. allg. Chem. Bd. 211 (1933) S. 222.

Person[1] zeigte als erster qualitativ, daß beim Vermischen von gleichtemperiertem, geschmolzenem Blei und Wismut das Thermometer ansteigt. In ähnlicher Richtung bewegten sich Untersuchungen von Döbereiner[2], der bei der Zugabe von flüssigem Blei zu flüssigem Wismut und von flüssigem Wismut zu flüssigem Zinn eine Abkühlung beobachtete, von Regnauld[3], Phipson[4] und schließlich von Sauerwald[5], nach dessen Feststellungen beim Vermischen von geschmolzenem Kupfer und Antimon im Atomverhältnis 3 : 1 bei 1200° eine mittlere Temperatursteigerung von 60° auftritt. Die ersten systematischen Untersuchungen über die Mischungswärmen geschmolzener Metalle stammen von Mazzotto[6]; auch Herschkowitsch[7] erwog bereits die Entwicklung einer Methode zur Bestimmung von Mischungswärmen flüssiger Legierungen auf der Grundlage der direkten Vereinigung der Komponenten im Kalorimeter. Austin und Murphy[8] beobachteten starke Temperaturerhöhungen bei der Zugabe von Aluminium zu einer geschmolzenen Kupfer-Nickel-Legierung, und Thews[9] stellte fest, daß bei der Herstellung von Kupfer-Aluminium-Legierungen Temperaturanstiege von 280 bis 330° auftreten. Früher war man geneigt, solche Wärmetönungen der Reduktion des im Kupfer enthaltenen Oxyds durch das Aluminium zuzuschreiben. Hierzu stand aber im Widerspruch, daß ähnlich große Wärmetönungen auch bei der Zugabe des edleren Nickels zu Aluminium auftreten[8], und Amic[10] schreibt die von Thews festgestellte exotherme Reaktion ausschließlich der Bildung der intermetallischen Verbindungen $CuAl_2$ und $CuAl$ zu.

Daß auch bei der Reaktion fester Metalle miteinander bemerkenswerte Wärmetönungen auftreten können, zeigte u. a. Walter[11], indem er ein Gemisch von Eisen und Silizium erhitzte. Bei 1250° C, also weit unterhalb der Schmelzpunkte der beiden Partner, setzte eine spontane Umsetzung ein, die in wenigen Sekunden den ganzen Tiegelinhalt verflüssigte und eine stark überhitzte Schmelze hinterließ. Ähnlich stürmisch verlief die Einwirkung des Siliziums auf Mangan, Nickel, Kobalt, Chrom, Wolfram und Molybdän.

Um zu prüfen, ob sich aus dem Vorzeichen der Mischungswärmen Aussagen über den Stabilitätsunterschied des Eisenkarbids und des Nickelkarbids in flüssigen Eisen-Nickel-Kohlenstoff-Legierungen machen lassen, gaben Sauerwald und Fleischer[12] einmal zu 250 g einer Nickel-Kohlenstoff-Schmelze mit 2,32% C 250 g Eisen und maßen bei 1530° eine mittlere Temperaturerhöhung von 37°. Beim Zugeben von 250 g Nickel zu einer Eisen-Kohlenstoff-Legierung mit 2,24% betrug bei 1565° die Temperatursteigerung im Mittel 51°. Daraus schlossen die genannten

---

[1] Person, C. C.: Pogg. Ann. Bd. 76 (1848) S. 586.

[2] Döbereiner, J. W.: Ann. Chim. Phys. [2a] Bd. 32 S. 134.

[3] Regnauld, J.: C. R. Séances Acad Sci. Paris Bd. 51 (1860) S. 778.

[4] Phipson: Bull. Soc. Chim. Bd. 5 (1866) S. 243.

[5] Sauerwald, F.: Z. Elektrochem. angew. physik. Chem. Bd. 29 (1923) S. 85.

[6] Mazzotto, D.: Rend. Ist. Lombard. [3] Bd. 18 (1884) S. 165.

[7] Herschkowitsch, M.: Z. physik. Chem. Bd. 27 (1898) S. 123.

[8] Austin, C. R., u. A. J. Murphy: J. Inst. Metals (London) Bd. 29 (1923) S. 327.

[9] Thews, R.: Rev. Fond. mod. 1935 (25. April) — vgl. Metall. Abs. Bd. 3 (1936) S. 247.

[10] Amic, F.: Rev. Fond. mod. 1936 (2. Febr.) S. 71 — vgl. Metall. Abs. Bd. 3 (1936) S. 247.

[11] Walter, R.: Z. Metallkunde Bd. 13 (1921) S. 225.

[12] Sauerwald, F., u. F. Fleischer: Z. Elektrochem. angew. physik. Chem. Bd. 39 (1933) S. 686.

Autoren, daß die gemessene Wärmetönung in erster Linie durch den Zusammentritt von Eisen und Nickel bedingt ist und daß ein erheblicher Unterschied in der Bildungswärme der beiden Karbide nicht anzunehmen ist.

Der Vorschlag, die Vereinigung der Komponenten zur festen Verbindung so zu leiten, daß die dabei auftretende Wärmetönung sich kalorimetrisch bestimmen läßt, erscheint zunächst etwas kühn. Am naheliegendsten war dieser Versuch noch bei den Sulfiden, denn man kann ja bekanntermaßen eine äquimolekulare Mischung aus Eisen und Schwefel durch Initialzündung zur vollständigen, rasch durch die ganze Masse fortschreitenden Umsetzung bringen, und auch Kobalt läßt sich so bis zu Schwefelgehalten über CoS_2 hinaus aufschwefeln[1]. Der Versuch, die Bildung von Schwefeleisen im Kalorimeter vorzunehmen und die frei werdende Reaktionswärme zu messen, ist von Parravano und de Cesaris[2], von Naeser[3] und von Zeumer und Roth[4] gemacht worden. Die Ergebnisse schwanken um etwa 5%. Da die Versuchsführung grundsätzlich bei diesen Autoren nicht sehr verschieden ist, soll hier nur die Methode nach der jüngsten dieser Arbeiten (Zeumer und Roth) im einzelnen beschrieben werden.

Verwendet wird die kalorimetrische Mikrobombe nach Roth[5], die in einem normalen Kalorimeter mit Beckmann-Thermometer und rotierendem Rührer steht. Die Eichung erfolgt elektrisch. An Stelle der Platinarmaturen sind zwei starke Kupferdrähte angeschraubt, an deren untere Enden ein zur Spirale gewickelter Stahldraht für die elektrische Entzündung des Eisen-Schwefel-Gemisches angeschweißt ist. Das Gemisch befindet sich in einem Eisenschälchen. Zwischen dem Boden des Schälchens und der Mikrobombe liegt ein Glimmerplättchen, um eine zu rasche Wärmeableitung während der Zündung zu verhindern. Ein weiteres Glimmerplättchen ist innen auf dem Boden des Eisenschälchens angebracht, um einen Kurzschluß in den Windungen der Zündspirale zu verhindern; ein drittes Plättchen endlich dicht über dem Schälchen dient der Vermeidung einer Verstäubung der Substanz. Vor dem Versuch wird evakuiert, mit Stickstoff gefüllt, wieder evakuiert, um während der Zündperiode möglichst geringe Wärmeverluste zu haben. Nach der Reaktion wird wieder Stickstoff eingelassen, um für einen raschen Wärmeaustausch zu sorgen. Da sowohl das Evakuieren als auch das Wiedereinlassen von Stickstoff während der Hauptperiode erfolgt, erübrigte sich hierfür die Anbringung einer Korrektur. Das Eisenschälchen wird außerhalb der Bombe mit einer bestimmten Menge des Eisen-Schwefel-Gemisches beschickt, die Zündspirale hineingedrückt und das Gemisch nunmehr mit überschüssigem Eisenpulver überschichtet. Dann wird das Schälchen mit Hilfe eines vorher daruntergelegten Zwirnsfadens, ohne die Spirale wieder herauszuziehen, in das Unterteil

[1] Vgl. O. Hülsmann u. W. Biltz: Z. anorg. allg. Chem. Bd. 224 (1935) S. 73.

[2] Parravano, N., u. P. de Cesaris: Gazz. chim. ital. Bd. 47 (1917) S. 144.

[3] Naeser, G.: Mitt. Kaiser-Wilhelm-Inst. Eisenforsch. Düsseldorf Bd. 16 (1934) S. 1.

[4] Zeumer, H., u. W. A. Roth: Z. physik. Chem., Abt. A Bd. 173 (1935) S. 365.

[5] Roth, W. A.: Thermochemie. Sammlung Göschen. Berlin 1932. — Roth, W. A., H. Ginsberg u. R. Lassé: Z. Elektrochem. angew. physik. Chem. Bd. 30 (1924) S. 417, 607.

der Bombe gebracht. Der Faden kann dann vorsichtig herausgezogen werden. Die Überschichtung des äquivalenten Gemenges von Eisen und Schwefel mit Eisenpulver hat den Zweck, den bei Einschaltung des Zündstromes verdampfenden Schwefel zurückzuhalten; so kann ein fast 100proz. Umsatz erreicht werden. Um das Evakuieren der Bombe sowie das Füllen mit Stickstoff zu ermöglichen, ist an das Auslaßventil ein Kupferröhrchen angeschlossen, das aus dem Kalorimeterwasser ein wenig herausragt und durch einen Gummischlauch wahlweise mit der Pumpe oder der Stickstoffflasche verbunden werden kann. Ganz besonderer Wert muß auf die genaue Bestimmung der umgesetzten Eisen- bzw. Schwefelmenge gelegt werden. Die Meßgenauigkeit des Verfahrens wird bei Beachtung aller dieser Feinheiten zu $\pm 0{,}04$ kcal errechnet und auf etwa $\pm 0{,}1$ kcal geschätzt.

Auf dem gleichen Wege, also durch Entzündung eines Metall-Schwefelgemisches im Kalorimeter, wurden die Bildungswärmen einer Reihe weiterer Sulfide bestimmt, und zwar diejenigen von CdS[1], ZnS[2], Ag_2S[3], MnS[4], CuS und Cu_2S[5]. Nach den Erfahrungen von Kapustinski und Korshunow ist es erforderlich, mit besonders reinen und fein verteilten Metallen zu arbeiten, damit die durch die Entzündung eingeleitete Reaktion zu Ende verläuft. Eine solche feine Verteilung läßt sich durch Zerstäubung der Metalle in Wasserstoff erreichen.

Zur Bestimmung der Bildungswärme von [MnS] pressen Wologdine und Penkiewitsch Pastillen aus einem Gemisch von Mangan und Schwefel, die sie durch einen Zündsatz von Aluminium und Kaliumchlorat mittels eines Fadens aus Schießbaumwolle in der kalorimetrischen Bombe in Stickstoff zur Reaktion bringen. Die entstandenen Mengen [MnS] und [Al_2S_3] werden analytisch bestimmt und von der gemessenen Wärmetönung der auf die Bildung von [Al_2S_3] entfallende Anteil abgezogen. Das erscheint jedoch wegen der Größe und der Unsicherheit der Korrekturen gewagt, und der von diesen Autoren angegebene Wert liegt unverhältnismäßig hoch und ist mit anderen Messungen unvereinbar.

Auch die Bildungswärme des Silbersulfides [Ag_2S] läßt sich durch direktes Erhitzen von Schwefel mit Silber im Kalorimeter bestimmen; da die Wärmetönung aber gering ist (vgl. im Kap. II, S. 130), ist hierzu eine Erhöhung der Reaktionstemperatur auf $90°$ erforderlich. Auch hier ist die Reaktionsgeschwindigkeit außerdem entscheidend von der Korngröße des verwendeten Silbers abhängig; Zeumer und Roth[3] erreichten mit Heraeusscher Silberwolle (0,04 mm Durchmesser) eine Umsetzung bis zu 90%, während dieselbe mit frisch gefälltem molekularem Silber äußerst gering war.

---

[1] Kapustinski, A. F., u. I. A. Korshunow: Shurnal fisitscheskoi Chimii Bd. 11 (1938) S. 213 — Chem. Zbl. 1938 II S. 3662.

[2] Kapustinsk·, A. F., u. I. A. Korshunow: Shurnal fisitscheskoi Chimii Bd. 11 (1938) S. 220 — Chem. Zbl. 1938 II S. 3662.

[3] Zeumer, H., u. W. A. Roth: Z. physik. Chem., Abt. A Bd. 173 (1935) S. 365.

[4] Wologdine, S., u. B. Penkiewitsch: C. R. Séances Acad. Sci. Paris Bd. 158 (1914) S. 498.

[5] Wartenberg, H. v.: Z. physik. Chem. Bd. 67 (1909) S. 446.

Zum Hochheizen der Mischung wurde ein besonderer Mikroofen entwickelt, der einerseits die erforderliche elektrische Energie auf ein Minimum zu beschränken gestattete und andererseits nach der Umsetzung für einen raschen Temperaturausgleich zur Abkürzung der Hauptperiode des Versuches Sorge trug. Abb. 10 zeigt den Apparat im Schnitt. Ein kleines Röhrchen (1) zur Aufnahme des Silber-Schwefel-Gemisches, das außen mit Glasknöpfen zur Befestigung der Heizwicklung (7) versehen ist, ist mit weißem Siegellack in einen Glasschliff (2) eingekittet. Das Röhrchen ist mit einem Gummistopfen verschlossen, durch den ein kleines Thermoelement (3) bis in das Reaktionsgemisch führt. Das Thermoelement gestattete, die Temperatur des Reaktionsgemisches auf etwa 1° genau zu bestimmen.

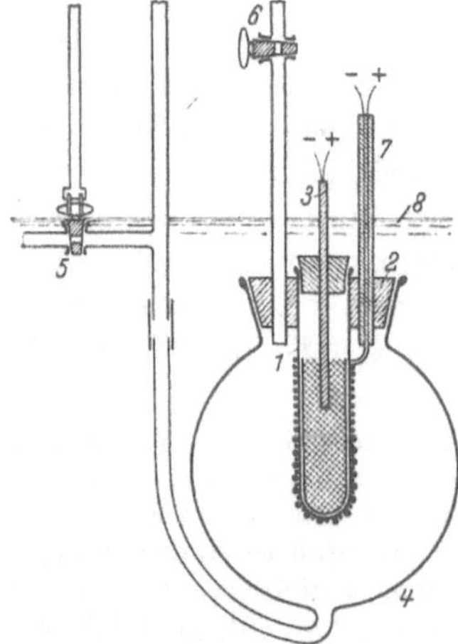

Abb. 10. Elektrischer Mikroofen zur Synthese von Silbersulfid im Kalorimeter. (Nach H. Zeumer und W. A. Roth.)

Der Schliff mit dem Reaktionsröhrchen verschließt ein birnenförmiges Gefäß (4), das auf der Innenseite gut verspiegelt ist. An seinem unteren Ende ist ein Röhrchen angeblasen, das durch Gummischlauch mit einem T-Stück verbunden ist. Der eine Schenkel des T-Stückes führt zu einer Vakuumpumpe, der andere endet in einem kleinen Glashahn (5), dessen Öffnung sich noch unterhalb des Wasserspiegels (8) im Kalorimeter befindet.

Zu Beginn der Hauptperiode wird evakuiert, um Abstrahlung möglichst zu vermeiden und damit die zugeführte elektrische Energie nur zum Hochheizen des Gemisches zu verwenden. Der Temperaturanstieg im Reaktionsröhrchen wird mit Hilfe des Thermoelementes gemessen. Sobald ein beschleunigtes Ansteigen der Temperatur den Beginn der Reaktion anzeigt, wird der Strom unterbrochen. Beginnt die Temperatur wieder zu fallen — ein Zeichen, daß die Reaktion beendet ist —, so wird der Hahn (5) geöffnet, so daß das Kalorimeterwasser in das verspiegelte Gefäß (4) einströmt. Nach kurzer Zeit wird durch gelinden Überdruck (bei 6) das Wasser wieder in das Kalorimetergefäß zurückgedrückt. Durch zweimalige Wiederholung dieses Vorganges wird ein relativ schneller und sicherer Temperaturausgleich erzielt. Die Eichung des Kalorimeters erfolgt elektrisch, und zwar unter Benutzung der Heizwicklung des Reaktionsröhrchens als Heizwiderstand. Der Wasserwert betrug bei Zeumer und Roth 551,4 ± 0,8 cal/Grad. Die Analyse des Reaktionsgutes bereitete Schwierigkeiten; es gelang mit Sicherheit nur, den nicht in Reaktion getretenen Schwefel mit Schwefelkohlenstoff zu extrahieren und aus der Differenz gegenüber der Einwaage den Umsatz zu berechnen.

Die unmittelbare Vereinigung der festen Partner im Kalorimeter bei Zimmertemperatur unter Bestimmung der dabei auftretenden Reaktionswärme ist nun jedoch nur möglich in ähnlich reaktionsfähigen Mischungen, wie sie die genannten Metall-Schwefel-Systeme darstellen. Gemische aus mehreren Metallen lassen sich, wenn überhaupt, im festen Zustand erst bei starker Erhöhung der Temperatur zur Umsetzung bringen. Anders dagegen Metallschmelzen, deren völlige Durchmischung ja ohne Schwierigkeiten möglich ist. So hat es denn auch nicht an Versuchen gefehlt, auf diesem Wege die Mischungswärmen bei der Vereinigung der Schmelzen mehrerer Metalle zu bestimmen. Abgesehen von einigen bereits erwähnten mehr qualitativen Versuchen sind hier vor allem die Untersuchungen von Kawakami[1] und von Magnus und Mannheimer[2] über die Mischungswärmen einiger niedrig schmelzender Legierungsreihen zu nennen.

Kawakami entwickelte 3 isotherme Kalorimeter für höhere Temperaturen, von denen das erste der klassischen Thomsonschen Anordnung zur Bestimmung von Wärmetönungen beim Vermischen wäßriger Lösungen (Neutralisationswärmen, Mischungswärmen, Verdünnungswärmen) weitgehend entspricht (Abb. 11). Der Thermostat ist ein zylindrisches Gefäß aus Eisenblech mit elliptischem Querschnitt, das elektrisch durch eine Chromnickel-Drahtwicklung geheizt wird. Als Thermostatenflüssigkeit wird das eutektische Gemisch von Kalium- und Natriumnitrat verwendet, das mittels des Rührers G aus Eisen durchmischt wird. Die Temperaturmessung geschieht mit einem Thermoelement aus Kupfer-Konstantan (T_4), dessen Lötstelle isoliert auf dem Boden einer Kupferhülse steht. Das eigentliche Kalorimeter besteht aus dem Gefäß A, das auf Brücken aus Korund steht, und dem Rührer C, beide aus Eisen. Bei der Messung wird das schwerer schmelzbare Metall in das Gefäß A, das leichter schmelzbare in das Gefäß B, gleichfalls aus Eisen, gebracht. Der Rührer ist an einem Korundrohr befestigt, in dessen hohler Achse ein Thermoelement zur Bestimmung der Temperatur des geschmolzenen Metalls steckt (T_1). Der Boden des Gefäßes B hat eine kleine Öffnung, in die ein kurzer Eisenstab eingeschraubt ist, der mit seinem oberen Ende an einem Korundrohr (D) befestigt

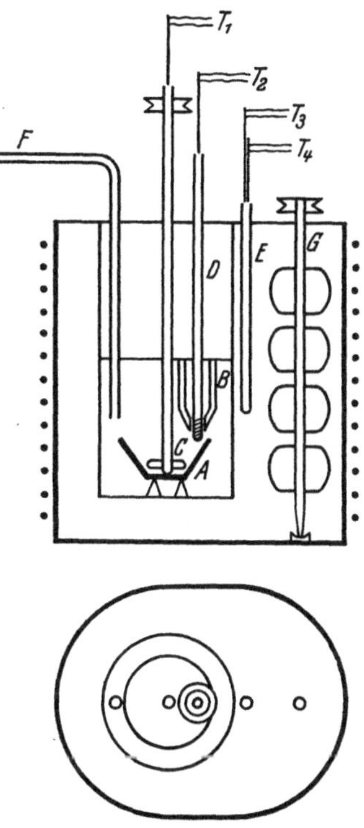

Abb. 11. Kalorimeter zur Bestimmung von Mischungswärmen niedrig schmelzender Metalle. (Nach M. Kawakami.)

ist. Ein Thermoelement auch innerhalb dieses Rohres gestattet die Messung der Temperatur der zweiten Schmelze. Wird nun der Stab aus der Öffnung in B entfernt, so fließt das geschmolzene Metall aus dem Gefäß B in das Gefäß A. Gereinigter und getrockneter Wasserstoff, der durch das Rohr F eintritt, soll eine Oxydation der Schmelzen verhindern. Zur Bestimmung der Temperaturänderung in B dient das Differential-Thermoelement $T_1 T_3$. Geeicht wurde nach dem Verfahren der Mischungswärme unter Verwendung des einen der zu untersuchenden geschmolzenen Metalle und von festem Elektrolyteisen; der Wasserwert des Kalorimeters war sehr niedrig (etwa 5 cal/Grad bei 250°). Die zur Reaktion gelangenden Metallmengen betrugen etwa $^1/_5$ Grammatom.

[1] Kawakami, M.: Z. anorg. allg. Chem. Bd. 167 (1927) S. 345 — Sci. Rep. Tôhoku Imp. Univ. Bd. 16 (1927) S. 915; Bd. 19 (1930) S. 521.

[2] Magnus, A., u. M. Mannheimer: Z. physik. Chem. Bd. 121 (1926) S. 267.

Das zweite Kalorimeter für Systeme mit großer Mischungswärme enthielt als Kalorimeterflüssigkeit Glyzerin; die Messung der Temperaturerhöhung geschah mit Hilfe eines Beckmann-Thermometers. Seinem Verwendungszweck entsprechend war der Wasserwert dieses Gerätes höher (235 cal/Grad).

Den besonderen Anforderungen für höhere Temperaturen (700°) angepaßt war endlich ein drittes Kalorimeter, bei dessen Bau auf eine Füllflüssigkeit verzichtet wurde und bei dem an Stelle des Thermostaten ein elektrischer Ofen zur Verwendung kam.

Die von Magnus und Mannheimer entwickelte Anordnung bedient sich ebenfalls eines elektrischen Ofens als Heizmantel, als Kalorimetergefäß wird ein dünnwandiger, zylindrischer Eisentiegel benutzt. Das niedriger schmelzende Metall befindet sich vor der Mischung in diesem Kalorimetergefäß, während zur Aufnahme des zweiten Metalls ein birnenförmiges Glasgefäß dient. Dieses Gefäß trägt unten eine Öffnung, die mit Hilfe einer an ein Glasrohr angeblasenen Kugel verschlossen werden kann.

Einen entscheidenden Fortschritt für die Thermochemie der Legierungen brachten die Arbeiten von Körber und Oelsen[1], in denen aus der Wärmetönung bei der unmittelbaren Vereinigung zweier oder mehrerer Metalle im Kalorimeter die Bildungswärmen der entstehenden festen Legierungen bestimmt werden. Führt man nämlich die Vereinigung in der Weise durch, daß man die eine geschmolzene Komponente auf die andere feste, im Kalorimeter bei Zimmertemperatur befindliche aufgießt, so ergibt sich aus der gemessenen Reaktionswärme unter Berücksichtigung der durch das geschmolzene Metall eingebrachten Wärmemenge unmittelbar die Bildungswärme der Legierung. Bei sehr stürmisch verlaufenden Reaktionen, wie bei der Bildung der Silizide der Metalle der Eisengruppe, erreicht man auf diese Weise ein völliges Durchreagieren; bei trägeren Umsetzungen oder bei solchen mit leicht oxydierbaren und dadurch mit Oxydhäuten überzogenen Metallen, wie Aluminium, ist es notwendig, die Vereinigung beider Komponenten im geschmolzenen Zustand vorzunehmen. Um die Meßfehler bei den Versuchen möglichst klein zu halten, verwendeten Körber und Oelsen verhältnismäßig große Einwaagen (etwa 1 Grammatom der im Überschuß vorhandenen Komponente) und demgemäß ein Kalorimeter mit einem Wasserwert von etwa 7 kcal/Grad. Im einzelnen hat das von diesen Autoren entwickelte und zur Bestimmung der Bildungswärmen von Legierungen

---

[1] Vgl. u. a. F. Körber, W. Oelsen, W. Middel u. H. Lichtenberg: Stahl u. Eisen Bd. 56 (1936) S. 1401. — Körber, F., u. W. Oelsen: Mitt. Kaiser-Wilhelm-Inst. Eisenforsch. Düsseldorf Bd. 18 (1936) S. 109. — Oelsen, W. u. H.-O. v. Samson-Himmelstjerna: Mitt. Kaiser-Wilhelm-Inst. Eisenforsch. Düsseldorf Bd. 18 (1936) S. 131. — Oelsen, W., u. W. Middel: Mitt. Kaiser-Wilhelm-Inst. Eisenforsch. Düsseldorf Bd. 19 (1937) S. 1. — Körber, F., W. Oelsen u. H. Lichtenberg: Mitt. Kaiser-Wilhelm-Inst. Eisenforsch. Düsseldorf Bd. 19 (1937) S. 131. — Körber, F., u. W. Oelsen: Mitt. Kaiser-Wilhelm-Inst. Eisenforsch. Düsseldorf Bd. 19 (1937) S. 209.

vornehmlich der Metalle der Eisengruppe benutzte Gerät die aus Abb. 12 ersichtliche Ausführung.

In einem dickwandigen Eisengefäß (f) befindet sich, durch eine Sandschicht (e) getrennt, ein bei 1000° vorgebrannter Tiegel (d) aus Klebsand[1]. Der Sandtiegel kann durch einen Deckel (a) aus dem gleichen Material verschlossen werden, so daß das Gefäß mit der Metallschmelze geschüttelt und auch völlig umgekehrt werden kann, um eine gute Durchmischung zu erzielen. Bei Metallpaaren, die beim Zusammengießen zum Spritzen neigen (Ni-Al), wird der Sanddeckel zweckmäßig durch einen Trichter ersetzt. Das ganze Gefäß wird durch einen übergreifenden eisernen Deckel (b) verschlossen, so daß es in Wasser gebracht werden kann, ohne daß dieses in das Innere gelangt. Das Reaktionsgefäß wird mit Hilfe des Drahtbügels (c) in ein Wasserkalorimeter gehängt, das aus einem durch Holzwolle nach außen gegen Wärmeabgabe geschützten Eiseneimer mit 6,3 l Wasser, Rührer und Thermometer besteht.

Während der Temperaturgang des Kalorimeters in der Vorperiode bei großer, aber gleichbleibender Rührgeschwindigkeit verfolgt wird, werden die Metalle auf die gewünschte Temperatur gebracht. Für Temperaturen bis 1000° wurden dazu 2 kleine Widerstandsöfen benutzt, für höhere Temperaturen 2 Kohlerohr-Kurzschlußöfen nach Tammann. Als Schmelztiegel für Aluminium, Zink, Antimon und Kupfer dienten Graphittiegel, die eine Oxydation der Schmelzen erheblich hemmen, ohne daß mit einer nennenswerten Aufkohlung zu rechnen ist. Eisen, Kobalt, Nickel und Silizium werden unter

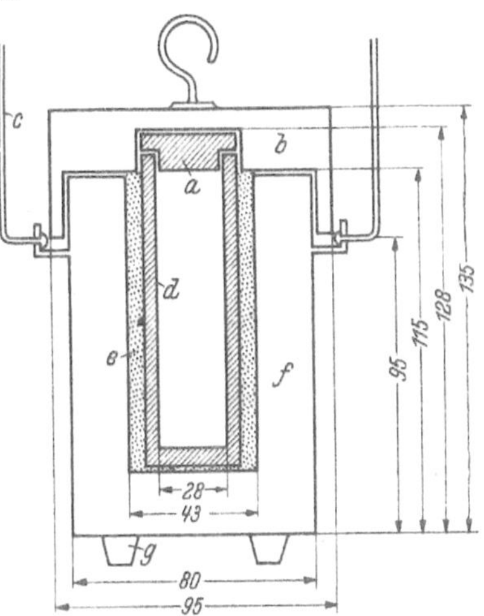

Abb. 12. Reaktionsgefäß zur Herstellung und kalorimetrischen Untersuchung hochschmelzender Legierungen. (Nach W. Oelsen und W. Middel.)

einer Kalksilikatschlacke oder auch unter einer Sanddecke in Sandtiegeln niedergeschmolzen. Die Temperaturmessung geschieht bis 1400° mit Thermoelementen, bei höheren Temperaturen mit einem Glühfadenpyrometer. Zum Füllen wird das Gefäß aus dem Wasser gehoben, der Deckel abgenommen, das Metall in den Tiegel gegossen und dieser sofort wieder verschlossen. Beim Zusammengießen zweier Metalle wird das Gefäß anschließend kurz durchgeschüttelt oder auch völlig umgekehrt und sofort wieder mit den Korkfüßen (g) auf den Boden des Wasserkalorimeters gestellt, so daß das Wasser noch etwa 5 cm über dem Gefäßdeckel steht. Trotz des heftigen Rührens dringt das Wasser nicht in das Gefäß ein. Der gesamte Vorgang, das Herausnehmen des Gefäßes, das Eingießen, Schütteln und Wiedereinsetzen dauert bei gut eingespieltem Zusammenarbeiten von 2 oder 3 Personen 20 bis höchstens 40 Sekunden. Durch das kurze Herausnehmen des Gefäßes aus dem Wasser wird der Temperaturgang des Kalorimeters selbst dann nicht wesentlich geändert, wenn die Unterschiede zwischen Zimmer- und Wassertemperatur 3° ausmachen. Etwa 3 Minuten nach dem Einsetzen des Gefäßes in das Kalorimeter

---

[1] Hochwertige Tiegel mit dichtem Scherben bewährten sich nicht, da sie beim Eingießen des Metalls zersprangen. Tiegel aus Schamotte und Schamotte-Korund-Mischungen wurden mit Erfolg verwendet.

wird der Deckel unter Wasser abgehoben. Inzwischen ist das Metall erstarrt und hat die Hauptmenge seiner Wärme bereits an den Sandtiegel und über das Eisengefäß auch teilweise an das Wasser abgegeben, so daß beim Zuströmen des Wassers eine Dampfentwicklung nur in seltenen Fällen, eine Wasserstoffentwicklung oder gar kleine Explosionen nie beobachtet wurden. Der Temperaturausgleich erfolgt nach dem Öffnen des Gefäßes sehr schnell. Ein Versuch dauert mit Vor- und Nachperiode etwa 45—60 Minuten.

In Abb. 13 ist als Beispiel für die Auswertung derartiger Messungen der Temperaturgang eines solchen Mischungskalorimeters für die Umsetzung von flüssigem Kobalt von 1600° mit festem Silizium von 20° für verschiedene Zusammensetzungen gezeichnet. Die Versuche 1 und 2 dienten der Feststellung der durch das flüssige Kobalt in das Kalorimeter eingebrachten Wärmemenge; die gesuchte Wärmetönung der Legierungsbildung ergibt sich als Differenz der insgesamt gemessenen Reaktionswärme, vermindert um diese mit dem flüssigen Metall eingebrachte Wärmemenge. Man erkennt, daß die Bildungswärme einen erheblichen, ja manchmal sogar den Hauptanteil der insgesamt gemessenen Reaktionswärme ausmacht. Mit 70 g flüssigem Kobalt von 1600° konnten Oelsen und Middel durch Aufgießen bis zu 32 g Silizium-

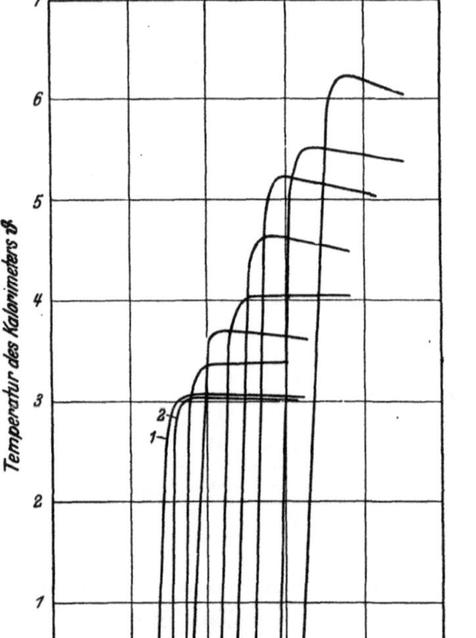

Abb. 13. Temperaturgang für ein Mischungskalorimeter beim Zugießen von Kobalt von 1600° zu Silizium von 20° (Nach W. Oelsen und W. Middel.) (Mit wachsender Menge Silizium nimmt die Temperatursteigerung zu.)

ziummetall zum völligen Durchreagieren und Aufschmelzen zu einem Regulus bringen. Die Temperatur der Mischung stieg dabei über die Abgußtemperatur des Kobalts an. Zur Förderung der Umsetzung sollten auch hier frisch zerkleinerte Metalle verwendet werden. Wegen der benötigten Mengen wurden nicht reinste Metalle, sondern solche von höheren technischen Reinheitsgraden angewandt. Zur Beruhigung der Schmelzen und vor allem zur Vermeidung von Fehlern durch Umsetzungen etwa vorhandener Oxyde ist vor dem Vergießen eine sorgfältige Desoxydation der flüssigen Metalle erforderlich. Zur Bestimmung der Bildungswärmen siliziumreicher Kobaltsilizide gossen Oelsen und Middel flüssiges Silizium von 1600° zu Stäbchen aus umgeschmolzenem Kobalt (∼ 3 mm Durchmesser); mit etwa 30 g flüssigem Siliziummetall ließen sich so bis zu 40 g festes Kobalt von Zimmertemperatur zur Reaktion bringen.

Fehler treten bei diesem Verfahren weniger infolge der Ungenauigkeit der kalorimetrischen Messung auf als vielmehr durch unregelmäßiges Arbeiten beim Übergießen, ungenaue Bestimmung der Abgußtemperatur bei den höher schmelzenden Metallen, ungenügende Durchmischung der Schmelzen, Verwendung von Metallen technischer Reinheitsgrade, geringe Oxydationen und schließlich ungenügende Einstellung des Gleichgewichtes während der schnellen Erstarrung und Abkühlung. Ihre Größe ist von System zu System verschieden, sie wird mit 3 bis 10% angegeben.

Das Verfahren von Körber und Oelsen erwies seine Brauchbarkeit an zahlreichen binären und ternären Legierungssystemen der Metalle der Eisengruppe und anderer Schwermetalle. Über seine Anwendung auf tiefer schmelzende Legierungen und solche der Nichteisenmetalle haben Seith und Kubaschewski[1] berichtet. Trotz grundsätzlicher Beibehaltung des Prinzips von Körber und Oelsen mußten Kalorimeter und Arbeitsweise den besonderen Bedürfnissen dieser Legierungen angepaßt werden.

Als Kalorimeter dient ein Kupferblock von etwa 5 kg Gewicht mit einer Bohrung für den Reaktionstiegel aus Graphit (Länge 150 mm, Durchmesser 26 mm); zur Vergrößerung des Wasserwertes befindet sich der Block in einem Kupferbecher mit etwa 1 l Wasser, das mittels eines einfachen Rührers des öfteren umgerührt werden kann. Der Kupferbecher steht auf Korkteilen in zwei weiteren ineinander gestellten Bechern, die ebenfalls durch Korke voneinander getrennt sind. Die oberen Öffnungen der beiden Kupferbecher sind einmal durch einen mit Filz überzogenen Kupferdeckel vor dem Temperaturausgleich mit der Umgebung geschützt und außerdem durch einen Holzdeckel. Die beiden Deckel lassen eine Öffnung für den Rührer und eine in der Mitte frei, durch die der Graphittiegel in die Bohrung des Kupferblockes geschoben werden kann.

Zum Vermischen der Partner kann der Graphittiegel außerhalb des Kalorimeters durch ein eisernes Zwischenstück mit einem anderen Eisen- bzw. Graphittiegel von 200 mm Länge und 22 mm Durchmesser so verbunden werden, daß der Reaktionstiegel darauf, der andere Tiegel aber darin steckt und die beiden Tiegelöffnungen sich einander gegenüber befinden. Zur Vermeidung einer direkten Berührung mit dem Reaktionstiegel ist das Zwischenstück äußerlich mit Asbest umwickelt; besteht die Gefahr einer Reaktion mit einem der Partner, so wird es außerdem mit Graphit ausgekleidet. Außerdem trägt das Zwischenstück einen seitlichen Ansatz zum Einleiten eines Schutzgases (Argon), ein Handgriff ermöglicht ein bequemes Drehen in jede gewünschte Lage.

Die Durchführung eines Versuches gestaltet sich nun z. B. im Falle der Untersuchung des Systems Blei-Lithium folgendermaßen: In dem eisernen Tiegel, der

<hr>

[1] Seith, W., u. O. Kubaschewski: Z. Elektrochem. angew. physik. Chem. Bd. 43 (1937) S. 743. — Kubaschewski, O., u. W. Seith: Z. Metallkunde Bd. 30 (1938) S. 7.

in das Zwischenstück eingeschoben ist, wird eine eingewogene Menge Blei auf etwa 1000° erhitzt. Ein noch vorhandener Zwischenraum zwischen Außenwand des Eisentiegels und Innenwand des Zwischenstückes wird vorher mit Asbest verstopft und die freie Öffnung des Zwischenstückes mittels einer dünnen Aluminiumfolie verschlossen, durch den seitlichen Ansatz wird Argon eingeleitet. Der Verschluß mittels der Aluminiumfolie sollte nicht vollständig dicht sein, so daß bei einem geringen Überdruck des Argons ein Überschuß durch den Verschluß entweichen kann. Das Lithium wird unter Beachtung der üblichen Vorsichtsmaßregeln in Würfeln in den Graphittiegel gebracht, der ebenfalls mit einer Aluminiumfolie verschlossen und mit Argon durchspült wird. Die Einwaagen der beiden Metalle werden so gewählt, daß nach der Reaktion etwa $^1/_3$ Grammatom Legierung vorliegt. Das Mischen des 1000° heißen Bleies mit dem Lithium geschieht nach dem Überschieben des Reaktionstiegels über das Zwischenstück außerhalb des Kalorimeters durch Umstülpen des Zwischenstückes, so daß das Blei die beiden Folien durchschlägt und sich im Reaktionstiegel mit dem Lithium unter beträchtlicher Wärmeabgabe vereinigt; die Durchmischung wird durch kurzes Schütteln vervollständigt. Der Graphittiegel wird sodann von dem Zwischenstück abgenommen, der Ansatz zum Einleiten des Argons entfernt und der Graphittiegel in die Bohrung des Kupferblockes fallen gelassen; nach dem Schließen der Kalorimeterdeckel bestimmt man den Temperaturgang. Der ganze Vorgang vom Herausnehmen des Graphittiegels aus dem Kalorimeter bis zum Verschließen der letzten Öffnung des Kalorimeters nach der Durchmischung sollte nicht mehr als etwa 15 Sekunden dauern. Die von dem Reaktionstiegel durch Berührung mit dem Zwischenstück aufgenommene Wärmemenge wird, genau wie die durch das geschmolzene Blei eingebrachte Wärmemenge, in Sonderversuchen ermittelt und bei der Berechnung der Bildungswärme der festen Legierung in Abzug gebracht.

Das Kalorimeter wird elektrisch geeicht; sein Wasserwert betrug etwa 1400 cal/ Grad. Der maximale Fehler der Einzelwerte wird mit ± 6% bei Seith und Kubaschewski angegeben.

Das von Seith und Kubaschewski ausgearbeitete Verfahren erwies sich indessen in seiner Anwendungsmöglichkeit insofern als beschränkt, als nur solche Metalle zur Vereinigung gebracht werden konnten, deren Schmelzpunkte nicht über 700° lagen. Auch dürfte es schwierig sein, Legierungen mit geringer Bildungswärme zum völligen Durchreagieren zu bringen. Es erschien jedoch wahrscheinlich, durch das Arbeiten in einem Kalorimeter von höherer Temperatur eine größere Reihe weiterer Systeme hinsichtlich der bei der Legierungsbildung auftretenden Wärmetönungen aufklären zu können. Zu diesem Zweck haben Kubaschewski und Walter[1] ein Hochtemperaturkalorimeter für Temperaturen bis 700° entwickelt und an mehreren Legierungssystemen erprobt. Es schließt sich einer von Kangro[2] angegebenen, aber nur bei niedrigeren Temperaturen erprobten, adiabatischen Anordnung an.

---

[1] Kubaschewski, O., u. A. Walter: Z. Elektrochem. angew. physik. Chem. Bd. 45 (1939) S. 630, 732.

[2] Kangro, W.: Z. Elektrochem. angew. physik. Chem. Bd. 34 (1928) S. 253.

Das in Abb. 14 im Schnitt wiedergegebene Gerät besteht aus 3 Hauptteilen: 1. dem eigentlichen Kalorimeter, 2. dem Heizmantelgefäß und 3. dem Thermostaten. Als Thermostat (A) dient ein elektrisches Heizrohr (Höhe: 400 mm; lichte Weite: 180 mm), das nach außen durch einen dicken Asbestmantel gegen Wärmeverluste geschützt ist. In dem Thermostaten steht auf 3 Porzellanzylindern ein als Heizmantel wirkendes Gefäß (B) aus Nickelchromstahl[1] (Höhe: 200 mm; lichte Weite: 120 mm; Wandstärke: 12,5 mm) mit einer gegen den Block isolierten Heizwicklung aus Nickelchromdraht (C). Das eigentliche Kalorimeter (D) besteht ebenfalls aus Nickelchromstahl (Höhe: 160 mm; äußerer Durchmesser: 90 mm; Wandstärke: 22,5 mm; Bodenstärke: 40 mm); als sehr wesentlich erwies sich eine sorgfältige Wärmeabschirmung des ganzen Gerätes nach oben durch eine Reihe von Deckeln. Das Heizmantelgefäß ist mit einem Nickelchromdeckel, mit einer Lage Glimmer und 2 Schichten Asbest versehen. Auf diesen stehen 3 Prismen, die eine stärkere Asbestscheibe tragen. Hierüber ist eine dicke Eternitscheibe auf Porzellandreifüßen angebracht. Der gesamte Heizkörper endlich ist mit einem Eternitdeckel bedeckt, der seinerseits noch mit einer dicken Packung Asbestwolle gegen Wärmeverluste abgeschirmt ist. Die Deckel sind so geformt, daß die notwendigen Zuleitungen herausgeführt werden können, und mit zentralen Öffnungen zur Einführung der Proben versehen. Zur Vermeidung von Oxydationen führt ein Supremaxglasrohr für ein Schutzgas, das in einer U-förmigen Biegung des Rohres im Thermostaten vorgewärmt wird, in den Reaktionstiegel. In axialen Bohrungen des Kalorimeters und des Heizmantelgefäßes befinden sich 2 gegeneinandergeschaltete Thermoelementpaare (I) zur Kontrolle der Temperaturgleichheit mit einem empfindlichen Spiegelgalvanometer als Nullinstrument. Die Messung der Temperatursteigerung bei Ablauf einer Reaktion erfolgt mittels eines in einer Nut des Kalorimetergefäßes eingebauten Platinwiderstandsthermometers (F), dessen Widerstand in einer Wheatstoneschen Brückenschaltung auf 5 Stellen genau bestimmt werden kann. Der nach der Mischungsmethode mit Nickel als Eichsubstanz bestimmte Wasserwert des Kalorimeters betrug etwa 1000 cal/Grad bei 600°. Die Meßgenauigkeit des Gerätes errechnet sich zu etwa ± 2,5%.

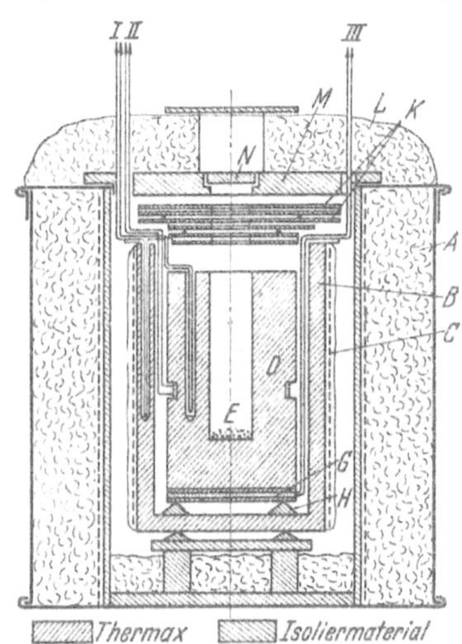

Abb. 14. Adiabatisches Hochtemperaturkalorimeter zur Bestimmung von Bildungswärmen. (Nach O. Kubaschewski und A. Walter.)

Als einfachstes Verfahren zur Vereinigung der Komponenten erwies sich das Einwerfen von Preßlingen[2] aus einem innigen Gemisch der Metallpulver in das auf die Meßtemperatur geheizte Kalorimeter. Die in besonderen Versuchen ermittelte Temperatur des

---

[1] „Thermax 11 FN" der Deutschen Edelstahlwerke, Krefeld.

[2] Die Preßlinge waren Vierkantstäbchen, die aus den Pulvermischungen in einer von G. Grube und H. Schlecht [Z. Elektrochem. angew. physik. Chem. Bd. 44 (1938) S. 367] entwickelten Preßform gewöhnlich unter einem Druck von 10 t hergestellt wurden. Verwendet werden auch Preßlinge in Pastillenform.

lebhaften Reaktionsbeginnes liegt gelegentlich noch unterhalb der Schmelzpunkte beider Metalle, die örtlichen Temperatursteigerungen betrugen bei den untersuchten Legierungen des Kalziums häufig mehr als 700°. Dieses Verfahren bietet für die Untersuchung einer Reihe von Legierungssystemen größere Vorteile, da die Schwierigkeiten und Unsicherheiten des Vergießens fortfallen und auch das Einbringen der Versuchsproben sehr beschleunigt wird. Da die Preßlinge beim Einbringen in das Kalorimeter Zimmertemperatur haben, muß zur Berechnung der Bildungswärme aus der Temperaturerhöhung der durch sie eingebrachte Wärmeinhalt bis zur Reaktionstemperatur bekannt sein. Die zur Reaktion gelangenden Mengen wurden so gewählt, daß $^1/_{10}$ bis $^1/_3$ Grammatom Legierung entstand, der mittlere Versuchsfehler betrug $\pm 4\%$.

Das Kalorimeter wurde von Weibke und Schrag[1] später in einem Punkte vervollkommnet. Trotz des komplizierten Deckelsystems gelang es auch bei längerem Warten nur sehr schwer, das Kalorimetergefäß D (Abb. 14) und den als Heizmantel dienenden äußeren Thermaxblock B auf genau die gleiche Temperatur zu bringen. Es zeigte sich, daß innerhalb des Kalorimeters ein Temperaturgefälle vorhanden war, da stets etwas Wärme nach oben und unten abgeführt wurde. Zur Behebung dieses Mangels wurde die zylindrische Heizung des äußeren Thermaxblockes durch eine kleine Heizplatte G unter dem Kalorimeter ergänzt. Dieser Heizplatte wurde elektrisch so viel Wärme zugeführt, wie das Kalorimeter durch Strahlung nach oben und unten verlor, der Wärmeverlust wurde so kompensiert. — Bei sorgfältiger Versuchsführung durch einen gut eingearbeiteten Beobachter gelingt noch, wie die späteren Versuche von Kubaschewski und Wittig[2] zeigen, die Messung von Wärmetönungen bis herab zu $+250$ cal mit brauchbarer Genauigkeit.

Die Bildungswärme einer festen Legierung $A_m B_n$ bei der Temperatur $T_1(W_B)$ läßt sich definieren als die Differenz der Wärmeinhalte der Verbindung und des gleich zusammengesetzten, unverbundenen Metallgemisches bei dieser Temperatur.

$$W_B = m \cdot H_A + n \cdot H_B - H_{A_m B_n}. \tag{1}$$

Entsprechend gilt für die Mischungswärme der Metallschmelze der gleichen Konzentration bei der Temperatur T_2:

$$W_M = m \cdot H_A(\text{fl}) + n \cdot H_B(\text{fl}) - H_{A_m B_n}(\text{fl}). \tag{2}$$

Der Wärmeinhalt eines Körpers bei einer Temperatur T ist nun allerdings für unseren Fall nicht von Interesse, da nur der Unterschied im Wärmeinhalt eines Körpers bei zwei verschiedenen Temperaturen

---

[1] Weibke, Fr., u. G. Schrag: Z. Elektrochem. angew. physik. Chem. Bd. 47 (1941) S. 222.

[2] Kubaschewski, O., u. F. E. Wittig: Z. Elektrochem. angew. physik. Chem. Bd. 47 (1941) S. 433.

experimentell bestimmbar ist. Durch Subtraktion der beiden Gleichungen (1) und (2) voneinander erhält man:

$$W_B - W_M = [H_{A_m B_n}(\text{fl}) - H_{A_m B_n}] - [m \cdot H_A(\text{fl}) - m \cdot H_A] \atop - [n \cdot H_B(\text{fl}) - n \cdot H_B]. \tag{3}$$

Der 1. Klammerausdruck der rechten Seite ist also gleich dem experimentell bestimmbaren Unterschied im Wärmeinhalt der Legierung, während die 2. und 3. Klammer die gleichen Werte für die Komponenten enthalten. Die Mischungswärme einer Legierungsschmelze läßt sich also aus der Bildungswärme der entsprechenden Legierung bei Kenntnis der Wärmeinhalte der Legierung und der Komponenten zwischen den in Frage kommenden Temperaturen berechnen. Bei der Schmelztemperatur der Legierung sind die feste und die flüssige Phase miteinander im Gleichgewicht, und die Wärmeinhalte sind dann gleich den Schmelzwärmen[1].

Von der Möglichkeit der Bestimmung der Mischungswärmen aus den Bildungswärmen auf diesem Wege ist des öfteren Gebrauch gemacht worden. Die Mischungswärmen besitzen ja unmittelbare technische Bedeutung wegen der Frage nach der bei der Vereinigung verschiedener Metallschmelzen auftretenden Temperaturänderung. Körber und Oelsen haben für die von ihnen untersuchten Systeme großenteils auch die Mischungswärmen angegeben; in einigen Fällen geschah das auch bei Seith und Kubaschewski[2]. v. Samson-Himmelstjerna[3] hat in Ansätzen zu systematischen Untersuchungen die Wärmeinhalte für mehrere Legierungssysteme bestimmt und daraus Mischungswärmen abgeleitet. Es handelte sich dabei 1. um Systeme mit lückenloser Mischbarkeit der Komponenten im flüssigen Zustand und beschränkter Mischbarkeit im festen Zustand (Pb-Bi, Sn-Bi, Pb-Sn, Pb-Cd, Pb-Ag, Pb-Sn-Bi), 2. um Systeme mit intermediären Phasen (intermetallischen Verbindungen) (Cu-Zn, Ag-Zn) und 3. um Systeme mit lückenloser Mischbarkeit der Komponenten im flüssigen und festen Zustand (Cu-Ni, Fe-Ni).

Nachfolgend soll die Bestimmung der Wärmeinhalte und der Mischungswärmen noch an einigen praktischen Beispielen näher erläutert

---

[1] Vgl. O. Kubaschewski u. Fr. Weibke: Z. Metallkunde Bd. 30 (1938) S. 325. Die Berechnung der Differenz von Bildungs- und Mischungswärme aus den Schmelzwärmen ist auch dann möglich, wenn sich T_1 und T_2 um einen größeren Betrag unterscheiden. Voraussetzung ist, daß die spezifische Wärme der Legierung sich annähernd additiv aus den spezifischen Wärmen der Komponenten ergibt.

[2] Seith, W., u. O. Kubaschewski: Z. Elektrochem. angew. physik. Chem. Bd. 43 (1937) S. 743. — Kubaschewski, O., ibid. Bd. 47 (1941) S. 475.

[3] Samson-Himmelstjerna, H.-O. v.: Z. Metallkunde Bd. 28 (1936) S. 197.

werden. In Abb. 15 sind die Wärmeinhalte der Legierungen des Systems Blei-Kadmium zwischen 500° und 20° dargestellt. v. Samson-Himmelstjerna erhielt diese Wärmeinhalte, indem er die geschmolzene Legierung bei 500° in ein verschließbares, eisernes, mit einem Sandtiegel gefüttertes Kalorimetergefäß überführte und die während der Abkühlung auf die Kalorimetertemperatur von 20° abgegebene Wärmemenge bestimmte. Die Legierung befand sich in einem Gläschen von bekanntem Wärmeinhalt, mit dem sie in das Eisengefäß gestellt wurde. Das Gefäß wurde nur zu diesem Einbringen der Schmelze etwa eine Minute aus dem Kalorimeterwasser entfernt. Die Streuung der Werte ist durch eine geringe Abkühlung der Schmelzen während der Überführung bedingt.

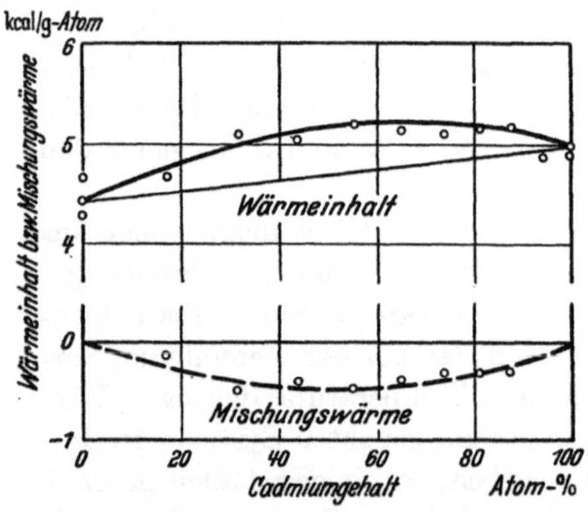

Abb. 15. Wärmeinhalte der Legierungen des Systems Blei-Kadmium zwischen 500 und 20° und Mischungswärmen bei 500°
(Nach H. O. v. Samson-Himmelstjerna.)

Die dünn ausgezogene Verbindungsgerade in Abb. 15 gibt die Wärmeinhalte der entsprechend zusammengesetzten unlegierten Mischungen der Komponenten Blei und Kadmium zwischen 500° und 20° wieder. Da im System Blei-Kadmium bei der Erstarrung praktisch vollständige Entmischung eintritt, ist die Bildungswärme derartiger fester Legierungen von Null kaum verschieden. Damit wird nach

(3) die Mischungswärme von Blei-Kadmium-Schmelzen gleich dem Unterschied in dem Wärmeinhalt der Legierung und der unverbundenen Mischung der Partner, d. h. gleich dem Abstand der experimentell ermittelten Kurve für die Wärmeinhalte der Legierungen von der Verbindungsgeraden der Komponenten. Diesen Werten entstammt die im unteren Teil der Abb. 15 gestrichelt gezeichnete Kurve für die Mischungswärmen im System Blei-Kadmium bei 500°. Da die Wärmeinhalte der Legierungen hier die der unlegierten Mischungen übertreffen, erhält man für dieses System negative Mischungswärmen, die Vereinigung erfolgt also unter Wärmeaufnahme von außen.

Im System Kupfer-Zink ergab sich bei der Bestimmung der Mischungswärmen aus der Differenz der Wärmeinhalte von Legierung und Mischung der Partner eine Schwierigkeit. Man benötigt ja zur genauen Berechnung der Mischungswärmen die Kenntnis einer Wärmeinhaltsisotherme bei einer über den Schmelzpunkten der gesamten Legierungsreihe liegenden Temperatur. Diese läßt sich hier indessen experimentell nicht unmittelbar festlegen, weil oberhalb der Schmelzpunkte der kupferreichen Legierungen das Zink in den zinkreichen Schmelzen bereits siedet. v. Samson-Himmelstjerna[1] half sich in diesem Falle so, daß er die Wärmeinhalte für jede Legierung bei der Abkühlung von mehreren Temperaturen bestimmte und auf die Wärmeinhalte für die Ab-

kühlung von 1000° geradlinig extrapolierte. (Vgl. hierzu auch die beim System Cu-Zn besprochene andere Möglichkeit der Auswertung.) Abb. 16 zeigt die erhaltene Kurve; infolge stärkerer Verdampfung des Zinks zwischen 50 und 70 At.-% Zn ist der Verlauf der Kurve hier gestrichelt gezeichnet. Bis etwa 30 At.-% Zn liegen die Wärmeinhalte der Legierungen niedriger als die des gleich zusammengesetzten Gemisches der Komponenten; in diesem Gebiet übertreffen die Mischungswärmen demnach die Bildungswärmen, wie das Abb. 17 zeigt. Bei höheren Zinkgehalten verläuft die Kurve oberhalb der Verbindungsgeraden für die Komponenten mit einem ausgeprägten Maximum bei etwa 60 At.-% Zn, und die Bildungswärmen liegen hier oberhalb der Mischungswärmen (vgl. Abb. 17).

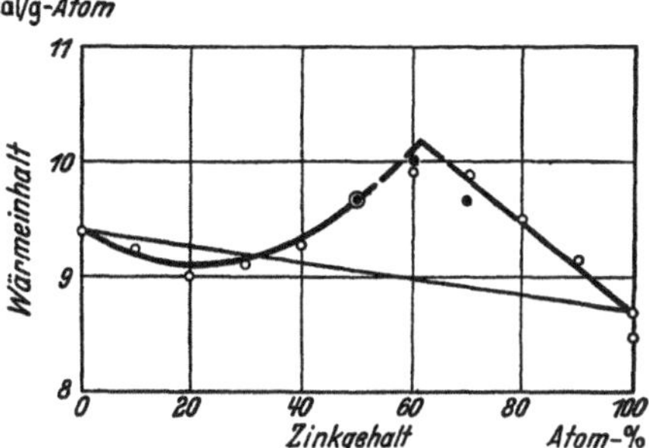

Abb. 16. Wärmeinhalte der Legierungen des Systems Kupfer-Zink zwischen 1000° und 20° (● gemessene Werte, ○ extrapolierte Werte). (Nach H. O. v. Samson-Himmelstjerna.)

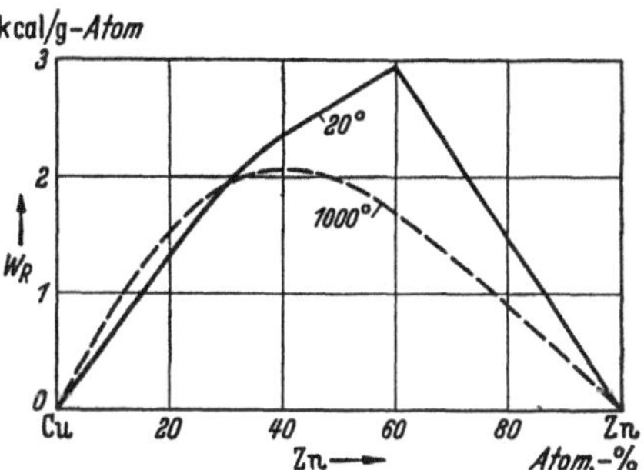

Abb. 17. Bildungs- und Mischungswärmen für das System Kupfer-Zink (vgl. S. 231).

Vorzüge und Nachteile der Mischungskalorimetrie.

Gegenüber dem lösungskalorimetrischen Verfahren hat die Mischungskalorimetrie einmal den Vorteil der verhältnismäßig raschen Durchführbarkeit der Messungen, die es ermöglicht, ganze Legierungssysteme in vergleichsweise kurzer Zeit zu untersuchen. Ein weiterer Vorzug liegt in der Tatsache, daß die gesuchte Wärmetönung der Legierungsbildung bei der Mischungskalorimetrie einen sehr wesentlichen, ja oft sogar den überwiegenden Anteil der gemessenen Temperatursteigerung ausmacht, wie das z. B. der Abb. 13 (S. 44) ohne weiteres zu entnehmen ist. Am ausgeprägtesten gilt das bei der Her-

---

[1] Samson-Himmelstjerna, H.-O. v.: Z. Metallkunde Bd. 28 (1936) S. 197.

stellung und thermochemischen Messung der Sulfide aus dem Gemisch des Metalls mit elementarem Schwefel, da hier die gemessene Reaktionswärme nur geringfügiger Korrekturen (Zündung) bedarf, um daraus die Bildungswärme zu erhalten. Aus diesem Grunde dürfte auch die Genauigkeit der Einzelversuche bei der Mischungskalorimetrie weitergetrieben werden können als bei der Ermittlung der Bildungswärmen von Legierungen aus den Differenzen der Lösungs- oder Verbrennungswärmen. Daß diese Möglichkeit bisher noch nicht voll ausgenutzt wurde, liegt daran, daß man bisher mehr Wert auf eine umfassende als auf eine ins einzelne gehende Aufklärung der thermochemischen Daten von Legierungen angestrebt hat. Lediglich bei den von W. A. Roth untersuchten Sulfiden sind die Fehlergrenzen der Messungen von Bildungswärmen durch direkte Vereinigung der Komponenten schon sehr klein.

Die Mischungskalorimetrie hat vor der Lösungskalorimetrie noch einen weiteren Vorteil, nämlich den, daß man, wie die hochtemperaturkalorimetrischen Messungen zeigen, in einem weit größeren Temperaturgebiet arbeiten kann.

Wie schon betont wurde, liegen die Hauptfehler des Verfahrens nach Körber und Oelsen nicht in der eigentlichen kalorimetrischen Messung, sondern einmal darin, daß die geschmolzenen Metallmengen nicht gleich schnell und sauber in den Tiegel gegossen werden, und andererseits auch die Bestimmung der Abgußtemperatur bei hochschmelzenden Metallen nur mit einer Genauigkeit von $\pm 10°$ durchführbar ist. Es ist unvermeidlich, daß beim Abgießen eine geringe Abkühlung und auch eine leichte Oxydation der Schmelze erfolgt. Dieser Fehler läßt sich indessen bei einiger Übung ziemlich klein halten, insbesondere läßt sich die Bildung größerer Oxydmengen durch geeignete Versuchslenkung hintanhalten. Körber, Oelsen und Lichtenberg[1] haben zur Frage dieser Fehlermöglichkeiten durch Oxydation in besonderen Versuchen Stellung genommen und gezeigt, daß unter ungünstigsten Bedingungen die durch Oxydreaktionen bedingten Versuchsfehler nur etwa 7,5% des beobachteten Wertes für die Bildungswärme (Beispiel Ni-Al) betragen könnten. Auch betonen diese Autoren, daß ein stichhaltiger Beweis für die hinreichende Ausschaltung von Oxydumsetzungen in der Feststellung liegt, daß die Bildungswärmen der Legierungen mit deren Gehalten an unedleren Metallen zunächst über große Konzentrationsbereiche nahezu proportional zunehmen. Würde es sich um Oxydreaktionen handeln, so müßten die ersten, sehr kleinen Zusätze bereits die ganze Reaktionswärme hervorbringen und die weiteren Zusätze ohne Wirkung sein. — Die Gefahr

---

[1] Körber, F., W. Oelsen u. H. Lichtenberg: Mitt. Kaiser-Wilhelm-Inst. Eisenforsch. Düsseldorf Bd. 19 (1937) S. 131.

einer Oxydation ist bei dem Verfahren von Seith und Kubaschewski[1], das für tiefer schmelzende Metalle zur Verwendung kam, schon weitgehend ausgeschaltet.

Die durch die Abkühlung beim Vergießen bedingten Fehler heben sich bei der Ermittlung der Bildungswärmen bei gleichmäßiger Arbeitsweise rein rechnerisch wieder heraus, während sie in den Wärmeinhaltswerten enthalten bleiben. Der Fehler ist um so größer, je kleiner die gewählte Probemenge ist. — Eine gewisse Einschränkung erfährt das Verfahren auch dadurch, daß die Erstarrung und weitere Abkühlung der Versuchsproben im Kalorimeter ziemlich rasch erfolgt; die Schmelzen sind in etwa 3 Minuten schon erstarrt und um mehrere hundert Grad abgekühlt. Da somit ein Konzentrationsausgleich bei der Entstehung von Mischkristallen nur zum Teil erfolgt und auch etwaige peritektische Umsetzungen oder Umwandlungen im festen Zustand nur unvollkommen ablaufen können, beziehen sich die nach diesem Verfahren gemessenen Bildungswärmen auf den Gußzustand der Legierungen.

In mancher Beziehung günstiger erscheint das Verfahren der Hochtemperaturkalorimetrie, wie es von Kubaschewski und Walter[2] entwickelt wurde. Einerseits wird man bei der Vereinigung der Komponenten in diesem Gerät infolge der höheren Temperatur zu einer wesentlich besseren Einstellung des Gleichgewichtes kommen, da die Abkühlung langsamer erfolgt. Zum anderen aber läßt sich das Einbringen von festen Preßlingen aus den Reaktionspartnern unverhältnismäßig viel einfacher und präziser gestalten als das Übergießen von Schmelze. Immerhin aber erfordert die Handhabung des Gerätes einige Übung, da fast gleichzeitig mit dem Einbringen der Versuchsprobe bereits mit dem Nachregulieren der Temperatur des Heizmantelgefäßes auf die Temperatur des Kalorimeters unter Beobachtung des Temperaturanstieges begonnen werden muß[3]. Das ist jedoch durch einen gut eingearbeiteten Beobachter ohne weiteres möglich.

Man wird wegen der Möglichkeit einer schnellen Aufklärung der Bildungswärmen von Legierungen mit relativ großer Genauigkeit der in diesem Abschnitt beschriebenen Mischungsmethode tunlichst immer den Vorzug geben müssen. Nur in den Fällen, in denen die Anwendbarkeit dieses Verfahrens unmöglich oder zweifelhaft ist, wird man auf die Bestimmung von Lösungs- und Verbrennungswärmen zurück-

---

[1] Seith, W., u. O. Kubaschewski: Z. Elektrochem. angew. physik. Chem. Bd. 43 (1937) S. 743.

[2] Kubaschewski, O., u. A. Walter: Z. Elektrochem. angew. physik. Chem. Bd. 45 (1939) S. 630.

[3] Vgl. hierzu besonders O. Kubaschewski u. F. E. Wittig: Z. Elektrochem. angew. physik. Chem. Bd. 47 (1941) S. 433.

greifen oder die im Kapitel B beschriebenen Verfahren der Gleichgewichtsmessungen zur Auswertungsgrundlage nehmen. Eine gegenseitige Bestätigung bzw. Ergänzung durch Anwendung verschiedener
Verfahren ist natürlich in jedem Falle am vorteilhaftesten.

4. Bestimmung der Wärmetönungen
bei Umwandlungs- und Ausscheidungsvorgängen.

Wir kennen verschiedene Vorgänge in festen Legierungen, die
Wärmetönungen hervorrufen: Mit Umkristallisationen bzw. Phasen-
änderungen verbundene Umwandlungen verlaufen bei konstanter Temperatur, während sich bei Umsetzungen, die durch Ordnungsvorgänge
bedingt sind, der Übergang nicht bei konstanter Temperatur, sondern
in einem Temperaturintervall vollzieht. Auch Ausscheidungsvorgänge,
bei denen sich ja die Temperatur entsprechend dem Verlauf der Lös-
lichkeitslinie ändert, sind mit ausgeprägten Wärmetönungen verbunden.

Die kalorimetrische Untersuchung solcher Vorgänge in festen Legierungen wird sich je nach der Art des der Umsetzung zugrunde liegenden Vorganges verschieden gestalten, wenn es sich auch meistens
um die Verfolgung der Temperaturabhängigkeit der spezifischen Wärme
bzw. des Wärmeinhaltes der Versuchsprobe handelt.

Die thermische Analyse, wie sie von G. Tammann in die systematische Metallkunde eingeführt wurde, beruht auf der Beobachtung der
Änderungen des Wärmeinhaltes der Legierung während der Erstarrung
und weiteren Abkühlung. Nun ist bei der üblichen Ausführungsform
der thermischen Analyse die Wärmekapazität des Ofens groß im Vergleich zu der der Probe. Dadurch wird sich die Temperatur des Ofens
unabhängig von der der Probe ändern. Das ist indessen bedeutungslos,
sofern es sich bei den untersuchten Umsetzungen um solche bei konstanter Temperatur handelt. Dagegen versagt dieses Verfahren bei
Umwandlungen innerhalb eines Temperaturintervalles. Auf diese Tatsache hat mit besonderem Nachdruck immer wieder C. Sykes[1] hingewiesen. Diesem Autor kommt gleichzeitig das Verdienst zu, ein Verfahren für die Untersuchung von Umwandlungsvorgängen, die sich
über ein Temperaturgebiet erstrecken, entwickelt zu haben, nämlich
die Messung der spez. Wärmen über den ganzen Umwandlungsbereich
und Auswertung der erhaltenen Kurven.

Eine Schilderung oder auch nur Aufzählung aller der zur Messung
der spezifischen Wärmen von Metallen benutzten Kalorimetertypen
würde den Rahmen dieser Monographie überschreiten; es sollen deshalb
im folgenden nur einige Geräte und Methoden beschrieben werden,
deren Anwendung auf den speziellen Zweck der kalorimetrischen Er-

---

[1] Sykes, C.: Proc. Roy. Soc. [London] A Bd. 148 (1935) S. 422.

fassung von Umwandlungswärmen möglich ist und auch bereits geschah.

v. Steinwehr und Schulze[1] haben für die Untersuchung von Umwandlungsvorgängen in festen Legierungen die sog. „Haltepunktsmethode" ausgearbeitet, indem sie die während der Umwandlung auftretende Verzögerung in der Abkühlung der Probe kalorimetrisch auswerteten. Abb. 18 zeigt die von diesen Autoren benutzte Kalorimeteranordnung.

Wegen der Kleinheit der Wärmetönung ist es notwendig, die Anordnung so zu gestalten, daß ein möglichst großer Teil derselben aus der zu untersuchenden Legierung besteht, damit die übrigen in Betracht zu ziehenden Wärmekapazitäten möglichst klein gehalten werden können. Außerdem ist es erforderlich, die Wärmeabgabe nach außen so klein wie möglich zu machen; diese Bedingungen werden am besten von einem möglichst großen Metallblock erfüllt, der so dimensioniert ist, daß er eine möglichst kleine Oberfläche besitzt. Da wegen der Notwendigkeit, eine Heizwicklung anzubringen, die Kugelgestalt ausgeschlossen ist, wird ein nicht zu hoher Zylinder von etwa 20 kg Gewicht gewählt. Der Zylinder

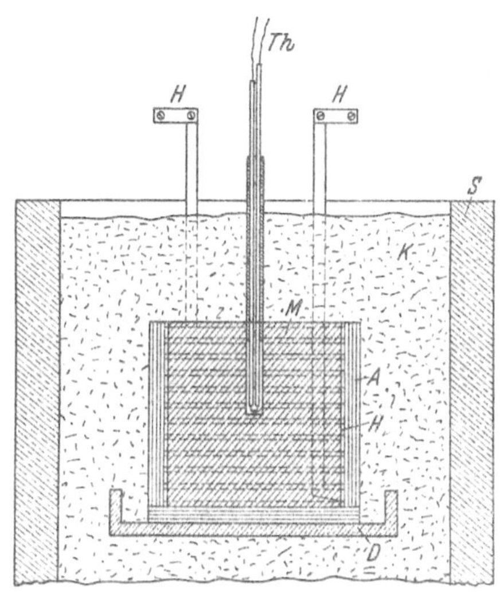

Abb. 18. Kalorimeter zur Untersuchung von Umwandlungsvorgängen in festen Legierungen. (Nach H. v. Steinwehr und A. Schulze.)

ist in der Mitte mit einer Bohrung zur Aufnahme des Thermoelementes Th versehen, die bis etwa zur Blockmitte reicht und etwa 15 mm weit ist. Vor der Anbringung der Heizwicklung (H) wird die Zylinderfläche mit einer etwa 16 mm dicken Schicht von Asbestpappe bekleidet. Das Ganze wird in ein Zementrohr S von 44 cm äußerem Durchmesser, das mit gekörntem Schamotte (K) gefüllt ist, eingesetzt, wobei es nach unten durch eine Schicht Asbest und einen flachen Zylinder aus Schamotte von der Füllmasse getrennt ist. Dieser Wärmeschutz bewirkt, daß die Temperatur der Oberfläche des Zementrohres während der Versuche kaum mehr als 20° über der Raumtemperatur liegt.

Abb. 19 zeigt an zwei Beispielen den Temperaturverlauf im Kalorimeter, einmal während der A_3-Umwandlung des Eisens (a) und andererseits während der β—β'-Umwandlung des Messings (b). Aus dem geradlinigen Verlauf der Abkühlung während der Vor- und Nachperiode bei Auftragung des Logarithmus der Temperatur in Abhängigkeit von der Zeit ergibt sich die Gültigkeit des Newtonschen Ab-

---

[1] Steinwehr, H. v., u. A. Schulze: Physik. Z. Bd. 35 (1934) S. 385 — Z. Metallkunde Bd. 26 (1934) S. 130.

kühlungsgesetzes. Man erkennt aber bei einem Vergleich der beiden Kurven gleichzeitig die besonderen Schwierigkeiten, die sich hinsichtlich der Auswertung für den Fall ergeben, daß die Umwandlung sich über ein Temperaturintervall erstreckt. Während nämlich bei der A_3-Umwandlung des Eisens Anfang und Ende des Vorganges im Verlaufe der Abkühlungskurve scharf definiert sind, trifft das für die β—β'-Umwandlung des Messings nur hinsichtlich des Beginnes der Umwandlung zu, das Ende ist verwaschen. Beurteilt man das Ende der Umwandlung nun lediglich nach dem Beginn eines geradlinigen Verlaufes der Nachperiode, wie das v. Steinwehr und Schulze taten, so kann das in Fällen wie dem des β-Messings leicht zu Fehlschlüssen führen, und hat es auch getan, da evtl. nur ein Teilgebiet der Umwandlung erfaßt wird. Zu berücksichtigen ist ferner noch, daß die Korrektur für den Wärmeaustausch mit der Umgebung bei der Haltepunktsmethode wegen der großen Spanne bis zur Konvergenztemperatur und des dadurch bedingten großen und gleichgerichteten Ganges in der Vor- und Nachperiode sehr groß wird: sie beträgt bis zu 200% des aus der Differenz $\vartheta_2 - \vartheta_1$ (ϑ_1 = Temperatur des Endes der Vorperiode, ϑ_2 = Temperatur des Beginns der geradlinigen Nachperiode) abgeleiteten Wertes. Man kann diese Korrektur in der auf

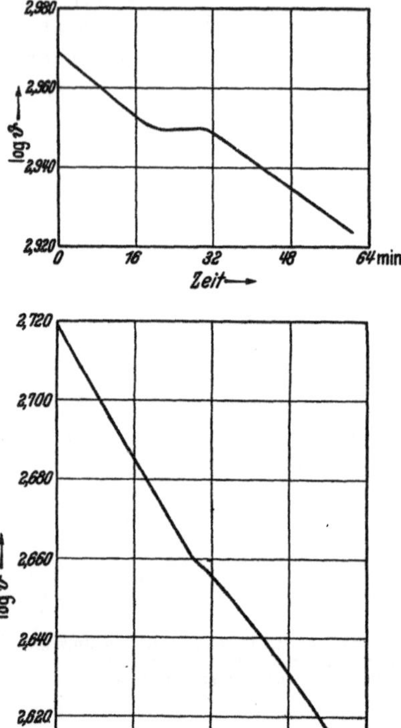

Abb. 19. Abkühlungskurven von a) Eisen während der A_3-Umwandlung, b) Messing während der $\beta \rightarrow \beta'$-Umwandlung. (Nach H. v. Steinwehr und A. Schulze.)

S. 28 geschilderten Art vornehmen, nur ist es hier zweckmäßig, wegen des stärkeren Ganges ϑ_1 und ϑ_2 durch Ausgleichung der beobachteten Temperaturen in logarithmischem Maßstabe gegen die Zeit zu ermitteln. v. Steinwehr und Schulze nahmen die Berechnung der Temperaturerhöhung in etwas anderer Weise vor, man kann sich indessen leicht davon überzeugen, daß das zu numerisch gleichen Ergebnissen führt.

Weibke, Ehrlich und Meisel[1] haben die Umwandlungswärme

---

[1] Weibke, Fr., P. Ehrlich u. K. Meisel: Z. anorg. allg. Chem. Bd. 228 (1936) S. 285.

des Nickelmonosulfides (Millerit) aus der Länge des „Haltepunktes" bei der thermischen Analyse nach dem Differentialverfahren nach Saladin-Le Chatelier abgeschätzt; Rosenbohm und Jaeger[1] nahmen eine ebensolche Abschätzung für die Wärmetönung der Umwandlung des $AuSb_2$ bei 355° vor.

Kalorimeter zur Bestimmung der spezifischen Wärmen von Legierungen sind in der Literatur sehr zahlreich beschrieben worden. Insbesondere haben Jaeger und Rosenbohm[2] in zahlreichen Veröffentlichungen Untersuchungen über die spezifischen Wärmen von Metallen und Legierungen mitgeteilt, die u. a. auf eine Prüfung der Gültigkeit der Neumann-Koppschen Regel der Additivität der Molarwärmen von intermetallischen Verbindungen abgestellt waren. Das Verfahren wurde in Ausgestaltung eines Vorschlages von Nernst, Koref und Lindemann[3] ausgearbeitet; ein ähnliches Gerät benutzte bereits Magnus[4] zur Bestimmung der spezifischen Wärmen einiger Elemente bei Temperaturen bis 900°.

Die Grundlagen dieser Methode schließen unmittelbar an das an, was über die Bestimmung des Wärmeinhaltes von Legierungen bereits auf S. 49 ausgeführt wurde. Man bestimmt kalorimetrisch die Unterschiede im Wärmeinhalt der Versuchsprobe bei verschiedenen Temperaturen. Aus der Kurve für den Verlauf des Wärmeinhaltes in Abhängigkeit von der Temperatur ergibt sich durch Differentiation die spezifische Wärme. Erfährt die Versuchsprobe eine Umwandlung, so erhält man deren Wärmetönung unmittelbar aus dem Unterschied im Wärmeinhalt vor und nach der Umwandlung. Das von Jaeger und Rosenbohm benutzte Kalorimeter ist in Abb. 20 wiedergegeben.

---

[1] Rosenbohm, E., u. F. M. Jaeger: Kon. Akad. Wetensch. Amsterdam, Proc. Bd. 39 (1936) S. 366.

[2] Die Beschreibung des Kalorimeters findet sich übereinstimmend in Kon. Akad. Wetensch. Amsterdam, Proc. Bd. 30 (1927) S. 905, 1069 und Recueil Trav. chim. Pays-Bas Bd. 47 (1928) S. 513; spätere Verbesserungen s. Kon. Akad. Wetensch. Amsterdam, Proc. Bd. 33 (1930) S. 457; Recueil Trav. chim. Pays-Bas Bd. 51 (1932) S. 1; über eine Untersuchung der Korrektur für den Wärmeaustausch mit der Umgebung s. F. M. Jaeger, E. Rosenbohm u. J. A. Bottema: Kon. Akad. Wetensch. Amsterdam, Proc. Bd. 35 (1932) S. 347; zur Fehlerdiskussion vgl. F. M. Jaeger, E. Rosenbohm u. J. A. Bottema: Recueil Trav. chim. Pays-Bas Bd. 52 (1933) S. 61; Vor- und Nachteile bei der Verwendung eines Dewar-Gefäßes als Kalorimeterbecher endlich werden von F. M. Jaeger, R. Fonteyne u. E. Rosenbohm: Kon. Akad. Wetensch. Amsterdam, Proc. Bd. 38 (1935) S. 502 erörtert.

[3] Nernst, W., F. Koref u. F. A. Lindemann: S.-B. preuß. Akad. Wiss., physik.-math. Kl. 1910, S. 247. — Koref, F.: Ann. Physik (4) Bd. 36 (1911) S. 49.

[4] Magnus, A.: Physik. Z. Bd. 14 (1913) S. 5 — Ann. Physik (4) Bd. 48 (1915) S. 983; (4) Bd. 70 (1923) S. 303. — Magnus, A., u. A. Hodler: Ann. Physik (4) Bd. 80 (1926) S. 808. — Magnus, A., u. H. Holzmann: Ann. Physik (5) Bd. 3 (1929) S. 585.

Ein doppelwandiger Zylinder (O) aus starkem Holz (Innenmaße $65 \times 65 \times 81$ cm), dessen Zwischenraum S mit Schlackenwolle gefüllt ist, schließt mit dem Wassermantel von 260 l im Zinkkessel J das Kalorimeter von der Umgebung ab. Der Deckel D ist ebenfalls mit Wasser gefüllt, das durch Ansätze (b und b') mit dem Wasser des Mantels zirkulieren kann. Den Abschluß nach oben bildet eine mehrere cm dicke Filzschicht V. Zur Konstanthaltung der Temperatur dienen 3 Heizspiralen aus Nickeldraht, die mit einem Thermoregulator in Verbindung stehen. Zur Durchmischung des Wassers sind 3 Zentrifugalrührer aus Messing eingebaut.

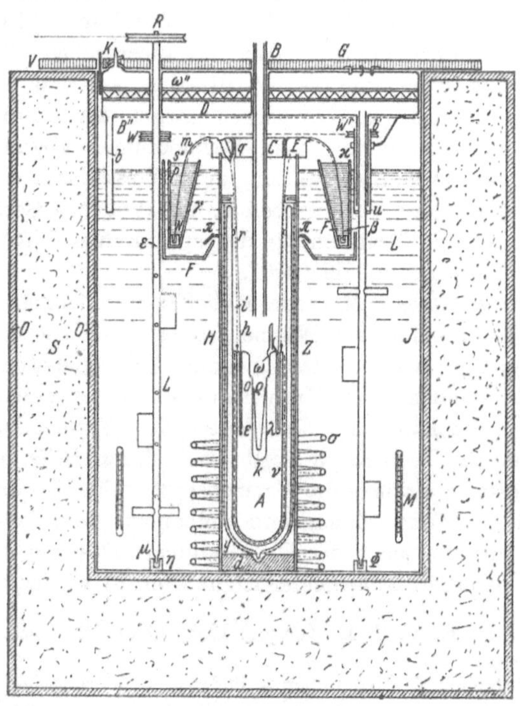

Abb. 20. Kalorimeter zur Bestimmung spezifischer Wärmen. (Nach F. M. Jaeger und E. Rosenbohm.)

Das eigentliche Kalorimeter besteht aus dem Dewar-Gefäß H von 42 cm Höhe und 11,5 cm Weite, das in dem Zylinder Z steht. Verschlossen wird das Gefäß durch einen Deckel C aus Hartholz, das mit geschmolzenem Paraffin getränkt ist. In dem Dewar-Gefäß befindet sich, isoliert durch eine dünne Filzschicht, ein 6 kg schwerer Aluminiumblock A von 10,1 cm Durchmesser, der an 3 Seidenkordeln aufgehängt ist. Der Block enthält in 2 konzentrischen Kreisen 36 Thermoelemente aus Kupfer-Konstanten, die, in Serien von je 9, parallel oder in Serie geschaltet werden können und zur Messung der Temperaturerhöhung dienen.

Die zu untersuchende Substanz befindet sich vor der Messung in einem evakuierten Platintiegel in einem elektrischen Ofen oberhalb des Kalorimeters. Der Platintiegel hängt an 2 Platindrähten, die zum Einbringen des Tiegels in das Kalorimeter durch einen starken elektrischen Strom zum Durchschmelzen gebracht werden. Zur Temperaturmessung der Probe dient ein in einem Platinrohr in dem Tiegel steckendes Thermoelement. Zur Vermeidung von Unregelmäßigkeiten infolge einer Erwärmung des Kalorimeters durch die Strahlung des Ofens ist dieser seitlich und nach unten durch wasserdurchflossene Kühlmäntel abgeschirmt.

Ein ähnliches, wenn auch wesentlich kleineres Ganzmetallkalorimeter wurde von Roth und Bertram[1] entworfen und zur Bestimmung der spezifischen Wärmen metallurgisch wichtiger Stoffe benutzt. Ein weiteres, dem Jaeger-Rosenbohmschen Gerät ähnliches Metallblockkalorimeter, bei dem die durch die Wärmeabgabe der Probe erfolgende Ausdehnung des Metallblocks durch ein Ultramikrometer gemessen wird, beschreiben Esser und Grass[2]. Dieses Kalorimeter stellt eine Weiterentwicklung eines von Grosse und Dinkler[3] gebauten Vakuum-Metallblockkalorimeters dar.

Bei einer kritischen Prüfung des Verfahrens ergeben sich zwei grundsätzliche Bedenken. Das erste ist methodischer Art und betrifft den Zustand der Versuchsproben nach der Messung. Zu Beginn des Versuchs werden die Probekörper sehr rasch von hoher Temperatur auf Zimmertemperatur gebracht, sie werden quasi abgeschreckt, und es erscheint deshalb außerordentlich zweifelhaft, ob während dieser schnellen Abkühlung alle in dem durchlaufenden Temperaturgebiet auftretenden Zustandsänderungen erfaßt werden und die Probe nach der Messung im Gleichgewichtszustand vorliegt. Der zweite Einwand bezieht sich auf den Temperaturgang eines Metallblockkalorimeters im Vergleich zu dem eines Flüssigkeitskalorimeters. Eine zu Beginn des Versuchs auftretende Wärmestauung läßt sich in einem Flüssigkeitskalorimeter durch Verstärkung der Rührung leicht ausgleichen, so daß es immer möglich ist, Kurven der in Abb. 8 (S. 28) gezeigten Art zu erhalten. Beim Metallkalorimeter besteht eine solche Möglichkeit, einen raschen Temperaturausgleich nach Beendigung der Wärmeabgabe herbeizuführen, nicht, und man bekommt leicht Kurven, die nach Erreichung der Höchsttemperatur zunächst stark und erst später schwach und dem Newtonschen Abkühlungsgesetz entsprechend abfallen. Man kann dann, wie dies Jaeger und Rosenbohm[4] taten, aus dem gesetzmäßig verlaufenden Teil der Nachperiode auf die „Maximaltemperatur" extrapolieren, indessen ist bei aller Sorgfalt eine solche Rückrechnung wohl weniger genau als eine unmittelbare Messung.

---

[1] Roth, W. A., u. W. Bertram: Z. Elektrochem. angew. physik. Chem. Bd. 35 (1929) S. 297.

[2] Esser, H., u. W. Grass: Arch. Eisenhüttenwes. Bd. 6 (1933) S. 353.

[3] Grosse, W., u. W. Dinkler: Stahl u. Eisen Bd. 47 (1927) S. 448.

[4] Jaeger, F. M., u. E. Rosenbohm: Kon. Akad. Wetensch. Amsterdam, Proc. Bd. 30 (1927) S. 905. — Vgl. auch F. M. Jaeger, E. Rosenbohm u. J. A. Bottema: Recueil Trav. chim. Pays-Bas Bd. 52 (1933) S. 61.

Hier sei eine Bemerkung eingeschoben über die kalorimetrische Untersuchung des β-Zerfalls im System Aluminium-Zink, wie sie von Schröter[1] im Laboratorium von W. Gerlach vorgenommen wurde. Dieser Autor machte sich die Beobachtung zunutze, daß der Zerfall der β-Phase durch Abschrecken verzögert werden kann. Da der Zerfall sich über Versuchsdauern von etwa 100 Minuten erstreckt und die Wärmetönung verhältnismäßig klein ist, kam das Bunsensche Eiskalorimeter (s. auch S. 18) zur Verwendung. Die gut homogenisierten Proben werden in einem eisgekühlten Alkoholbad abgeschreckt und gelangen von dort in das Kalorimeter, das zur besseren Wärmeübertragung ebenfalls Alkohol enthält. Die Bestimmung der während der Reaktion angesaugten Menge an Quecksilber erfolgt durch elektrische Zählung der nachgesaugten Hg-Tropfen mittels einer besonderen Kontakteinrichtung; die Zahl der Tropfen pro Zeiteinheit ist ein unmittelbares Maß für die frei gewordene Wärmemenge (s. auch beim System Al-Zn, S. 149).

Das zweite zur Bestimmung der spezifischen Wärme von Legierungen benutzte Verfahren beruht darauf, daß man den Temperaturanstieg der Versuchsprobe bei bekannter (elektrischer) Energiezufuhr mißt. Das Verfahren ist für Zimmertemperatur und für tiefe Temperaturen verschiedentlich angewandt worden, für hohe Temperaturen haben es vornehmlich H. Moser bzw. C. Sykes ausgestaltet[2]. Da unser Interesse hier insbesondere den Umwandlungen bei höheren Temperaturen gilt, sollen die Arbeitsweisen dieser beiden Autoren näher erläutert werden.

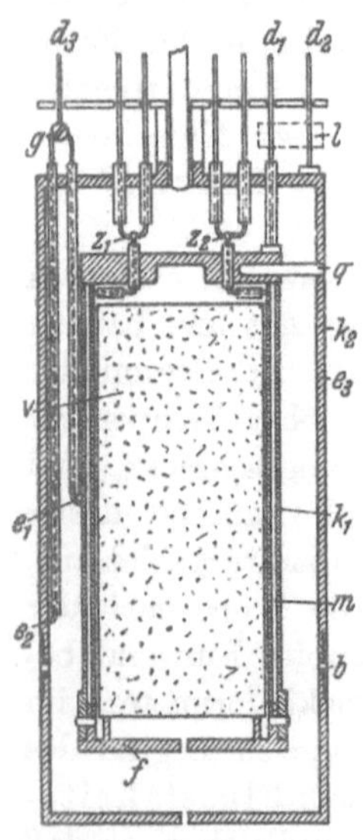

Abb. 21. Kalorimeter zur Bestimmung spezifischer Wärmen. (Nach H. Moser.)

H. Moser[3] erreichte mit dem in Abb. 21 skizzierten Kalorimeter im Temperaturgebiet von 50 bis 700° eine Genauigkeit von etwa 0,5%. Das eigentliche Kalorimeter besteht aus einem beiderseits geschlossenen 0,5 mm starken Silberhohlzylinder k_1 von 23 mm Durchmesser und 52 mm Länge. Der Boden des Zylinders ist abnehmbar und wird von einem gut passenden Silberdeckel f mit Bajonettverschluß gebildet. Als Kalorimeterheizung dient eine bifilare Wicklung von 1 mm breitem und 0,05 mm starkem Platinband, das in entsprechenden Rillen des Magnesiazylinders m verlegt ist. Eine Berührung mit dem Silberzylinder k_1 wird durch eine dünne Lage von Glimmer verhindert. Die durch Quarzröhrchen isolierten 0,5 mm dicken Stromzuleitungen führen von der Heizspule zu den Verzweigungspunkten z_1 und z_2, an denen je zwei 0,5 mm starke Silberdrähte angeschweißt sind. Die dem Kalorimeter zugeführte elektrische Leistung wird aus der Heizstromstärke und der Spannung an den Verzweigungspunkten mit Hilfe eines geeichten Ampere- und eines Voltmeters ermittelt. Der Widerstand der

---

[1] Schröter, P. G.: Z. Metallkunde Bd. 32 (1940) S. 425.

[2] Für Eisen und Stähle außerdem E. Baerlecken (Diss. Aachen 1938) im Laboratorium von W. Eilender; die Versuchsprobe hat hier die Form einer Drahtspirale.

[3] Moser, H.: Physik. Z. Bd. 37 (1936) S. 737.

Heizspule beträgt 3 Ohm bei Zimmertemperatur. Die Isolation erwies sich selbst bei der höchsten Temperatur (700°), der das Kalorimeter ausgesetzt wurde, als ausreichend.

Die Umgebung des eigentlichen Kalorimeters k_1 wird durch den oben und unten geschlossenen Silberhohlzylinder k_2 von 1 mm Wandstärke gebildet, dessen Unterteil mittels des Bajonettverschlusses b entfernt werden kann. Durch 3 um 120° gegeneinander versetzte Quarzstäbchen (in Abb. 21 ist nur ein Stückchen q zu sehen), die in entsprechende Bohrungen von k_1 und k_2 eingreifen, wird der Zylinder k_1 in k_2 zentrisch festgehalten.

Zur Temperaturmessung dienen Silber-Konstantan-Thermoelemente, wobei die beiden Silberzylinder k_1 und k_2, die mit den Silberzuleitungen d_1 und d_2 versehen sind, selbst einen Teil dieser Thermoelemente bilden. An dem inneren Silberzylinder k_1 ist bei e_1 ein Konstantandraht mittels einer Silberniete befestigt und in gleicher Weise etwa 2 cm oberhalb und unterhalb von e_1 und um 120° gegeneinander versetzt (in Achsenrichtung betrachtet) 2 weitere Konstantandrähte (in Abb. 21 nicht gezeichnet), die zu der gemeinsamen Verschraubung g führen. Diese 3 Konstantandrähte sind von den Meßstellen bis zur Verschraubung gleich lang, so daß zwischen d_1 und d_3 (Konstantandraht) eine Thermokraft gemessen wird, die der mittleren Temperatur dieser 3 Meßstellen entspricht. In ähnlicher Weise sind an dem äußeren Silberzylinder k_2 zwei Konstantandrähte bei e_2 und e_3 angebracht (letzterer ist in Abb. 21 nur unvollständig gezeichnet) und zur Verschraubung g geführt. Die zwischen d_1 und d_2 beobachtete Thermokraft entspricht daher einer mittleren Temperaturdifferenz zwischen den beiden Zylindern k_1 und k_2. Die Verschraubung g ist aus dem gleichen Material hergestellt wie die Konstantandrähte.

Das Kalorimeter hängt an einem 2 mm starken Konstantandraht im Innern eines glasierten Porzellanrohres, an das ein Glasschliff angekittet ist. Die verschiedenen Zuleitungen zum Kalorimeter führen durch die Bohrungen eines am Kopf befindlichen Hartgummizylinders. Der Heizofen für das äußere Porzellanrohr steht auf einem in der Höhe verstellbaren Eisenrahmen, so daß das Kalorimeter bei Bedarf zugänglich ist. Um das durch die Ofenheizung hervorgerufene Magnetfeld zu kompensieren, ist um die Außenseite des Ofens eine Kupferspule von gleicher Windungszahl gelegt, die von dem Heizstrom in entgegengesetzter Richtung durchflossen wird.

Zur Messung wird der gut passende Versuchskörper v (Abb. 21) in das Kalorimeter gebracht und die ganze Anordnung zusammengesetzt und ausgepumpt, wobei der Ofen etwas über die Temperatur erwärmt wird, die das Kalorimeter bei den späteren Messungen höchstens erreicht. Wenn der Ofen wieder abgekühlt ist, wird das Kalorimeter mit reinem Argon von etwa 30 mm Druck gefüllt. Soll nunmehr eine Meßreihe ausgeführt werden, so wird zunächst die Ofenheizung in vorher erprobter Weise so eingestellt und öfters nachreguliert, daß die Temperatur mit annähernd unveränderter Geschwindigkeit ansteigt. Da dies in der Nähe der Ausgangstemperatur (20°) noch nicht möglich ist, können Messungen erst von etwa 50° an ausgeführt werden. Im allgemeinen wird mit Temperaturgängen von 0,5 bis 2°/Minute und Temperaturanstiegen von 1 bis 6° gearbeitet. Das eigentliche Kalorimeter k_1 wird nun durch Zufuhr der elektrischen Leistung $E \cdot J$ so stark beheizt, daß die mit dem Differentialthermoelement $d_1 d_2$ festzustellende Temperaturdifferenz zwischen Kalorimeter und Umgebung nach Möglichkeit Null wird. Unter diesen Umständen besteht zwar noch eine Temperaturdifferenz zwischen Kalorimeter und Probekörper; die Temperatur des Probekörpers steigt aber, sobald ein Gleichgewichtszustand erreicht ist, mit derselben Geschwindigkeit an wie die des Kalorimeters. Sodann beginnt die eigentliche Messung. Bei konstanter Leistung $E \cdot J$ wird die Zeit Δt beobachtet, während deren ein bestimmter Temperaturanstieg $\Delta \vartheta$ des Kalorimeters stattfindet.

$\Delta \vartheta$ kann an dem Thermoelement $d_1 d_3$ (Abb. 21) mit Hilfe eines Diesselhorstschen Kompensationsapparates beobachtet und durch 2 bestimmte Einstellungen dieses Apparates im voraus festgelegt werden. Δt wird mit einer Stoppuhr oder einem Chronographen gemessen als die Zeit zwischen den beiden Durchgängen des Nullpunktes der Skala durch das Fadenkreuz des Beobachtungsfernrohres bei den 2 Einstellungen des Kompensationsapparates. In der Zwischenzeit wird die Temperaturdifferenz $\Delta \vartheta$ zwischen Kalorimeter und Umgebung durch Umschalten auf das Thermoelement $d_1 d_2$ etwa 3mal bestimmt und ebensooft auch die Heizstromstärke J und die Spannung E.

Für die Berechnung der (wahren) spezifischen Wärme c_p eines Versuchskörpers von der Masse g gilt dann:

$$c_p = \frac{1}{g} \left[\frac{(0{,}2390 \cdot E \cdot J - a)}{\Delta \vartheta} - \text{W.W.} \right] \frac{1}{1+b} \, .$$

W.W. ist der Wasserwert des leeren Kalorimeters, a und b sind Korrekturen für den Wärmeverlust des Kalorimeters während der Messung und für Unterschiede im Temperaturanstieg von Kalorimeter und Probekörper[1]. Der mit der gesuchten Umwandlungswärme identische Unterschied im Wärmeinhalt der Probe vor und nach der Umwandlung ergibt sich dann als das Integral über die spezifischen Wärmen im Bereich der Umwandlung:

$$W_U = \int_{T_1}^{T_2} c_p \cdot dT \, .$$

Bei einer Kritik der verschiedenen Möglichkeiten zur Bestimmung von Umwandlungen in festen Legierungen kam C. Sykes[2] zu dem Schluß, daß ein Doppeldifferentialverfahren sich besonders zur Erfassung solcher Vorgänge eigne, die sich über ein Temperaturintervall erstrecken. Die Versuchsanordnung war so gewählt, daß die Probe sich isoliert in der Bohrung eines Kupferblockes befand, in einer gleichen gegenüberliegenden Bohrung war ein dem Probekörper gleichender Hohlzylinder aus Kupfer angebracht. Mittels zweier Differentialthermoelemente wurden die Temperaturdifferenzen zwischen Probekörper und Kupferblock bzw. zwischen dem Vergleichskörper aus Kupfer und dem Kupferblock festgestellt; ein weiteres gewöhnliches Thermoelement diente zur Feststellung der Temperatur des Kupferblockes. Aus den gemessenen Differenzen, ihrer Veränderung mit der Zeit sowie dem Temperaturanstieg des Kupferblockes läßt sich bei gleicher Strahlung von Probekörper und Vergleichsprobe mit Hilfe der bekannten spezifischen Wärme des Kupfers die spezifische Wärme der Versuchsprobe leicht berechnen. — So verlockend dies Verfahren auch schien, bereitete doch die experimentelle Durchführung Schwierigkeiten, an denen seine praktische Verwendung scheiterte. Es ließ sich nämlich keine befriedigende Methode finden, um die Strahlung von Probe und Kupfervergleichskörper bei allen Versuchstemperaturen auf das gleiche Maß zu bringen. Sykes hat deshalb diesen Vorschlag zu-

---

[1] Näheres s. bei H. Moser: Physik. Z. Bd. 37 (1936) S. 737.
[2] Sykes, C.: Proc. Roy. Soc. [London], Ser. A Bd. 148 (1935) S. 422.

gunsten einer Methode zurückgezogen, die in ihren Grundzügen dem von Moser gewählten Weg entspricht, in ihrem Aufbau aber von diesem abweicht. Apparativer Aufbau und Auswertung sind von Sykes und Jones[1] ausführlich geschildert worden, das Verfahren hat außer zur kalorimetrischen Untersuchung verschiedener Umwandlungen, die mit Ordnungsvorgängen verknüpft sind, zur energetischen Erfassung von Aushärtungserscheinungen Verwendung gefunden[2].

Die Versuchsprobe befindet sich im Innern eines geschlossenen Kupferzylinders und ist von diesem thermisch isoliert. Mit Hilfe eines

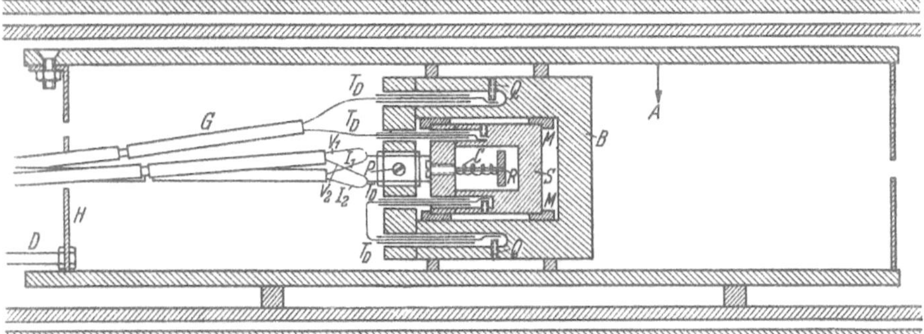

Abb. 22. Kalorimeter zur Bestimmung spezifischer Wärmen (Nach C. Sykes und F. W. Jones.)

kleinen Heizöfchens im Innern der Probe kann diese unabhängig erwärmt werden. Wird jetzt der Kupferzylinder mit konstanter Geschwindigkeit aufgeheizt, so kann durch zusätzliche Heizung der Probe dafür gesorgt werden, daß diese gegen den umgebenden Block keine Temperaturdifferenz aufweist.

Abb. 22 zeigt einen Schnitt durch die Hauptteile des Kalorimeters. Die Probe S und der Kupferblock B sind Hohlzylinder, die auf der einen Seite fest und auf der anderen Seite durch abnehmbare Deckel verschlossen sind. Der Probekörper mit dem Heizofen C steht auf Glimmerstückchen M. Der Deckel des Kupferblockes besteht aus 2 halbkreisförmigen Hälften, die Zuleitungen zum Ofen werden durch die Klammer P starr festgehalten. Der Block seinerseits wieder wird in dem Kupfergefäß A durch kurze Pflöcke aus wärmeisolierendem Material gehalten. Aus dem Kupferbehälter führen 8 Drähte, 2 für das Differentialthermoelement zur Messung der Temperaturdifferenz zwischen Block und Probekörper T_D, 2 für das Thermoelement zur Bestimmung der Temperatur des Kupferblockes (in Abb. 22 nicht eingezeichnet), 2 Stromzuführungen $J_1 J_2$ und 2 Leitungen zum Voltmeter $V_1 V_2$. Vor unmittelbarer Bestrahlung durch A sind die Leitungen durch keramische Rohre G geschützt. Zur Erhöhung der Empfindlichkeit ist die ganze Anlage in ein Vakuum von mindestens 10^{-3} mm eingebaut, zum Erhitzen dient ein verschiebbarer Ofen mit Ni-Cr-Drahtwicklung. Weitere Einzelheiten sowie Beispiele für die Auswertung finden sich bei Sykes und Jones[1].

---

[1] Sykes, C., u. F. W. Jones: J. Inst. Metals London Bd. 59 (1936) S. 257.

[2] Swindells, N., u. C. Sykes: Proc. Roy. Soc. [London], Ser. A Bd. 168 (1938) S. 237.

Nun ist in den Fällen, in denen die Umwandlung mit einem starken Anstieg der spezifischen Wärme der Legierung verbunden ist, die Berechnung der Umwandlungswärme durch Integration mit einer gewissen Unsicherheit behaftet, da meist im Gebiet des stärksten Anstieges keine Messungen möglich sind. Abb. 23 zeigt hierfür ein Beispiel. Nach Untersuchungen von Sykes und Jones[1] steigt die spezifische Wärme der Legierung Cu_3Au oberhalb 200° zunächst langsam, dann ab etwa 350° stark an, der Höchstwert liegt bei 2,0 cal/g/°C.

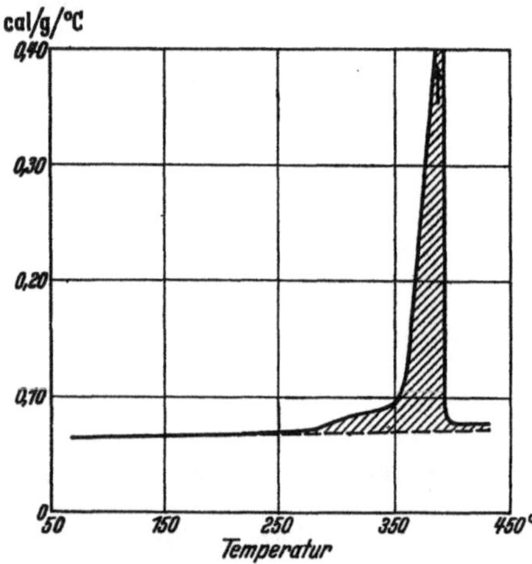

Abb. 23. Spezifische Wärme von Cu_3Au.
(Nach C. Sykes und F. W. Jones.)

Die Umwandlungswärme ist gegeben durch die gestrichelte Fläche zwischen der ausgezogenen und der gestrichelten Kurve; letztere wurde durch Extrapolation des Kurvenverlaufes bei tiefen Temperaturen erhalten. Man erkennt sehr leicht, daß die Bestimmung des Flächeninhaltes wegen des steilen Anstieges der c_p-Kurve nicht ganz frei von Willkür ist. Es erscheint deshalb in diesen Fällen zweckmäßiger, Wärmeinhaltsbestimmungen zwischen einer Temperatur oberhalb des Umwandlungsintervalles und verschiedenen Temperaturen unterhalb und im Gebiet der Umwandlung vorzunehmen. Das ist in den beschriebenen Kalorimetern von Moser und Sykes ohne weiteres möglich, indem man durch abwechselndes Ein- und Abschalten der Heizung in der Versuchsprobe dafür sorgt, daß deren Temperatur gleichmäßig mit einer Abweichung von 0,1° nach oben und unten um die Temperatur des umgebenden Silber- bzw. Kupferzylinders pendelt, während dessen Temperatur vom Ausgangswert auf den Endwert steigt. Der zur Erwärmung der Probe benötigte Heizstrom wird mittels eines Coulometers gemessen. Der so erhaltene Wärmeinhalt ist zur Ermittlung der Umwandlungswärme um den Wärmeinhalt der Legierung ohne Berücksichtigung der Umwandlung zu vermindern. Man erhält den zu subtrahierenden Betrag durch Extrapolation des Kurvenverlaufes für den Wärmeinhalt bzw. die spezifische Wärme der Legierung in Abhängigkeit von der Temperatur im umwandlungsfreien Gebiet.

Ein Beispiel mag die Berechnung noch näher erläutern. Zur Erhitzung der Legierung Cu_3Au von 226 auf 420° wird ein zusätzlicher Heizstrom von 0,800 Ampere und 2,456 Volt in der Spirale benötigt[1].

---

[1] Sykes, C., u. F. W. Jones: J. Inst. Metals London Bd. 59 (1936) S. 257.

Das Gewicht der im Coulometer abgeschiedenen Kupfermenge beträgt 1,472 g, eine Amperestunde scheidet 1,178 g Cu ab. Somit beträgt die Heizdauer 1,472 · 3600/1,178 · 800 Sekunden; daraus errechnet sich die eingebrachte Wärmemenge zu:

$$\frac{1{,}472 \cdot 3600 \cdot 800 \cdot 2{,}456 \cdot 0{,}975}{1{,}178 \cdot 800 \cdot 4{,}18} = 2577 \text{ cal}.$$

Unter Berücksichtigung einer Strahlungskorrektur von 7 cal erhöht sich dieser Wert auf 2584 cal. Für die Erwärmung der Schrauben usw. ist deren Wärmeinhalt in dem durchlaufenen Temperaturintervall zu subtrahieren ($0{,}351 \cdot 194 = 68{,}6$ cal), so daß nach Division mit der Einwaage (139 g) der Betrag 18,08 cal/g als Wärmeinhalt der Probe verbleibt. Die mittlere spezifische Wärme der Legierung Cu_3Au ist nach Abb. 23 0,0652. Somit beträgt die Wärmetönung der Umwandlung $18{,}08 - (194 \cdot 0{,}0652) = 5{,}44$ cal/g.

Der maximale Fehler beträgt bei diesem Verfahren etwa $\pm 0{,}5\%$; bei den Bestimmungen der Wärmeinhalte ist er kleiner als bei Messungen der spezifischen Wärme.

Naturgemäß können auch Umwandlungsvorgänge bei konstanter Temperatur auf diese Weise energetisch erfaßt werden, indem man bei konstanter Temperatur von Metallblock und Probe die Temperatursteigerung der letzteren bei bekannter Energiezufuhr mißt.

Die zahlenmäßige Erfassung von Wärmetönungen bei Umwandlungsvorgängen auf Grund von EMK-Messungen wird weiter hinten (S. 85) besprochen.

5. Bestimmung der Schmelzwärmen.

Die Möglichkeit der Messung der Schmelzwärmen von Legierungen unterscheidet sich grundsätzlich nicht von der im vorigen Kapitel beschriebenen zur Bestimmung der Umwandlungswärmen. Eine gewisse Erschwerung der Meßmethodik ist allerdings durch die Änderung im Aggregatzustand der Versuchsproben bedingt. Andererseits liegt die Größenordnung der Schmelzwärmen im allgemeinen höher als die der Umwandlungswärmen, wodurch sich eine Erhöhung der Meßgenauigkeit ergibt. Außerdem sind die Schmelztemperaturen, wenigstens der kongruent schmelzenden Verbindungen, schärfer ausgeprägt als in vielen Fällen die Umwandlungstemperaturen.

Zur Erfassung der Wärmetönungen bei Umwandlungsvorgängen nicht besonders, jedoch zur orientierenden Untersuchung von Schmelzwärmen recht gut geeignet erscheint ein von Tammann[1] vorgeschlagenes und von Roos[2] zur Bestimmung der Schmelzwärmen von inter-

---

[1] Tammann, G.: Z. anorg. allg. Chem. Bd. 43 (1905) S. 215; Bd. 47 (1905) S. 289.

[2] Roos, G. D.: Z. anorg. allg. Chem. Bd. 94 (1916) S. 329.

metallischen Verbindungen verwendetes Verfahren, das darauf beruht, daß aus den Abkühlungskurven zweier Stoffe mit unbekannter und bekannter Schmelzwärme die Zeitdauer der Kristallisation ermittelt wird. Wenn A das Metall mit der unbekannten, B dasjenige mit der bekannten Schmelzwärme ist, so ist

$$W_{E_A} = W_{E_B} \frac{\Delta Z_A \cdot m_B}{\Delta Z_B \cdot m_A} \cdot \left(\frac{v_A}{v_B}\right)^{2,2}$$

(ΔZ = Zeitdauer der Kristallisation; m = Menge des kristallisierenden Metalls; v = Abkühlungsgeschwindigkeit). Die Größe des Exponenten in dem Glied $(v_A/v_B)^{2,2}$ wurde von Roos empirisch ermittelt. Er prüfte die Brauchbarkeit der Methode an verschiedenen reinen Metallen (Sn, Bi, Cd, Pb, Zn, Al) nach und verwendete sie dann zur Untersuchung einer Reihe von Metallverbindungen.

Um die Schmelzwärmen von Legierungen genau festlegen zu können, wird man jedoch deren Wärmeinhalte, am besten zwischen Raumtemperatur und verschiedenen Temperaturen oberhalb und unterhalb des Schmelzpunktes, bestimmen. Der Sprung in der Wärmeinhalt-Temperaturkurve beim Schmelzpunkt ergibt dann direkt die Schmelzwärme. Das Verfahren ist lange bekannt und häufig verwendet, so daß sich ein Eingehen auf methodische Einzelheiten erübrigt (vgl. auch das vorhergehende Kapitel). Neuere Messungen an verschiedenen Legierungen wurden in dieser Weise von Kubaschewski[1] durchgeführt. Als besonders wichtig erwies sich dabei eine genaue Temperaturmessung. Als geeignete Tiegelmaterialien kamen Eisen und Supremaxglas zur Anwendung. Werte für die mittleren spezifischen Wärmen dieser beiden Werkstoffe finden sich in einer Arbeit von Kubaschewski und Wittig[2]. Werte für die mittlere spezifische Wärme von Quarzglas, das ebenfalls als Tiegelwerkstoff häufiger in Frage kommen wird, sind bei Weibke und Schrag[3] zusammengestellt. Da jedoch die Zusammensetzung und damit die spez. Wärme von Supremax- und Quarzglas wechselt, empfiehlt sich stets eine Neubestimmung der spez. Wärme der jeweils verwendeten Glassorte. Wenn die zu untersuchende Legierung mit Eisen und Glas reagiert oder auch das Glas wegen einer Volumvermehrung beim Erstarren sprengt, wäre an Graphit als Tiegelmaterial zu denken.

---

[1] Kubaschewski, O.: Z. Elektrochem. angew. physik. Chem. Bd. 47 (1941) S. 475. — Kubaschewski, O., u. G. Schrag: Z. Elektrochem. angew. physik. Chem. Bd. 46 (1940) S. 675.

[2] Kubaschewski, O., u. F. E. Wittig: Z. Elektrochem. angew. physik. Chem. Bd. 47 (1941) S. 433.

[3] Weibke, Fr., u. G. Schrag: Z. Elektrochem. angew. physik. Cnem. Bd. 47 (1941) S. 222.

B. Indirekte Verfahren zur Bestimmung energetischer Daten aus Gleichgewichtsmessungen.

Der zweite generelle Weg zur Bestimmung der Bildungswärmen von Legierungen beruht auf der thermodynamischen Auswertung von Gleichgewichtsmessungen. Als solche kommen vornehmlich zwei in Betracht: Messungen der elektromotorischen Kraft einer Legierung gegenüber der in ihr enthaltenen unedleren Komponente und, bei Legierungen mit einer oder mehreren flüchtigen Komponenten, Messungen des Dampfdruckes.

Die Beurteilung der durch indirekte Verfahren gewonnenen Ergebnisse im Vergleich zu unmittelbaren kalorimetrischen Werten ist verschieden. In Amerika ist eine deutliche Verlagerung des Schwerpunktes zugunsten der Gleichgewichtsmessungen festzustellen, und auch bei uns werden sie häufig bevorzugt. Demgegenüber weist Roth immer wieder auf die Bedeutung der unmittelbaren Messung einer Wärmetönung hin. Sicherlich ist bei beiden Wegen sorgfältige Experimentalarbeit und scharfe Selbstkritik notwendig, vielleicht bei der thermodynamischen Auswertung von Gleichgewichtsmessungen noch mehr als bei der direkten Kalorimetrie, da gerade hier kleine Ungenauigkeiten in der Bestimmung des Gleichgewichtswertes katastrophale Veränderungen der damit berechneten Wärmetönung im Gefolge haben können. Auch ist naturgemäß zu beachten, daß aus Gleichgewichtsmessungen abgeleitete Wärmetönungen ohne weiteres nur für die — meist höhere — Meßtemperatur gelten, so daß sie zum Vergleich mit meist bei Zimmertemperatur erhaltenen Kalorimeterdaten nach Kirchhoff umgerechnet werden müssen. Die dazu benötigten spezifischen Wärmen sind indessen häufig unbekannt.

Bei Beachtung dieser Feinheiten und Ausschaltung der dadurch bedingten Fehlermöglichkeiten wird man auf den verschiedenen Wegen durchaus gleichwertige Ergebnisse erhalten[1], und man wird die Möglichkeit zur Berechnung energetischer Daten auf thermodynamischer Grundlage als willkommene Bereicherung der Thermochemie der Legierungen betrachten. Das gilt um so mehr, als es Fälle gibt, in denen Verbindungen der direkten kalorimetrischen Erfassung nicht zugänglich sind, sei es, daß für die mischungskalorimetrische Untersuchung der Dampfdruck einer der Komponenten zu hoch ist, sei es, daß zur Auflösung keine geeigneten Reagenzien zur Verfügung stehen. Beides gilt beispielsweise für viele höhere Sulfide und Phosphide der Schwermetalle, letzteres für die Legierungen des Silbers.

---

[1] Ein besonders schönes Beispiel für die gute Übereinstimmung der nach den verschiedenen Methoden erhaltenen Ergebnisse bietet das System Kupfer-Zink (vgl. II, S. 231).

5*

Man könnte nun geneigt sein, auch die Messungen von Gleichgewichten zwischen flüssigen Legierungen und ihren Salzen (Schlackengleichgewichte) zur thermodynamischen Auswertung auf Bildungswärmen heranzuziehen. Indessen ist hierbei zu beachten, daß vielfach eine Berechnung unter Zugrundelegung der Gültigkeit des idealen Massenwirkungsgesetzes nicht möglich ist, daß häufig nur geringe Konzentrationsbereiche untersucht wurden und daß auch die Salzschmelze Abweichungen vom idealen Verhalten, also Mischungswärmen, zeigen kann. Aus diesen Gründen soll hier auf die Auswertung derartiger Messungen im thermochemischen Sinne verzichtet werden.

1. Messungen elektromotorischer Kräfte und ihre thermodynamische Auswertung.

In einem galvanischen Element der Art

$$B \mid B\text{-Ionen} \mid AB,$$

in dem AB eine Legierung aus den Metallen A und B, von denen A edler ist als B, darstellt, vollzieht sich bei Stromschluß ein Transport von B von der Metallelektrode über die B-Ionen des Elektrolyten zur Legierungselektrode. Bedingung für die thermodynamische Auswertbarkeit der gemessenen elektromotorischen Kraft eines solchen Elementes ist die Reversibilität des Überführungsvorganges; die Menge des transportierten Metalls B muß im Vergleich zur Menge der Legierung AB so gering sein, daß während der Messung praktisch keine Konzentrationsänderung in der Legierung eintritt. Weiterhin muß dafür gesorgt werden, daß an der Oberfläche der Legierung keine Anreicherung des überführten Metalls stattfindet, dieses muß sich vielmehr innerhalb der ganzen zur Messung verwendeten Legierung gleichmäßig verteilen. Da nun in festen Legierungen bei Zimmertemperatur Platzwechselvorgänge zwischen den verschiedenen Atomarten, wenn überhaupt, nur außerordentlich träge stattfinden, haben solche aus der älteren Literatur bekanntgewordenen Messungen[1] für die vorliegenden Betrachtungen nur beschränkten Wert. Dagegen erfolgt der Konzentrationsausgleich durch Diffusion in bei Zimmertemperatur flüssigen Legierungen sehr rasch, so daß die Messungen reproduzierbar sind. Amalgamschmelzen sind verschiedentlich, vor allem von Th. W. Richards und J. H. Hildebrand, bei Zimmertemperatur elektrochemisch gemessen worden; sie dürften die ersten brauchbaren Repräsentanten für diese Versuchsmethodik und ihre Auswertung gewesen sein.

---

[1] Vgl. die Zusammenstellung von R. Kremann in Guertlers Handbuch der Metallographie Bd. 2/I Abschn. 3. Berlin 1921.

Zur Untersuchung fester Legierungen nach diesem Verfahren ist es erforderlich, bei höheren Temperaturen zu arbeiten, bei denen die Platzwechselgeschwindigkeiten für die das Gitter aufbauenden Atome genügend groß sind. Damit entfällt indessen zugleich die Möglichkeit der Verwendung wäßriger Lösungen als Elektrolyte, und man ist gezwungen, zu geschmolzenen Salzgemischen überzugehen.

Einige Versuchsanordnungen zur Messung der elektromotorischen Kräfte.

Die Versuchsanordnung zur Messung elektromotorischer Kräfte von Legierungen ist recht einfach. Die Zelle besteht grundsätzlich aus einem Gefäß geeigneter Form, den Elektroden und dem Elektrolyten, meist einer Salzschmelze, der geringe Mengen von Ionen des unedleren Metalles zugesetzt sind. Von den verschiedenen Ausführungsformen sind hier nur einige Beispiele genannt.

Richards und Forbes[1] benutzten bei der Untersuchung von flüssigen Zink- und Kadmiumamalgamen die in Abb. 24 wiedergegebene Meßzelle. Sie ist aus Glas gefertigt und kann gleichzeitig mit mehreren Proben beschickt werden; das erscheint im Hinblick auf den Zeitbedarf von besonderem Vorteil. Zum Einführen der flüssigen Amalgame dienen besonders geformte Pipetten. Durch die Ansätze B, C, D und E werden in Glaskapillaren eingeschmolzene Platindrähte als Stromableitungen eingeführt, die Abdichtung erfolgt durch Gummischläuche. Die Zelle wird durch die Hähne S_1 und S_2 mit sorgfältig gereinigtem und getrocknetem Wasserstoff gefüllt und so vor Oxydation geschützt. Elektrolyt war eine wäßrige Lösung von Zink- bzw. Kadmiumsulfat; während der Messung stand die Zelle in einem Thermostaten, dessen Temperatur von 20° auf $^1/_{100}$° konstant gehalten wurde. Diese auch in späteren Untersuchungen von Richards und Mitarbeitern für bei Zimmertemperatur flüssige Amalgame benutzte Meßanordnung wurde mit geringen Abänderungen auch von anderen Autoren[2] übernommen.

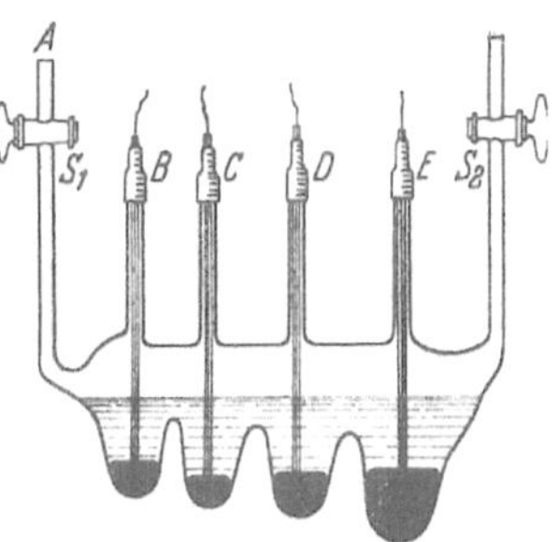

Abb. 24. Zelle für EMK-Messungen an flüssigen Legierungen. (Nach T. W. Richards und G. S. Forbes.)

[1] Richards, Th. W., u. G. Sh. Forbes: Z. physik. Chem. Bd. 58 (1907) S. 683 — Publ. Carnegie Inst. Nr. 56.

[2] Vgl. u. a. J. N. Pearce u. J. F. Eversole: J. physic. Chem. Bd. 32 (1928) S. 209. — Bent, H. E., u. E. S. Gilfillan: J. Amer. chem. Soc. Bd. 55 (1933) S. 3989. — Ölander, A.: Z. physik. Chem., Abt. A Bd. 171 (1934) S. 425.

Sehr gebräuchlich für flüssige Legierungen, auch bei höheren Temperaturen, ist eine H-förmige Zelle aus Glas oder keramischem Material der in Abb. 25 gezeigten Form[1]. In den beiden Schenkeln befinden sich die Legierung bzw. das reine Metall, diese werden mit der Salzlösung bzw. -schmelze überschichtet, so daß die beiden Metallschmelzen nur über diese in der Querverbindung miteinander verbunden sind. Als Ableitungen dienten für Amalgame Platindrähte, für Schmelzen aus niedrig schmelzenden Schwermetallen (Pb, Bi, Sn, Tl) und der Systeme Mg-Pb und Ag-Au Kohle- bzw. Eisenstäbe. Da das Magnesium leichter als die verwendete Salzschmelze ($KCl/MgCl_2$) war, wurde es mit Eisendraht umwickelt, so daß es sich geschmolzen in einem Eisenkäfig befand. Durch Überleiten von Schutzgas ließ sich eine Oxydation der Schmelzen hintanhalten.

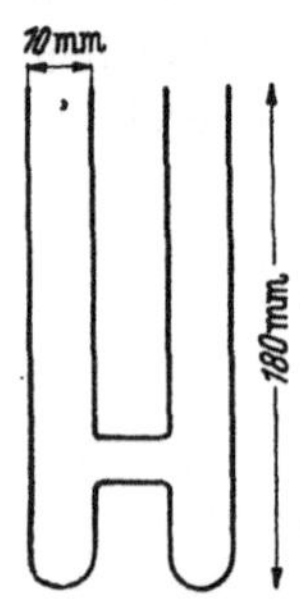

Abb. 25. Zelle für EMK-Messungen an flüssigen Legierungen. (Nach C. Wagner und G. Engelhardt.)

Besondere Sorgfalt sollte man stets der Vorbereitung des Elektrolyten widmen. Falls hygroskopische Salze, wie z. B. LiCl, zur Verwendung kommen, muß die Entwässerung sehr gewissenhaft vor dem Zusammengeben des Salzgemisches durchgeführt werden, um spätere Störungen durch Feuchtigkeit bzw. durch die Bildung von Oxysalzen zu vermeiden[2].

Bei der Untersuchung der Amalgame des Natriums und Kaliums ergaben sich Schwierigkeiten in der Wahl des Elektrolyten, da quecksilberärmere Schmelzen bereits mit Wasser reagieren und man zur vollständigen thermodynamischen Auswertung Messungen der Amalgame gegen die reinen Alkalimetalle benötigt. Man kann sich dabei helfen durch die Wahl geeigneter nichtwäßriger Lösungsmittel für den Elektrolyten, wie das Lewis[3] mit einer Lösung von NaJ bzw. KJ in Äthylamin tat. In eleganter Weise umging Hauffe[4] diese Schwierigkeit durch die Verwendung von Glas als festem Elektrolyt bei der elektrochemischen Untersuchung von Schmelzen der Systeme Natrium-Quecksilber und Natrium-Kadmium. Abb. 26 zeigt die von diesem Autor benutzte Meßzelle. Indessen ist die Verwendung fester Elektrolyte nicht immer möglich, da beispielsweise feste Kupferhalogenide und

---

[1] Vgl. z. B. G. N. Lewis u. Ch. A. Kraus: J. Amer. chem. Soc. Bd. 32 (1910) S. 1459. — Richards, Th. W., u. Ch. P. Smyth: J. Amer. chem. Soc. Bd. 44 (1922) S. 524. — Wagner, C., u. G. Engelhardt: Z. physik. Chem., Abt. A Bd. 159 (1932) S. 241. — Seltz, H.: Trans. electrochem. Soc. Bd. 77 (1940) S. 233.

[2] Vgl. dazu u. a. Fr. Weibke u. U. Frhr. Quadt: Z. Elektrochem. angew. physik. Chem. Bd. 45 (1939) S. 715. — Millar, M. A.: J. Amer. chem. Soc. Bd. 49 (1927) S. 3003.

[3] Lewis, G. N., u. Ch. A. Kraus: J. Amer. chem. Soc. Bd. 32 (1910) S. 1459. — Lewis, G. N., u. F. G. Keyes: J. Amer. chem. Soc. Bd. 34 (1912) S. 119.

[4] Hauffe, K.: Z. Elektrochem. angew. physik. Chem. Bd. 46 (1940) S. 348.

festes Silbersulfid, -selenid und -tellurid neben dem elektrolytischen Leitvermögen metallisches Leitvermögen besitzen, so daß das Faradaysche Gesetz bei ihnen nicht erfüllt ist[1].

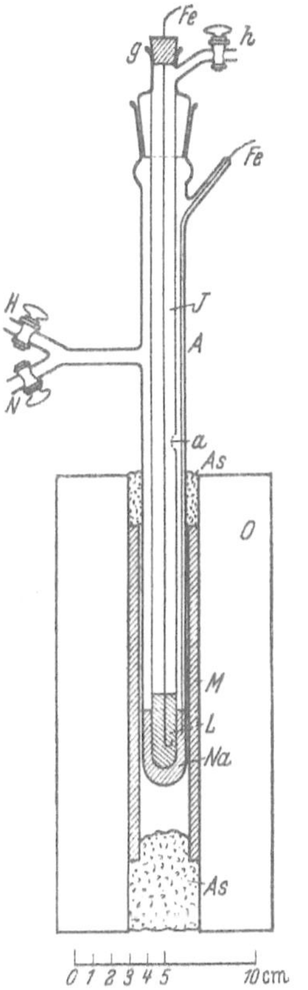

Richards und Conant[2] entwickelten für die Untersuchung der in wäßriger Natronlauge leicht oxydierbaren flüssigen Natriumamalgame eine besondere Versuchstechnik. Das Amalgam tritt aus einem an ein Reservoir unten angesetzten und umgebogenen Kapillarrohr als Tröpfchen aus. Am Ende der Kapillare ist als Stromzuleitung ein Platindraht eingeschmolzen. Durch ein Niveaugefäß wird dafür gesorgt, daß der Druck gerade zum Übertreiben des Amalgams ausreicht. Da die Konzentration der Tropfen infolge der Einwirkung der wäßrigen Lösung sich bei verdünnten Amalgamen prozentisch stärker ändert als bei konzentrierteren, wird durch einen besonderen Abstreifer dafür gesorgt, daß die Tropfen von den beiden jeweils gegeneinander gemessenen Zellen gleichzeitig abgestreift und erneuert werden.

Zur elektrochemischen Untersuchung fester Legierungen benutzte der auf diesem Gebiete wohl erfolgreichste Autor, Arne Ölander[3], die in Abb. 27 wiedergegebene einfache Zelle. Sie besteht aus einem einseitig geschlossenen Pyrexglasrohr von 40 cm Länge und 25 mm Durchmesser, dessen obere Öffnung ein mit Siegellack gedichteter Kork verschließt. Die Zuleitungen für die Elektroden sind

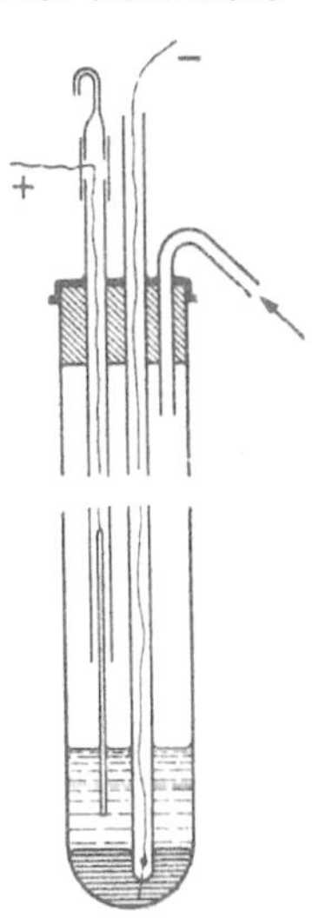

Abb. 27. Zelle für EMK-Messungen an festen Legierungen. (Nach A. Ölander.)

Abb. 26. Zelle für EMK-Messungen an flüssigen Legierungen. (Nach K. Hauffe.) O = Ofen, M = Siluminblock, A = Außengefäß, J = Innengefäß, H = Ableitung zum Hochvakuum, N = Zuleitung für Stickstoff, Fe = Eisenzuleitungsdrähte, h = Hahn zur Stickstoffspülung der Apparatur, a = Öffnung im Innengefäß, L = Legierung (Hg/Na bzw. Cd/Na), Na = Natrium im Außengefäß, g = Gummistopfen mit Fe-Drahtdurchführung, As = Asbest.

<hr>

[1] Vgl. bei A. Ölander: Z. Metallkunde Bd. 29 (1937) S. 361 und bei H. Reinhold: Z. Elektrochem. angew. physik. Chem. Bd. 40 (1934) S. 361. Die theoretischen Voraussetzungen, unter denen aus der EMK in diesen Fällen energetische Daten ableitbar sind, hat C. Wagner: Z. Elektrochem. angew. physik. Chem. Bd. 40 (1934) S. 364 dargelegt.

[2] Richards, Th. W., u. J. B. Conant: J. Amer. chem. Soc. Bd. 44 (1922) S. 601.

[3] Eine zusammenfassende Darstellung der Erfahrungen A. Ölanders über die Messung elektromotorischer Kräfte in festen Legierungen und die Berechnung thermodynamischer Daten findet sich Z. Metallkunde Bd. 29 (1937) S. 361.

in Glasrohren durch den Stopfen geführt. Meist wurden 4 Elektroden gleichzeitig gemessen. Als Schutzgas diente Wasserstoff. Wagner und Engelhardt[1] verwendeten ein einfaches U-Rohr mit Querverbindung zur Durchspülung mit Stickstoff (Abb. 28).

Um von vornherein jeglichen Einfluß einer Gasatmosphäre auf Legierungen und Elektrolyt auszuschließen, entwickelten Weibke und v. Quadt[2] die in Abb. 29a gezeigte Vakuumzelle.

Die eigentliche Zelle bildet ein zylindrisches Gefäß aus Supremaxglas, an das oben 2 Kapillaren zur Einführung der Elektroden angesetzt sind. Als Zuleitungen dienen mit den Elektroden verschweißte Platindrähte. Auch bei der Untersuchung des Systems Gold-Kupfer erwies es sich als notwendig, etwaige Feuchtigkeitsspuren sorgfältig zu entfernen. Man heizt die Zelle mehrfach mit Elektrolytwasserstoff aus und verwendet beim Einbringen des bereits gereinigten und getrockneten Salzgemisches besondere Vorsicht. In der im rechten Teil der Abb. 29a sichtbaren Vorlage wird die Salzschmelze noch kurze Zeit über einigen Kupferdraht-

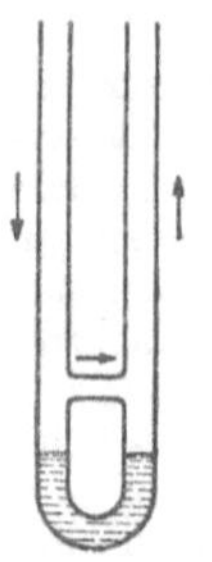

Abb. 28. Zelle für EMK-Messungen an festen Legierungen. (Nach C. Wagner und G. Engelhardt.)

stückchen geläutert, um etwa noch vorhandenes zweiwertiges Kupfer zu reduzieren. Dann bringt man das Schmelzgemisch durch Neigen des Gerätes in die eigentliche Meßzelle (im linken Teil der Abbildung) und schmilzt nach dem Er-

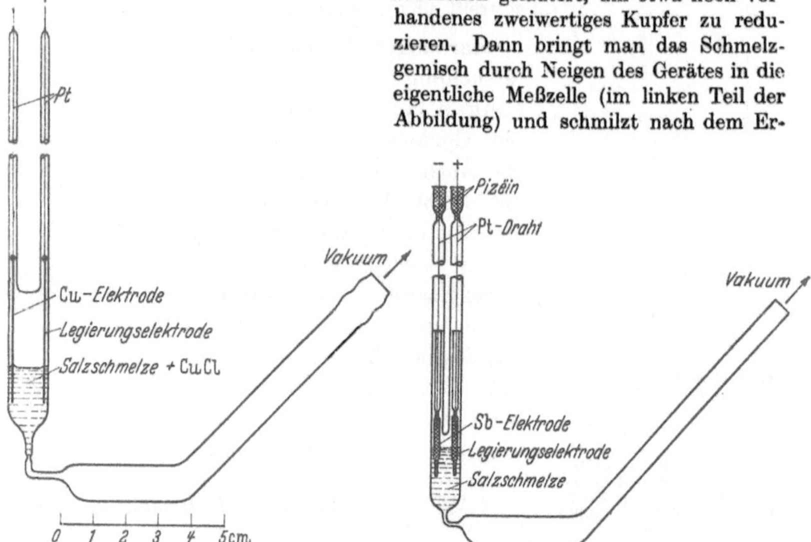

Abb. 29a. Zelle für EMK-Messungen an festen Gold-Kupfer-Legierungen. (Nach F. Weibke und U. Frhr. v. Quadt.)

Abb. 29b. Zelle für EMK-Messungen an festen Gold-Antimon-Legierungen. (Nach F. Weibke und G. Schrag.)

starren des Elektrolyten an der verjüngten Stelle ab. In einer Versuchsreihe kamen bei Weibke und v. Quadt gleichzeitig bis zu 6 Zellen zur Messung, die in

---

[1] Wagner, C., u. G. Engelhardt: Z. physik. Chem., Abt. A Bd. 159 (1932) S. 241.

[2] Weibke, Fr., u. U. Frhr. Quadt: Z. Elektrochem. angew. physik. Chem. Bd. 45 (1939) S. 715.

einem gemeinsamen Schutzrohr in Sand eingebettet standen. — Eine ähnliche Anordnung für Untersuchungen am System Gold-Antimon[1] zeigt Abb. 29 b.

Eine Meßzelle, die das Arbeiten unter einem Schutzgas gestattet und in der jeweils nur eine Legierungselektrode in die Schmelze eintaucht, wird von Weibke und Efinger[2] beschrieben; Abb. 30 zeigt die Anordnung, wie sie zur Untersuchung des Systems Silber-Antimon Verwendung fand.

In einem Schutzrohr aus Supremaxglas befindet sich die eigentliche Meßzelle, ebenfalls aus Supremaxglas, von insgesamt 50 cm Länge und 35 mm lichter Weite. Die Erhitzung erfolgt in einem elektrischen Ofen, in den die Meßanordnung etwa 25 cm tief eintaucht. Der Ofen enthält zum Ausgleich der Temperatur einen etwa 5 mm starken Eisenzylinder. Das Einleitungsrohr für das Schutzgas ist etwas oberhalb der Mitte eingeschmolzen, das Austrittsrohr ist oben rechts zu erkennen. Auch in dieser Zelle wurden gleichzeitig 4 Legierungselektroden untersucht. Sowohl die Legierungsstäbchen als auch die im unteren Teil des Rohres sichtbare Antimonelektrode werden an 0,2 mm starke Platindrähte als Stromableitungen angeschmolzen. Diese Platindrähte sind mit gerade passenden Supremaxglaskapillaren überzogen, die am unteren Ende über dem Kopf der Legierungsstäbchen glockenförmig erweitert sind. Dieser Schutz war gewählt, um beim Einbringen der Salzschmelze in die Zelle eine leicht zum Kontakt führende Berührung der Platindrähte mit der Schmelze zu verhindern. Um die Legierungsstäbchen für die Messung wahlweise in die Schmelze eintauchen zu können, wird ein Ring aus 0,5 mm starkem Platindraht in den Ableitungsdraht eingeschmolzen; an diesen Ringen werden die Legierungen an in der Zelle angebrachten Glashäkchen aufgehängt. Mit Hilfe eines eingeschliffenen, unten in Form eines Greifers rechtwinklig abgebogenen Glasstabes können

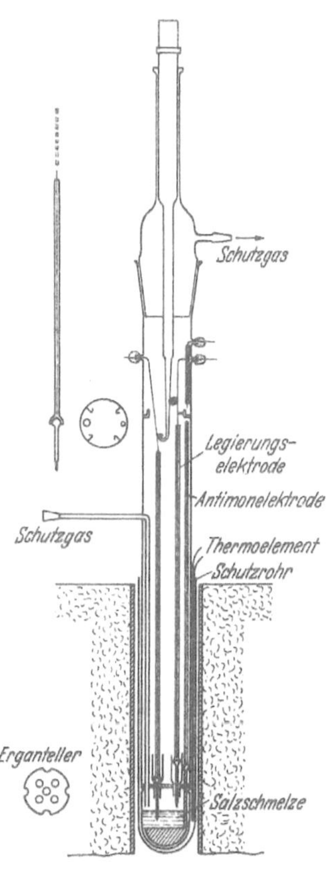

Abb. 30. Zelle für EMK-Messungen an festen Silber-Antimon-Legierungen. (Nach F. Weibke und I. Efinger.)

die Proben abgehoben und wieder aufgehängt werden. In Abb. 30 ist links oben ein Legierungsstäbchen mit Aufhängevorrichtung gezeigt.

Auf einer Einschnürung der Zelle, 6 cm oberhalb des Bodens, sitzt ein Teller aus „Ergan", einem temperaturbeständigen Magnesiumsilikat von guter Bearbeitbarkeit (vgl. Abb. 30 links unten). In die 4 Durchbohrungen zur Aufnahme der Legierungsstäbchen werden Führungen aus Supremaxglas eingepaßt, um ein leich-

<hr>

[1] Weibke, F., u. G. Schrag: Z. Elektrochem. angew. physik. Chem. Bd. 46 (1940) S. 658.

[2] Weibke, Fr., u. Isolde Efinger: Z. Elektrochem. angew. physik. Chem. Bd. 46 (1940) S. 61.

tes Auf- und Abbewegen der Stäbchen zu ermöglichen. Durch diese Anordnung wird erreicht, daß die Legierungen bei der Messung jeweils gleich tief in die Salzschmelze eintauchen und daß sich beim Tempern zur Einstellung des Gleichgewichtes und zwischen den Messungen nur wenige Millimeter oberhalb der Schmelze und in ihrer ganzen Länge im temperaturkonstanten Teil des Ofens befinden. Die Platinableitungen der Elektroden werden durch 1 mm weite Öffnungen aus der Zelle geführt; diese Öffnungen verschließt man mit weißem Siegellack.

Übereinstimmend wird von allen Autoren elektrochemischer Meßdaten darauf hingewiesen, daß nicht nur vor dem Einbringen der Legierung in die Zelle eine ausreichende Homogenisierung erforderlich ist, sondern daß auch in der beschickten Zelle längeres Tempern zur Einstellung des Gleichgewichtes zwischen Legierung und Salzschmelze erforderlich ist. Insbesondere hat A. Wachter[1] nachgewiesen, daß manche Mißerfolge bei EMK-Messungen an Legierungen auf ungenügende Temperung der Proben zurückzuführen sind. Abb. 31 zeigt den zeitlichen Verlauf der Gleichgewichtseinstellung zwischen Legierung und Salzschmelze am Beispiel zweier Gold-Kupfer-Legierungen; man erkennt, daß erst nach 24 Stunden konstante Werte erhalten werden. Noch längere Einstellzeiten wurden im System Gold-Antimon[2] beobachtet.

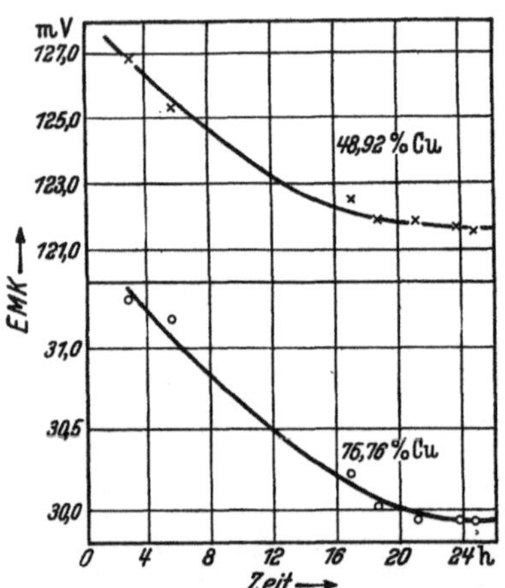

Abb. 31. Zeitlicher Verlauf der Gleichgewichtseinstellung bei EMK-Messungen an Gold-Kupfer-Legierungen. (Nach F. Weibke und U. Frhr. v. Quadt.)

Die Messung der EMK geschieht üblicherweise durch Kompensation; besonders bequem ist die Verwendung eines guten Kompensationsapparates mit mindestens 4 Meßstellen. Als Nullinstrument kann ein empfindliches Spiegelgalvanometer Verwendung finden. Für sehr anspruchsvolle Messungen wurden ohne Stromentnahme arbeitende Anordnungen mit einem Quadrantelektrometer oder einer Elektronenröhrenbrücke benutzt, indessen sind im allgemeinen die sonstigen Versuchsfehler für eine derartig verfeinerte Meßtechnik zu groß.

Zunächst soll nun noch auf einige Fehlermöglichkeiten hingewiesen werden. Der Elektrolyt enthält Ionen des unedleren Metalls B der Legierung. Um eine Umsetzung des edleren Metalls A mit der Salzschmelze zu verhindern, soll die Affinität des Anions des Salzes zu dem edleren Metall A wesentlich kleiner sein als zu dem

---

[1] Wachter, A.: J. Amer. chem. Soc. Bd. 54 (1932) S. 4609.

[2] Weibke, Fr., u. G. Schrag: Z. Elektrochem. angew. physik. Chem. Bd. 46 (1940) S. 658.

unedleren Metall B[1]. Als Maß für die Affinität kann angenähert die Bildungswärme herangezogen werden. Weibke und Efinger[2] konnten bei Messungen am System Silber-Antimon zeigen, daß hier die der Legierungsbildung entsprechende elektromotorische Kraft von einer zweiten überlagert wird, die sie einer Konzentrationskette $Sb_{Leg.}$ | $SbCl_3$ (verd.) | $SbCl_3$ (konz.) | Sb_{Metall} zuschrieben. Diese Konzentrationskette entsteht durch die Umsetzung des Silbers der Legierungselektrode mit dem Antimontrichlorid der Schmelze gemäß der Gleichung: $3\,Ag + SbCl_3 \rightleftharpoons 3\,AgCl + Sb$, durch die eine Verarmung der Schmelze an Antimontrichlorid in der Nähe der Legierungselektrode hervorgerufen wird. Diese Reaktion ist um so wahrscheinlicher, als die Bildungswärme von 3 Molen AgCl $(3 \cdot 30{,}30\,\text{kcal})$ von der eines Mols $SbCl_3$ $(91{,}4\,\text{kcal})$ nur wenig verschieden ist. Im System Gold-Antimon, in dem ja der elektrochemische Gegensatz stärker ist, treten nach Weibke und Schrag[3] derartige Störungen in wesentlich geringerem Umfange auf. Allerdings bestehen auch hier noch bei goldreichen Legierungen geringe Abweichungen; die EMK-Werte liegen höher, als zu erwarten. Möglicherweise hat das aber auch seine Ursache in einem ungenügenden Konzentrationsausgleich durch Diffusion.

Es war schon erwähnt worden (S. 69), daß zur Vermeidung von Anreicherungen des überführten Metalls auf der Oberfläche der Legierungselektrode die Messungen bei Temperaturen vorgenommen werden müssen, bei denen die Platzwechselgeschwindigkeiten der Atome im Gitter hinreichend groß sind. Trotzdem kann gelegentlich die Diffusionsgeschwindigkeit zu klein sein, um innerhalb der Meßdauer Konzentrationsunterschiede zu beseitigen. Vielfach hilft längeres Warten zwischen den einzelnen Messungen. Bei der Prüfung der Temperaturabhängigkeit der EMK ist besonders darauf zu achten, daß die Veränderung der Temperatur nicht zu rasch erfolgt, damit sich der der jeweiligen Versuchstemperatur entsprechende Gleichgewichtszustand einstellen kann. In den Systemen Gold-Kadmium, Silber-Kadmium und Kupfer-Zink gelang es Ölander[4] nicht, Legierungen der α-Phase wegen auftretender Diffusionsschwierigkeiten reproduzierbar zu messen.

Zusätze zum Elektrolyten (meist Alkalimetallsalze) können einmal zur Erniedrigung des Schmelzpunktes dienen; so schmilzt das

---

[1] Auch darf naturgemäß keine chemische Umsetzung der gesamten Legierungselektrode mit dem Elektrolyten eintreten, wie das bei Verwendung von geschmolzenen Nitraten der Fall sein könnte.

[2] Weibke, Fr., u. Isolde Efinger: Z. Elektrochem. angew. physik. Chem. Bd. 46 (1940) S. 61.

[3] Weibke, Fr., u. G. Schrag: Z. Elektrochem. angew. physik. Chem. Bd. 46 (1940) S. 658.

[4] Ölander, A.: J. Amer. chem. Soc. Bd. 54 (1932) S. 3819 — Z. physik. Chem., Abt. A Bd. 163 (1933) S. 107; Abt. A Bd. 164 (1933) S. 428.

eutektische Gemisch von LiCl und KCl bei 359° und das von LiCl und RbCl sogar schon bei 312°. Für noch tiefere Temperaturen verwandte Öländer eutektische Natrium-Kaliumazetat-Mischungen, deren Schmelzpunkt bei 233° liegt. Bei 300° tritt jedoch Zersetzung des Azetatgemisches unter Kohleabscheidung ein. Darüber hinaus sollen derartige Zusätze aber auch durch Komplexbildung der Entstehung von Pyrosolen entgegenwirken, die durch die atomare Auflösung von Metall in der Salzschmelze bzw. durch die Bildung von Subverbindungen gekennzeichnet ist. Kann das Metall des Elektrolyten in mehreren Wertigkeitsstufen auftreten, so ist darauf acht zu geben, daß eine von ihnen in reiner Form vorliegt; auch das läßt sich häufig durch die komplexstabilisierende Wirkung von Zusätzen erreichen. Es versteht sich, daß die Zusätze ohne Einwirkung auf die Legierungselektroden sein müssen.

Endlich sei noch auf eine allgemeine Fehlerquelle infolge von Thermokräften hingewiesen. Wenn zwischen den in die Schmelze eintauchenden Enden der Elektroden und den mit den Ableitungsdrähten verbundenen Enden Temperaturunterschiede bestehen, so treten Thermospannungen auf, die gesondert bestimmt und von den EMK-Werten abgezogen werden müssen, wie das Öländer tat. Man kann sich indessen auch so helfen, daß man kurze Elektroden verwendet[1] und diese im temperaturkonstanten Teil des Ofens anbringt. Gegebenenfalls ist der Ofen mit einem besonderen Thermostaten zu versehen. Man hat bei dieser Anordnung noch den Vorteil, daß ein stärkerer Wärmefluß in Richtung der Drahtachse infolge des dünneren Ableitungsdrahtes vermieden wird, so daß lokale Temperaturdifferenzen nicht auftreten. In dieser Weise wurden u. a. die Messungen von Wagner und Engelhardt[2], von Wachter[3] sowie von Weibke und Mitarbeitern[4] ausgeführt.

Die Genauigkeit der EMK-Messungen ist schwer generell anzugeben, sie wird von System zu System verschieden sein. Im allgemeinen wird sie mit 0,1 bis 0,3 mV verzeichnet, Seltz[5] beziffert sie sogar in einigen Systemen mit Wismut und Antimon (Pb-Bi, Cd-Sb, Zn-Sb) auf $\pm 0,03$ mV, eine Genauigkeit die sich im wesentlichen auf die Präzision der Meßmethode aber weniger auf die Sicherheit der Gleichgewichtseinstellung bezieht.

---

[1] Bei der Untersuchung flüssiger Legierungen sind diese ja von vornherein gegeben.

[2] Wagner, C., u. G. Engelhardt: Z. physik. Chem. Abt. A Bd. 159 (1932) S. 241.

[3] Wachter, A.: J. Amer. chem. Soc. Bd. 54 (1932) S. 4609.

[4] Weibke, Fr., u. U. Frhr. Quadt: Z. Elektrochem. angew. physik. Chem. Bd. 45 (1939) S. 715. — Weibke, Fr., u. Isolde Efinger: Z. Elektrochem. angew. physik. Chem. Bd. 46 (1940) S. 61. — Weibke, Fr., u. G. Schrag: Z. Elektrochem. angew. physik. Chem. Bd. 46 (1940) S. 658.

[5] Seltz, H.: Trans. electrochem. Soc. Bd. 77 (1940) S. 233.

Der Gang der thermodynamischen Auswertung von EMK-Messungen.

Es ist hier nicht beabsichtigt, eine ausführliche Darstellung der theoretischen Grundlagen der Thermodynamik metallischer Mehrstoffsysteme zu geben. Interessenten seien vor allem auf den umfassenden Handbuchartikel über dieses Gebiet von C. Wagner[1] verwiesen. Hier soll lediglich so viel von dem theoretischen Rüstzeug, und das in möglichst einfacher Form, ausgewählt werden, als zum Verständnis der Berechnung der Wärmetönungen aus EMK-Messungen erforderlich ist.

Führt man die elektrochemische Untersuchung bei verschiedenen Temperaturen durch, so erhält man 2 Meßgrößen, die elektromotorische Kraft E der Zelle und deren Temperaturkoeffizienten dE/dT. Die elektromotorische Kraft kommt in folgender Weise zustande: Taucht man einen Stab aus einem reinen Metall B in eine Lösung oder Schmelze mit dessen Ionen, so stellt sich ein Gleichgewicht zwischen dem Stab und der Schmelze ein, da der Stab bestrebt ist, Ionen in Lösung zu senden, während die Schmelze Metall zur Abscheidung bringen möchte. Überwiegt nun das Bestreben, Ionen zu bilden, so findet eine negative Aufladung des Metalls durch die zurückbleibenden Elektronen statt. Überwiegt dagegen das Abscheidungsbestreben der Ionen, so lädt sich das Metall positiv gegenüber der Lösung auf. Nach Nernst können wir als Maß für das Bestreben der Atome, als Ionen in Lösung zu gehen, den elektrolytischen Lösungsdruck P betrachten und als Maß für das Abscheidungsbestreben der Ionen den osmotischen Druck p. Wenn osmotischer Druck und elektrolytischer Lösungsdruck miteinander im Gleichgewicht stehen, dann gilt für das Potential (ε) des Metalls B:

$$\varepsilon_B = \frac{RT}{23{,}066 \cdot z} \cdot \ln \frac{p}{P_1},$$

wenn z die Zahl der Faraday-Äquivalente ist, die zum Transport eines g-Atoms des Metalls B notwendig sind, d. h. dessen Wertigkeit; 23,066 ist der Wert des Faraday-Äquivalents in kcal/Volt. Für das Potential der Legierung AB, die das Metall B als unedlere Komponente enthält, gegenüber derselben Schmelze, ergibt sich, da der osmotische Druck der gleiche bleibt, der elektrolytische Lösungsdruck (P_2) einen anderen, und zwar einen kleineren Wert als beim reinen Metall annimmt:

$$\varepsilon_{AB} = \frac{RT}{23{,}066 \cdot z} \cdot \ln \frac{p}{P_2}.$$

Die EMK einer Kette $B \mid B$-Ionen $\mid AB$ erhält man dann als Differenz der Potentiale von B und AB gegenüber der Schmelze:

$$E = \varepsilon_B - \varepsilon_{AB} = \frac{RT}{23{,}066 \cdot z} \cdot \ln \frac{P_2}{P_1}.$$

---

[1] Wagner, C.: Thermodynamik metallischer Mehrstoffsysteme. Leipzig 1940.

Nimmt man nun an, daß bei gleichbleibender Konzentration der Lösung an B-Ionen die Änderung des elektrolytischen Lösungsdruckes P der Änderung der Konzentration an B in der Legierungselektrode proportional verläuft, so erhält man:

$$E = \frac{R \cdot T}{23{,}066 \cdot z} \ln N_B .[1]$$

N_B stellt den Atombruch des Metalls B in der Legierung dar, d. h. seinen Gehalt in Atomprozenten dividiert durch 100. Da nun $R \cdot T \cdot \ln N_B$ als die Arbeit definiert ist, die erforderlich ist, um ein Grammatom B reversibel in einer sehr (theoretisch unendlich) großen Menge einer Legierung der Konzentration N_B zu lösen, erhält man durch Multiplikation des negativen Wertes der EMK der Zelle mit $23{,}066 \cdot z$ die Änderung des thermodynamischen Potentials des Metalls B bezogen auf den (unlegierten) Ausgangszustand, d. h. die partielle (oder differentielle) molare Arbeit der Legierungsbildung

$$-\Delta \overline{G}_B = \overline{A}_B = 23{,}066 \cdot z \cdot E .$$

Ganz entsprechend liefert die Multiplikation des Temperaturkoeffizienten der EMK mit dem Faraday-Äquivalent und der Wertigkeit des transportierten Ions die partielle Änderung der Entropie:

$$\Delta \overline{S}_B = 23{,}066 \cdot z \cdot \frac{dE}{dT} .$$

Die Wärmetönung der Reaktion $(\overline{W})$ bei der Überführung eines Grammatoms B zur Legierungselektrode ergibt sich dann nach Gibbs-Helmholtz zu:

$$\overline{W}_B = \overline{A}_B - T \cdot \Delta \overline{S}_B = 23{,}066 \cdot z_B \left(E - T \cdot \frac{dE}{dT} \right) .$$

Grundsätzlich erhält man also bei der Auswertung zunächst die partiellen molaren Werte für die energetischen Daten. Der Übergang von den partiellen oder differentiellen Größen zu den integralen Größen, d. h. zu den Bildungswärmen bei der Entstehung der Legierung oder ihrer Schmelze aus den Elementen, soll nun an 3 Beispielen näher erläutert werden.

1. Systeme mit einer oder mehreren intermetallischen Verbindungen ohne ausgedehnte Homogenitätsgebiete. Nehmen wir zunächst den Fall an, daß die beiden festen Komponenten ineinander praktisch unlöslich

---

[1] Dabei wurde zur Vereinfachung angenommen, daß die Legierungen sich als ideale Lösungen verhalten, d. h. daß die Änderung von E mit der Konzentration an B proportional erfolgt. Das ist indessen meist nur in erster Näherung der Fall, und man benutzt zur Beschreibung nichtidealer Lösungen den Begriff der Aktivität und setzt statt N_B die Aktivität (a_B) (vgl. S. 113) des Metalls B in der Legierung der Konzentration N_B. Das ändert indessen unsere weiteren Betrachtungen nicht.

sind und daß sie miteinander eine intermetallische Verbindung der Zusammensetzung AB bilden, die ihrerseits ebenfalls kein Lösevermögen für die Komponenten besitzt. Verwirklicht ist diese Annahme im System Kadmium-Antimon[1]. Der Reaktionsvorgang in einer Zelle $Cd \mid Cd^{2+} \mid CdSb + Sb$ besteht dann in der Überführung von Kadmium zur Legierungselektrode und dort in der Bildung der Verbindung CdSb aus dem Antimonüberschuß der Legierungselektrode und dem überführten Kadmium. Die Wärmetönung der Reaktion entspricht in diesem Falle unmittelbar der gesuchten Bildungswärme der Verbindung, da zu ihrer Entstehung gerade die Überführung eines Grammatoms Kadmium benötigt wird. Partielle und integrale Größen sind also hier gleich, und man erhält somit:

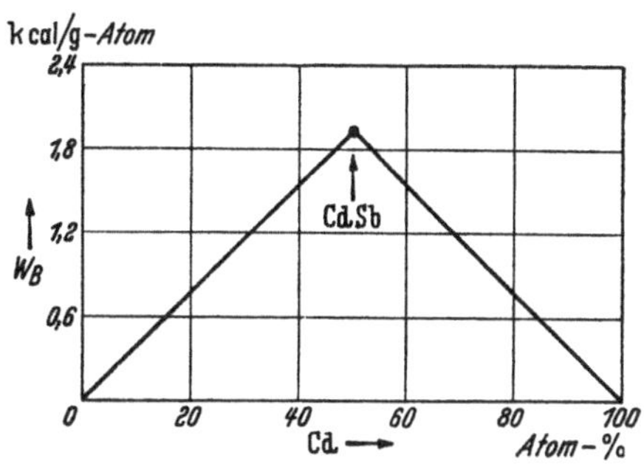

Abb. 32. Bildungswärmen im System Antimon-Kadmium. (Nach A. Ölander.)

$$W_p = \mathfrak{A}_p - T \cdot \varDelta S = 2{,}95 + (0{,}00148 \cdot 520) = +3{,}72 \text{ kcal/Mol.}$$

Die Bildungswärmen aller übrigen Legierungen entsprechen dann einfach deren Gehalt an CdSb (vgl. Abb. 32).

2. **Systeme mit lückenloser Mischbarkeit der festen bzw. flüssigen Komponenten.** Als Beispiel für ein System mit lückenloser Mischbarkeit der flüssigen Partner sollen hier die von Strickler und Seltz[2] untersuchten Blei-Wismut-Legierungen betrachtet werden. Bezugselektrode war flüssiges Blei, Elektrolyt ein geschmolzenes Gemisch von Blei- und Natriumazetat, die Messungen wurden bei 380 bis 470° vorgenommen. Der Vorgang in der Zelle besteht dann in der Überführung von Blei von der reinen Metallelektrode über den Elektrolyten zur Legierungselektrode. Die aus den beobachteten EMK-Werten abgeleiteten Wärmetönungen beziehen sich auch hier auf die Auflösung eines Grammatoms Blei in einer sehr großen Menge Schmelze bestimmter Konzentration. Im Gegensatz zu dem vorigen Beispiel tritt aber in diesem Falle keine Bildung einer neuen Phase auf, vielmehr verbleibt jede der untersuchten Schmelzen auch nach der Messung im gleichen Phasenraum. Die gesuchte integrale Wärmetönung, die sich hier auf die Entstehung der flüssigen Legierungen aus den flüssigen Komponenten bezieht, ist demnach gegeben durch das Integral über die einzelnen partiellen Werte innerhalb der Grenzen des Homogenitätsgebietes der Schmelzen.

---

[1] Ölander, A.: Z. physik. Chem., Abt. A Bd. 173 (1935) S. 284.

[2] Strickler, H. S., u. H. Seltz: J. Amer. chem. Soc. Bd. 58 (1936) S. 2084. — Vgl. auch H. Seltz: Trans. electrochem. Soc. Bd. 77 (1940) S. 233.

Die nachstehende Tab. 3 enthält die partiellen Lösungswärmen für die beiden Komponenten in Schmelzen verschiedener Konzentrationen, ausgedrückt in Atomprozenten bzw. durch die Zahl der Atome Blei pro Atom Wismut (N_{Pb}/N_{Bi}).

Sind für beide Komponenten die partiellen Größen bei der Vermischung eines Grammatoms mit einer sehr großen Menge Schmelze entsprechender Konzentration bekannt, so ergibt sich die integrale

Tabelle 3. Partielle Lösungswärmen im System Blei-Wismut.
(Nach H. S. Strickler und H. Seltz.)

N_{Pb}	N_{Pb}/N_{Bi}	$\overline{W}_{Bi}$ (fl.)	$\overline{W}_{Pb}$ (fl.)	W_m
0	0	0 cal	700 cal	0 cal
0,1	0,111	0	692	69
0,2	0,250	4	676	138
0,3	0,429	20	628	202
0,4	0,667	91	502	255
0,5	1,00	213	352	282
0,6	1,50	376	218	281
0,7	2,33	606	91	245
0,8	4,00	811	20	178
0,9	9,0	907	2	93
1,0	∞	925	0	0

Mischungswärme bei der Entstehung der Schmelze aus den flüssigen Komponenten durch die Beziehung:

$$W_m = N_{Pb} \cdot \overline{W}_{Pb} + N_{Bi} \cdot \overline{W}_{Bi}.$$

Die so erhaltenen Werte für W_m sind in der letzten Spalte der Tab. 3 angeführt.

Meist ist es nun aber so, daß lediglich die $\overline{W}$-Werte für die bei der Messung überführte unedlere Komponente unmittelbar zugänglich sind. Man kann dann mit Hilfe der aus einer Verallgemeinerung der sog. Gibbs-Duhemschen Gleichung gewonnenen Beziehung[1] die partiellen Mischungswärmen für die edlere Komponente berechnen. Es gilt nämlich:

$$N_A \cdot \frac{\partial \overline{W}_A}{\partial N_B} + N_B \frac{\partial \overline{W}_B}{\partial N_B} = 0;$$

die allgemeine Integrationsform lautet:

$$\overline{W}_A = -\int_0^{N_B} \frac{N_B}{N_A} \cdot \frac{\partial \overline{W}_B}{\partial N_B} \cdot dN_B.$$

Durch partielle Integration erhält man daraus:

$$\overline{W}_A = \int_0^{N_B} \overline{W}_B \cdot d\frac{N_B}{N_A} - \frac{N_B}{N_A} \overline{W}_B.$$

---

[1] Besonders bekannt geworden ist diese Beziehung für den Fall der Aktivitätskoeffizienten als Duhem-Margulessche Gleichung (vgl. S. 113).

Für eine solche Berechnung muß indessen die Änderung von $\overline{W}_B$ mit der Konzentration recht genau bekannt sein, um mäßig zuverlässige Werte für $\overline{W}_A$ zu bekommen.

Andererseits kann man aber auch ohne diese Berechnung der partiellen Mischungswärme für die zweite Komponente zur integralen

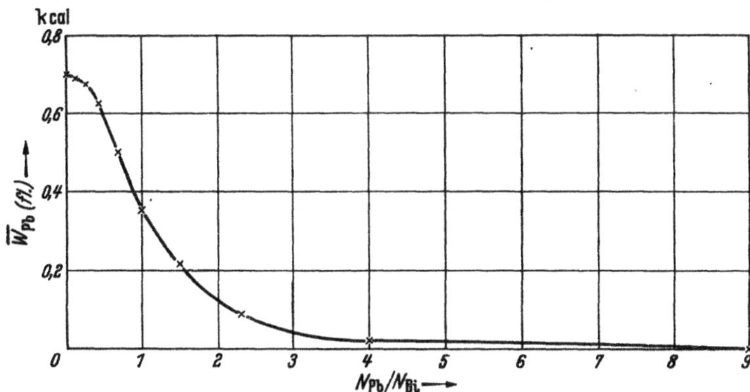

Abb. 33. Partielle molare Lösungswärmen des Bleis im System Wismut-Blei. (Nach H. S. Stricklér und H. Seltz.)

Wärmetönung gelangen, da diese gleich dem Integral über die partiellen Werte innerhalb der Grenzen des Homogenitätsgebietes der betrachteten Phase ist:

$$W_p = \int_0^{N_A} \overline{W}_A \cdot d\,\frac{N_A}{N_B}.$$

In Abb. 33 ist der Verlauf von $\overline{W}_{\mathrm{Pb}}$ (fl.) für das System Bi-Pb (fl.) mit der Konzentration nach den Daten der Tab. 3 gezeichnet; um für die Integration nur eine Variable zu haben, wurde die Konzentration in Grammatomen Blei

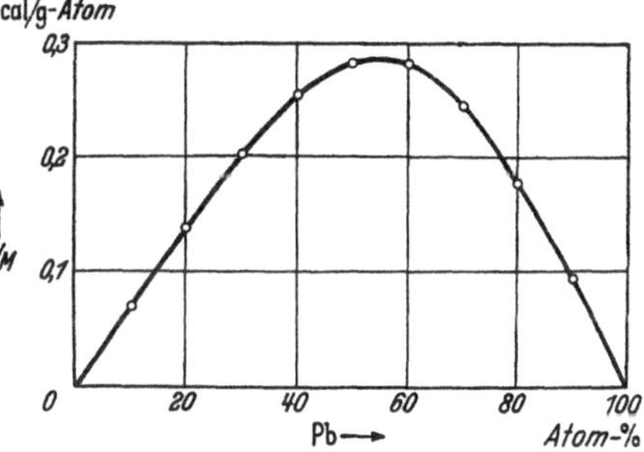

Abb. 34. Integrale molare Mischungswärmen im System Wismut-Blei. (Nach H. S. Strickler und H. Seltz.)

pro Grammatom Wismut angegeben, da ja die Wismutmenge in der Legierung sich während der Messung nicht ändert. Die von den Meßpunkten umschlossene Fläche ergibt dann für die jeweilige Konzentration die gesuchte Wärmetönung. Führt man die Integration schrittweise durch, so erhält man die in der Tab. 4 vermerkten Werte und nach Umrechnung auf je 1 Grammatom Schmelze den in der Abb. 34 angegebenen Verlauf für die Mischungswärme in Abhängigkeit von der Konzentration, d. h. eben die gleiche Abhängigkeit, wie sie die Tab. 4 wiedergibt.

Ganz entsprechend vollzieht sich die Berechnung für feste Legierungen mit lückenloser Mischbarkeit der Partner.

Tabelle 4.
Berechnung der Mischungswärmen im System Blei-Wismut (fl.).

N_{Pb}/N_{Bi}	$\int\limits_0^N \overline{W}_{Pb} \cdot dN$	At.-% Pb	W_m
0,111	−77 cal	10	69 cal
0,250	−173	20	138
0,429	−288	30	202
0,667	−425	40	255
1,00	−564	50	282
1,50	−702	60	281
2,33	−816	70	245
4,00	−890	80	178
9,0	−930	90	93

3. Systeme mit intermediären Phasen und Mischkristallbildung im festen Zustande. In der weitaus überwiegenden Zahl der Fälle sind die Zustandsdiagramme binärer Systeme durch das Auftreten einer oder mehrerer intermediärer Phasen ausgezeichnet, auch besteht meist eine mehr oder weniger ausgeprägte Mischbarkeit der Komponenten A und B untereinander und mit den intermetallischen Verbindungen des Systems. Als Beispiel für den Gang der Umrechnung soll hier das von Ölander[1] untersuchte und auch bereits im thermochemischen Sinne ausgewertete System Wismut-Thallium[2] herangezogen werden.

Wie dem im oberen Teil der Abb. 35 wiedergegebenen thermischen Zustandsdiagramm zu entnehmen ist, bilden Thallium und Wismut miteinander zwei intermediäre Phasen, denen nach der Lage der Schmelzmaxima die Formeln Bi_2Tl (ε-Phase) und $BiTl_7$ (γ-Phase) zuzuschreiben wären. Beide Verbindungen vermögen Wismut und Thallium in gewissem Umfange zu lösen; Thallium besitzt in seinen beiden Modifikationen eine geringe Löslichkeit für Wismut, während umgekehrt Thallium in Wismut praktisch unlöslich ist.

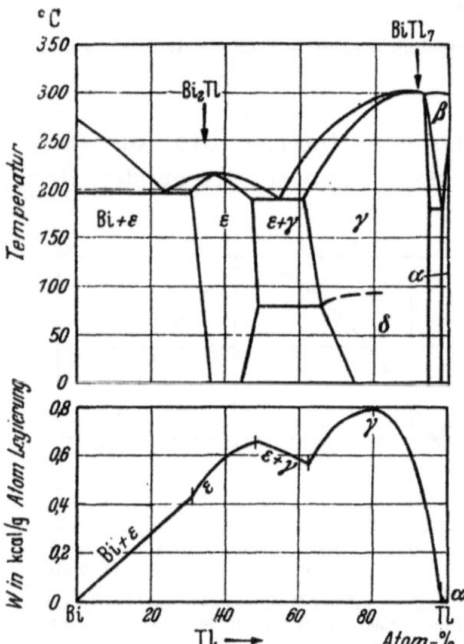

Abb. 35. Zustandsdiagramm und Bildungswärmen im System Wismut-Thallium. (Nach F. Weibke).

---

[1] Ölander. A.: Z. physik. Chem., Abt. A Bd. 169 (1934) S. 260.
[2] Vgl. auch Fr. Weibke: Z. Metallkunde Bd. 29 (1937) S. 79.

In einer Zelle, deren Legierungselektrode freies Wismut enthält, entsteht infolge der Unlöslichkeit von Thallium in Wismut bei der Überführung des unedleren Thalliums die an Wismut bei der Untersuchungstemperatur (150° C) gesättigte ε-Phase. Die Phasengrenze $(Bi + \varepsilon)/\varepsilon$ liegt bei 32 At.-% Tl; die Reaktionswärme beim Transport von einem Grammatom Thallium beträgt 1,33 kcal, auf 0,32 g-Atome Tl entfallen somit 0,43 kcal. Man erhält also in thermochemischer Schreibweise:

$$0{,}68\,[Bi] + 0{,}32\,[Tl] = [Bi_{0{,}68}Tl_{0{,}32}] + 0{,}43 \text{ kcal}.$$

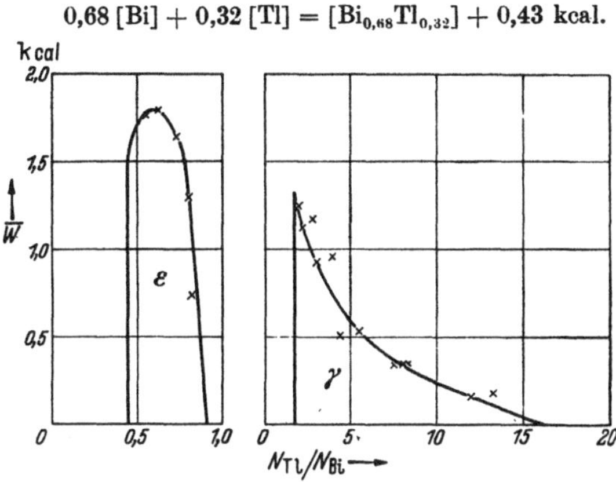

Abb. 36. Partielle molare Lösungswärmen für die ε- und γ-Phase im System Wismut-Thallium.

Wie ändert sich nun die Reaktionswärme bei Zulegieren von Thallium innerhalb des Homogenitätsgebietes der ε-Phase? Aus den experimentell bestimmten Werten für E und dE/dT errechnen sich nach der Gibbs-Helmholtzschen Gleichung (vgl. S. 78) die partiellen molaren Wärmetönungen beim Lösen von 1 g-Atom Tl in einer sehr großen Menge irgendeiner Legierung der ε-Phase, so daß sich deren Konzentration während der Messung nur außerordentlich wenig ändert. Trägt man die $\overline{W}_{Tl}$-Werte in Abhängigkeit von der Zusammensetzung der gemessenen Legierungen graphisch auf, wie das für die ε- und die γ-Phase in Abb. 36 geschehen ist, so ergibt die von den Meßpunkten umschlossene Fläche den Zuwachs der Wärmetönung beim Lösen von Thallium in der an Thallium zunächst ungesättigten ε-Phase bis zu deren Sättigung an Thallium (vgl. Abb. 35, oben). Auch hier wurden die Zusammensetzungen der einzelnen Proben auf die Formel $BiTl_N$ (N_{Tl}/N_{Bi}) umgerechnet, da ja die Menge an Wismut in der Legierungselektrode während der Messung konstant bleibt und man für die Integration nur eine Veränderliche für die Konzentrationsabhängigkeit gebrauchen kann. Die Lösungswärme beim Übergang $BiTl_{N_1} \rightarrow BiTl_{N_2}$ erhält man dann durch die Integration in den Grenzen N_1 und N_2.

Die Sättigung der ε-Phase an Thallium ist bei 48 At.-%, d. h. der Zusammensetzung $BiTl_{0,92}$ erreicht. Aus dem Integral $\int\limits_{0,47}^{0,92} \overline{W}_{Tl} \cdot dN$ ergeben sich 0,64 kcal (vgl. Abb. 36); die Bildungswärme der an Thallium gesättigten ε-Phase setzt sich somit aus dem Wert für die Bildungswärme der an Thallium ungesättigten ε-Phase und dem Betrage der Lösungswärme von Thallium in dieser Legierung gemäß der folgenden Gleichungen zusammen:

$$[Bi] + 0,47\,[Tl] = [BiTl_{0,47}] + 0,63 \text{ kcal}$$
$$\underline{[BiTl_{0,47}] + 0,45\,[Tl] = [BiTl_{0,92}] + 0,64 \quad \text{,,}}$$
$$[Bi] + 0,92\,[Tl] = [BiTl_{0,92}] + 1,27 \text{ kcal}$$

Die Bildungswärme pro g-Atom Legierung $[Bi_{0,52}Tl_{0,48}]$ beträgt 0,66 kcal.

Für eine beliebige Konzentration innerhalb des Homogenitätsgebietes der ε-Phase setzt sich die Bildungswärme in analoger Weise aus der Bildungswärme der ε-Phase an der dem Wismut zugekehrten Seite des Systems und der Reaktionswärme zusammen, die bei Erreichung der gewünschten Konzentration frei wird. So gilt z. B. für eine Legierung mit 40 At.-% Tl:

$$[Bi] + 0,47\,[Tl] = [BiTl_{0,47}] + 0,63 \text{ kcal}$$
$$\underline{[BiTl_{0,47}] + 0,20\,[Tl] = [BiTl_{0,67}] + 0,35 \quad \text{,,}}$$
$$[Bi] + 0,67\,[Tl] = [BiTl_{0,67}] + 0,98 \text{ kcal}$$

oder je g-Atom Legierung:

$$0,60\,[Bi] + 0,40\,[Tl] = [Bi_{0,60}Tl_{0,40}] + 0,59 \text{ kcal.}$$

Aus der an Thallium gesättigten ε-Phase, d. h. einer Legierungselektrode des heterogenen Gebietes $\varepsilon + \gamma$, entsteht in einer Zelle $\varepsilon + \gamma \mid Tl^+ \mid Tl$ beim Überführen von Thallium die an Thallium ungesättigte γ-Phase. Die partielle molare Wärmetönung dieses Vorganges berechnet sich nach den Angaben von Ölander zu 0,36 kcal, die Bildungswärme der γ-Phase bei Sättigung an Wismut (63 At.-% Tl) erhält man nach den Gleichungen:

$$[Bi] + 0,92\,[Tl] = [BiTl_{0,92}] + 1,27 \text{ kcal}$$
$$\underline{[BiTl_{0,92}] + 0,78\,[Tl] = [BiTl_{1,70}] + 0,28 \quad \text{,,}}$$
$$[Bi] + 1,70\,[Tl] = [BiTl_{1,70}] + 1,55 \text{ kcal}$$

oder je g-Atom Legierung:

$$0,37\,[Bi] + 0,63\,[Tl] = [Bi_{0,37}Tl_{0,63}] + 0,57 \text{ kcal.}$$

Die Berechnung der Wärmetönungen bei der Entstehung thalliumreicherer Legierungen der γ-Phase vollzieht sich in genau der gleichen Art, wie es für die ε-Phase ausführlich geschildert wurde. Die Bildungswärme einer solchen Probe setzt sich aus der Reaktionswärme, wie sie für die an Thallium ungesättigte γ-Phase soeben berechnet wurde, und aus der Lösungswärme bei der Zugabe weiteren Thalliums zusammen.

In der folgenden Tab. 5 sind die für das System Wismut-Thallium nach den obigen Ausführungen errechneten Bildungswärmen bei der Entstehung der festen Legierungen aus den festen Metallen zusammengestellt. Nach den Daten dieser Tabelle ergibt sich das in Abb. 35 (unten) gezeichnete energetische Diagramm des Systems. Die Phasengrenzen (bei 150°) sind durch kurze senkrechte Striche angedeutet. Die Kurve weist zwei Maxima auf, ein verhältnismäßig flaches bei 48 At.-% Tl [Phasengrenze $\varepsilon/(\varepsilon + \gamma)$] und ein stärker ausgeprägtes in der Nähe von 80 At.-% Tl.

Ölander führte die der Auswertung zugrunde gelegten Messungen bei 120 bis 165° durch und berechnete die elektromotorischen Kräfte der Zellen Tl | Tl^I-Azetat | Tl-Bi einheitlich für eine Temperatur von 150°. Somit gelten auch die Daten für die Bildungswärmen für 150°

Erleidet eine intermediäre Phase innerhalb des zur Messung gelangenden Temperaturbereiches eine polymorphe Umwandlung, so läßt sich die Umwandlungswärme aus EMK-Messungen berechnen. Dafür gibt es zwei Möglichkeiten. Einmal kann man die Berechnung der Bildungswärmen gesondert für die oberhalb und unterhalb der Umwandlungstemperatur beständigen Phasen durchführen, die Differenz ergibt dann die Wärmetönung der Umwandlung. Andererseits läßt sich die Umwandlungswärme aber auch unmittelbar aus der Umwandlungsentropie nach einer Überlegung von Ölander[1] rechnerisch ermitteln.. Die Entropieänderung der unedleren Komponente bei der Legierungsbildung erhält man ja durch Multiplikation des Temperaturkoeffizienten der EMK mit dem Faraday-Äquivalent und der Wertigkeit des transportierten Ions: $\Delta\bar{S} = 23{,}066 \cdot z \cdot dE/dT$ (vgl. S. 78). Erführe nun die reine Metallelektrode während der Messung eine Umwandlung oder käme sie etwa zum Schmelzen, so würde sich die Entropie um einen zusätzlichen Betrag, der sich aus dem Quotienten aus Umwandlungswärme und absoluter Temperatur der Umwandlung ergibt, sprunghaft ändern. Demnach erhält man die Umwandlungs- bzw. Schmelzwärme für die reine Metallelektrode aus dem Unterschied im Temperaturkoeffizienten für den Zustand oberhalb und unterhalb des Umwandlungs- oder Schmelzpunktes, multipliziert mit dem Faraday-Äquivalent, der Wertigkeit des Ions in der Schmelze

Tabelle 5. Bildungswärmen im System Wismut-Thallium bei 150°.

Phase	Tl-Gehalt der Leg. At.-%	W_B^{423} kcal/g-Atom Leg.
ε	32,0	0,43
	40,0	0,59
	48,0	0,66
γ	63,0	0,57
	75,0	0,77
	80,0	0,79
	94,0	0,46
α	99,0	0,01

---

[1] Ölander, A.: Z. Metallkunde Bd. 29 (1937) S. 361.

und der absoluten Umwandlungstemperatur. Man kann so die Schmelzwärmen der als Bezugselektrode dienenden Metalle bestimmen.

Wenn sich dagegen die Legierungselektrode umwandelt, erhält man durch diese Rechnung auch zunächst nur die Änderung der partiellen molaren Entropie des unedleren Legierungspartners. Die Umwandlungswärme ergibt sich nun aus einer komplizierteren Rechnung. Nehmen wir an, die sich bei der Temperatur T umwandelnde Legierung α—α' vom Atombruch N_α der unedleren Komponente stehe hier mit einer zweiten Phase β vom Atombruch N_β im Gleichgewicht (vgl.

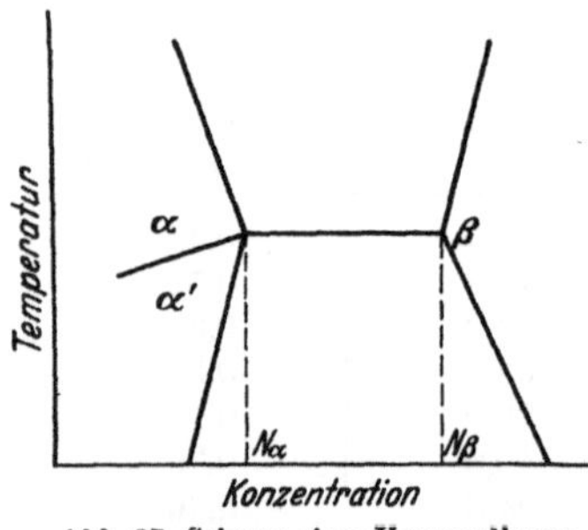

Abb. 37. Schema eines Umwandlungsvorganges.

Abb. 37), dann werden EMK und Temperaturkoeffizient von zweiphasigen Legierungen zwischen diesen beiden Konzentrationen von der Zusammensetzung unabhängig sein. Ist nun die partielle molare Entropie des unedleren Metalles B in diesen Legierungen oberhalb und unterhalb der Umwandlungstemperatur um $\Delta \dot{S}_B$ verschieden, so gilt für die Umwandlungsentropie der α-Phase bei Sättigung:

$$\Delta S = \frac{N_\alpha - N_\beta}{1 - N_\beta} \cdot \Delta \bar{S}_B.$$

Die Umwandlungswärme ergibt sich hieraus durch Multiplikation mit der absoluten Umwandlungstemperatur.

Ein Beispiel mag das noch näher erläutern. Im System Gold-Kadmium fand Ölander[1] im Gebiet der ε-Phase eine Umwandlung, die wegen ihrer geringen Wärmetönung bisher übersehen war. Die Änderung der partiellen molaren Entropie des Kadmiums ΔS_{Cd} während des Überganges $\varepsilon \to \varepsilon'$ beträgt 0,65 cal/Grad. Das heterogene Gebiet $\gamma' + \varepsilon$ erstreckt sich von 63 bis 73 At.-% Cd, es umfaßt also 10 At.-% Dann wird:

$$\Delta S = \frac{N_\varepsilon - N_\gamma'}{1 - N_\gamma'} \cdot \Delta \bar{S}_{Cd} = \frac{0,10}{0,37} \cdot 0,65 = 0,18 \text{ cal/Grad}.$$

Die Umwandlungstemperatur liegt bei 542° absolut, somit ergibt sich die Umwandlungswärme zu 100 cal/g-Atom Legierung.

2. Dampfdruckmessungen und ihre thermodynamische Auswertung.

Die Zahl der Legierungspartner, die bei Temperaturen unterhalb des Schmelzpunktes der Legierung bereits Dampfdrucke von bequem bestimmbarer Größenordnung haben, ist gering. Es sind dies vor allem die Metalle Quecksilber, Zink und Kadmium und die metallurgisch besonders interessierenden Nichtmetalle Schwefel und Phosphor. Auch

---

[1] Ölander, A.: J. Amer. chem. Soc. Bd. 54 (1932) S. 3819.

besteht bei einem Entzug der flüchtigen Komponente, wie er bei der Dampfdruckbestimmung stattfindet, vor allem bei verhältnismäßig niedriger Temperatur, stets die Gefahr der Ausbildung eines Konzentrationsgefälles innerhalb der Probe, wie sie bei der Messung elektromotorischer Kräfte bereits geschildert wurde. Hier äußert sich dieser Effekt in einer Verarmung der Oberfläche der Legierung an dem vergasbaren Anteil infolge ihrer Verdampfung; erliegt also im entgegengesetzten Sinne wie bei den EMK-Messungen. Diese beiden Tatsachen machen es verständlich, daß die ersten systematischen Dampfdruckmessungen J. H. Hildebrands und seiner Mitarbeiter an Legierungsschmelzen vorgenommen wurden, da hier der Dampfdruck höher ist als in dem gleichen festen System und die Beweglichkeit der Atome größer als in der erstarrten Probe.

Versuchsanordnungen zur Bestimmung des Dampfdruckes von Legierungen.

Zur Bestimmung des Dampfdruckes von Legierungen[1] und ihren Schmelzen hat man statische und dynamische Verfahren angewandt. Die ersteren führen wegen des vergleichsweise geringen Entzuges des verdampfenden Partners zu einer schwächeren oberflächlichen Verarmung der Probe an diesem, die durch Diffusion leicht ausgeglichen werden kann. Der zweite Weg besitzt demgegenüber meist den Vorteil eines einfacheren apparativen Aufbaues.

Statische Verfahren. Hildebrand[2] benutzte zur Untersuchung der flüssigen Zinkamalgame bei 300° die in Abb. 38 wiedergegebene Anordnung. Sie besteht aus einer Art Manometerrohr, in dem die Amalgame aus den Elementen unmittelbar hergestellt wurden (Abb. 39). Ein Vergleichsrohr der gleichen Art ist mit reinem Quecksilber gefüllt; beide Rohre sind in einen mit Diphenylamin beschickten Thermostaten eingebaut. Durch einen äußeren Druck mit einem indifferenten Gas (Wasserstoff) wird dafür gesorgt, daß im Amalgamgefäß die Schmelze in beiden Schenkeln gleich hoch steht. Da die sonstigen Bedingungen gleich sind, muß jetzt das reine Quecksilber im Vergleichsrohr wegen seines größeren Dampfdruckes höher stehen als das Amalgam im Versuchsrohr. Der gemessene Höhenunterschied ist gleich dem Unterschied im Dampfdruck des Amalgams und des reinen Quecksilbers; für die Unterschiede in der Dichte der Legierung und des Quecksilbers ist eine Korrektur vorzunehmen, die indessen nur gelegentlich stärker ins Gewicht fällt[3].

---

[1] Eine zusammenfassende kritische Darstellung der Methoden zur Bestimmung der Dampfdrucke von reinen Metallen und ihrer Ergebnisse hat A. Eucken [Metallwirtsch., Metallwiss., Metalltechn. Bd. 15 (1936) S. 27, 63] gegeben.

[2] Hildebrand, J. H.: Trans. Amer. electrochem. Soc. Bd. 22 (1912) S. 319.

[3] So z. B. bei den Alkalimetallamalgamen, vgl. bei H. E. Bent u. J. H. Hildebrand: J. Amer. chem. Soc. Bd. 49 (1927) S. 3011.

Das Verfahren fand im Hildebrandschen Laboratorium zur Untersuchung mehrerer Amalgamreihen Verwendung; die Auswertung der Versuchsdaten fand durchweg nicht im thermochemischen Sinne statt, sondern hatte vielmehr die Bestimmung der Aktivität der Legierungspartner, d. h. ihrer Abweichung vom idealen Verhalten, zum Ziele. Über die Umrechnung der Messungen auf Bildungswärmen vgl. Kap. I, B 3, S. 114.

Diente im vorstehenden Falle die Schmelze selbst als Manometer, so ist das bei der Prüfung

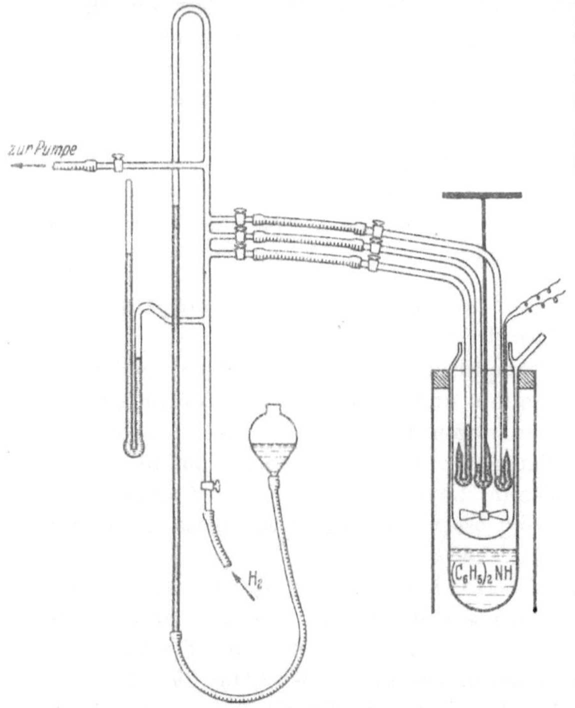

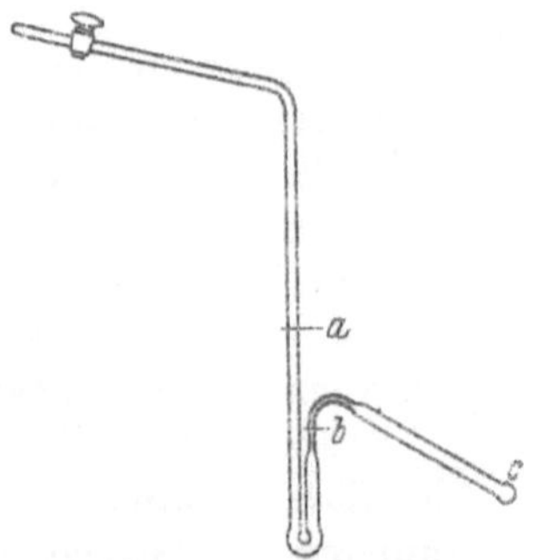

Abb. 38. Anordnung zur Bestimmung des Dampfdruckes von Amalgamschmelzen. (Nach J. H. Hildebrand.)

Abb. 39. Manometerrohr (zu Abb. 38) das gleichzeitig zur unmittelbaren Herstellung der Amalgame aus den Elementen dient. (Nach J. H. Hildebrand.)

des Dampfdruckes fester Amalgame nicht mehr möglich. Biltz und Meyer[1] benutzten als Meßgerät bei der Untersuchung der Amalgame des Goldes und des Cers ein mit Kalium-Natriumnitrat-Eutektikum gefülltes U-Rohr, ein „Isoteniskop“.

Die Substanz befindet sich in einem Kölbchen k (Abb. 40), das Eutektikum in U; bei O schließt sich ein Hahn und eine Leitung an, in der mittels Wasserstrahlpumpe, Luftschleuse und Pufferflasche der nötige, an einem Tensimeter abzulesende Gegendruck eingestellt wird. Das Isoteniskop wird zunächst zur Beseitigung von Fremdtension evakuiert und der Hahn geschlossen; alsdann wird von unten her ein Heizbad so hoch gegen das Isoteniskop gehoben, daß das U-Rohr mit dem Eutektikum eintaucht. Wenn das Eutektikum geschmolzen ist, taucht man auch das Substanzkölbchen in das Heizbad und nimmt nach Öffnen des Hahnes sofort die Einstellung und Messung des Gegendruckes vor. Als Heizflüssigkeit dient ebenfalls das Salpeterbad, das von 220 bis gegen 500° verwend-

[1] Biltz, W., u. F. Meyer: Z. anorg. allg. Chem. Bd. 176 (1928) S. 23.

bar ist. Das Eutektikum wird in einem weiträumigen Jenaer Zylinder von der Form eines großen Reagensglases (32 cm Höhe; 8,5 cm Durchmesser) geschmolzen. Zur Heizung diente bei Biltz und Meyer ein besonders entwickelter Heizbackenofen, der erlaubte, den Inhalt des Heizbades zu beobachten.

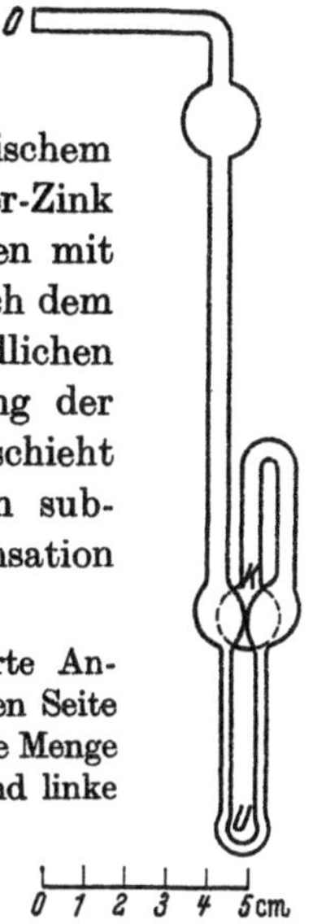

In der jüngsten Zeit sind noch zwei Verfahren zur Bestimmung des Dampfdruckes von typischen Legierungen mit einer flüchtigen Komponente auf statischem Wege ausgearbeitet und beide am System Kupfer-Zink erprobt worden. In beiden Fällen wird in einem Ofen mit Temperaturgefälle der Dampfdruck der Legierung gleich dem Dampfdruck der — bei niedrigerer Temperatur befindlichen — flüchtigen Komponente gewählt; die Bestimmung der überführten Zinkmenge bzw. ihres Dampfdruckes geschieht einmal aus der Gewichtsänderung und zum anderen subjektiv durch Beobachtung des Beginns der Kondensation (Taupunktsmethode).

Seith und Krauss[1] benutzten die in Abb. 41 skizzierte Anordnung. In einem evakuierten Quarzrohr liegt auf der einen Seite eine abgewogene Menge Zink, auf der anderen eine abgewogene Menge Kupferspäne. Das Rohr liegt in einem Ofen, dessen rechte und linke Hälfte durch getrennte Wicklungen heizbar sind, so daß die Temperaturen des Kupfers und des Zinks unabhängig voneinander eingestellt werden können. Wird nun das Kupfer auf die Versuchstemperatur von beispielsweise 800° gebracht und das Zink auf 600° erhitzt, so wird sich in dem ganzen Raum ein Zinkdampfdruck von 11 mm einstellen, der mit Zink von 600° im Gleichgewicht steht. Das Kupfer wird nun Zink aufnehmen, und zwar so viel, bis sich ein Messing gebildet hat, das bei 800° ebendenselben Zinkdampfdruck hat. Da die Oberfläche der Kupferspäne groß ist, stellen sich diese Gleichgewichte in etwa 1 bis 3 Tagen ein. Die Stelle, an der das Zink liegt, muß bei allen Messungen natürlich die kälteste Stelle der Apparatur sein, damit sich nicht irgendwo anders Zink niederschlägt und die Messung fälscht.

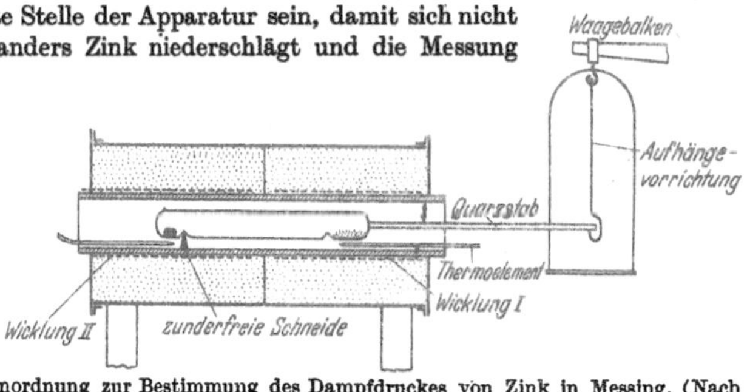

Abb. 40. Isoteniskop zur Bestimmung des Dampfdrucks von festen Amalgamen. (Nach W. Biltz und F. Meyer).

Abb. 41. Anordnung zur Bestimmung des Dampfdruckes von Zink in Messing. (Nach W. Seith und W. Krauss.)

Es bleibt nun noch die Konzentration der entstandenen Legierung zu bestimmen. Dies geschieht, wie aus der Abb. 41 ersichtlich ist, dadurch, daß das

---

[1] Seith, W., u. W. Krauss: Z. Elektrochem. angew. physik. Chem. Bd. 44 (1938) S. 98.

Quarzrohr in unmittelbarer Nähe der Zinkprobe durch eine Schneide unterstützt wird. Am anderen Ende bei den Kupferspänen ist ein Quarzstab angeschmolzen, der an einer Waage aufgehängt ist. Durch Anwendung der Hebelgesetze läßt sich nun die Gewichtszunahme auf der Kupferseite stetig verfolgen und damit die Konzentration der entstandenen Legierung bestimmen. Die Unsicherheit der Verteilung des Zinks an der Zinkseite bedingt wegen der Kürze dieses Hebelarmes eine Unsicherheit von nur etwa 1 bis 2% der ausgewogenen Menge. Die Einwaagen an Zink betrugen bei Seith und Krauss stets 4,00 g, die an Kupferspänen 2,00 g. Die Gewichtszunahme beim Entstehen einer Legierung von 50% Cu + 50% Zn war 2,00 g, die auf der Waage mit 1 g zu kompensieren waren. Die Apparatur sprach auf Gewichtsänderungen von 0,01 g an der Waage an.

Der von Hargreaves[1] zur Bestimmung des Dampfdruckes von festen Zinklegierungen verwendete Ofen ist in Abb. 42 wiedergegeben.

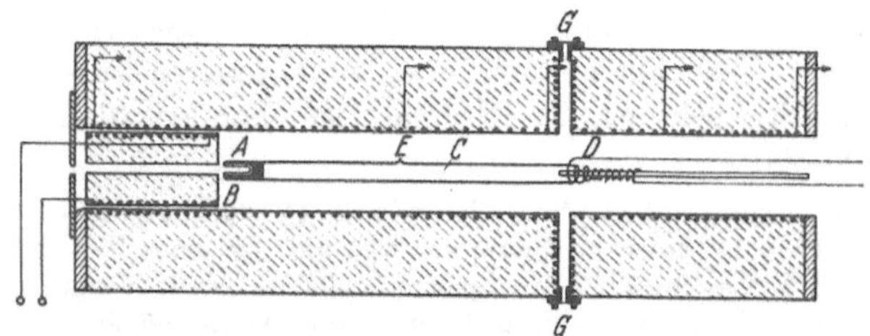

Abb. 42. Ofen zur Bestimmung des Dampfdruckes von Zinklegierungen. (Nach R. Hargreaves.)

Das Verfahren besteht im Prinzip darin, daß man im einen Ende eines evakuierten Rohres die Probe erhitzt und am anderen, niedriger erhitzten Ende die Kondensation des verdampften Zinks visuell feststellt. Durch richtige Einstellung des Temperaturunterschiedes läßt sich dann mit einer Genauigkeit von 1 bis 2° der Punkt einstellen, bei dem Kondensation bzw. Verflüchtigung von Zink eintritt, bei dem also der Dampfdruck des Zinks in der Versuchsprobe gleich dem des reinen Metalls ist.

In das Quarzrohr C von 1 cm lichter Weite und 20 cm Länge sind an beiden Enden nach innen dünne Quarzenden (B und D) eingeschmolzen. Das Rohr kann durch den Ansatz E evakuiert und abgeschmolzen werden. Die Versuchsprobe bei A hat die Form eines einseitig geschlossenen Hohlzylinders; sie ist ungefähr 2 cm lang, hat eine 6 mm weite Bohrung und einen Durchmesser von 9 mm, so daß sie gut über das Röhrchen B paßt. In B befindet sich ein Thermoelement zur Bestimmung der Temperatur der Versuchsprobe. Ein gleiches Thermoelement ist in D im kälteren Ende des Rohres angebracht. Der Druck innerhalb des ganzen Rohres C ist gleich hoch, der Dampfdruck des Zinks über der Versuchsprobe ist also bei der hier eingestellten höheren Temperatur gleich dem des reinen Metalls bei der tieferen Temperatur (D). Die Temperaturdifferenzen zwischen B und D betrugen 100 bis 400°. Man erhält somit den gesuchten Dampfdruck des Zinks über der Versuchsprobe in sehr einfacher Weise aus der bekannten Dampfdruckkurve dieses Metalls.

---

[1] Hargreaves, R.: J. Inst. Metals Bd. 64 (1939) Advance Copy 823. — Vgl. auch A. Schneider u. E. K. Stoll: Z. Elektrochem. angew. physikal Chem. Bd. 47 (1941) S. 519.

Das Rohr C liegt horizontal in einem elektrischen Ofen, der mit verschiedenen Wicklungen versehen ist, so daß in ihm ein bestimmtes Temperaturgefälle eingestellt werden kann. Eine kleine zusätzliche Heizspule über D ermöglicht gerade hier eine besonders feine Temperaturregulierung. Um die Kondensation des Zinks am kälteren Ende des Rohres bei D beobachten zu können, wird der Ofen mit seitlichen Rohransätzen G versehen. Durch einen von diesen wird das Rohrende beleuchtet und durch den anderen beobachtet. Zur Kompensation der durch die seitlichen Ansätze bewirkten Kühlung sind die Rohre mit zusätzlichen Heizwicklungen versehen. Die Temperaturen von Versuchsprobe und kälterem Ende werden so eingestellt, daß gerade die Abscheidung von Zink bei D beginnt, die durch eine Lupe gut zu beobachten ist. Bei den gewählten Versuchsbedingungen scheidet sich das Zink in Form metallischer Tröpfchen ab, aber nur in einem sehr kleinen Bereich von etwa 0,5 cm².

Der Dampfdruck war bei Hargreaves nie höher als 110 mm. Durch Veränderung der Hilfsheizung bei D bei sonst konstant gehaltenen Versuchsbedingungen war es so leicht möglich, die Kondensationstemperatur des Zinks zu bestimmen. Erhöhte man die Temperatur bei D um 1 bis 2°, so war alles Zink wieder verdampft.

Die Zeitdauer bis zur Gleichgewichtseinstellung war recht verschieden, bei niedrigen Temperaturen und geringen Zinkgehalten der Legierungen betrug sie 24 Stunden und mehr. Mit steigendem Dampfdruck des Zinks bei höheren Temperaturen erfolgte die Einstellung wesentlich rascher; trotzdem wartete man in allen Fällen mehrere Stunden, um einen Ausgleich des Zinkgehaltes der gesamten Probe durch Diffusion zu ermöglichen.

Eine weitere Bereicherung erfuhr die Thermochemie metallischer und halbmetallischer Verbindungen durch die Dampfdruckmessungen von W. Biltz und seinen Mitarbeitern an Sulfiden und Phosphiden. Sind doch gerade diese Stoffe für die Beurteilung metallurgischer Vorgänge von größter Bedeutung. Trotzdem lag dieses Gebiet bis vor etwa 2 Jahrzehnten noch sehr im argen, und man wußte in vielen Systemen nicht einmal Zuverlässiges über die bestehenden Verbindungen, geschweige denn über ihre energetischen Daten.

Das von Biltz ausgearbeitete Verfahren hat seinen Ausgangspunkt in der Ammoniakatchemie, dort diente es zur Begutachtung der Bindungsfestigkeit des Ammoniaks in den durch systematischen Abbau festgestellten definierten Verbindungsstufen. Von der Anwendung der Tensionsanalyse auf Systeme, deren flüchtige Komponente bei Zimmertemperatur bereits gasförmig ist, bis zur Übertragung auf Systeme mit erst bei höherer Temperatur vergasbaren Partnern, auf Sulfide und Phosphide, führt ein gerader Weg. Ein Weg allerdings, der manche Entwicklungsarbeit erforderte.

Zunächst war es erforderlich, die Ableitungen vom Substanzgefäß und die Zuleitungen zum Manometer auf eine Temperatur oberhalb des Kondensationspunktes des Schwefels bzw. Phosphors zu erhitzen, um die abgegebene Komponente auch gasförmig zu behalten. Statt des Quecksilbermanometers wurde ein Bodensteinsches Quarzspiralmanometer als Nullinstrument verwendet. Die gesamte Versuchsanordnung zur Untersuchung der Sulfide nach Biltz und Juza[1] zeigt Abb. 43.

Das Gerät besteht aus 3 Teilen: In dem ersten wird das Sulfid zersetzt, im zweiten mit dem Quarzspiralmanometer als Nullinstrument der Schwefeldruck gemessen und durch einen dritten dem Reaktionsraume eine bestimmte Menge Schwefel entzogen. Dissoziationsgefäß und Spiralmanometer werden getrennt erhitzt. Abgesehen von den Zuleitungen zur Pumpe und zum Quecksilberbarometer ist die Apparatur ganz aus Quarz angefertigt.

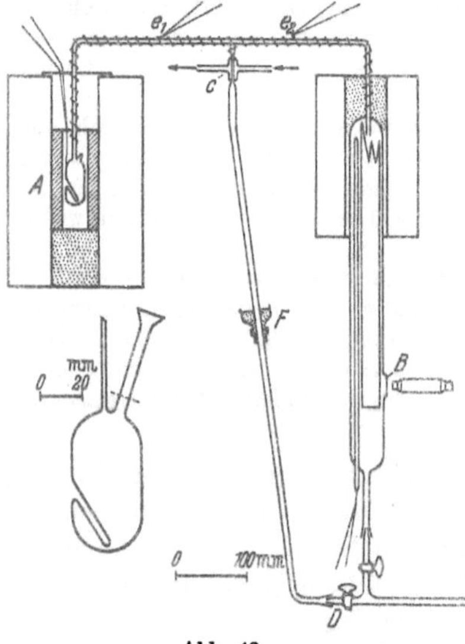

Abb. 43.
Tensieudiometer zum thermischen Abbau von Sulfiden. (Nach W. Biltz und R. Juza.)

Die Substanzbirne (Abb. 43, links unten) von etwa 25 cm³ Inhalt besitzt außer der Ableitung noch einen Einfüllstutzen, der nach erfolgter Beschickung zugeschmolzen wird, und ein unten geschlossenes, fast bis auf den Boden, also in die Substanz reichendes Führungsrohr für das Thermoelement. Die Birne wird in einem Heraeus-Ofen (A) erhitzt, dessen 60 mm weites Heizrohr unten mit Asbest und in der Mitte von einem durchlochten Block aus V2A-Stahl ausgefüllt ist, der den Temperaturausgleich sichern hilft; oben ist das Heizrohr lose mit Asbest zugedeckt.

Die Leitung zum Spiralmanometer besteht aus Quarzrohr von 1 mm innerem und 5 mm äußerem Durchmesser; sie kann durch eine auf einer Asbestunterlage in getrocknetem Wasserglas-Talkum-Brei eingebettete Nichromheizspirale auf 470 bis 490° erwärmt gehalten werden. Zur Kontrolle dieser Temperatur dienen 2 bei e_1 und e_2 eingeführte Thermoelemente. Es kommt hier nur darauf an, daß man die Temperatur ungefähr kennt und daß sie sicher über der Kondensationstemperatur des in der Leitung befindlichen Schwefeldampfes liegt.

Das Spiralmanometer von Heraeus ist mit einem frei beweglichen Zeiger versehen, dessen Ende bei B der Spitze eines unbeweglichen gegenübersteht; die Stellung beider wird mit einem Mikroskop abgelesen. Der Gegendruck wird in einem das Spiralmanometer völlig umgebenden Quarzmantel erzeugt, der oben und unten aus durchsichtigem Quarzglas besteht. — In den oberen Teil des Mantels, dicht neben die Spirale, führt ein dünnes Quarzrohr zur Aufnahme eines Thermoelementes. In seinem unteren Drittel ist ein planes Quarzfenster zum Beobachten der Zeigerstellung vorgesehen und an seinem unteren Ende eine Ableitung; diese führt zu einer Quecksilberdampfstrahlpumpe und zu einem Quecksilberbarometer. Seitlich an der Leitung befinden sich zwei evakuierte 2-l-Kolben; durch Betätigung der Hähne dieser Kolben bzw. durch Zulassen von Außenluft läßt sich sehr bequem im Mantel des Spiralmanometers der jeweils nötige Gegendruck einstellen. Zur Heizung der Spirale dient ein über den oberen Teil des Mantels geschobener Nichromofen, der auf dieselbe Temperatur wie die Leitung (480 ± 10°) eingestellt ist.

<hr>

[1] Biltz, W., u. R. Juza: Z. anorg. allg. Chem. Bd. 190 (1930) S. 161.

Eine Besonderheit der Versuchsanordnung bildet das sog. „Schwefelventil"[1]. Es war im Anfang jeder Versuchsreihe zur Befreiung der neuen Beschickung von „Fremdtension" und im Laufe der Versuche zum systematischen Abbau des Bodenkörpers dringend erwünscht, daß man den Versuchsraum nach Belieben öffnen und wieder vakuumdicht verschließen konnte, und zwar mußte die betreffende Vorrichtung bis zur Temperatur der Leitung, also nahezu bis 500°, wirksam sein. Beim Entgasen der Beschickung kann man sich nur unvollkommen mit einem Glashahn helfen, der nachher abgeschmolzen wird; zur Schwefelentnahme kann man Ansatzröhren verwenden, die während der Druckmessung ebenso geheizt bleiben wie die Leitung, aber zur Kondensation von Schwefelanteilen gekühlt und nach dem mitsamt dem verdichteten Schwefel abgeschmolzen werden, wie das frühere Beobachter taten. Aber viel bequemer wirkt die folgende

Vorrichtung, die in Abb. 43 bei C und F angedeutet und in Abb. 44 in vergrößertem Maßstabe skizziert ist. Von der Leitung führt ein Ansatzrohr nach unten, das sich kurz unterhalb der Abzweigstelle auf einen Innendurchmesser von 0,5 mm verjüngt und darauf in ein weites Rohr von 6 mm innerem und 8 mm äußerem Durchmesser übergeht. Die verjüngte Stelle ist mit einem Kühlmantel umgeben; bis zum oberen Ende des Kühlmantels reicht die Heizspirale der Leitung. Zur Beseitigung von Fremdtension zu Beginn des Versuchs evakuiert man mit der Quecksilberdampfstrahlpumpe den Reaktionsraum andauernd durch dieses weite Rohr, das bei D (Abb. 43) in die Glasleitung zur Pumpe übergeht, hält die Verjüngung des Ableitungsrohres durch Kühlwasser auf niedriger Temperatur und heizt das übrige Gerät an. Die Substanz verliert dabei zunächst adhärierende

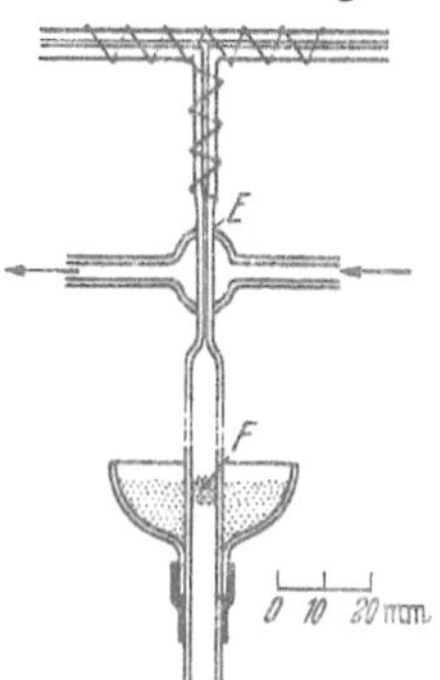

Abb. 44.　„Schwefelhahn" zum Tensieudiometer. (Nach W. Biltz und R. Juza.)

Luft, adsorbierte Feuchtigkeit und etwaige sonstige leicht flüchtige Fremdstoffe; steigert man dann die Temperatur des Bodenkörpers bis zur beginnenden Abgabe von Schwefel, so erfüllt dieser als Dampf den Raum einschließlich des Spiralmanometers, aber zugleich verdichtet sich in der gekühlten Stelle des Ventils bei E (Abb. 44) ein kleiner Schwefelpfropf von etwa 1 bis 3 mm Länge und im Mittel etwa 1 mg Gewicht, wodurch nunmehr der Apparat vakuumdicht abgeschlossen ist. Wünscht man das Ventil zu öffnen, so genügt ein Abstellen der Kühlwasserleitung und schwaches Erhitzen der Verjüngung. Soll der Bodenkörper entschwefelt werden, so läßt man bei geöffnetem Ventil die Pumpe wirken und kühlt eine Stelle des weiten Ableitungsrohres mit einem Kohlensäureschnee-Spiritus-Brei, der sich in einer Quarzschale befindet, die man in ihrer mit Gummi gedichteten Durchbohrung auf dem Ableitungsrohr verschieben kann (Abb. 43 und 44, F). An diese gekühlte Stelle läßt sich mit Hilfe einer Flamme auch sämtlicher Schwefel treiben, der sich etwa schon oberhalb im Rohr verdichtet hat. Wenn die gewünschte Schwefelmenge aus dem Reaktionsraum entfernt ist, wird das Ventil durch Anstellen des Kühlwassers wieder verschlossen, und die folgende Messung kann beginnen. Bei der nächsten Entnahme wird der Schwefel im Ableitungsrohr an einer etwas höheren Stelle verdichtet und so fort, bis man am Schlusse der Versuchsreihe eine Anzahl von gesonderten Schwefelringen im Ableitungsrohr hat, deren jedes einer Entschwefelung entspricht und deren Masse leicht ermittelt werden kann, indem man das Rohr zerschneidet und die einzelnen Teile mit dem Schwefelring und nach

---

[1] Ein derartiges Einfrierventil war bereits früher von Bodenstein benutzt worden.

dem Entfernen des Schwefels wägt. Die Summe der einzelnen Schwefelportionen, vermehrt um den Rückstand in der Substanzbirne, muß gleich der Einwaage sein. Die Masse des Ventilschwefelpfropfens selbst ist so gering, daß sie bei den Versuchen nicht mehr als etwa 0,1% der Einwaage ausmacht.

Es könnte den Anschein haben, daß die örtliche Kühlung einer Stelle der Apparatur von Einfluß auf den zu messenden Druck sei. Das ist aber nicht der Fall, weil längs des Schwefelverschlußpfropfens ein Temperaturgefälle liegt, an dessen oberem Ende sich selbsttätig Schwefel von demselben Dampfdruck sammeln muß, wie er in der Substanz herrscht. Würde der Dampfdruck im Ventil kleiner, so müßte sich hier so viel Schwefel niederschlagen, daß sein oberer, heißester Teil wiederum den Druck der Substanz hat; würde er größer, so träte aus dem Ventil Schwefel zur Substanz über. Es ist ersichtlich, daß das Schwefelventil uneingeschränkt nur bei Messungen umkehrbarer Dissoziationsvorgänge brauchbar ist.

Für die ausgezeichnete Wirkung des Schwefelventils dürfte das erwähnte Temperaturgefälle am Schwefelpfropfen insofern von Belang sein, als die zähe Modifikation des schmelzflüssigen Schwefels von mittlerer Temperatur als natürliches Dichtungsmittel den Verschluß verbessert, den Schwefelhahn also selbsttätig „schmiert"

Die Versuchsanordnung für die tensionsanalytische Untersuchung der Phosphide schließt sich der soeben besprochenen für die Sulfide eng an, eine ausführliche Darstellung findet sich bei H. Haraldsen[1], die wesentlichen Abweichungen sind bei Franke, Meisel, Juza und Biltz[2] beschrieben.

Die Temperatur des Quarzspiralmanometers und der Zuleitung (Abb. 43) wird statt auf 480° entsprechend der niedrigeren Siedetemperatur von Phosphor auf 350° gehalten. Die Kapillare des Einfrierventils (Abb. 43), das durch Kondensation der gasförmigen Phase den Reaktionsraum gegen die Ableitung zu verschließen erlaubt (bei den Sulfiden der sog. „Schwefelhahn"), muß bei Verwendung von Phosphor etwas enger sein, statt 0,5 nur 0,3 mm über etwa 1,5 cm gekühlter Strecke, weil ein verdichteter Phosphorpfropfen nicht so gut schließt wie ein Schwefelpfropfen. Die Kondensationsleitung zur getrennten Verdichtung des dem Reaktionsraum entzogenen Abspaltungsproduktes bestand beim Schwefel aus einem geraden Stück Quarzrohr; beim Phosphor verwendet man ein Quarzrohr, das aus einer Anzahl hintereinandergeschalteter U-Rohre besteht; jedes Phosphorkondensat wird in einem dieser U-Rohre aufgefangen und dort bis zum Schlusse der Versuchsreihe unter ständiger Kühlung mit Eis aufbewahrt. Diese Kühlung ist wegen des bei Zimmertemperatur merklichen Sublimationsdruckes von weißem Phosphor nötig. Nach dem Versuche werden die U-Rohre auseinandergeschmolzen, und jedes wird für sich mit Phosphor und entleert gewogen.

Erstreckt sich ein Abbauversuch über viele Wochen, so ist die Verwendung von U-Rohren zur Kondensation des Phosphors aus zwei Gründen unbequem. Einmal läßt sich ein Überdunsten von Phosphor aus einem U-Rohr in ein anderes nicht immer vermeiden, und zum

---

[1] Haraldsen, H.: Skrifter Norske Vidensk.-Akad. Oslo I. Mat.-Naturv. Kl. 1932 Nr. 9.

[2] Franke, W., K. Meisel, R. Juza u. W. Biltz: Z. anorg. allg. Chem. Bd. 218 (1934) S. 346.

anderen ist man während der langen Versuchsdauer nur auf Schätzungen der Bodenkörperkonzentrationen angewiesen und kann erst am Schluß der Versuchsreihe diese durch Wägung der Phosphorkondensate genau ermitteln. Biltz und Heimbrecht[1] ersetzten deshalb die U-Rohre durch ein Horizontalrohr mit rechtwinklig angesetzten Zapfröhren (Abb. 45).

Bei der alten Anordnung verdichtete man den ersten Phosphoranteil in dem der Pumpe zunächst (in der Zeichnung rechts) liegenden U-Rohre und schritt dann weiter nach links fort. Bei der neuen Anordnung wird das Leitungsrohr, das vom Phosphorhahn des Tensieudiometers zu dem Zapfröhrenaggregat führt, durch eine Heizwicklung dauernd warm gehalten; öffnet man den Phosphorhahn, so verdichtet sich die erste Phosphorportion also in dem Horizontalstück bzw. wenn zugleich das erste links gelegene Zapfrohr (1 in Abb. 45) mit Kohlensäureschnee gekühlt wird, in diesem. Im allgemeinen lassen sich so schon ohne weiteres etwa zwei Drittel der betreffenden Phosphormenge in das Zapfrohr bringen. Der Rest wird zum Teil im Horizontalrohr nach rechts in die Pumpenleitung entweichen. Das wird vollkommen

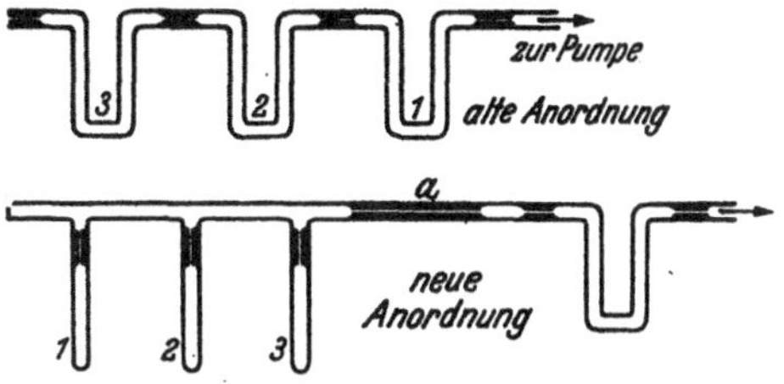

Abb. 45. Anordnung zur Verdichtung der Phosphoranteile. (Nach W. Biltz und M. Heimbrecht.)

verhindert, wenn man (bei a in Abb. 45) ein etwa 0,2 mm weites, etwa 50 mm langes Kapillarstück in die Leitung schaltet. Wie sich herausstellte, gestattet eine solche Verengung noch gut das Evakuieren, aber sie sperrt den Weg für Tröpfchen geschmolzenen Phosphors. Erwärmt man mit freier Flamme den Teil zwischen a und dem Zapfrohr 1, so sammelt sich der gesamte Phosphoranteil in diesem Zapfrohr, das hinterher sofort abgeschmolzen und zur Wägung gebracht wird.

Zur Bestimmung des Dampfdruckes von Arseniden, wie sie Wiechmann, Heimburg und Biltz[2] vornahmen, bedurfte die für Sulfide und Phosphide bewährte Versuchsanordnung wiederum geringer Abänderungen. Erstens wurde die Temperatur der Verbindungsleitung zwischen Substanzgefäß und Spiralmanometer entsprechend der höheren Verflüchtigungstemperatur des Arsens auf etwa 700° gesteigert, was sich besser durch eine vervollkommnete Isolierung der Leitung als allein durch eine übertriebene Belastung des Heizdrahtes erreichen läßt. Die Heizdrahtwicklung, die in den früheren Fällen oberhalb des Substanzgefäßes endete, wurde in einigen Windungen bis über das obere Viertel des Substanzgefäßes gelegt. Zweitens wurde eine Vorkehrung für den Arsenentzug getroffen. Man verzichtete auf einen „Arsenhahn" und brachte an dem T-Stück der Verbindungsleitung eine durch ein 2 mm weites Quarzrohrstück (A) unterbrochene Quarzkapillare an, die in ein U-Rohr überging, das zur Pumpe führte (Abb. 46). Zur Arsenentnahme wurden das Substanzgefäß, die Leitung und die oben erwähnte Kapillare heiß gehalten und das U-Rohr auf 0 abgekühlt; dann wurde die Kapillare unmittelbar oberhalb des U-Rohres bei B abgeschmolzen und die Druckmessung ausgeführt, während welcher der kapillare und erweiterte Teil des Dreiwegstückes mit freier Bunsenflamme heiß gehalten wurde. War die Messung beendet,

[1] Biltz, W., u. M. Heimbrecht: Z. anorg. allg. Chem. Bd. 241 (1939) S. 349.
[2] Wiechmann, F., Martha Heimburg u. W. Biltz: Z. anorg. allg. Chem. Bd. 240 (1939) S. 129.

schmolz man — hierzu diente das erweiterte Stück A der Kapillarenleitung — das U-Rohr aufs neue an und entzog das Arsen wie vorher. Das Verfahren ist etwas umständlich, macht aber den Beobachter frei von Zufälligkeiten, wie sie ein für Arsen bestimmtes Einfrierventil mit sich brächte.

Zur Bestimmung sehr niedriger Drucke eignet sich besonders die von Knudsen[1] angegebene Effusionsmethode. Zur Ausführung der Messung schließt man die Legierung in ein kleines Gefäß ein, das mit einer feinen Öffnung von genau bekanntem Querschnitt O versehen ist. Das Ganze befindet sich im Hochvakuum. Man bestimmt die beim Erhitzen innerhalb einer bestimmten Zeit t entweichende Metall-menge G. Der im Verdampfungsgefäß herrschende Dampf-druck der flüchtigen Komponente von dem Molekular-gewicht M ergibt sich dann nach der Formel:

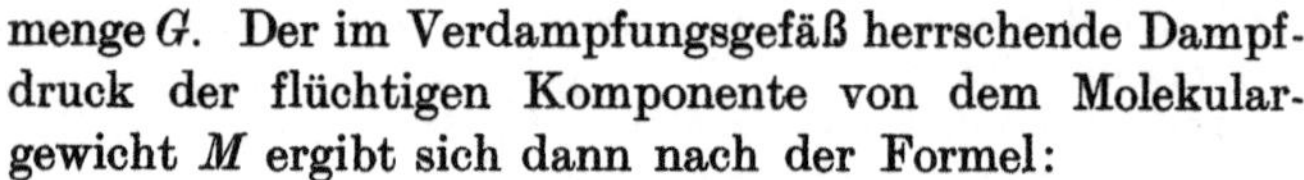

$$p = \frac{G}{t \cdot O} \sqrt{\frac{2 \pi R T}{M}}$$

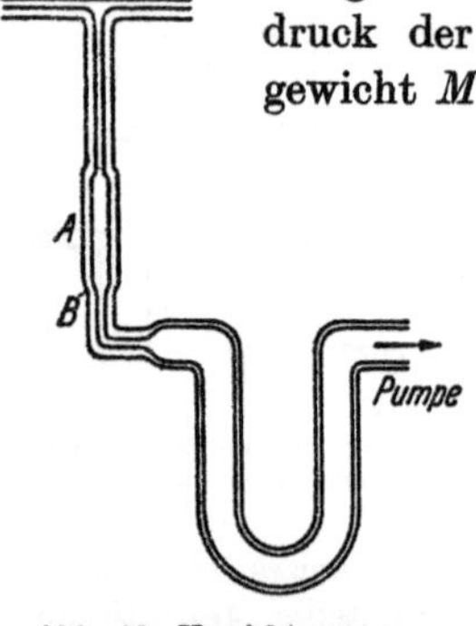

Abb. 46. Vorrichtung zur Entnahme von Arsen. (Nach F. Wiechmann, M. Heim-burg und W. Biltz.)

Bei Verbindungen, die sich mit Wasser-stoff bis zum reinen Metall (oder evtl. bis zu einer niederen Stufe) reduzieren lassen, hat man von der Möglichkeit zur Bestimmung thermochemischer Daten aus dem Partial-druck der beim Abbau gebildeten Wasser-stoffverbindung in der Gasphase Gebrauch gemacht. Die Versuchsanordnung für die sta-tische Ausführungsform dieses Verfahrens ist denkbar einfach, sie geht auf Pélabon[2] zu-rück und entspricht im Prinzip Bodensteins Methode zur Bestimmung des Zerfallsgleichgewichtes des Jodwasserstoffs. Man erhitzt in einem geschlossenen Glas- oder Quarzrohr die Verbindung unter Wasserstoff bis zur Gleichgewichtseinstellung, schreckt sodann ab und analysiert das jetzt aus dem Hydrid und Wasserstoff bestehende Gasgemisch.

R. Schenck hat mit zahlreichen Mitarbeitern nach diesem Ver-fahren Gleichgewichtsuntersuchungen über die Reduktions-, Oxyda-tions- und Kohlungsvorgänge beim Eisen[3], über die Kohlung des Ko-

[1] Knudsen, M.: Ann. Physik Bd. 28 (1909) S. 75; Bd. 29 (1909) S. 179.

[2] Pélabon, H.: Ann. chim. phys. (7) Bd. 25 (1902) S. 365.

[3] Schenck, R.: Z. anorg. allg. Chem. Bd. 164 (1927) S. 145. — Schenck, R., u. Th. Dingmann: Z. anorg. allg. Chem. Bd. 166 (1927) S. 113. — Schenck, R.: Z. anorg. allg. Chem. Bd. 167 (1927) S. 254, 315. — Schenck, R., u. Th. Ding-mann: Z. anorg. allg. Chem. Bd. 171 (1928) S. 239, in diesen Arbeiten finden sich die wichtigsten Angaben über die experimentelle Durchführung der Versuche. — Schenck, R., u. H. Klas: Z. anorg. allg. Chem. Bd. 178 (1929) S. 146. — Schenck, R., Th. Dingmann, P. H. Kirscht u. H. Wesselkock: Z. anorg. allg. Chem. Bd. 182 (1929) S. 97. — Schenck, R., H. Franz u. H. Willeke: Z. anorg. allg. Chem. Bd. 184 (1929) S. 1. — Schenck, R., Th. Dingmann, P. H. Kirscht u. A. Kortengräber: Z. anorg. allg. Chem. Bd. 206 (1932) S. 73.

balts[1], Chroms, Wolframs, Molybdäns, Rheniums[2], von Legierungen des Eisens mit Mangan[3] und mit Wolfram[4], über den Einfluß von Zusätzen[5] sowie über erzbildende Sulfide[6] und die den Lenard-Phosphoren zugrunde liegenden Systeme[7] ausgeführt. Einige dieser Messungen wurden von Schenck auch bereits thermochemisch ausgewertet. Die experimentelle Untersuchung geschah nach der oben angeführten Methode des isothermen Auf- und Abbaues von Bodenkörpern verschiedener Zusammensetzung mit Wasserstoff, dem eine bekannte Menge der betreffenden Wasserstoffverbindung (z. B. CH_4, H_2S) beigemischt war. Das Verfahren wurde von Schenck so ausgebaut, daß der gleiche Bodenkörper jeweils wieder dem Abbau unterworfen wurde, bis er zum reinen Metalle reduziert worden war. Gearbeitet wurde in stehender oder ganz langsam strömender Gasatmosphäre. Es versteht sich, daß zur Bestimmung der Zusammensetzung des Gasgemisches sehr empfindliche analytische Methoden notwendig waren, die zum Teil neu entwickelt werden mußten.

In sehr eleganter Weise lösten Britzke und Kapustinski[8] das Problem, den Gesamtdruck und die Partialdrucke des bei der Umsetzung eines Sulfides mit Wasserstoff entstehenden Gasgemisches ($H_2 + H_2S$) nebeneinander zu bestimmen. Die Substanz befindet sich unter Wasserstoff in einem Quarzgefäß, in das außerdem noch eine Platinbirne eingeschmolzen ist. Zwischen beide Gefäße ist ein Differentialmanometer geschaltet. Wird nun die ganze Apparatur erhitzt, so diffundiert der Wasserstoff ungehindert durch das Platin hindurch, und sein Partialdruck ist infolgedessen in beiden Kolben gleich groß. Der Schwefelwasserstoff dagegen befindet sich nur außerhalb der Platinbirne, so daß das Differentialmanometer dessen Druck anzeigt. Bestimmt man nun außerdem noch mittels

---

[1] Schenck, R.: Z. anorg. allg. Chem. Bd. 164 (1927) S. 313.

[2] Schenck, R., F. Kurzen u. H. Wesselkock: Z. anorg. allg. Chem. Bd. 203 (1931) S. 159.

[3] Schenck, R., K. Meyer u. K. Mayer: Z. anorg. allg. Chem. Bd. 243 (1939) S. 17.

[4] Schenck, R. u. K. Meyer: Z. anorg. allg. Chem. Bd. 243 (1940) S. 259.

[5] Schenck, R., u. H. Wesselkock: Z. anorg. allg. Chem. Bd. 184 (1929) S. 39. — Schenck, R., Fr. Kurzen u. H. Wesselkock: Z. anorg. allg. Chem. Bd. 206 (1932) S. 273. — Schenck, R., u. F. Kurzen: Z. anorg. allg. Chem. Bd. 220 (1934) S. 97.

[6] Schenck, R., u. W. Borkenstein: Z. anorg. allg. Chem. Bd. 142 (1925) S. 143. — Schenck, R., u. E. Raub: Z. anorg. allg. Chem. Bd. 178 (1929) S. 225. — Schenck, R., I. Hoffmann, W. Knepper u. H. Vögler: Z. anorg. allg. Chem. Bd. 240 (1939) S. 173. — Schenck, R., u. P. von der Forst: Z. anorg. allg. Chem. Bd. 241 (1939) S. 145.

[7] Schenck, R., u. H. Pardun: Z. anorg. allg. Chem. Bd. 211 (1933) S. 209. — Schenck, R.: Z. anorg. allg. Chem. Bd. 211 (1933) S. 303. — Schenck, R., W. Kroos u. W. Knepper: Z. anorg. allg. Chem. Bd. 236 (1938) S. 271. Vgl. auch die zusammenfassende Abhandlung R. Schencks: Z. Elektrochem. angew. physik. Chem. Bd. 46 (1940) S. 27.

[8] Britzke, E. V., u. A. F. Kapustinski: Z. anorg. allg. Chem. Bd. 205 (1932) S. 95.

eines besonderen Manometers den Gesamtdruck in der Platinbirne, so ergibt sich aus dem Verhältnis der an den beiden Manometern abgelesenen Drucke unmittelbar die Gleichgewichtskonstante der Reaktion.

Von den dynamischen Verfahren wurde am häufigsten die sog. Mitführungsmethode zur Bestimmung des Dampfdruckes von Legierungen mit einer oder mehreren flüchtigen Partnern angewandt. Das Verfahren besteht darin, daß man über die auf die Versuchstemperatur erhitzte Legierung bzw. ihre Schmelze ein indifferentes Gas leitet, das die verdampfende Komponente aufnimmt. Die von dem Trägergas mitgeführte Substanzmenge wird anschließend nach der Kondensation bei tieferer Temperatur mengenmäßig bestimmt. Je nach der Strömungsgeschwindigkeit des Trägergases wird sich dieses mehr oder weniger mit dem Dampf der flüchtigen Komponente sättigen, und es ist somit erforderlich, Messungen bei verschiedenen Strömungsgeschwindigkeiten auszuführen und aus den erhaltenen Daten auf die Strömungsgeschwindigkeit Null zu extrapolieren. Diese Extrapolation[1] liefert dann den Gleichgewichtswert für den Partialdruck, der dem auf statischem Wege erhaltenen entspricht.

Ursprünglich von v. Wartenberg[2] ausgearbeitet, wurde die Methode für die speziellen Zwecke der Legierungsuntersuchung insbesondere von Jellinek[3] ausgestaltet. Später wurde sie mit kleinen Verbesserungen u. a. von Pedder und Barratt[4] sowie von Schneider und Stoll[5] zur Bestimmung von Legierungsdampfdrucken verwendet. Da die Ausführungsformen dieser Geräte nur wenig voneinander verschieden sind, soll hier nur die Versuchsanordnung nach der jüngsten Mitteilung (Schneider und Stoll) besprochen werden; bei ihrer Entwicklung sind die Erfahrungen früherer Beobachter, und vor allem die Jellineks, weitgehend berücksichtigt worden.

Der bei den untersuchten Legierungen mit Magnesium (flüchtige Komponente) als Trägergas dienende Wasserstoff wurde sehr sorgfältig gereinigt, um jede Möglichkeit einer Oxyd- bzw. Nitridbildung von vornherein auszuschließen. Die Versuchsprobe von etwa 1 g Gewicht befindet sich in einem Schiffchen aus Sintertonerde; als Material für das Reaktionsrohr dient Armco-Eisen (Abb. 47). Das Eisenrohr ist mit einem gekühlten Schliff und Gewinde in einem Sintertonerderohr untergebracht und befindet sich in einem elektrischen

---

[1] Genau genommen wird die Sättigung bereits bei sehr kleinen Strömungsgeschwindigkeiten erreicht; indessen sind diese von Null so wenig verschieden, daß die Extrapolation auf Null meist keinen wesentlichen Fehler bedingt.

[2] Wartenberg, H. v.: Z. Elektrochem. angew. physik. Chem. Bd. 19 (1913) S. 482.

[3] Jellinek, K., u. G. A. Rosner: Z. physik. Chem., Abt. A Bd. 143 (1929) S. 51; Abt. A Bd. 152 (1931) S. 67. — Burmeister, E., u. K. Jellinek: Z. physik. Chem., Abt. A Bd. 165 (1933) S. 121.

[4] Pedder, J. S., u. S. Barratt: J. chem. Soc. [London] 1933 S. 537.

[5] Schneider, A., u. E. K. Stoll: Z. Elektrochem. angew. physik. Chem. Bd. 47 (1941) S. 519.

Ofen. Hinter dem Schiffchen in der Mitte des Ofens ist eine Querschnittverengung von 3 mm lichter Weite angebracht, um eine Rückdiffusion des Magnesiumdampfes zu verhindern. Hinter dem Ofen befindet sich eine Gasuhr, um die Gesamtmenge des Trägergases, das während der Versuchsdauer über den Preßling strömt, zu messen. Die Gasmenge konnte bei Schneider und Stoll auf ± 10 cm³ genau abgelesen werden. Sämtliche Verbindungen von der Gasbombe bis zur Gasuhr waren durch Schliffe bzw. Glasverschmelzungen hergestellt.

Die Temperaturmessung wird durch ein durch den Schliffkopf geführtes Thermoelement vorgenommen. Die Schweißstelle des Thermoelementes befindet sich bei der Temperaturmessung über dem Preßling.

Die einzelnen Versuche wurden folgendermaßen ausgeführt: Der auf Rollen laufende Ofen steht zunächst soweit als möglich nach links (Abb. 47) geschoben, so daß die Probe sich am entgegengesetzten Ofenende befindet und bei erhöhter Temperatur aufgeheizt wird. Hat der Ofen eine Temperatur von ungefähr 50° über der geplanten Versuchstemperatur erreicht, wird er so

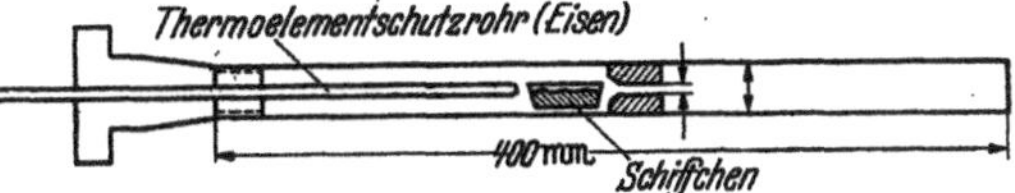

Abb. 47. Reaktionsrohr für die Bestimmung des Dampfdruckes von Legierungen nach der Mitführungsmethode. (Nach A. Schneider und E. K. Stoll.)

über das Rohr geschoben, daß die Legierung sich in seiner Mitte befindet. Dabei fällt die Ofentemperatur um etwa 50° und kann durch Nachregulieren von Hand auf etwa $\pm 3°$ konstant gehalten werden. Die Versuchsdauer betrug bei Schneider und Stoll im Durchschnitt etwa $1^1/_2$ bis 2 Stunden, so daß die Temperaturfehler durch die Aufheiz- und Abkühlungsperiode (etwa 5 Minuten) relativ klein blieben.

Nach Abschluß eines Versuches wird der Ofen wieder zurückgeschoben. Nach dem Abkühlen wird das Eisenrohr entfernt und die an den kalten Rohrteilen kondensierte Mg-Menge nach dem Herauslösen mit Salzsäure analytisch bestimmt. Zur Kontrolle wird auch der Gewichtsverlust der Probe ermittelt.

Fischer und Gewehr[1] beschreiben eine Anordnung zur Dampfdruckmessung durch Überführung, die sie auf die pneumatolytische Überführung von Al_2O_3 durch HCl bzw. Cl_2 anwenden und die als Besonderheit die Verwendung eines langsamen Hilfsgasstromes aufweist, um bei leichter Auswechselbarkeit des Auffangrohres quantitative Abscheidung des überführten Stoffes im Innern des Rohres zu gewährleisten. Die Brauchbarkeit der Anordnung wurde durch Dampfdruckmessungen an reinem Quecksilber geprüft.

Für die Messungen füllt man den Kolben K (vgl. Abb. 48) von bekanntem Volumen, der in einem Wasserbade temperiert wird, von 2 aus mit gereinigtem Stickstoff. Die so abgemessene Gasmenge drückt man durch Zufließenlassen von konz. H_2SO_4 aus dem Tropftrichter T durch das P_2O_5-Rohr U und den Schliff S in eine Quarzapparatur. Das Gas tritt durch die Kapillare I in den Sättigungsraum R, der fast zur Hälfte mit destilliertem Quecksilber gefüllt ist. Um das Gas möglichst weitgehend mit der Hg-Oberfläche in Berührung zu bringen, ist der obere Teil des Rohres R an zwei Stellen eingedrückt. Das mit Hg-Dampf beladene Gas verläßt R durch die Kapillare C und strömt in das Auffangrohr A. Dieses ist mit dem Gummistopfen G in das an R angeschmolzene

---

[1] Fischer, W., u. R. Gewehr: Z. anorg. allg. Chem. Bd. 209 (1922), S. 17.

Führungsrohr B eingesetzt. Durch den seitlichen Stutzen bei 3 wird der Hilfs-
gasstrom zugeführt, der den Zwischenraum von A und C von rechts nach links
durchströmen muß, also eine Diffusion von Hg auf die Außenseite von A verhindert, und der schließlich mit dem überführenden Gas bei Z entweicht. Die
in A abgeschiedene Hg-Menge wird durch Wägung bestimmt. Gelegentlich überzeugt man sich durch Anbringen einer weiteren Vorlage bei Z, daß die Kondensation in A quantitativ ist. Zwischen den einzelnen Versuchen befindet sich ein
dem Auffangrohr A völlig gleiches Ersatzrohr im Apparat.

Die Heizung erfolgt mit einem Pt-Widerstandsofen. Zur Temperaturmessung
dient ein durch das Rohr Th eingeführtes Thermoelement. Das Rohr B ist auf
etwa 10 cm Länge von einer gesonderten Heizwicklung H aus Pt-Draht umgeben,
die unabhängig von der Ofenheizung reguliert werden kann; man erreicht damit,

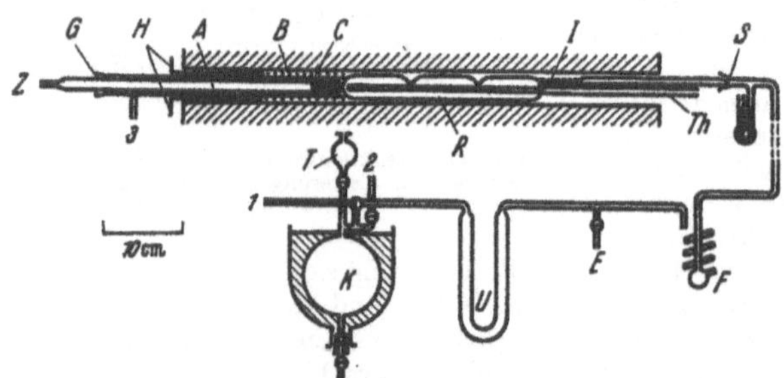

Abb. 48. Überführungsapparatur nach W. Fischer und R. Gewehr. (Kolben K nicht maß-
stabgerecht.)

daß die Temperatur der Kapillare C keinesfalls niedriger als die von R ist. Die
Temperaturschwankungen während eines Versuches betragen bei Fischer
und Gewehr $\pm 0,5°$.

Ganz kürzlich berichteten Wagner und Stein[1] über Mitführungs-
versuche z. B. im Stickstoff mit $CrCl_2$, $CrCl_3$ und $CrBr_3$ als Bodenkörper,
bei denen im Gegensatz zu der Anordnung von Fischer und Gewehr
kein Zusatzgasstrom benötigt wird (vgl. Original).

Verwendet man bei Verbindungen, die mit Wasserstoff reduzier-
bar sind, dieses Gas als „Träger", so kommt man damit zu einer
Kombination von Reduktions- und Mitführungsmethode, die, ursprünglich von Nernst angegeben, speziell für Sulfide verschiedentlich angewandt wurde[2], die aber auch naturgemäß die größten Fehlermöglichkeiten, eben die zweier Verfahren, in sich birgt. Die Versuchsanordnung ist von der bei der Mitführungsmethode nicht wesentlich verschieden, nur verbietet sich hier natürlich die Verwendung eines eisernen
Reaktionsrohres, und man muß ein solches aus keramischem Material

[1] Wagner, C., u. V. Stein. Z. physik. Chem. (1943), z. Z. im Druck.
[2] Vgl. u. a. K. Jellinek u. J. Zakowski: Z. anorg. allg. Chem. Bd. 142
(1925) S. 1. — Jellinek, K., u. A. Deubel: Z. Elektrochem. angew. physik. Chem.
Bd. 35 (1929) S. 451. — Britzke, E. V., u. A. F. Kapustinsky: Z. anorg. allg.
Chem. Bd. 194 (1930) S. 323.

benutzen. Zur Bestimmung des Partialdruckes an Schwefelwasserstoff absorbiert man diesen zweckmäßig in Natronlauge und bestimmt ihn anschließend analytisch. Aus der Variation der Werte mit der Strömungsgeschwindigkeit erhält man durch Extrapolation auf die Strömungsgeschwindigkeit Null, ganz wie oben bereits beschrieben, den Gleichgewichtswert.

Kritik der verschiedenen Verfahren.

Die Bestimmung energetischer Daten aus statischen Dampfdruckmessungen setzt voraus, daß der ausgesandte Dampf nur aus einer Atomart besteht. Die Dampfdrucke der miteinander legierten Partner müssen also so verschieden sein, daß unter den gewählten Versuchsbedingungen praktisch nur eine Komponente im Dampfraum enthalten ist. Tritt der vergasbare Partner in mehreren Molekülarten nebeneinander auf, wie das z. B. bei Schwefel und Phosphor der Fall ist (S_2, S_6, S_8; P_2, P_4), so ist zur exakten Auswertung der Dampfdruckmessungen auf Bildungswärmen und ihre Umrechnung auf feste Partner die Kenntnis des Dissoziationsgleichgewichtes erforderlich.

Ganz allgemein wird die Genauigkeit von Dampfdruckmessungen bestimmt durch die Temperaturkonstanz während der Druck-

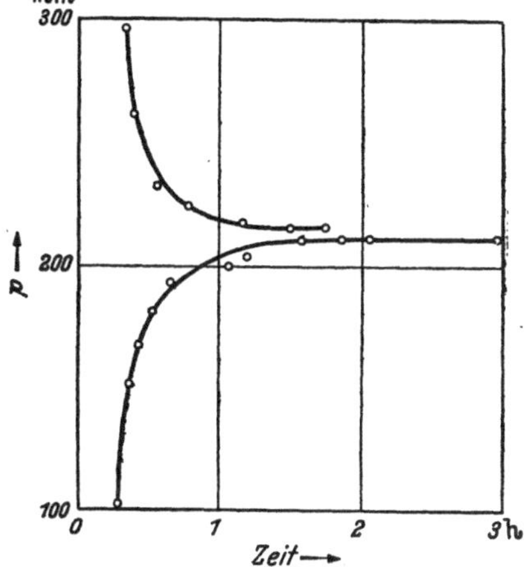

Abb. 49. Prüfung auf Gleichgewicht durch Druckeinstellung „von unten" und „von oben" am Beispiel der Osmiumsulfide. (Nach R. Juza.)

einstellung, da eine geringe Veränderung der Temperatur meist eine starke Verschiebung im zugehörigen Gleichgewichtsdruck zur Folge hat. Man hat infolgedessen zahlreiche Anordnungen zur Konstanthaltung der Temperatur entwickelt, indessen ist hier nicht der Ort für deren ausführliche Behandlung.

Die thermodynamische Auswertung von Dampfdruckmessungen setzt voraus, daß der Gleichgewichtszustand zwischen dem Bodenkörper und dem Dampf bei der Versuchstemperatur erreicht ist. Man überzeugt sich davon zweckmäßig, indem man sich die Drucke von beiden Seiten des Gleichgewichtes her einstellen läßt. Beide Wege müssen zum gleichen Endwert führen, wie das die Abb. 49 für das Beispiel der Osmiumsulfide zeigt.

Beurteilt man die verschiedenen Methoden zur Bestimmung der Dampfdrucke von Legierungen nach ihrem Wert für die Thermochemie, so wird man ganz zweifellos den statischen Verfahren den Vorzug vor den dynamischen geben. Dafür gibt es mehrere Gründe. Einmal ist die Unsicherheit der Extrapolation auf die Strömungsgeschwindigkeit Null verhältnismäßig groß, da die Streuung der Werte bei verschiedenen Strömungsgeschwindigkeiten meist vergleichsweise stark und das zur Extrapolation benutzte geradlinige Teilstück ziemlich kurz ist. Es ist deshalb nach Möglichkeit mit gesättigtem Trägergas zu arbeiten, wie das u. a. auch von K. Jellinek bzw. Fischer und Gewehr durchgeführt wurde. Zum anderen ist ja beispielsweise für die Durchführbarkeit der Strömungsmethode Bedingung, daß das Trägergas mit der Legierung nicht reagiert; das scheint indessen bedeutend seltener der Fall zu sein, als man früher annahm. Weiterhin ist zu berücksichtigen, daß man zur Berechnung der Bildungswärmen von Verbindungen aus dem Reduktionsgleichgewicht mit Wasserstoff die genaue Kenntnis des Dissoziationsgleichgewichtes der gebildeten Wasserstoffverbindung benötigt. Eine weitere Fehlermöglichkeit liegt endlich in der thermischen Entmischung[1], der man vor den grundlegenden Untersuchungen von K. Clusius weniger Beachtung schenkte.

Die Abgrenzung der Anwendungsbereiche der statischen Verfahren gegeneinander ergibt sich zwangsläufig aus ihren besonderen Eigenheiten. So wird man das von Biltz und Mitarbeitern für die Untersuchung von Sulfiden und Phosphiden entwickelte Tensieudiometer mit Vorteil nur für diese Stoffe verwenden, während es in seinem jetzigen Aufbau für echte Legierungen kaum in Frage kommt. Das liegt vor allem daran, daß hier zum Abschluß des Meßsystems der kondensierte vergasbare Partner dient. Dieser muß also genügend „schmierfähig" sein, wie das wohl bei Schwefel und Phosphor, nicht aber bei Metallen der Fall ist. — Die von J. H. Hildebrand[2] und von Biltz und Meyer[3] zur Messung des Quecksilberdampfdruckes von Amalgamen ausgearbeiteten beiden Methoden dürften sich in der Zuverlässigkeit ihrer Ergebnisse kaum unterscheiden.

Für Zinklegierungen sind etwa gleichzeitig zwei Verfahren bekanntgeworden, das „Wägungsverfahren" von Seith und Krauss[4] und die „Taupunktsmethode" von Hargreaves[5]. Da beide Verfahren zur Untersuchung des Systems Kupfer-Zink verwendet wurden, ist es möglich, die Ergebnisse beider Wege unmittelbar miteinander zu ver-

---

[1] Vgl. dazu N. G. Schmahl u. W. Knepper: Z. Elektrochem. angew. physik. Chem. Bd. 42 (1936) S. 681. — Schmahl, N. G., u. J. Schewe: Z. Elektrochem. angew. physik. Chem. Bd. 46 (1940) S. 203.

[2] Hildebrand, J. H.: J. Amer. electrochem. Soc. Bd. 22 (1912) S. 319.

[3] Biltz, W., u. F. Meyer: Z. anorg. allg. Chem. Bd. 176 (1928) S. 23.

[4] Seith, W., u. W. Krauss: Z. Elektrochem. angew. physik. Chem. Bd. 44 (1938) S. 98.

[5] Hargreaves, R.: J. Inst. Metals Bd. 64 (1939) S. 115.

gleichen und ihre Genauigkeit gegeneinander abzuwägen. Dabei zeigt sich, daß die „Taupunktsmethode" der „Wägungsmethode" überlegen ist, vor allem bei höheren Temperaturen. Während bei 800° die Übereinstimmung noch befriedigend ist, sind die von Seith und Krauss bei 850° gemessenen Zinkdampfdrucke wesentlich größer als die von Hargreaves angegebenen; die aus letzteren abgeleiteten Wärmetönungen werden indessen durch auf anderem Wege erhaltene (kalorimetrische bzw. EMK-Messungen) ausgezeichnet bestätigt (s. S. 232). Sucht man nach einem apparativen Grund für diese Abweichung, so liegt der Verdacht nahe, daß die zunderfeste Schneide (s. Abb. 41) hierfür verantwortlich zu machen ist. Vielleicht tritt ein mit höherer Temperatur stärker ausgeprägtes „Kleben" des Quarzglases an der Schneide ein und fälscht so die Messungen.

Nach den Erfahrungen von Schneider[1] im Kaiser Wilhelm-Institut für Metallforschung erscheint die Hargreavessche Methode als die zur Zeit vollkommenste zur Bestimmung des Dampfdruckes von Zinklegierungen. Eine Erweiterung ihres Anwendungsbereiches erscheint erstrebenswert, indessen dürften dabei noch manche Schwierigkeiten hinsichtlich der Wahl geeigneter Gefäßmaterialien zu überwinden sein. Ein nicht zu unterschätzender Vorteil des Verfahrens ist auch, daß es sich für geringe Drucke — bis herunter zu $^1/_{100}$ mm Hg — ohne Schwierigkeiten verwenden läßt. Damit hat man die Möglichkeit, die Messungen des Dampfdruckes bei verhältnismäßig niedrigen Temperaturen vorzunehmen, so daß die Gefahr einer Reaktion der Legierung oder ihres Dampfes mit dem Gefäßmaterial erheblich gemindert wird.

Die Effusionsmethode Knudsens[2] ist ebenfalls — und zwar ausschließlich — für sehr geringe Drucke anzuwenden; die mit ihr erhaltenen Ergebnisse werden als recht zuverlässig angesehen[3]. Von ihrer Anwendung auf Legierungen ist aus der Literatur indessen nur ein Fall bekanntgeworden (vgl. S. 208). Die Auswertung der Messungen nach diesem Verfahren setzt die Kenntnis des Molgewichtes des Metalldampfes voraus. Will man von dieser Unbequemlichkeit frei sein, ohne die sonstigen Vorzüge der Methode preiszugeben, so kämen Messungen nach der von Neumann und Völker[4] vorgenommenen Umgestaltung in Frage, die allerdings für Legierungen noch nicht angewandt wurde.

---

[1] Schneider, A., u. E. K. Stoll: Z. Elektrochem. angew. physik. Chem. Bd. 47 (1941) S. 527. — Schneider, A., u. H. Schmid: Z. Elektrochem. angew. physik. Chem. Bd. 48 (1942) S. 627.

[2] Knudsen, M.: Ann. Physik Bd. 28 (1909) S. 75; Bd. 29 (1909) S. 179.

[3] Vgl. A. Eucken: Metallwirtsch., Metallwiss., Metalltechn. Bd. 15 (1936) S. 27.

[4] Neumann, K., u. E. Völker: Z. physik. Chem., Abt. A Bd. 161 (1932) S. 33.

Die thermodynamische Auswertung von Dampfdruckmessungen.

Ehe wir den Gang der thermodynamischen Auswertung von Dampfdruckmessungen auf energetische Daten näher verfolgen, wollen wir einen Blick auf die verschiedenen Formen der möglichen Dampfdruckkurven werfen. Trägt man die Druckwerte für eine Molekülart[1] bei konstanter Temperatur für die ganzen gemessenen Konzentrationen in ein Diagramm ein, d. h. zeichnet man die Dampfdruckisothermen des Systems, so lassen sich je nach der Konstitution des jeweiligen Bodenkörpers 3 Arten unterscheiden.

In heterogenen Gebieten wird der Dampfdruck praktisch durch die Phase bzw. Verbindung mit dem höheren Gehalt an dem

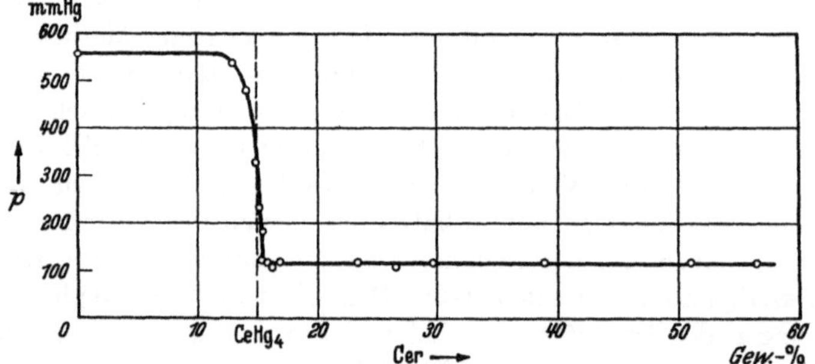

Abb. 50. 340°-Isotherme der Ceramalgame. (Nach W. Biltz und F. Meyer.)

vergasbaren Partner bestimmt. Der Druck wird also bei schrittweisem Abbau des Bodenkörpers so lange konstant bleiben, wie noch etwas von dieser dampfdruckbestimmenden Phase vorhanden ist.

Intermetallische oder chemische Verbindungen, deren Homogenitätsbereich sehr eng begrenzt ist, sind durch eine sprunghafte Änderung des Dampfdruckes beim isothermen Abbau gekennzeichnet, da. ja während der mit dem Abbau verbundenen Konzentrationsänderung der Übergang des Bodenkörpers aus einem heterogenen Gebiet über die Verbindung in ein anderes heterogenes Gebiet stattfindet. In Abb. 50 ist eine solche typische Sprungstelle für die intermetallische Verbindung CeHg$_4$ gezeichnet; bei Cergehalten unterhalb 14,9% liegt ein heterogenes Gebiet Hg/CeHg$_4$ vor, in dem der Dampfdruck durch das freie Quecksilber bestimmt wird; bei höheren Cerkonzentrationen findet sich CeHg$_4$ neben Cermetall, wobei CeHg$_4$ die dampfdruckbestimmende Phase ist.

---

[1] Tritt ein Dampfgemisch mit mehreren Molekülarten auf, so ist zunächst eine Umrechnung der Gesamtdrucke auf Partialdrucke vorzunehmen.

Mischkristallbildung äußert sich im Dampfdruck durch eine stetige Änderung mit der Konzentration, da ja die Zusammensetzung des Bodenkörpers innerhalb des Homogenitätsgebietes des Mischkristalls bei schrittweisem Abbau eine stetige Änderung erfährt. Abb. 51 zeigt diesen Fall am Beispiel der Messinge. Im Gebiet der α- bzw. β-Phase tritt beim Entzug von Zink jeweils eine Erniedrigung des Dampfdruckes (logarithmisch aufgetragen) ein, im heterogenen Bereich ist der Dampfdruck dem der Grenzzusammensetzung der β-Phase gleich.

Die Berechung von Wärmetönungen aus Gleichgewichtsmessungen geschieht nach der van 't Hoffschen Reaktionsisobaren oder nach dem Nernstschen Wärmetheorem. Als Gleichgewichtskonzentration gilt hier der Dampfdruck des vergasbaren Partners über dem jeweiligen Bodenkörper beim direkten Abbau bzw. das Verhältnis der Partialdrucke von entstehender Wasserstoffverbindung zu Wasserstoff beim indirekten Abbau. Das hat bekanntlich folgende Gründe:

Für eine Reaktion 2 [MeS$_2$] = 2 [MeS] + (S$_2$) ist die Gleichgewichtskonstante des Massenwirkungsgesetzes:

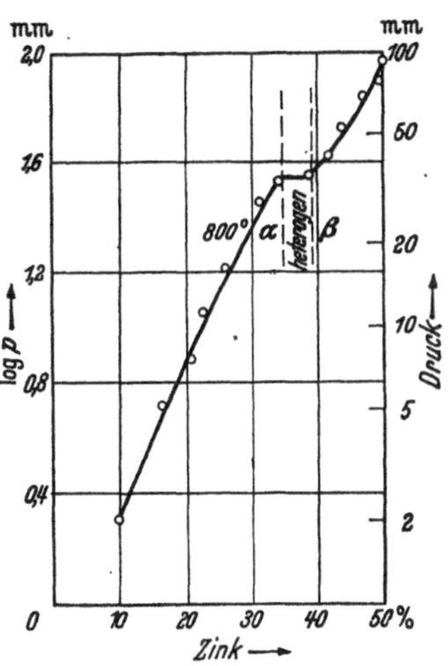

Abb. 51.
800°-Isotherme des Messings.
(Nach W. Seith und W. Krauss.)

$$K'_p = \frac{p^2_{\mathrm{MeS}} \cdot p_{\mathrm{S_2}}}{p^2_{\mathrm{MeS_2}}}.$$

Nun besitzen die im Bodenkörper vorliegenden Phasen MeS$_2$ und MeS bei konstanter Temperatur konstante geringe Dampfdrucke. Infolgedessen bleiben auch ihre Konzentrationen in der Gasphase konstant, und man kann das Verhältnis $p^2_{\mathrm{MeS}}/p^2_{\mathrm{MeS_2}}$ in die Konstante einbeziehen:

$$K_p = p_{\mathrm{S_2}}.$$

Entsprechend ist die Gleichgewichtskonstante des Massenwirkungsgesetzes für die Reaktion: [MeS] + (H$_2$) = [Me] + (H$_2$S):

$$K'_p = \frac{p_{\mathrm{Me}} \cdot p_{\mathrm{H_2S}}}{p_{\mathrm{MeS}} \cdot p_{\mathrm{H_2}}}.$$

Bezieht man auch hier aus den oben angegebenen Gründen $p_{\mathrm{MeS}}/p_{\mathrm{MeS_2}}$ in die Konstante ein, so wird:

$$K_p = \frac{p_{\mathrm{H_2S}}}{p_{\mathrm{H_2}}}.$$

Die allgemeine Form der van 't Hoffschen Reaktionsisobare lautet:

$$W_p = R\,T^2 \frac{d \ln k_p}{d\,T}\,.\,^1$$

Ihre Anwendung setzt voraus, daß experimentelle Daten für mindestens zwei verschiedene Temperaturen vorliegen. Diese Temperaturen sollen voneinander nicht zu weit entfernt liegen (maximal 100°), da nur für ein solches kleines Intervall die der Anwendung der Gleichung weiterhin zugrunde liegende Annahme, die Reaktionswärme ändere sich mit der Temperatur nicht, berechtigt ist. Im Fall von Dampfdruckmessungen über Legierungen ergibt die Anwendung der Reaktionsisochore (in dieser speziellen Anwendung als Clausius-Clapeyronsche Gleichung bekannt) den Wert für die Verdampfungswärme der flüchtigen Komponente über der vorliegenden festen oder flüssigen Legierung. In der integrierten Form und nach Einsetzung des Wertes für R im kalorischen Maß (1,983 cal) sowie des Umrechnungsfaktors der natürlichen in dekadische Logarithmen (2,303) erhält die Reaktionsisochore die Form:

$$W_p = \frac{4{,}571\,(\log k_{p_1} - \log k_{p_2})}{\dfrac{1}{T_2} - \dfrac{1}{T_1}}\,.$$

In der Gleichung bedeuten: W die Reaktionswärme und k_{p_1} und k_{p_2} die Gleichgewichtskonstanten bei den Temperaturen T_1 und T_2.

Liegt nur eine Gleichgewichtsmessung bei einer Temperatur vor, ist also die Temperaturabhängigkeit der Reaktion unbekannt, so kann man die Berechnung der Wärmetönung nach dem Nernstschen Wärmetheorem vornehmen. Nun setzt allerdings die exakte Auswertung von Gleichgewichtsmessungen auf diesem Wege u. a. die Kenntnis der Molarwärmen der an der Umsetzung beteiligten Stoffe voraus. Daran wird es indessen in den meisten Fällen fehlen. Eine Abschätzung der Größe der Reaktionswärme erlaubt dann die von Nernst selbst aufgestellte Näherungsformel:

$$\log k_p\ (\text{in at}) = \frac{-W_p}{4{,}571 \cdot T} + \Sigma\nu \cdot 1{,}75 \log T + \Sigma\nu \cdot j,$$

in der W_p die Wärmetönung für $T = 0$, $\Sigma\nu$ die Änderung der Molzahl der gasförmigen Partner während der Reaktion und j deren chemische Konstanten angibt. Da die Gleichungen aber wesentliche Verein-

---

¹ Die van 't Hoffsche Reaktionsisobare ist bekanntlich eine unmittelbare Folgerung aus dem zweiten Hauptsatz, die sich ergibt, wenn man die Größen $\mathfrak{A}_p$ und $\varDelta S$ in der Gibbs-Helmholtzschen Formulierung $W_p = \mathfrak{A}_p - T \cdot \varDelta S$ durch $-R\,T \cdot \ln k_p$ bzw. $+R\,T \cdot d \ln k_p/d\,T$ ersetzt.

fachungen enthält, sollte man die Genauigkeit der mit ihr errechneten Daten nicht überschätzen[1].

Der der thermodynamischen Auswertung zugrunde liegende Vorgang bei der Dampfdruckmessung besteht in der isothermen und reversiblen Überführung eines g-Atoms Dampf aus einer sehr (theoretisch unendlich) großen Menge an Bodenkörper in den Gasraum, so daß sich die Konzentration der Legierung während einer Messung praktisch nicht ändert. Es liegen hier also ganz die gleichen Verhältnisse vor, wie sie bei der Auswertung der EMK-Messungen[2] auf S. 79 ausführlich geschildert wurden, und man kommt demgemäß auch hier zunächst grundsätzlich zu partiellen Werten für die Wärmetönungen. Und zwar ergibt die Anwendung der Reaktionsisobaren zunächst lediglich die Verdampfungswärme (W_k) der flüchtigen Komponente über der Legierung. $\overline{W}$ erhält man dann aus $W_k - W_k^0$, wenn W_k^0 die Verdampfungswärme der reinen flüchtigen Komponente darstellt. In Grenzfällen, beim Fehlen ausgedehnter Homogenitätsgebiete, werden die partiellen Werte gleich den integralen Größen. Im folgenden soll der Gang der Auswertung von Dampfdruckmessungen an einigen kennzeichnenden Beispielen erläutert werden.

1. Systeme mit einer oder mehreren intermetallischen Verbindungen ohne ausgedehnte Homogenitätsgebiete. Der einfachste Fall einer thermodynamischen Auswertung von Dampfdruckmessungen liegt in einem System mit einer intermetallischen Verbindung ohne Lösevermögen für die Komponenten und gegenseitiges Lösevermögen der Komponenten vor, wenn der Dampf des flüchtigen Partners überdies einatomig ist. Verwirklicht sind diese Bedingungen im System Cer-Quecksilber, in dem von Biltz und Meyer[3] tensionsanalytisch die Existenz der Verbindung $CeHg_4$ nachgewiesen wurde (vgl. Abb. 50). In Abb. 52 ist die $\log p \big/ \dfrac{1}{T}$ -Kurve gezeichnet; ihre Auswertung führt

---

[1] Vgl. im übrigen die einschlägigen physikalisch-chemischen Lehrbücher. — Die Nernstsche Näherungsgleichung wurde vor allem auch für die Berechnung der Gleichgewichtskonstanten mit Hilfe der bekannten Reaktionswärme verwendet. Die genauere Ableitung der Gleichgewichtskonstanten gestatten neuere Näherungsformeln, die sich auf die Kenntnis absoluter Entropiewerte stützen [Ulich, H.: Z. Elektrochem. angew. physik. Chem. Bd. 45 (1939) S. 521 — Arch. Eisenhüttenwes. Bd 13 (1940) S. 499]. Dabei kann die Berechnung in 3 Näherungsstufen durchgeführt werden. Für die in Teil II behandelten Stoffe fehlen allerdings die Entropiedaten noch fast völlig, jedenfalls in solchen Fällen, in denen das Fehlen von genaueren Auswertungsmöglichkeiten die Verwendung der Nernstschen Näherungsgleichung notwendig machte.

[2] Eine Umrechnung der Dampfdruck- auf EMK-Werte ist ohne weiteres möglich. Es ist nämlich: $-R \cdot T \cdot \ln a = A = E \cdot z \cdot T$ bzw. $E = \dfrac{R \cdot T}{z \cdot F} \cdot \ln a$.

[3] Biltz, W., u. F. Meyer: Z. anorg. allg. Chem. Bd. 176 (1928) S. 23.

zu einer Reaktionswärme von 19,9 kcal bei 300° C. Dieser Wert gilt für die Reaktion:

$$\tfrac{1}{4}[Ce] + (Hg) = \tfrac{1}{4}[CeHg_4];$$

für die kondensierte Reaktion erhält man unter Berücksichtigung der Verdampfungswärme des Quecksilbers (14,2 kcal) die thermochemische Gleichung:

$$\tfrac{1}{4}[Ce] + Hg = \tfrac{1}{4}[CeHg_4] + 5,7 \text{ kcal}.$$

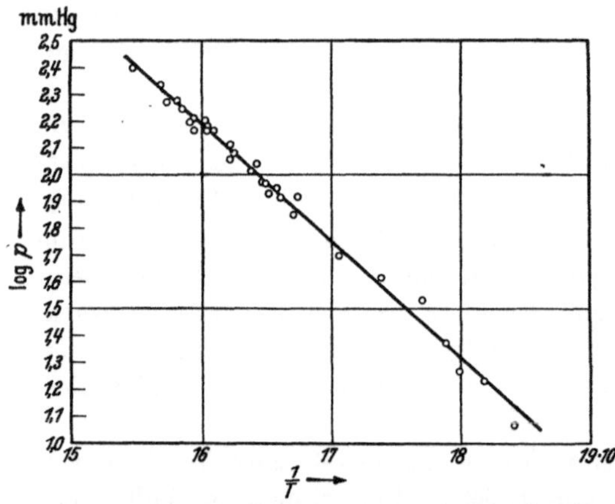

Abb. 52. Auswertung der Dampfdrucke der intermetallischen Verbindung CeHg₄ auf die Bildungswärme nach van 't Hoff. (Nach W. Biltz und F. Meyer.)

Ein System mit mehreren Verbindungen ohne Lösevermögen für die Partner (soweit es die höheren Phosphide betrifft) und mit mehratomigem Dampf der flüchtigen Komponente ist das des Eisens mit Phosphor[1]. In Tab. 6 finden sich die Phosphordampfdrucke über den jeweiligen Bodenkörpern des Systems bei verschiedenen Temperaturen. Unterhalb 1000° besteht der Dampf aus den beiden Molekülarten (P_4) und (P_2), bei Temperaturen in der Nähe von 1200° praktisch völlig aus der Molekülart (P_2). Zur Ableitung der Teildrucke der Molekülarten (P_4) und (P_2) stehen zwei Gleichungen zur Verfügung, die Summengleichung: Gesamt-

Tabelle 6. Temperaturabhängigkeit der Zersetzungsdrucke von FeP_2 und FeP in mm. (Nach W. Franke, K. Meisel, R. Juza und W. Biltz).

	Bodenkörper [FeP₂]/[FeP]				Bodenkörper [FeP]/[Fe₂P]		
Temperatur in °C	892	922	953	973	1175	1195	1215
Gesamtdruck . .	95	200	392	608	13	19	27
Partialdruck (P_4)	78,5	166	329	516	—	—	—
Partialdruck (P_2)	16,5	34	63	92	12,5	18,5	25,5

druck = Summe der Partialdrucke $(P_4) + (P_2)$ und die Gleichung für die Dissoziation gasförmigen Phosphors: $p_2^2/p_4 = k_T$. Dieses Gleichgewicht wurde von Stock, Gibson und Stamm[2] gemessen, die Wärmetönung

[1] Franke, W., K. Meisel, R. Juza u. W. Biltz: Z. anorg. allg. Chem. Bd. 218 (1934) S. 346.

[2] Stock, A., G. E. Gibson u. E. Stamm: Ber. Deutsch. chem. Ges. Bd. 45 (1912) S. 3527.

für die Dissoziation des (P_4) in $2\,(P_2)$ ergibt sich daraus zu -53 kcal. In Abb. 53 finden sich die drei Geraden für $\log p \big| \dfrac{1}{T}$, die entsprechenden Reaktionen lauten:

$$4\,[\mathrm{FeP_2}] = 4\,[\mathrm{FeP}] + (P_4) - 66 \text{ kcal}; \quad \bar{t} = 930^\circ,$$
$$2\,[\mathrm{FeP_2}] = 2\,[\mathrm{FeP}] + (P_2) - 61 \text{ kcal}; \quad \bar{t} = 930^\circ,$$
$$4\,[\mathrm{FeP}] = [\mathrm{Fe_2P}] + (P_2) - 72 \text{ kcal}; \quad \bar{t} = 1200^\circ.$$

Zur Umrechnung auf Wärmetönungen bei der Entstehung der Verbindungen aus festem Phosphor benötigt man noch die beiden Hilfsgleichungen:

$$(P_4) = 4\,[\mathrm{P}]_{\text{weiß}} + 13 \text{ kcal}\,[1]$$

und

$$(P_2) = 2\,[\mathrm{P}]_{\text{weiß}} + 33 \text{ kcal},$$

die sich durch die bereits erwähnte Dissoziationswärme des (P_4) unterscheiden. Man erhält so:

$$[\mathrm{FeP}]+[\mathrm{P}]_{\text{weiß}}=[\mathrm{FeP_2}]+13 \text{ bzw. } 14\,\text{kcal},$$
$$[\mathrm{Fe_2P}]+[\mathrm{P}]_{\text{weiß}}=2[\mathrm{FeP}]+20\,\text{kcal}.$$

Wünscht man auf roten Phosphor zu beziehen, so ist zu berücksichtigen, daß bei der Umwandlung von weißem in roten Phosphor pro Atom 4 kcal frei werden.

Ein tensionsanalytischer Abbau der Eisenphosphide ist nur bis zur Verbindung $\mathrm{Fe_2P}$ durchgeführt worden, da niederere Phosphide bei Temperaturen, wie sie für dieses Verfahren in Frage kommen, einen

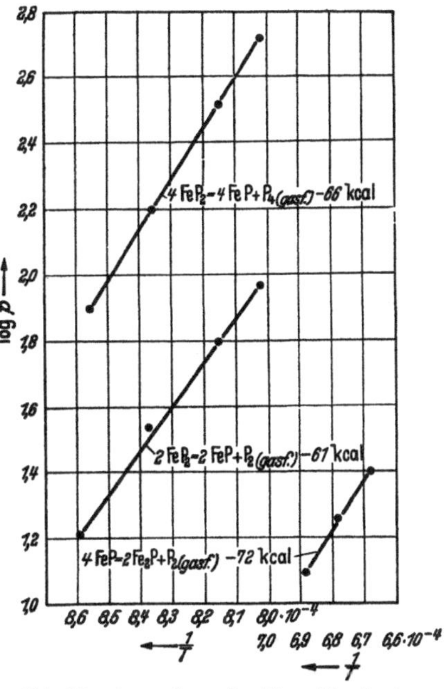

Abb. 53. Auswertung der Dampfdrucke im System Eisen-Phosphor auf Teilbildungswärmen nach van 't Hoff. (Nach W. Franke, K. Meisel, R. Juza und W. Biltz.)

zu geringen Dampfdruck besitzen und Dampfdruckmessungen nach anderen Verfahren an diesem System nicht vorliegen. Man kommt infolgedessen durch die geschilderte Auswertung der Tensionsmessungen von Franke, Meisel, Juza und Biltz zunächst nur zu Teilbildungswärmen bei der Entstehung der Verbindungen $\mathrm{FeP_2}$ und FeP aus niederen Phosphiden und elementarem Phosphor. Gesamtbildungswärmen lassen sich indessen durch eine Kombinierung kalorimetrischer Messungen mit den vorliegenden Untersuchungen ableiten (vgl. dazu System Fe-P, S. 236).

---

[1] Summe aus Verdampfungswärme (bei 260°) 12,2 kcal [Smits, A., u. S. C. Bokhorst: Z. physik. Chem. Bd. 91 (1916) S. 271] und Schmelzwärme 0,6 kcal für weißen Phosphor.

Bei Verbindungen, deren Abbau mit Wasserstoff bis zu einer niederen Stufe bzw. bis zum reinen Metall durchgeführt wird, ist zur thermochemischen Auswertung die Kenntnis der Bildungswärme der entstehenden Wasserstoffverbindung bei der Reaktionstemperatur erforderlich. So hat Schenck[1] die Bildungswärme des Zementits Fe_3C aus dem Methan-Wasserstoff-Gleichgewicht allein und über Eisen-Zementit-Gemischen bestimmt. Aus den beiden Gleichungen:

$$(CH_4) = [C] + 2(H_2) - 21{,}0 \text{ kcal},$$
$$3[Fe] + (CH_4) = [Fe_3C] + 2(H_2) - 36{,}4 \text{ kcal}$$

folgt durch Subtraktion:

$$3[Fe] + [C] = [Fe_3C] - 15{,}4 \text{ kcal}$$

als Bildungswärme für den Zementit bei 640° C.

Man kann naturgemäß auch, wie das u. a. Britzke und Kapustinski[2] sowie Jellinek und Zakowski[3] für Sulfide taten, mit Hilfe des gemessenen Reduktionsgleichgewichtes und der Dissoziationskonstanten der Wasserstoffverbindung zunächst den Dampfdruck der abgebauten Komponente über dem Bodenkörper berechnen und aus diesem die Wärmetönung. Indessen erscheint dieser Weg umständlicher als der soeben angedeutete.

2. **Systeme mit lückenloser Mischbarkeit der festen bzw. flüssigen Komponenten.** Für diese Fälle gilt das gleiche, was auf S. 79 bezüglich der Auswertung von EMK-Messungen bei lückenloser Mischbarkeit gesagt wurde. Durch Berechnung nach van 't Hoff bzw. Nernst erhält man die partiellen molaren Wärmetönungen bei der Verdampfung eines Mols der flüchtigen Komponente aus sehr viel Legierung. Die integralen Größen (Bildungs- bzw. Mischungswärmen) ergeben sich daraus auf einem der auf S. 81 angegebenen Wege.

3. **Systeme mit intermediären Phasen und Mischkristallbildung im festen Zustande.** Als Beispiel für die Umrechnung von Dampfdruckmessungen auf Bildungswärmen in einem System mit teilweiser Mischbarkeit der Komponenten und mit intermediären Phasen, in dem der Dampf einatomig ist, sollen die Messinge näher betrachtet werden. Durch Auswertung der Dampfdruckmessungen von Hargreaves[4] nach Clausius-Clapeyron gelangt man zunächst zu den Wärmetönungen bei der isothermen und reversiblen Verdampfung von 1 g-Atom Zink aus dem Messing entsprechender Konzentration, d. h. zur Sublimationswärme des Zinks aus Legierungen mit Kupfer. Diese Ver-

---

[1] Schenck, R.: Z. anorg. allg. Chem. Bd. 164 (1927) S. 145.

[2] Britzke, E. V., u. A. F. Kapustinsky: Z. anorg. allg. Chem. Bd. 194 (1930) S. 323.

[3] Jellinek, K., u. J. Zakowski: Z. anorg. allg. Chem. Bd. 142 (1925) S. 1.

[4] Hargreaves, R.: J. Inst. Metals Bd. 64 (1939) Advance Copy 823.

dampfungswärme wird die Sublimationswärme des unverbundenen Zinks um eben den Betrag übersteigen, der dem Wärmeverbrauch bei der Ablösung eines g-Atoms Zink von viel Legierung (ohne Verdampfung) entspricht (vgl. S. 107).

Das ist aber die partielle molare Bildungswärme der betreffenden Legierungszusammensetzung. In Tab. 7 finden sich die Zahlen.

Die Umrechnung auf integrale Werte geschieht in ganz analoger Weise, wie sie für das System Bi-Tl auf S. 82 geschildert wurde. Die Phasengrenze $\alpha/(\alpha + \beta)$ verläuft bei 700° bei 35 At.-% Zn; die $\overline{W}_{Zn}$-Werte innerhalb des Homogenitätsgebietes der α-Phase sind somit zur Berechnung

Tabelle 7. Partielle Bildungswärmen im System Kupfer-Zink bei etwa 700° C. (Nach R. Hargreaves.)

At.-% Zn	N_{Zn}/N_{Cu}	Sublimationswärme pro g-Atom Zink	$\overline{W}_{Zn}$
1,2	0,012	36,6	8,0
5,2	0,055	(33,7)	(5,1)
9,4	0,104	35,0	6,4
14,4	0,168	34,9	6,3
19,5	0,242	34,4	5,8
25,5	0,342	33,3	4,7
31,7	0,464	33,2	4,6
37,3	0,595	32,5	3,9
45,3	0,828	31,8	3,2
48,1	0,927	31,7	3,1
50,4	1,02	31,5	2,9
100	—	28,6	—

der Bildungswärmen zu integrieren. Führt man die Integration in der früher geschilderten Art graphisch durch, so ergibt sich die Gleichung:

$$[Cu] + 0{,}54\,[Zn] = [CuZn_{0.54}] + 3{,}04 \text{ kcal}$$

bzw. nach Umrechnung auf 1 g-Atom Legierung:

$$0{,}65\,[Cu] + 0{,}35\,[Zn] = [Cu_{0,65}Zn_{0,35}] + 1{,}97 \text{ kcal} .$$

Die Bildungswärmen der an Kupfer gesättigten β-Phase setzt sich zusammen aus der Bildungswärme der an Zink gesättigten α-Phase und der Wärmemenge, die bei der Aufnahme von weiterem Zink bis zur Erreichung der Phasengrenze $(\alpha + \beta)/\beta$ frei wird. Die partielle molare Wärmetönung für die Aufnahme eines g-Atoms Zink durch eine große Menge der Legierung mit 35 At.-% beträgt 3,9 kcal; der Anteil beim Übergang $CuZn_{0,54} \rightarrow CuZn_{0,67}$ macht somit 0,51 kcal aus. Dann wird:

$$[Cu] + 0{,}54\,[Zn] = [CuZn_{0,54}] + 3{,}04 \text{ kcal}$$
$$\underline{[CuZn_{0,54}] + 0{,}13\,[Zn] = [CuZn_{0,67}] + 0{,}51 \quad ,,}$$
$$[Cu] + 0{,}67\,[Zn] = [CuZn_{0,67}] + 3{,}55 \text{ kcal}$$

bzw.

$$0{,}60\,[Cu] + 0{,}40\,[Zn] = [Cu_{0,60}Zn_{0,40}] + 2{,}13 \text{ kcal} .$$

Innerhalb des Homogenitätsgebietes der β-Phase ergibt sich die Lösungswärme wiederum durch Integration über die partiellen Werte. Einen Überblick über das ganze System, soweit es von Hargreaves untersucht wurde, geben Tab. 8 und Abb. 54.

Tabelle 8. Bildungswärmen im System Kupfer-Zink bei 700° C. (Nach Dampfdruckmessungen von R. Hargreaves berechnet.)

Phase	At.-% Zn	W_B^{973} in kcal/g-Atom Leg.
α	9,1	0,67
	16,7	1,15
	28,6	1,74
	35,0	1,97
β	40,0	2,13
	44,4	2,24
	50,0	2,32

Über den Vergleich dieser Werte mit nach anderen Verfahren erhaltenen s. beim System Cu-Zn, S. 232.

Am Schluß dieses Kapitels über Dampfdruckmessungen und ihre Auswertung sei noch auf einen kürzlich von Grube und Flad[1] beschrittenen Weg zur Bestimmung der thermochemischen Daten von Chrom-Nickel-Legierungen hingewiesen. Diese Beobachter haben auf dem Umweg über die Wasserdampfgleichgewichte die Sauerstoffdrucke über Chromoxyd einerseits und verschiedenen Mischungen dieses Oxyds mit metallischem Nickel andrerseits bestimmt und auf Grund ihrer Messungen die Bildungswärme und -arbeit der binären Legierungen berechnet. Eine kurze Skizzierung des Verfahrens und seiner Auswertung findet sich im speziellen Teil bei den Ausführungen über das System Cr-Ni (S. 218). Ein ähnlicher Weg wurde schon vorher von Schenck und Keuth[2] bei der rechnerischen Auswertung der Verschiebung des Gleichgewichtes der Kupferröstreaktion durch Edelmetallzusätze beschritten.

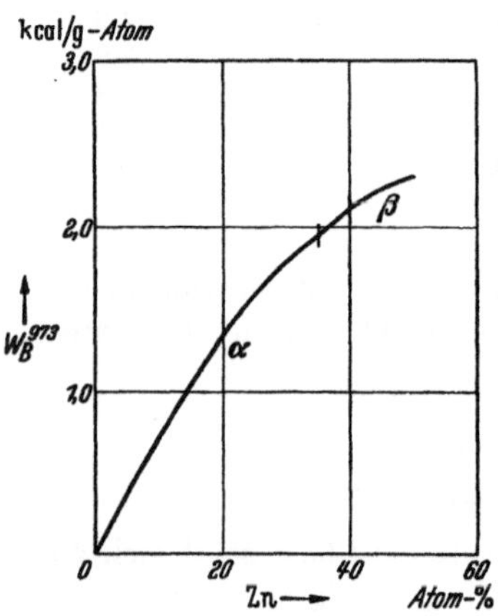

Abb. 54. Integrale Bildungswärmen im System Kupfer-Zink, aus Dampfdruckmessungen von R. Hargreaves berechnet.

3. Über die Umrechnung von Aktivitäten auf Bildungswärmen.

In manchen Arbeiten ist die thermodynamische Auswertung von EMK- bzw. Dampfdruckmessungen nicht auf energetische Daten, sondern auf Aktivitäten erfolgt. Da ein strenger Zusammenhang zwischen den Wärmetönungen und dem Temperaturgang der Aktivität besteht, ist in solchen Fällen eine Umrechnung möglich. Diese soll im folgenden kurz skizziert werden.

Eine Lösung (also auch eine feste) ist ideal im Sinne der Raoultschen Regel, wenn der Dampfdruck der einen Komponente ihrem Atombruch (Atomprozent; 100) proportional ist. Es gilt bei solchen

---

[1] Grube, G., u. M. Flad: Z. Elektrochem. angew. physik. Chem. Bd. 48 (1942) S. 377.

[2] Schenck, R., u. H. Keuth: Z. Elektrochem. angew. physik. Chem. Bd. 46 (1940) S. 298.

idealen Lösungen für die Änderung des thermodynamischen Potentials bei der Überführung eines g-Atoms der reinen Komponente B in eine große Menge der Lösung vom Atombruch N_B:

$$-\overline{\mathfrak{A}}_B = \varDelta \overline{F}_B = R \cdot T \cdot \ln N_B$$

und für die Änderung der Entropie:

$$\varDelta \overline{S}_B = R \cdot \ln N_B .$$

Eine reale Lösung zeigt Abweichungen, die durch Verwendung der Kenngröße der „Aktivität" an Stelle des Molenbruchs beschrieben werden können[1], so daß die obige Formel für die Änderung der freien Energie die Form erhält:

$$-\overline{\mathfrak{A}}_B = \varDelta \overline{F}_B = R T \cdot \ln a_B = R T \cdot \ln N_B + R T \cdot \ln f_B .$$

Der Quotient a_B/N_B heißt Aktivitätskoeffizient (f_B), er ist in idealen Lösungen gleich 1. Die Änderung des thermodynamischen Potentials beim Übergang von einer idealen Lösung zu einer realen Lösung beträgt also: $R T \cdot \ln f_B$. Die Aktivität wird häufig auch ausgedrückt durch den Quotienten p/p_0, in dem p den gemessenen, p_0 den Dampfdruck der reinen flüchtigen Komponente angibt.

Hier sei noch ein Absatz eingeschaltet über die **Umrechnung von Aktivitäten**. Bei Dampfdruckmessungen über binären Legierungen z. B. erhält man den Dampfdruck und damit die Aktivität der flüchtigen Komponente. Wünscht man aus den gefundenen Daten die Aktivität der anderen, nichtflüchtigen Komponente zu berechnen, so verwendet man die Duhem-Margulessche Gleichung (vgl. auch S. 80), und zwar am besten in folgender Form:

$$\log f_A = \int\limits_0^{N_B} \frac{\log f_B}{(1 - N_B)^2} \cdot d N_B - \frac{N_B}{(1 - N_B)} \cdot \log f_B .$$

(Die Berechnung der Aktivitätskoeffizienten ist zweckmäßiger als die unmittelbare Berechnung der Werte für a_A nach Duhem-Margules, weil für $N_B = 0$ auch $a_B = 0$ wird und damit $\log a_B = -\infty$. Für die Integration ist aber die Abschätzung des sehr langen Flächenstreifens bei kleinen Gehalten an B recht unsicher.) Die Anwendung der Gleichung sei an einem praktischen Beispiel erläutert. Schneider und Stoll hatten aus Dampfdruckmessungen die Aktivität des Zinks in Aluminium-Zink-Legierungen ermittelt[2] und berechneten[3] mit diesen Werten die Aktivität des Aluminiums nach der obigen Gleichung ($A =$ Al, $B =$ Zn). Die Aktivitäten des Zinks sind also aus den Messungen bekannt (Tab. 9, Spalte 2). Trägt man nun in einem Koordinatensystem auf der Ordinate die berechneten Werte für $\dfrac{\log f_{Zn}}{(1 - N_{Zn})^2}$ (Spalte 4) und auf der Abszisse die Werte für N_{Zn} auf, so gibt die Integration der einzelnen Flächenstücke die Werte für das erste Glied der

---

[1] Vgl. dazu u. a. C. Wagner u. G. Engelhardt: Z. physik. Chem., Abt. A Bd. 159 (1932) S. 241.

[2] Schneider, A., u. E. K. Stoll: Z. Elektrochem. angew. physik. Chem. Bd. 47 (1941) S. 527.

[3] Stoll, E. K.: Diss. Stuttgart 1941.

Gleichung, von denen die des zweiten Gliedes (Spalte 5) zu subtrahieren sind. Die Aktivität des Aluminiums, a_{Al}, erhält man dann durch Multiplikation von f_{Al} mit N_{Al}.

Tabelle 9. Umrechnung von Aktivitäten im System Al-Zn.

N_{Zn}	a_{Zn}	$\log f_{Zn}$	$\dfrac{\log f_{Zn}}{(1-N_{Zn})^2}$	$\dfrac{N_{Zn}}{(1-N_{Zn})}\cdot\log f_{Zn}$	$\log f_{Al}$	a_{Al}
0	0			0	0	1,000
0,10	0,266	0,424	0,524	0,0469	0,0075	0,715
0,20	0,413	0,314	0,490	0,0785	0,024	0,845
0,30	0,519	0,238	0,486	0,1020	0,050	0,785
0,40	0,600	0,176	0,489	0,1173	0,083	0,726
0,50	0,663	0,122	0,488	0,1220	0,127	0,671
0,60	0,710	0,073	0,456	0,1095	0,187	0,616
0,70	0,768	0,040	0,445	0,0932	0,249	0,532
0,80	0,825	0,013	0,325	0,0520	0,331	0,429
0,90	0,900	0	0	0	0,403	0,253
1,00	1,000	0	0	0	0,477	0,477

Ist der Temperaturkoeffizient der Aktivität bekannt, so erfolgt die Umrechnung nach der Gleichung:

$$\overline{W}_B = R\,T^2\frac{d\ln a_B}{dT} = R\,T^2\frac{d\ln f_B}{dT},$$

also ganz entsprechend wie nach der van 't Hoffschen Reaktionsisochore.

Ist der Temperaturkoeffizient der Aktivität nicht gemessen, so läßt sich die Bildungswärme nur angenähert aus Aktivitätsdaten bestimmen. Nach Hildebrand[1] ist eine Lösung „regulär", wenn in ihr bei der Überführung einer kleinen Menge ihrer Partner in sie aus einer idealen Lösung keine Entropieänderung statthat. D. h. mit anderen Worten, eine Lösung ist regulär, wenn ihre Entstehung aus einer idealen Lösung nur mit einer Änderung des thermodynamischen Potentials, nicht aber mit einer solchen der Entropie verknüpft ist. Dann wird aus:

$$\overline{W}_B = \overline{A}_B - T\cdot\Delta\overline{S}_B$$

bei $\Delta\overline{S} = 0$:

$$\overline{W}_B = \overline{A}_B.$$

Nun beträgt aber die Änderung des thermodynamischen Potentials beim Übergang von einer idealen Lösung in eine reale Lösung: $R\,T\cdot\ln f$, so daß gilt:

$$\overline{W}_B = -R\,T\cdot\ln f_B.$$

Jellinek bevorzugt gegenüber Wagner eine um ein Geringes vom obigen Rechengang abweichende numerische Auswertung, die eben-

---

[1] Hildebrand, J. H.: Proc. nat. Acad. Sci. Bd. 13 (1927) S. 267 — J. Amer. chem. Soc. Bd. 51 (1929) S. 66. — Jellinek, K.: Lehrbuch der physikalischen Chemie Bd. 4 (1933) S. 472.

falls auf Überlegungen Hildebrands zurückgeht[1]. Nach Heitler stellt die Kurve für die Abhängigkeit von $\overline{W}_B$ vom Atombruch N_A eine Parabel dar. Dann ist also:

$$- \overline{W}_B = b \cdot N_A^2$$

bzw.

$$R T \cdot \ln f_B = b \cdot N_A^2 .$$

b ist eine individuelle Konstante. Nach Einsetzen des Wertes für R und des Umrechnungsfaktors von natürlichen in dekadische Logarithmen erhält man:

$$\log f_B = b' \cdot N_A^2 ,$$

$$b' = \frac{b}{4{,}574 \cdot T} ,$$

$$- \overline{W}_B = b \cdot N_A^2 .$$

Die beiden Wege unterscheiden sich also lediglich dadurch, daß im zweiten Falle eine intermediäre Mittelung der b'-Werte vorgenommen wird. Um zu prüfen, inwieweit die so berechneten Werte für $\overline{W}$ mit den exakt bei Kenntnis der Temperaturabhängigkeit berechneten übereinstimmen, wurde das u. a. von Wachter[2] elektrochemisch untersuchte System Silber-Gold gewählt, da in ihm die Forderung nach regulären Lösungen weitgehend erfüllt sein dürfte. Die Ergebnisse dieses Vergleiches finden sich in Tab. 10. $\overline{W}_{Ag}$ wurde unmittelbar aus den Werten für E und dE/dT nach Gibbs-Helmholtz berechnet.

Tabelle 10. Vergleich der bei verschiedener Auswertung erhaltenen Wärmetönungen im System Silber-Gold.

N_{Ag}	$\overline{W}_{Ag}$	$-R T \cdot \ln f_{Ag}$	$-b \cdot N_{Ag}^2$	$-b$
0,20	2,42	2,08	2,94	4,60
0,30	1,95	1,55	2,25	4,59
0,40	1,45	1,13	1,65	4,58
0,50	0,96	0,80	1,15	4,60
0,60	0,59	0,55	0,74	4,62
0,70	0,37	0,37	0,41	4,56
0,80	0,20	0,22	0,18	4,5
0,90	0,10	0,11	0,05	5

Wie man erkennt, ist die Übereinstimmung in keinem der beiden älle für das ganze System erreicht. Die $-R T \cdot \ln f_{Ag}$-Werte liegen durchweg zu niedrig, die $-b \cdot N_{Ag}^2$-Werte um etwas größere Beträge zu hoch. Bei hohen Silbergehalten nähern sich die unter vereinfachen-

---

[1] Hildebrand, J. H.: Proc. nat. Acad. Sci. Bd. 13 (1927) S. 267 — J. Amer. chem. Soc. Bd. 51 (1929) S. 66. — Jellinek, K.: Lehrbuch der physikalischen Chemie Bd. 4 (1933) S. 472.

[2] Wachter, A.: J. Amer. chem. Soc. Bd. 54 (1932) S. 4609.

den Annahmen errechneten Daten den bei exakter Auswertung erhaltenen. — Aus der letzten Spalte der Tab. 10 läßt sich ferner die gute Konstanz der b-Werte entnehmen.

Im ganzen ergibt sich also ein doch noch recht lückenhaftes Bild von der Möglichkeit, Aktivitätsmessungen bei Unkenntnis von deren Temperaturabhängigkeit auf Bildungswärmen umzurechnen; man sollte dies bei der Beurteilung derartiger Auswertungen berücksichtigen.

II. Spezieller Teil:
Bildungs-, Mischungs-, Umwandlungs- und Schmelzwärmen von Legierungen.

Im ersten Teil war über die Verfahren berichtet worden, die zu Aussagen über thermochemische Daten der Legierungsbildung führen. Ferner wurden die Möglichkeiten der thermodynamischen Auswertung von EMK- und Dampfdruckmessungen erläutert. Im zweiten Teil soll nun eine Zusammenstellung der zahlenmäßigen Ergebnisse über die Bildungs-, Mischungs-, Umwandlungs- und Schmelzwärmen in binären und ternären Legierungssystemen gegeben werden. Bei der Auswahl der Systeme wurden auch diejenigen von Metallen z. B. mit Stickstoff, Kohlenstoff und Schwefel, mitberücksichtigt, auch wenn diese Verbindungen keinen metallischen Charakter mehr besitzen, weil die Kenntnis ihrer energetischen Daten für vergleichende Betrachtungen von Wichtigkeit erschien.

Die Zusammenstellung erfolgte etwa in derselben Weise, in der M. Hansen in seinem Buch „Der Aufbau der Zweistofflegierungen“ verfuhr. Die Anordnung der Systeme ist alphabetisch, wobei die chemischen Symbole zur Grundlage genommen wurden. Soweit es mit den bekanntgewordenen Ergebnissen möglich war, wurden die Bildungs- und Mischungswärmen in Form von energetischen Diagrammen zusammengestellt. Die zum näheren Verständnis häufig angefügten Zustandsbilder wurden dem Werk von Hansen entnommen. In einzelnen Fällen mußten diese auf Grund von neueren Arbeiten ergänzt werden.

Bei einer Reihe von Systemen liegen im Schrifttum nur Bestimmungen der thermochemischen Daten für gewisse bevorzugte Konzentrationen vor, die über die energetischen Verhältnisse in den Gesamtsystemen noch keine endgültigen Aussagen zulassen. Bei einer Anzahl von Sulfid- und Phosphidsystemen konnten bisher nur Angaben über die Teilbildungswärmen, also die Wärmetönung bei der Entstehung einer Verbindung aus einer anderen sowie einer reinen

Komponente gemacht werden. Die thermochemische Ergänzung solcher Systeme wird eine dankbare Aufgabe für zukünftige Untersuchungen sein.

Die Wärmetönungen wurden in den Diagrammen stets auf ein g-Atom[1] der Legierung bezogen, ebenso die im Text durch Umrandung besonders hervorgehobenen Werte. Das war bisher bei den salzartigen Verbindungen und vor allem bei den Salzen nicht üblich, erleichtert aber den Vergleich der Meßdaten an verschiedenen Systemen untereinander beträchtlich. Außerdem sind die Wärmetönungen gewöhnlich auch in kcal/Mol oder bei sehr kleinen Zahlenwerten in cal/Mol bzw. in cal/g-Atom angegeben.

An die Genauigkeit der Angaben, soweit sie die reinen Legierungen betreffen, sollten keine allzu hohen Anforderungen gestellt werden. Die Thermochemie der Legierungen befindet sich noch im Entwicklungsstadium, und es erschien den meisten Forschern zunächst wichtiger, eine Gesamtübersicht über dieses Gebiet zu erhalten als durch Präzisionsmessungen Einzelwerte besonders genau festzulegen. Einer solchen Zielsetzung wurden demgemäß auch die Verfahren angepaßt. Besonders bei den Mischungswärmen flüssiger Legierungen, deren Untersuchung auf beträchtliche Schwierigkeiten stieß, ist die Fehlergrenze noch ziemlich groß. Die Bildungswärmen von Verbindungen mit Nichtmetallen konnten dagegen schon in vielen Fällen mit recht großer Genauigkeit bestimmt werden.

Auf eine Umrechnung der in den Originalarbeiten angegebenen Zahlenwerte mit neueren oder anderen Hilfsgrößen wurde in den meisten Fällen verzichtet, da es sich gezeigt hatte, daß man durch eine Umrechnung häufig keine Verbesserung der Werte erzielen konnte. Bei älteren Arbeiten (z. B. von Thomsen, Fabre, Sabatier), bei denen eine Neuberechnung erforderlich war, stützten wir uns gewöhnlich auf Tabellen von W. A. Roth oder von F. R. Bichowsky und F. D. Rossini. Naturgemäß sind aber solche Angaben nie besonders zuverlässig.

Aus Messungen der EMK zwischen verschiedenen quecksilberreichen, flüssigen Amalgamen berechneten vor allem Richards und seine Mitarbeiter die Wärmetönungen und bezeichneten diese mit „Verdünnungswärmen". Diese Bezeichnungsweise wurde auch im folgenden übernommen, obwohl man korrekterweise von einer Wärmetönung der Überführung z. B. eines g-Atoms der Zusatzkomponente von dem konzentrierteren in das verdünntere Amalgam sprechen müßte. Jedoch dürfte dieser Unterschied bei den untersuchten sehr quecksilberreichen Amalgamen noch innerhalb des Meßfehlers liegen.

---

[1] In einer Legierung $A_m B_n$ sind m und n demnach die Atombrüche (Atomprozent/100) der Komponenten A und B. 1 g-Atom einer Legierung AB_3 müßte also $A_{0,25} B_{0,75}$ geschrieben werden, d. h. die Bildungswärme pro Mol beträgt in diesem Beispiel das 4fache der Bildungswärme pro g-Atom.

Tabelle 11. Thermische und thermo-

Symbol	Element	Atom-nummer	Atom-gewicht	Schmelz-punkt °C	Umwandlungen °C
Ag	Silber	47	107,88	960,5	
Al	Aluminium	13	26,97	659	
As	Arsen	33	74,91	[817]	
Au	Gold	79	197,2	1063	
B	Bor	5	10,82	(2300)	
Ba	Barium	56	137,36	710	375
Be	Beryllium	4	9,02	1284	
Bi	Wismut	83	209,00	271,0	
C	Graphit	6	12,010		
Ca	Kalzium	20	40,08	850	260/440
Cd	Kadmium	48	112,41	321	
Ce	Cer	58	140,13	815	
Co	Kobalt	27	58,94	1478	~470
Cr	Chrom	24	52,01	1890	
Cs	Cäsium	55	132,91	29,7	
Cu	Kupfer	29	63,57	1084	
Fe	Eisen	26	55,85	1535	906/1401
Ga	Gallium	31	69,72	29,8	
Ge	Germanium	32	72,60	959	
Hg	Quecksilber	80	200,61	−38,9	
In	Indium	49	114,76	156,4	
Ir	Iridium	77	193,1	2454	
K	Kalium	19	39,096	63,6	
La	Lanthan	57	138,92	812	350 ?
Li	Lithium	3	6,940	180	
Mg	Magnesium	12	24,32	650	
Mn	Mangan	25	54,93	1250	740/1075/1162
Mo	Molybdän	42	95,95	2580	
N	Stickstoff	7	14,008	−210	−237,6
Na	Natrium	11	22,997	97,8	
Nb	Niob	41	92,91	2500	
Nd	Neodym	61	144,27	840	
Ni	Nickel	28	58,69	1455	
Os	Osmium	76	190,2	2500	
P	Phosphor (weiß) . .	15	30,98	44	
Pb	Blei	82	207,21	327,4	
Pd	Palladium	46	106,7	1555	
Pr	Praseodym	59	140,92	932	600 ?
Pt	Platin	78	195,23	1774	
Rb	Rubidium	37	85,48	38,8	
Re	Rhenium	75	186,31	3170	
Rh	Rhodium	45	102,91	1966	
Ru	Ruthenium	44	101,7	2450	? 1040/1200/1500
S	Schwefel	16	32,06	112,8	95,5

chemische Daten der Elemente.

Siede-punkt °C	Er-starrungs-wärme	Konden-sations-wärme	Umwandlungswärmen usw.
	in kcal/g-Atom		
2180	2,70	60,0	
(2500)	2,54	(69,6)	
Sb 616	$(As_4) = 4[As] + 34$ kcal		
(2950)	3,10	(82,3)	
1540		(42,3)	β-Ba $\to$ α-Ba + 0,14 kcal
(2970)	2,4	(53,6)	
1560	2,64	41,1	
			$C_{Diam} \to \beta$-Graphit + 0,19 kcal
(1700)	(3,1)	(38,6)	γ-Ca $\to \beta$-Ca + 0,213 kcal
768	1,50	23,8	
	(2,1)		
~2400	3,95		?
(2300)	3,6	71,4	
708	0,50	15,82	
(2500)	3,18	73,6	
(2880)	3,65	(88,2)	γ-Fe $\to \beta$-Fe + $0{,}3_8$ kcal, δ-Fe $\to \gamma$-Fe + 0,2 kcal
(2100)	1,34		
	(7,4)		
357	0,56	14,1	
>1450	0,78		
>4800			
762	0,57	19,4	
1380	(0,7)	(34,0)	
1103	(1,75)	32,0	
(2000)	3,56	(60,0)	?
(4700)		(140)	
−195,8	0,086	0,67	Umwandlungswärme: 0,054 kcal/Mol N_2
883	0,63	23,4	
(3080)	4,2	(82,2)	
>5300			
280,5	0,15	3,1	$P_{weiß} = P_{rot}$ + 4 kcal
1750	1,20	42,7	
2200	(3,9)		
	(2,7)		
(4100)	(5,3)	(112)	
713	0,53	16,9	
2500			
	4,7		β-Ru $\to \alpha$-Ru + 0,034 kcal, δ-Ru $\to \gamma$-Ru + 0,225 kcal
444,5	0,295		$S_{monokl} \to S_{rhomb}$ + 0,086 kcal

$$(S_2) = 2\,[S]_{rhomb} + 31360 + 0{,}59 \cdot T - 5{,}80 \cdot 10^{-3} \cdot T^2 \text{ cal,}$$
$$(S_8) = 8\,[S]_{rhomb} + 30240 - 3{,}64 \cdot T - 23{,}20 \cdot 10^{-3} \cdot T^2 \text{ cal,}$$
$$(S_6) = 6\,[S]_{rhomb} + 29990 - 2{,}23 \cdot T - 17{,}40 \cdot 10^{-3} \cdot T^2 \text{ cal,}$$
$$(S) = [S]_{rhomb} + 66980 + 1{,}53 \cdot T + 3{,}12 \cdot 10^{-3}\, T^2 \text{ cal.}$$

Tabelle 11 (Fortsetzung). Thermische und

Symbol	Element	Atom-nummer	Atom-gewicht	Schmelz-punkt °C	Umwandlungen °C
Sb	Antimon	51	121,76	630,5	
Se	Selen	34	78,96	220,5	
Si	Silizium	14	28,06	1440	
Sn	Zinn	50	118,70	232	13,2
Sr	Strontium	38	87,63	757	
Ta	Tantal	73	180,88	3030	
Te	Tellur	52	127,61	450	
Th	Thorium	90	232,12	~1850	
Ti	Titan	22	47,90	1800	882
Tl	Thallium	81	204,39	303	234
V	Vanadin	23	50,95	1700	
W	Wolfram	74	183,92	3400	
Zn	Zink	30	65,38	419,5	
Zr	Zirkon	40	91,22	2130	862

Bezüglich der Angaben über die Siedetemperaturen und die Verdampfungswärmen der Elemente stützten wir uns im wesentlichen auf die Arbeit von A. Eucken [Metallwirtsch., Metallwiss., Metalltechn. Bd. 15 (1936) S. 63]. K. K. Kelley [U. S. Dep. Interior Bur. Mines, Bull. 383 (1935)] gibt bei einer kritischen Auswertung des Materials über Dampfdrucke und Verdampfungswärmen anorganischer Substanzen teilweise etwas andere Werte als Eucken. Kelley ließ allerdings gute kalorimetrisch bestimmte Verdampfungswärmen z. T. unbeachtet. — Die Werte für die Schmelztemperaturen wurden zum großen Teil dem von A. E. van Arkel herausgegebenen Buch [Reine Metalle. Berlin (1939)] entnommen. Für die Zusammenstellung weiterer thermochemischer und thermischer Daten wurden vor allem die in den verschiedenen Bänden des Landolt-Börnstein-Roth-Scheel angegebenen Zahlenwerte kritisch gesichtet und, soweit möglich, auf Grund neuerer Ergebnisse ersetzt. — Thermochemische Eigenschaften von Schwefel vgl. K. K. Kelley [U. S. Dep. Interior, Bur. Mines Miners' Circ. Bd. 406 (1937) S. 2].

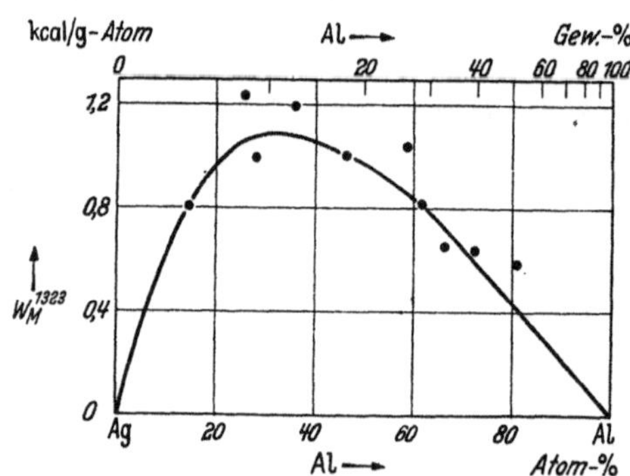

Abb. 55. Mischungswärmen der Silber-Aluminium-Schmelzen bei 1050° C. (Nach M. Kawakami.)

A. Binäre Legierungssysteme.

Ag-Al. Silber-Aluminium.

Die Bildungswärmen der festen Silber-Aluminium-Legierungen sind nicht bekannt.

Die Mischungswärmen in diesem System bei der Vereinigung der geschmolzenen Komponenten bei 1050° bestimmte Kawakami[1] unmittelbar kalorimetrisch. Die Summe der Einwaagen an den beiden Metallen war so gewählt, daß etwa 0,3 g-Atome Legierung entstanden.

thermochemische Daten der Elemente.

Siede-punkt °C	Er-starrungs-wärme	Konden-sations-wärme	Umwandlungswärmen usw.
	in kcal/g-Atom		
1636	4,7$_5$	(36,8)	
688	(1,4)	(12,9)	$Se_{rot} \rightarrow Se_{met} + 0,18$ kcal
(2630)	11,1	(72,6)	
(2430)	1,67	(79)	$Sn_{weiß} \rightarrow Sn_{grau} + 0,53$ kcal
1370		(35,9)	
1390	4,28		
1457	1,03	39,7	β-Tl $\rightarrow$ α-Tl $+ 0,082$ kcal
5000			
907	1,73	28,8	
			β-Zr $\rightarrow$ α-Zr $+ 0,71$ kcal

Die Ergebnisse der Bestimmungen der Mischungswärmen finden sich in der Abb. 55. Das Maximum der Mischungswärme liegt mit etwa $+1,1$ kcal/g-Atom Legierung bei ungefähr 30 Atom-% Al; die Streuung der Werte ist relativ groß.

[1] Kawakami, M.: Sci. Rep. Tôhoku Imp. Univ. Bd. 19 (1930) S. 521.

Ag-Au. Silber-Gold.

Das System Silber-Gold bildet eine lückenlose Reihe von Misch-kristallen. In dem System sind von verschiedenen Autoren elektro-motorische Kräfte gemessen worden. Tammann[1] untersuchte Silber-Gold-Legierungen in Silbernitrat (geschmolzen und in wäßriger Lösung); diese Versuche sind indessen nicht auf Bildungswärmen aus-gewertet, da sie anderen Zielen, insbesondere der experimentellen Prü-fung des Resistenzgrenzengesetzes, dienten. Auch ist bei Verwendung von Silbernitrat als Elektrolyt eine sekundäre chemische Reaktion mit den Elektroden nicht auszuschließen. Ölander[2], Wagner und Engelhardt[3] sowie Wachter[4] haben die elektromotorischen Kräfte von Zellen der Art: Ag | AgCl | Ag-Au bei höheren Temperaturen be-stimmt. Als Elektrolyt diente entweder geschmolzenes Silberchlorid oder die eutektische Schmelze AgCl/KCl.

In Abb. 56 sind die aus den Meßdaten dieser Autoren berechneten partiellen Bildungswärmen in Abhängigkeit von der Konzen-tration eingetragen. Wie man erkennt, ordnen sich die Wachter-schen Werte zwanglos einer stetigen Kurve zu, wie das für Misch-kristalle zu erwarten ist. Die aus den Angaben von Wagner und

Engelhardt errechneten Zahlen stimmen im Gebiet höherer Silberkonzentrationen gut mit dem Kurvenverlauf überein, bei goldreicheren Proben tritt eine zunehmend stärker werdende Abweichung auf, die auf mangelnden Konzentrationsausgleich infolge ungenügender Temperung der Proben vor und während der Messung zurückzuführen sein dürfte. In verstärktem Maße gilt das für die von Ölander angegebenen Werte, die beträchtliche Abweichungen aufweisen. Wachter hält auch Unregelmäßigkeiten, die Ölander zwischen 30 und 50 Atom-% und im silberreichen Gebiet fand und durch das Vorhandensein von Umwandlungen zu deuten suchte (vgl. Abb. 56), für nicht reell.

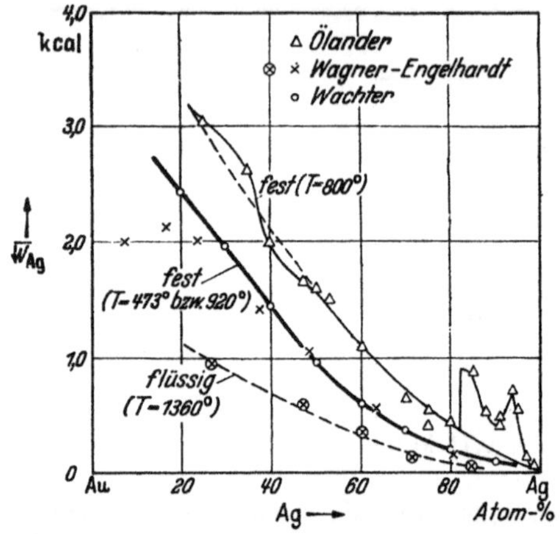

Abb. 56. Partielle Bildungs- und Mischungswärmen im System Silber-Gold.

Die integralen Bildungswärmen für das System Silber-Gold, d. h. die Wärmetönungen bei der Entstehung der festen Legierungen aus den festen Metallen finden sich in Abb. 57. Die stark ausgezogene Kurve wurde mit den Daten von Wachter bzw. Wagner und Engelhardt berechnet. Das Maximum der Bildungswärme liegt mit $+0{,}95$ kcal/g-Atom Legierung bei etwa 45 Atom-% Au. Demgegenüber liegen die mit Ölanders Angaben errechneten Bildungswärmen um mehr als 40% höher.

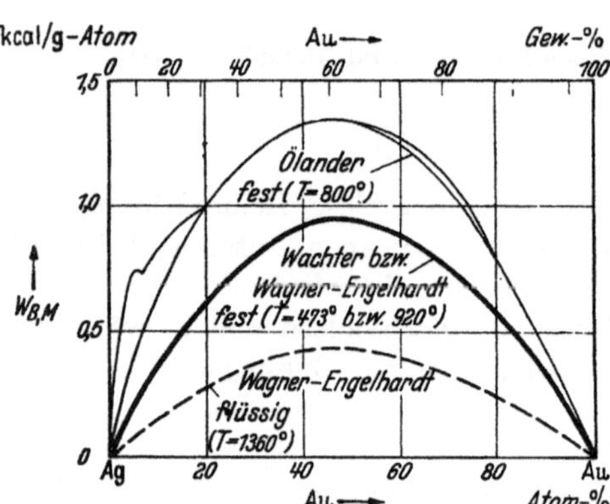

Abb. 57. Bildungs- und Mischungswärmen der Silber-Gold-Legierungen.

Die Mischungswärmen für die flüssigen Legierungen bei ihrer Entstehung aus den flüssigen Metallen lassen sich ebenfalls aus Messungen der EMK nach Wagner und Engelhardt ableiten. Die Ergebnisse finden sich in den Abb. 56 und 57 durch die gestrichelten Kurven angedeutet; das Maximum der Wärmetönung liegt mit $+0{,}43$ kcal bei etwa 45 Atom-% Au. Kawakami[5] bestimmte die Mischungswärmen unmittelbar kalorimetrisch aus der Temperaturerhöhung bei der Vereinigung der geschmolzenen Metalle bei 1200°. Dieser Autor fand einen von Null praktisch nicht verschiedenen Wert; dabei ist indessen zu berücksichtigen, daß das Verfahren mit relativ großen experimentellen Fehlern behaftet ist. So dürfte den aus den Versuchsdaten von Wagner und Engelhardt berechneten Mischungswärmen das größere Gewicht beizumessen sein, wenngleich die Bestimmung der EMK nur bei einer Temperatur erfolgte.

[1] Tammann, G.: Z. anorg. allg. Chem. Bd. 107 (1919) S. 140. — [2] Ölander, A.: J. Amer. chem. Soc. Bd. 53 (1931) S. 3577. — [3] Wagner, C., u. G. Engelhardt: Z. physik. Chem. Abt. A Bd. 159 (1932) S. 241. — [4] Wachter, A.: J. Amer. chem. Soc. Bd. 54 (1932) S. 4609. — [5] Kawakami, M.: Sci. Rep. Tôhoku Imp. Univ. Bd. 19 (1930) S. 521.

Ag-Bi. Silber-Wismut.

Im System Silber-Wismut sind Bildungswärmen für feste Legierungen bisher nicht gemessen worden; sie dürften wegen der nur geringen Löslichkeit von Wismut in festem Silber praktisch zu vernachlässigen sein.

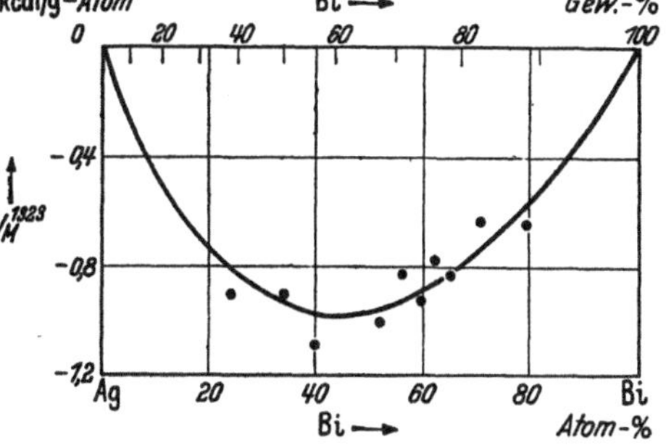

Abb. 58. Mischungswärmen der Silber-Wismut-Schmelzen bei 1050° C. (Nach M. Kawakami.)

Die Mischungswärmen bei der Entstehung der Schmelzen aus den flüssigen Komponenten bestimmte Kawakami[1] unmittelbar kalorimetrisch aus der Temperaturänderung bei der Vereinigung bei 1050° C. Die Mischungswärmen sind negativ, d. h. die Bildung der Legierungsschmelze ist mit einem Wärmeverbrauch verbunden. Abb. 58 gibt den Verlauf der Mischungswärme-Konzentrationskurve wieder, die Streuung der Werte ist hier geringer als im System Silber-Aluminium. Der Tiefstwert findet sich mit etwa —1 kcal bei 40 bis 45 Atom-% Bi.

[1] Kawakami, M.: Sci. Rep. Tôhoku Imp. Univ. Bd. 19 (1930) S. 521—549.

Ag-Cd. Silber-Kadmium.

Ölander[1] hat Messungen elektromotorischer Kräfte[2] an zahlreichen Legierungen des Systems Silber-Kadmium bei Temperaturen von 330 bis 550° C vorgenommen. Als Bezugselektrode diente geschmolzenes Kadmium, Elektrolyt war die eutektische Schmelze LiCl/KCl mit geringen Zusätzen an $CdCl_2$. Ölander hat auf eine Umrechnung seiner Meßdaten auf Bildungswärmen verzichtet, da es ihm nicht gelang, Legierungen mit Kadmiumgehalten unter 33,5 Atom-% wegen auftretender Diffusionsschwierigkeiten reproduzierbar zu messen. Damit fehlten ihm aber die Wärmetönungen beim Lösen von Kadmium in Silber bzw. in Legierungen niederen Kadmiumgehaltes. Nun machte Weibke[3] aber darauf aufmerksam, daß unter bestimmten Voraussetzungen eine energetische Gesamtauswertung der Messungen Ölanders möglich ist. Die Werte für W_{Cd} liegen nämlich mit einer für EMK-Messungen guten Konstanz bei 4,25 kcal (3,98 bis 4,59 kcal), und die Streuung ist ungleichmäßig und ohne bestimmten Gang. Hiernach wäre die Lösungswärme von Kadmium in Silber-Kadmium-Legierungen innerhalb der α-Phase unabhängig von dem Gehalt der Ausgangsproben an Kadmium. Es erscheint unbedenklich, die gleiche Lösungswärme, also den gleichen Wert für $\overline{W}$, auch für niedere Konzentrationen anzunehmen. Die in Tab. 12 wiedergegebenen Bildungswärmen für das System Silber-Kadmium sind unter dieser Voraussetzung erhalten.

Tabelle 12. Bildungswärmen im System Silber-Kadmium. (Nach Ölander und Weibke.)

Phase	Cd in At-%	W_B kcal/g-Atom Leg.		$\mathfrak{A}^{300}$
α	28,6		0,78	
	44,4		1,21	1,52
β	47,5		1,12	
	50,0		1,08	
	52,0		1,07	
β'	50,0	1,28 1,34	1,31	1,60
	52,3		1,35	
	53,5		1,37	1,65
δ	57,5	1,31 1,31	1,31	
	58,8		1,33	
	61,0		1,34	
γ	57,5		1,40	1,68
	60,0		1,42	
	62,0		1,46	1,69
ε	63,0	1,44 1,37	1,40	1,67
	67,0		1,36	
	80,0		1,14	1,26

Da die Meßzelle das Kadmium bei der Versuchstemperatur in geschmolzenem Zustande enthält, gelten die errechneten Bildungswärmen zunächst für die Entstehung der festen Legierungen aus festem Silber und geschmolzenem Kadmium. Zur Umrechnung auf die Bildungswärmen der festen Legierungen aus den festen Metallen ist es erforderlich, die Schmelzwärme der jeweils in den verschiedenen Proben enthaltenen Menge an Kadmium von dem erhaltenen Wert für W_B zu subtrahieren. Diese Umrechnung ist für die Daten der Tab. 12 bereits berücksichtigt. W_B gilt also jeweils für den Vorgang: m [Ag] $+ n$ [Cd] $=$ [$Ag_m Cd_n$].

Die Daten der Tab. 12 gelten zunächst nur für die Versuchstemperaturen (330 bis 350° C) und nur unter der Voraussetzung der Additivität der spezifischen Wärmen auch für Zimmertemperatur. (Gang der thermodynamischen Auswertung vgl. S. 82.)

Abb. 59 zeigt das nach diesen Zahlen erhaltene energetische Diagramm des Systems Silber-Kadmium; im oberen Teil des Bildes ist zur Kennzeichnung der Ausdehnung der einzelnen Legierungsphasen das thermische Zustandsbild mit aufgenommen.

Innerhalb des Gebietes der α-Phase steigt die Kurve für die Bildungswärme gemäß der Voraussetzung, daß die Lösungswärme für Kadmium unabhängig von der Konzentration des Lösungsmittels ist, bis zu dem Werte $+1{,}21$ kcal bei 44,4 Atom-% Cd linear. Die Bildungswärme der bei hohen Temperaturen beständigen β-Phase liegt bei $+1{,}12$ kcal (47,5 Atom-% Cd), sie wird durch Kadmiumzusatz ein wenig erniedrigt ($+1{,}07$ kcal bei 52,0 Atom-% Cd). Die bei Zimmertemperatur stabile β'-Phase bildet sich aus den Elementen unter Entbindung von 1,31 bzw. 1,36 kcal, je nachdem, ob sie an Silber oder an Kadmium gesättigt ist. Ölander berechnete die Wärmetönung beim Übergang $\beta \to \beta'$ aus Entropiedaten (vgl. S. 86) im Mittel zu 0,175 kcal, die aus dem Verlauf der W_B-Kurven abgeleiteten Umwandlungswärmen betragen:

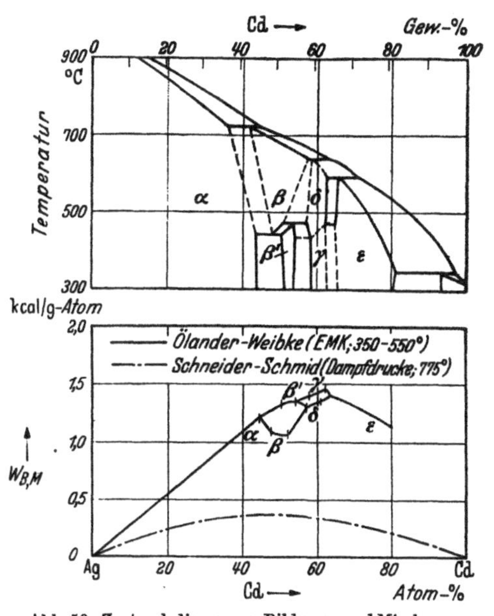

Abb. 59. Zustandsdiagramm, Bildungs- und Mischungswärmen der Silber-Kadmium-Legierungen. (Nach A. Ölander und F. Weibke.)

für den Zerfall von β in $\beta' + \alpha$ (47,5 Atom-% Cd) . . . . 0,14 kcal,

für die Umwandlung des an Silber gesättigten β in β' (50,0 Atom-% Cd) 0,23 kcal,

für die Umwandlung des an Kadmium gesättigten β in β' (52,0 Atom-% Cd) 0,26 kcal,

für den Zerfall von β' in $\beta + \delta$ (53,5 Atom-% Cd) . . . . 0,22 kcal.

Die Bildungswärmen der δ- und γ-Phase (1,31 bzw. 1,40 kcal bei 57,5 Atom-% Cd) steigen mit zunehmender Sättigung an Kadmium wenig an, der Höchstwert für W_B im System Silber-Kadmium liegt mit 1,46 kcal bei 62 Atom-% Cd (an Kadmium gesättigte γ-Phase); offenbar zeichnet sich die γ-Phase mit ihrem kompliziert kubischen Gitter (52 Atome im Elementarbereich) durch eine besonders hohe Beständigkeit aus. Dem thermischen Zustandsdiagramm ist das Auftreten solcher besonders stabiler Kristallarten nicht zu entnehmen. Aus dem Unterschied der fast parallel verlaufenden W_B-Kurven im γ- bzw. δ-Gebiet ist die Umwandlungswärme $\gamma \to \delta$ mit 0,09 kcal abzulesen. Ölander fand in Übereinstimmung hiermit aus Entropiedaten im Mittel 0,085 kcal. Innerhalb des Gebietes der δ-Phase sinkt die Bildungswärme mit steigendem Kadmiumgehalt ab ($+1{,}40$ kcal bei 63,0, $+1{,}14$ kcal bei·

80,0 Atom-% Cd). Legierungen mit höheren Kadmiumgehalten als 80 Atom-% sind von Ölander nicht gemessen worden, ihre Bildungswärmen dürften indessen im wesentlichen durch ihren Gehalt an ε bestimmt werden und somit praktisch auf der Verbindungsgeraden für den Wert der an Kadmium gesättigten ε-Phase (80 Atom-% Cd) und reinem Kadmium liegen.

Die Bildungsarbeiten der festen Ag-Cd-Legierungen wurden ebenfalls von Weibke[4] aus den Messungen von Ölander[1] berechnet. Wie eine kürzlich vorgenommene Nachprüfung[5] ergab, ist dabei jedoch ein Rechenfehler unterlaufen. In der 4. Spalte der Tab. 12 sind daher die korrigierten Zahlenwerte für A zusammengestellt. Sie gelten für die Bildung der festen Legierungen aus den festen Komponenten bei Raumtemperatur (300° K). Die Umrechnung von 400 auf 27° C geschah unter der Annahme der Additivität der spez. Wärmen.

Die Kenntnis der energetischen Daten von flüssigen Ag-Cd-Legierungen verdanken wir Schneider und Schmid[6]. Diese Beobachter haben die Cd-Dampfdrucke über 8 Legierungen bei verschiedenen Temperaturen bis 900° C nach dem Verfahren von Hargreaves (S. 90) gemessen, die Verdampfungswärmen nach der Gleichung von Clausius und Clapeyron berechnet und aus dem Unterschied gegenüber der Verdampfungswärme von reinem Cd die in Tab. 13 wiedergegebenen partiellen molaren Mischungswärmen erhalten. Die Integration der Werte führt zu der strichpunktierten Kurve in Abb. 59. Die Kurve, die für die Bildung der flüssigen Legierungen aus den flüssigen Komponenten gilt, hat ihr Maximum bei +0,38 kcal/g-Atom und 50 Atom-%. Die ebenfalls von Schneider und Schmid auf Grund ihrer Versuchsdaten berechneten Mischungsarbeiten zeigen einen etwas höheren Verlauf, als es bei idealem Verhalten (Gleichungen S. 114) auf Grund der Mischungswärmen zu erwarten gewesen wäre. Das Maximum ergab sich bei 850° C und 50 Atom-% zu 2,3 kcal/g-Atom.

Tabelle 13. Partielle molare Mischungswärmen im System Ag-Cd bei 775°. (Nach Schneider und Schmid.)

N_{Cd}	0,763	0,677	0,604	0,545	0,476	0,407	0,266
$\overline{W}_{Cd}$ in kcal .	0,0	+0,1	+0,15	+0,2	+0,3	+0,5	+0,8

Die Schmelzwärme einer Legierung mit 67,5 Atom-% Cd (ε-Phase) beträgt $2,02 \pm 0,10$ kcal/g-Atom[7] (592° C).

---

[1] Ölander, A.: Z. physik. Chem. Abt. A Bd. 163 (1933) S. 107. — [2] Orientierende Untersuchungen der EMK bei Raumtemperatur sowie der Lösungswärme von AgCd in HNO_3 vgl. auch E. Schreiner und K. Seljesaeter: Z. anorg. allg. Chem. Bd. 137 (1924) S. 389. — [3] Weibke, F.: Z. Metallkunde Bd. 29 (1937) S. 79. — [4] F. Weibke in der zusammenfassenden Arbeit von Biltz: Z. Metallkunde Bd. 29 (1937) S. 74, Tab. 1. — [5] Kubaschewski, O. u. A. Schneider: Z. Elektrochem. angew. physik. Chem. Bd. 49 (1943) S. 261.

— [6*]Schneider, A., u. H. Schmid: Z. Elektrochem. angew. physik. Chem. Bd. 48 (1942) S. 636. — [7]Kubaschewski, O.: Z. physikal. Chem. (1943) im Druck.

Ag-Cu. Silber-Kupfer.

Galt[1] versuchte die Bildungswärmen im System Silber-Kupfer aus der Differenz der Lösungswärmen von Legierungen mit 10 bis 65% Cu und den Lösungswärmen der entsprechenden Metallgemische zu bestimmen. Er verwendete Salpetersäure als Lösungsmittel, die indessen wegen der Uneinheitlichkeit des Lösungsvorganges (vgl. S. 13) ungeeignet ist. Die so erhaltenen Werte waren von Null nur wenig verschieden. Es ist allerdings anzunehmen, daß die Bildungswärmen der Silber-Kupfer-Legierungen wegen der nur geringen Mischbarkeit der festen Komponenten klein sind.

Die Mischungswärmen für dieses System, wie sie Kawakami[2] unmittelbar kalorimetrisch beim Vermischen

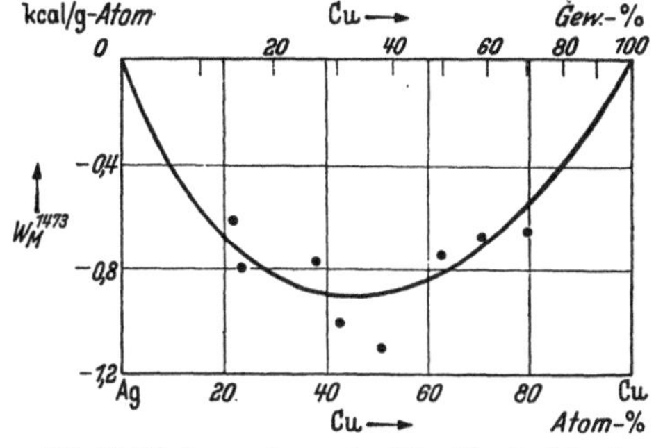

Abb. 60. Mischungswärmen der Silber-Kupfer-Schmelzen bei 1200° C. (Nach M. Kawakami.)

der flüssigen Partner bei 1200° bestimmte, finden sich in Abb. 60. Der Vereinigungsvorgang verläuft endotherm. Die Streuung der Werte ist relativ groß. Nach einer von Scheil[3] kürzlich durchgeführten Berechnung der Mischungswärmen aus dem Zustandsdiagramm ist den höheren Werten von Kawakami die größere Wahrscheinlichkeit beizulegen. Die in Abb. 60 gezeichnete Kurve müßte demnach etwas näher zur Abszissenachse verlegt werden, und man erhält das Minimum der Mischungswärme bei —0,8 kcal/g-Atom und etwa 30 Atom-%.

Aus dem Temperaturgang der spezifischen Wärmen leiteten Swindells und Sykes[4] für die Wärmetönung bei der Aushärtung von Silber-Kupfer-Legierungen mit 7,5 und 8,9% Cu etwa 4,4 cal/g ab; das entspricht etwa 460 cal/g-Atom Legierung. Der wahrscheinliche Fehler wird zu ±4% angegeben.

[1] Galt, A.: Philos. Mag. J. Sci. (5) Bd. 49 (1900) S. 405. — [2]Kawakami, M.: Sci. Rep. Tôhoku Imp. Univ. Bd. 19 (1930) S. 521. — [3]Scheil, E.: Z. Elektrochem. angew physikal. Chem. Bd. 49 (1943) S. 253. — [4] Swindells, N., u. C. Sykes: Proc. Roy. Soc. [London], Ser. A Bd. 168 (1938) S. 237.

Ag-Hg. Silber-Quecksilber.

Für die festen Silberamalgame sind keine Bildungswärmen bekannt.

Eastman und Hildebrand[1] bestimmten den Dampfdruck eines flüssigen Amalgams mit 97,69 Atom-% Hg bei 313° C. Die sich aus dieser Messung ergebende partielle Mischungswärme für die Silber-Quecksilber-Schmelze ist von Null kaum verschieden.

[1] Eastman, E. D., u. J. H. Hildebrand: J. Amer. chem. Soc. Bd. 36 (1914) S. 2020.

Ag-Mg. Silber-Magnesium.

Für die festen Legierungen des Systems Silber-Magnesium wurden Bildungswärmen bisher nicht bestimmt.

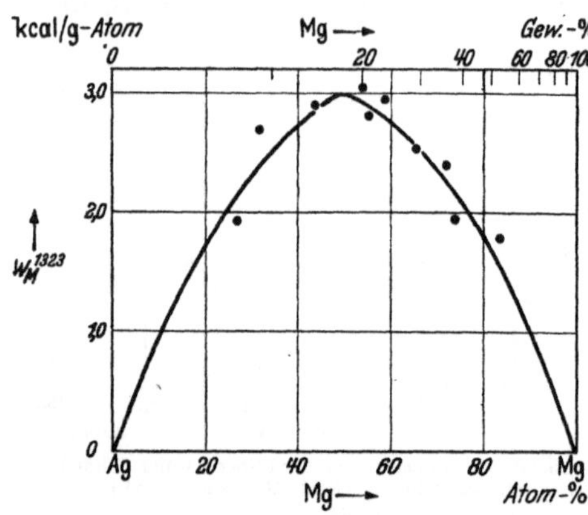

Abb. 61. Mischungswärmen der Silber-Magnesium-Schmelzen bei 1050° C. (Nach M. Kawakami.)

Die Mischungswärmen bei der Entstehung der Schmelzen dieses Systems aus den flüssigen Komponenten ermittelte Kawakami[1] direkt kalorimetrisch aus der Temperatursteigerung bei ihrer Vereinigung bei 1050° C. Die Ergebnisse sind aus Abb. 61 ersichtlich, die auch die relativ große Streuung der Werte erkennen läßt. Der Höchstwert findet sich mit +3,0 kcal/g-Atom Legierung bei 50 Atom-%.

[1] Kawakami, M.: Sci. Rep. Tôhoku Imp. Univ. Bd. 19 (1930) S. 521.

Ag-P. Silber-Phosphor.

Haraldsen und Biltz[1] bestimmten die Bildungswärmen für die beiden im Gleichgewicht mit Phosphordampf beständigen Phosphide $[AgP_2]$ und $[AgP_3]$ aus der Temperaturabhängigkeit des Dampfdruckes. Die Auswertung[2] führt zunächst zu den thermochemischen Gleichungen:

$$2\,[Ag] + (P_4) = 2\,[AgP_2] + 32{,}7 \pm 0{,}4 \text{ kcal} \quad (\bar{t} = 478°\,C),$$
$$4\,[AgP_2] + (P_4) = 4\,[AgP_3] + 35{,}5 \text{ kcal} \quad (\bar{t} = 456°\,C).$$

Zur Umrechnung auf das kondensierte System benötigt man die Kenntnis der Verdampfungswärme für weißen Phosphor und der Schmelzwärme. Dann ergibt sich:

$$[Ag] + 2\,[P]_{weiß} = [AgP_2] + 10{,}0 \text{ kcal},$$

und

$$[AgP_2] + [P]_{weiß} = [AgP_3] + 5{,}7 \text{ kcal}$$

bzw. durch Summierung der beiden vorstehenden Gleichungen:

$$[Ag] + 3\,[P]_{weiß} = [AgP_3] + 15{,}7 \text{ kcal}.$$

Wünscht man die Bildungswärme bei der Entstehung der beiden festen Phosphide aus Silber und rotem Phosphor zu erfahren, so sind die obigen

Werte gemäß der Gleichung: $[P]_{weiß} = [P]_{rot} + 4$ kcal für je 1 P-Atom um 4 kcal zu verkleinern. In Abb. 62 ist das Bildungswärmen-Konzentrationsdiagramm für das System Silber-Phosphor (rot) gezeichnet. Die Eintragungen beziehen sich jeweils auf 1 g-Atom Legierung. Es erscheint bemerkenswert, daß der Anstieg der Geraden vom Silber bis AgP_2 weniger steil ist als der der Geraden im Gebiet AgP_2-AgP_3. Hier werden also im Gegensatz zu einem sonst ziemlich allgemein geltenden thermochemischen Prinzip die ersten Anteile

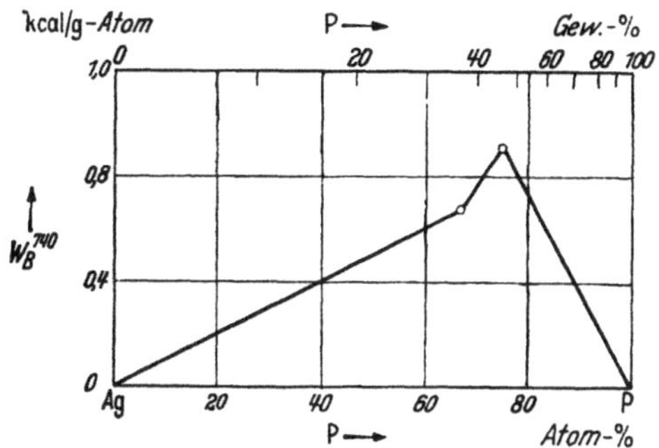

Abb 62. Bildungswärmen im System Silber-Phosphor. (Nach H. Haraldsen.)

eines Stoffes mit geringerer Wärmeentwicklung gebunden als spätere.

Die Mischungswärmen für Schmelzen des Systems Silber-Phosphor sind nicht bekannt.

[1] Haraldsen, H., u. W. Biltz: Z. Elektrochem. angew. physik. Chem. Bd. 37 (1931) S. 502. — Haraldsen, H.: Skr. Norske Vidensk.-Akad. Oslo, Mat.-Naturw. Kl. Bd. 6 (1932) S. 1. — [2] Die Löslichkeit der Komponenten in den Verbindungen ist gering und blieb bei der Auswertung unberücksichtigt.

Ag-Pb. Silber-Blei.

Wegen der nur geringen Mischbarkeit von Silber und Blei in festem Zustande dürften die Bildungswärmen für die Legierungen dieses Systems von Null praktisch nicht verschieden sein. Nähere Bestimmungen liegen nicht vor

Für die Mischungswärmen von Silber-Blei-Schmelzen bei ihrer Entstehung aus dem flüssigen Partner sind zwei voneinander stärker abweichende Bestimmungsreihen bekanntgeworden. Kawakami[1] ermittelte die Mischungswärmen unmittelbar kalorimetrisch aus der Temperaturer-

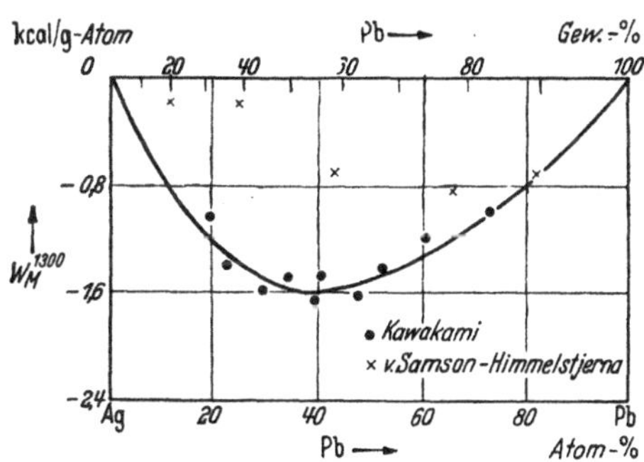

Abb. 63. Mischungswärmen der Silber-Blei-Schmelzen.

höhung beim Vermischen der beiden Metalle bei 1050°. v. Samson-Himmelstjerna[2] bestimmte sie aus den Differenzen im Wärmeinhalt der Legierungsschmelzen und der entsprechend zusammengesetzten, aber unlegierten Metallschmelzen bei 1000°. Die Ergebnisse finden sich in Abb. 63;

wie man erkennt, beziehen sich die Divergenzen in den Angaben der beiden Autoren sowohl auf die Einzelwerte als auch auf die Lage des Minimums im Verlauf der Mischungswärmen-Konzentrationskurve. Aus Gründen der Versuchsführung und wegen der stärkeren Häufung der Meßpunkte wird man den von Kawakami angegebenen Daten das höhere Gewicht beimessen. Die Bildung der Legierungsschmelze verläuft endotherm, wobei der Tiefstwert mit etwa —1,6 kcal/g-Atom Legierung einem Bleigehalt von 40 Atom-% zukommt.

[1] Kawakami, M.: Sci. Rep. Tôhoku Imp. Univ. Bd. 19 (1930) S. 521. —
[2] Samson-Himmelstjerna, H. O. v.: Z. Metallkunde Bd. 28 (1936) S. 197.

Ag-S. Silber-Schwefel.

Thomsen[1] fällte Silbersulfid mit Schwefelwasserstoff und bestimmte seine Bildungswärme zu $+3,33$ kcal/Mol; Berthelot[2] löste Silbersulfid in verdünnter Salpetersäure und fand so die Bildungswärme des $[Ag_2S]$ zu $+3,0$ kcal/Mol. Auch eine Bestimmung der Bildungswärme des Silbersulfids durch Watanabe[3] ergab einen hiervon verschiedenen Wert: $+2,84$ kcal/Mol. (Nach Umrechnung durch Zeumer und Roth[4]. Watanabe selbst gibt 5,14 kcal als Wert für die Bildungswärme eines Mols $[Ag_2S]$ an.)

Ausgehend von der Überlegung, daß mit dieser Bildungswärme von etwa $+3$ kcal des Silbersulfids und derjenigen von $+4,80$ kcal für Schwefelwasserstoff das Anlaufen des Silbers in schwefelwasserstoffhaltiger Atmosphäre ein freiwillig verlaufender, aber endothermer Vorgang sei, was sehr unwahrscheinlich ist, nahmen Zeumer und Roth eine Neubestimmung der Bildungswärme des Silbersulfids bei Zimmertemperatur vor. Sie bedienten sich dazu der unmittelbaren Synthese der Verbindung aus den Elementen und ermittelten die dabei auftretende Wärmetönung kalorimetrisch. Da die Bildungswärme klein ist und die Umsetzung erst bei erhöhter Temperatur vor sich geht, wurde die Mischung in einem Mikroofen auf 90° erhitzt. Die Einzelheiten der Versuchsführung sind auf S. 40 beschrieben; für ein gutes Durchreagieren des Gemisches ist eine möglichst feine Verteilung des Silbers Bedingung. Die Bildungswärme des α-Ag_2S bei 20° wurde so zu $6,6_0 \pm 0,2$ kcal/Mol gefunden. Bezogen auf 1 g-Atom Sulfid ergeben sich also $\boxed{2,2_0}$ kcal. Kapustinsky und Korshunow[5] bestimmten kürzlich in ganz ähnlicher Weise die Bildungswärme von Silbersulfid aus den Elementen für Raumtemperatur. Es wurde ebenfalls auf möglichst feine Verteilung der Ausgangsstoffe geachtet. Es ergab sich $W_B^{298} = 7,5_6 \pm 0,35$ kcal/Mol bzw. $2,5_2$ kcal/g-Atom. Eine genaue Durchsicht der Arbeit von Zeumer und Roth läßt keine Möglichkeit einer Fehlerquelle erkennen, so daß es sich empfiehlt, den oben umrandeten Wert als den besten anzunehmen.

Die Bestimmungen des Reduktionsgleichgewichtes von Silbersulfid mit Wasserstoff bei höheren Temperaturen (vgl. die Übersicht bei Britzke und Kapustinsky[6]) sind z. T. nicht auf die Bildungswärme für [Ag_2S] auswertbar, da dessen Zerfall nach dem Zustandsdiagramm bei 905° zu zwei flüssigen Phasen führt, einer an Ag gesättigten Ag_2S-Lösung und einer damit unmischbaren Lösung von Ag_2S in Ag. Demgemäß läßt sich aus den Messungen lediglich die Wärmetönung für die Anlagerung von (S_2) an die schwefelärmere Phase unter Bildung der schwefelreicheren Phase angeben. Zur Umrechnung auf das kondensierte System benötigt man die Kenntnis der Bildungswärme der flüssigen Phase aus [Ag_2S] und [Ag]. — Die Bestimmungen des Reduktionsgleichgewichtes bei Temperaturen unter 806° erlauben dagegen eine Berechnung der Wärmetönung der Reaktion [β-Ag_2S] + (H_2) = 2 [Ag] + (H_2S) und damit der Bildungswärme von β-Ag_2S. Kelley[7] führte diese Auswertung auf Grund der vorliegenden Literaturangaben[8] durch, wobei er den Messungen von Keyes und Felsing[8] das größte Gewicht beilegte. Kelley erhielt mit den z. T. allerdings nur annähernd bekannten spez. Wärmen der Reaktionspartner für die Bildungswärme von β-Ag_2S aus festem Silber und rhombischem Schwefel folgende Gleichung: $W_B = 7670 - 7{,}02 \cdot T + 4{,}62 \cdot 10^{-3} \cdot T^2$ cal/Mol und für die entsprechende Wärmetönung bei der Bildung von α-Ag_2S (unter Berücksichtigung des Wertes von Zeumer und Roth) $W_B = 7370 - 4{,}02 \cdot T + 4{,}62 \cdot 10^{-3} \cdot T^2$ cal/Mol. Bezogen auf 1 g-Atom und 25° C beträgt also die Bildungswärme von β-Ag_2S $\boxed{+2{,}0_0}$ kcal.

Kapustinsky und Makolkin[9] bestimmten die Bildungsarbeit des [Ag_2S] aus EMK-Messungen.

Die Umwandlungswärme von Silbersulfid bei etwa 178° C beträgt nach Messungen der spezifischen Wärme von Kapustinsky und Wesselowski[10] 1,05 $\pm$ 0,02 kcal/Mol. Aus den von Kelley[7] abgeleiteten Formeln für die Temperaturabhängigkeit der Bildungswärme von α- und β-Ag_2S erhält man als Umwandlungswärme bei 175° C 1,04 kcal/Mol.

[1] Thomsen, J.: Thermochemische Untersuchungen, S. 241. Stuttgart 1906. — [2] Berthelot, M.: Thermochemie Bd. 2 S. 372. Paris 1897 — Ann. Chim. phys. [5] Bd. 4 (1875) S. 141. — [3] Watanabe, M.: Sci. Rep. Tôhoku Imp. Univ. Bd. 22 (1933) S. 419. — [4] Zeumer, H., u. W. A. Roth: Z. physik. Chem., Abt. A Bd. 173 (1935) S. 365. — [5] Kapustinsky, A. F., u. I. A. Korshunow: J. physik. Chem. (russ.) Bd. 14 (1940) S. 131. — Chem. Zbl. 1940 II S. 3311. — [6] Britzke, E. V., u. A. F. Kapustinsky: Z. anorg. allg. Chem. Bd. 205 (1932) S. 95. — [7] Kelley, K. K.: U. S. Dept. Interior Bur. Mines Bull. 406 (1937) S. 59. — [8] Watanabe, M.: Sci. Rep. Tôhoku Imp. Univ. Bd. 22 (1933) S. 902. — Keyes, F. G., u. W. A. Felsing: J. Amer. chem. Soc. Bd. 42 (1920) S. 246. — Jellinek, K., u. J. Zakowski: Z. anorg. allg. Chem. Bd. 142 (1925) S. 1. — [9] Kapustinsky, A. F., u. J. A. Makolkin: Acta physicochim. URSS Bd. 10

(1939) S. 245 — Chem. Zbl. 1939 II S. 2514. — [10] Kapustinsky, A. F., u. B. K. Wesselowski: J. physik. Chem. (russ.) Bd. 11 (1938) S. 68 — Chem. Zbl. 1938 II S. 1743.

Ag-Sb. Silber-Antimon.

Die Bildungswärmen der festen Silber-Antimon-Legierungen sind nicht bekannt. EMK-Messungen an Ag-Sb-Proben von Weibke

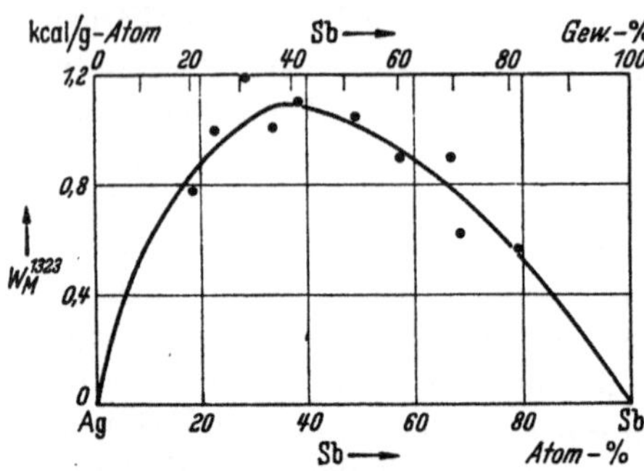

Abb. 64. Mischungswärmen der Silber-Antimon-Schmelzen bei 1050° C. (Nach M. Kawakami.)

und Efinger[1] führten nicht zu Gleichgewichtseinstellung (s. S. 75).

Die Mischungswärmen für Silber-Antimon-Schmelzen bei ihrer Entstehung aus den flüssigen Partnern bei 1050° C bestimmte Kawakami[2] unmittelbar kalorimetrisch aus der Temperaturerhöhung bei ihrer Vereinigung. Die Ergebnisse sind aus der Abb. 64 ersichtlich; das Maximum der Mischungswärme findet sich mit +1,1 kcal/g-Atom Legierung bei 35 Atom-% Sb; die Streuung der Werte ist relativ groß.

[1] Weibke, Fr., u. Isolde Efinger: Z. Elektrochem. angew. physik. Chem. Bd. 46 (1940) S. 61. — [2] Kawakami, M.: Sci. Rep. Tôhoku Imp. Univ. Bd. 19 (1930) S. 521.

Ag-Se. Silber-Selen.

Eine Untersuchung der festen Ketten $Ag/\alpha\text{-}AgJ/\alpha\text{-}Ag_2X/X$ (X = S, Se, Te) wurde von Reinhold[1] ausgeführt. Nun war bekannt, daß festes Silbersulfid, -selenid und -tellurid neben dem Ionenleitvermögen metallisches Leitvermögen besitzen. In einer Besprechung der Ergebnisse von Reinhold wies Wagner[2] darauf hin, daß unter gewissen Voraussetzungen ($t > 179°$ C) die Bildungsaffinität von Ag_2S, Ag_2Se und Ag_2Te aus den Meßdaten abgeleitet werden kann. Berechnet man unter Berücksichtigung der Ausführungen von Wagner die Bildungswärme der Silberverbindungen aus der von Reinhold gemessenen Temperaturabhängigkeit der EMK, so erhält man folgende Werte: $[Ag_2S] + 2{,}7$, $[Ag_2Se] + 8{,}9$ und $[Ag_2Te] + 1{,}8$ kcal/g-Atom. Der für Ag_2S gefundene Wert gleicht sich dann annähernd den Ergebnissen anderer Autoren an (vgl. System Ag-S), der Wert für Ag_2Te liegt in der erwarteten Größenordnung. Dagegen erscheint die Bildungswärme von Ag_2Se mit 8,9 kcal/g-Atom wesentlich zu hoch zu liegen. So fand Fabre[3] früher die Bildungswärme von gefälltem Ag_2Se zu +0,8 und von kristallisiertem zu +1,6 kcal/g-Atom ein Wert, der beim Vergleich mit anderen Daten wahrscheinlicher erscheint. Der zu hohe Wert nach Reinhold kommt dadurch zustande, daß der Temperaturkoeffizient der EMK bei Ag_2Se (im Gegensatz zu dem der beiden anderen Verbindungen) negativ ist. Eine Nachprüfung der Bildungswärmen von Ag_2Se und Ag_2Te auf anderem Wege ist erforderlich.

[1] Reinhold, H.: Z. Elektrochem. angew. physik. Chem. Bd. 40 (1934) S. 361. — [2] Wagner, C.: Z. Elektrochem. angew. physik. Chem. Bd. 40 (1934) S. 364. — [3] Fabre, C.: C. R. Séances Acad. Sci. Paris Bd. 103 (1886) S. 345.

Ag-Sn. Silber-Zinn.

Angaben über die Bildungswärmen der festen Silber-Zinn-Legierungen finden sich in der Literatur nicht.

Die Mischungswärmen für die flüssigen Legierungen nach den Angaben von Kawakami[1] sind in Abb. 65 wiedergegeben. Sie wurden unmittelbar kalorimetrisch aus der Temperatursteigerung bei der Vereinigung der geschmolzenen Partner bei 1050° C bestimmt. Das Maximum liegt mit $+1{,}2$ kcal/g-Atom Legierung bei 35 Atom-% Sn; die Streuung der Werte ist relativ groß.

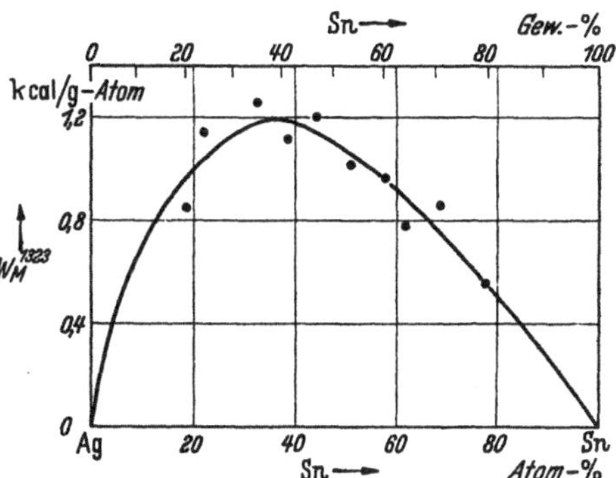

Abb. 65. Mischungswärmen der Silber-Zinn-Schmelzen bei 1050° C. (Nach M. Kawakami.)

[1] Kawakami, M.: Sci. Rep. Tôhoku Imp. Univ. Bd. 19 (1930) S. 521.

Ag-Te. Silber-Tellur.

Die Bildungswärme der festen Verbindung Ag_2Te aus den festen Elementen beträgt wahrscheinlich etwa $+1{,}8$ kcal/g-Atom (vgl. System Ag-Se).

Ag-Zn. Silber-Zink.

v. Samson-Himmelstjerna[1] bestimmte die Bildungswärmen der Silber-Zink-Legierungen, indem er Silber von 1300° C auf Zink von 600° goß und die dabei auftretenden Temperaturerhöhungen in einem Kalorimeter bei Zimmertemperatur maß. Von den erhaltenen Werten mußten dann die Wärmeinhalte der eingebrachten Metalle in Abzug gebracht werden. Die Ergebnisse sind in Abb. 66 als Kreise eingetragen. Die Streuung der Meßpunkte ist beträchtlich. Die Punkte könnten annähernd zwei Geraden zu-

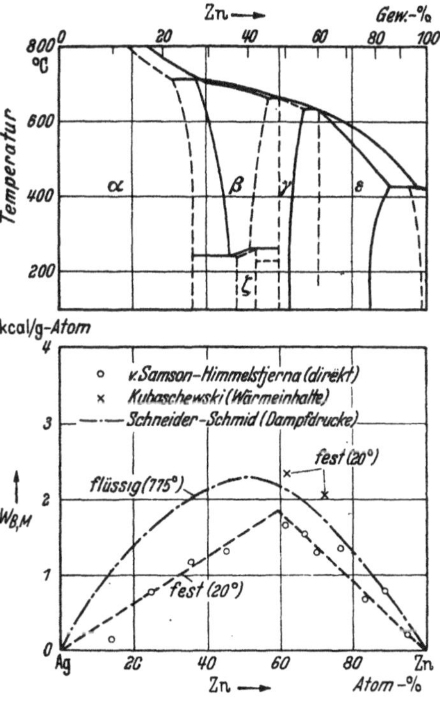

Abb. 66. Zustandsdiagramm, Bildungs- und Mischungswärmen der Silber-Zink-Legierungen.

geordnet werden, die sich bei etwa 60 Atom-% Zn schneiden. Der Vergleich der vorliegenden Verhältnisse mit den Energiediagrammen der anderen Hume-Rothery-Legierungen läßt jedoch vermuten, daß auch im System Ag-Zn eine verwickeltere Abhängigkeit der Bildungswärme von der Konzentration auftritt, so daß die Angaben von v. Samson lediglich als orientierender Hinweis gewertet werden können. Eine Berechnung von W_B aus den weiter unten besprochenen Mischungswärmen nach Schneider und Schmid[2] und den von Kubaschewski[3] gemessenen spezifischen Wärmen bei zwei Konzentrationen mit Hilfe des Kirchhoffschen Satzes führt außerdem zu Werten, die etwa 0,6 kcal höher liegen, als von v. Samson angegeben wurde. Eine erneute thermochemische Untersuchung des festen Systems ist notwendig.

Schneider und Schmid[2] haben nach der Methode von Hargreaves (S. 90) die Dampfdrucke des Zinks über den flüssigen Legierungen gemessen und aus der Temperaturabhängigkeit der Dampfdrucke auch die Mischungswärmen berechnet. Die partiellen Werte sind nach den Angaben der Beobachter in Tab. 14 angeführt, die daraus erhaltene integrale Kurve ist in Abb. 66 als strichpunktierte Linie eingezeichnet. Die Kurve gilt für die Bildung der flüssigen Legierungen aus den flüssigen Komponenten. Das Maximum von $+2,3$ kcal/g-Atom ergab sich bei 50 Atom-%. Die Lage der Kurve für die Mischungsarbeit unterscheidet sich bei Schneider und Schmid auffallenderweise kaum von derjenigen der Mischungswärme.

Tabelle 14. Partielle molare Mischungswärmen der Ag-Zn-Legierungen bei 775°. (Nach Schneider und Schmid.)

N_{Zn}	0,845	0,803	0,741	0,642	0,514	0,305
W_{Zn} in kcal	$+0,1$	$+0,2$	$+0,4$	$+0,9$	$+2,1$	$+4,7$

Folgende Schmelzwärmen der γ- und ε-Phase wurden von Kubaschewski[3] erhalten:

$$Ag_{0,382} Zn_{0,618}: \quad W_E = 1,86 \pm 0,08 \text{ kcal/g-Atom } (664° \text{ C}),$$
$$Ag_{0,279} Zn_{0,721}: \quad W_E = 2,09 \pm 0,10 \text{ kcal/g-Atom } (632° \text{ C}).$$

[1] Samson-Himmelstjerna, H. O. v.: Z. Metallkunde Bd. 28 (1936) S. 197. — [2] Schneider, A., u. H. Schmid: Z. Elektrochem. angew. physik. Chem. Bd. 48 (1942) S. 634. — [3] Kubaschewski, O.: Unveröffentlichte Versuche (1942).

Al-C. Aluminium-Kohlenstoff.

Eine kritische Zusammenfassung der älteren Werte über die Bildungswärme des Aluminiumkarbids aus festem Aluminium und Graphit findet sich bei Meichsner und Roth[1]. Die Ergebnisse dieser verschiedenen Bestimmungen, die entweder über die Verbrennungswärme oder über Gleichgewichtsmessungen erfolgten, weichen sehr stark voneinander ab.

Berthelot[2] fand durch Verbrennung von Al_4C_3 in der kalorimetrischen Bombe mit Kampfer als Hilfsstoff etwa 260 kcal/Mol. Mit dieser Zahl identisch sind die auf gleichem Wege mit Naphthalin als Hilfsstoff erhaltenen Werte für kristallisiertes und amorphes Al_4C_3 nach Wöhler und Hofer[3].

Demgegenüber leiteten Prescott und Hincke[4] bzw. Brunner[5] aus Gleichgewichtsmessungen für die Reaktion: $2\,[Al_2O_3] + 9\,[C]_{Gr} \rightleftharpoons [Al_4C_3]$ $+ 6(CO)$ die Bildungswärme des Al_4C_3 zu 60,3 bzw. 111 kcal ab. Nun wiesen aber bereits Meichsner und Roth auf die gerade in diesem Falle wegen der hohen Temperaturen recht große Unsicherheit in der Festlegung der $\log p\left|\dfrac{1}{T}\right.$-Kurve und auf sonstige Fehlermöglichkeiten hin; so bedingt eine innerhalb der Versuchsfehler zulässige Verschiebung in der Neigung der Geraden einen Unterschied von mehr als 60 (!) kcal in der Bildungswärme des Al_4C_3.[6]

Eine Neubestimmung der Verbrennungswärme des Aluminiumkarbids durch Meichsner und Roth ergab eine Bildungswärme von 40 ± 3 kcal/Mol Al_4C_3 (umgerechnet mit dem zur Zeit gültigen Wert für die Bildungswärme von Al_2O_3: 398,0 kcal/Mol[7]). Die Verbrennung wurde mit Paraffinöl als Hilfssubstanz unter sorgfältigster Durchführung der Analyse ausgeführt; um vollständige Verbrennung zu erzielen, mischten die Autoren der Substanz Aluminiumpulver bei; gezündet wurde mit Vaseline und Baumwollfaden. Die Autoren glauben, daß die wesentlich höheren Werte von Berthelot bzw. Wöhler und Hofer auf unvollständige Verbrennung zurückzuführen sind.

[1] Meichsner, A., u. W. A. Roth: Z. Elektrochem. angew. physik. Chem. Bd. 40 (1934) S. 19. — [2] Berthelot, M.: C. R. Séances Acad. Sci. Paris Bd. 132 (1901) S. 281 — Ann. Chim. phys. [7] Bd. 22 (1901) S. 470. — [3] Wöhler, L., u. H. Hofer: Z. anorg. allg. Chem. Bd. 213 (1933) S. 249. — [4] Prescott, C. H., u. W. B. Hincke: J. Amer. chem. Soc. Bd. 49 (1927) S. 2753. — [5] Brunner, R.: Z. Elektrochem. angew. physik. Chem. Bd. 38 (1932) S. 65. — [6] Aus demselben Grunde dürfte auch der von S. Satoh [Sci. Pap. Inst. physic. chem. Res. Bd. 34 (1937) S. 50] aus den Gleichgewichtsmessungen der anderen Autoren berechnete Wert für die Bildungswärme von Al_4C_3 sehr unsicher sein, vor allem, da Satoh die zur Umrechnung auf Zimmertemperatur notwendigen spezifischen Wärmen nur bis $320°\,C$ bestimmte und dann auf die Temperatur der Gleichgewichtsmessungen (etwa 1600° C) extrapolierte (?). — [7] Roth, W. A.: Z. Elektrochem. angew. physik. Chem. Bd. 48 (1942) S. 267.

Al-Ca. Aluminium-Kalzium.

Die Bildungswärme der intermetallischen Verbindung Al_3Ca[1] wurde erstmalig von Biltz und Wagner[2] aus der Differenz der Lösungswärmen der Legierung und der reinen Metalle in verdünnter Salzsäure ($HCl \cdot 8{,}8\,H_2O$) bestimmt. Einige Tropfen Platinchlorid dienten als Katalysator. Als Mittel aus drei Bestimmungen erhielten die genannten Autoren 51 kcal für die Bildungswärme eines Mols [Al$_3$Ca] bei 18°, d. h. +12,8 kcal/g-Atom Legierung. Die mittlere Streuung der Werte für die Lösungswärmen beträgt ±0,2%; da die Bildungswärme hier etwa 10% der Lösungswärme beträgt, wird somit der mittlere Fehler für die Bildungswärme ±4%.

Kubaschewski und Walter[3] bestimmten die Bildungswärme des [Al$_3$Ca] bei 642° C, um so die Brauchbarkeit des von ihnen gebauten Hochtemperaturkalorimeters nachzuprüfen. Dazu brachten sie Preßkörper aus dem innigen Gemisch von Pulvern der beiden Metalle in das Kalorimeter ein und bestimmten die Temperaturerhöhung während der Umsetzung. Unter Berücksichtigung der dem Kalorimeter durch den Preßling von Zimmertemperatur entzogenen Wärmemenge ergab sich so die Bildungswärme des [Al$_3$Ca] bei 642° als Mittel von drei Bestimmungen zu 13,3 ± 0,3 kcal. In Ansehung der verschiedenen Bestimmungsmethoden und der Tatsache, daß eine exakte Umrechnung der Werte auf eine einheitliche Bezugstemperatur mangels der Kenntnis der spezifischen Wärmen der Legierung nicht möglich ist, erscheint die Übereinstimmung sehr befriedigend. Mittelwert $\boxed{+13,0}$ ± 0,3 kcal.

Mischungswärmen wurden bisher für das System Aluminium-Kalzium nicht bestimmt.

[1] Daß diese Verbindung und nicht die mit dem Schmelzmaximum, Al$_2$Ca, als Prüfungsobjekt gewählt wurde, liegt an der damals noch mangelhaften Kenntnis des Zustandsdiagramms des Systems Aluminium-Kalzium. — [2] Biltz, W., u. W. Wagner: Z. anorg. allg. Chem. Bd. 134 (1924) S. 1. — [3] Kubaschewski, O., u. A. Walter: Z. Elektrochem. angew. physik. Chem. Bd. 45 (1939) S. 630.

Al-Ce. Aluminium-Cer.

Muthmann und Beck[1] versuchten die Bildungswärme für die intermetallische Verbindung Al$_4$Ce aus der Differenz der Verbrennungswärmen für die Legierung und die Metalle abzuleiten. Sie kamen dabei zu dem unwahrscheinlich hohen Wert von 124 kcal/Mol [Al$_4$Ce] bzw. 25 kcal/g-Atom Legierung. Möglicherweise ist diese zu hohe Zahl durch in das Cer eingeschlossenen Wasserstoff verursacht, denn die von diesen Autoren bestimmten Verbrennungswärmen für dieses Metall schwanken um 25%, und außerdem wurde beim Eintragen von Cer in geschmolzenes Aluminium Wasserstoffentwicklung beobachtet.

W. Biltz und H. Pieper[2] ermittelten die Bildungswärmen von zwei intermetallischen Verbindungen des Systems Aluminium-Cer, [Al$_4$Ce] und [AlCe$_3$], aus den Differenzen der Lösungswärmen für die Legierungen einerseits und für die Metalle andererseits. Als Lösungsmittel diente verdünnte Salzsäure (HCl · 20 H$_2$O), die Versuche wurden bei Zimmertemperatur durchgeführt. Das benutzte Cermetall war 92,1 bis 93,8 proz. und enthielt insgesamt 95,7 bis 98,1% seltene Metalle. Für [Al$_4$Ce] ergab sich die Bildungswärme als Mittel aus 8 Messungen zu

39 kcal/Mol bzw. $\boxed{7,8}$ kcal/g-Atom, während die Entstehung von [AlCe$_3$] aus den Elementen mit einer Wärmeentwicklung von 22 kcal/Mol bzw. $\boxed{5,5}$ kcal/g-Atom verbunden ist (Mittel aus 7 Messungen). Die mittlere Unsicherheit der Messungen beträgt $\pm 1\%$. Die Verbindung mit dem extremen Schmelzmaximum Al$_2$Ce ließ sich wegen ihrer Resistenz gegen Säuren nach dem Lösungsverfahren nicht messen. Nun ist man allerdings versucht, nach allen bisherigen Erfahrungen bei der Thermochemie der Legierungen anzunehmen, daß der Verbindung Al$_2$Ce

die höchste Bildungswärme des Systems zukommt und daß die durch peritektische Umsetzungen entstehenden Kristallarten Al$_4$Ce, AlCe und AlCe$_2$ im Verlauf der Bildungswärmen-Konzentrationskurve praktisch nicht hervortreten. Extrapoliert man unter dieser Voraussetzung über Al$_4$Ce hinaus bis Al$_2$Ce, so erhält man für letzteres den Wert 13 kcal/g-Atom Legierung für die Bildungswärme. Die geradlinige Extrapolation über AlCe$_3$ hinaus bis Al$_2$Ce würde

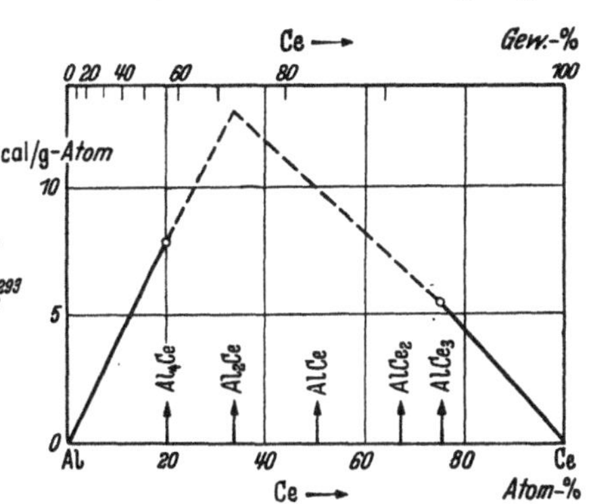

Abb. 67. Bildungswärmen der Aluminium-Cer-Legierungen bei Raumtemperatur. (Nach W. Biltz und H. Pieper.)

zu einem etwa 10% höheren Betrage führen, indessen wäre bei der Konzentration der cer-reichsten Verbindung eine Richtungsänderung im Verlaufe der Kurve für die Bildungswärmen in Abhängigkeit von der Zusammensetzung der Probe möglich, da AlCe$_3$ über ein — wenn auch flaches — Schmelzmaximum entsteht.

Die Mischungswärmen des Systems Aluminium-Cer sind nicht bekannt.

[1] Muthmann, W., u. H. Beck: Liebigs Ann. Chem. Bd. 331 (1904) S. 46. —
[2] Biltz, W., u. H. Pieper: Z. anorg. allg. Chem. Bd. 134 (1924) S. 13.

Al-Co. Aluminium-Kobalt.

Biltz und Holverscheit[1] bestimmten die Bildungswärmen der beiden intermetallischen Verbindungen Al$_5$Co$_2$ und AlCo nach dem Lösungsverfahren bei Zimmertemperatur. Lösungsmittel war verdünnte Salzsäure (HCl · 8,8 H$_2$O); zur Beschleunigung des Lösungsvorganges wurden einige Tropfen Platinchlorid zugesetzt. Aus den Differenzen für die Lösungswärmen der Legierungen und der reinen Metalle ergab sich für Al$_5$Co$_2$ als Mittel aus 7 Messungen die Bildungswärme zu $+86$ kcal/Mol bzw. $+12,3$ kcal/g-Atom und für AlCo als

Mittel aus 4 Messungen zu $+32$ kcal/Mol bzw. $+16$ kcal/g-Atom. Der mittlere Fehler der Bildungswärmen beträgt $\pm0{,}3$ bzw. $1{,}5\%$.

Neuerdings haben Oelsen und Middel[2] in einer umfassenden Untersuchung den Verlauf der Bildungswärme-Konzentrationskurve für das ganze System Aluminium-Kobalt bei Zimmertemperatur festgelegt. Dazu bedienten sie sich des von ihnen ausgearbeiteten Verfahrens der unmittelbaren Vereinigung der Partner im Kalorimeter. Da beim Aufgießen von flüssigem Kobalt von 1600° auf Aluminium von Zimmertemperatur nur eine sehr unvollkommene Umsetzung eintritt, wurden die beiden Metalle im Schmelzfluß miteinander vermischt, wobei die Temperatur des Aluminiums 850 bis 860° betrug. Die durch die Metalle in das Kalorimeter eingebrachten Wärmemengen wurden gesondert bestimmt und von der gemessenen Wärmetönung in Abzug gebracht. (Apparative Einzelheiten vgl. I, S. 43.)

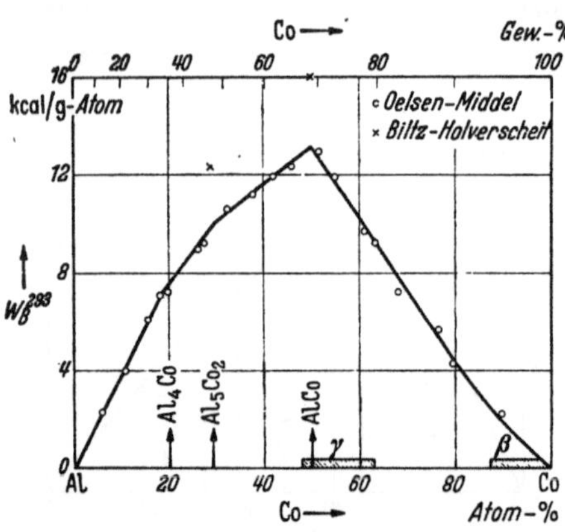

Abb. 68. Bildungswärmen der Aluminium-Kobalt-Legierungen.

Die Ergebnisse der Untersuchung sind in Abb. 68 und Tab. 15 zusammengefaßt. Als energetisch besonders ausgezeichnet erweist sich die Verbindung AlCo mit einem Maximum im Verlauf der Bildungswärme-Konzentrationskurve. Die durch peritektische Umsetzung entstehenden Verbindungen Al_5Co_2 und Al_4Co sind lediglich durch schwache Richtungsänderungen gekennzeichnet, bei ihrer Entstehung aus AlCo und Al wurden also nur noch geringe Wärmemengen frei. Die Konzentrationsabhängigkeit

Tabelle 15. Bildungswärmen im System Aluminium-Kobalt. (Nach Oelsen und Middel.)

Formel	W_B^{293} in kcal	
	pro Mol	pro g-Atom
AlCo . . .	26,4	13,2
Al₅Co₂ . .	70	10
Al₄Co . . .	38,5	7,7

der (in der Abb. 68 ebenfalls mitvermerkten) Werte von Biltz und Holverscheit ist praktisch die gleiche wie die der Daten von Oelsen und Middel, indessen liegen die Absolutwerte um etwa 25% höher. Im Gebiet der β-Mischkristalle ist der Anstieg der Kurve flacher als oberhalb etwa 20 Atom-% Al, die Bildungswärme pro g-Atom Al ist also im Mischkristallgebiet geringer als im Gebiet der intermetallischen Verbindungen. Das erscheint bemerkenswert, weil üblicherweise die Entstehung der Mischkristalle mit der Entbindung größerer Wärmemengen verbunden zu sein pflegt als die der Verbindungen.

Zahlenangaben über die Mischungswärmen von Aluminium-Kobalt-Schmelzen finden sich in der Literatur nicht. Oelsen und Middel folgern „aus der großen Steigerung der Temperatur der Mischung beim Zusammengießen von Aluminium und Kobalt, daß die Mischungswärmen der Schmelzen nur unerheblich geringer sein können als die Bildungswärmen der Legierungen".

[1] Biltz, W., u. W. Holverscheit: Z. anorg. allg. Chem. Bd. 134 (1924) S. 25. — [2] Oelsen, W., u. W. Middel: Mitt. Kaiser-Wilhelm-Inst. Eisenforsch. Düsseldorf Bd. 19 (1937) S. 1. — Vgl. auch Fr. Körber: Stahl u. Eisen Bd. 56 (1936) S. 1401.

Al-Cu. Aluminium-Kupfer.

Ältere Bestimmungen der Bildungswärmen einiger ausgewählter Kristallarten (Al_2Cu, $AlCu$, $AlCu_3$) des Systems Aluminium-Kupfer nach dem Lösungsverfahren durch Rolla[1] und Roos[2] führten zu Daten, die späteren Nachprüfungen nicht standhielten[3]. So wird für die stöchiometrische Zusammensetzung Al_2Cu als Wärmetönung bei der Entstehung aus den festen Metallen der Wert 23,3 bzw. 31,9 $\pm$ 1,7 kcal, für $AlCu$ 32,3 kcal und für $AlCu_3$ gar $-13,3$ kcal angegeben.

Eine umfassende Untersuchung über die Bildungs- und Mischungswärmen im System Aluminium-Kupfer verdanken wir Oelsen und Middel[4]. Diese Autoren wählten zur Untersuchung das von ihnen entwickelte Mischungsverfahren, indem sie flüssiges Kupfer von 1250 bis 1300° auf ebenfalls flüssiges Aluminium von 840 bis 870° in Graphittiegeln gossen und die Schmelze gut durchmischten. Die Temperatursteigerung infolge der Reaktion zwischen den Metallen wurde in einem großen Wasserkalorimeter gemessen. Nach Abzug der durch die geschmolzenen Metalle in das Kalorimeter eingebrachten Wärmemengen ergab sich so die Bildungswärme.

Die Versuchsergebnisse finden sich in Abb. 69 und Tab. 16. Ein Vergleich mit dem Zustandsbild des Systems Aluminium-Kupfer lehrt, daß die durch die „Formeln" $AlCu$ und $AlCu_2$ charakterisierbaren Phasen η und γ durch besondere Beständigkeit ausgezeichnet

Tabelle 16. Bildungswärmen im System Aluminium-Kupfer. (Nach Oelsen und Middel.)

Formel	W_B^{293} in kcal	
	pro Mol	pro g-Atom
$AlCu_3$ . . .	16,5	4,1
$AlCu_2$ . . .	16,0	$5,3_5$
$AlCu$ . . .	9,5	$4,7_5$
Al_2Cu . . .	9,5	3,2

sind. Man hätte vielleicht ein Maximum der Bildungswärme bei der Zusammensetzung des Schmelzmaximums $AlCu_3$ erwarten können, indessen ist ja die β-Phase bei Zimmertemperatur nicht mehr beständig, sondern in die beiden Nachbarphasen α und γ' zerfallen. Mischkristalle und intermetallische Verbindungen unterscheiden sich in diesem System energetisch nicht.

Zur Bestimmung der Mischungswärmen der Schmelzen benötigt man noch die Kenntnis ihrer Wärmeinhalte zwischen der Mischungstemperatur und der Temperatur des Kalorimeters. Ihre Unterschiede von den additiv aus den Wärmeinhalten der reinen Metalle berechneten Werten geben den Betrag an, um den die Mischungswärmen der Schmelzen den Bildungswärmen der Legierungen nachstehen oder sie übertreffen. Im System Aluminium-Kupfer sind die Wärmeinhalte der Schmelzen nach den Messungen von Oelsen und Middel größer als die entsprechenden unlegierten Metallgemische, die Mischungswärmen liegen demnach unterhalb der Bildungswärmen der Legierungen. Abb. 69 zeigt den Verlauf der Mischungswärme-Konzentrationskurve bei 1150°, der dem für die Bildungswärmen sehr ähnlich ist. Die Differenz zwischen den beiden Kurven beträgt maximal 0,86 bzw. 0,82 kcal bei 50 bzw. 66,7 Atom-% Cu. Aus der Steigerung der Mischungswärme-Konzentrationskurve auf der Kupferseite erhält man eine partielle Mischungswärme von etwa +15 kcal/g-Atom Al. Diese Wärmemenge wird demnach beim Vermischen eines g-Atoms Aluminium mit sehr viel Schmelze reinen Kupfers oder einer kupferreichen Legierung frei. Oelsen und Middel haben mit ihrer Hilfe und den spezifischen Wärmen des Kupfers bzw. Aluminiums die durch derartige Zusätze von festem und flüssigem Aluminium möglichen Temperatursteigerungen in Kupfer-Aluminium-Schmelzen von 1150° C berechnet. Die so erhaltenen Werte stehen in Übereinstimmung mit Angaben von Thews[5], der bei der Herstellung von Kupfer-Aluminium-Legierungen Temperaturanstiege von 280 bis 330° beobachtete. Amic[6] führte diese Temperaturerhöhungen bereits auf die Bildung von Kupfer-Aluminium-Verbindungen zurück.

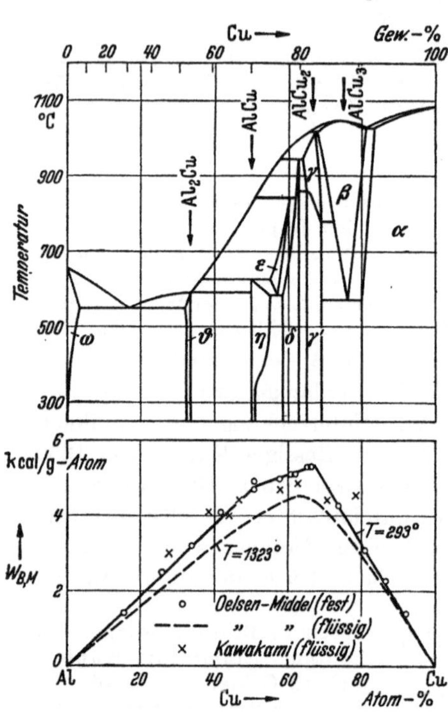

Abb. 69.
Zustandsdiagramm, Bildungs- und Mischungswärmen der Aluminium-Kupfer-Legierungen.

Kawakami[7] erhielt bei der unmittelbaren kalorimetrischen Bestimmung der Mischungswärmen des Systems Aluminium-Kupfer bei 1150° Werte, die in Abb. 69 durch Kreuze markiert sind. Wenn auch der Gesamtverlauf der Mischungswärme-Konzentrationskurve durch diese Messungen im großen und ganzen befriedigend wiedergegeben wird, so liegen doch die neueren Werte (Oelsen und Middel) um etwa 10 bis 20% tiefer. Auch ist die Streuung der Versuchsdaten bei Kawakami relativ hoch.

Untersuchungen über die Wärmetönung bei der Aushärtung der Aluminium-Kupfer-Legierungen und des Duralumins sind von verschiedenen Autoren ausgeführt worden. Swietoslawski und Czochralski prüften einen 580 g schweren Block Duralumin nach dem Abschrecken von 510° C im Mikrokalorimeter und fanden dabei eine zunächst starke und allmählich schwächer werdende Wärmeabgabe, die nach 11 Tagen beendet ist[8]; den zunächst mitgeteilten Wert von 0,47 cal/g korrigierten sie in einer späteren Mitteilung[9] auf 1,67 cal/g. Mit dieser Angabe in Übereinstimmung ist eine ebenfalls mikrokalorimetrische Bestimmung der Aushärtungswärme von Duralumin durch Calus und Smoluchowski[10], die $1{,}75 \pm 0{,}05$ cal/g ergab. Aus dem Temperaturgang der spezifischen Wärmen leiteten Swindells und Sykes[11] für die Wärmetönung bei der Aushärtung des Duralumins 4,4 cal/g ab. Für reine Aluminium-Kupfer-Legierungen liegen die Wärmeentwicklungen niedriger, Calus und Smoluchowski[10] fanden für 3 Proben mit 1,48, 2,82 und 4,18% Cu Werte von 0,057, 0,092 und 0,29 cal/g; die Wärmetönung nimmt also erwartungsgemäß mit steigendem Kupfergehalt der Legierungen zu. Auer[12] hat die verschiedenen Zustände bei der Aushärtung einer 5proz. Kupfer-Aluminium-Legierung u. a. auch hinsichtlich ihrer Wärmetönungen direkt untersucht. Nach dem Ergebnis dieser Untersuchung ist die Bildung des sog. a-Zustandes bei 100° aus dem von 550° abgeschreckten Mischkristall mit einer Wärmetönung von 0,05 cal/g verbunden. Der a-Zustand dürfte weitgehend mit der Kaltaushärtung identisch sein. Die Bildung des c-Zustandes bei 300° ist mit einer Wärmetönung von 3 cal/g verknüpft; dieser Zustand ist energetisch und kristallchemisch[13] mit der Bildung von $CuAl_2$ zu identifizieren. Danach ist die Ausscheidung eines Mols $CuAl_2$ aus dem übersättigten Mischkristall bei 300° (Warmaushärtung) mit einer Wärmeentwicklung von rund 4 kcal verbunden. Die Bildung des b-Zustandes bei 200°, der in einer Überlagerung von Kalt- und Warmaushärtung besteht, entspricht einer Wärmetönung von 0,2 cal/g.

Die Schmelzwärme einer Legierung der Zusammensetzung Al_2Cu wurde von Roos[2] zu etwa 3,0 kcal/g-Atom bestimmt.

[1] Rolla, L.: Gazz. chim. ital. Bd. 45 (1915) S. 192. — [2] Roos, G. D.: Z. anorg. allg. Chem. Bd. 94 (1916) S. 329. — [3] Einer der Gründe hierfür dürfte in der Verquickung von Versuchsdaten der verschiedensten Autoren bei der Berechnung der gesuchten Wärmetönung nach Hess liegen (vgl. bei Mg-Zn). — [4] Oelsen, W., u. W. Middel: Mitt. Kaiser-Wilhelm-Inst. Eisenforsch. Düsseldorf Bd. 19 (1937) S. 1. — Vgl. auch F. Körber: Stahl u. Eisen Bd. 56 (1936) S. 1401. — [5] Thews, R.: Rev. Fond. mod. 25. April 1935; Ref. Metall. Abs. Bd. 3 (1936) S. 247. —

[6] Amic, E.: Rev. Fond. mod. 1936 S. 71; Ref. Metall. Abs. Bd. 3 (1936) S. 247. — [7] Kawakami, M.: Sci. Rep. Tôhoku Imp. Univ. Bd. 19 (1930) S. 521. — [8] Swietoslawski, W., u. J. Czochralski: Wiadomości Inst. Metalurgji Metaloznawstwa Bd. 3 (1936) S. 59. — [9] Czochralski, J., R. Smoluchowski u. H. Calus: Wiadomosci Inst. Metalurgji Metaloznawstwa Bd. 4 (1937) S. 45. — [10] Calus, H., u. R. Smoluchowski: Roczniki Chem. [Ann. Soc. chim. Polonorum] Bd. 18 (1938) S. 411 — Bull. Amer. physic. Soc. Bd. 15 Nr. 4 S. 16 — Physic. Rev. 2 Bd. 58 (1940) S. 205. — [11] Swindells, N., u. C. Sykes: Proc. Roy. Soc. [London], Ser. A Bd. 168 (1938) S. 237. — [12] Auer, H.: Z. Elektrochem. angew. physik. Chem. Bd. 45 (1939) S. 608 u. Privatmitteilung. — [13] Wassermann, G.: Metallwirtsch., Metallwiss., Metalltechn. Bd. 13 (1934) S. 133.

Al-Fe. Aluminium-Eisen.

Eine Legierung der Zusammensetzung Al_3Fe, die man damals als die einzige intermetallische Verbindung des Systems Aluminium-Eisen ansah, wurde von Biltz und Haase[1] lösungskalorimetrisch untersucht. Als Lösungsmittel diente verdünnte Salzsäure ($HCl \cdot 8{,}8\,H_2O$), die Untersuchung erfolgte bei Zimmertemperatur. Aus der Differenz der Lösungswärmen der Legierung und der additiv aus den Werten für die reinen Metalle berechneten ergab sich die **Bildungswärme** als Mittel von 3 Versuchen zu $+25$ kcal/Mol bzw. $+6{,}2_5$ kcal/g-Atom mit einem mittleren Fehler von $\pm 1{,}5\%$.

Eine vollständige thermochemische Untersuchung des Systems Aluminium-Eisen bei Zimmertemperatur nahmen Oelsen und Middel[2] vor. Sie bedienten sich dazu des von ihnen entwickelten Verfahrens der Mischungskalorimetrie. Flüssiges Eisen von 1600° wurde in Sandtiegeln mit flüssigem Aluminium von 850—860° vereinigt. Die Wärmetönung der ziemlich lebhaft verlaufenden Umsetzung wurde in einem großen Wasserkalorimeter gemessen. Für aluminiumreiche Proben erwies sich eine Erhöhung der Temperatur des Aluminiums auf 950 bis 1000° als nützlich. Die Wärmeinhalte für die flüssig eingebrachten Metalle zwischen der Abguß- und Zimmertemperatur wurden gesondert bestimmt und von den Gesamtwärmetönungen in Abzug gebracht. Die verwendeten Metalle waren technischer Herkunft, die verwendeten Mengen betrugen insgesamt etwa 70 bis 100 g. Das Eisen wurde vor dem Abguß durch eine Glasschlacke und durch Zusatz von 0,2% Mn desoxydiert, dabei nahm es 0,1—0,2% Si auf.

In Abb. 70 sind die Bildungswärmen der Legierungen in Abhängigkeit von ihrer Zusammensetzung eingetragen. Die Kreise beziehen sich auf Messungen von Oelsen und Middel, das Kreuz gibt den von Biltz und Haase ermittelten Wert an. Wie man sieht, ist die Übereinstimmung sehr gut. Das Maximum der Bildungswärme liegt mit $\boxed{+6{,}7}$ kcal/g-Atom Legierung bei 25 Atom-% Fe; von hier erfolgt der Abfall zum Aluminium geradlinig. Mit steigendem Eisengehalt nimmt die Bildungswärme zunächst bis etwa 50 Atom-% nur wenig ab (6,1 kcal/g-Atom), bei weiterer Erhöhung der Eisenkonzentration fällt die Kurve für die Bildungswärmen dann zunehmend steiler bis

etwa zur Zusammensetzung Fe_3Al im γ-Mischkristallgebiet (3,6 kcal/g-Atom) und von da ab geradlinig bis zum reinen Eisen ab.

Mischungswärmen sind bisher für Schmelzen des Systems Aluminium-Eisen nicht bestimmt worden. Oelsen und Middel glauben aus den erheblichen Temperatursteigerungen beim Zugeben von Aluminium zu gut desoxydierten Eisenschmelzen schließen

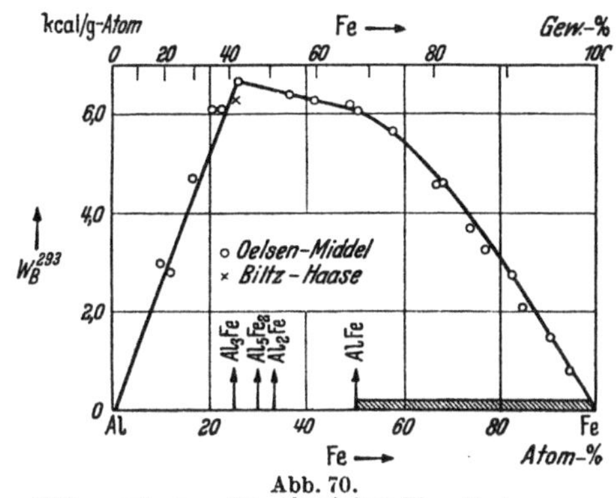

Abb. 70.
Bildungswärmen der Aluminium-Eisen-Legierungen.

zu dürfen, daß die Mischungswärmen der Schmelzen von den Bildungswärmen der Legierungen nicht sehr verschieden sind.

[1] Biltz, W., u. C. Haase: Z. anorg. allg. Chem. Bd. 129 (1923) S. 141. — [2] Oelsen, W., u. W. Middel: Mitt. Kaiser-Wilhelm-Inst. Eisenforsch. Düsseldorf Bd. 19 (1937) S. 1. — Vgl. auch F. Körber: Stahl u. Eisen Bd. 56 (1936) S. 1401.

Al-La. Aluminium-Lanthan.

Muthmann und Beck[1] versuchten die Bildungswärme der intermetallischen Verbindung Al_4La aus der Differenz ihrer Verbrennungswärme und der der beiden Metalle abzuleiten. Die von diesen Autoren angegebenen Daten führen zu der unwahrscheinlich hohen Bildungswärme von 113 kcal/Mol bzw. 22,6 kcal/g-Atom. Mit der neuerdings von Roth, Wolf und Fritz[2] bestimmten Verbrennungswärme des Lanthans würde dieser Wert noch höher!

Neuere Bestimmungen der Bildungswärmen liegen von Canneri und Rossi[3] für die beiden Verbindungen Al_4La und Al_2La vor. Sie wurden nach dem Verfahren der Lösungskalorimetrie bei Zimmertemperatur durchgeführt. Lösungsmittel war verdünnte Salzsäure ($HCl \cdot 8,8\,H_2O$). Für Al_4La ergab sich als Mittel aus 4 Bestimmungen die Bildungswärme zu $+42{,}2$ kcal/Mol bzw. $\boxed{+8{,}4}$ kcal/g-Atom, für Al_2La als Mittel aus 5 Messungen zu $+36{,}1$ kcal/Mol bzw. $\boxed{+12{,}0}$ kcal/g-Atom, der mittlere Fehler der Werte beträgt 2 bzw. 1%. Es erscheint plausibel, daß bei Anlagerung des ersten g-Atoms Lanthan an Aluminium (Al_4La) eine größere Wärmemenge (42,2 kcal) entbunden wird als bei der Anlagerung des nächsten ($Al_4La_2 = 2\,Al_2La$; 30,0 kcal), indessen hat Biltz[4] bereits gelegentlich einer systematischen Auswertung energetischer Daten für intermetallische Verbindungen darauf hingewiesen, daß der relativ große Unterschied für die Bildungswärmen der analogen Verbindungen des Lanthans und des Praseodyms mit Aluminium (vgl. bei Al-Pr) auffällig ist.

Mischungswärmen sind für Aluminium-Lanthan-Schmelzen nicht bekannt geworden.

[1] Muthmann, W., u. H. Beck: Liebigs Ann. Chem. Bd. 331 (1904) S. 46. — [2] Roth, W. A., Ursula Wolf u. Olga Fritz: Z. Elektrochem. angew. physik. Chem. Bd. 46 (1940) S. 42. — [3] Canneri, G., u. A. Rossi: Gazz. chim. ital. Bd. 62 (1932) S. 202. — [4] Biltz, W.: Z. Metallkunde Bd. 29 (1937) S. 73.

Al-Mg. Aluminium-Magnesium.

Die erste Bestimmung der Bildungswärme für die Legierung Al_3Mg_4 durch Roos[1] führte zu dem unwahrscheinlich hohen Wert 165 kcal/Mol. Der Grund hierfür liegt zweifellos, wie das schon Biltz und Hohorst[2] gelegentlich einer Neubestimmung betonten, weniger in der eigentlichen Messung als in der Art der Auswertung. So wurden eigene Bestimmungen der Lösungswärmen in einem Gemisch von Brom und Bromwasser bedenkenlos mit Bildungswärmen und Lösungswärmen von Bromiden, die ältere Beobachter gemessen hatten, kombiniert. Auch dürften die Endzustände bei den verschiedenen Lösungsvorgängen keineswegs identisch sein, wie das Bedingung bei der Lösungskalorimetrie ist.

Biltz und Hohorst[2] bestimmten die Bildungswärme der gleichen Zusammensetzung Al_3Mg_4 bei Zimmertemperatur aus dem Unterschied in der Lösungswärme der Legierung und der additiv für die Komponenten berechneten in verdünnter Salzsäure ($HCl \cdot 8{,}8\,H_2O$). Sie erhielten dabei als Mittel von 5 Bestimmungen den Wert 49 kcal/Mol bzw. 7,0 kcal/g-Atom; der mittlere Fehler der Versuche beträgt $\pm 2\%$. Die untersuchte Legierungszusammensetzung liegt in dem Gebiet der δ-Phase des Systems[3]. Da diese Phase eine Ausdehnung von mehreren Prozenten besitzt und auch weitere intermetallische Phasen gefunden wurden, genügt die Kenntnis des angegebenen thermochemischen Wertes nicht zur vollständigen Beschreibung des Energiediagramms. Es sind deshalb weitere energetische Messungen an dem festen System erforderlich.

Mehl und Mair[4] fanden bei Versuchen, die Bildungswärmen von Legierungen der α-Phase des Systems Al-Mg (feste Lösung von Mg in Al) ebenfalls aus der Differenz der Lösungswärmen in Salzsäure ($HCl \cdot 20\,H_2O$) zu bestimmen, für Legierungen mit bis zu 9% Mg keine Unterschiede gegenüber den unverbundenen Metallgemischen. Sie schließen daraus, daß die Bildungswärmen in diesem Gebiet kleiner als 8 cal/g Legierung sein müssen, da sich ein solcher Unterschied bei der Empfindlichkeit des Verfahrens noch würde nachweisen lassen. Die Bildungswärme einer Legierung mit 10 Atom-% Mg würde somit maximal 0,2 kcal betragen.

Die Mischungswärmen im System Al-Mg ermittelte Kawakami[5] unmittelbar beim Vermischen der flüssigen Partner im Kalorimeter bei 800° C; die Daten finden sich in Abb. 71.. Die Streuung der Werte ist recht groß, der Höchstwert findet sich . mit etwa +1,0 kcal/g-Atom bei 50 Atom-%.

Schneider und Stoll[6] haben die Dampfdrucke des Magnesiums über Al-Mg-Legierungen mit Hilfe der Mitführungsmethode (H_2 als Trägergas) bei verschiedenen Temperaturen bestimmt. Die Beobachter berechneten zunächst die Verdampfungswärmen nach der Gleichung von Clausius und Clapeyron und erhielten dann aus den Differenzen der Verdampfungswärmen des Magnesiums in den Legierungen gegenüber der Verdampfungswärme des reinen Magnesiums die partiellen Mischungswärmen: Tab. 17. Die Berechnung erfolgte für den Temperaturbereich 644 bis 794° C. Durch Integration der in Tab. 17 angeführten Werte ergab sich die in Abb. 71 strichpunktierte Kurve. Das Maximum der Mischungswärme (720° C) liegt auf Grund der Messungen von Schneider und Stoll bei etwa

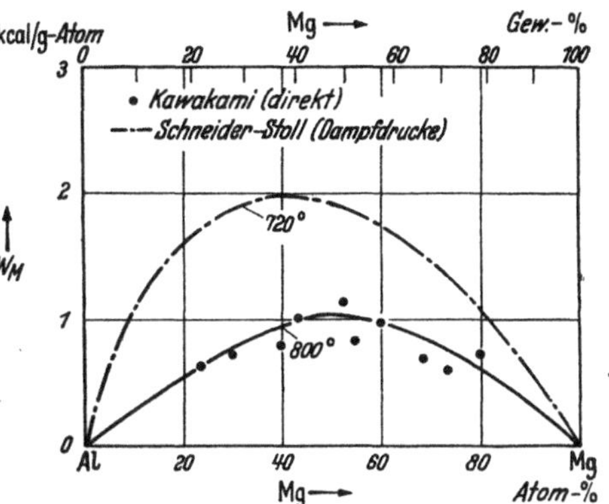

Abb. 71. Mischungswärmen der Aluminium-Magnesium-Schmelzen.

40 Atom-% Mg und +2,0 kcal/g-Atom. Der Unterschied in den Ergebnissen von Kawakami einerseits und Schneider und Stoll andererseits kann nur zum kleinen Teil durch die Temperaturabhängigkeit der Mischungswärme gedeutet werden, sie ist wohl im wesentlichen durch die relativ große Fehlergrenze der beiden Verfahren bedingt.

Tabelle 17. Partielle Mischungswärmen im System Al-Mg bei 720°. (Nach Schneider und Stoll.)

N_{Mg}	0,815	0,617	0,424	0,216	0,164
W_{Mg} in kcal	+0,35	+0,50	+2,95	+4,65	+7,25

Der verhältnismäßig große Unterschied in der Bildungs- und Mischungswärme der Aluminium-Magnesium-Legierungen erscheint auffällig; eine unabhängige Nachprüfung des Wertes für die Bildungswärme erscheint erwünscht, besonders da sich auch die Ergebnisse von Mehl und Mair sowie Biltz und Hohorst nicht in Einklang bringen lassen.

Die Schmelzwärme einer Legierung der Zusammensetzung Al_3Mg_4 wurde von Roos[1] zu etwa 2,1 kcal/g-Atom bestimmt.

---

[1] Roos, G. D.: Z. anorg. allg. Chem. Bd. 94 (1916) S. 329. — [2] Biltz, W., u. G. Hohorst: Z. anorg. allg. Chem. Bd. 121 (1922) S. 1. — [3] Vgl. F. Laves u. K. Moeller: Z. Metallkunde Bd. 30 (1938) S. 232. — [4] Mehl, R. F., u. B. J. Mair:

J. Amer. chem. Soc. Bd. 50 (1928) S. 56, Fußnote 7. — [5] Kawakami, M.: Sci. Rep. Tôhoku Imp. Univ. Bd. 19 (1930) S. 521. — [6] Schneider, A., u. E. K. Stoll: Z. Elektrochem. angew. physik. Chem. Bd. 47 (1941) S. 519.

Al-N. Aluminium-Stickstoff.

Ältere Bestimmungen der Bildungswärme für Aluminiumnitrid über dessen Verbrennungswärme oder unter Zugrundelegung der Reaktion: $Al_2O_3 + 3\,C + N_2 \rightleftharpoons 2\,AlN + 3\,CO$ [1] führten zu Werten von etwa 60 kcal/Mol AlN bei dessen Entstehung aus festem Aluminium und gasförmigem Stickstoff bei Zimmertemperatur. Nach erneuter Messung der Bildungswärme von Al_2O_3 (398,0 kcal/Mol) gibt Roth[2] aus den Daten der Verbrennungswärme als wahrscheinlichsten Wert für die Bildungswärme von AlN 64 kcal/Mol an.

Neumann, Kröger und Haebler[3] azotierten Aluminium unmittelbar in der kalorimetrischen Bombe bei 1000° und bestimmten die dabei frei werdende Wärmemenge. Zur Aufheizung des Aluminiums, das in Form von Feilspänen oder als Aluminiumbronze angewandt wurde, diente ein in das Kalorimeter eingebautes elektrisches Öfchen, die Heizdauer betrug 2 Minuten. Trotz dieser Maßnahme erwies sich die Stickstoffaufnahme als ungenügend; sie wird indessen stark gesteigert durch Zusatz von 15 bis 20% Natriumfluorid; auch Kalzium- bzw. Bariumfluorid wirken ähnlich. Es ließen sich auf diesem Wege Stickstoffaufnahmen bis zu 24% erreichen, für AlN berechnet sich der Stickstoffgehalt zu 34,1%. Die Bildungswärme des festen Aluminiumnitrids bei Raumtemperatur ergab sich so im Mittel von 6 Versuchen zu $57,4 \pm 0,75$ kcal/Mol oder 28,7 kcal/g-Atom für konstantes Volumen.

[1] Matignon, C.: Chemiker-Ztg. Bd. 38 (1914) S. 894. — Fichter, F., u. E. Jenny: Helv. chim. Acta Bd. 5 (1922) S. 448. — Moldenhauer, W.: Die Reaktionen des freien Stickstoffs, S. 41, Berlin 1920, nach Messungen von W. Fraenkel: Z. Elektrochem. angew. physik. Chem. Bd. 19 (1913) S. 362. — Vgl. auch die Zusammenstellung weiterer Literaturangaben bei S. Satoh: Sci. Pap. Inst. physic. chem. Res. Bd. 29 (1936) S. 19. — [2] Roth, W. A.: Z. Elektrochem. angew. physikal. Chem. Bd. 48 (1942) S. 267. — [3] Neumann, B., C. Kröger u. H. Haebler: Z. anorg. allg. Chem. Bd. 204 (1932) S. 81.

Al-Ni. Aluminium-Nickel.

Die Bildungswärmen im System Aluminium-Nickel wurden durch Oelsen und Middel[1] nach dem Mischungsverfahren bestimmt. Die Reaktion zwischen flüssigem Nickel von 1600° und flüssigem Aluminium von 850° verläuft außerordentlich lebhaft, so daß bei Schmelzen stöchiometrischer Zusammensetzung infolge der starken Temperatursteigerung bis zu 2% Silizium aus den benutzten Sandtiegeln reduziert wurden. Die Metalle waren technischen Ursprungs, das Nickel wurde vor dem Abguß durch eine Glasschlacke und durch Zusatz von 0,5% Mn sorgfältig desoxydiert, um Sekundärreaktionen des Oxyds mit dem Aluminium auszuschließen.

Aus den Versuchsergebnissen (Abb. 72 und Tab. 18) ist zu ersehen, daß sich Aluminium und Nickel bei gleichem Atomverhältnis zur Verbindung mit der höchsten Bildungswärme des ganzen Systems vereinigen. Die weiterhin nach dem Zustandsdiagramm bestehenden Phasen sind energetisch gegenüber den Nachbarkonzentrationen nur wenig bzw. gar nicht ausgezeichnet. Das entspricht der Erwartung, denn im allgemeinen sind im Verlauf der Bildungswärme - Konzentrationskurve nur solche Verbindungen durch Höchstwerte bzw. stärkere Richtungsänderungen hervorgehoben, die auch im Zustandsdiagramm Schmelzmaxima aufweisen. Nun ist aber das Maximum bei AlNi ganz besonders ausgeprägt und somit auch hier die maximale Wärmetönung der Legierungsbildung

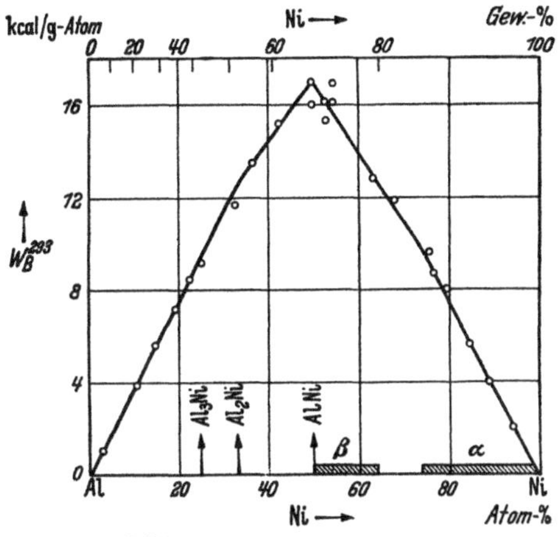

Abb. 72. Bildungswärmen der Aluminium-Nickel-Legierungen bei Raumtemperatur. (Nach W. Oelsen und W. Middel.)

zu erwarten. Die übrigen Verbindungen entstehen durch peritektische Umsetzung, für sie ist also keine energetische Bevorzugung zu erwarten.

Zahlenangaben über die Mischungswärmen im System Aluminium-Nickel finden sich in der Literatur nicht. Über starke Temperaturerhöhungen bei der Zugabe von Aluminium zu geschmolzenem Nickel bzw. Kupfer-Nickel-Schmelzen berichten Austin und Murphy[2]. Oelsen und Middel betonen ebenfalls die starken Temperatursteigerungen beim Zusammengießen der beiden Metalle und schließen daraus, daß die Mischungswärmen der Schmelzen nicht erheblich kleiner sein können als die Bildungswärmen der Legierungen.

Tabelle 18. Bildungswärmen im System Aluminium-Nickel. (Nach Oelsen und Middel.)

Formel	W_B^{293} in kcal	
	pro Mol	pro g-Atom
AlNi₃ . . .	37,6	9,4
AlNi . . .	34,0	17,0
Al₂Ni . . .	37,8	12,6
Al₃Ni . . .	38	9,5

[1] Oelsen, W., u. W. Middel: Mitt. Kaiser-Wilhelm-Inst. Eisenforsch. Düsseldorf Bd. 19 (1937) S. 1. — [2] Austin, C. R., u. A. J. Murphy: J. Inst. Metals Bd. 29 (1923) S. 327.

Al-Pr. Aluminium-Praseodym.

Aus der Lösungswärme der Verbindung Al₄Pr in verdünnter Salzsäure (HCl · 8 H₂O) im Vergleich zu der ihrer Komponenten bestimmten

Canneri und Rossi[1] deren Bildungswärme zu 52,1 kcal/Mol bzw. $\boxed{+10,4}$ kcal/g-Atom. Es wurden 3 Bestimmungen ausgeführt, die eine mittlere Abweichung von $\pm 4\%$ aufweisen.

Es erscheint auffällig, daß die Bildungswärmen der beiden vergleichbaren Verbindungen Al_4Pr und Al_4La (s. bei Al-La) recht hohe Unterschiede zeigen ($Al_4Pr = 52,1$ kcal; $Al_4La = 42,2$ kcal), worauf schon Biltz[2] gelegentlich einer systematischen Auswertung hinweist. In den beiden Zustandsdiagrammen finden sich hierfür keine Anzeichen.

[1] Canneri, G., u. A. Rossi: Gazz. chim. ital. Bd. 63 (1933) S. 182. —
[2] Biltz, W.: Z. Metallkunde Bd. 29 (1937) S. 73.

Al-S. Aluminium-Schwefel.

Sabatier[1] erhielt für die Bildungswärme von $[Al_2S_3]$ (aus der Reaktion der festen Verbindung mit Wasser) $+126,4$ kcal/Mol.

Korshunow[2] hat kürzlich die Bildungswärme des Al_2S_3 aus den Elementen direkt gemessen. Puderförmig zerkleinertes Aluminium (99,91% Al) wurde mit fein zerriebenem rhombischem Schwefel gemischt und die Mischung im Kalorimeter unter Wasserstoffatmosphäre zur Reaktion gebracht. Die Zündung erfolgte mit einem Aluminumdraht. Für das gebildete H_2S wurde korrigiert. Im Mittel aus 6 gelungenen Versuchen ergab sich:

$$2\,[Al]_\alpha + 3\,[S]_{rhomb} = [Al_2S_3]_{krist} + 121,6 \pm 0,4 \text{ kcal.}$$

Bezogen auf 1 g-Atom Sulfid beträgt die Bildungswärme also $\boxed{+24,3}$ kcal.

[1] Sabatier, P.: vgl. Landolt-Börnstein-Roth-Scheel, HW., S. 1523. —
[2] Korshunow, I. A.: J. physic. Chem. [Mosk.] Bd. 13 (1939) S. 703 nach Chem. Zbl. 1940 I S. 2446.

Al-Si. Aluminium-Silizium.

Unter der Voraussetzung, daß die Bildungswärmen der festen Al-Si-Legierungen gleich Null sind, kann man die Mischungswärmen der flüssigen Legierungen aus ihrem Wärmeinhalt und dem Wärmeinhalt der reinen Metalle zwischen 1450° C und Raumtemperatur, die von Körber, Oelsen und Lichtenberg[1] bestimmt wurden, berechnen (vgl. S. 50). Das Ergebnis findet sich in Abb. 73. Die Mischung der flüssigen Metalle erfolgt danach unter Wärmeabgabe. Mit einer gewissen Unsicherheit be-

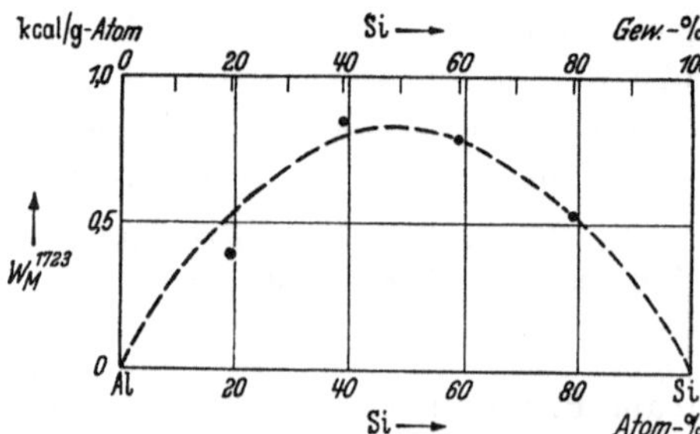

Abb. 73. Mischungswärmen der Aluminium-Silizium-Schmelzen bei 1450° C. (Nach F. Körber, W. Oelsen und H. Lichtenberg.)

trägt der Höchstwert der Mischungswärme $+0,8$ kcal/g-Atom bei etwa 50 Atom-%. Eine definitive Festlegung der Mischungswärmenkurve kann jedoch erst dann erfolgen, wenn auch die Bildungswärmen der festen Legierungen untersucht sind. Diese dürften zwar wegen der geringen Ausdehnung der Löslichkeitsgebiete klein sein, könnten aber doch Werte annehmen, die gegenüber den Mischungswärmen in Abb. 73 nicht vernachlässigbar sind und infolgedessen in die obige Auswertung eingehen.

[1] Körber, F., W. Oelsen u. H. Lichtenberg: Mitt. Kaiser-Wilhelm-Inst. Eisenforsch. Düsseldorf Bd. 19 (1937) S. 131.

Al-Sn. Aluminium-Zinn.

Da Aluminium und Zinn im festen Zustand praktisch unmischbar sind, tritt bei der Legierungsbildung aus den festen Metallen keine Bildungswärme auf.

Die Mischungswärmen für das System Aluminium-Zinn bei 800° C bestimmte Kawakami[1] bei der unmittelbaren Vereinigung der geschmolzenen Partner im Kalorimeter. Die Ergebnisse finden sich in Abb. 74; die Vereinigung erfolgt unter Wärmeaufnahme von außen, der Tiefstwert liegt mit $-1,6$ kcal bei 40 Atom-% Sn.

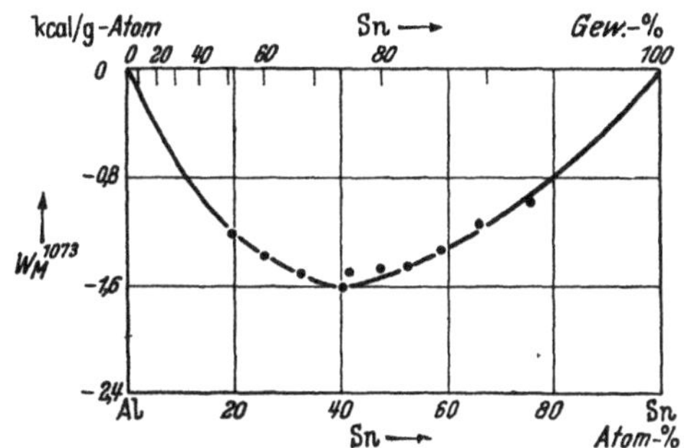

Abb. 74. Mischungswärmen der Aluminium-Zinn-Schmelzen bei 800° C. (Nach M. Kawakami.)

[1] Kawakami, M.: Sci. Rep. Tôhoku Imp. Univ. Bd. 19 (1930) S. 521.

Al-Zn. Aluminium-Zink.

Die Gesamtbildungswärmen für Legierungen des Systems Aluminium-Zink sind nicht bekannt. Dagegen liegen einige Angaben über Wärmetönungen bei Umwandlungsvorgängen einzelner Phasen dieses Systems vor.

Mehl und Mair[1] bestimmten die Lösungswärmen von 2 Legierungen mit 14,5 bzw. 19,3% Zn in verdünnter Salzsäure (HCl · 20 H_2O). Sie fanden, daß die Lösungswärme sich mit der Lösungsdauer der Proben ändert; die von den genannten Autoren nicht selbst ausgewerteten Unterschiede betragen für die 14,5proz. Legierung nach dem Abschrecken von 575° bzw. nach einmonatigem Lagern 69 cal/g und für die 19,3proz. Probe nach dem Abschrecken von 550° bzw. nach einmonatigem Lagern 60 cal/g. Das erscheint für einen Ausscheidungsvorgang ($\gamma \to \gamma + \alpha$) im Vergleich mit Umwandlungen im festen Zustand und insbesondere im Vergleich mit der Duraluminaushärtung sehr hoch!

Die Wärmetönung des Zerfalls der β-Phase bestimmte Schröter[2] im Laboratorium von W. Gerlach unmittelbar. Bekanntlich setzt der eutektoide Zerfall der β-Phase nach dem Abschrecken spontan unter Wärmeentwicklung und erheblichen Eigenschaftsänderungen ein. Diese Tatsache machte sich Schröter zunutze; er schreckte Proben mit 5—40% Al von Temperaturen zwischen 275 und 380° C in eisgekühltem Alkohol ab und brachte sie sodann rasch in das zur Messung dienende Bunsensche Eiskalorimeter (vgl. S. 18). Zum vollständigen Ablauf der Umwandlung blieb die Probe mindestens 100 Minuten im Kalorimeter. Das Maximum der Zerfallswärme findet sich unabhängig von der Abschrecktemperatur mit 9,5 cal/g bei 23% Al, d. h. nicht bei einer einfachen stöchiometrischen Zusammensetzung.

Die Mischungswärmen von Schmelzen des Sytems Aluminium-Zink wurden von Kawakami[3] unmittelbar bei der Vereinigung der geschmolzenen Komponenten im Kalorimeter bei 800° C ermittelt. Die Daten finden sich in Abb. 75; der Mischungsvorgang verläuft endotherm, das Minimum liegt mit —1,2 kcal/g-Atom symmetrisch bei 50 Atom-%.

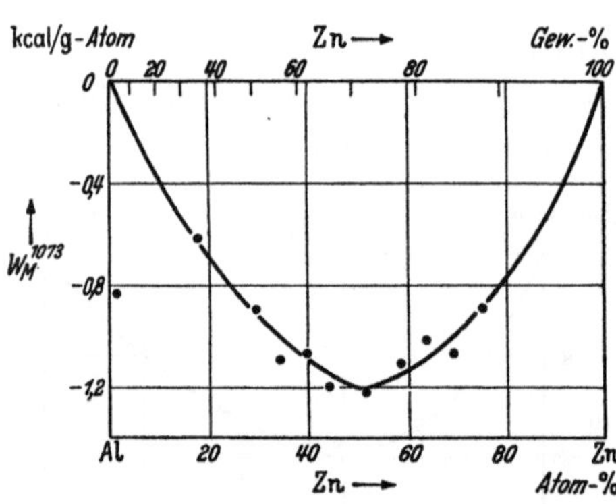

Abb. 75. Mischungswärmen der Aluminium-Zink-Schmelzen bei 800° C. (Nach M. Kawakami.)

Schneider und Stoll[4] bestimmten kürzlich die Dampfdrucke des Zinks über geschmolzenen Aluminium-Zink-Legierungen nach der Taupunktsmethode (vgl. S. 90) in dem Temperaturbereich von 650 bis 800° C. Die Beobachter verzichteten auf eine quantitative thermodynamische Auswertung ihrer Meßwerte auf Mischungswärmen, da sich die Temperaturkoeffizienten der Aktivität als sehr klein ergaben. Aus den Messungen geht jedoch hervor, daß die integrale Mischungswärme der Legierungen von Null nicht sehr verschieden sein kann, sicher aber größer als —0,5 kcal/g-Atom (kleinerer Zahlenwert) ist. Dieses Ergebnis müßte also bei einer Verwendung der von Kawakami angegebenen Mischungswärmen berücksichtigt werden.

¹ Mehl, R. F., u. B. J. Mair: J. Amer. chem. Soc. Bd. 50 (1928) S. 56, Fußnote. — ² Schröter, P. G.: Z. Metallkunde Bd. 32 (1940) S. 425. — ³ Kawakami, M.: Sci. Rep. Tôhoku Imp. Univ. Bd. 19 (1930) S. 521. — ⁴ Schneider, A., u. E. K. Stoll: Z. Elektrochem. angew. physik. Chem. Bd. 47 (1941) S. 527.

As-Cu. Arsen-Kupfer.

Savelsberg[1] untersuchte bei höheren Temperaturen die Reaktion von Arsentrioxyd im Gleichgewicht mit Kupfer. Da bei den Versuchen verschiedene apparative Schwierigkeiten auftraten, war die Berechnung der Wärmetönungen der verschiedenen beobachteten Reaktionen, die zudem auch nur mit Hilfe der Nernstschen Näherungsgleichung durchgeführt werden konnte, nicht sehr sicher. Aus den Ergebnissen folgte jedoch u. a. ein wenigstens annähernd als gültig anzunehmender Wert für die Bildungswärme der Verbindung [Cu$_3$As] aus den Elementen. Sie errechnete sich zu +25,6 kcal/Mol bzw. 6,4 kcal/g-Atom (600° C).

[1] Savelsberg, W.: Metall u. Erz Bd. 33 (1936) S. 379.

As-Re. Arsen-Rhenium.

Im System Arsen-Rhenium fand sich nach präparativen, röntgenographischen und tensionsanalytischen Untersuchungen von Wiechmann, Heimburg und Biltz[1] nur eine einzige Verbindung, die in ihrer Zusammensetzung einem Rheniumdiarsenid nahekommt, aber mehr Arsen enthält (ReAs$_{2,3}$ bzw. Re$_3$As$_7$). Die Auswertung der Tensionsanalyse (Dampfdruck des Arsens) nach van 't Hoff, die für die Zusammensetzung ReAs$_2$ vorgenommen wurde, ergab für die Dissoziationswärme in 2 [Re] und (As$_4$) —40 kcal. Mit der Sublimationswärme von 4 [As] (34 kcal) erhielt man dann für die kondensierte Reaktion

$$[\text{Re}] + 2\,[\text{As}] = [\text{ReAs}_2] + \sim 3 \text{ kcal}.$$

Bei der Auswertung nach Nernst ergaben sich etwa 5 kcal.

[1] Wiechmann, F., M. Heimburg u. W. Biltz: Z. anorg. allg. Chem. Bd. 240 (1939) S 129.

As-S. Arsen-Schwefel.

Pélabon[1] bestimmte die Reduktionsgleichgewichte von As$_2$S$_2$ bei 440 und 610° C. Bei der Versuchstemperatur lag also festes Arsen neben flüssigem Arsendisulfid (unter Druck) vor. Die Auswertung der Versuche durch Jellinek und Zakowski[2] nach van 't Hoff sowie nach Nernst führte für die Bildungswärme von flüssigem As$_2$S$_2$ aus festem As und rhombischem Schwefel zu den Werten +8,3 bzw. +11,0 kcal/Mol. Britzke und Kapustinsky[3] konnten auf Grund von Daten des Dissoziationsgleichgewichts (750 bis 1080°) nur die Bildungswärme von gasförmigem As$_2$S$_2$ aus festem As und rhombischem Schwefel berechnen (+19,2 kcal/Mol).

Um genauere Angaben über die Bildungswärme der festen Arsensulfide machen zu können, bestimmten Britzke, Kapustinsky und Tschenzowa[4] die Verbrennungswärme von [As$_2$S$_2$] und [As$_2$S$_3$] — unter Bildung von [As$_2$O$_3$], [As$_2$O$_3$ · As$_2$O$_5$], [As$_2$O$_3$ · SO$_3$] und (SO$_2$) — sowie die Bildungswärmen von [As$_2$O$_3$ · As$_2$O$_5$] aus [As$_2$O$_3$] und [As$_2$O$_5$] und von [As$_2$O$_3$ · SO$_3$] aus [As$_2$O$_3$] und (SO$_3$). Die übrigen zur Berechnung notwendigen Bildungswärmen wurden der Literatur entnommen. Die Verbrennungen wurden in einer kalorimetrischen Bombe aus V 2 A-Stahl unter Zündung mit einem Eisendraht vorgenommen. Die Verbrennungsprodukte wurden analysiert. Die Bildungswärmen von [As$_2$O$_3$ · As$_2$O$_5$] und [As$_2$O$_3$ · SO$_3$] wurden auf dem Wege der Untersuchung ihrer Lösungswärmen sowie auch ihrer Zerfallsprodukte in

Natronlauge (0,83 n) gewonnen. Als Endergebnis erhielten die Beobachter die Bildungswärmen von [As$_2$S$_2$] zu +29,9, diejenige von [As$_2$S$_3$] zu +34,8 kcal/Mol. Die Unsicherheit dieser Werte dürfte wegen der Verwendung von vielen Hilfsgleichungen relativ groß sein. Für die Bildung eines g-Atoms der beiden Verbindungen aus metallischem Arsen und rhombischem Schwefel erhält man: [As$_2$S$_2$] $\boxed{+7,2}$ und [As$_2$S$_3$] $\boxed{+7,0}$ kcal.

[1] Pélabon, H.: Ann. Chim. Phys. (7) Bd. 25 (1902) S. 365. — [2] Jellinek, K., u. J. Zakowski: Z. anorg. allg. Chem. Bd. 142 (1925) S. 1. — [3] Britzke, E. V., u. A. F. Kapustinsky: Z. anorg. allg. Chem. Bd. 205 (1932) S. 95. — [4] Britzke, E. V., A. F. Kapustinsky u. L. G. Tschenzowa: Z. anorg. allg. Chem. Bd. 213 (1933) S. 58.

Au-Cd. Gold-Kadmium.

Ölander[1] hat Messungen der elektromotorischen Kräfte an einer Reihe von Legierungen des Systems Gold-Kadmium bei Temperaturen von 250 bis 300°C und oberhalb 340° vorgenommen. Als Bezugselektrode diente bei den niedrigeren Temperaturen festes, bei den höheren flüssiges Kadmium. Elektrolyt war einmal ein Gemisch von Kalium- nud Natriumazetat mit Zusatz von Kadmiumazetat und ferner KCl/LiCl mit Zusätzen von CdCl$_2$. Ölander hat auf eine Umrechnung seiner Meßdaten auf Bildungswärmen verzichtet, da es ihm nicht gelang, Legierungen mit Cd-Gehalten unter 15,8 Atom-% wegen auftretender Diffusionsschwierigkeiten reproduzierbar zu messen. Damit fehlten ihm die Wärmetönungen beim Lösen von Cd in Legierungen mit niedrigem Cd-Gehalt. Nun machte aber Weibke[2] darauf aufmerksam, daß unter bestimmten Voraussetzungen eine energetische Gesamtauswertung der Messungen möglich ist. Die von Ölander gefundenen partiellen molaren Wärmetönungen bei der Bildung der α-Phase zeigen nämlich eine nur geringe Abhängigkeit

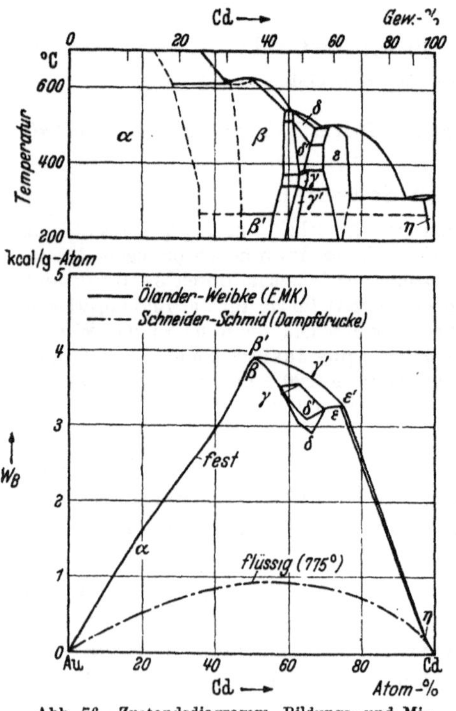

Abb. 76. Zustandsdiagramm, Bildungs- und Mischungswärmen der Gold-Kadmium-Legierungen.

von der Konzentration des Lösungsmittels. Bei der Integration wurde die Kurve für $\overline{W}_{Cd}$ mit gleicher Abweichung nach oben und unten durch die gemessenen Werte gelegt und auf den Wert für die Lösungswärme von Kadmium in reinem Silber (9,5 kcal) extrapoliert. Die durch diese Extrapolation bedingte Unsicherheit in den Zahlen für W_B ist jedoch gering und dürfte maximal 0,05 kcal betragen. Soweit das Potential der Legierungselektroden gegen geschmolzenes Kadmium gemessen wurde, nahm man eine Umrechnung mit der Schmelzwärme des Kadmiums (1,50 kcal/g-Atom) für den Anteil der Proben an Cd vor.

Tabelle 19. Integrale Bildungswärmen in dem System Au-Cd.
(Nach Ölander und Weibke.)

Phase	Cd in Atom-%	W_B in kcal/g-Atom	W_U in kcal/g-Atom	H^{300} in kcal/g-Atom
α	23,0	1,83		
	34,0	2,55		2,99
β	43,0	3,22		
	47,3	3,67		
	50,0	3,88		
	52,5	3,81		
	57,7	3,53		
β'	53,0	3,9	$\beta \to \beta'$: 0,12	4,05
δ'	62,3	3,20		
	65,0	3,08		
δ	66,5	2,9	$\delta \to \delta'$: 0,20	
γ	62,3	3,55		
γ'	62—64	3,75	$\gamma \to \gamma'$: 0,22	3,8
ε	70,0	3,21		
	73,9	3,29		
	75,8	3,06		
ε'	76,0	3,2	$\varepsilon \to \varepsilon'$: 0,10	3,1
η	97,5	0,2		

In Tab. 19 und in Abb. 76 sind die Ergebnisse der Umrechnung zusammengestellt. Die Werte von W_B beziehen sich auf die Entstehung der festen Legierungen aus den festen Metallen. Zur Ermittlung der Bildungswärme einiger durch Umwandlung aus anderen Legierungen entstehender Phasen benutzte Weibke die von Ölander aus Entropiedaten berechneten Umwandlungswärmen. — Der Höchstwert für die Bildungswärme des Systems wird bei 50 Atom-% mit fast 4 kcal/g-Atom erreicht. Die W_B-Kurve für die aus der Schmelze entstehenden Phasen weist Höchstwerte bei den gleichen Konzentrationen auf, bei denen im thermischen Diagramm Schmelzmaxima beobachtet werden, nämlich bei etwa 50 und 75 Atom-% Cd (β- bzw. ε-Phase). Es besteht also auch in diesem System ein enger Zusammenhang zwischen der Beständigkeit der bei hohen Temperaturen existierenden Legierungsphasen und dem Verlauf der Erstarrungskurve.

Die Bildungsarbeiten der Au-Cd-Legierungen wurden von Weibke[3] aus den vorliegenden Gleichgewichtsdaten für Raumtemperatur abgeleitet. Die Berechnungen von Weibke sind jedoch, worauf bereits beim System Ag-Cd hingewiesen wurde (s. S. 126), zu korrigieren. Die berichtigten Werte sind in Spalte 5 der Tab. 19 angegeben.

Tabelle 20.   Partielle Mischungswärme im System Au-Cd bei 775°.
(Nach Schneider und Schmid.)

N_{Cd}	0,898	0,773	0,686	0,464
$\overline{W}_{Cd}$ in kcal . . .	+0,1	+0,5	+0,6	+1,2

Die energetischen Daten der flüssigen Legierungen wurden von Schneider und Schmid[4] aus Messungen der Cd-Dampfdrucke zwischen 550 und 850° C nach der Methode von Hargreaves (S. 90) abgeleitet. Die gefundenen partiellen Mischungswärmen sind in Tab. 20 wiedergegeben. Für eine genaue Berechnung der integralen Werte sind diese Daten jedoch nicht ausreichend, da nur bis zu einem Cd-Gehalt von 46,4 Atom-% herab gemessen wurde. Die Angabe von Schneider und Schmid, nach der der Maximalwert von W_M nahezu +1 kcal beträgt, ist deshalb nur zur größenordnungsmäßigen Orientierung brauchbar.

Die Schmelzwärme einer Legierung der Zusammensetzung AuCd (Schmelzmaximum) ergab sich aus Messungen der Wärmeinhalte zu 2,14 ± 0,14 kcal/g-Atom[5].

[1] Ölander, A.: J. Amer. chem. Soc. Bd. 54 (1932) S. 3819. — [2] Weibke, F.: Z. Metallkunde Bd. 29 (1937) S. 79. — [3] F. Weibke in der zusammenfassenden Übersicht von W. Biltz: Z. Metallkunde Bd. 29 (1937) S. 74, Tab. 1. — [4] Schneider, A., u. H. Schmid: Z. Elektrochem. angew. physik. Chem. Bd. 48 (1942) S. 638. — [5] Kubaschewski, O.: Z. physik. Chem. (1943) im Druck.

Au-Cu. Gold-Kupfer.

Die Bildungswärmen der festen Gold-Kupfer-Legierungen lassen sich aus Messungen der elektromotorischen Kräfte von Weibke und v. Quadt[1] sowie Wagner und Engelhardt[2] ableiten. In beiden Arbeiten wurde die EMK von Gold-Kupfer-Legierungen gegenüber Kupfer als Bezugselektrode gemessen. Weibke und v. Quadt arbeiteten bei verschiedenen Temperaturen zwischen 320 und 550° C; als Elektrolyte dienten Salzschmelzen der Gemische LiCl-KCl bzw. LiCl-RbCl mit geringen Zusätzen an CuCl. Wagner und Engelhardt verwendeten das eutektische Gemisch von geschmolzenem CuCl + KCl und wählten als Meßtemperaturen 390, 524 und 604° C. Bei der Auswertung ihrer Messungen nach der Gibbs-Helmholtzschen Gleichung erhielten Weibke und v. Quadt z. B. zunächst die in Tab. 21 aufgeführten partiellen Bildungswärmen für die ungeordneten Au-Cu-

Mischkristalle. Durch Integration ergab sich die ausgezogene Kurve in Abb. 77. Die an nicht so zahlreichen Legierungen ausgeführten Messungen von Wagner und Engelhardt gleichen sich den Ergebnissen von Weibke und v. Quadt ausgezeichnet an und sind deshalb hier nicht mehr im einzelnen aufgeführt. Die Bildungswärme der bei höheren Temperaturen beständigen, ungeordneten Mischkristalle erreicht also ihren Höchstwert mit $+1{,}25$ kcal/g-Atom bei 55 bis 60 Atom-% Cu. Bei tieferen Temperaturen bestehen, wie Weibke und v. Quadt bestätigen konnten, 3 intermediäre Phasen: AuCu, AuCu$_3$ und Au$_2$Cu$_3$, von denen die ersten beiden einen hohen Ordnungsgrad aufweisen und demzufolge durch relativ hohe Umwandlungswärmen (in der Größenordnung von $^1/_4$ der Bildungswärme) gekennzeichnet sind. Die von Weibke und v. Quadt aus den Messungen bei tieferen Temperaturen errechneten integralen Bildungswärmen der Verbindungen sind in Abb. 77 gestrichelt und die Umwandlungswärmen (Mischkristall/Verbindung), die sich durch Differenzbildung ergeben, strichpunktiert eingezeichnet. Die Verbindung AuCu$_3$ ist auch oberhalb des

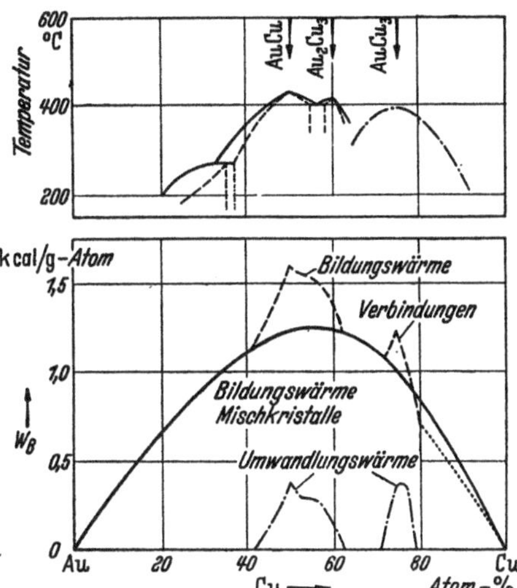

Abb. 77. Zustandsdiagramm und Bildungswärmen der Gold-Kupfer-Legierungen. (Nach F. Weibke und H. v. Quadt.)

Umwandlungspunktes nicht völlig ungeordnet, vielmehr sind noch gut geordnete Bezirke nachweisbar (Sykes und Jones[3]). Dadurch wird die Wärmetönung der Umwandlung zu niedrig vorgetäuscht, wie das die punktierte Kurve oberhalb 80 Atom-% Cu andeuten soll. Bezüglich der

Tabelle 21. Partielle Bildungswärmen im System Au-Cu bei 500° C.
(Nach Weibke und v. Quadt.)

N_{Cu}	0,1	0,2	0,3	0,4	0,5	0,6	0,7	0,8	0,9
$\overline{W}_{Cu}$ in kcal	2,60	2,77	2,53	2,10	1,61	1,07	0,56	0,19	0

noch umstrittenen Verbindung Au$_2$Cu$_3$ muß darauf hingewiesen werden, daß die Ausbuchtung der Kurve für die Umwandlungswärme nicht genau bei der Zusammensetzung Au$_2$Cu$_3$, sondern bei etwa 55 Atom-% Cu liegt. Die Zahlenwerte der Bildungs- und Umwandlungswärmen für die geordneten Mischphasen sind in Tab. 22 zusammengestellt. Der von Sykes und Jones kalorimetrisch gefundene Wert für die Umwandlungswärme von $AuCu_3$ (0,18 kcal/g-Atom) steht mit dem von Weibke und v. Quadt erhaltenen unkorrigierten Wert (0,22 kcal/g-Atom) bei Berücksichtigung der verschiedenen Meßverfahren in befriedigender Übereinstimmung.

Schenck und Keuth[4] bestimmten die Änderung der freien Energie bei der Bildung von Gold-Kupfer-Legierungen aus der Verschiebung des Gleichgewichtes der Kupferröstreaktion durch Zusatz von Gold (vgl. ausführliche Besprechung beim System Cu-Pt).

Tabelle 22. Bildungs- und Umwandlungswärmen für die geordneten Mischphasen im System Au-Cu bei 370° C. (Nach Weibke und v. Quadt.)

Phase	Atom-% Cu	Bildungswärme	Umwandlungswärme
		in kcal/g-Atom Legierung	
AuCu	44,0	1,25	0,08
	47,0	1,42	0,20
	50,0	1,61	0,38
	52,0	1,56	0,31
	55,0	1,54	0,29
$AuCu + Au_2Cu_3$ . . .	57,0	1,50	0,27
Au_2Cu_3	58,5	1,46	0,22
	60,0	1,38	0,14
$AuCu_3$	73,0	1,30	0,24
	75,0	1,38	0,37
	78,0	1,10	0,18

Die Mischungswärmen der flüssigen Gold-Kupfer-Legierungen sind nach Untersuchungen von Kawakami[5] (direkte Vereinigung der flüssigen Komponenten im Kalorimeter bei 1200° C) praktisch gleich Null. Es muß jedoch darauf hingewiesen werden, daß das gleiche Ergebnis von Kawakami bei den Silber-Gold-Legierungen (s. dort) durch Wagner und Engelhardt[2] nicht bestätigt werden konnte. Nach den EMK-Messungen dieser Beobachter errechnet sich nämlich eine exotherme Mischungswärme im System Silber-Gold (maximal etwa +0,4 kcal/g-Atom). Es ist möglich, daß die Verhältnisse im System Kupfer-Gold ähnlich liegen. — Während der Korrektur dieses Buches erschien eine Arbeit von Scheil[6], in der die Mischungswärmen der flüssigen Au-Cu-Legierungen unter vereinfachenden Annahmen aus den Bildungswärmen der festen Legierungen und den Angaben des Zustandsdiagramms abgeleitet werden. Der Maximalwert von W_M ergab sich bei etwa 50 Atom-% mit mehr als 2 kcal/g-Atom unerwartet hoch. Eine experimentelle Neuuntersuchung der energetischen Verhältnisse ist also erforderlich.

[1] Weibke, Fr., u. U. v. Quadt: Z. Elektrochem. angew. physik. Chem. Bd. 45 (1939) S. 715. — [2] Wagner, C., u. G. Engelhardt: Z. physik. Chem., Abt. A Bd. 159 (1932) S. 241. — [3] Sykes, C., u. F. W. Jones: Proc. Roy. Soc.

[London], Ser. A Bd. 157 (1936) S. 213. — Sykes, C., u. H. Evans: J. Inst. Metals Bd. 58 (1936) S. 255; vgl. hierzu auch R. Becker: Metallwirtsch., Metallwiss., Metalltechn. Bd. 16 (1937) S. 573. — [4] Schenck, R., u. H. Keuth: Z. Elektrochem. angew. physik. Chem. Bd. 46 (1940) S. 298. — [5] Kawakami, M.: Sci. Rep. Tôhoku Imp. Univ. Bd. 19 (1930) S. 521. — [6] Scheil, E.: Z. Elektrochem. angew. physik. Chem. Bd. 49 (1943) S. 253.

Au-Hg. Gold-Quecksilber.

Biltz und Meyer[1] führten im goldreichen Teil des Systems Gold-Quecksilber Dampfdruckmessungen nach einer statischen Methode (vgl S. 88) bei 253, 300 und 315° C aus. Danach besteht in dem untersuchten Bereich (7,4 bis 25,8 Gew.-% Hg) nur eine intermediäre Phase, und zwar eine solche variabler Zusammensetzung zwischen etwa 21,3 und 24,7 Gew.-% Hg. Das Löslichkeitsgebiet des Quecksilbers in Gold erstreckt sich bis etwa 18 Gew.-% Hg. Biltz und Meyer schlossen aus der Konstanz des aus den Dampfdruckmessungen nach van 't Hoff berechneten Wertes für die Verdampfungswärme des Quecksilbers aus den Goldamalgamen (12,9 $\pm$ 0,1 kcal) auf Bildungswärmen, die unabhängig von der Zusammensetzung des Amalgams sind. Bei der Berechnung der Wärmetönung wurde damals wohl unberücksichtigt ge-

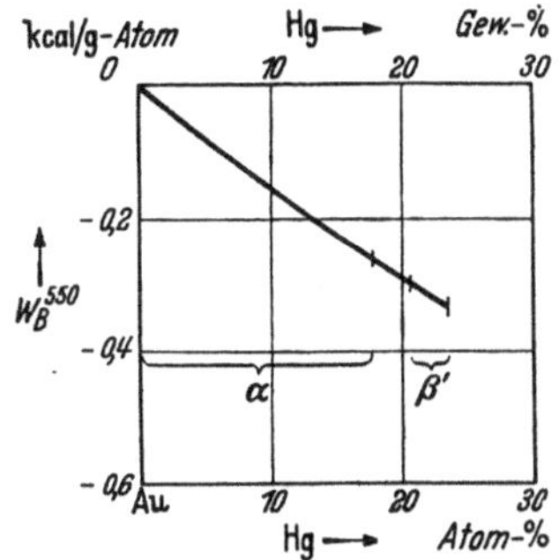

Abb. 78. Bildungswärmen der goldreichen Gold-Quecksilber-Legierungen bei 280° C. (Nach Dampfdruckmessungen von W. Biltz und F. Meyer berechnet.)

lassen, daß die Auswertung von Dampfdruckmessungen zunächst immer zu den partiellen Werten der Reaktionswärmen führt. Wertet man die Ergebnisse von Biltz und Meyer unter diesem Gesichtspunkt aus, so ergeben sich die in Abb. 78[2] graphisch wiedergegebenen integralen Bildungswärmen der Gold-Quecksilber-Legierungen mit bis zu 23,4 Atom-% Hg. Danach ist die Bildungswärme der festen Legierungen endotherm und beträgt bei 23,4 Atom-% Hg −0,33₅ kcal/g-Atom (280° C). Dieses Resultat weicht nicht wesentlich von den ursprünglichen Zahlenangaben von Biltz und Meyer ab.

Eastman und Hildebrand[3] bestimmten den Quecksilberdampfdruck über Goldamalgamen mit bis zu 23,7 Gew.-% Au, also im quecksilberreichen Teil, bei etwa 317° C. Und zwar wurde der Druck von reinem Quecksilber gleichzeitig mit dem des Amalgams gemessen, um den Fehler möglichst klein zu halten. Von einem Goldgehalt von etwa 16,5 Gew.-% an konnte das Auftreten einer festen Phase beobachtet werden. Eastman und Hildebrand geben nur die gemessenen Aktivitäten an. Die partiellen Wärmetönungen beim Lösen von 1 g-Atom Hg in sehr viel Legierungsschmelze erhält man näherungsweise nach:

$\overline{W}_{Hg} = -RT \ln\frac{p/p_0}{N}$. Sie sind in Tab. 23 aufgeführt. Eine Auswertung auf integrale Bildungswärmen ist nicht möglich, da nur bei hohen Quecksilberkonzentrationen gemessen wurde. Aus den Versuchsdaten geht jedoch hervor, daß auch die Mischungswärme der flüssigen quecksilberreichen Legierungen endotherm sein muß.

Die Lösungswärme von festem Gold in flüssigem Quecksilber bei 97° C wurde von Tammann und Ohler[4] mit einer einfachen kalorimetrischen Anordnung bestimmt. Für die Auflösung von 1 g-Atom Gold in viel Quecksilber ergab sich die Wärmetönung zu 2,05 kcal.

Tabelle 23. Partielle Mischungswärmen im System Au-Hg bei 317° C.
(Nach Messungen von Eastman und Hildebrand.)

N_{Hg} ...	0,9848	0,9602	0,9348	0,9283	0,8954	0,8821	0,847	0,809
$\overline{W}_{Hg}$ in kcal	−0,002	−0,023	−0,041	−0,034	−0,063	−0,077	−0,111	−0,167

[1] Biltz, W., u. F. Meyer: Z. anorg. allg. Chem. Bd. 176 (1928) S. 23. — [2] Die neueren Untersuchungen von Plakssin (Chem. Zbl. 1939 I S. 1517) über die Phasengleichgewichte im System Gold-Quecksilber stimmen mit den Angaben von Biltz und Meyer in dem von diesen untersuchten Konzentrationsbereich annähernd überein. — [3] Eastman, E. D., u. J. H. Hildebrand: J. Amer. chem. Soc. Bd. 36 (1914) S. 2020. — [4] Tammann, G., u. E. Ohler: Z. anorg. allg. Chem. Bd. 135 (1924) S. 118.

Au-Ni. Gold-Nickel.

Experimentelle Untersuchungen der thermochemischen Daten liegen nicht vor. Rechnerische Ableitungen der Bildungs- und Mischungswärmen aus dem Zustandsdiagramm vgl. Dehlinger[1] und Scheil[2].

[1] Dehlinger, U.: Chem. Physik der Metalle und Legierungen, S. 15. Leipzig 1939. — [2] Scheil, E.: Z. Elektrochem. angew. physik. Chem. Bd. 49 (1943) S. 251.

Au-P. Gold-Phosphor.

Haraldsen und Biltz[1] bestimmten die Bildungswärme für das im Gleichgewicht mit Phsosphordampf beständige Goldphosphid Au_2P_3 [2] aus der Temperaturabhängigkeit des Dampfdruckes (562 bis 697° C). Die Auswertung nach van 't Hoff führte zunächst zu der thermochemischen Gleichung: $8/3\,[Au] + (P_4) = 4/3\,[Au_2P_3] + 41{,}7 \pm 0{,}2$ kcal. Mit der Verdampfungswärme von weißem Phosphor (12 kcal/g-Mol P_4 bei 260° C) erhält man (vgl. S. 109) die Wärmetönung für die kondensierte Reaktion:

$$2\,[Au] + 3\,[P]_{weiß} = [Au_2P_3] + 21{,}6 \text{ kcal.}$$

Wünscht man die Bildungswärme bei der Entstehung des Phosphides aus Gold und rotem Phosphor zu erfahren, so ist der obige Wert mit Hilfe der Gleichung $[P]_{weiß} = [P]_{rot} + 4$ kcal zu ändern. Führt man diese Umrechnung durch und bezieht auf 1 g-Atom Phosphid, so ergeben sich für die Bildungswärme $\boxed{+1,9}$ kcal.

[1] Haraldsen, H., u. W. Biltz: Z. Elektrochem. angew. physik. Chem. Bd. 37 (1931) S. 502. — Haraldsen, H.: Skr. Norske Vidensk.-Akad. Oslo, Mat.-Naturw. Kl. 1932 (9) S. 1. — [2] Eine gegenseitige Löslichkeit $Au\text{-}Au_2P_3$ konnte nicht festgestellt werden.

Au-Sb. Gold-Antimon.

In dem System Gold-Antimon tritt nur die Verbindung $AuSb_2$ mit verdecktem Schmelzmaximum (460° C) auf. Biltz, Rohlffs und v. Vogel[1] bestimmten ihre Bildungswärme durch Lösen der Verbindung sowie des entsprechenden Metallgemisches in verschiedenen Lösungsmitteln bei 90° C in einem Kalorimeter mit geschlossenem Reaktionsraum (vgl. S. 24). Als Lösungsmittel dienten Brom-Salzsäure, Brom-Bromwasserstoffsäure und Jodtrichlorid. Die Genauigkeit der Ergebnisse wurde durch Seigerungen bei der Legierungsherstellung beeinträchtigt. Aus der Differenz der Lösungswärmen errechnete sich die Bildungswärme von $[AuSb_2]$ zu $\sim +3{,}5$ kcal. — Aus Messungen der EMK am System Gold-Antimon (310 bis 350° C) berechneten Weibke und Schrag[2] den Wert $+4{,}8$ kcal/Mol. Da bei diesen Messungen jedoch wahrscheinlich eine Reaktion des Antimontrichlorids des Elektrolyten mit dem edleren Metall der Legierung auftrat, die eine Verarmung der Schmelze an Sb^{3+}-Ionen in der Nähe der Legierungselektrode und damit eine zusätzliche EMK zur Folge hat (vgl. S. 75), betonen Weibke und Schrag ausdrücklich den Charakter ihres Ergebnisses als Höchstwert. Da nun auch die von Biltz, Rohlffs und v. Vogel mitgeteilten Messungen mit stärkeren Schwankungen behaftet sind, schlagen Weibke und Schrag vor, mit dem Wert $+4{,}0$ kcal für die Bildungswärme eines Mols $AuSb_2$ zu rechnen. In kcal/g-Atom beträgt also dieser Wert $\boxed{+1,3}$.

Unmittelbare thermochemische Messungen an flüssigen Legierungen liegen nicht vor. Doch leitete Scheil[3] ganz kürzlich die Mischungswärme-Konzentrationskurve aus den Schmelzkurven unter der Annahme einer statistischen Verteilung der Atome und der strengen Gültigkeit der Neumann-Koppschen Regel ab und erhielt das Maximum von W_M bei 37 Atom-% Sb und etwa $+1{,}3$ kcal/g-Atom. Bei der Zusammensetzung 67 Atom-% ($AuSb_2$) beträgt danach die Mischungswärme etwa 0,95 kcal/g-Atom.

Aus Messungen des Temperaturverlaufes der spezifischen Wärme für die Verbindung $AuSb_2$ nach der Mischungsmethode schlossen Jaeger und Bottema[4] auf das Bestehen dreier Modifikationen, die Umwandlungspunkte liegen bei 355 bzw. 405° C. Für den Übergang $\beta \to \gamma$ (355° C) wird eine Wärmetönung von 0,17 kcal/Mol angegeben. Ther-

mische Differentialmessungen nach dem Verfahren von Saladin-
Le Chatelier zeigten bei den gleichen Temperaturen Unstetigkeiten[5];
aus der Größe des Ausschlages ließ sich die Wärmetönung der Umwandlung $\beta \to \gamma$ zu 0,1$_5$ kcal/Mol abschätzen.

[1] Biltz, W., G. Rohlffs u. H. U. v. Vogel: Z. anorg. allg. Chem. Bd. 220
(1934) S. 113. — [2] Weibke, Fr., u. G. Schrag: Z. Elektrochem. angew. physik.
Chem. Bd. 46 (1940) S. 658. — [3] Scheil. E.: Z. Elektrochem. angew. physik.
Chem. Bd. 49 (1943) S. 248. — [4] Jaeger, F. M., u. J. A. Bottema: Recueil
Trav. chim. Pays-Bas Bd. 52 (1933) S. 107. — [5] Rosenbohm, E., u. F. M. Jaeger:
Proc., Kon. Akad. Wetensch. Amsterdam Bd. 39 (1936) S. 366.

Au-Sn.   Gold-Zinn.

Die Bestimmung der Bildungswärmen der festen Gold-Zinn-
Verbindungen AuSn und $AuSn_2$ erfolgte durch Biltz, Rohlffs und
v. Vogel[1] nach dem Lösungsverfahren in einem Kalorimeter für höhere
Temperaturen mit geschlossenem Reaktionsraum (vgl. S. 24). Als
Lösungsmittel dienten Brom-Bromkalium, Brom-Bromwasserstoffsäure
und Jodtrichloridlösung; für $AuSn_2$ wurde nur Brom-Bromkalium verwendet; die Meßtemperatur betrug 90° C. Es wurden einerseits die
Lösungswärmen der Legierungen und andererseits die der entsprechenden
Metallgemische geprüft. Aus der Differenz der Lösungswärmen ergab sich
die Bildungswärme von AuSn zu +8,$_2$ kcal/Mol bzw. $\boxed{+4,_1}$ kcal/g-Atom.
Der mittlere Fehler errechnet sich aus den durchgeführten 12 Versuchen zu etwa ±7%. Die Bildungswärme von $AuSn_2$ ergab sich zu
etwa +5,$_5$ kcal/Mol oder $\boxed{+1,6}$ kcal/g-Atom. Diese Ergebnisse stehen
in Übereinstimmung mit dem Zustandsdiagramm. AuSn ist durch ein
Maximum in der Schmelzkurve ausgezeichnet (418° C), mußte also
nach den allgemeinen Erfahrungen die höchste Bildungswärme aller
Gold-Zinn-Legierungen haben. $AuSn_2$ dagegen entsteht durch eine
peritektische Umsetzung bei 309° Dementsprechend ist ihre Bildungswärme, bezogen auf 1 g-Atom Legierung, auch wesentlich kleiner.

Die Schmelzwärme der Phase AuSn, die mit einem engen Homogenitätsbereich kristallisiert und durch ein Schmelzmaximum ausgezeichnet ist, beträgt nach Messungen der mittleren spez. Wärme von
Kubaschewski[2] 3,06 ± 0,08 kcal/g-Atom. Mit den Zahlenwerten von
Kubaschewski, den mittleren spez. Wärmen von Au und Sn (Umino[3])
und den oben angegebenen Bildungswärmen errechnet sich die
Mischungswärme einer flüssigen Au-Sn-Legierung mit 50 Atom-%
aus den flüssigen Komponenten bei 600° C (also Gold unterkühlt) zu
etwa +3,$_3$ kcal/g-Atom.

[1] Biltz, W., G. Rohlffs u. H. U. v. Vogel: Z. anorg. allg. Chem. Bd. 220
(1934) S 113.. — [2] Kubaschewski, O.: Z. physik. Chem. (1943) im Druck. —
[3] Umino, S.: Sci. Rep. Tôhoku Imp. Univ. Bd. 15 (1926) S. 597.

Au-Zn. Gold-Zink.

Biltz, Rohlffs und v. Vogel[1] bestimmten die Bildungswärme von 3 Gold-Zink-Legierungen der Zusammensetzung $AuZn_3$, $AuZn$ und Au_3Zn lösungskalorimetrisch bei 97° C (vgl. S. 24). Als Lösungsmittel d ente Brom-Bromkalium. Die Legierungen wurden vor der Untersuchung längere Zeit getempert. Für die einzelnen Legierungen ergaben sich folgende Bildungswärmen in kcal/Mol: $AuZn_3$ +22,₅, $AuZn$ +11 und Au_3Zn +24. Die Werte, bezogen auf 1 g-Atom Legierung sind in Abb. 79 eingezeichnet. Es fällt auf, daß $AuZn$ mit einer geringeren Bildungswärme entsteht als die beiden benachbarten Phasen. Solche einspringenden Ecken sind in den Konzentrationsdiagrammen der Bildungswärmen wohl möglich, während sie in den entsprechenden Diagrammen der Bildungsarbeiten beim Vorliegen stabiler Legierungen nicht auftreten können. Für eine vollständige thermochemische Beschreibung eines komplizierteren Systems, wie es das vorliegende ist, reicht jedoch die Untersuchung von nur 3 Konzentrationen nicht aus, und weitere energetische Messungen an den festen Legierungen sind deshalb erforderlich.

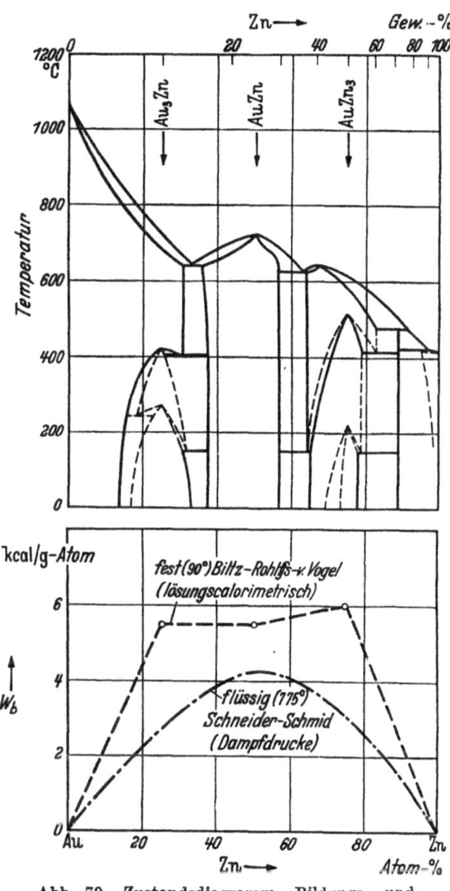

Abb. 79. Zustandsdiagramm, Bildungs- und Mischungswärmen der Gold-Zink-Legierungen.

Zur Festlegung der energetischen Daten von flüssigen Au-Zn-Legierungen haben Schneider und Schmid[2] vor kurzer Zeit den Dampfdruck des Zinks über verschiedenen Legierungen nach einem statischen Verfahren gemessen. Aus der Temperaturabhängigkeit der Dampfdrucke ergaben sich zunächst die $\overline{W}_{Zn}$-Werte (Auswertung s. S. 110), die in Tab. 24 angegeben sind und aus denen sich mit einiger Sicherheit auch die integralen W-Werte ableiten ließen. Sie sind ebenfalls in Abb. 79, und zwar als strichpunktierte Kurve angefügt. Die flüssigen Legierungen entstehen demnach exotherm mit einem Maximalwert von W_M von $+4{,}2 \pm 0{,}15$ kcal/g-Atom bei 50 Atom-%. Die entsprechende Kurve der Mischungsarbeiten hat ihr Maximum bei $5{,}0_5$ kcal/g-Atom (700° C) und 50 Atom-%.

Tabelle 24. Partielle Mischungswärmen flüssiger Au-Zn-Legierungen bei 775°. (Nach Schneider und Schmid.)

N_{Zn}	0,832	0,749	0,646	0,518	0,383
$\overline{W}_{Zn}$ in kcal . .	+0,4	+0,8	+2,0	+4,5	+7,4

Kubaschewski[3] bestimmte kürzlich die Wärmeinhalte zweier Au-Zn-Legierungen mit 50 und 88,9 Atom-% Zn (β- und ε-Phase) zwischen Raumtemperatur und verschiedenen Temperaturen oberhalb und unterhalb des Schmelzpunktes. Er erhielt folgende Schmelzwärmen: β-Au-Zn $2{,}94 \pm 0{,}16$ und ε-Au-Zn $1{,}78 \pm 0{,}09$ kcal/g-Atom.

[1] Biltz, W., G. Rohlffs u. H. U. v. Vogel: Z. anorg. allg. Chem. Bd. 220 (1934) S. 113. — [2] Schneider, A., u. H. Schmid: Z. Elektrochem. angew. physik. Chem. Bd. 48 (1942) S. 637. — [3] Kubaschewski, O.: Z. physik. Chem. (1943) im Druck.

B-N. Bor-Stickstoff.

Slade und Higson[1] bestimmten den Dissoziationsdruck von Bornitrid (BN) zwischen 1100 und 1240° C. Für eine Auswertung geeignet erwies sich nur die Messung bei 1222° C. Mit Hilfe der Nernstschen Näherungsgleichung ergab sich die Bildungswärme von [BN] aus festem Bor und gasförmigem Stickstoff zu etwa $+34{,}5$ kcal/Mol. Die Messungen des Dissoziationsdruckes von Bornitrid bei mehreren Temperaturen zwischen 1695 und 2045° C von Lorenz und Woolcock[2] und Auswertung nach van 't Hoff führte zu einem Wert für die Bildungswärme von $+28{,}1$ kcal/Mol. Satoh[3] berechnete auf Grund dieser Messungen und der spezifischen Wärme von BN und B (nach Magnus und Danz[4]) für die Bildungswärme bei Raumtemperatur $+28{,}5$ kcal/Mol. Kelley[5] erhält auf Grund derselben Arbeiten bei einer Neuberechnung einen etwas höheren Wert, nämlich $W_B^{298} = +31{,}5$ kcal/Mol. Die Genauigkeit dieser aus Gleichgewichtsmessungen bei sehr hohen Temperaturen erhaltenen Werte sollte nicht überschätzt werden.

[1] Slade, R. E., u. G. I. Higson: J. chem. Soc. [London] Bd. 115 (1919) S. 215. — [2] Lorenz, R., u. J. Woolcock: Z. anorg. allg. Chem. Bd. 176 (1928) S. 289. — [3] Satoh, S.: Sci. Pap. Inst. physic. chem. Res. Bd. 29 (1936) S. 53. — [4] Magnus, A., u. H. Danz: Ann. Physik. (4) Bd. 81 (1926) S. 407. — [5] Kelley, K. K.: U. S. Dep. Interior, Bur. Mines Nr. 407 (1937) S. 31.

B-S. Bor-Schwefel.

Aus der Zersetzungswärme von Borsulfid (B_2S_3) in Wasser berechnete Sabatier[1] dessen Bildungswärme zu $+83$ kcal/Mol bei Raumtemperatur. Bichowsky und Rossini[2] korrigierten diesen Wert mit neueren Hilfsgrößen auf etwa $+40$ kcal/Mol.

[1] Sabatier, P.: C. R. Séances Acad. Sci. Paris Bd. 112 (1881) S. 862. — [2] Bichowsky, F. R., u. F. D. Rossini: Thermochemistry of the chemical Substances, S. 105. New York 1936.

Ba-Hg. Barium-Quecksilber.

Die Bildungswärmen der festen Legierungen im System Barium-Quecksilber sind nicht bekannt.

Ältere EMK-Messungen von Cady[1] zwischen Amalgamen verschiedener Konzentration (im gleichen System) der Metalle Barium, Kalzium, Natrium, Kalium, Lithium, Zinn und Zink erscheinen nicht übermäßig genau. Da außerdem nur kleine Konzentrationsbereiche untersucht wurden und Messungen gegen das reine Metall als Bezugselektrode fehlen, ist eine Auswertung auf Mischungswärmen nicht möglich.

Im Rahmen einer Untersuchung der elektromotorischen Kräfte von Bariumamalgamen verschiedener Konzentration mit bis zu 0,263 Gew.-% Ba bestimmte Anderson[2] auch die Temperaturabhängigkeit der EMK (15, 25, 35° C) an drei flüssigen Amalgamen mit 0,03106, 0,1228 und 0,2629 Gew.-% Ba, von denen jeweils 2 Amalgame gegeneinander gemessen wurden. Als Elektrolyt diente Hydrazin/Bariumchlorid. Aus den Versuchsdaten ergab sich z. B., daß bei der Verdünnung eines Amalgams 0,2629% Ba auf etwa das 8,5fache Volumen (0,03106% Ba) pro g-Atom Ba 173 cal entwickelt werden.

[1] Cady, H. P.: J. physic. Chem. Bd. 2 (1898) S. 551. — [2] Anderson, P. A.: J. Amer. chem. Soc. Bd. 48 (1926) S. 2285.

Ba-N. Barium-Stickstoff.

Guntz und Benoit[1] stellten sich durch Einwirkung von Stickstoff auf Bariummetall ein 95proz. Bariumnitrid (Ba_3N_2) her. Aus der Lösungswärme in verdünnter Salzsäure ergibt sich die Bildungswärme des Nitrids (umgerechnet auf 100%) zu $+89{,}9$ kcal/Mol oder $\boxed{+18{,}0}$ kcal/g-Atom.

[1] Guntz, A., u. F. Benoit: Ann. Chimie (9) Bd. 20 (1923) S. 5. — Vgl. auch Landolt-Börnstein-Roth-School I. Erg.-Bd. S. 823.

Ba-S. Barium-Schwefel.

Mit Hilfe der von Sabatier[1] bei Raumtemperatur gemessenen Lösungswärme von Bariumsulfid (BaS) in verdünnter Salzsäure errechneten Bichowsky und Rossini[2] für dessen Bildungswärme aus den Elementen etwa $+111$ kcal/Mol, d. h. $+55{,}5$ kcal/g-Atom.

[2] Sabatier, P.: Ann. chim. phys. (5) Bd. 22 (1881) S. 5. — [2] Bichowsky, F. R., u. F. D. Rossini: Thermochemistry of the chemical Substances, S. 128. New York 1936.

Ba-Se. Barium-Selen.

Über die Bildungswärme des Bariumselenids liegt nur eine ältere Arbeit von Fabre[1] vor. Dieser erhielt für die Lösungswärme der festen Verbindung in verdünnter Salzsäure bei Raumtemperatur: 34 kcal/Mol BaSe. Bichowsky und Rossini[2] berechneten die Bildungswärme mit den Angaben von Fabre zu +81 kcal/Mol.

[1] Fabre, Ch.: Ann. chim. phys. (6) Bd. 10 (1887) S. 517. — [2] Bichowsky, F. R., u. F. D. Rossini: Thermochemistry of the chemical Substances, S. 128. New York 1936.

Ba-Si. Barium-Silizium.

Wöhler und Schuff[1] verbrannten das von ihnen hergestellte Bariummonosilizid (Ba_2Si_2) und Bariumtrisilizid ($BaSi_3$) unter 30 at Sauerstoff in der Kalorimeterbombe mit einem bekannten Überschuß von Kalium- bzw. Natriumchlorat und einem Zusatz von Paraffinöl. Außerdem wurde Bariumoxyd zugemischt, um die Silikatbildung zu fördern. Von den ermittelten Verbrennungswärmen wurden diejenigen von Paraffin, Chlorat[2] und dem zur Zündung verwendeten Eisendraht abgezogen. Das Bariummonosilizid enthielt 1,89% freies Silizium und 1,08% $FeSi_2$. Die Verbrennungswärme des Siliziums[3] sowie die Wärmetönung der Reaktion des gebildeten SiO_2 mit überschüssigem BaO wurden von der Verbrennungswärme des Rohsilizids subtrahiert, dagegen wurde die Verbrennungswärme des nur teilweise verbrennenden $FeSi_2$ nicht berücksichtigt. Für die Bildungswärme von Ba_2Si_2 ergab sich dann aus 2 Messungen der Wert 363 kcal/Mol, also 91 kcal/g-Atom. Das zur Untersuchung gelangende rohe Bariumtrisilizid enthielt 33,0% freies Silizium und 3,6% $FeSi_2$. Der Rückstand der Verbrennung enthielt noch 14,7% freies Si und 0,81% $FeSi_2$ bei Anwendung von $KClO_3$ (neben Paraffinöl) und BaO-Zusatz. Bei Anwendung von $NaClO_3$ als Oxydationsmittel verblieben 14,3% Si und 2,36% $FeSi_2$. Die Bildungswärme von $BaSi_3$ ergab sich aus 4 Messungen nach der Korrektur zu 399 kcal/Mol oder 100 kcal/g-Atom. Ohne BaO-Zusatz lag die Verbrennungswärme erheblich niedriger. Die gefundenen Bildungswärmen scheinen, besonders beim Vergleich mit den Kalziumsiliziden (s. dort), unwahrscheinlich ·hoch.

[1] Wöhler, L., u. W. Schuff: Z. anorg. allg. Chem. Bd. 209 (1932) S. 53. — [2] Die Verbrennungswärme des verwendeten Paraffinöls wurde zu 11220 cal/g, die Zersetzungswärme von $KClO_3$ zu 11,14 kcal/Mol ermittelt. Für $NaClO_3$ wurde der Wert Berthelots von 13,1 kcal/Mol benutzt. — [3] Für die Verbrennungswärme von Si wurde der Wert von W. A. Roth und D. Müller [Z. physik. Chem. Bd. 144 (1929) S. 255] verwendet; Wärmetönung der Reaktion $2\,[Ba] + (O_2) = 2\,[BaO]$: vgl. Landolt-Börnstein-Roth-Scheel, I. Erg.-Bd. (1927) S. 823.

Be-N. Beryllium-Stickstoff.

Neumann, Kröger und Häbler[1] bestimmten die Bildungswärme von Berylliumnitrid durch Azotierung von Berylliumpulver (99,5proz.) in der kalorimetrischen Bombe bei 980° C. Da hierbei, wie auch bei den Versuchen mit Aluminiumnitrid (s. dort), die durch direkte Azotierung erreichten Stickstoffaufnahmen zur Bestimmung der Bildungswärme nicht ausreichten, wurde mit einem Zusatz von 0,25 bis 5,0% NaF bzw. 0,5 bis 2% BeO gearbeitet. Der Azotierungsgrad betrug dann bei

NaF-Zusatz im Durchschnitt 30 und bei BeO-Zusatz 27% (Stickstoffgehalt von Be_3N_2: 50,6%). Für die Bildungswärme von Berylliumnitrid ergab sich so aus 8 Versuchen im Mittel $+134,1 \pm 0,65$ kcal/Mol bei konstantem Druck. Bei einer Nachprüfung dieses Wertes erhielten Neumann, Kröger und Kunz[2] aus der Differenz der Verbrennungswärmen des reinen Metalls und des Nitrids $+135,3 \pm 1,3$ kcal/Mol. Im Mittel beträgt also die Bildungswärme des Nitrids $\boxed{+19,5}$ kcal/g-Atom.

[1] Neumann, B., C. Kröger u. H. Haebler: Z. anorg. allg. Chem. Bd. 204 (1932) S. 87. — [2] Neumann, B., C. Kröger u. H. Kunz: Z. anorg. allg. Chem. Bd. 218 (1934) S. 379.

Bi-Ca. Wismut-Kalzium.

Die Bildungswärme der festen Legierungen im System Wismut-Kalzium ist von Kubaschewski und Walter[1] ermittelt worden. Diese Autoren brachten Preßlinge aus Mischungen von Kalziumspänen und Wismutpulver verschiedener Zusammensetzung im Hochtemperaturkalorimeter unter Argon bei einer Temperatur von 610 bis 660° C zur Reaktion und erhielten die Bildungswärmen aus den gemessenen Wärmetönungen unter Berücksichtigung des Wärmeinhalts der eingebrachten Preßlinge zwischen Raum- und Kalorimetertemperatur. Das Gewicht der Preßlinge betrug etwa 0,1 g-Atom. Im wismutreichen Gebiet wurden die Versuche in einem Graphittiegel, im kalziumreichen Gebiet in einem Eisentiegel durchgeführt. Die Bildungs

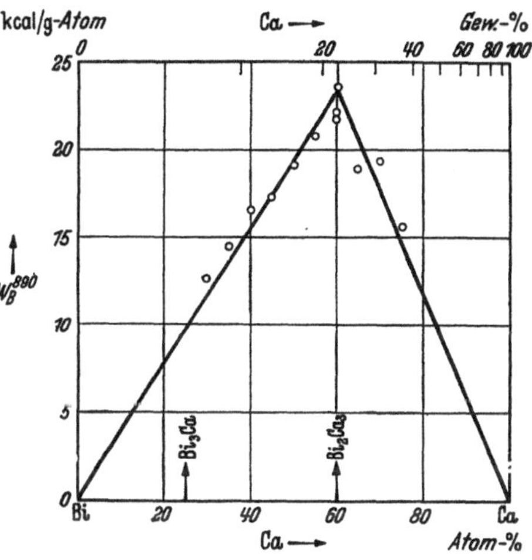

Abb. 80. Bildungswärmen der Wismut-Kalzium-Legierungen bei 610 bis 660° C. (Nach O. Kubaschewski und A. Walter.)

wärme-Konzentrationskurve findet sich in Abb. 80. Da die Messungen im wismutreichen Teil oberhalb der peritektischen Temperatur (507° C) ausgeführt wurden, mußte man zur Ermittlung der Bildungswärme der festen Legierungen in diesem Gebiet die Schmelzwärme des flüssig vorliegenden Anteils zu den Meßergebnissen addieren. Wie zu erwarten, ist die Verbindung Bi_2Ca_3 durch ein Maximum in der Bildungswärme-Konzentrationskurve ausgezeichnet, dabei beträgt die Bildungswärme $+23,0$ kcal/g-Atom. Die Werte für die anderen Konzentrationen liegen auf 2 Geraden, die sich bei 60 Atom-% Ca schneiden. Das Bestehen der intermetallischen Verbindung Bi_3Ca kann sich in der Kurve nicht ausprägen, da sie bei der Meßtemperatur bereits zerfallen ist.

Die Mischungswärmen der flüssigen Legierungen sind nicht bekannt.

[1] Kubaschewski, O., u. A. Walter: Z. Elektrochem. angew. physik. Chem. Bd. 45 (1939) S. 732.

Bi-Cd. Wismut-Kadmium.

Die Bildungswärme der festen Wismut-Kadmium-Legierungen dürfte infolge der geringen gegenseitigen Löslichkeit der Komponenten und da Verbindungen in dem System nicht auftreten, praktisch gleich Null sein.

Die Mischungswärme der flüssigen Legierungen wurde von Kawakami[1] durch direkte kalorimetrische Messung bei 350° geprüft. Die Summe der Einwaagen war so gewählt, daß etwa 0,1 g-Atom Legierung entstanden. Nach den Ergebnissen von Kawakami ist die Mischungswärme sehr schwach exotherm und ergibt sich in dem Bereich von etwa 35 bis 75 Atom-% Cd zu +4 bis +8 cal/g-Atom, ist also praktisch gleich Null. Zu den Ergebnissen von Kawakami ist jedoch zu bemerken, daß sein Verfahren nicht genau genug arbeitet, um so geringe Wärmetönungen wie die beobachteten eindeutig festzulegen.

Guthrie und Libman[2] berechneten aus den Meßdaten für die spezifischen Wärmen von Bi-Cd-Schmelzen von Wüst und Durrer[3] die Wärmetönung beim Übergang der Legierungen vom festen in den flüssigen Zustand bei der eutektischen Temperatur. Eine Auswertung auf Mischungswärmen mit Hilfe der Schmelzwärmen von Wismut und Kadmium führt jedoch zu sehr unwahrscheinlichen Werten.

[1] Kawakami, M.: Z. anorg. allg. Chem. Bd. 167 (1927) S. 345. — [2] Guthrie, A. N., u. E. E. Libman: J. Amer. chem. Soc. Bd. 51 (1929) S. 1711. — [3] Wüst, F., u. R. Durrer: Forsch. Gebiete Ingenieurwes. H. 241 (1922).

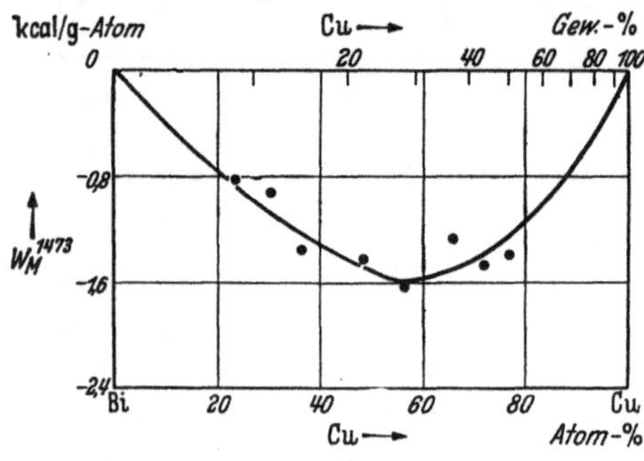

Abb. 81. Mischungswärmen der Wismut-Kupfer-Schmelzen bei 1200° C. (Nach M. Kawakami.)

Bi-Cu. Wismut-Kupfer.

Bei den festen Wismut-Kupfer-Legierungen dürften infolge der geringen gegenseitigen Löslichkeit der Komponenten keine meßbaren Bildungswärmen auftreten.

Die Mischungswärmen für dieses System, die Kawakami[1] unmittelbar kalorimetrisch beim Vermischen der flüssigen Partner bei 1200° C bestimmte, finden sich in Abb. 81 Der Vereinigungsvorgang verläuft endotherm; die Streuung der Werte ist verhältnismäßig groß.

Das Minimum der Mischungswärme von annähernd $-1,6$ kcal/g-Atom wird bei etwa 56 Atom-% Cu erreicht. Nach einer neueren Ableitung der Mischungswärmen auf rechnerischem Wege durch Scheil[2] verläuft die Kurve in Abb. 81 möglicherweise zu tief. Nach der Berechnung von Scheil auf Grund des Zustandsdiagramms sind gegenüber Kawakami etwa die halben negativen Werte für W_M zu erwarten. Eine Klärung durch erneute experimentelle Untersuchung wäre hier erwünscht.

[1] Kawakami, M.: Sci. Rep. Tôhoku Imp. Univ. Bd. 19 (1930) S. 521. — [2] Scheil, E.: Z. Elektrochem angew. physik. Chem. Bd. 49 (1943) S. 246.

Bi-Hg. Wismut-Quecksilber.

An festen Wismut-Quecksilber-Legierungen liegen keine thermochemischen Messungen vor.

Die Wärmetönung bei der Auflösung von 1 g-Atom Wismut in viel Quecksilber (partielle Wärmetönung) wurde mittels eines einfachen Kalorimeters bei 97° C von Tammann und Ohler[1] zu $-3,7$ kcal gefunden.

Eastman und Hildebrand[2] maßen den Dampfdruck von Quecksilber über flüssigen Wismut-Quecksilber-Legierungen bei etwa 300°. Um den Fehler der Messungen möglichst klein zu halten, wurde der Druck von reinem Quecksilber gleichzeitig mit dem des Amalgams gemessen (vgl. S. 87). Die Auswertung der Messungen erfolgt bei Eastman und Hildebrand nur für die Aktivitäten (p/p_0). Die Aktivitätswerte liegen oberhalb der Raoultschen Geraden. Die Berechnung der partiellen Mischungswärmen nach der Näherungsformel $\overline{W}_{Hg} = -RT \ln \frac{p/p_0}{N}$ ergibt die in Tab. 25 aufgeführten Werte.

Durch Integration der partiellen Werte erhält man die Mischungswärme der flüssigen Amalgame. In Abb. 82 ist der in dieser Weise erhaltene Kurvenverlauf dargestellt. Demnach ist die Vereini-

Tabelle 25. Partielle Mischungswärmen im System Bi-Hg.

N_{Hg}	$\overline{W}_{Hg}$ in kcal
0,9490	−0,015
0,8926	−0,020
0,8514	−0,076
0,753	−0,129
0,653	−0,187
0,537	−0,225
0,437	−0,255
0,330	−0,318
0,207	−0,348
0,063	−0,447

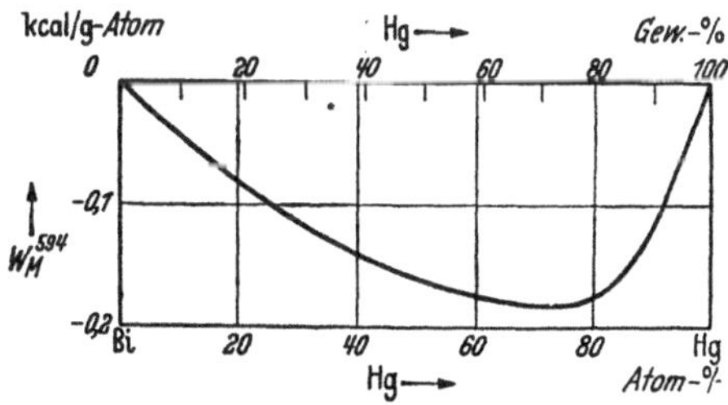

Abb. 82. Mischungswärmen der Wismut-Quecksilber-Schmelzen bei 300° C. (Nach Dampfdruckmessungen von E. D. Eastman und J. H. Hildebrand berechnet.)

gung von Wismut und Quecksilber ein endothermer Vorgang. Das Minimum liegt bei 72 Atom-% Hg und $-0,18$ kcal/g-Atom.

[1] Tammann, G., u. E. Ohler: Z. anorg. allg. Chem. Bd. 135 (1924) S. 118. — [2] Eastman, E. D., u. J. H. Hildebrand: J. Amer. chem. Soc. Bd. 36 (1914) S. 2020.

Bi-Li. Wismut-Lithium.

Die Bildungswärme im System Wismut-Lithium wurde von Seith und Kubaschewski[1] über den ganzen Konzentrationsbereich für den Gußzustand bestimmt. Hierzu wurde flüssiges Wismut von etwa 850° auf festes Lithium im Kalorimeter gegossen. Beide Metalle befanden sich unter Argon, Wismut in einem Eisen- und Natrium in einem Graphittiegel. Nach Abzug der durch das Wismut eingebrachten Wärmemenge ergab sich jeweils die Wärmetönung der Reaktion direkt aus der Temperaturerhöhung des Kalorimeters. Die Ergebnisse sind in Abb. 83 graphisch dargestellt. Das Maximum der Bildungswärme liegt bei der Verbindung Li_3Bi mit $\boxed{+13,8}$ $\pm$ 0,8 kcal/g-Atom. Von diesem Wert aus verläuft die Kurve linear zum reinen Wismut sowie zum reinen Lithium. Die Bildungswärme von Li_3Bi ist entsprechend ihrem scharf ausgeprägten Schmelzmaximum für eine intermetallische Verbindung recht hoch und dürfte mit ihrem heteropolaren Charakter in Zusammenhang stehen.

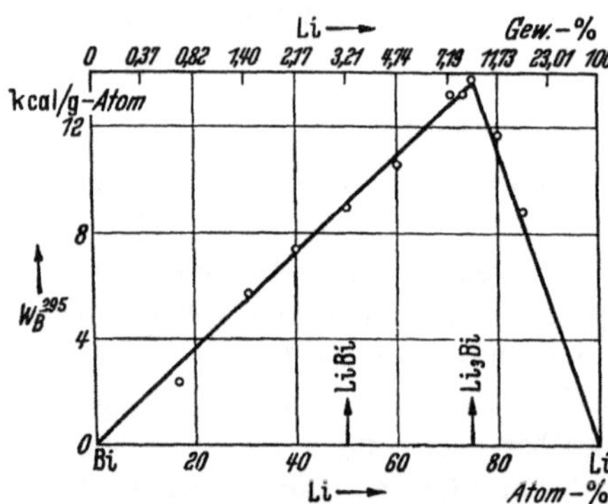

Abb. 83. Bildungswärmen der Wismut-Lithium-Legierungen bei Raumtemperatur. (Nach W. Seith und O. Kubaschewski.)

Die Mischungswärmen der flüssigen Legierungen sind noch nicht bekannt.

[1] Seith, W., u. O. Kubaschewski: Z. Elektrochem. angew. physik. Chem. Bd. 43 (1937) S. 748.

Bi-Mg. Wismut-Magnesium.

Grube[1] machte bereits im Jahre 1906 darauf aufmerksam, daß bei der Bildung der Verbindung Mg_3Bi_2 eine bedeutende Wärmetönung auftritt. Die Temperatur der Schmelze stieg dabei von 780 auf 900° C.

Die Bildungswärme im System Wismut-Magnesium für den Gußzustand wurde von Seith und Kubaschewski[2] über den ganzen Konzentrationsbereich bestimmt. Beide Metalle wurden in einem Eisentiegel mit Trennwand auf etwa 1000° erhitzt und im flüssigen Zustand zusammengegossen. Die Wärmeinhalte der reinen Metalle zwischen Guß- und Kalorimetertemperatur mußten dann zur Ermittlung der Bildungswärme aus den festen Komponenten von der gemessen Wärmetönung in Abzug gebracht werden. Die Ergebnisse sind in Abb. 84 (ausgezogene Kurve) graphisch wiedergegeben. Die Punkte liegen auf 2 Geraden, die sich bei der valenzmäßigen Zusammensetzung Bi_2Mg_3 schneiden. Die Bildungswärme dieser Verbindung beträgt danach $\boxed{+7,3} \pm 0,4$ kcal/g-Atom. Kubaschewski und Walter[3] prüften die Brauchbarkeit ihrer Anordnung durch die Bestimmung der Bildungswärme der Verbindung Bi_2Mg_3. Preßlinge aus einem Gemisch von Wismut- und Magnesiumpulver wurden in einem Hochtemperaturkalorimeter zur Reaktion gebracht und die Reaktionswärme gemessen. Aus 3 Messungen ergab sich für die Bildungswärme von Bi_2Mg_3 im Mittel $+7,4$ kcal/g-Atom. Der Wert ist als Kreuz in der Abb. 84 eingezeichnet.

Kawakami[4] erhielt die Mischungswärme der Wismut-Magnesium-Legierungen durch direkte Vereinigung der flüssigen Komponenten im Kalorimeter bei 800°. Die von ihm

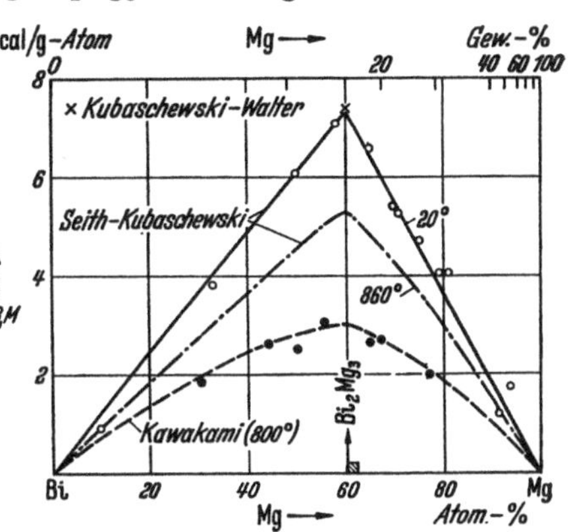

Abb. 84. Bildungs- und Mischungswärmen der Wismut-Magnesium-Legierungen.

gefundenen Werte sind ebenfalls in Abb. 84 (gestrichelte Kurve) eingezeichnet. Seith und Kubaschewski[2] bestimmten die Mischungswärme in der Weise, daß sie Legierungen verschiedener Konzentration von 860° in das Kalorimeter einbrachten und somit den Wärmeinhalt der Legierungen zwischen 860 und 20° erhielten. Der Unterschied zwischen so gemessenen Wärmeinhalten und den additiv aus den Wärmeinhalten der Komponenten in demselben Temperaturbereich berechneten ergibt dann mit umgekehrtem Vorzeichen den Unterschied zwischen den Kurven für die Konzentrationsabhängigkeit der Bildungswärme und Mischungswärme. Die Ergebnisse von Seith und Kubaschewski sind in Abb. 84 als strichpunktierte Kurve eingezeichnet.

Sowohl die Kurve von Kawakami als auch diejenige von Seith und Kubaschewski hat ihr Maximum bei 60 Atom-% Mg, jedoch unterscheiden sich die Absolutwerte der Mischungswärme beträchtlich. Es ergeben sich nach Kawakami 3,0 und nach Seith und Kubaschewski 5,2 kcal/g-Atom für die Mischungswärme der flüssigen Legierung beim Maximum. Von einer Entscheidung, welchen Werten die größere Wahrscheinlichkeit zugesprochen werden muß, soll hier abgesehen werden. Da beide Verfahren mit einem relativ großen Fehler arbeiten und die Übereinstimmung bei anderen Legierungssystemen gut ist (vgl. Mg-Pb), wäre eine gelegentliche Nachprüfung erwünscht. Zunächst empfiehlt es sich, mit den Mittelwerten aus beiden Meßreihen zu rechnen.

[1] Grube, G.: Z. anorg. allg. Chem. Bd. 49 (1906) S. 86. — [2] Seith, W., u. O. Kubaschewski: Z. Elektrochem. angew. physik. Chem. Bd. 43 (1937) S. 743. — [3] Kubaschewski, O., u. A. Walter: Z. Elektrochem. angew. physik. Chem. Bd. 45 (1939) S. 630. — [4] Kawakami, M.: Sci. Rep. Tôhoku Imp. Univ. Bd. 19 (1930) S. 521.

Bi-Na. Wismut-Natrium.

Die Bildungswärme der festen Wismut-Natrium-Legierungen für den Gußzustand wurde von Seith und Kubaschewski[1] durch Aufgießen von flüssigem Wismut ($\sim 850°$ C) auf festes Natrium bestimmt. Das Natrium befand sich in einem Graphittiegel im Kalorimeter unter Argon, das Wismut wurde in einem Eisentiegel ebenfalls unter Argon geschmolzen. Die gemessene Wärmetönung ergab die Bildungswärme direkt nach Abzug des Wärmeinhaltes von Wismut. Die Bildungswärme in dem System ist auf Grund der Ergebnisse in Abb. 85 graphisch dargestellt. Die stöchiometrisch zusammengesetzte Verbindung mit dem höchsten Schmelzmaximum, Na_3Bi, hat auch die höchste Bildungswärme mit $\boxed{+11{,}4}$ $\pm$ 0,7 kcal/g-Atom. Die durch eine peritektische Reaktion entstehende Verbindung NaBi tritt auf der Bildungswärme-Konzentrationskurve nicht weiter hervor. Ihre Bildungswärme aus den Elementen beträgt $\boxed{+7{,}8}$ $\pm$ 0,5 kcal/g-Atom Legierung.

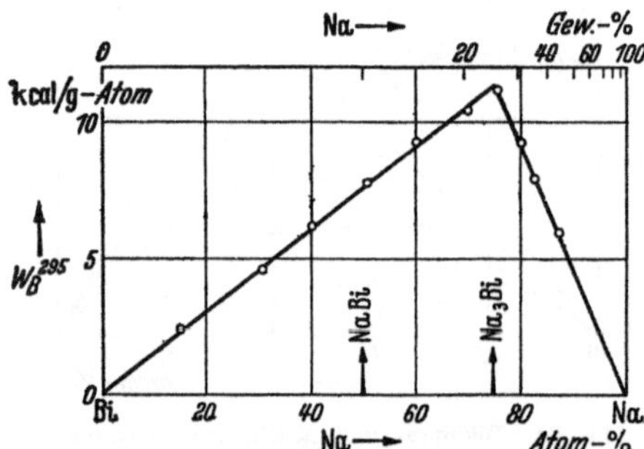

Abb. 85. Bildungswärmen der Wismut-Natrium-Legierungen bei Raumtemperatur. (Nach W. Seith und O. Kubaschewski.)

Mischungswärmen sind in dem System nicht bekannt.

[1] Seith, W., u. O. Kubaschewski: Z. Elektrochem. angew. physik. Chem. Bd. 43 (1937) S. 743.

Bi-Pb. Wismut-Blei.

Kubaschewski und Seith[1] konnten beim Zusammengießen von flüssigem Blei und Wismut im Kalorimeter und Abkühlenlassen der Mischung nach Abzug der Wärmeinhalte der eingebrachten reinen Metalle keine Bildungswärme im System Wismut-Blei innerhalb der Fehlergrenze ihres Verfahrens ($\pm$ 0,2 kcal/g-Atom) bei Raumtemperatur feststellen. Untersucht wurden Legierungen mit 50 bis 100 Atom-% Pb. Demnach ist der ältere Wert von Tayler[2], nach dem die Bildungswärme einer Legierung mit 55,6% Pb etwa $-0{,}76$ kcal/g-Atom betragen soll, zu niedrig. Tayler erhielt diesen Wert aus der Differenz der Lösungswärmen der Legierung und der der Komponenten in Quecksilber. Aus Messungen der EMK an festen Pb-Bi-Legierungen mit Pb als Bezugselektrode und mit einem geschmolzenen Gemisch von Blei- und Natriumazetat als Elektrolyt von Strickler und Seltz[3] ergab sich im Gebiet der α-Phase (0 bis 20 Atom-% Bi) keine Wärmetönung der Legierungsbildung, erst bei $N_{Bi} = 0{,}20$ wird $\overline{W}_{Bi} = -50$ cal.

Die Messung der elektromotorischen Kräfte an flüssigen Wismut-Blei-Legierungen (vgl. S. 70) von Strickler und Seltz[3] bei 380 bis 470° C gestatteten die Auswertung zunächst auf partielle (vgl. Tab. 3, S. 80) und mit deren Hilfe auf integrale Mischungswärmen über den ganzen Konzentrationsbereich. Die Ergebnisse sind als strichpunktierte Kurve in der Abb. 86 eingezeichnet. Die Übereinstimmung mit einer aus den Meßdaten von Wagner und Engelhardt[4] berechneten Kurve (in Abb. 86 gestrichelt) ist gut. Diese Beobachter bestimmten ebenfalls die EMK, und zwar von Ketten der Art Pb-Bi$_{fl}$/PbCl$_2$ in KCl$_{fl}$/Pb$_{fl}$ bei etwa 475 und 665° C. Die von Kawakami[5] durch direkte kalorimetrische Messung bei 350° C ermittelten Werte für

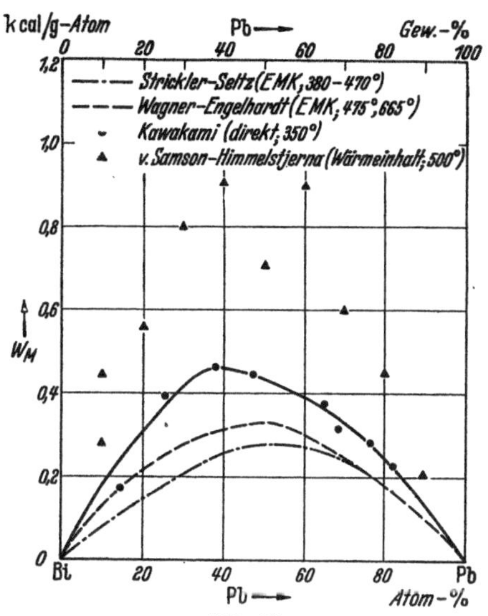

Abb. 86.
Mischungswärmen der Wismut-Blei-Schmelzen.

die Wärmetönung der Entstehung der flüssigen Legierungen aus den flüssigen Partnern liegen etwas höher, die Übereinstimmung mit den Ergebnissen von Strickler und Seltz einerseits und Wagner und Engelhardt andererseits kann jedoch unter Berücksichtigung der Genauigkeit der einzelnen Verfahren als befriedigend angesprochen werden. Dagegen weichen die Werte, die von v. Samson-Himmelstjerna[6] aus den Wärmeinhalten der Legierungen und der reinen Metalle (500 bis 20°) ermittelt wurden, beträchtlich von denen der anderen Autoren ab. Auch ist die Streuung der Meßpunkte sehr groß. Bei v. Samson-Himmelstjerna wurde ferner die Bildungswärme der festen Legierungen als genau Null vorausgesetzt, was nicht bei allen Konzentrationen erfüllt ist. Aus den Kurven der anderen Autoren ergeben sich folgende Maximalwerte der Mischungswärme: Strickler und Seltz +0,28 kcal/g-Atom bei 50 Atom-%, Wagner und Engelhardt

+0,33 kcal/g-Atom bei 50 Atom-% und **Kawakami** +0,45 kcal/g-Atom bei 40 Atom-% Pb.

[1] **Kubaschewski**, O., u. W. **Seith**: Z. Metallkunde Bd. 30 (1938) S. 7. — [2] **Tayler**, J. B.: Philos. Mag. J. Sci. (5) Bd. 50 (1900) S. 37. — [3] **Strickler**, H. S., u. H. **Seltz**: J. Amer. chem. Soc. Bd. 58 (1936) S. 2084. — Vgl. auch H. **Seltz**: Trans. electrochem. Soc. Bd. 77 (1940) S. 233. — [4] **Wagner**, C., u. G. **Engelhardt**: Z. physik. Chem., Abt. A Bd. 159 (1932) S. 241. — [5] **Kawakami**, M.: Z. anorg. allg. Chem. Bd. 167 (1927) S. 345. In der Originalarbeit finden sich bei den Angaben zu dem System Bi-Pb einige Druckfehler. Bei der Besprechung und in der Abb. 86 ist die von **Kawakami** gezeichnete Figur zur Grundlage genommen. In der Originalarbeit muß es in der Tabelle heißen Atom-% Blei (nicht Wismut), die Angabe für das Maximum der Mischungswärme stimmt mit den Ergebnissen nicht überein. — [6] **Samson-Himmelstjerna**, H. O. v.: Z. Metallkunde Bd. 28 (1936) S. 197.

Bi-S. Wismut-Schwefel.

Die direkte Messung der Dampfspannungen von Schwefel über Sulfiden kann, bis auf wenige Ausnahmen, infolge der äußerst kleinen Größe dieser Dissoziationsspannung nur selten durchgeführt werden. Man ging zur Bestimmung der Affinität von Schwefel zum Wismut so vor[1,2,3,4,5], daß man die Gleichgewichtskonstante der Reaktion $[Bi_2S_3] + 3(H_2) \rightleftharpoons 3(H_2S) + 2\,Bi$ bei höheren Temperaturen bestimmte; dabei lag als Bodenkörper im Gleichgewicht flüssiges Wismut neben kristallisiertem $[Bi_2S_3]$ vor. **Jellinek** und **Zakowski**[1] ermittelten die Gleichgewichtskonstante für 515° C und berechneten die Wärmetönung der Reaktion nach der **Nernst**schen Näherungsformel (1) und unter Zuhilfenahme eines älteren Wertes von **Pélabon**[4] bei 440° C auch nach **van 't Hoff**. Nach (1) ergibt sich die Bildungswärme von Bi_2S_3 aus Bi_{fl} und S_2-Dampf zu 69,5 kcal/Mol und nach (2) zu 59,7 kcal/Mol. **Britzke** und **Kapustinsky**[2] führten die Bestimmung der Gleichgewichtskonstanten bei 4 verschiedenen Temperaturen durch (414, 510, 609, 723° C) und errechneten aus der Temperaturabhängigkeit die Wärmetönung der Reaktion $2\,Bi_{fl} + 1^1/_2(S_2) = [Bi_2S_3]$ zu 111,5 kcal/Mol. **Gerassimow**[3] erhielt nach einem statischen Verfahren in dem Temperaturbereich 370 bis 590° C aus den Gleichgewichtskonstanten für dieselbe Reaktion den Wert 80,6 kcal/Mol. Der Unterschied in den einzelnen Ergebnissen ist also beträchtlich. Der Wert von **Jellinek** und **Zakowski** ist wohl auszuscheiden, da nur 2 Temperaturen gemessen wurden, wobei eine Gleichgewichtskonstante einer älteren Arbeit entnommen wurde. Auch die Ergebnisse von **Britzke** und **Kapustinsky** sind nach den Angaben der Beobachter selbst ziemlich unsicher, da bei den höheren Temperaturen (609, 723° C) nur bei ganz kurzzeitigen Versuchen das Auftreten eines einphasigen Bodenkörpers vermieden werden konnte. Als sicherste Werte müssen demnach diejenigen von **Gerassimow** angenommen werden, dessen Versuchstemperatur nicht mehr als 590° betrug. Unter Annahme der annähernden Gültigkeit der Koppschen Regel läßt sich aus seinen Ergebnissen die Bildungswärme von [Bi_2S_3] aus festem Wismut und rhombischem Schwefel unter Berücksichtigung der Schmelzwärme von Wismut und der Übergangswärme $S_2 \rightarrow S_{rhomb}$ für Raumtemperatur berechnen. Es ergibt sich dann nach Gerassimow: $W_B^{298} = +32,4$ kcal/Mol. In sehr guter Übereinstimmung damit befinden sich die Ergebnisse von Schenck, Pardun und Kroos[5]. Die Auswertung ihrer Gleichgewichtsdaten für die Reduktion von Bi_2S_3 mit H_2 bei 400, 450 und 500° C nach van 't Hoff unter Einsetzen der Bildungswärme von H_2S und der Schmelzwärme von Bi ergibt nämlich für die Reaktion $2 [Bi] + 3 [S] = [Bi_2S_3]$ die Wärmetönung $+32,5$ kcal/Mol bzw. $\boxed{6,5}$ kcal/g-Atom Sulfid. Zu berücksichtigen ist bei allen diesen Ergebnissen jedoch, daß das flüssige Wismut bereits ein gewisses Lösevermögen für sein Sulfid (bei 450° ~1% S) besitzt und die Werte demnach tatsächlich etwas höher liegen müssen. Bei der Auswertung der Daten von Schenck und Mitarbeitern wurde deshalb auch den Ergebnissen bei 400—450° der Vorzug gegeben.

[1] Jellinek, K., u. J. Zakowski: Z. anorg. allg. Chem. Bd. 142 (1925) S. 1. — [2] Britzke, E. V., u. A. F. Kapustinsky: Z. anorg. allg. Chem. Bd. 194 (1930) S. 323. — [3] Gerassimow, J. I.: Chem. J. Ser. A, J. allg. Chem. Bd. 7 (69) (1937) S. 1333 — Chem. Zbl. 1938 I S. 4295. — [4] Pélabon, H.: Ann. chim. phys. (7) Bd. 25 (1902) S. 365. — [5] Schenck, R., H. Pardun u. W. Kroos: vgl. die Neuberechnung bei R. Schenck und P. von der Forst: Z. anorg. allg. Chem. Bd. 241 (1939) S. 148.

Bi-Sb. Wismut-Antimon.

Wismut und Antimon bilden miteinander eine ununterbrochene Reihe von Mischkristallen. Über die Bildungswärme der festen Wismut-Antimon-Legierungen liegt nur eine Angabe von Kubaschewski und Seith[1] vor. Die flüssigen Metalle wurden in einem Raumtemperaturkalorimeter zusammengegossen und die Mischungen erkalten gelassen. Von der gemessenen Wärmetönung wurde die durch die reinen Metalle eingebrachte Wärmemenge subtrahiert. Drei Messungen bei 40, 50 und 60 Atom-% ergaben keine Reaktionswärme für die Bildung der festen Legierungen aus den festen Komponenten innerhalb der Fehlergrenze des Verfahrens ($\pm 0,2$ kcal/g-Atom).

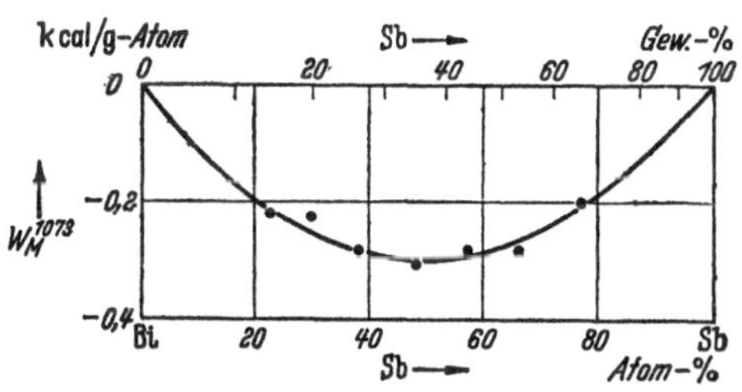

Abb. 87. Mischungswärmen der Wismut-Antimon-Schmelzen bei 800° C. (Nach M. Kawakami.)

Die Mischungswärme im System Wismut-Antimon ermittelte Kawakami[2] durch Vermischung der Komponenten im Kalorimeter bei 800° C. Die Ergebnisse finden sich in Abb. 87. Die Vereinigung erfolgt unter Wärmeaufnahme; das Minimum liegt mit −0,30 kcal/g-Atom bei 48 Atom-% Sb. Die Streuung der Meßwerte ist verhältnismäßig klein.

[1] Kubaschewski, O., u. W. Seith: Z. Metallkunde Bd. 30 (1938) S. 7. —
[2] Kawakami, M.: Sci. Rep. Tôhoku Imp. Univ. Bd. 19 (1930) S. 521.

Bi-Sn. Wismut-Zinn.

Magnus und Mannheimer[1] bestimmten die Lösungswärmen verschiedener fester Wismut-Zinn-Legierungen sowie der reinen Komponenten in Quecksilber. Die aus den Meßdaten ermittelten Bildungswärmen lassen sich mit dem Zustandsdiagramm nicht in Einklang bringen.. Magnus und Mannheimer erhielten die Werte, die (allerdings mit hoher Fehlerangabe) zwischen +20 und −130 cal/g-Atom schwanken, ohne daß in dem Heterogenitätsgebiet des Systems ein geradliniger Gang zu erkennen ist. Wegen der geringen Ausdehnung der Löslichkeitsgebiete und dem Fehlen von intermetallischen Phasen ist auf eine sehr geringe Bildungswärme zu schließen, die auf Grund der oben angegebenen Meßwerte auf −50 ± 50 cal/g-Atom geschätzt werden kann.

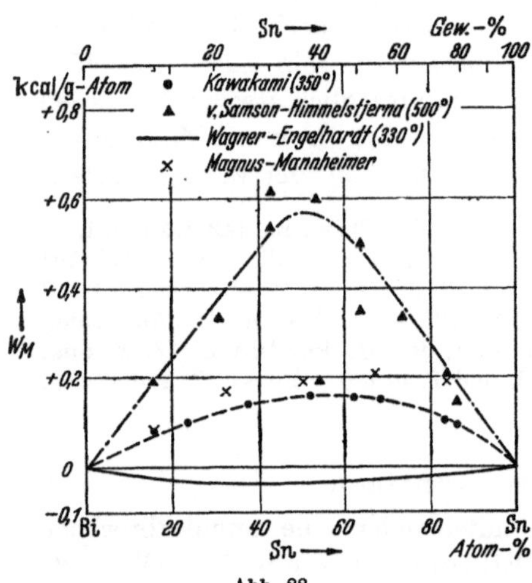

Abb. 88.
Mischungswärmen der Wismut-Zinn-Schmelzen.

Die Mischungswärme der Legierungen wurde einmal von Kawakami[2] durch direkte Vereinigung von flüssigem Wismut und flüssigem Zinn bei einer Versuchstemperatur von 350° C bestimmt. Die Ergebnisse werden durch die gestrichelte Kurve in der Abb. 88 wiedergegeben. v. Samson-Himmelstjerna[3] erhielt die Mischungswärmen in der Weise, daß er die Wärmeinhalte von Legierungen verschiedener Konzentration sowie der reinen Komponenten zwischen 500 und 20° C maß und unter der Annahme der Bildungswärmen Null die Mischungswärmen aus der Abweichung der gefundenen Werte für die Legierungen von den additiv aus denen der reinen Metalle berechneten bestimmte. Seine Ergebnisse sind in Abb. 88 als strichpunktierte Kurve eingezeichnet. Magnus und Mannheimer[1] erhielten die Mischungswärmen in derselben Weise (Temperatur etwa 20° oberhalb des Schmelzpunktes).

Bezieht man ihre Werte nicht auf die von ihnen angegebenen Bildungswärmen, sondern ebenfalls auf die Bildungswärme Null, so ergeben sich die in Abb. 88 eingetragenen Kreuze. Wagner und Engelhardt[4] maßen die EMK von Bi-Sn-Legierungen gegenüber Zinn als Bezugselektrode mit geschmolzenem Zinnchlorid als Elektrolyt bei 330° C. Die nach ihren Meßdaten nährungsweise berechneten integralen Mischungswärmen sind in Abb. 88 als ausgezogene Kurve wiedergegeben. — Die Übereinstimmung der verschiedenen Kurven ist nicht sehr befriedigend, und nur durch die verhältnismäßig großen Fehlergrenzen der einzelnen Verfahren zu erklären. Das Maximum der Mischungswärme ergibt sich nach v. Samson-Himmelstjerna zu $+0{,}56$ kcal/g-Atom bei 50 Atom-%, nach Kawakami zu $+0{,}16$ kcal bei 60 Atom-% Sn und nach Wagner und Engelhardt zu $-0{,}03_5$ bei 50 Atom-%. Die Werte von Magnus und Mannheimer fallen annähernd mit der Kurve von Kawakami zusammen. Die Streuungen in den Werten von v. Samson-Himmelstjerna sind recht groß. Die größte Wahrscheinlichkeit scheint den Werten von Kawakami zugesprochen werden zu müssen. Jedoch spricht für die Kurve nach Wagner und Engelhardt die Tatsache, daß der Mischungsvorgang im flüssigen Zustand bei Legierungen, die im festen Zustand nur geringe gegenseitige Löslichkeit aufweisen, in nahezu allen untersuchten Fällen endotherm verläuft. Eine endgültige Entscheidung, welcher Kurve der Vorzug zu geben ist, könnte erst nach nochmaliger Messung gefällt werden.

[1] Magnus, A., u. M. Mannheimer: Z. physik. Chem. Bd. 121 (1926) S. 267. — [2] Kawakami, M.: Z. anorg. allg. Chem. Bd. 167 (1927) S. 345 — Sci. Rep. Tôhoku Imp. Univ. Bd. 16 (1927) S. 915. — [3] Samson-Himmelstjerna, H. O. v.: Z. Metallkunde Bd. 28 (1936) S. 197. — [4] Wagner, C., u. G. Engelhardt: Z. physik. Chem., Abt. A Bd. 159 (1932) S. 241.

Bi-Tl. Wismut-Thallium.

Messungen von elektromotorischen Kräften und deren Temperaturkoeffizienten im System Wismut-Thallium wurden für die festen Legierungen von Ölander[1] durchgeführt. Zur Untersuchung gelangten Ketten der Art

$$[Tl]/(Na, K, Tl)OCO \cdot CH_3/[Tl—Bi]$$

mit 12 verschiedenen Legierungselektroden zwischen 245 und 295° C und ferner von Ketten der Art

$$[Tl]/TlOCO \cdot CH_3/[Tl—Bi]$$

für 32 Legierungselektroden bei Temperaturen zwischen 120 und 165 °C. Die Elektroden wurden vor den Messungen 15 Stunden oder mehr bei der Versuchstemperatur homogenisiert; die Korrekturen für Thermopotentiale waren so klein, daß sie vernachlässigt werden konnten. Aus den Meßdaten wurde auch die Wärmetönung der Legierungsbildung berechnet[2]. In Abb. 89 sind danach die integralen Bildungswärmen (ausgezogene Kurve) im System Bi-Tl für eine Temperatur von 150° C aufgetragen. Das Zustandsdiagramm ist ebenfalls nach den Angaben von Ölander[1] gezeichnet. Die Kurve weist 2 Maxima auf, ein verhältnismäßig flaches bei 48 Atom-% Tl [Phasengrenze $\varepsilon/(\varepsilon + \gamma)$][8] mit

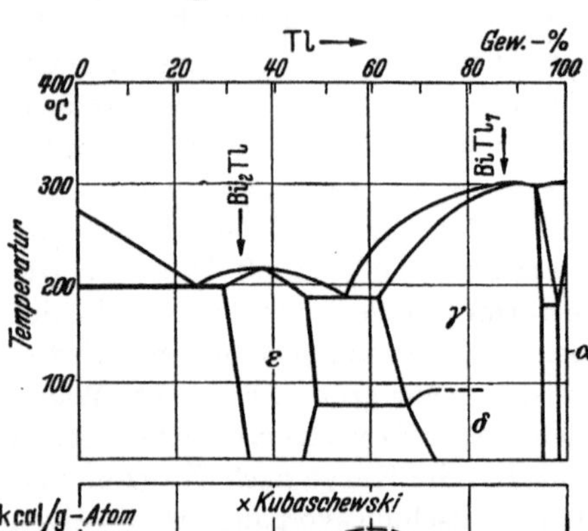

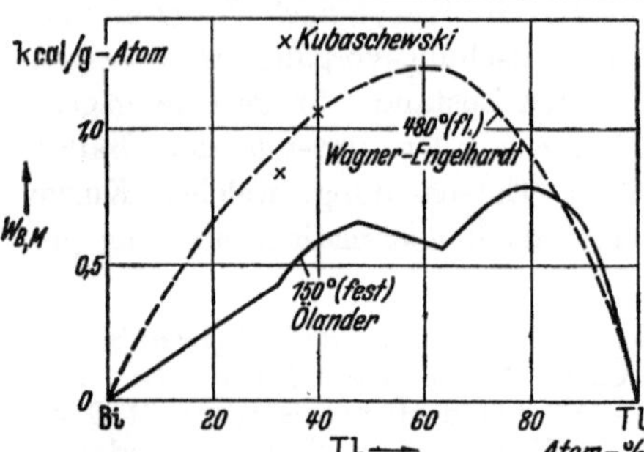

Abb. 89. Zustandsdiagramm, Bildungs- und Mischungswärmen der Wismut-Thallium-Legierungen.

0,66 kcal/g-Atom und ein stärker ausgeprägtes in der Nähe von 80 Atom-% Tl (0,79 kcal/g-Atom). Die Lage dieser Punkte besonders hoher Beständigkeit fällt jedoch nicht zusammen mit der Konzentration der Schmelzmaxima, die bei den Zusammensetzungen Bi₂Tl und BiTl₇ auftreten.

Die Kurve für die Konzentrationsabhängigkeit der Bildungsarbeiten fester Bi-Tl-Legierungen findet sich ,in Abb. 156 (S. 328).

Die Mischungswärmen für die flüssigen Legierungen bei ihrer Entstehung aus den flüssigen Metallen lassen sich aus Messungen der EMK nach Wagner und Engelhardt[3] ableiten. Gemessen wurde die Kette Tl_fl/TlCl in MgCl₂-KCl_fl/Tl-Bi_fl (840°C). Die mit Hilfe der Nährungsgleichung S. 114 errechneten integralen Mischungswärmen sind in der Abb. 89 durch die gestrichelte Kurve wiedergegeben. Die durch Kreuze dargestellten Werte der Mischungswärmen wurden von Kubaschewski[4] aus dem von ihm gemessenen Wärmeinhalt der Legierungen Bi₃Tl₂ und Bi₂Tl, deren Wärmeinhalt von Wismut[5] und Thallium[6] zwischen 150 und 400 bzw. 300° C und der Bildungswärme der Legierungen bei 150° C[1] nach Kirchhoff berechnet. Sie stimmen mit den Ergebnissen nach Wagner und Engelhardt gut überein. Die Mischungswärme-Konzentrationskurve der Wismut-Thallium-Legierungen hat ihr Maximum bei 60 Atom-% Tl und +1,22 kcal/g-Atom. Besonders auffällig in diesem System ist die Tatsache, daß die Mischungswärmen erheblich größere Werte haben als die Bildungswärmen der festen Legierungen. Ein solches Verhalten ist bisher nur bei wenigen anderen Systemen beobachtet worden (vgl. z. B. Ni-Si, s. hierzu auch S. 292).

Die Schmelzwärme der Legierungen Bi_2Tl und Bi_3Tl_2 wurde von Kubaschewski[4] durch Messung der mittleren spezifischen Wärme zwischen Raumtemperatur und Temperaturen oberhalb und unterhalb des Schmelzpunktes ermittelt. Er erhielt folgende Werte: Bi_3Tl_2 (Schmelztemperatur: 215° C) 1,73 kcal/g-Atom; Bi_2Tl (207—215°) 1,86 kcal/g-Atom. Durch Auswertung von Abkühlungskurven findet Roos[7] für die Schmelzwärme einer Legierung Bi_5Tl_3 2,26 und einer Legierung $BiTl_3$ 1,64 kcal/g-Atom. Den durch Auswertung von spezifischen Wärme-Temperatur-Kurven erhaltenen Werten ist die größere Wahrscheinlichkeit zuzusprechen.

Tabelle 26. Partielle Mischungswärmen im System Bi-Tl bei 480° C. (Nach EMK-Messungen von Wagner und Engelhardt.)

N_{Tl}	0,205	0,285	0,460	0,585	0,720	0,826
$\overline{W}_{Tl}$ in kcal	2,79	2,52	1,73	1,28	0,66	0,16

[1] Ölander, A.: Z. physik. Chem., Abt. A Bd. 169 (1934) S. 260. — [2] Vgl. auch Fr. Weibke: Z. Metallkunde Bd. 29 (1937) S. 79. — [3] Wagner, C., u. G. Engelhardt: Z. physik. Chem., Abt. A Bd. 159 (1932) S. 241. — [4] Kubaschewski, O.: Z. Elektrochem. angew. physik. Chem. Bd. 47 (1941) S. 475. — [5] Kubaschewski, O., u. G. Schrag: Z. Elektrochem. angew. physik. Chem. Bd. 46 (1940) S. 675. — [6] Roth, W. A., I. Meyer u. H. Zeumer: Z. anorg. allg. Chem. Bd. 214 (1933) S. 309; Bd. 216 (1934) S. 303. — [7] Roos, G. D.: Z. anorg. allg. Chem. Bd. 94 (1916) S. 329. — [8] Phasenbezeichnungen nach Ölander.

Bi-Zn. Wismut-Zink.

Die gegenseitige Löslichkeit von Wismut und Zink ist nur gering. Die Bildungswärmen der festen Legierungen dürften daher praktisch gleich Null sein.

Kawakami[1] bestimmte die Mischungswärmen der flüssigen Legierungen bei 450° C durch Zusammenfließenlassen der Metalle in einem Kalorimeter mit sehr kleinem Wasserwert, das durch einen Thermostaten auf der Versuchstemperatur gehalten wurde. Die Vereinigung erfolgte in Wasserstoffatmosphäre. Abb. 90 gibt die Ergebnisse wieder. Der Vorgang der Vereinigung der Komponenten erfolgt danach endo-

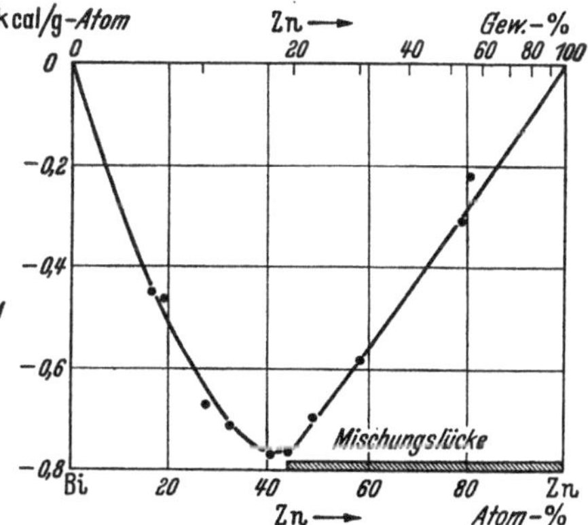

Abb. 90. Mischungswärmen der Wismut-Zink-Schmelzen bei 450° C. (Nach M. Kawakami.)

therm. Im Gebiet der Mischbarkeit von flüssigem Wismut und Zink hat die Mischungswärme-Konzentrationskurve einen gekrümmten Verlauf, in dem Gebiet dagegen, wo 2 Schmelzen nebeneinander vorliegen, muß die Kurve geradlinig sein. Die gefundenen Werte gleichen sich dieser Bedingung gut an. Bei 40 Atom-% Zn beträgt die Mischungswärme $-0,8$ kcal/g-Atom Legierung.

Anmerkung bei der Korrektur. Scheil[2] hat die Mischungswärmen der flüssigen Legierungen unter der Annahme von idealem Verhalten (statistische Verteilung der Atome, Gültigkeit der Neumann-Koppschen Regel) für verschiedene Temperaturen aus dem Zustandsdiagramm abgeleitet. Die W_M-Kurve für 723° K liegt zwar etwas höher als die von Kawakami gemessene, doch kann die Übereinstimmung noch als befriedigend bezeichnet werden. Für vollständige Mischbarkeit (oberhalb etwa 1100° K) findet Scheil[2] als Minimalwert von W_M bei 65 Atom-% Zn $-0,85$ kcal/g-Atom.

[1] Kawakami, M.: Z. anorg. allg. Chem. Bd. 167 (1927) S. 345. — [2] Scheil, E.: Z. Elektrochem. angew. physikal. Chem. Bd. 49 (1943) S. 251.

C-Ca. Kohlenstoff-Kalzium.

Die Bildungswärme des Kalziumkarbids wurde zunächst von de Forcrand[1] zu $-7,25$ kcal/Mol bestimmt. Die Zahl wurde dann von Guntz und Bassett[2] (mit einem neuen Wert für die Bildungswärme des Kalziumoxyds) auf $+13,15$ kcal (Kohlenstoff als Diamant) korrigiert.

Eine Nachprüfung der Bildungswärme von Kalziumkarbid geschah durch Ruff und Josephy[3] auf lösungskalorimetrischem Wege; als Lösungsmittel diente 2 n-Salzsäure. Mit Hilfe der aus der Literatur bekannten Lösungswärme des reinen Kalziums und der Bildungswärme des Azetylens und unter Berücksichtigung der Verunreinigungen erhielten Ruff und Josephy $[Ca] + 2\,[C]_{Diam} = [CaC_2] + 14,5$ kcal. Für Graphit erniedrigt sich der Wert auf $+14,1$ kcal bzw. $\boxed{+4,7}$ kcal/g-Atom.

[1] Forcrand, R. de: C. R. Séances Acad. Sci. Paris Bd. 120 (1895) S. 682, 1215. — [2] Guntz, A., u. H. Bassett: C. R. Séances Acad. Sci. Paris Bd. 140 (1905) S. 863. — [3] Ruff, O., u. B. Josephy: Z. anorg. allg. Chem. Bd. 153 (1926) S. 17.

C-Co. Kohlenstoff-Kobalt.

Schenck[1] berechnete aus Messungen des Gleichgewichtes $3\,Co + CH_4 = Co_3C + 2\,H_2$ bei 480 bis 640° C sowie der Gleichgewichte des Methanzerfalls nach van 't Hoff die Wärmetönung für die Reaktion $3\,[Co] + [C] = [Co_3C]$[2]. Es ergab sich: $W_B^{833} = -11,3$ kcal. Bei ähnlichen Messungen von Schenck an Fe_3C erhielt man für die Bildungswärme des Karbids einen Wert, der gegenüber den besten Literaturdaten etwa 12 kcal zu niedrig liegt. Es ist daher möglich, daß auch die angegebene Bildungswärme von Co_3C mit einem gewissen Fehler behaftet ist, vor allem da auch die Phasenbegrenzungen im System Kohlenstoff-Kobalt noch nicht eindeutig festgelegt sind[2]. — Auswertung der Messungen von Schenk auf Bildungswärmen vgl. auch Kelley[3].

[1] Schenck, R., F. Krägeloh u. F. Eisenstecken: Z. anorg. allg. Chem. Bd. 164 (1927) S. 313. — [2] Schenck machte noch keine endgültige Aussage über die Formel des Kobaltkarbides und setzte deshalb Co_nC. Doch konnte neuerdings W. F. Meyer [Z. Kristallogr, Mineral. Petrogr., Abt. A Bd. 97 (1937) S. 145] bei der Behandlung von Co mit Leuchtgas ein stabiles Kobaltkarbid der Zusammensetzung Co_3C darstellen, das mit Fe_3C isomorph ist. Das Existenzgebiet von Co_3C liegt nach den Untersuchungen von Meyer zwischen etwa 500 und 800° C. — [3] Kelley, K. K.: U. S. Dep. Interior, Bur. Mines, Bull. Nr. 407 (1937) S. 12.

C-Cr. Kohlenstoff-Chrom.

Heusler[1] hat das Reduktionsgleichgewicht des Chromoxyds mit Kohlenstoff: $3 [Cr_2O_3] + 13 [C] = 2 [Cr_3C_2] + 9 (CO)$ bei 886 bis 1096° C untersucht und den Energieverbrauch zur Bildung von 1 Mol CO nach der Reaktionsisochore zu 52,8 kcal berechnet. Daraus würde sich die Bildungswärme des $[Cr_3C_2]$ aus festem Chrom und Graphit zu etwa 40 kcal/Mol ergeben. Definitive Aussagen über die Zusammensetzung des Bodenkörpers bei den Gleichgewichtsmessungen konnten jedoch nicht gemacht werden. — Die Auswertung der Gleichgewichte bei der Einwirkung von Methan auf Chrommetall, die von Schenck, Kurzen und Wesselkock[2] untersucht wurden, führt demgegenüber zu Werten der Bildungswärme von $[Cr_5C_2]$ und $[Cr_3C_2]$, die wesentlich niedriger liegen. Die Ableitung von genauen Werten aus den Daten dieser Beobachter ist nicht möglich, jedoch scheinen danach die Bildungswärmen von Null nicht wesentlich verschieden (wahrscheinlich negativ) zu sein.

[1] Heusler, O.: Z. anorg. allg. Chem. Bd. 154 (1926) S. 353. — [2] Schenck, R., F. Kurzen u. H. Wesselkock: Z. anorg. allg. Chem. Bd. 203 (1931) S. 159.

C-Fe. Kohlenstoff-Eisen.

Wegen der technischen Bedeutung der Kenntnis der Wärmetönung bei der Eisenkarbidbildung ist bereits eine größere Zahl von Versuchen unternommen worden, diese festzulegen. Wegen der Schwierigkeiten der Messung schwanken die Angaben über die Bildungswärme von Fe_3C beträchtlich, und zwar von -27 bis $+9$ kcal. In Tab. 27 ist eine Zusammenstellung der verschiedenen Zahlenwerte für die Bildungswärme des Zementits nach Naeser[17] wiedergegeben, die alle Arbeiten bis 1934 erfaßt.

Nach übereinstimmend in neueren Arbeiten geäußerter Ansicht (z. B. Ulich, Schwarz und Cruse[18], Roth[19], Naeser[17]) ist den Ergebnissen von Roth und Doepke[10] einerseits und Watasé[11] andererseits die größte Wahrscheinlichkeit zuzusprechen, vor allem, da sie auch durch neuere Messungen (Jänecke[14], Naeser[17], Bramley und Lord[20]) innerhalb deren viel weiteren Fehlergrenzen bestätigt wurden.

Ulich, Schwarz und Cruse[18] geben auf Grund der Arbeiten von Watasé sowie Roth und Doepke und mit einem neuen Wert für die Bildungswärme von $[Fe_3O_4]$ für die Bildungswärme von $[Fe_3C]$ aus α-Eisen und β-Graphit folgenden Wert an: $W_B^{298} = -2{,}5 \pm 1{,}0$ kcal/Mol bzw. $\boxed{-0{,}6}$ kcal/g-Atom.

Tabelle 27. Übersicht über die im Schrifttum mitgeteilten Werte der Bildungswärme des Zementits. (Nach Naeser, 1934).

Verfasser	Versuchsverfahren	Meßtemperatur	Bildungs-wärme kcal/Mol	Bemerkungen
E. D. Campbell[1]	wäßrige Lösung von	Zimmertemp.	+ 8,494	
E. D. Campbell[2]	Kupferammonchlorid	Zimmertemp.	(+ 8,494)	Wert von [1] wird aufrechterhalten
R. Schenck[3], H. Semillar und V. Falcke	Gleichgew. Fe_3C/CO_2	650 bis 700°	+ 8,940	
R. Schenck[4]	Gleichgew. Fe_3C/H_2	700 bis 900°	−15,405	Die Werte schwanken zwischen −25 und +30 kcal[15]
Baykoff[5]	Kalorimeterbombe	Zimmertemp.	± 0 + 1,43	Nachberechnung ergab +1,43 ± 0,81 kcal/Mol
J. Jerimilow[6]	Kalorimeterbombe	Zimmertemp.	+ 2,27	
O. Ruff und E. Gersten[7]	Kalorimeterbombe	Zimmertemp.	−15,100	nach Roths[16] Berechnung −9,1 kcal/Mol
H. P. Maxwell und A. Hayes[8]	Gleichgew. Fe_3C/CO_2	650 bis 700°	−19,160	
G. H. Brodie, H. W. Jennings und A. Hayes[9]	Kalorimeterbombe	30°	−13,580	
W. A. Roth[10]	Kalorimeterbombe	Zimmertemp.	− 3,900	
T. Watasé[11]	Kalorimeterbombe	Zimmertemp.	− 4,800	nach Roths[16] Berechnung −7 kcal/Mol
T. Watasé[12]	Kalorimeterbombe	Zimmertemp.	− 2,500	
P. Pingault[13]	Gleichgew. Fe_3C/CO_2	740°	−27,500	
E. Jänecke[14]	Gleichgew. Fe_3C/CO_2	650 bis 1050°	− 6,500	

Schwarz und Ulich[21] berechneten mit den Meßdaten von Naeser[17] die spezifische Wärme, Entropie und Bildungsarbeit des Eisenkarbids, Fe_3C.

Die Wärmetönung bei der Umwandlung des Austenits in Perlit (0,9% C) wurde aus den Wärmeinhalts-Temperaturkurven in guter Übereinstimmung von Esser und Grass[22] zu $21{,}2_2$ und von Körber und Oelsen[23] zu 20,5 cal/g Fe gefunden. In zwei älteren Arbeiten von Meuthen[24] sowie Umino[25] waren für dieselbe Umsetzung niedrigere Werte angegeben worden (~16 cal/g).

Die Wärmetönung bei der Umwandlung von Austenit in Martensit ist ebenfalls in einer Reihe von Arbeiten Gegenstand der Untersuchung gewesen. Die Ergebnisse wurden von Esser und Bungardt[26] zusammengefaßt. Wir entnahmen der Veröffentlichung dieser Autoren die in Abb. 91 wiedergegebene graphische Darstellung über die Abhängigkeit der Wärmetönung beim Anlassen abgeschreckter Stähle (auf etwa 600° C) von der Kohlenstoffkonzentration. Dabei ist zu beachten, daß die Wärmetönung in cal/g Fe angegeben ist. Es handelt sich hierbei um Versuche von Yamada[27], Kawakami[28], Stäblein und Jaeger[29], Wever und Naeser[30] sowie Esser und Bungardt[26].

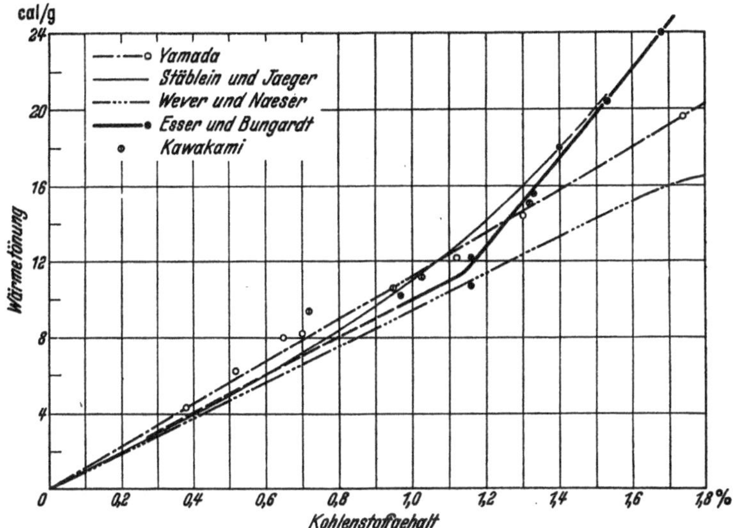

Abb. 91. Wärmetönungen beim Anlassen abgeschreckter Stähle auf etwa 600° C.

Die Übereinstimmung der Ergebnisse der verschiedenen Beobachter ist bis zu einem Kohlenstoffgehalt von 0,9% gut. Bei höherprozentigen Legierungen ergaben sich gewisse Abweichungen, die auf die Verschiedenheit sowohl der benutzten Meßverfahren als auch des Restaustenitgehaltes der Proben zurückzuführen sein dürften. Berücksichtigt man, daß es sich bei diesen Beobachtungen nicht um die Messung der Wärmetönungen bei eigentlichen Gleichgewichtszuständen handelt, so kann auch hier die Übereinstimmung noch als befriedigend angesehen werden.

[1] Campbell, E. D.: J. Iron Steel Inst. Bd. 59 (1901) S. 211. — [2] Campbell, E. D.: J. Iron Steel Inst. Bd. 108 (1923) S. 173. — [3] Schenck, R., H. Semillar u. V. Falcke: Ber. dtsch. chem. Ges. Bd. 40 (1907) S. 1700. — [4] Schenck, R.: Z. anorg. allg. Chem. Bd. 164 (1927) S. 145. — [5] Baykoff: Rev. Métallurg. Bd. 8 (1911) S. 456, 487. — [6] Jerimilow, J.: J. russ. metallurg. Soc. 1911 S. 357 — Stahl u. Eisen Bd. 32 (1912) S. 65. — [7] Ruff, O., u. E. Gersten: Ber. dtsch. chem. Ges. Bd. 45 (1912) S. 63. — [8] Maxwell, H. L., u. A. Hayes: J. Amer.

chem. Soc. Bd. 48 (1926) S. 584. — [9] Brodie, G. H., H. W. Jennings u. A. Hayes: Trans. Amer. chem. Soc. Steel Treat. Bd. 10 (1926) S. 615. — [10] Roth, W. A., u. O. Doepke: Z. angew. Chem. Bd. 42 (1929) S. 981. — [11] Watasé, T.: Sci. Rep. Tôhoku Imp. Univ. Bd. 17 (1928) S. 1091. — [12] Watasé, T.: Z. physik. Chem., Abt. A Bd. 147 (1930) S. 390. — [13] Pingault, P.: C. R. Séances Acad. Sci. Paris Bd. 192 (1931) S. 45. — [14] Jänecke, E.: Z. anorg. allg. Chem. Bd. 204 (1932) S. 257. — [15] Maurer, E., u. W. Bischoff: Stahl u. Eisen Bd. 48 (1928) S. 16. — [16] Roth, W. A.: Arch. Eisenhüttenwes. Bd. 3 (1929) E.-Nr. 88 S. 5. — [17] Naeser, G.: Mitt. Kaiser-Wilhelm-Inst. Eisenforsch. Düsseldorf Bd. 16 (1934) S. 1. — [18] Ulich, H., C. Schwarz u. K. Cruse: Arch. Eisenhüttenwes. Bd. 10 (1937) S. 493. — [19] Roth, W. A.: Z. Elektrochem. angew. physik. Chem. Bd. 41 (1935) S. 112. — [20] Bramley, A., u. H. D. Lord: J. chem. Soc. [London] 1932 S. 1641. — [21] Schwarz, C., u. H. Ulich: Arch. Eisenhüttenwes. Bd. 10 (1936) S. 11, 91. — [22] Esser, H., u. W. Grass: Stahl u. Eisen Bd. 53 (1933) S. 92. — [23] Körber, F., u. W. Oelsen: Arch. Eisenhüttenwes. Bd. 5 (1932) S. 569. — [24] Meuthen, A.: Ferrum Bd. 10 (1912) S. 1. — [25] Umino, S.: Sci. Rep. Tôhoku Imp. Univ. Bd. 15 (1926) S. 331. — [26] Esser, H., u. W. Bungardt: Arch. Eisenhüttenwes. Bd. 7 (1934) S. 585. — [27] Yamada, N.: Sci. Rep. Tôhoku Imp. Univ. Bd. 10 (1921) S. 453. — [28] Kawakami, M.: Sci. Rep. Tôhoku Imp. Univ. Bd. 14 (1925) S. 559. — [29] Stäblein, F., u. H. Jaeger: Arch Eisenhüttenwes. Bd. 5 (1932) S. 569. — [30] Wever u. G. Naeser: Mitt. Kaiser-Wilhelm-Inst. Eisenforsch. Düsseldorf Bd. 15 (1933) S. 37.

C-Mn. Kohlenstoff-Mangan.

Roth[1] gibt eine kritische Sichtung der auf Grund der Verbrennungswärmen von verschiedenen Autoren ermittelten Bildungswärmen von [Mn_3C]. Roth und Grau[1] untersuchten mit Paraffin als Hilfssubstanz ein Präparat, das verhältnismäßig viele Verunreinigungen enthielt: MnO, $FeSi_2$, Fe_2P, Fe_3C und Graphit. Die Verbrennungswärmen von Graphit, MnO und Fe_3C waren bekannt, diejenigen von $FeSi_2$ und Fe_2P wurden aus denen der Komponenten nach Abzug der zu etwa 20 kcal geschätzten Bildungswärmen[2] berechnet. Da die Analyse des Verbrennungsproduktes Schwierigkeiten machte, wurde angenommen, daß bei der Verbrennung von Mn und MnO im Mittel 55 % zu Mn_3O_4 oxydiert waren[5]. Die Bildungswärmen von Mn_3C aus Metall und β-Graphit ergab sich dann zu $+17$ kcal/Mol, während aus den Bestimmungen von Ruff und Gersten[3] an einem reineren Präparat $+27$ kcal (von Roth korrigiert) resultieren. Der Wert von Le Chatelier[4] ist ähnlich dem von Ruff und Gersten. Roth hält diese Werte für zu hoch, da wahrscheinlich nicht alles Mn zu Mn_3O_4 verbrannt war.

Eine neuere Untersuchung der Bildungswärmen von Mangankarbid (95,56 % Mn_3C) führten Ulich und Siemonsen[6] durch. Das gepulverte Karbid wurde im Mn_3O_4-Schälchen mit wenig Vaseline als Hilfsstoff verbrannt. Etwas über die Hälfte des Mangans wurde zu Mn_3O_4 oxydiert. Nach Korrektur ergab sich unter Berücksichtigung der neu bestimmten Verbrennungswärme von Mangan und der von Kohlen-

stoff die Bildungswärme von [Mn_3C] aus Mangan und Graphit zu
$+3,6 \pm 1,0$ kcal/Mol bzw. $\boxed{+0,9}$ kcal/g-Atom Karbid. Der Unterschied mit dem Ergebnis von Roth ist verständlich, wenn man be-
denkt, daß die Werte für die Bildungswärme als kleine Differenzen
der großen Verbrennungswärmen erhalten wurden. Die Bestimmung
der Verbrennungswärmen aber ist bei diesen Stoffen recht schwierig.
Wegen der größeren Reinheit des verwendeten Mangankarbids ist dem
Wert von Ulich und Siemonsen wohl die größere Wahrscheinlichkeit
zuzusprechen. Wegen des Fehlens verschiedener Verunreinigungen
wurde die Einbeziehung einer Reihe von Reaktionswärmen in die
Rechnung, die bei Roth erforderlich war und zu Fehlern im Endresultat Anlaß gegeben haben könnte, überflüssig. Außerdem war
Roth auch auf ältere Hilfswerte angewiesen.

[1] Roth, W. A., u. R. Grau: Angew. Chem. Bd. 42 (1929) S. 981. — [2] Die
spätere experimentelle Nachprüfung der Bildungswärme von FeSi und Fe₂P ergab eine für die obige Auswertung brauchbare Übereinstimmung der gefundenen
mit den von Roth geschätzten Werten. — [3] Ruff, O., u. E. Gersten: Ber. dtsch.
chem. Ges. Bd. 46 (1913) S. 400. — [4] Le Chatelier nach Berthelot: Thermo-
chimie Bd. 2 S. 270. — [5] Wären insgesamt 60% oxydiert worden, so würde die
Bildungswärme 3 kcal höher ausfallen. — [6] Ulich, H., u. H. Siemonsen: Arch.
Eisenhüttenwes. Bd. 14 (1940) S. 27.

C-Ni. Kohlenstoff-Nickel.

Ruff und Gersten[1] geben, allerdings mit Vorbehalt, für [Ni_3C] die höchst
unwahrscheinliche Bildungswärme von -394 kcal/Mol an. Danach müßte — nach
Roth[2] — Ni_3C der gefährlichste Sprengstoff sein, den es gibt.

Roth und Müller[2] bestimmten die Bildungswärme von Nickel-
karbid an einem graphitfreien Präparat mit 96,37% Ni_3C und 3,63% Ni.
Dieses wurde mit und ohne Paraffin in der kalorimetrischen Bombe
verbrannt. Der Bombeninhalt wurde nach der Reaktion analysiert.
Für die Bildungswärme von [Ni_3C] (100%) bei Raumtemperatur ergaben sich $-9,2 \pm 0,8$ kcal/Mol oder $\boxed{-2,3}$ kcal/g-Atom (Gleichgewichtsmessungen der Reaktion $2\,CO + n\,Ni = Ni_nC + CO_2$ vgl. Meyer
und Scheffer[3]).

[1] Ruff, O., u. E. Gersten: Ber. dtsch. chem. Ges. Bd. 46 (1913) S. 400. —
[2] Roth, W. A., u. D. Müller: Angew. Chem. Bd. 42 (1929) S. 981. — [3] Meyer, G.,
u. F. E. C. Scheffer: Recueil Trav. chim. Pays-Bas Bd. 46 (1927) S. 359, 751.

C-Si. Kohlenstoff-Silizium.

Die Bildungswärme des Siliziumkarbids war von Mixter[1] zu
$+2$ kcal/Mol gefunden worden, als er Silizium, Graphit und Siliziumkarbid, jedes für sich, mit Natriumsuperoxyd verbrannte. Dagegen
konnten Ruff und Konschak[2] aus den Dissoziationsdrucken von

SiC zwischen 2400 und 2720° C und den Dampfdrucken von Silizium zwischen 1890 und 2000° C einen Wert von etwa $+25$ kcal/Mol ableiten. Die Auswertung erfolgte mit Hilfe der van 't Hoffschen Reaktionsisochore; für den Übergang von gasförmigem in festes Silizium wurden aus dessen Dampfdruckwerten 81,6 kcal berechnet und für die Festlegung der Wärmetönung für die kondensierte Reaktion benutzt. Brunner erhielt aus der Tensionskurve der Reaktion $[SiO_2] + 3\,[C]$ $= [SiC] + (CO)$ bei 1300 bis 1800° C für die Bildungswärme des Karborunds aus den Elementen (Kohlenstoff als Graphit) bei Raumtemperatur $+39$[3] bzw. $+43{,}5$[4] kcal/Mol. Der Wert von Mixter ist also erheblich kleiner als der der anderen Autoren. Jedoch sollte auch die Genauigkeit der Ergebnisse aus den Gleichgewichtsmessungen bei hohen Temperaturen nicht überschätzt werden.

Ruff und Grieger[5] diskutierten eingehend die Fehlerquellen der Mixterschen Methode[7]. Durch sorgfältige Bestimmung der angewendeten und zurückerhaltenen Menge Na_2O_2, der CO_2-Menge im Gasraum und durch Maßnahmen, die ein restloses Verbrennen des Si sicherten, schalteten sie die Fehlerquellen der Mixterschen Methode aus und bestimmten die Bildungswärme von Siliziumkarbid aus kristallisiertem Silizium und Graphit zu $+26{,}7 \pm 2{,}2$ kcal/Mol.

Etwa gleichzeitig mit Ruff und Grieger veröffentlichten v. Wartenberg und Schütte[6] eine Arbeit über die Fluorierungswärmen von Silizium, Graphit und Siliziumkarbid. Als Material für die Reaktionsapparatur diente Platin. Die Zündung des von selbst nicht reagierenden SiC wurde durch einen gewogenen Splitter Si herbeigeführt. Aus der Differenz der Fluorierungswärmen ergab sich $[Si] + [C]_{Graph} = [SiC]$ $+ 31 \pm 6$ kcal. Der Wert von Ruff und Grieger liegt innerhalb des Versuchsfehlers dieser Angabe. Auch aus der Verbrennungswärme des SiC, die von Mixter[1] bestimmt wurde, erhält man Werte[4] (19 bis 35 kcal), die den Wert von Ruff und Grieger einschließen.

Alle bisher zur Bestimmung der Bildungswärme von SiC verwendeten Verfahren sind also mit relativ großen Fehlern behaftet. Solange eine genauere Messung nicht möglich ist, wird man am besten den Mittelwert von Ruff und Grieger sowie v. Wartenberg und Schütte verwenden: $+28$ kcal/Mol bzw. $\boxed{+14}$ kcal/g-Atom.

[1] Mixter, G. W.: Amer. J. Sci. Bd. 24 (1907) S. 130. — [2] Ruff, O., u. M. Konschak: Z. Elektrochem. angew. physik. Chem. Bd. 32 (1926) S. 515. — [3] Brunner, R.: Z. Elektrochem. angew. physik. Chem. Bd. 38 (1932) S. 55. — [4] Brunner, R.: Z. anorg. allg. Chem. Bd. 217 (1934) S. 157. — [5] Ruff, O., u. P. Grieger: Z. anorg. allg. Chem. Bd. 211 (1933) S. 145. — [6] Wartenberg, H. v., u. R. Schütte: Z. anorg. allg. Chem. Bd. 211 (1933) S. 222. — [7] Danach wird das bei der Reaktion gebildete Na_2O durch das Arbeiten in Sauerstoffatmosphäre bei der Reaktionstemperatur zum Teil in Na_2O_2 zurückverwandelt; dieser Vorgang geht unter einer beträchtlichen Wärmeentwicklung vor sich. Ferner

wird die Bestimmung des in der Bombe zurückgebliebenen Siliziums kritisiert. Schließlich wird gezeigt, daß bei der Verbrennung des C und SiC, auch bei Überschuß an Na_2O_2, ein kleiner Teil des gebildeten CO_2 in den Gasraum der Bombe übergeht und sich somit der Verbindung mit Na_2O entzieht. Da die Bindung des CO_2 durch Na_2O mit einer erheblichen Wärmeentwicklung verbunden ist, machen sich auch schon kleine CO_2-Mengen im Gasraum im Endergebnis bemerkbar.

C-Th. Kohlenstoff-Thorium.

Prescott und Hincke[1] berechneten aus Gleichgewichten bei hohen Temperaturen für die folgende Reaktion $[ThO_2] + 4 [C]_{Graph} = [ThC_2] + 2 (CO) - 194,8$ kcal bei Zimmertemperatur. Durch Kombination mit neueren Daten für die Bildungswärmen von $[ThO_2]$ und (CO) aus Graphit erhielten Roth und Becker[2] für die Bildungswärme von $[ThC_2]$ aus den Elementen etwa $+46$ kcal/Mol.

[1] Prescott, C. H., u. W. B. Hincke: J. Amer. chem. Soc. Bd. 49 (1927) S. 2752. — [2] Roth, W. A., u. G. Becker: Z. physik. Chem., Abt. A Bd. 159 (1932) S. 1.

C-Ti. Kohlenstoff-Titan.

Roth und Becker[1] berechneten aus der Wärmetönung der Reaktion $[TiO_2]_{Rutil} + 3 [C]_{Graph} = [TiC] + 2 (CO)$ bei 1080° C (nach Brantley und Beckmann[2] $-45,9$ kcal), den Atom- und Molarwärmen zwischen 20 und 1080° C sowie den Bildungswärmen von $[TiO_2]$ und (CO) die Bildungswärme von $[TiC]$ zu $+114$ kcal/Mol. Dieser Wert erscheint jedoch, wie schon Roth und Becker betonten, beim Vergleich mit anderen Karbiden erheblich zu hoch. Kelley[3] unterzog unter Zugrundelegung einiger Annahmen die Rechnung von Brantley und Beckmann einer Revision und erhielt in grober Annäherung für die Bildungswärme von $[TiC]$ den wahrscheinlicheren Wert von $+57$ kcal/Mol.

[1] Roth, W. A., u. G. Becker: Z. physik. Chem., Abt. A Bd. 159 (1932) S. 1. — [2] Brantley, L. R., u. A. O. Beckmann: J. Amer. chem. Soc. Bd. 52 (1930) S. 3961. — [3] Kelley, K. K.: U. S. Dep. Interior, Bur. Mines Bull. Nr. 407 (1937) S. 23.

C-Zr. Kohlenstoff-Zirkon.

Prescott[1] berechnete für die Reaktion $[ZrO_2] + 3 [C]_{Graph} = [ZrC] + 2 (CO)$ auf Grund von Gleichgewichtsmessungen die Wärmetönung -160 kcal. Mit Hilfe dieser Angabe und neueren Daten für die Bildungswärme von $[ZrO_2]$ und (CO) erhielten Roth und Becker[2] sowie Kelley[3] $[Zr] + [C]_{Graph} = [ZrC] + 45$ bzw. $35,5$ kcal.

[1] Prescott jr., C. H.: J. Amer. chem. Soc. Bd. 48 (1926) S. 2548. — [2] Roth, W. A., u. G. Becker: Z. physik. Chem., Abt. A Bd. 159 (1932) S. 1. — [3] Kelley, K. K.: U. S. Dep. Interior, Bur. Mines Bull. Nr. 407 (1937) S. 26.

Ca-Cd. Kalzium-Kadmium.

Biltz und Wagner[1] bestimmten die Bildungswärme der intermetallischen Verbindung $CaCd_3$ aus der Differenz der Lösungswärmen der Legierung und der reinen Metalle in verdünnter Salzsäure ($HCl \cdot 8,8 H_2O$).

Einige Tropfen Platinchlorid dienten als Katalysator. Für die Bildungswärme eines Mols der Verbindung erhielten Biltz und Wagner aus 5 Messungen $+30$ kcal; der mittlere Fehler beträgt dabei etwa 5%. Für die Bildungswärme bei Raumtemperatur von 1 g-Atom $CaCd_3$ aus den festen Metallen erhält man also $\boxed{+7,5} \pm 0,4$ kcal.

Die Mischungswärmen des Systems sind nicht bekannt.

[1] Biltz, W., u. W. Wagner: Z. anorg. allg. Chem. Bd. 134 (1924) S. 1.

Ca-Mg. Kalzium-Magnesium.

Biltz und Hohorst[1] bestimmten die Bildungswärme einer Kalzium-Magnesium-Legierung der Zusammensetzung „Ca_3Mg_4" bei Raumtemperatur aus dem Unterschied der Lösungswärme der Legierung und der additiv für die Komponenten berechneten in verdünnter Salzsäure ($HCl \cdot 8,8\ H_2O$) und erhielten dabei als Mittel von 2 Messungen den Wert 43 kcal/Mol bzw. 6,1 kcal/g-Atom. Nun hat nach neueren Untersuchungen von Witte[2] (röntgenographisch) und Vosskühler[3] (thermisch) die in dem System auftretende intermetallische Phase nicht die Zusammensetzung Ca_3Mg_4, wie früher angenommen wurde, sondern $CaMg_2$. Da aber einerseits die Löslichkeit von Mg in Ca und andererseits auch das Homogenitätsgebiet der $CaMg_2$-Phase wahrscheinlich sehr klein ist[4], ist eine lineare Extrapolation des obigen thermochemischen Wertes auf die Zusammensetzung der intermetallischen Phase zulässig. Man erhält dann für $CaMg_2$: $W_B = \boxed{+7,1}$ kcal/g-Atom. Die Bildungswärme der übrigen Legierungen des Systems müßten dann durch deren jeweiligen Gehalt an $CaMg_2$ gegeben sein.

Thermochemische Messungen an flüssigen Legierungen sind bisher nicht durchgeführt worden.

[1] Biltz, W., u. G. Hohorst: Z. anorg. allg. Chem. Bd. 121 (1922) S. 1. — [2] Witte, H.: Naturwiss. Bd. 25 (1937) S. 795. — [3] Vosskühler, H.: Z. Metallkunde Bd. 29 (1937) S. 236. — [4] Nowotny, H.: Privatmitteilung, November 1942.

Ca-N. Kalzium-Stickstoff.

Die Bildungswärme des Kalziumnitrids (Ca_3N_2) wurde zuerst von Guntz und Bassett[1] auf lösungskalorimetrischem Wege zu 112,2 kcal/Mol ermittelt; als Lösungsmittel für das Nitrid und das reine Metall diente verdünnte Salzsäure. Satoh[2] berechnete mit den von Kraus und Hurd[3] bestimmten Dissoziationsdrucken des Kalziumnitrids bei 950 bis 1050° C und dessen mittlerer spezifischer Wärme, die von Satoh allerdings nur bei 3 Temperaturen und bis 500° C gemessen und auf höhere Temperaturen extrapoliert wurde, als Bildungswärme bei Raumtemperatur $+108$ kcal/Mol.

Zu dem zuverlässigsten Wert dürfte die von Franck und Bodea ausgeführte direkte Azotierung von Kalzium in der kalorimetrischen Bombe (Auskleidung mit Kupferfolie, Stickstoffdruck 25 bis 30 at) geführt haben. Diese Beobachter erhielten bei der Umsetzung eine nahezu vollständige Ausbeute an Ca_3N_2. Als Mittelwert aus 4 Versuchen ergab sich für Raumtemperatur bei konstantem Volumen $3\,[Ca] + (N_2) = [Ca_3N_2] + 102{,}6 \pm 1{,}0$ kcal. Bei konstantem Druck beträgt die Bildungswärme dann $+103{,}2$ kcal/Mol oder $\boxed{+20{,}6}$ kcal/g-Atom.

[1] Guntz, A., u. H. Bassett: J. chim. phys. Bd. 4 (1906) S. 1. — [2] Satoh, S.: Sci. Pap. Inst. physic. chem. Res. Bd. 34 (1938) S. 584. — [3] Kraus, C. A., u. C. B. Hurd: J. Amer. chem. Soc. Bd. 45 (1923) S. 2567. — [4] Franck, H. H., u. C. Bodea: Z. angew. Chem. Bd. 44 (1931) S. 382.

Ca-P. Kalzium-Phosphor.

Franck und Füldner[1] bestimmten die Bildungswärme von Kalziumphosphid (Ca_3P_2). Hierfür prüften sie einmal die Wärmetönung der Reaktion $3\,CaC_2 + P_2 = Ca_3P_2 + 6\,C$, welche bei $600°\,C$ schnell und weitgehend im Sinne der Gleichung nach der Phosphidseite verläuft; die Temperatursteigerung wurde durch elektrisches Aufheizen der Ausgangsmischung im Kalorimeter erreicht und die hineingeschickte Heizenergie von der gemessenen Wärmetönung abgezogen. Setzt man für die Bildungswärme des Karbids (s. dort) den Wert 14,1 kcal/Mol, so ergeben sich für die Bildungswärme von Ca_3P_2 bei Raumtemperatur $+120 \pm 2{,}5$ kcal/Mol. Bezogen auf 1 g-Atom Phosphid ergibt das $\boxed{+24{,}0}$ kcal. Bei der Berechnung der Fehlergrenze ist von Franck und Füldner berücksichtigt, daß das Kalziumkarbid eine geringe Menge Kalk enthält, der mit Phosphor nicht einheitlich reagiert, und daß neben dem regulären Phosphid in kleinem Umfange auch höhere Phosphide entstehen können, die sich der exakten Analyse entziehen. — In annähernder Übereinstimmung mit dem vorliegenden Resultat fanden Franck und Füldner[1] auch bei der Auswertung der CO-Drucke der Reaktion $Ca_3P_2O_8 + 8\,C = Ca_3P_2 + 8\,CO$ nach Nernst Werte in gleicher Höhe für die Bildungswärme des Phosphids.

[1] Franck, H. H., u. H. Füldner: Z. anorg. allg. Chem. Bd. 204 (1932) S. 120.

Ca-Pb. Kalzium-Blei.

Die Bildungswärme der festen Kalzium-Blei-Legierungen im Konzentrationsbereich von 20 bis 75 Atom-% Pb wurde von Kubaschewski und Walter[1] untersucht. Diese Beobachter ließen Preßlinge aus verschiedenen Mischungen von Kalziumspänen und Bleipulver in einem Hochtemperaturkalorimeter bei einer Versuchstemperatur von 595 bis 617°C reagieren und erhielten die Reaktionswärme (nach Addition der Wärmeinhalte der eingebrachten Metalle zwischen Raum- und Kalorimetertemperatur) direkt aus der Temperaturerhöhung. Die Ergebnisse (Fehlergrenze ±4%) finden sich in Abb. 92. Danach liegt das Maximum der Bildungswärme bei der Konzentration des Schmelzmaximums der valenzmäßig zusammengesetzten Verbindung Ca_2Pb. In dem Homogenitätsgebiet von Ca_2Pb zeigt die Bildungswärme-Konzentrationskurve eine zunächst langsam zur Kalziumseite abfallende Tendenz; in dem heterogenen Gebiet (Ca + Ca_2Pb-Mischkristall) muß die Kurve dann linear weiter verlaufen. Die Verbindung CaPb ist wahrscheinlich durch einen sehr schwachen Knick gekennzeichnet, die Verbindung $CaPb_3$ ebenfalls. Dieses Resultat ist jedoch nicht ganz eindeutig, da man bei den schwachen Effekten die Kurve auch so zeichnen kann, daß entweder bei CaPb oder bei $CaPb_3$ kein Knick auftritt. Die Bildungswärmen der intermetallischen Verbindungen in dem System Ca-Pb sind in Tab. 28 zusammengestellt.

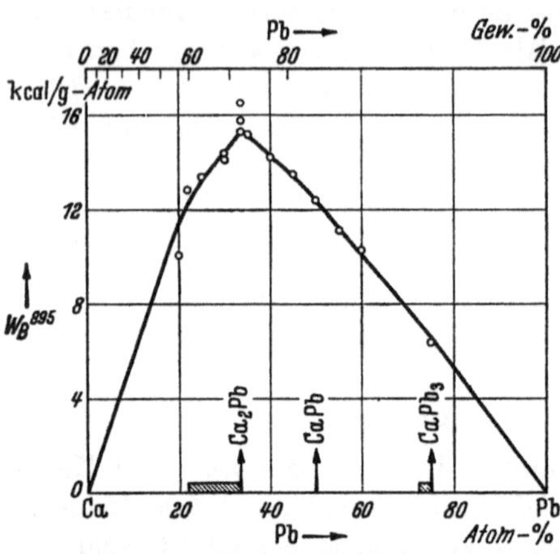

Abb. 92. Bildungswärmen der Kalzium-Blei-Legierungen bei 595 bis 617°. (Nach O. Kubaschewski und A. Walter.)

Tabelle 28. Bildungswärmen in dem System Kalzium-Blei. (Nach Kubaschewski und Walter.)

Formel	Bildungswärme in kcal	
	pro Mol	pro g-Atom
Ca_2Pb . . .	46	15,4
CaPb	25	12,4
$CaPb_3$ . . .	26	6,5

Mischungswärmen sind in dem System Kalzium-Blei keine bekannt.

¹ Kubaschewski, O., u. A. Walter: Z. Elektrochem. angew. physik. Chem. Bd. 45 (1939) S. 732.

Ca-S. Kalzium-Schwefel.

Sabatier¹ bestimmte die Lösungswärme von wasserfreiem Kalziumsulfid in verdünnter Salzsäure bei Raumtemperatur und berechnete mit älteren Hilfswerten die Bildungswärme des Sulfids aus den festen Elementen zu 111,2 kcal/Mol (Schwefel: rhombisch). Eine Neuberechnung durch Bichowsky und Rossini² ergab 113,4 kcal/Mol.

¹ Sabatier, P.: Ann. chim. phys. (5) Bd. 22 (1881) S. 5 — C. R. Séances Acad. Sci. Paris Bd. 88 (1879) S. 651. — ² Bichowsky, F. R., u. F. D. Rossini: Thermochemistry of the chemical Substances, S. 118. New York 1936.

Ca-Sb. Kalzium-Antimon.

Die Bildungswärme von Kalzium-Antimon-Legierungen wurde von Kubaschewski und Walter[1] bei einer Temperatur von durchschnittlich 660° C durch Reagierenlassen von Preßlingen aus Kalziumspänen und Antimonpulver im Hochtemperaturkalorimeter (S. 47) bestimmt. Als Tiegelmaterial diente im kalziumreichen Teil Eisen, im antimonreichen Graphit. Das Maximum der Bildungswärme fand sich bei der stöchiometrischen Zusammensetzung Ca_3Sb_2. Die Werte mit 0 bis 40 Atom-% Sb liegen in dem Bildungswärme-Konzentrationsdiagramm annähernd auf der Verbindungsgeraden Ca_3Sb_2-Ca, die Werte mit mehr als 40 Atom-% Sb dagegen unterhalb der entsprechenden Verbindungsgeraden zur Antimonecke. Das Zustandsdiagramm der Legierungen ist nicht bekannt; es ist wohl anzunehmen, daß die Versuchstemperatur bei den antimonreichen Legierungen oberhalb einer eutektischen bzw. peritektischen Temperatur lag. In den beobachteten Reaktionswärmen ist also bei den Legierungen mit mehr als 40 Atom-% Sb die Schmelzwärme von freiem Antimon enthalten. Auf eine Wiedergabe des Diagramms wird deshalb hier verzichtet. Die Bildungswärme der festen Verbindung Ca_3Sb_2 aus den festen Metallen bei 660° beträgt $\boxed{+32,0}$ + 1,3 kcal/g-Atom. Dieser Wert ist für eine intermetallische Verbindung, auch wenn man ihren „salzartigen" Charakter berücksichtigt, ungewöhnlich hoch. Die Heteropolarität scheint also hier besonders ausgeprägt zu sein.

Die Mischungswärmen der Legierungen sind nicht untersucht worden.

[1] Kubaschewski, O., u. A. Walter: Z. Elektrochem. angew. physik. Chem. Bd. 45 (1939) S. 732.

Ca-Se. Kalzium-Selen.

Bichowsky und Rossini[1] leiten die Bildungswärme des Kalziumselenids (CaSe) aus dessen von Fabre[2] bestimmten Lösungswärme in verdünnter Salzsäure ab und erhalten für die Wärmetönung bei der Bildung der Verbindung aus festem Kalzium und metallischem Selen etwa +82 kcal/Mol oder +41 kcal/g-Atom CaSe (Raumtemperatur).

[1] Bichowsky, F. R., u. F. D. Rossini: Thermochemistry of the chemical Substances, S. 119. New York 1936. — [2] Fabre, Ch.: Ann. chim. phys. (6) Bd. 10 (1887) S. 472.

Ca-Si. Kalzium-Silizium.

Die Bildungswärmen des Kalziummonosilizids (CaSi) und Kalziumdisilizids ($CaSi_2$) wurden von Wöhler und Schuff[1] durch Bestimmung der Verbrennungswärmen gefunden. Die Verbindungen wurden hierzu, gemischt mit Alkalichlorat und Paraffinöl, in Sauerstoff in der

Kalorimeterbombe verbrannt. Zur Förderung der Silikatbildung wurde ferner Kalziumoxyd im Überschuß zugesetzt. Das zur Verbrennung gelangende CaSi enthielt 6,72% freies Si und 1,34% $FeSi_2$. Der Verbrennungsrückstand enthielt noch 0,8% $FeSi_2$. Das $CaSi_2$ enthielt kein freies Si, aber 2,0% $FeSi_2$, von dem im Rückstand noch 1,4% nachgewiesen werden konnten. Die Verbrennungswärme des Siliziums sowie die Wärmetönung der Reaktion des gebildeten SiO_2 mit CaO wurden in die Korrektur[2] einbezogen, dagegen wurde die Verbrennungswärme von $FeSi_2$ nicht berücksichtigt[4]. Für die Bildungswärme von CaSi ergaben sich +85 kcal/Mol bzw. $\boxed{+43}$ kcal/g-Atom, von $CaSi_2$ +169 kcal/Mol bzw. $\boxed{+56}$ kcal/g-Atom. Die älteren Messungen von Wöhler und Müller[3] sind durch die vorstehend referierten Versuche überholt.

Bei dem Vergleich der Ergebnisse von Wöhler und Schuff mit dem Zustandsdiagramm der Kalzium-Silizium-Legierungen fällt auf, daß die Bildungswärme von $CaSi_2$, bezogen auf 1 g-Atom, erheblich höher liegt als diejenige von CaSi. Letztere Verbindung entsteht aber über ein Schmelzmaximum, während $CaSi_2$ durch peritektische Reaktion gebildet wird. Auf Grund von allgemeinen Erfahrungen sollte man deshalb erwarten, daß der Verbindung CaSi die höchste Bildungswärme in dem System zukommt und die Verbindung $CaSi_2$ sich in dem Verlauf der Bildungswärme-Konzentrationskurve nur wenig bemerkbar macht. Sollte die Verbindung CaSi auch bei Raumtemperatur beständig sein, so wäre eine Nachprüfung der angegebenen energetischen Verhältnisse erwünscht.

[1] Wöhler, L., u. W. Schuff: Z. anorg. allg. Chem. Bd. 209 (1932) S. 53. — [2] Bildungswärme von $CaSiO_3$ vgl. W. A. Roth u. P. Chall: Z. Elektrochem. angew. physik. Chem. Bd. 34 (1928) S. 197; ferner vgl. System Ba-Si, Fußnote 2 und 3. — [3] Wöhler, L., u. F. Müller: Z. anorg. allg. Chem. Bd. 120 (1921) S. 49. — [4] Ihre Einbeziehung in die Korrektur ergibt keine Änderung der oben umrandeten Werte.

Ca-Sn. Kalzium-Zinn.

Durch kalorimetrische Messung der Lösungswärme der Kalzium-Zinn-Verbindung $CaSn_3$ und deren Komponenten bestimmten Biltz und Holverscheit[1] die Bildungswärme der intermetallischen Verbindung[2] zu +43 kcal/Mol. Dabei diente als Lösungsmittel Salzsäure mit einem Zusatz von Ferrichlorid. Der Wert von 43 kcal ergab sich unter der Annahme, daß sich das Zinn in der Lösung unter quantitativer Reduktion des Ferrichlorids zu Ferrochlorid löst, während sich das Kalzium ohne Reduktion mit der Salzsäure unter Wasserstoffentwicklung in $CaCl_2$ umsetzt. Da jedoch in Kalzium-Zinn-Verbindungen das Kalzium gleichfalls mit zur Reduktion des $FeCl_3$ in $FeCl_2$ beiträgt, ergibt sich nach einer Neuberechnung durch Biltz und Meyer[3] die

Bildungswärme zu $+52$ kcal/Mol. Biltz[4] weist bei einer systematischen Auswertung des derzeitigen Versuchsmaterials darauf hin, daß „in den Ergebnissen die (in Ferrichlorid gelösten) Zinnlegierungen zum Teil etwas abseits stehen" und daß „hier wohl noch eine gelegentliche Nachprüfung erwünscht wäre". Wie solche Nachprüfungen an der ebenfalls in Salzsäure-Ferrichlorid gelösten Magnesium-Zinn-Verbindung Mg_2Sn (s. dort) ergaben, sind die Angaben von Biltz und Mitarbeitern[1,3] in diesem Falle zu hoch. Auch auf Grund der allgemeinen Erfahrungen sollte man die Bildungswärme von $CaSn_3$ nicht mit 11 bis 13 kcal/g-Atom nach Biltz, sondern etwa halb so groß annehmen.

[1] Biltz, W., u. W. Holverscheit: Z. anorg. allg. Chem. Bd. 140 (1924) S. 261. — [2] Es wurde bei der Zusammensetzung $CaSn_3$ und nicht mit der Verbindung mit dem höchsten Schmelzmaximum (Ca_2Sn) gearbeitet, da das Zustandsdiagramm der kalziumreicheren Legierungen damals noch nicht bekannt war. — [3] Biltz, W., u. F. Meyer: Z. anorg. allg. Chem. Bd. 176 (1928) S. 44. — [4] Biltz, W.: Z. Metallkunde Bd. 29 (1937) S. 75.

Ca-Tl. Kalzium-Thallium.

Zur Bestimmung der Bildungswärme der Kalzium-Thallium-Legierungen ließen Kubaschewski und Walter[1] Preßlinge aus Kalzium- und Thalliumspänen im Hochtemperaturkalorimeter bei einer durchschnittlichen Versuchstemperatur von $630°$ C reagieren. Die Einwaagen waren so gewählt, daß nach der Reaktion etwa 0,1 g-Atom Legierung vorlagen; der Wärmeinhalt der Preßlinge zwischen Raum- und Kalorimetertemperatur wurde bei der Berechnung der Reaktionswärme aus der Temperaturerhöhung berücksichtigt. Wie die Abb. 93 zeigt, liegt das Maximum der Bildungswärme bei der Zusammensetzung 50 Atom-% und beträgt $\boxed{+17,5}$ kcal/g-Atom; in dem Homogenitätsgebiet von CaTl erfolgt keine Richtungsänderung der Kurve.

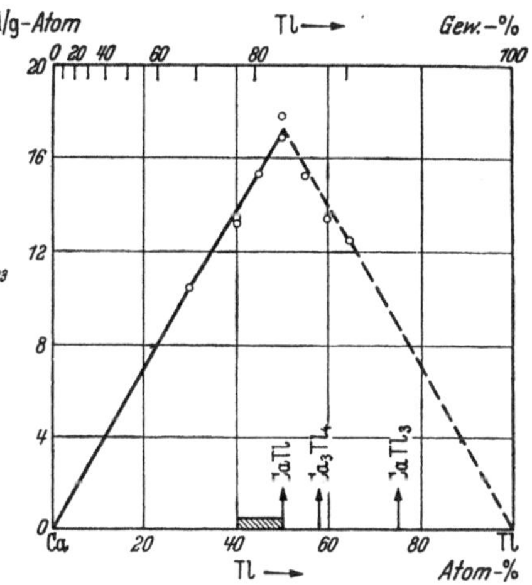

Abb. 93. Bildungswärmen der Kalzium-Thallium-Legierungen bei $630°$ C. (Nach O. Kubaschewski und A. Walter.)

Die Verbindungen Ca_3Tl_4 und $CaTl_3$ konnten wegen der hohen Versuchstemperatur nicht erfaßt werden, sie sind bei $630°$ bereits zerfallen. Proben mit mehr als 50 Atom-% Tl enthielten bei der Versuchstemperatur flüssiges Kalzium; zur Ermittlung der Kurve (Abb. 93) wurde dessen Schmelzwärme zu den gemessenen Wärmetönungen addiert. Die Fehlergrenze der Messungen beträgt etwa $\pm 4\%$.

Die Mischungswärmen der flüssigen Kalzium-Thallium-Legierungen sind nicht bekannt.

[1] Kubaschewski, O., u. A. Walter: Z. Elektrochem. angew. physik. Chem. Bd. 45 (1939) S. 732.

Ca-Zn. Kalzium-Zink.

Eine Reihe von Bildungswärmen im System Kalzium-Zink wurden von Biltz und Wagner[1] aus den Differenzen der Lösungswärmen der Verbindungen Ca_4Zn, Ca_2Zn_3, $CaZn_4$ und $CaZn_{10}$ und denen der reinen Metalle in verdünnter Salzsäure ($HCl \cdot 20{,}0\ H_2O$) unter Zugabe von Platinchlorid als Katalysator erhalten. Für die einzelnen Verbindungen ergaben sich folgende Werte in kcal/Mol: $[Ca_4Zn]$ $+32$ (4 Messungen), $[Ca_2Zn_3]$ $+40$ (6 Messungen), $[CaZn_4]$ $+29{,}5$ (7 Messungen) und $[CaZn_{10}]$ $+48$ (4 Messungen). Nun haben aber nach neueren, vorwiegend röntgenographischen Untersuchungen die zinkreichen Phasen des Systems Ca-Zn nicht die früher nach den Ergebnissen der thermischen Analyse von Donski angenommene Zusammensetzung (vgl. Hansen), die auch Biltz und Wagner zum Ausgang ihrer thermochemischen Untersuchungen machten, sondern an Stelle von $CaZn_4$ ist zu setzen $CaZn_5$ [2,3]. Ferner existiert Ca_2Zn_3 nicht, dagegen $CaZn_2$ [2]. Der Verbindung $CaZn_{10}$ ist vermutlich die Formel $CaZn_{13}$ [4] zuzuschreiben, und die Existenz der Verbindung CaZn ist sichergestellt[3]. Die thermochemischen Versuche von Biltz und Wagner wurden also in den heterogenen Zwischengebieten der neu angegebenen Phasen vorgenommen. Da jedoch das Existenzgebiet dieser Phasen wahrscheinlich sehr klein ist[4], lassen sich ihre Bildungswärmen mit einiger Sicherheit graphisch ermitteln, und man erhält folgende Werte: $[CaZn_{13}]$ 4,1, $[CaZn_5]$ 5,5, $[CaZn_2]$ 7,5 und [CaZn] (8,7) kcal/g-Atom. Roos[5] fand ebenfalls auf lösungskalorimetrischem Wege Werte für die Bildungswärmen von Kalzium-Zink-Verbindungen, die sich mit denen von Biltz und Wagner[1] nicht vereinbaren lassen. Da die Ergebnisse von Roos über die Bildungswärmen von intermetallischen Verbindungen in keinem Fall mit denen anderer Autoren übereinstimmen, sollen sie hier unberücksichtigt gelassen werden (vgl. auch Al-Mg).

Die Mischungswärmen der Legierungen wurden bisher nicht untersucht.

Roos[5] bestimmte die Schmelzwärmen der Verbindungen $CaZn_{10}$ und $CaZn_4$ aus den Abkühlungskurven (vgl. S. 65) und fand für $CaZn_{10}$ 4,8 und für $CaZn_4$ 5,0 kcal/g-Atom Legierung.

[1] Biltz, W., u. W. Wagner: Z. anorg. allg. Chem. Bd. 134 (1924) S. 1. — [2] Haucke, W.: Z. anorg. allg. Chem. Bd. 244 (1940) S. 17. — [3] Nowotny, H.: Z. Metallkunde Bd. 34 (1942) S. 247. — [4] Nowotny H.: Privatmitteilung, Mai 1943. — [5] Roos, G. D.: Z. anorg. allg. Chem. Bd. 94 (1916) S. 329.

Cd-Cu. Kadmium-Kupfer.

Roos[1] fand für die Bildungswärme der Legierung Cd_3Cu_2 den unwahrscheinlich hohen Wert 47,7 kcal/g-Atom aus der Differenz der Lösungswärmen in einem Gemenge von Brom und Bromwasser. Schreiner und Seljesaeter[2] erhielten in ähnlicher Weise ebenfalls zu hohe Werte. In beiden Arbeiten dürfte der Grund zu den abweichenden Ergebnissen darin zu suchen sein, daß die gefundenen Lösungswärmen der Legierungen mit den von anderen Beobachtern bestimmten Lösungswärmen der reinen Komponenten kombiniert wurden. Da jedoch die Bildungswärme als relativ kleine Differenz der hohen Lösungswärmen gefunden wird, ist eine solche Kombination der von verschiedenen Beobachtern gemessenen Werte bedenklich, da bereits geringe systematische Fehler der Methode beträchtliche Unterschiede in den Endresultaten verursachen können. Bei Verwendung der gleichen Apparatur zur lösungskalorimetrischen Untersuchung von Legierungen und Komponenten heben sich dagegen die systematischen Fehler im Endergebnis heraus.

Biltz und Haase[3] prüften die Bildungswärme einer festen Legierung der Zusammensetzung Cd_3Cu_2 durch Lösen der Legierung sowie der reinen Komponenten in Herschkowitschscher Lösung (S. 11) und Messung der Lösungswärmen. Dabei wurden die Lösungswärmen von Cu und Cd getrennt bestimmt. Für die Bildungswärme von Cd_3Cu_2 ergab sich dabei ein schwach endothermer Wert. — Bei einer Nachprüfung dieses Ergebnisses fanden Biltz, Wagner, Pieper und Holverscheit[4], daß die Lösungswärme eines Gemisches 3 Cd + 2 Cu höher ist als die Summe der Lösungswärmen bei der getrennten Auflösung der Metalle[5]. Die Neubestimmung ergab dann eine Bildungswärme für $[Cd_3Cu_2]$ von etwa +3 kcal/Mol bzw. $\boxed{+0{,}6}$ kcal/g-Atom. Der mittlere prozentuale Fehler der Messungen ist allerdings verhältnismäßig hoch, da der Endwert als sehr kleine Differenz der hohen Lösungswärmen (Größenordnung: 300 kcal/Mol) erhalten wurde; er errechnet sich aus den Daten von Biltz und Mitarbeitern zu $\pm 0{,}3$ kcal/g-Atom. d. h. $\pm 50\%$.

Jellinek und Rosner[6] bestimmten den Dampfdruck über flüssigen Cd-Cu-Legierungen nach der Mitführungsmethode zwischen 532 und 730° C. Da jedoch außer dem Dampfdruck der reinen flüchtigen Komponente (Cd) nur 3 Konzentrationen gemessen wurden, ist eine Auswertung auf integrale Mischungswärmen zu ungenau. Bei diesen Messungen ist ferner zu beachten, daß mit Wasserstoff als Trägergas bei verhältnismäßig kleinen Strömungsgeschwindigkeiten gearbeitet wurde. Wie aber spätere Versuche von Burmeister und Jellinek[7] zeigten, ist die Verwendung von H_2 bei langsamen Strömungsgeschwindigkeiten (< 4 cm³/Min.) unzweckmäßig und führt zu höheren Angaben für die Dampfdrucke, als den tatsächlichen Verhältnissen entspricht.

Die integrale Mischungswärme einer flüssigen Legierung mit 40 Atom-% Cu wurde von Kubaschewski[8] aus der Bildungswärme[4] und dem Wärmeinhalt der Legierungen zwischen 20 und 600 bzw. 700° sowie dem Wärmeinhalt der reinen Metalle[9] berechnet und als schwach exotherm (etwa +50 cal/g-Atom) gefunden. Hierbei ist jedoch zu be rücksichtigen, daß der Wert für die Bildungswärme bereits mit einem Fehler von ± 300 cal/g-Atom behaftet ist. Außerdem mußte die mittlere spezifische Wärme von flüssigem Kupfer auf 600 oder 700° extrapoliert werden, die Rechnung also mit einem gewissermaßen stark unterkühlten Cu durchgeführt werden. Auf diesem Weg erhielt man deshalb nur eine annähernde Angabe.

Schneider und Schmid[10] untersuchten nun kürzlich erneut die Dampfdrucke von Cd über flüssigen Cd-Cu-Legierungen zwischen 550 und 900° C, und zwar nach einem statischen Verfahren. Sie erhielten einen Verlauf der Aktivitätsisothermen oberhalb der Raoultschen Geraden, ein Befund, der auf eine negative Mischungswärme hinweist (vgl. S. 114). Jedoch ergab sie sich als nur sehr schwach endotherm. Das Minimum der W_M-Kurve liegt nach einer auf Grund ihrer Ergebnisse durchgeführten Schätzung der Beobachter zwischen -50 und -100 cal/g-Atom. Die Angabe von Kubaschewski steht mit diesem Ergebnis nicht im Widerspruch, sondern paßt sich ihm vielmehr mit ihrer viel größeren Fehlerangabe recht gut an. Der schwach endotherme Wert der Mischungswärme scheint jedenfalls nach den Versuchen von Schneider und Schmid sichergestellt zu sein.

Die Schmelzwärme von Legierungen der Zusammensetzung Cd_8Cu_5 und Cd_3Cu_2 wurde von Kubaschewski[8] aus Messungen der Wärmeinhalte der Legierungen zu 2,28 und 2,32 kcal/g-Atom erhalten. (Roos[1] hatte aus orientierenden Versuchen, durch Auswertung von Abkühlungskurven für Cd_3Cu_2 2,4 kcal/g-Atom gefunden.)

[1] Roos, G. D.: Z. anorg. allg. Chem. Bd. 94 (1916) S. 329. — [2] Schreiner, E., u. K. Seljesaeter: Z. anorg. allg. Chem. Bd. 137 (1924) S. 389. Diese Beobachter führten auch EMK-Messungen bei Zimmertemperatur an festen Cu-Cd-Legierungen aus, denen jedoch nur ein orientierender Charakter zuzusprechen ist. — [3] Biltz, W., u. C. Haase: Z. anorg. allg. Chem. Bd. 129 (1923) S. 141. — [4] Biltz, W., W. Wagner, H. Pieper u. W. Holverscheit: Z. anorg. allg. Chem. Bd. 134 (1924) S. 25. — [5] Das deutet auf eine Reaktion zwischen konzentrierten, stark bromhaltigen Lösungen von Kupferbromid und Kadmiumbromid hin. — [6] Jellinek, K., u. G. A. Rosner: Z. physik. Chem., Abt. A Bd. 152 (1931) S. 67. — [7] Burmeister, E., u. K. Jellinek: Z. physik. Chem., Abt. A Bd. 165 (1933) S. 121. — [8] Kubaschewski, O.: Z. Elektrochem. angew. physik. Chem. Bd. 47 (1941) S. 475. — [9] Umino, S.: Sci. Rep. Tôhoku Imp. Univ. Bd. 15 (1926) S. 597. — [10] Schneider, A., u. H. Schmid: Z. Elektrochem. angew. physik. Chem. Bd. 48 (1942) S. 632.

Cd-Hg. Kadmium-Quecksilber.

An Kadmiumamalgamen liegen Messungen in größerer Zahl vor, aus denen sich Aussagen über die Bildungswärmen im System Kadmium-Quecksilber machen lassen. Teeter[1] bestimmte in einer Versuchsreihe die Lösungswärme verschiedener Kadmiumamalgame (mit 0 bis 100% Cd) in Quecksilber bei 25° C nach einem einfachen kalorimetrischen Verfahren von Richards, Frevert und Teeter[2]. Zur Berechnung der Bildungswärme über den ganzen Konzentrationsbereich berücksichtigte Teeter auch die kalorimetrisch erhaltenen Lösungswärmen von Richards, Frevert und Teeter, die sich nur im Bereich von 20 bis 25 Atom-% Cd als zu hoch erwiesen hatten, ferner diejenigen von Richards und Forbes[3] für ein Amalgam mit 5 Atom-% Cd sowie die Angaben von Richards und Lewis[4], Tammann und Ohler[5] und Bijl[6] für die Lösungswärme von reinem Kadmium in Queckilber. Die gefundenen integralen Bildungswärmen sind in Abb. 94 als Kreise eingezeichnet. Die Werte gelten für die Bildung der Legierungen aus flüssigem Quecksilber und festem Kadmium. Da bei 25° C gearbeitet wurde, sind die entstehenden Legierungen in dem Bereich von 0 bis 15 Atom-% Cd flüssig, in dem Bereich von 15 bis 22 Atom-% Cd liegt die Schmelze neben den festen β-Legierungen vor. Die übrigen Legierungen sind bei Raumtemperatur fest. Das Maximum der Bildungswärme findet sich im Bereich der β-Phase bei etwa 60 Atom-% Cd mit $+1,1$ kcal/g-Atom. Das Mischkristallgebiet (Hg gelöst in Cd) drückt sich in dem energetischen Diagramm anscheinend nicht aus. Teeter[1] stellt fernerhin den kalorimetrischen Messungen die Auswertung von EMK-Messungen von Smith[7] gegenüber. Die Übereinstimmung ist jedoch nicht befriedigend. Das ist nach Teeter damit zu begründen, daß die Daten von Smith nur unter Zuhilfenahme von EMK-Messungen von Bijl[6] ausgewertet werden konnten; dieser Beobachter erhält aber niedrigere EMK-Werte als Smith.

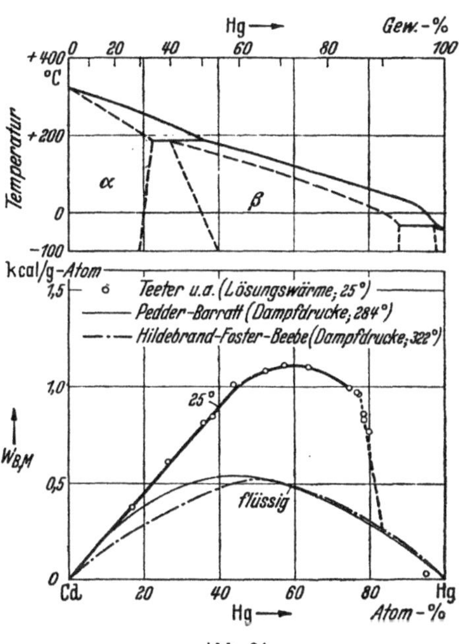

Abb. 94.
Zustandsdiagramm, Bildungs- und Mischungswärmen der Kadmium-Quecksilber-Legierungen.

Gerke[8] berechnete auf Grund von Literaturangaben die Änderung der freien Energie für Kadmium-Quecksilber-Mischkristalle.

Die Mischungswärmen der flüssigen Legierungen lassen sich aus Dampfdruckmessungen von Hildebrand, Foster und Beebe[9] einerseits und Pedder und Barratt[10] andererseits berechnen. Hildebrand, Foster und Beebe benutzten das im Hildebrandschen

Laboratorium entwickelte Verfahren (vgl. S. 87); die Versuchstemperatur betrug 322° C. Aus den von diesen Beobachtern angegebenen Aktivitäten errechnen sich mit der Näherungsformel S. 114 die in Tab. 29 angeführten Werte für die partiellen Mischungswärmen. Aus diesen erhält man durch Integration die in Abb. 94 strichpunktierte Kurve. Pedder und Barratt bestimmten den Dampfdruck über Kadmium-Quecksilber-Schmelzen bei 284° C nach der Mitführungsmethode. Die auf Grund ihrer Messungen berechneten partiellen Mischungswärmen sind ebenfalls in Tab. 29 angeführt. Die integralen Werte sind durch die dünn ausgezogene

Tabelle 29. Partielle Mischungswärmen im System Cd-Hg.

N_{Hg}	$\overline{W}_{Hg}$ in kcal nach Pedder-Barratt	$\overline{W}_{Hg}$ in kcal nach Hildebrand-Foster-Beebe
0,931	—	0,014
0,861	—	0,016
0,849	0,072	—
0,738	—	0,083
0,646	0,184	—
0,623	—	0,202
0,617	0,240	—
0,543	0,480	—
0,488	—	0,491
0,418	—	0,687
0,357	0,732	—
0,331	—	0,951
0,169	1,518	—

Kurve in Abb. 94 dargestellt. Die Übereinstimmung der Ergebnisse beider Arbeiten ist gut. Die Vereinigung von flüssigem Kadmium mit flüssigem Quecksilber erfolgt unter Wärmeabgabe, das Maximum der Mischungswärme liegt bei etwa 50 Atom-% mit $+0,5_2$ kcal/g-Atom (300° C).

Die Verdünnungswärme eines sehr quecksilberreichen flüssigen Amalgams bei Raumtemperatur wurde von Richards und Garrod-Thomas[11] aus EMK-Messungen abgeleitet.

[1] Teeter, C. E.: J. Amer. chem. Soc. Bd. 53 (1931) S. 3927. — [2] Richards, T. W., H. L. Frevert u. C. E. Teeter: J. Amer. chem. Soc. Bd. 50 (1928) S. 1293. — [3] Richards, T. W., u. G. S. Forbes: Z. physik. Chem. Bd. 58 (1907) S. 683. — [4] Richards, T. W., u. G. N. Lewis: Z. physik. Chem. Bd. 28 (1899) S. 1. — [5] Tammann, G., u. E. Ohler: Z. anorg. allg. Chem. Bd. 135 (1924) S. 118. — [6] Bijl, H. C.: Z. physik. Chem. Bd. 41 (1902) S. 641. — [7] Smith, F. E.: Philos. Mag. J. Sci. (6) Bd. 19 (1910) S. 250. — [8] Gerke, R. H.: J. Amer. chem. Soc. Bd. 45 (1923) S. 2507. — [9] Hildebrand, J. H., A. H. Foster u. C. W. Beebe: J. Amer. chem. Soc. Bd. 42 (1920) S. 545. — [10] Pedder, J. S., u. S. Barratt: J. chem. Soc. [London] (1933) S. 537. — [11] Richards, T. W., u. R. M. Garrod-Thomas: Z. physik. Chem. Bd. 72 (1910) S. 165.

Cd-Mg. Kadmium-Magnesium.

Roos[1] erhielt für die Bildungswärme der Verbindung CdMg einen Wert (+17,7 kcal/Mol), der nach einer kritischen Besprechung von Biltz und Hohorst[2] als unzuverlässig angesehen werden muß (vgl. den ersten Absatz System Cd-Cu).

Biltz und Hohorst[2] bestimmten die Bildungswärme einer Legierung der Zusammensetzung CdMg bei Raumtemperatur aus der Differenz der Lösungswärme dieser Legierung und der von Kadmium und Magnesium in verdünnter Salzsäure (HCl · 8,8 H_2O). Danach ist die Vereinigung von Magnesium und Kadmium ein exothermer Vorgang, die Wärmetönung der Reaktion beträgt +9,2 ± 0,2 kcal/Mol bzw. $\boxed{+4,6}$ kcal/g-Atom.

Die Mischungswärme der flüssigen Kadmium-Magnesium-Legierungen ist nicht bekannt.

Sowohl der vergebliche Versuch von Biltz und Hohorst[2], die Umwandlungswärme von CdMg aus der Differenz der Lösungswärmen einer abgeschreckten und einer langsam abgekühlten Probe zu erhalten als auch die sehr niedrigen Zahlenwerte für die Umwandlungs- und Schmelzwärme, die Roos[1] aus dem Verlauf der Abkühlungskurve dieser Legierung berechnet, sind dadurch begründet, daß das Zustandsdiagramm des Systems damals noch nicht in der heutigen, vervollkommneten Form vorlag. Z. B. dürfte es nicht möglich sein, mit der Methode von Roos (vgl. S. 65) Wärmetönungen bei dem Übergang ungeordnet → geordnet (CdMg) quantitativ zu erfassen.

[1] Roos, G. D.: Z. anorg. allg. Chem. Bd. 94 (1916) S. 329. — [2] Biltz, W., u. G. Hohorst: Z. anorg. allg. Chem. Bd. 121 (1922) S. 1.

Cd-N. Kadmium-Stickstoff.

Hahn und Juza[1] brachten Kadmiumnitrid, das durch Zersetzung von Kadmiumamid erhalten war, unter Ausschluß von Sauerstoff durch Zündung mit einem Platindraht in der kalorimetrischen Bombe zur Zersetzung. Aus 5 Versuchen ergab sich die Bildungswärme von [Cd_3N_2] aus 3 [Cd] und (N_2) zu −38,6 ± 0,4 kcal oder $\boxed{-7,6}$ kcal/g-Atom. Die Werte gelten für konstanten Druck.

[1] Hahn, H., u. R. Juza: Z. anorg. allg. Chem. Bd. 244 (1940) S. 111.

Cd-Na. Kadmium-Natrium.

Im System Cd-Na existieren 2 intermetallische Verbindungen, denen nach neueren Untersuchungen[1] die Formeln $NaCd_2$ und $NaCd_6$ zukommen. Das Existensgebiet der letztgenannten Verbindung wurde früher bei der Zusammensetzung $NaCd_5$ vermutet, so daß ein Teil der thermochemischen Versuche bei dieser Zusammensetzung ausgeführt wurde.

Eine ältere Bestimmung der Bildungswärme von $NaCd_2$ und $NaCd_5$ aus der Differenz der Lösungswärmen der Verbindungen und deren Komponenten in einem Gemenge von Brom und Bromwasser durch Roos[2] führte zu viel zu hohen Werten ($+10,3$ bzw. $+10,1$ kcal/g-Atom).

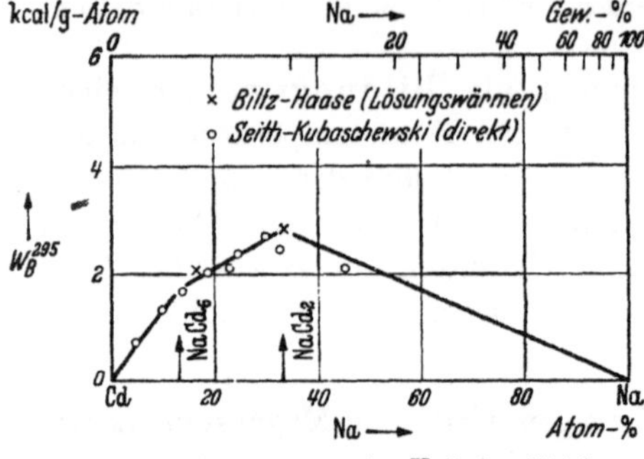

Abb. 95. Bildungswärmen der Kadmium-Natrium-Legierungen.

Biltz und Haase[3] verwendeten als Lösungsmittel verdünnte Salzsäure ($HCl \cdot 8,808$ H_2O) mit einem Platinchloridzusatz als Katalysator und bestimmten die Bildungswärmen der Legierungen [$NaCd_2$] und [$NaCd_5$] ebenfalls aus der Differenz der Lösungswärmen bei Raumtemperatur. Ihre Ergebnisse (Mittelwerte) sind in Abb. 95 als Kreuze eingezeichnet. Seith und Kubaschewski[4] ermittelten die Bildungswärmen der Kadmium-Natrium-Legierungen mit bis zu 45 Atom-% Na für den Gußzustand. Flüssiges Kadmium von etwa 650° C wurde auf festes Natrium, das sich in einem Graphittiegel in einem Raumtemperaturkalorimeter befand, gegossen, die Temperaturerhöhung bei der Durchmischung gemessen und der Wärmeinhalt des Kadmiums in Abzug gebracht. Die Werte der Bildungswärmen sind ebenfalls in Abb. 95 eingetragen. Die Übereinstimmung mit den Ergebnissen von Biltz und Haase ist sehr gut. Die Zahlenwerte für die Bildungswärme der beiden intermetallischen Verbindungen des Systems ergeben sich auf Grund der Arbeiten von Seith und Kubaschewski

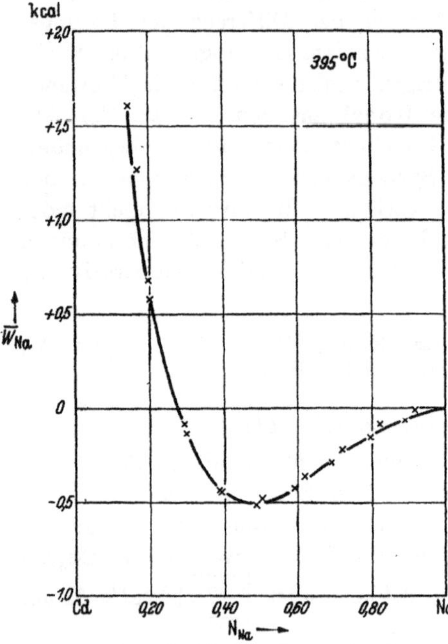

Abb. 96. Partielle Mischungswärmen im System Kadmium-Natrium bei 395° C. (Nach K. Hauffe.)

sowie Biltz und Haase: [$NaCd_2$] $\boxed{+2,8}$ $\pm 0,1$ und [$NaCd_5$] $\boxed{+1,8}$ $\mp 0,1$ kcal/g-Atom.

EMK-Messungen an flüssigen Kadmium-Natrium-Legierungen gegenüber flüssigem Natrium mit festem Glas als Elektrolyt wurden bei 395° C von Hauffe[5] ausgeführt und auch auf partielle Mischungswärmen ausgewertet. Die Ergebnisse dieser Untersuchungen finden sich in Abb. 96. Demnach erfolgt die Auflösung von 1 g-Atom Natrium in Amalgamen bis zu 27 Atom-% Na unter Wärmeabgabe des Systems, in Amalgamen mit mehr als 27 Atom-% Na unter Wärmeaufnahme. Eine Weiterauswertung auf integrale Mischungswärmen würde, wie aus Abb. 96 hervorgeht, zu ungenauen Angaben führen, da nicht bis zu hohen Kadmiumkonzentrationen gemessen wurde.

Die Schmelzwärmen von Kadmium-Natrium-Legierungen wurden von Roos[2] aus den Abkühlungskurven ermittelt. Es ergaben sich folgende angenähert gültige Werte in kcal/g-Atom: $NaCd_2$ 1,88, $NaCd_5$ 1,64.

[1] Vgl. M. Hansen: Der Aufbau der Zweistofflegierungen. Berlin 1936 — [2] Roos, G. D.: Z. anorg. allg. Chem. Bd. 94 (1916) S. 329. — [3] Biltz, W., u. C. Haase: Z. anorg. allg. Chem. Bd. 129 (1923) S. 141. — [4] Seith, W., u. O. Kubaschewski: Z. Elektrochem. angew. physik. Chem. Bd. 43 (1937) S. 743. — [5] Hauffe, K.: Z. Elektrochem. angew. physik. Chem. Bd. 46 (1940) S. 348.

Cd-Pb. Kadmium-Blei.

Wegen der geringen gegenseitigen Löslichkeit der Komponenten dürfte die Bildungswärme der festen Kadmium-Blei-Legierungen praktisch gleich Null sein; diese Annahme wurde auch von Magnus und Mannheimer[1] an einer Legierung mit 50 Atom-% bestätigt.

Die Mischungswärmen der flüssigen Legierungen wurden auf verschiedenen Wegen gefunden, Kawakami[2] erhielt dieselben direkt durch Vermischen der Komponenten bei 350° C im Kalorimeter. Seine Ergebnisse sind als Punkte in der Abb. 97 eingetragen. Magnus und Mannheimer[1] ermittelten in der gleichen Weise die Mischungswärme für die Zusammensetzung 50 Atom-% (+). Dieselben Beobachter bestimmten die Mischungswärme bei der gleichen Konzentration durch Messen der Wärmeinhalte der

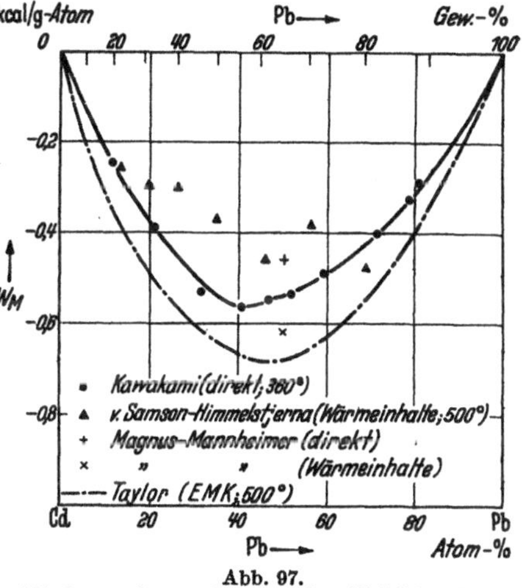

Abb. 97.

Mischungswärmen der Kadmium-Blei-Schmelzen.

Legierung und ihrer Partner zwischen Raumtemperatur und einer Temperatur oberhalb des Schmelzpunktes (Auswertung vgl. S. 49). v. Samson-Himmelstjerna[3] ermittelte ebenfalls durch Messung der Wärmeinhalte (500 bis 20°) die Mischungswärme einer Reihe von Legierungen. Seine Resultate sind in Abb. 97 als Dreiecke wiedergegeben.

Neben diesen auf direktem Wege erhaltenen Werten lassen sich die Mischungswärmen der Cd-Pb-Schmelzen auch aus EMK- und Dampfdruckmessungen berechnen. Taylor[4] bestimmte die elektromotorischen Kräfte von Cd-Pb-Elektroden gegenüber Kadmium bei 432, 480, 544 und 572° C; als Elektrolyt diente die eutektische Mischung von Kalium- und Lithiumchlorid mit einem geringen Zusatz an Kadmiumchlorid und Kaliumhydroxyd. Er berechnete aus der Temperaturabhängigkeit der Gleichgewichte die partiellen Mischungswärmen (Tab. 30). Aus diesen erhält man durch Integration die in Abb. 97

Tabelle 30. Partielle Mischungswärmen im System Cd-Pb.

N_{Cd}	$\overline{W}_{Cd}$ in kcal		Jellinek-Rosner
	Taylor		
	432 bis 572° C	480 bis 544° C	537 bis 685° C
0	−2,15	−2,30	—
0,1	−1,82	−1,69	—
0,125	—	—	−3,24
0,2	−1,51	−1,62	—
0,3	−1,22	−1,28	—
0,389	—	—	−0,58
0,4	−0,95	−1,04	—
0,5	−0,72	−0,80	—
0,6	−0,51	−0,60	—
0,62	—	—	−0,46
0,7	−0,30	−0,41	—
0,8	−0,14	−0,24	—
0,9	−0,05	−0,07	—
1,0	0	0	0

strichpunktierte Kurve. Die Messung der Kadmiumdampfdrucke über flüssigen Kadmium-Blei-Legierungen mit Hilfe der Mitführungsmethode (Wasserstoff als Trägergas) bei 537 bis 686° C durch Jellinek und Rosner[5] führt ebenfalls zu Angaben über die partiellen Mischungswärmen der Legierungen. Die Ergebnisse sind in Tab. 30 (Spalte 4) aufgeführt und erlauben einen Vergleich mit den Ergebnissen von Taylor. Eine Weiterauswertung der partiellen Daten von Jellinek und Rosner auf integrale Mischungswärmen soll hier nicht vorgenommen werden, da außer der reinen flüchtigen Komponente nur 3 Legierungskonzentrationen gemessen wurden und die Genauigkeit der Auswertung demnach verhältnismäßig klein sein würde; außerdem liegen Messungen nach anderen Verfahren in genügender Zahl vor.

Wie aus Abb. 97 hervorgeht, ist die Übereinstimmung der von den verschiedenen Autoren ermittelten Mischungswärmen, wenn man die Fehlergrenze der verwendeten Verfahren berücksichtigt, befriedigend. Die Werte von Kawakami[2] geben ungefähr das Mittel aus allen Ergebnissen wieder. Das Minimum der ausgezogenen Kurve liegt bei etwa 40 Atom-% Pb und $-0,5_6$ kcal/g-Atom.

[1] Magnus, A., u. M. Mannheimer: Z. physik. Chem. Bd. 121 (1926) S. 267. — [2] Kawakami, M.: Z. anorg. allg. Chem. Bd. 167 (1927) S. 345 — Sci. Rep. Tôhoku Imp. Univ. Bd. 16 (1927) S. 915. — [3] Samson-Himmelstjerna, H. O. v.: Z. Metallkunde Bd. 28 (1936) S. 197. — [4] Taylor, N. W.: J. Amer. chem. Soc. Bd. 45 (1923) S. 2865. — [5] Jellinek, K., u. G. A. Rosner: Z. physik. Chem., Abt. A Bd. 152 (1931) S. 67.

Cd-S. Kadmium-Schwefel.

Die Bildungswärme des Kadmiumsulfids (CdS) wurde von Mixter[1] durch Bestimmung der Wärmetönungen bei der Reaktion der Verbindung und ihrer Komponenten mit Natriumsuperoxyd ermittelt. Dabei ergab sich als Zahlenwert: $+34,0$ kcal/Mol. (Der ältere Thomsensche Wert betrug 32,4 kcal.) Kapustinsky und Korshunow[2] brachten ein Gemisch von Kadmium und Schwefel in der Mikrobombe unter 30 at Stickstoff im Quarztiegel durch Zündung mit einem Platindraht zur Reaktion, wobei auf besondere Reinheit und sehr feine Verteilung der Elemente geachtet wurde. Die Korrektur für Verdampfung betrug 8%. Als Bildungswärme von [CdS] ergaben sich $+34,5 \pm 0,5$ kcal/Mol. Eine neuerliche Untersuchung der Reaktion nach demselben Verfahren durch Kapustinsky und Korshunow[3] lieferte den Wert $+34,7 \pm 0,45$ kcal/Mol (15° C).

Die thermischen Gleichgewichte zwischen Wasserstoff und Kadmiumsulfid bei 572 bis 1152° C wurden schon früher von Britzke und Kapustinsky[4] gemessen. Bei den Temperaturen 572, 626 und 731° C lag im Bodenkörper flüssiges Kadmium neben festem CdS vor; eine Berechnung der Wärmetönung bei der Bildung von [CdS] aus Cd_{fl} und $\frac{1}{2}(S_2)$ führte zu dem Wert 34,6 kcal/Mol. Rechnet man diesen Wert auf die Reaktion bei Raumtemperatur um, so erhält man weniger als die Hälfte des kalorimetrisch gefundenen Wertes.

Als Zahlenwert der Bildungswärme von Kadmiumsulfid aus Kadmium und rhombischem Schwefel bei Raumtemperatur ergibt sich aus den vorliegenden Angaben als der wahrscheinlichste: $+34,7 + 0,5$ kcal/Mol bzw. $\boxed{+17,3_5}$ kcal/g-Atom.

[1] Mixter, W. G.: Z. anorg. allg. Chem. Bd. 83 (1913) S. 97 — Amer. J. Sci. (4) Bd. 36 (1913) S. 55. — [2] Kapustinsky, A. F., u. I. A. Korshunow,: J. physic. Chem. [Mosk.] Bd. 11 (1938) S. 213 — Chem. Zbl. 1938 II S. 3662. — [3] Kapustinsky, A. F., u. I. A. Korshunow: Acta physicochim. URSS Bd. 10 (1939) S. 259 — Chem. Zbl. 1939 II S. 2514. — [4] Britzke, E. V., u. A. F. Kapustinsky: Z. anorg. allg. Chem. Bd. 194 (1930) S. 323.

Cd-Sb. Kadmium-Antimon.

Kadmium und Antimon bilden im festen Zustand 2 Verbindungen, eine instabile von der Formel Cd_3Sb_2 und eine stabile von der Formel CdSb. Biltz und Haase[1] stellten sich diese Verbindungen her, wobei in Übereinstimmung mit den Literaturangaben der Erstarrungspunkt von CdSb bei 456 bis 457° C und der von Cd_3Sb_2 zu 411 bis 415° C gefunden wurde. Diese Legierungen sowie die reinen Komponenten wurden in Ferribromid-Brom-Mischung gelöst und die Wärmetönungen der Auflösung bei Raumtemperatur bestimmt. Die untersuchten Proben verhielten sich nicht ganz einheitlich, so daß der Meßfehler verhältnismäßig hoch wurde. Die Ergebnisse genügten jedoch zu einer orientierenden Festlegung der Bildungswärmen; es ergab sich für [CdSb] $+ 3 \pm 1,5$ und für [Cd_3Sb_2] $+4 \pm 1$ kcal/Mol; die entsprechenden Werte, bezogen auf 1 g-Atom Legierung, sind demnach [CdSb] $+1,5 \pm 0,7_5$ und [Cd_3Sb_2] $+0,8 \pm 0,2$ kcal.

Einen genaueren Wert für die Bildungswärme von CdSb aus den Elementen konnte Ölander[2] durch Messung der EMK von festen Kadmium-Antimon-Legierungen gegenüber Kadmium als Bezugselektrode in einem mit ein wenig Kadmiumazetat versetzten Elektrolyten von geschmolzenem Natrium-Kaliumazetat bei 240 bis 290° C ableiten. Die Zellen wurden nach dem Aufbau 15 Stunden und mehr stehengelassen, ehe die Potentiale gemessen wurden, damit die Gleichgewichte sich vollständig einstellen konnten. Die untersuchten Proben wurden analysiert. Das Vorhandensein der instabilen Verbindung Cd_3Sb_2 machte sich bei den Messungen nicht bemerkbar. Aus dem Potential der Zelle [Cd]/Cd(OCO $\cdot$ $CH_3)_2$/[CdSb] $+$ [Sb] läßt sich die integrale Bildungswärme von CdSb direkt nach Gibbs-Helmholtz berechnen, da beim Überführungsvorgang unmittelbar CdSb entsteht[3]. Für W_B ergaben sich $+3,72$ kcal/Mol oder $+1,86$ kcal/g-Atom. In ähnlicher Weise untersuchten Seltz und DeHaven[4] die EMK einer Zelle Cd_{fl}/Cd^{2+} in KCl-$LiCl_{fl}$/[CdSb] $+$ [Sb] bei 395 bis 440° C. Dabei konnte ein Einfluß der Cd^{2+}-Konzentration nicht nachgewiesen werden. Für die Reaktion $Cd_{fl} + $ [Sb] $\doteq$ [CdSb] wird $W_B^{650} = +4,73$ kcal. Mit der Schmelzwärme von Kadmium (1244 cal, nach Angabe der Autoren) ergibt sich [Cd] $+$ [Sb] $=$ [CdSb] $+ 3,49$ kcal. Dabei ist W_B als nur wenig temperaturabhängig angenommen worden. Mit Hilfe der Werte von Seltz und DeHaven und Messungen an flüssigen CdSb-Legierungen leiteten Seltz und DeWitt[5] für die Bildungswärme von [Cd_3Sb_2] den annähernden Wert $+7,8$ kcal/Mol ab. Die Zahlenwerte für die Bildungswärmen der festen Legierungen, bezogen auf 1 g-Atom, sind nach den Angaben von Ölander (Viereck) sowie Seltz und Mitarbeitern (Kreise) in Abb. 98 eingezeichnet. (Vgl. auch S. 79.)

Die Mischungswärmen der flüssigen Kadmium-Antimon-Legierungen wurden einmal von Seltz und DeWitt[5] aus Messungen der EMK bei 370 bis 518° C an Zellen der Art: $Cd_{fl}/(CdCl_2$ in $LiCl + KCl)_{fl}/CdSb_{fl} + Cd_{fl}$ berechnet. Ihre Ergebnisse sind als dünn ausgezogene Kurve in Abb. 98 graphisch wiedergegeben. Die Kurve zeigt ein Maximum der Mischungswärme bei 50 Atom-% mit +0,65 kcal/g-Atom. Für Legierungsschmelzen mit 0 bis 17 Atom-% Sb erfolgt die Vereinigung der Metalle unter Wärmeaufnahme, die Mischungswärme ist demnach negativ. Eine solche Umkehr des Vorzeichens der Mischungswärme innerhalb eines Systems ist auch bei einer Reihe weiterer Legierungssysteme beobachtet worden (vgl. z. B. Co-Sn, Cu-Sn).

Kawakami[6] erhielt die Mischungswärme der Legierungen auf direktem Wege, indem er die Vereinigung der Metalle bei 800° C kalorimetrisch verfolgte. Die Streuungen seiner Werte (Punkte in Abb. 98) sind ziemlich stark. Seine Kurve verläuft wenig oberhalb der von Seltz und DeWitt. Das Maximum fand sich bei 50 Atom-% und +0,80 kcal/g-Atom. In brauchbarer Übereinstimmung mit den Ergebnissen von Kawakami steht ein von Kubaschewski[7] aus der bekannten Bildungswärme von CdSb (s. oben) sowie den Wärmeinhalten von Cd, Sb und

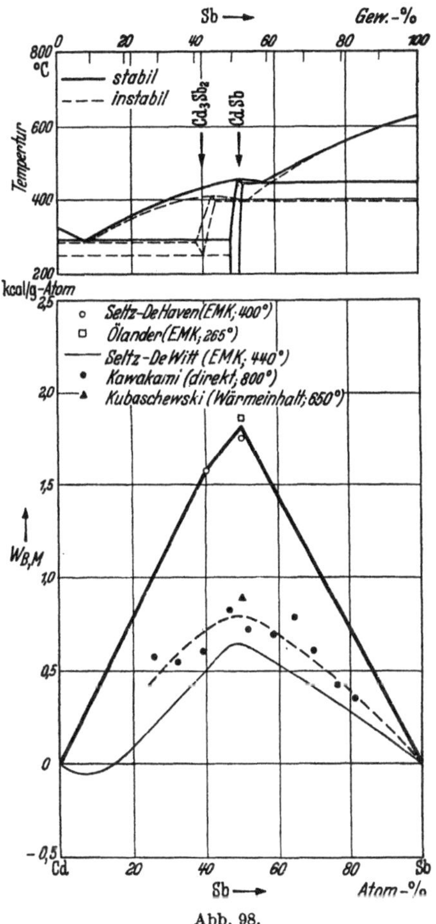

Abb. 98.
Zustandsdiagramm, Bildungs- und Mischungswärmen der Kadmium-Antimon-Legierungen.

CdSb (650 bis 250°) berechneter Wert für die Mischungswärme von CdSb bei der Bildung aus den flüssigen Metallen (Dreieck, Abb. 98).

Die Schmelzwärme der Verbindung CdSb wurde von Seltz und DeWitt[5] aus ihren EMK-Messungen zu 4,14 kcal/g-Atom abgeleitet. Auf Grund der kalorimetrischen Bestimmung der Wärmeinhalte zwischen Raumtemperatur und Temperaturen oberhalb und unterhalb des Schmelzpunktes erhielt Kubaschewski[7] 3,83 kcal/g-Atom. Der kalorimetrisch gefundene Wert dürfte sicherer sein.

[1] Biltz, W., u. C. Haase: Z. anorg. allg. Chem. Bd. 129 (1923) S. 141. — [2] Ölander, A.: Z. physik. Chem., Abt. A Bd. 173 (1935) S. 284. — [3] Vgl. auch Fr. Weibke: Z. Metallkunde Bd. 29 (1937) S. 79. — [4] Seltz, H., u. J. C. DeHaven: Trans. Amer. Inst. min. metallurg. Engr., Bd. 117 (1935) S. 218. — [5] Seltz, H., u. B. J. DeWitt: J. Amer. chem. Soc. Bd. 60 (1938) S. 1305. — Seltz, H.: Trans. electrochem. Soc. Bd. 77 (1940) S. 233. — [6] Kawakami, M.: Sci. Rep. Tôhoku Imp. Univ. Bd. 19 (1930) S. 521. — [7] Kubaschewski, O.: Z. Elektrochem. angew. physik. Chem. Bd. 47 (1941) S. 475.

Cd-Se. Kadmium-Selen.

Bichowsky und Rossini[1] erhielten mit Hilfe der von Fabre[2] angegebenen Fällungs- und Lösungswärmen von Kadmiumselenid (CdSe) für dessen Bildungswärme aus festem Kadmium und metallischem Selen etwa $+25$ kcal/Mol oder $+12{,}5$ kcal/g-Atom.

[1] Bichowsky, F. R., u. F. D. Rossini: Thermochemistry of the chemical Substances, S. 68. New York 1936. — [2] Fabre, Ch.: Ann. chim. phys. (6) Bd. 10 (1887) S. 532.

Cd-Sn. Kadmium-Zinn.

Die gegenseitige Löslichkeit von Kadmium und Zinn in festem Zustand ist gering. Verbindungen werden nicht gebildet. Die Bildungswärme dürfte daher praktisch gleich Null sein.

Aus der Differenz der Lösungswärmen von drei verschiedenen Legierungen und der reinen Komponenten in Brom-Bromkalium-Lösung fand Herschkowitsch[1] schwach negative Bildungswärmen (-10 bis -30 cal/g-Atom). Mit Quecksilber als Lösungsmittel erhielten Magnus und Mannheimer[2] für die Bildungswärme (50 Atom-%) $+2 \pm 25$ cal/g-Atom. Auch bei den Versuchen von Herschkowitsch, dem das Zustandsdiagramm der Legierungen noch nicht bekannt war, dürfte die Fehlergrenze so groß gewesen sein, daß eine Entscheidung, ob die infolge der geringen Mischbarkeit noch mögliche kleine Wärmetönung bei der Legierungsbildung positiv oder negativ ist, nach den vorliegenden Ergebnissen nicht getroffen werden kann.

Die Mischungswärmen der flüssigen Kadmium-Zinn-Legierungen sind von einer Reihe von Beobachtern erhalten worden oder lassen sich aus deren Meßdaten berechnen. Durch direkte Vereinigung der Komponenten im Kalorimeter bei 350° C erhielt Kawakami[3] die in Abb. 99 als ausgefüllte Kreise eingetragenen Werte. In ähnlicher Weise bestimmten Magnus und Mannheimer[2] den durch ein Viereck gekennzeichneten Wert. Diese Beobachter ermittelten die Mischungswärme bei derselben Konzentration auch aus dem Wärmeinhalt der Legierung zwischen Raumtemperatur und einer Temperatur etwa 20° oberhalb des Schmelzpunktes (Dreieck).

Taylor[4] untersuchte die EMK von Kadmium-Zinn-Schmelzen gegenüber flüssigem Kadmium mit Kalium-Lithiumchlorid, dem eine geringe Menge an Kadmiumchlorid zugesetzt war, als Elektrolyt. Die Versuchstemperaturen lagen bei 431, 483, 544 und 585° C. Aus der Temperaturabhängigkeit der elektromotorischen Kräfte berechnete Taylor u. a. auch die partiellen Mischungswärmen (Tab. 31). Integriert man diese, so erhält man die in Abb. 99 strichpunktiert eingezeichnete Kurve.

Tabelle 31.

Partielle Mischungswärmen $(-\overline{W})$ im System Cd-Sn. (Nach Taylor.)

Gelöstes Metall	Temp. °C	$N_{\text{gel. Metall}}$										
		0	0,1	0,2	0,3	0,4	0,5	0,6	0,7	0,8	0,9	1,0
Cd	431—585	1,36	1,17	1,00	0,83	0,65	0,48	0,32	0,19	0,10	0,04	0
	483—544	1,47	1,28	1,10	0,92	0,74	0,56	0,41	0,27	0,14	0,04	0
Sn	431—585	1,80	1,45	1,09	1,79	0,53	0,34	0,19	0,09	0,03	0,01	0
	483—544	(2,50)	(1,80)	1,28	0,90	0,59	0,37	0,22	0,11	0,04	0,01	0

An dem System Kadmium-Zinn wurden ferner auch eine Reihe von Dampfdruckmessungen der flüchtigen Komponente durchgeführt, und zwar von Jellinek und Wannow[5], Burmeister und Jellinek[6] sowie Jellinek und Rosner[7]. Jellinek und Wannow arbeiteten mit der Mitführungsmethode (Stickstoff als Trägergas) bei einer Temperatur von 700° C und berechneten die partiellen molaren Mischungswärmen mit Hilfe eines Ansatzes von Hildebrand (vgl. S. 115). Die Integration dieser Werte führt zu der ausgezogenen Kurve in Abb. 99. Die Auswertung der Messungen von Burmeister und Jellinek[6] bei 540° C ergibt eine Kurve für die integralen Mischungswärmen, die etwas oberhalb derjenigen von Jellinek und Wannow verläuft und wegen der sonst guten Übereinstimmung in Abb. 99 nicht mit aufgenommen wurde. Die älteren Ergebnisse von Jellinek und Rosner[7] sind etwas unsicherer als die neueren und wurden bei der Reichhaltigkeit des sonstigen Versuchsmaterials nicht ausgewertet.

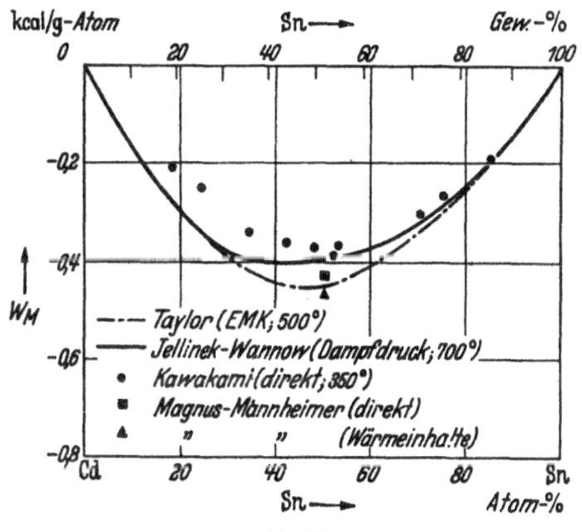

Abb. 99.
Mischungswärmen der Kadmium-Zinn-Schmelzen.

Wie man sieht, ergänzen sich die in Abb. 99 zusammengestellten Ergebnisse der Mischungswärmen nach direkten und indirekten Methoden auf das glücklichste. Die Bildung der flüssigen Kadmium-Zinn-

Legierungen erfolgt unter Wärmeaufnahme. Die Mischungswärme scheint nicht sehr stark temperaturabhängig zu sein; das Minimum liegt etwa bei 45 Atom-% Sn und −0,4 kcal/g-Atom.

[1] Herschkowitsch, M.: Z. physik. Chem., Abt. A Bd. 27 (1898) S. 123. — [2] Magnus, A., u. M. Mannheimer: Z. physik. Chem., Abt. A Bd. 121 (1926) S. 267. — [3] Kawakami, M.: Z. anorg. allg. Chem. Bd. 167 (1927) S. 345 — Sci. Rep. Tôhoku Imp. Univ. Bd. 16 (1927) S. 915. — [4] Taylor, N. W.: J. Amer. chem. Soc. Bd. 45 (1923) S. 2856. — [5] Jellinek, K., u. H. A. Wannow: Z. Elektrochem. angew. physik. Chem. Bd. 41 (1935) S. 346. — [6] Burmeister, E., u. K. Jellinek: Z. physik. Chem., Abt. A Bd 165 (1933) S. 121. — [7] Jellinek, K., u. G. A. Rosner: Z. phys. Chem., Abt. A Bd. 152 (1931) S. 67.

Cd-Te. Kadmium-Tellur.

Eine ältere Bestimmung der Bildungswärme von [CdTe] durch Fabre[1] ergab den Wert 10 kcal/g-Atom. EMK-Messungen an Zellen der Art: $Cd_{fl}/CdCl_2$ in $LiCl-KCl_{fl}/[Te] + [CdTe]$ in dem Temperaturbereich 360 bis 440° C wurden von McAteer und Seltz[2] ausgeführt. Unter Berücksichtigung der Schmelzwärme von Kadmium und unter Annahme der Gültigkeit der Koppschen Regel[3] geben die Beobachter die Bildungswärme von CdTe bei Raumtemperatur auf Grund ihrer Meßdaten zu $+24,5_3$ kcal/Mol an. Dabei beträgt die Fehlergrenze der Messung ±50 cal; die Unsicherheit, die sich durch Einbeziehung der Schmelzwärme von Cd und der Anwendung der Koppschen Regel ergibt, wird

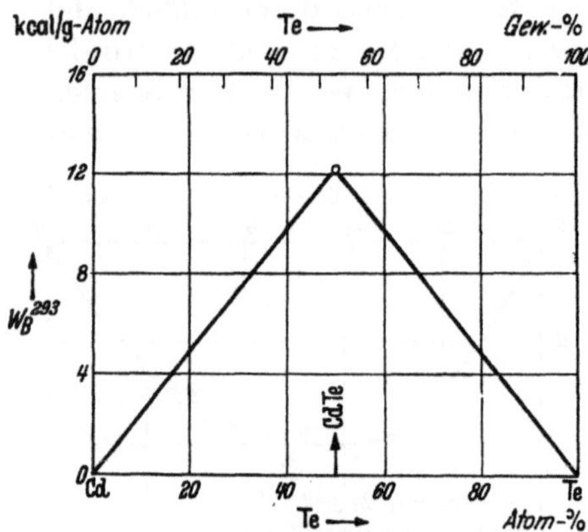

Abb. 100.
Bildungswärmen im System Kadmium-Tellur bei 20° C. (Nach J. H. McAteer und H. Seltz.)

zu ±30 cal geschätzt. Bezogen auf 1 g-Atom beträgt die Bildungswärme von [CdTe] also $\boxed{+12,2_7}$ ± 0,06 kcal. Da die untersuchte Verbindung die einzige des Systems Kadmium-Tellur ist und größere Mischkristallgebiete nicht auftreten, ist die Bildungswärme jeder beliebigen Legierung durch deren Gehalt an CdTe bedingt, wie dies in Abb. 100 zum Ausdruck kommt.

[1] Fabre, C.: Ann. chim. phys. Bd. 14 (1888) S. 110. — [2] McAteer, J. H., u. H. Seltz: J. Amer. chem. Soc. Bd. 58 (1936) S. 2081. — [3] Nach Umino soll Tellur eine Umwandlung mit 360 cal bei 550° besitzen; da das von anderen Autoren nicht bestätigt werden konnte, wurde ohne eine solche Umwandlung gerechnet.

Cd-Zn. Kadmium-Zink.

Wegen der geringen gegenseitigen Löslichkeit der Komponenten im System Kadmium-Zink dürfte die Bildungswärme der festen Legierungen annähernd gleich Null sein.

Durch direkte Vereinigung von flüssigem Kadmium und flüssigem Zink im Kalorimeter bei 450° C bestimmte Kawakami[1] die Mischungswärme der Kadmium-Zink-Legierungen. Seine Ergebnisse sind als Punkte in Abb. 101 eingezeichnet. Die Messung von elektromotorischen Kräften im System Kadmium-Zink, und zwar an Zellen der Art $Zn_{fl}/ZnCl_2$ in $KCl\text{-}LiCl_{fl}/Cd\text{-}Zn_{fl}$ bei 435, 466 und 540° C wurde von Taylor[2] aus der Temperaturabhängigkeit auch auf partielle Mischungswärmen ausgewertet. Die Berechnung der integralen Mischungswärmen aus diesen Daten führt zu der gestrichelten Kurve in Abb. 101. Bei den Ergebnissen nach Taylor ist jedoch zu berücksichtigen, daß das Kadmium nach Jellinek und Siewers[3] mit Zinkchlorid unter Bildung von Zink und Kadmiumchlorid reagiert. Dadurch können unter Umständen die Potentiale verfälscht werden, und die Werte sind demgemäß mit einer gewissen Vorsicht aufzunehmen.

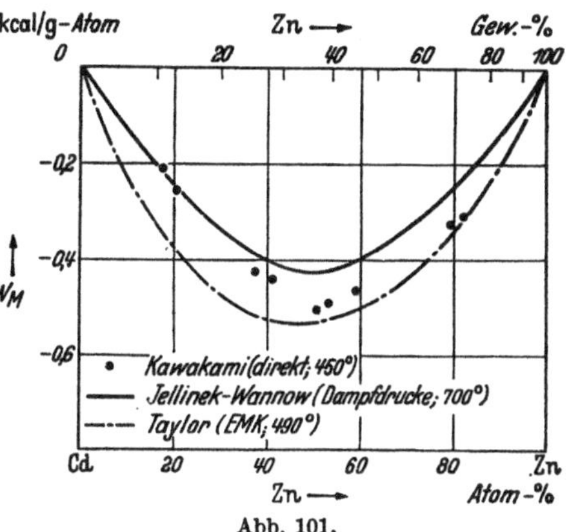

Abb. 101.
Mischungswärmen der Kadmium-Zink-Schmelzen.

Burmeister und Jellinek[4] ermittelten die Dampfspannungen von Kadmium und Zink über Kadmium-Zink-Legierungen bei 682° C nach der

Tabelle 32. Partielle Mischungswärmen im System Cd-Zn. (Nach Jellinek und Wannow.)

N_{Zn}	0,275	0,522	0,722
$\overline{W}_{Zn}$ in kcal . .	−1,01	−0,52	−0,147
$\overline{W}_{Cd}$ in kcal . .	−0,137	−0,50	−0,95

Mitführungsmethode. Die aus den Partialdrucken errechneten Aktivitäten des Kadmiums und Zinks zeigen einen analogen Verlauf wie die von Taylor[2] elektromotorisch ermittelten. Auf eine Berechnung der Mischungswärmen auf Grund der Daten von Burmeister und Jellinek soll deshalb hier verzichtet werden, vor allem da auch neuere Beobachtungen der Dampfdrucke von Jellinek und Wannow[5] vorliegen. Diese Autoren bestimmten ebenfalls die Partialdampfdrucke von Kadmium und Zink über Kadmium-Zink-Legierungen nach einer modifizierten Mitführungsmethode (vgl. S. 98), und zwar bei 700° C Die Berechnung der partiellen Mischungswärmen (Tab. 32) erfolgte nach einem Ansatz von Hildebrand (vgl. S. 115). Durch Integration dieser Werte erhält man die in Abb. 101 ausgezogene Kurve.

Egerton und Raleigh[6] bestimmten den Kadmiumdampfdruck über Kadmium-Zink-Legierungen nach der Effusionsmethode (vgl. S. 96). Ihre Werte gehorchen der Raoultschen Regel; betrachtet man die Cd-Zn-Schmelzen als reguläre Mischungen (S. 114), so ergibt sich danach die Mischungswärme gleich Null. Jedoch ist die Streuung der Werte relativ groß, so daß diese Messungen als überholt betrachtet werden können.

Wie aus Abb. 101 hervorgeht, ist die Übereinstimmung der Werte nach Taylor, Kawakami sowie Jellinek und Wannow recht gut. Der gewisse Unterschied in den Ergebnissen von Jellinek und Wannow einerseits und Taylor bzw. Kawakami andererseits läßt sich durch die Verschiedenheit der Versuchstemperaturen erklären. Die Bildung der flüssigen Kadmium-Zink-Legierungen aus den Elementen erfolgt unter Wärmeaufnahme aus der Umgebung. Das Minimum der Mischungswärme liegt bei 700° C bei $-0,43$ kcal/g-Atom und bei etwa 450° C bei $-0,51$ kcal und 50 Atom-% (Kawakami) bzw. $-0,53$ kcal und 45 Atom-% Zn (Taylor). Die von Scheil[7] aus dem Zustandsdiagramm berechnete W_M-Kurve befindet sich in ausgezeichneter Übereinstimmung mit der Kurve von Kawakami und Taylor.

[1] Kawakami, M.: Z. anorg. allg. Chem. Bd. 167 (1927) S. 345 — Sci. Rep. Tôhoku Imp. Univ. Bd. 16 (1927) S. 915. — [2] Taylor, N. W.: J. Amer. chem. Soc. Bd. 45 (1923) S. 2865. — [3] Jellinek, K., u. H. Siewers: Z. Elektrochem. angew. physik. Chem. Bd. 40 (1934) S. 871. — [4] Burmeister, E., u. K. Jellinek: Z. physik. Chem., Abt. A Bd. 165 (1933) S. 121. — [5] Jellinek, K., u. H. A. Wannow: Z. Elektrochem. angew. physik. Chem. Bd. 41 (1935) S. 346. — [6] Egerton, A. Ch., u. F. V. Raleigh: J. chem. Soc. [London] Bd. 123 (1923) S. 3024. — [7] Scheil, E.: Z. Elektrochem. angew. physikal. Chem. Bd. 49 (1943) S. 252.

Ce-Hg. Cer-Quecksilber.

Dampfdruckmessungen von Quecksilber über Ceramalgamen wurden von Biltz und Meyer[1] im Isoteniskop (vgl. S. 88) ausgeführt. Das Cer hatte einen Reinheitsgrad von 98% und war frei von anderen Erdmetallen. Die Auswertung der Ergebnisse nach vant 't Hoff bei einer mittleren Meßtemperatur von 340° C ergab für die Wärmetönung der Reaktion $^1/_4$ [Ce] $+$ (Hg) $= {}^1/_4$ [CeHg$_4$] [2] einen Wert von 19,9 kcal. Für die kondensierte Reaktion ergibt sich durch Subtraktion der Verdampfungswärme des Quecksilbers folgende Gleichung:

$$[Ce] + 4\,Hg_{fl} = [CeHg_4] + 23 \text{ kcal}.$$

Bezogen auf 1 g-Atom Legierung beträgt dann die Bildungswärme von festem CeHg$_4$ aus festem Cer und flüssigem Quecksilber bei 340° C $\boxed{+4,6}$ kcal.

[1] Biltz, W., u. F. Meyer: Z. anorg. allg. Chem. Bd. 176 (1928) S. 23. — [2] Die gegenseitige Löslichkeit von Ce und CeHg$_4$ ist nur gering.

Ce-Mg. Cer-Magnesium.

Biltz und Pieper[1] bestimmten die Lösungswärme von Cer-Magnesium-Verbindungen (Proben teilweise paraffiniert oder mit Kollodium geschützt), von Magnesium und von Cer (etwa 93 proz. mit 3 bis 5 % anderen seltenen Erden) in verdünnter Salzsäure ($HCl \cdot 20{,}0\,H_2O$) bei Raumtemperatur. Die Bildungswärme von $[CeMg_3]$ ergab sich aus der Differenz der Lösungswärmen zu $+17$ kcal/Mol, diejenige von CeMg zu $+13$ kcal/Mol. Der mittlere Fehler errechnet sich aus den Versuchsdaten zu etwa 10 %. Bezieht man die Angaben auf 1 g-Atom Verbindung, so ergibt sich für $[CeMg_3]$ $\boxed{+4{,}2}$ $\pm\,0{,}5$ kcal und für $[CeMg]$ $\boxed{+6{,}5}$ $\pm\,0{,}6$ kcal. Dieses Ergebnis steht im Widerspruch mit den älteren Angaben von Muthmann und Beck[2], die die Reaktionswärme der Vereinigung von Cer und Magnesium bei der Zusammensetzung 13,4 Atom-% Ce aus der Verbrennungswärme der Legierung und ihrer Partner zu $-3{,}4$ kcal/g-Atom erhielten. Das Auftreten von endothermen Cer-Magnesium-Legierungen ist jedoch bei der Betrachtung des Zustandsdiagramms auszuschließen; es ist mit Biltz und Pieper[1] anzunehmen, daß den exothermen Werten die größere Wahrscheinlichkeit zukommt, obwohl das Cer bezüglich seiner Reinheit bei Muthmann und Beck dem von Biltz und Pieper überlegen war. Die Bildungswärmen der übrigen Ce-Mg-Verbindungen sowie in dem Mischkristallgebiet bei CeMg sind nicht bekannt, jedoch ist anzunehmen, daß den untersuchten Verbindungen CeMg und $CeMg_3$, die beide über ein Schmelzmaximum entstehen, die höchsten Wärmetönungen bei ihrer Entstehung aus den Elementen zukommen.

Mischungswärmen im System Cer-Magnesium sind bisher nicht untersucht worden.

[1] Biltz, W., u. H. Pieper: Z. anorg. allg. Chem. Bd. 134 (1924) S. 13. —
[2] Muthmann, W., u. H. Beck: Liebigs Ann. Chem. Bd. 331 (1904) S. 46.

Ce-N. Cer-Stickstoff.

Neumann, Kröger und Kunz[1] bestimmten die Lösungswärme von Cermetall (97 % Ce) und Cernitrid (6,6 bis 8,0 % N_2 gegenüber 9,08 % für CeN berechnet) in 20 proz. Salzsäure und erhielten daraus die Bildungswärme des $[CeN]$ (umgerechnet auf 100 % CeN) bei Raumtemperatur zu $+78{,}0$ kcal/Mol bzw. $\boxed{+39{,}0}$ kcal/g-Atom. Die von Neumann, Kröger und Kunz nach Messungen der Dissoziationsdrucke des Cernitrids von Lipski[2] mit Hilfe der Näherungsformel von Nernst berechnete Bildungswärme liegt erheblich tiefer. Ähnliche Verhältnisse ergaben sich bei Mn_5N_2 und U_3N_4. Es wurde deshalb von Neumann,

Kröger und Kunz auf eine stärkere Mischkristallbildung von Ce, Mn und U mit Stickstoff geschlossen (?).

[1] Neumann, B., C. Kröger u. H. Kunz: Z. anorg. allg. Chem. Bd. 207 (1932) S. 133. — [2] Lipski, J.: Z. Elektrochem. angew. physik. Chem. Bd. 15 (1909) S. 189.

Ce-Zn. Cer-Zink.

Die Bildungswärmen einer Cer-Zink-Legierung mit 81,2 Atom-% Zn wurde von Muthmann und Beck[1] aus ihrer Verbrennungswärme und der ihrer Komponenten ermittelt. Es ergaben sich +7,5 kcal/g-Atom. Da die Ergebnisse dieser Arbeit bei den Systemen Al-Ce, Mg-Ce und Al-Ca nicht mit denen anderer Beobachter übereinstimmen, muß auch dieser Wert als unsicher bezeichnet werden.

[1] Muthmann, W., u. H. Beck: Liebigs Ann. Chem. Bd. 331 (1904) S. 46.

Co-Fe. Kobalt-Eisen.

Die Bildungs- und Mischungswärmen der Kobalt-Eisen-Legierungen sind noch nicht untersucht.

Körber, Oelsen und Lichtenberg[1] bestimmten den Wärmeinhalt einer Reihe von Legierungen sowie der reinen Komponenten zwischen Raumtemperatur und 1600, 1100 bzw. 800° C. Aus den Meßdaten geht hervor, daß sich die Mischungswärme der Eisen-Kobalt-Schmelzen bei 1600° C und die Bildungswärmen der γ-Mischkristalle bei 1100° nur wenig unterscheiden. Beide Wärmeinhaltskurven zeigen, besonders in dem Gebiet 20 bis 100 Gew.-% Fe, recht beträchtliche Abweichungen von der Verbindungsgeraden für die reinen Metalle. Die Höchstwerte der Abweichungen liegen bei etwa 50 Gew.-%. Bei 800° C sind die Abweichungen von der Verbindungsgeraden wesentlich kleiner. Der Unterschied in der Bildungswärme der α-Mischkristalle (800°) und γ-Mischkristalle (1100°) muß also erheblich größer sein als der Unterschied in der Bildungswärme der γ-Mischkristalle und der Mischungswärme der Schmelzen (1600°). Körber, Oelsen und Lichtenberg[1] vergleichen die gefundenen Kurven der Wärmeinhalte mit solchen der elektrischen Leitfähigkeit und magnetischen Sättigung.

[1] Körber, F., W. Oelsen u. H. Lichtenberg: Mitt. Kaiser-Wilhelm-Inst. Eisenforsch. Düsseldorf Bd. 19 (1937) S. 131.

Co-P. Kobalt-Phosphor.

Die höheren Kobaltphosphide untersuchten Biltz und Heimbrecht[1] tensionsanalytisch, sie fanden dabei die beiden definierten Verbindungsstufen CoP und CoP_3. Die Entstehung des höchsten Phosphides aus CoP und weißen Phosphor nach der Gleichung: $^1/_2$ [CoP] + [P]$_{weiß}$ = $^1/_2$ [CoP$_3$] ist nach dem Ergebnis der Auswertung der Tensionsmessungen (Temperatur 900 bis 1050° C) nach der

Reaktionsisochore mit einer Wärmeentwicklung von 15 kcal verbunden. Dabei wurde die Verdampfungswärme von weißem Phosphor
mit 12,2 kcal/g-Mol P_4 und die Schmelzwärme mit 0,6 kcal/g-Mol P_4
eingesetzt. Für die Dissoziation des CoP ist die Temperaturabhängigkeit nicht bekannt. Biltz und Heimbrecht schätzten die Teilbildungswärme bei der Entstehung dieses Phosphides aus Co_2P, dessen
Existenz aus thermischen Analysen bekannt war, und weißem Phosphor
nach der Gleichung: $[Co_2P] + [P]_{weiß} = 2 [CoP]$ auf Grund einer Be-

rechnung nach der Nernst-
schen Näherungsgleichung auf
~22 kcal (1215° C). Mit Hilfe
des tensimetrischen Abbaus ließ
sich der Anschluß dieser Werte
an das reine Metall wegen der
Kleinheit der Phosphordampfdrucke bei experimentell bequem zugänglichen Temperaturen nicht erreichen. Das gelang jedoch durch direkte Synthese aus den Elementen bei
etwa 630° C in einem Hochtemperaturkalorimeter (vgl.
S. 47). Die möglichst fein verteilten Metalle wurden von
Weibke und Schrag[2] in frisch
reduziertem Zustand mit rotem

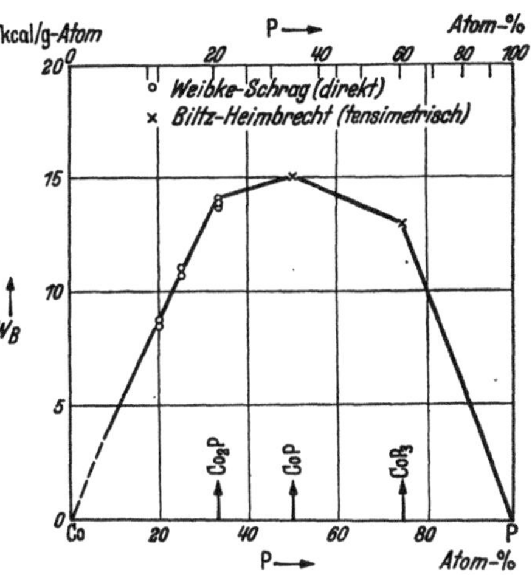

Abb. 102. Bildungswärmen der Kobaltphosphide.

Phosphor in verschiedenen Verhältnissen gemischt, die Mischung zu Preßlingen geformt, diese in Quarzrohre eingeschmolzen und im Kalori-

meter bei der Versuchstemperatur zur
Reaktion gebracht. Die Bildungswärme von Co_2P aus den Elementen ergab sich auf diese Weise zu
$+14,3 \pm 0,3$ kcal/g-Atom. Mit diesem Wert, den Angaben von Biltz
und Heimbrecht und der Umwandlungswärme von weißem in roten
Phosphor (4 kcal für 1 P) ergeben
sich die in Tab. 33 angeführten

Tabelle 33. Bildungswärmen der
Kobaltphosphide.
(Nach Weibke und Schrag sowie
Biltz und Heimbrecht.)

Formel	Bildungswärme in kcal	
	pro Mol	pro g-Atom
Co_2P	42,9	14,3
CoP . . . : .	~30	~15
CoP_3	~52	~13

Zahlen für die integralen Bildungswärmen der Kobaltphosphide.
Abb. 102 zeigt die graphische Darstellung der auf 1 g-Atom bezogenen
Bildungswärmen für das System Kobalt-Phosphor. Wie man in der
Abbildung sieht, geht die Verlängerung der Geraden durch die Punkte
von Weibke und Schrag beim reinen Kobalt nicht durch Null; es

ist deshalb in dem Mischkristallgebiet auf der Kobaltseite ein gekrümmter Verlauf der Bildungswärme-Konzentrationskurve anzunehmen.

Bei der Betrachtung von Tab. 33 und Abb. 102 ist zu beachten, daß die angegebenen Werte nicht bei der gleichen Temperatur gefunden wurden. Die Bildungswärme von Co_2P gilt für 630°, diejenige der beiden anderen Phosphide für etwa 1100 bis 1200°. Näherungsweise dürften die angegebenen Zahlenwerte jedoch auch für Raumtemperatur Gültigkeit haben.

[1] Biltz, W., u. M. Heimbrecht: Z. anorg. allg. Chem. Bd. 241 (1939) S. 349. — [2] Weibke, Fr., u. G. Schrag: Z. Elektrochem. angew. physik. Chem. Bd. 47 (1941) S. 222.

Co-S. Kobalt-Schwefel.

Die Messung der Reduktionsgleichgewichte von kobaltreichen Kobalt-Schwefel-Verbindungen von Jellinek und Zakowski[1] bei 630 und 730° C führte nicht zu eindeutigen Aussagen, vor allem bezüglich des Bodenkörpers, so daß auf die Wiedergabe der Auswertung auf Bildungswärmen verzichtet werden muß.

Untersuchungen über den tensimetrischen Abbau von Kobalt-Schwefel-Verbindungen wurden bei 700, 730 und 760° C bzw. 350, 649 und 700° C von Hülsmann und Biltz[2], ausgehend von den Zusammensetzungen $CoS_{1,96}$ und $CoS_{2,96}$, ausgeführt. Dabei zeigte sich, daß die tensionsanalytisch bei den gemessenen Temperaturen nachzuweisende schwefelreichste Verbindung das CoS_2 ist. Überschüssiger Schwefel vermag von dieser Verbindung in merklicher Menge gelöst zu werden. Zwischen CoS_2 und CoS besteht ein Gebiet, das im wesentlichen als Zweiphasengebiet gekennzeichnet werden kann. Der Verlauf der Isotherme bei 760° deutet auf ein gegenseitiges Lösungsvermögen der beiden Verbindungen CoS_2 und CoS hin. Die Auswertung auf Bildungswärmen wurde daher so vorgenommen, daß die bei den Zusammensetzungen $CoS_{1,9}$, $CoS_{1,7}$, $CoS_{1,5}$, $CoS_{1,3}$ und $CoS_{1,2}$ nach van 't Hoff berechneten Wärmetönungen als partielle angesehen werden, über die zur Ermittlung der Gesamtwärmetönung zu integrieren ist. Man erhält dann die Teilbildungswärme für die Reaktion $[CoS] + [S]_{rhomb} = [CoS_2]$ gleich $+14$ kcal. CoS_2 ist danach auffallenderweise wesentlich beständiger (?) als NiS_2, das bei der entsprechenden Reaktion $8{,}_5$ kcal abgibt.

Thomsen[3] bestimmte die Wärmetönung der Reaktion von $CoSO_4$ mit Na_2S in wäßriger Lösung bei Raumtemperatur. Bichowsky und Rossini[4] berechneten daraus die Bildungswärme von $[CoS]$ zu 22,3 kcal/Mol. Kombiniert man diesen Wert mit demjenigen von Hülsmann und Biltz, so ergeben sich für die Bildungswärme von $[CoS_2]$ aus den Elementen etwa 37 kcal/Mol, wenn man die Unsicherheit der Kombination von thermochemischen Werten, die bei sehr verschiedenen Temperaturen (20 bzw. 700°) erhalten worden sind, in Kauf nimmt.

Da jedoch auch die Messungen von Thomsen älteren Datums sind, so wäre auch aus diesem Grunde eine Nachprüfung der angegebenen Werte erwünscht.

[1] Jellinek, K., u. J. Zakowski: Z. anorg. allg. Chem. Bd. 142 (1925) S. 1. — [2] Hülsmann, O., u. W. Biltz: Z. anorg. allg. Chem. Bd. 224 (1935) S. 73. — [3] Thomsen, J.: Thermochemische Untersuchungen, S. 241. Stuttgart 1906. — [4] Bichowsky, F. R., u. F. D. Rossini: Thermochemistry of the chemical Substances, S. 87. New York 1936.

Co-Sb. Kobalt-Antimon.

Zur Ermittlung der Bildungswärmen von Kobalt-Antimon-Legierungen wurden von Körber und Oelsen[1] gut desoxydierte Schmelzen des Kobalts von 1600° C zu flüssigem Antimon von 700 bis 800° C gegossen, die Mischung geschüttelt und im Kalorimeter abkühlen gelassen. Nach Abzug der eingebrachten Wärmeinhalte der reinen Metalle erhielten sie die in Abb. 103 in Abhängigkeit von der Konzentration wiedergegebenen Bildungswärmen für den Gußzustand bei Raumtemperatur. Die Abbildung zeigt ein Maximum der Bildungswärme bei der auch durch ein Schmelzmaximum ausgezeichneten Zu-

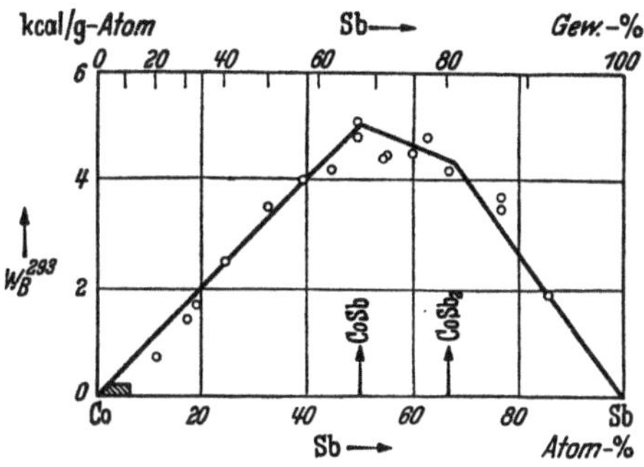

Abb. 103. Bildungswärmen der Kobalt-Antimon-Legierungen bei Raumtemperatur. (Nach F. Körber und W. Oelsen.)

sammensetzung CoSb. Die Verbindung $CoSb_2$ macht sich in dem energetischen Diagramm durch einen Knick bemerkbar. Die entsprechenden Werte für die Bildungswärmen der Verbindung sind folgende: [CoSb] $\boxed{+5,0}$ kcal/g-Atom und [CoSb₂] $\boxed{+4,4}$ kcal/g-Atom.

Die Mischungswärmen der Legierungen sind nicht bekannt.

[1] Oelsen, W.: Z. Elektrochem. angew. physik. Chem. Bd. 43 (1937) S. 530. — Körber, F., u. W. Oelsen: Mitt. Kaiser-Wilhelm-Inst. Eisenforsch. Düsseldorf Bd. 10 (1937) S. 209.

Co-Se. Kobalt-Selen.

Fabre[1] bestimmte die Lösungswärme von kristallisiertem CoSe in Bromwasser sowie die Fällungswärme bei der Reaktion von $CoSO_4$ mit Na_2Se in wäßriger Lösung (19° C). Bichowsky und Rossini[2] berechnen mit den Angaben von Fabre[1] die Bildungswärme von [CoSe] aus festem Co und metallischem Se zu +13 kcal/Mol.

[1] Fabre, Ch.: Ann. chim. phys. (6) Bd. 10 (1887) S. 527. — [2] Bichowsky, F. R., u. F. D. Rossini: Thermochemistry of the chemical Substances, S. 87. New York 1936.

Co-Si. Kobalt-Silizium.

Im System Kobalt-Silizium sind sowohl die Bildungs- als auch die Mischungswärmen bekannt. Die **Bildungswärmen** für den Gußzustand wurden von **Oelsen** und **Middel**[1] durch direkte Vereinigung der Komponenten im Kalorimeter bestimmt. Und zwar wurde im kobaltreichen Teil des Systems flüssiges Kobalt ($>98\%$ Co) zu frisch gebrochenem Silizium (97 bis 98% Si) gegossen, im siliziumreichen flüssiges Silizium zu Stäbchen aus umgeschmolzenem Kobalt. Die Temperatur der flüssigen Metalle betrug 1600° C; die durch sie in das Kalorimeter eingebrachte Wärmemenge wurde zur Ermittlung der Reaktionswärme in Abzug gebracht. Die Beimengungen des Kobalts (Fe, Mn) und des Siliziums (Al) wurden dabei als Kobalt bzw. Silizium in Rechnung gesetzt, wodurch innerhalb der Fehlergrenze (etwa $\pm 10\%$) sicherlich kein ins Gewicht fallender Fehler in die Endwerte gebracht wurde. Die Ergebnisse für Raumtemperatur sind als stark ausgezogene Kurve in Abb. 104 wiedergegeben. Der Höchstwert der Bildungswärme fällt mit dem höchsten Schmelzmaximum, das der Verbindung CoSi zukommt, zusammen. Auf Grund der

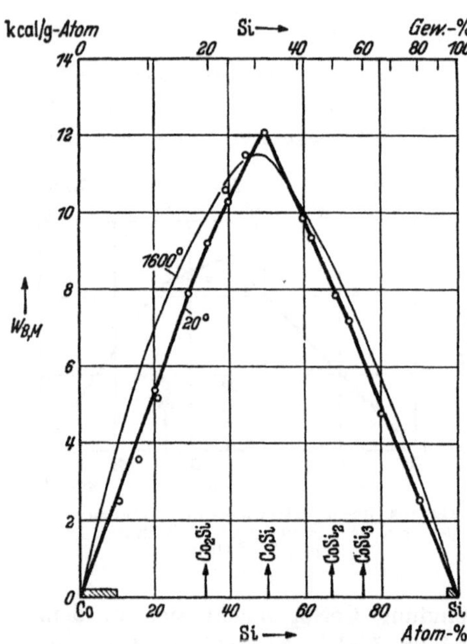

Abb. 104. Bildungs- und Mischungswärmen der Kobalt-Silizium-Legierungen. (Nach W. Oelsen und W. Middel.)

Versuchsdaten muß bei der Verbindung Co_2Si ein Knick in der Bildungswärme-Konzentrationskurve angenommen werden. Das nur in einem sehr engen Temperaturbereich beständige Silizid Co_3Si kann sich auf der Kurve nicht bemerkbar machen, da es schon unterhalb 1160° C zerfallen ist. $CoSi_3$ tritt nur durch einen schwach ausgeprägten Knick hervor, dessen Lage jedoch nur auf Grund des Zustandsdiagramms festgelegt wurde. Das unter weitgehender Zersetzung schmelzende Silizid $CoSi_2$ macht sich in der Kurve anscheinend nicht bemerkbar, ebensowenig die Mischkristallgebiete beim Kobalt und Silizium. Aus der Kurve (Abb. 104) ergeben sich für die im System Kobalt-Silizium auftretenden Wärmetönungen die in Tab. 34 zusammengestellten Werte.

Die Mischungswärmen im System Kobalt-Silizium wurden ebenfalls von Oelsen und Middel[1] bestimmt, und zwar aus der Differenz der experimentell für die Legierungen ermittelten Wärmeinhalte (1600 bis 20°) und der additiv aus dem Wärmeinhalt der Komponenten in demselben Temperaturbereich berechneten (Durchführung der Rechnung vgl. S. 50). Sie sind auf Grund der Versuchsergebnisse in Abb. 104 als dünn ausgezogene Kurve dargestellt. Die Fehlergrenze wurde zu etwa $\pm 10\%$ geschätzt. Die Mischungswärmen der Schmelzen haben auch bei 50 Atom-%

Tabelle 34.
Bildungswärmen der Kobaltsilizide. (Nach Oelsen u. Middel.)

Formel	Bildungswärme in kcal	
	pro Mol	pro g-Atom
Co_2Si	27,6	9,2
$CoSi$	24,0	12,0
$CoSi_2$	24,6	8,2
$CoSi_3$	25,6	6,4

ihren Höchstwert: $+11,5$ kcal/g-Atom. Die Kurve zeigt jedoch, daß die Attraktionskräfte in den Schmelzen nur bei den etwa äquimolekular zusammengesetzten Legierungen kleiner sind als im festen Zustand. Bei den anderen Konzentrationen übertreffen die Mischungswärmen die Bildungswärmen teilweise beträchtlich.

Tabelle 35. Schmelzwärme der Co-Si-Verbindungen.

Verbindung	Schmelzwärmen in kcal/g-Atom
Co_2Si	5,5
$CoSi$	8,0
$CoSi_3$	8,5

Die Schmelzwärme der Verbindungen Co_2Si, $CoSi$ und $CoSi_3$ läßt sich auf Grund der Ergebnisse von Oelsen und Middel aus den Bildungs- und Mischungswärmen der Verbindungen und den Schmelzwärmen der reinen Metalle annähernd abschätzen (vgl. S. 49). Es ergeben sich dann die in Tab. 35 aufgeführten Werte.

[1] Oelsen, W., u. W. Middel: Mitt. Kaiser-Wilhelm-Inst. Eisenforsch. Düsseldorf Bd. 19 (1937) S. 1. — Vgl. auch Fr. Körber, W. Oelsen, W. Middel u. H. Lichtenberg: Stahl u. Eisen Bd. 56 (1936) S. 1401.

Co-Sn. Kobalt-Zinn.

Auf eine ziemlich hohe Bildungswärme der Kobalt-Zinn-Legierungen weist eine Beobachtung von Ducelliez[1] hin, nach der sich in Gemengen aus Pulvern der beiden Metalle im Atomverhältnis 1 : 1, die im Reagensrohr unter Wasserstoff an einer Stelle bis zur Rotglut erhitzt werden, die Reaktion durch die ganze Masse unter Erglühen fortpflanzt.

Die Bildungswärme der Kobalt-Zinn-Legierungen wurde von Körber und Oelsen[2] über den ganzen Konzentrationsbereich des Systems bestimmt. Das Kobalt wurde in Sandtiegeln unter Kalksilikatschlacke auf etwa 1600° C, das Zinn in Kohletiegeln auf 825 bis 960° C erhitzt und die Metalle im Kalorimeter (vgl. S. 43) zusammengegossen. Nach Abzug der durch das Kobalt und das Zinn eingebrachten Wärmemenge erhielt man die Reaktionswärme direkt. Die Ergebnisse, bezogen auf den Gußzustand bei Raumtemperatur, sind in Abb. 105 als Kreise eingetragen. Die höchste Bildungswärme kommt der Verbindung CoSn zu: $+3{,}55$ kcal/g-Atom. Im Bereich von 30 bis 40 Atom-% Sn tritt nach der Lage der Versuchspunkte ein Knick in der Bildungswärme-Konzentrationskurve auf, der auf Grund des Zustandsdiagramms bei 33,3 Atom-% Sn (Co_2Sn) angenommen werden muß. Wie bereits Körber und Oelsen betonen, erscheint es merkwürdig, daß an dieser Stelle nicht der Höchstwert der Bildungswärme liegt, da die Verbindung Co_2Sn durch ein Schmelzmaximum ausgezeichnet ist, während CoSn bei 936° C unter Zersetzung schmilzt. Körber und Oelsen folgern daraus, daß der Verbindung Co_2Sn wohl nur bei höheren Temperaturen die höhere Bildungsenergie gegenüber CoSn zukommt, wie auch aus der Kurve für die Mischungswärmen hervorgeht.

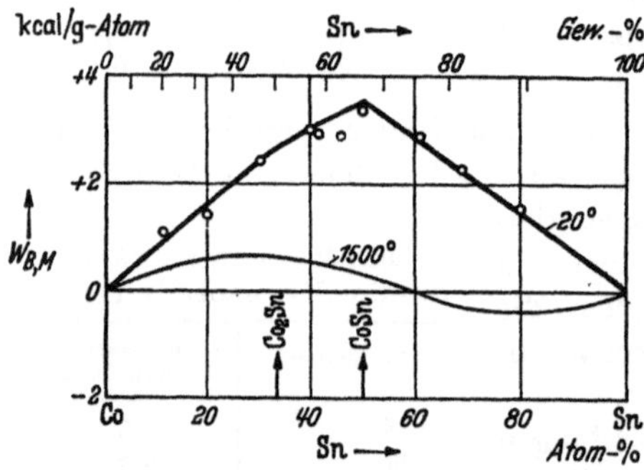

Abb. 105.
Bildungs- und Mischungswärmen der Kobalt-Zinn-Legierungen. (Nach F. Körber und W. Oelsen.)

Die Mischungswärme der Kobalt-Zinn-Legierungen wurde ebenfalls von Körber und Oelsen[2], und zwar für eine Temperatur von 1500° C ermittelt. Diese Beobachter bestimmten den Wärmeinhalt einer Reihe von Legierungen für 1500 bis 20°. Die Abweichung dieser Werte von den additiv aus den Wärmeinhalten der reinen Metalle berechneten ergab die Differenz zwischen Bildungs- und Mischungswärme. Die auf Grund von 12 Versuchen ermittelte Kurve ist ebenfalls in Abb. 105 eingezeichnet. Die Mischungswärmen bei 1500° C sind also viel niedriger als die Bildungswärmen der festen Legierungen bei 20°. Im Bereich von 61 bis 100 Atom-% Sn sind sie sogar negativ. Der Höchstwert der positiven Mischungswärme liegt etwa bei 28 Atom-% Sn und $+0{,}7$ kcal/g-Atom, das Minimum bei etwa 80 Atom-% Sn und $-0{,}35$ kcal/g-Atom. Aus der Neigung der Kurve der Mischungswärme bei 0 und 100% (1500°) folgt nach Körber und Oelsen[2], daß bei der Auflösung von 1 g-Atom flüssigen Zinns in einer sehr großen Menge flüssigen Kobalts etwa 4 kcal frei würden, während bei der Auflösung von 1 g-Atom flüssigen Kobalts in einer großen Menge flüssigen Zinns etwa 2 kcal verbraucht würden.

Die Schmelzwärme der Verbindung Co_2Sn wurde aus den Bildungs- und Mischungswärmen der Legierung und den Schmelzwärmen von Kobalt und Zinn von Kubaschewski und Weibke[3] zu etwa 5,3 kcal/g-Atom berechnet.

[1] Ducelliez, F.: vgl. Gmelins Handbuch der anorganischen Chemie, 8. Aufl., System Nr. 58, Kobalt, Teil A S. 196. Berlin 1932. — [2] Körber, Fr., u. W. Oelsen: Mitt. Kaiser-Wilhelm-Inst. Eisenforsch. Düsseldorf Bd. 19 (1937) S. 209. — Körber, Fr., W. Oelsen, W. Middel u. H. Lichtenberg: Stahl u. Eisen Bd. 56 (1936) S. 1401. — [3] Kubaschewski, O., u. Fr. Weibke: Z. Metallkunde Bd. 30 (1938) S. 325.

Co-Te. Kobalt-Tellur.

Fabre[1] leitete (1887) für die Bildungswärme des kristallisierten Tellurids CoTe (aus festem Kobalt und kristallisiertem Tellur) aus dessen Lösungswärme in Bromwasser bei 23° C (115,9 kcal) den Wert +15,3 kcal/Mol ab. Bichowsky und Rossini[2] errechnen mit der Lösungswärme nach Fabre und neueren Hilfsgrößen den gleichen Wert wie für NiTe, nämlich +11 kcal/Mol.

[1] Fabre, Ch.: Ann. chim. phys. (6) Bd. 14 (1888) S. 112. — [2] Bichowsky, F. R., u. F. D. Rossini: Thermochemistry of the chemical Substances, S. 87. New York 1936.

Cr-N. Chrom-Stickstoff.

Messungen der Dissoziationsdrucke im System Chrom-Stickstoff durch Valensi[1] sowie Shukow[2] ergaben bei der Auswertung[3] auf Bildungswärmen stark abweichende Werte, die auch mit den Ergebnissen der direkten Synthese nicht übereinstimmen.

Neumann, Kröger und Haebler[3] azotierten Chrom bei höherer Temperatur unter 25 at sauerstofffreiem Stickstoff direkt in der Kalorimeterbombe und bestimmten die Wärmetönung der Nitridbildung. Gezündet wurde mittels einer Platinheizspirale. Verwendet wurden 2 Chromsorten: Elektrolytchrom (99,7 proz.; Wasserstoffgehalt nicht angegeben) und aus Amalgam hergestelltes Chrom mit 0,4 bis 0,8% Wasserstoff. Bei der Nitrierung entstand die säureunlösliche Verbindung CrN (Cr_2N ist säurelöslich). Die Bildungswärme von CrN bei Raumtemperatur ergab sich zu $+29,5 \pm 0,5$ kcal/Mol, also $\boxed{+14,8}$ kcal/g-Atom.

Satoh[4] erhielt mit den mittleren spezifischen Wärmen von [CrN] bis 511° C und den von Sano[5] gemessenen Dissoziationsdrucken einen ähnlichen Wert. Für die Bildungswärme von [Cr_2N] aus den Elementen ergab sich in derselben Weise: +8,8 kcal/g-Atom. Eine ausführliche Kritik der Arbeit von Satoh hat Roth[6] in einem zusammenfassenden Bericht gegeben. Danach kann diesen Werten nur eine bedingte Genauigkeit zugesprochen werden.

[1] Valensi, G.: J. Chim. physique Bd. 26 (1929) S. 152, 202. — [2] Shukow, I.: J. russ. physik.-chem. Ges. Bd. 42 (1910) S. 40. Chem. Zbl. 1910 I S. 1220. — [3] Neumann, B., C. Kröger u. H. Haebler: Z. anorg. allg. Chem. Bd. 196 (1931) S. 65. — [4] Satoh, S.: Sci. Pap. Inst. physic. chem. Res. Bd. 34 (1938) S. 1001. — [5] Sano, K.: J. chem. Soc. Japan Bd. 58 (1937) S. 981. — [6] Roth, W. A.: Z. Elektrochem. angew. physik. Chem. Bd. 45 (1939) S. 335.

Cr-Ni. Chrom-Nickel.

Grube und Flad[1] haben Messungen der Reduktionsgleichgewichte im System Chrom-Nickel ausgeführt. Sie bestimmten einmal den Sauerstoffdruck über dem reinen Oxyd des schwerer reduzierbaren Partners (Cr) und andererseits über verschiedenen Mischungen dieses Oxyds mit dem edleren Metall. Da die unmittelbare experimentelle Messung der Sauerstoffdrucke wegen deren Kleinheit ($\sim 10^{-21}$ Atm.) nicht möglich war, wählten die Beobachter den Umweg über das Wasserdampfgleichgewicht, indem sie das Gleichgewicht der Reaktion $2\,Cr + H_2O = Cr_2O_3 + H_2$ bestimmten. Der Sauerstoffdruck war dann gegeben durch den im Dissoziationsgleichgewicht des Wasserdampfes bei der Meßtemperatur vorliegenden Partialdruck des Sauerstoffs. — Die Auswertung geschah sowohl auf die Affinitäten als auch auf die Wärmetönung der Legierungsbildung. Bezeichnet man den Sauerstoffdruck über Cr mit p_1, denjenigen über einer Cr-Ni-Legierung mit p_2, so erhält man die partielle molare Bildungsarbeit der Legierung nach:

$$\overline{A}_{Cr} = -\tfrac{3}{4}\,R\,T\,\ln p_1/p_2.$$

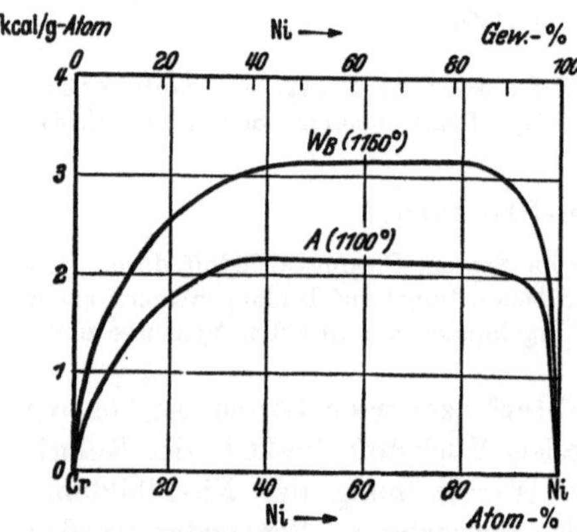

Abb. 106. Bildungswärmen und Bildungsarbeiten der Chrom-Nickel-Legierungen. (Nach G. Grube und M. Flad.)

Die partielle molare Bildungswärme der Legierungen ergibt sich aus der Differenz der Bildungswärme von Cr_2O_3 in Cr-Ni-Mischkristallen und der von reinem Cr_2O_3. Diese Wärmetönungen ergeben sich ihrerseits aus der Temperaturabhängigkeit der van 't Hoffschen Reaktionsisobare (S. 106). Die aus den partiellen Werten berechnete integrale Bildungsarbeit bzw. Bildungswärme ist in Abb. 106 graphisch wiedergegeben. In den Homogenitätsbereichen haben die beiden Kurven einen gekrümmten Verlauf, im heterogenen Teil ist dieser geradlinig. Hierbei ist der Befund, daß der gesättigte α- und der gesättigte β-Mischkristall mit derselben Bildungswärme bzw. -arbeit entstehen, ein zufälliger. Theoretisch wäre auch ein geneigter Verlauf des geradlinigen Kurvenstückes denkbar.

Über das thermochemische Verhalten flüssiger Cr-Ni-Legierungen ist nichts bekannt.

[1] Grube, G., u. M. Flad: Z. Elektrochem. angew. physik. Chem. Bd. 48 (1942) S. 377.

Cs-Hg. Cäsium-Quecksilber.

Die Bildungswärmen fester Cäsium-Quecksilber-Legierungen sind nicht bekannt.

Bent und Hildebrand[1] führten Dampfdruckmessungen an unter den notwendigen Vorsichtsmaßregeln hergestellten Cäsiumamalgamen durch. Um den Fehler der Messungen möglichst klein zu halten, wurde der Dampfdruck von reinem Quecksilber gleichzeitig mit dem des Amalgams gemessen. Bent und Hildebrand[1] werteten ihre Ergeb-

Tabelle 36. Partielle Mischungswärmen im System Cs-Hg.
(Berechnet nach Bent und Hildebrand.)

N_{Hg}	$\overline{W}_{Hg}$ in kcal ($T = 651{,}4$ bis $609{,}9°$)	$\overline{W}_{Hg}$ in kcal ($T = 609{,}9$ bis $553{,}6°$)
0,70	5,30	5,69
0,74	3,82	3,69
0,78	2,78	2,38
0,82	1,91	1,35
0,86	1,23	0,73
0,90	0,52	0,36

nisse hauptsächlich auf Aktivitäten aus. Die aus den Temperaturkoeffizienten der Aktivitäten errechneten partiellen Mischungswärmen (Auswertung vgl. S. 114) im System Cs-Hg sind in Tab. 36 zusammengestellt.

[1] Bent, H. E., u. J. H. Hildebrand: J. Amer. chem. Soc. Bd. 49 (1927) S. 3011.

Cu-In. Kupfer-Indium.

Weibke[1] bestimmte die Bildungswärme einer Kupfer-Indium-Legierung mit 9,0 Atom-% In (15,2 Gew.-%) aus der Differenz der Lösungswärmen der Legierung und des entsprechenden Metallgemisches in Brom-Bromkalium-Lösung an Hand von 4 Versuchen. Die Wärmetönung der Legierungsbildung ergab sich aus den zwei besten Werten zu etwa $+0{,}9$ kcal/g-Atom Legierung. — Die Bildungswärmen bei den anderen Zusammensetzungen sowie die Mischungswärmen der Legierungen sind nicht bekannt.

[1] Weibke, Fr.: Unveröffentlichte Versuche. Hannover 1937.

Cu-N. Kupfer-Stickstoff.

Juza und Hahn[1] hatten festgestellt, daß die Zersetzung von Kupfernitrid (Cu_3N) exothermen Charakter trägt. Unter Ausnutzung dieser Tatsache bestimmten Juza und Hahn die Bildungswärme des Nitrids, indem sie Cu_3N-Pastillen, die in Quarzröhrchen im Vakuum eingeschmolzen waren, durch eine Pastille Benzoesäure in einer Verbrennungsbombe erhitzten und so die Zersetzung einleiteten. Durch quantitative Stickstoffbestimmungen in den Zersetzungsprodukten wurde die Vollständigkeit der Zersetzung geprüft. (Die Arbeitsweise hat gegenüber der direkten Verbrennung den Vorzug, daß man nach Abzug der Verbrennungswärme der Benzoesäure die Zersetzungs- bzw. Bildungswärme des Kupfernitrids unmittelbar erhält.) Für konstanten Druck ergab sich folgende Gleichung:

$$3\,[Cu] + \tfrac{1}{2}\,(N_2) = [Cu_3N] - 17,8 \pm 0,2 \text{ kcal}.$$

[1] Juza, R., u. H. Hahn: Z. anorg. allg. Chem. Bd. 241 (1939) S. 172.

Cu-Ni. Kupfer-Nickel.

Die Bildungs- und Mischungswärmen im System Kupfer-Nickel sind nicht bekannt.

v. Samson-Himmelstjerna[1] bestimmte den Wärmeinhalt von 6 Legierungen mit 0 bis 100% zwischen 20 und 1500°C durch Gießen der flüssigen Legierungen aus einem Sandtiegel in ein Kalorimetergefäß. Die Werte für die Legierungen liegen nahezu auf der Verbindungsgeraden für die Wärmeinhalte der reinen Metalle ($\pm 0,2$ kcal/g-Atom). Das bedeutet, daß der Unterschied in den Bildungs- und Mischungswärmen nahezu gleich Null ist. Über den eigentlichen Zahlenwert dieser Größen wird aber durch die Messungen nichts ausgesagt. Wahrscheinlich sind sie, wie auch bei anderen Systemen, die eine lückenlose Reihe von Mischkristallen bilden, nicht sehr groß.

[1] Samson-Himmelstjerna, H. O. v.: Z. Metallkunde Bd. 28 (1936) S. 197.

Cu-P. Kupfer-Phosphor.

In dem System Kupfer-Phosphor bestehen 2 Verbindungen: Cu_3P und CuP_2. Ausgehend von einem Präparat $CuP_{4,24}$ gelang Haraldsen[1] der isotherme Abbau bis zur Zusammensetzung $CuP_{0,38}$. Aus den tensimetrischen Analysen in dem Konzentrationsgebiet $CuP_{2,04} \rightarrow CuP_{0,38}$, in dem Isothermen bei 632, 672, 712, 742 und 762° aufgenommen wurden, ließ sich die Berechnung der Bildungswärme von $[CuP_2]$ aus $[Cu_3P]$ und gasförmigem Phosphor nach van 't Hoff durchführen. Danach verläuft die Reaktion $[Cu_3P] + 5\,[P]_{weiß} \rightarrow 3\,[CuP_2]$ (unter Berücksichtigung der Verdampfungs- und Schmelzwärme von weißem Phosphor) exotherm mit einer Wärmetönung von $+49,0$ kcal. — Die Bildungswärme der Verbindung $[Cu_3P]$ aus den Elementen wurde auf direktem Wege von Weibke und Schrag[2] ermittelt. Diese Beobachter stellten Preßlinge aus Gemischen von Kupferpulver und rotem Phosphor her, schlossen diese in evakuierte Quarztiegel ein und ließen sie im Hochtemperaturkalorimeter (S. 47) bei 615 bzw. 632° C reagieren. Für die Berechnung der Reaktionswärmen mußten die Wärmeinhalte von Quarz, Phosphor und Kupfer berücksichtigt werden. Die

Meßergebnisse sind als Kreise in Abb. 107 eingezeichnet. Die Bildungswärme des $[Cu_3P]$ bei seiner Entstehung aus Kupfer und rotem Phosphor bei 630° C beträgt $\boxed{+8,0}$ kcal/g-Atom bzw. +32,0 kcal/Mol. Der Wert ist nach Weibke und Schrag auf $\pm 4\%$ genau. Schließt man den Wert von Haraldsen an denjenigen von Weibke und Schrag an und rechnet auf roten Phosphor um, so erhält man für die Bildungswärme des $[CuP_2]$ aus den Elementen $\boxed{+6,8}$ kcal/g-Atom bzw. +20,3 kcal/Mol für etwa 700° C. Auch dieser Wert ist in Abb. 107 (Kreuz) aufgenommen.

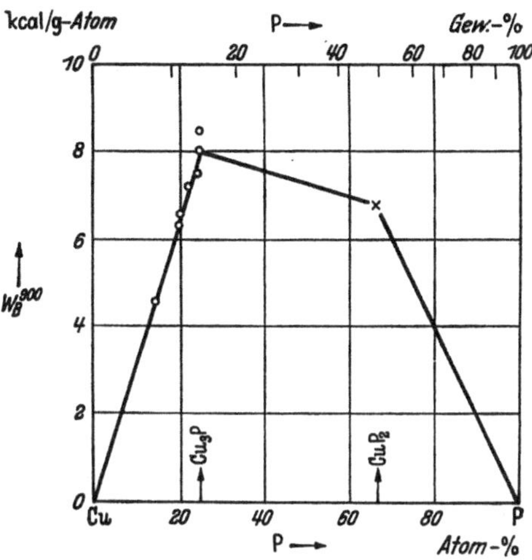

Abb. 107. Bildungswärmen der Kupferphosphide.

[1] Haraldsen, H.: Skr. Norske Vidensk.-Akad. Oslo, Mat.-Naturw. Kl. 1932 Nr. 9 S. 1 — Z. anorg. allg. Chem. Bd. 240 (1939) S. 337. — [2] Weibke, Fr., u. G. Schrag: Z. Elektrochem. angew. phys. Chem. Bd. 47 (1941) S. 222.

Cu-Pb. Kupfer-Blei.

Infolge der sehr geringen gegenseitigen Löslichkeit von festem Kupfer und Blei und da in dem System keine Verbindungen auftreten, müssen die Bildungswärmen der binären Legierungen praktisch gleich Null sein.

Die Mischungswärme der flüssigen Legierungen bei 1200° C wurde von Kawakami[1] durch direkte Vereinigung der Elemente im Kalorimeter geprüft. Seine Ergebnisse, die in Abb. 108 dargestellt sind, zeigen, daß die Vermischung unter recht beträchtlicher Wärmeaufnahme

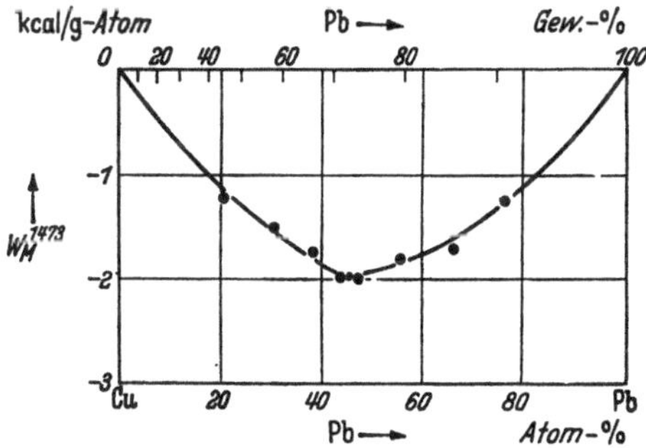

Abb. 108. Mischungswärmen der Kupfer-Blei-Schmelzen bei 1200° C. (Nach M. Kawakami.)

aus der Umgebung verläuft; das Minimum fand sich bei etwa 45 Atom-% Pb und −2,0 kcal/g-Atom. Die in Abb. 108 eingezeichnete Kurve deutet darauf hin, daß die in dem System Kupfer-Blei für die flüssigen Legierungen festgestellte Mischungslücke bei 1200° bereits geschlossen ist. Das würde mit den Ergebnissen von Friedrich und Waehlert[2] übereinstimmen, nach denen die Entmischungskurve für den Gleichgewichtszustand ihr Maximum bei etwa 64,5% Pb und 1025° hat, wohingegen die von Bornemann und Wagenmann[2] aus Messungen des elektrischen Widerstandes gezogenen Folgerungen, daß die Mischungslücke noch bei 1300° eine beträchtliche Ausdehnung besitzt, nicht mit der Mischungswärme-Konzentrationskurve nach Kawakami vereinbar sind. Das Auftreten einer Mischungslücke bei der Versuchstemperatur müßte sich durch einen linearen Verlauf der Kurve für die Mischungswärme bemerkbar machen.

[1] Kawakami, M.: Sci. Rep. Tôhoku Imp. Univ. Bd. 19 (1930) S. 521. —
[2] Vgl. M. Hansen: Der Aufbau der Zweistofflegierungen, S. 598. Berlin 1936.

Cu-Pd. Kupfer-Palladium.

Schenck und Keuth[1] untersuchten die Verschiebung des Gleichgewichtes der Kupferröstreaktion: $2\,[Cu_2O] + [Cu_2S] = 6\,[Cu] + (SO_2)$ bei Zusatz von Palladium bei 610° C. Die Beobachter berechnen mit dem Ausdruck $4{,}571\,T\log p/p_0$ (p = Gleichgewichtsdruck über der Legierung, p_0 = Gleichgewichtsdruck ohne Edelmetall) die „Wärmetönung des Legierungsvorganges", strenggenommen die Änderung der freien Energie, und zwar die partiellen Werte. Da die entsprechenden Angaben für das System Kupfer-Platin (s. dort) mit den aus EMK-Messungen erhaltenen Werten der partiellen Bildungswärmen annähernd übereinstimmen, wurden hier die Daten von Schenck und Keuth benutzt, um durch Integration die Teilbildungswärmen bei der Entstehung einer Legierung der Zusammensetzung $Cu_{11}Pd$ aus Cu und Cu_5Pd zu berechnen. Man erhält:

$$[Cu_5Pd] + 6\,[Cu] = [Cu_{11}Pd] + 1{,}33 \text{ kcal.}$$

[1] Schenck, R., u. H. Keuth: Z. Elektrochem. angew. physik. Chem. Bd. 46 (1940) S. 298.

Cu-Pt. Kupfer-Platin.

Weibke und Matthes[1] führten Messungen der elektromotorischen Kräfte von verschiedenen Kupfer-Platin-Legierungen gegenüber Kupfer als Bezugselektrode bei Temperaturen zwischen 400 und 700° C unter Argon als Schutzgas aus. Der Elektrolyt bestand aus der Salzschmelze des eutektischen Gemisches von Lithiumchlorid und Kaliumchlorid mit einem geringen Zusatz von Kupferchlorür. Die Berechnung der partiellen molaren Wärmetönungen bei der Überführung eines g-Atoms Kupfer vom reinen Metall zur Legierung geschah in der üblichen Weise nach Helmholtz-Gibbs, nachdem vorher wegen der verhältnismäßig kleinen Zahl der untersuchten Proben (14) einige Ergänzungen bei der Zeichnung der Temperaturkoeffizienten-Konzentrationskurven auf Grund einfacher Überlegungen gemacht worden waren. Die von Weibke und Matthes berechneten partiellen Bildungswärmen bei 550 und 650° C sind in Tab. 37 aufgeführt. In Abb. 109 sind die aus den partiellen Größen berechneten integralen Bildungswärmen für die Legierungen des Systems Kupfer-Platin (550 und 650° C) zusammengestellt. Vergleicht man das energetische Schaubild mit dem Zustandsdiagramm, so erkennt man, daß die beiden Maxima im Verlauf der Bildungswärme - Konzentrationskurve für 550° C den beiden geordneten Mischphasen CuPt und Cu_3Pt entsprechen; diese beiden Verbindungen entstehen unter Entbindung von $\boxed{1,6}$ bzw. $\boxed{1,4}$ kcal/g-Atom Legierung bei der angegebenen Temperatur aus den Elementen. Für die Phase Cu_3Pt ergibt sich das Maximum der Wärmetönung nicht bei 75, sondern bei 80 Atom-% Cu. Röntgenographisch und durch Leitfähigkeitsmessungen ist in Übereinstimmung mit diesem Befund von Johansson und Lindé[2] sowie Schneider und Esch[3] gefunden worden, daß sich Cu_3Pt bevorzugt mit Kupferüberschuß bei 80 Atom-% Cu bildet. Der Übergang geordnete Mischphase → Mischkristall für die Zusammensetzung Cu_3Pt vollzieht sich bei maximal 650° C; man erhält also die Umwandlungswärme in diesem Gebiet unmittelbar aus der Differenz der Bildungswärmen bei 550 und 650° C. Wegen Isolationsschwierigkeiten konnten die Messungen nicht bis oberhalb der Umwandlungslinie im Gebiet CuPt ausgedehnt werden, indessen ist es, wie Abb. 109 zeigt, mit verhältnismäßig großer Sicherheit möglich, den Verlauf der Bildungs-

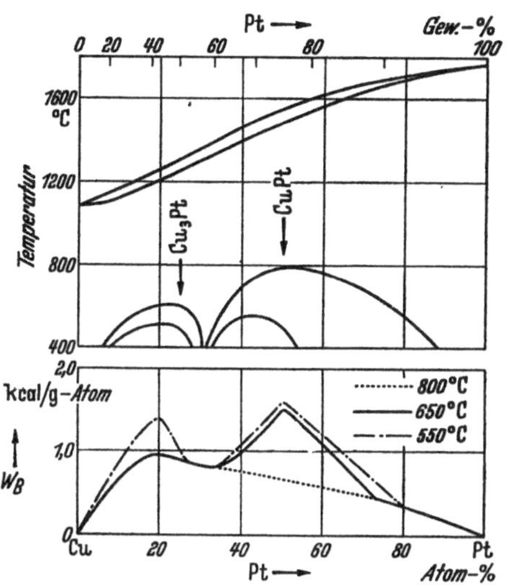

Abb. 109. Zustandsdiagramm und Bildungswärmen der Kupfer-Platin-Legierungen (ungeordnet und geordnet). (Nach F. Weibke und H. Matthes.)

Tabelle 37.
Partielle Bildungswärmen im System Cu-Pt. (Nach Weibke und Matthes.)

Atom-% Cu	$\overline{W}_{Cu}$ in kcal	
	550° C	650° C
0	2,1	2,1
10,0	1,7	1,7
20,0	3,1	1,6
25,0	3,5	1,5
30,0	3,9	3,9
35,0	4,2	4,2
40,0	3,5	3,5
45,0	3,6	3,6
50,0	0,20	0,20
55,0	−1,1	−1,1
60,0	−0,94	−0,94
65,0	−0,78	+0,73
70,0	+0,99	0,99
75,0	4,2	1,3
80,0	0,78	1,0
85,0	0,71	0,42
90,0	0,09	0,09
100	0	0

wärme-Konzentrationskurve für den ungeordneten Mischkristall im mittleren Gebiet nach dem Verlauf in den Randgebieten zu ergänzen. Die Umwandlungswärmen in dem mittleren Konzentrationsgebiet erhält man dann aus den Differenzen der Werte bei 650° C und der extrapolierten Kurve. Für die Phase CuPt beträgt die Umwandlungswärme bei der stöchiometrischen Zusammensetzung $+0,91$ kcal/g-Atom Legierung, im Gebiet der Phase Cu_3Pt liegt der Höchstwert mit $+0,47$ kcal/g-Atom bei 80 Atom-% Cu.

Es erscheint auffällig, daß die Bildungswärme für den ungeordneten Mischkristall den Höchstwert bei etwa 80 Atom-% Cu aufweist, während das Maximum in der Kurve für die Bildungsarbeit bei etwa 60 Atom-% Cu liegt (vgl. Original).

Tabelle 38. Vergleich der aus EMK-Messungen abgeleiteten partiellen Werte mit denen von Schenck und Keuth.

| | kcal/g-Atom Cu | | |
| Atom-% Cu | $\overline{A}_{Cu}$ (610°) nach Schenk und Keuth | $\overline{W}_{Cu}$ (650°) | $\overline{A}_{Cu}$ (650°) |
		nach Weibke und Matthes	
5,0	0,06	0,04	0,13
10,0	0,18	0,09	0,29
15,0	0,37	0,42	0,70

ginal). Vielleicht liegen die Verhältnisse hier ähnlich wie bei der Phase ˜AuCu₃, deren Umwandlung unvollständig und deshalb scheinbar mit zu geringer Wärmetönung abläuft (s. Au-Cu). Eine andere Erklärungsmöglichkeit für die stärkere Verschiebung des Maximums, als sie dem Unterschied in der Größe der Partner entspricht, ist vielleicht noch gegeben in der Annahme einer Konzentrationsänderung der Leitungselektronen, wie sie auch in den Mischkristallreihen Gold-Palladium und Gold-Platin auftritt. Darauf würde eine Beobachtung von Vogt[4] hindeuten, nach der sich Platin in Kupfer ohne Änderung des Magnetismus löst und demnach also wahrscheinlich in Form neutraler Atome eingebaut wird.

Schenck und Keuth[5] haben aus der Verschiebung des Gleichgewichtes der Kupferröstreaktion: $2\,[Cu_2O] + [Cu_2S] \rightleftharpoons [Cu] + (SO_2)$ durch Zusatz von Platin die „Wärmetönung der Legierungsbildung" berechnet. Als Maß für die Lage des Gleichgewichtes gilt der SO_2-Druck der Reaktion, zur Berechnung der Wärmetönung wird der Ausdruck $RT \ln p/p_0$ benutzt, in dem p den Gleichgewichtsdruck über der Legierung, p_0 den Gleichgewichtsdruck ohne Edelmetallzusatz angibt. Zum Vergleich mit den Werten von Weibke und Matthes ist zu berücksichtigen, daß die Auswertung nach dem genannten Ausdruck infolge der Definition der Aktivität $a = p/p_0$ nicht die Wärmetönung, sondern die Änderung der freien Energie ergibt. Wegen des formelmäßigen Umsatzes liefert die Berechnung zunächst den Wert für die Überführung von 6 g-Atomen Kupfer in eine Legierung der entsprechenden Konzentration, der dann zur Umformung auf partielle molare Größen der Legierungsbildung mit 6 zu dividieren ist. Die Angaben beziehen sich dann wie üblich auf 1 g-Atom des überführten Stoffes (Cu). Das kommt infolge eines Versehens[6] in der Arbeit von Schenck und Keuth nicht klar zum Ausdruck. In der Tab. 38 ist der Vergleich durchgeführt. Berücksichtigt man die vollkommen verschiedene Meßmethodik, so ist die Übereinstimmung nicht allzu schlecht; die Werte von Schenck und Keuth schließen sich den von Weibke und Matthes für die Wärmetönung erhaltenen sogar recht gut an, während zu den Daten für die Änderung der freien Energie stärkere Abweichungen bestehen.

[1] Weibke, Fr., u. H. Matthes: Z. Elektrochem. angew. physik. Chem. Bd. 47 (1941) S. 421. — [2] Johansson, C. H., u. I. O. Linde: Ann. Physik Bd. 82 (1927) S. 449. — Linde, I. O.: Ann. Physik (5) Bd. 30 (1937) S. 151. — [3] Schneider, A., u. U. Esch: Privatmitteilung, Mai 1943. — Nach dem Befund dieser Beobachter sind in dem Zustandsdiagramm (Abb. 109 oben) von den 4 Umwandlungskurven die 2 unteren wegzulassen. — [4] Vogt, E.: Angew. Chem. Bd. 48 (1935) S. 734. — [5] Schenck, R., u. H. Keuth: Z. Elektrochem. angew. physik. Chem. Bd. 46 (1940) S. 298. — [6] Privatmitteilung.

Cu-S. Kupfer-Schwefel.

Den Messungen der Reduktionsgleichgewichte von [Cu_2S] durch Jellinek und Zakowski[1] und ihrer Auswertung auf Bildungswärmen kommt nur ein orientierender Charakter zu. Die Auswertung nach Nernst und van 't Hoff ergab um 400% verschiedene Werte für W_B, die Übereinstimmung mit den Werten anderer Autoren ist unbefriedigend. — Thomsen[2] fällte Cupri- und Cuprosalzlösungen mit Schwefelnatrium; hierbei bildete sich kein Cuprisulfid, sondern ein kolloidaler Körper, dessen Analyse auf $Cu_4S_3 + n\,H_2O$ stimmte. Erst durch Einführung einiger Hypothesen gelangte Thomsen zu dem Schluß, daß die Addition von Schwefel an Cuprosulfid wahrscheinlich ohne wesentliche Wärmetönung verliefe.

v. Wartenberg[3] fand für die Bildungswärme von Cupro- und Cuprisulfid durch direkte Vereinigung von Kupfer und Schwefel (rhombisch) im Kalorimeter bei Entzündung durch einen Platindraht, wobei einmal mit Kupfer- und andererseits mit Schwefelüberschuß gearbeitet wurde, folgende Werte: Cu_2S $+19,0 \pm 0,5$ kcal/Mol, CuS $+11,6 \pm 0,4$ kcal/Mol. Obwohl v. Wartenberg in den Gebieten (Cu-Cu_2S) und (CuS-S) arbeitete, erscheint eine Extrapolation auf die Verbindungen durchaus möglich, da in diesen Gebieten auf Grund seiner Werte nicht mit stärkerer Mischkristallbildung zu rechnen ist, was für das Gebiet (Cu-Cu_2S) auch von anderen Autoren bestätigt wurde. Britzke, Kapustinsky und Neischul[4] untersuchten das Reduktionsgleichgewicht [Cu_2S] + (H_2) = (H_2S) + 2 [Cu] bei 731, 836 und 875° C, berechneten daraus die Schwefeldampfdrucke und erhielten durch Rechnung mit der Reaktionsisochore und unter Berücksichtigung der Übergangswärme (S_2) → 2 [S]$_{rhomb.}$ für die Bildungswärme von [Cu_2S] aus den festen Komponenten $+20,2$ kcal/Mol. Diese Beobachter sprechen dem Wert von v. Wartenberg die größte Wahrscheinlichkeit zu. Biltz und Juza[5] untersuchten das Dampfdruck-Konzentrationsdiagramm in dem Gebiet (CuS-Cu_2S) und leiten aus ihren Messungen für die Reaktion $2\,[Cu_2S] + (S_2) = 4\,[CuS]$ einen Wert ab (35 kcal), der mit dem auf Grund der Angaben von v. Wartenberg für dieselbe Reaktion berechneten Wert (38 kcal) ebenfalls in brauchbarer Weise übereinstimmt. Die Bedeutung des Zahlenwertes von Biltz und Juza sollte jedoch nach Angabe der Autoren nicht überschätzt werden.

Aus den Messungen der EMK des galvanischen Elementes Pt/H_2 (p at) / HCl (x-mol) / HCl (x-mol) // H_2S (p at) / Cu_2S ($x = 0,05, 0,1$ und $0,5$) in dem Temperaturgebiet von 15 bis 35° C berechneten Kapustinsky und Makolkin[6] die Bildungswärme der Reaktion $2\,[Cu] + [S]_{rhomb} = [Cu_2S]_\alpha$. Es ergaben sich für W_B^{298} +18,5 kcal. Bei einer Nachprüfung dieses Wertes durch direkte kalorimetrische Messung fand Korshunow[7] W_B^{298} zu $+19,9 \pm 0,5$ kcal. Der aus EMK-Messungen von Kapustinsky und Makolkin abgeleitete Wert wird von diesem Beobachter jedoch als sicherer hingestellt, da möglicherweise bei den kalorimetrischen Messungen und Vorliegen mehrerer Modifikationen die Umwandlungen nicht vollständig ablaufen. Dieser Einwand scheint jedoch nicht berechtigt, da unter solchen Umständen nicht eine zu hohe, sondern eine zu niedrige Bildungswärme für Raumtemperatur gefunden werden müßte.

Man wird wohl bei Betrachtung des vorliegenden Zahlenmaterials den tatsächlichen Verhältnissen am nächsten kommen, wenn man den alten Wert von v. Wartenberg für die Bildungswärme von $[Cu_2S]_\alpha$ aus $[Cu]$ und $[S]_{rhomb}$ bei Zimmertemperatur, $+19,0$ kcal/Mol oder $\boxed{+6,3}$ kcal/g-Atom, als den wahrscheinlichsten annimmt und auch den auf Grund seiner Werte berechneten mittleren Fehler von $\pm 0,5$ kcal/Mol beibehält. Die Ergebnisse der anderen Untersuchungen werden durch diese Zahlenangabe mit erfaßt. Der entsprechende Wert für $[CuS]$ ist $+11,6 \pm 0,4$ kcal bzw. $\boxed{+5,8}$ kcal/g-Atom.

[1] Jellinek, K., u. J. Zakowski: Z. anorg. allg. Chem. Bd. 142 (1925) S. 1. — [2] Thomsen, J.: Thermochemische Untersuchungen, S. 241. Stuttgart 1906. — [3] Wartenberg, H. v.: Z. physik. Chem. Bd. 67 (1909) S. 446. — [4] Britzke, E. V., A. F. Kapustinsky u. R. A. Neischul: Z. anorg. allg. Chem. Bd. 205 (1932) S. 109. — [5] Biltz, W., u. R. Juza: Z. anorg. allg. Chem. Bd. 190 (1930) S. 161. Diese Autoren berücksichtigen auch die Ergebnisse der Dampfdruckmessungen an CuS von G. Preuner und I. Brockmöller [Z. physik. Chem. Bd. 81 (1913) S. 129] sowie E. T. Allen und R. H. Lombard [Amer. J. Sci. (4) Bd. 43 (1917) S. 175. — [6] Kapustinsky, A. F., u. J. A. Makolkin: J. physic. Chem. [Mosk.] Bd. 12 (1938) S. 361 — Chem. Zbl. 1939 II S. 3026 sowie Acta physicochim USRR Bd. 10 (1939) S. 245 — Chem. Zbl. 1939 II S. 2514. — [7] Korshunow, J. A.: J. physic. Chem. [Mosk.] Bd. 14 (1940) S. 134 — Chem. Zbl. 1940 II S. 3006.

Cu-Sb. Kupfer-Antimon.

Die **Bildungswärme** einer Legierung der Zusammensetzung Cu_3Sb (antimonreicher Teil der ε-Phase im System Cu-Sb nach **Hansen**) wurde von **Biltz** und **Haase**[1] ermittelt. Die Legierung einerseits und das Gemisch $(3\,Cu + Sb)$ andererseits wurden in Ferrichlorid-Brom-Lösung gelöst und die Bildungswärme aus der Differenz der Lösungswärmen errechnet. Da bei den vorliegenden Lösungen die Verdünnungswärme recht beträchtlich war, wurden die Lösungswärmen von möglichst gleichen Gewichten äquivalenter Mischungen und der Verbindung der Metalle in jeweils der gleichen Menge Lösungsmittel verglichen. Für die Bildungswärme eines Mols der Legierung Cu_3Sb ergab sich ein kleiner positiver Wert, „der wahrscheinlich zwischen $+2$ und $+3$ kcal liegt".

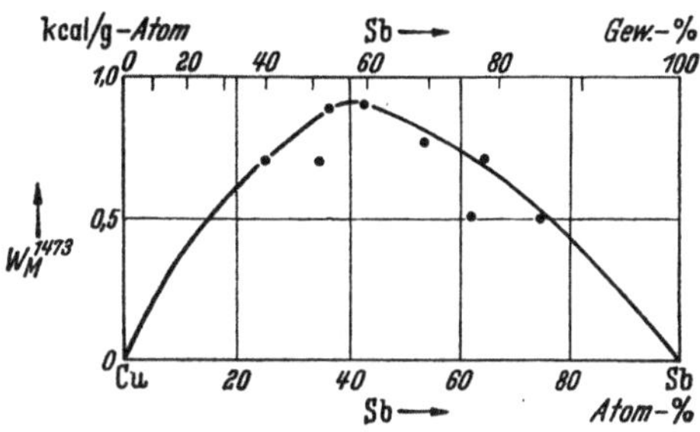

Abb. 110. Mischungswärmen der Kupfer-Antimon-Schmelzen bei 1200° C. (Nach M. Kawakami.)

Daß auch die **Mischungswärme** der Legierung Cu_3Sb exotherm ist, beobachtete bereits **Sauerwald**[2], der bei der direkten Vereinigung der Metalle im Porzellantiegel eine Temperatursteigerung von im Mittel 60° erhielt. Eine genaue Untersuchung der Mischungswärmen über den ganzen Konzentrationsbereich führte **Kawakami**[3] durch. Bei der direkten Vereinigung von Kupfer und Antimon im Kalorimeter bei der Versuchstemperatur von 1200° C erhielt dieser die in Abb. 110 eingezeichneten Werte. Ihre Streuung ist verhältnismäßig groß. Die Einwaagen waren so gewählt, daß nach Beendigung der Versuche im Mittel 0,32 g-Atom Legierung vorlagen. Das Maximum der Mischungswärme liegt nach **Kawakami** bei 40 Atom-% Sb und $+0{,}9$ kcal/g-Atom.

[1] Biltz, W., u. C. Haase: Z. anorg. allg. Chem. Bd. 129 (1923) S. 141. —
[2] Sauerwald, F.: Z. Elektrochem. angew. physik. Chem. Bd. 29 (1923) S. 85. —
[3] Kawakami, M.: Sci. Rep. Tôhoku Imp. Univ. (5) Bd. 19 (1930) S. 521.

Cu-Se. Kupfer-Selen.

Die Bildungswärme der Kupferselenide wurde von **Bichowsky** und **Rossini**[1] auf Grund der Messungen von **Fabre**[2] (Fällungswärme sowie Lösungswärme in $Br + H_2O$), **Tubandt** und **Reinhold**[3] (Gleichgewicht $[Ag_2S] + [Cu_2Se] = [Ag_2Se] + [Cu_2S]$) abgeleitet. Für die Bildungswärme aus den Elementen (Selen: metallisch) ergab sich in kcal/Mol: Cu_2Se $+14{,}5$ und $CuSe$ $+19$ (?).

[1] Bichowsky, F. R., u. F. D. Rossini: Thermochemistry of the chemical Substances, S. 74. New York 1936. — [2] Fabre, C.: Ann. chim. phys. (6) Bd. 10 (1887) S. 535. — [3] Tubandt, C., u. H. Reinhold: Z. physik. Chem., Abt. A Bd. 140 (1929) S. 291.

Cu-Sn. Kupfer-Zinn.

Kupfer-Zinn-Legierungen wurden erstmalig von Herschkowitsch[1] auf ihre **Bildungswärme** untersucht. Hierzu wurden Legierungen und Komponenten in einer konzentrierten Brom-Bromkalium-Lösung im Kalorimeter bei Raumtemperatur gelöst. In der gleichen Weise verfuhren Biltz und Wagner[2] einerseits und Biltz und Holverscheit[2] andererseits, nur daß sie die reinen Metalle nicht getrennt, sondern als Mischung in Lösung brachten. Für die Bildungswärme einer Legierung der Zusammensetzung Cu_3Sn ergaben sich dann nach Biltz und Holverscheit etwa $+8$ kcal/Mol bzw. $+2$ kcal/g-Atom, nach Biltz und Wagner $+7$ kcal/Mol bzw. $+1,8$ kcal/g-Atom und nach Herschkowitsch $+6$ kcal/Mol bzw. $+1,5$ kcal/g-Atom.

Eine systematische Untersuchung der Bildungswärmen über den ganzen Konzentrationsbereich führten Körber und Oelsen[3] durch. Hierzu wurde flüssiges Kupfer von 1200 bis 1250° C zu flüssigem Zinn von 650 bis 850° gegossen, die Mischungen durchgeschüttelt und im Kalori-

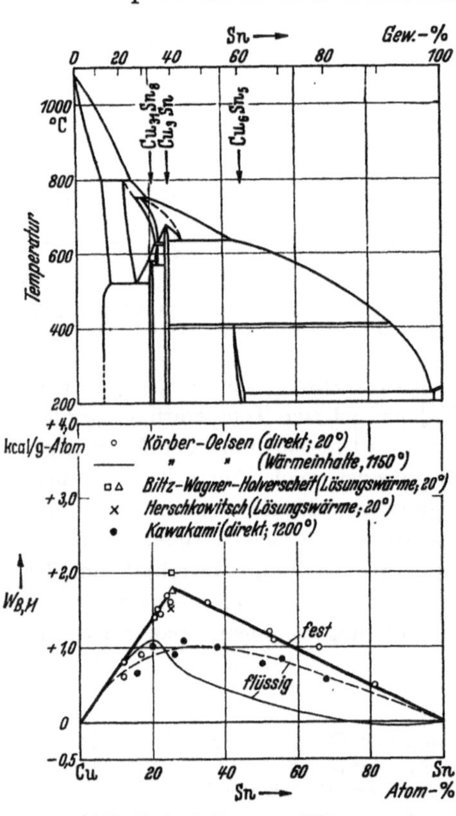

Abb. 111. Zustandsdiagramm, Bildungs- und Mischungswärmen der Kupfer-Zinn-Legierungen.

meter erstarren gelassen, der Wärmeinhalt von Kupfer und Zinn von der gemessenen Wärmetönung in Abzug gebracht und somit die Bildungswärmen für den Gußzustand bei Raumtemperatur erhalten. Wie Abb. 111 zeigt, liegt der Höchstwert der Bildungswärme bei etwa 25 Atom-% Sn mit $\boxed{+1,8}$ kcal/g-Atom in guter Übereinstimmung mit den Ergebnissen der anderen Forscher. Sichere Anzeichen für weitere Legierungen mit ausgezeichneten Bildungswärmen enthalten die Versuchswerte von Körber und Oelsen nicht; ihre Genauigkeit reicht dazu nicht aus.

Die Mischungswärmen der Kupfer-Zinn-Legierungen bei 1150 °C wurden ebenfalls von Körber und Oelsen[3] untersucht. Sie ergaben sich aus der Differenz der Bildungswärmen einerseits und der Abweichungen der Wärmeinhalte der Legierungen von der Verbindungsgeraden der Wärmeinhalte der reinen Metalle andererseits. Die Ergebnisse sind in Abb. 111 als dünn ausgezogene Kurve eingezeichnet. Die Kurve für die Wärmeinhalte ist durch 19 Versuchspunkte belegt. Kawakami[4] ermittelte die Mischungswärme durch direkte Vereinigung von flüssigem Kupfer und flüssigem Zinn bei 1200° C. Er arbeitete mit so großen Einwaagen, daß bei Beendigung der Versuche im Mittel 0,32 g-Atom Legierung vorlagen. Seine Ergebnisse sind in Abb. 111 als ausgefüllte Kreise dargestellt. Die Übereinstimmung der Werte von Kawakami und von Körber und Oelsen ist im kupferreichen Teil gut. Bei den zinnreichen Legierungen ist sie nicht so befriedigend. Eine Beurteilung, welchen Werten die größere Wahrscheinlichkeit zukommt, ist bei den relativ großen Fehlern der verwendeten Verfahren schwierig. Die Vereinigung der Komponenten erfolgt jedenfalls unter Wärmeabgabe. Der Höchstwert der Mischungswärme liegt nach Körber und Oelsen bei etwa 20 Atom-% Sn und +1,1 kcal/g-Atom, nach Kawakami bei 30 Atom-% Sn und ebenfalls +1,1 kcal/g-Atom. Ob der schwach endotherme Teil der Kurve von Körber und Oelsen reell ist, erscheint nach den Ergebnissen von Kawakami fraglich.

[1] Herschkowitsch, M.: Z. physik. Chem. Bd. 27 (1898) S. 123. — [2] Biltz, W., W. Wagner, H. Pieper u. W. Holverscheit: Z. anorg. allg. Chem. Bd. 134 (1924) S. 25. — [3] Körber, Fr., u. W. Oelsen: Mitt. Kaiser-Wilhelm-Inst. Eisenforsch. Düsseldorf Bd. 19 (1937) S. 209. — Körber, Fr., W. Oelsen, W. Middel u. H. Lichtenberg: Stahl u. Eisen Bd. 56 (1936) S. 1401. — [4] Kawakami, M.: Sci. Rep. Tôhoku Imp. Univ. Bd. 19 (1930) S. 521.

Cu-Te. Kupfer-Tellur.

Fabre[1] erhielt mit der Lösungswärme des Tellurids Cu_2Te in Brom und Bromwasser (128,9 kcal) folgende Reaktionsgleichung für Raumtemperatur: $2\,[Cu] + [Te]_{kryst} = [Cu_2Te]_{kryst} + 14,3$ kcal. Bichowsky und Rossini[2] errechnen aus der Lösungswärme nach Fabre mit neueren Hilfsgrößen für die Bildungswärme des Kupfertellurids +6 kcal/Mol bzw. +2 kcal/g-Atom.

[1] Fabre, Ch.: Ann. chim. phys. (6) Bd. 14 (1888) S. 118. — [2] Bichowsky, F. R., u. F. D. Rossini: Thermochemistry of the chemical Substances, S. 75. New York 1936.

Cu-Zn. Kupfer-Zink.

Versuche zur Aufklärung der energetischen Verhältnisse bei den Legierungen des Kupfers mit Zink liegen, besonders für den festen Zustand, in größerer Zahl vor.

Die Versuche von Galt[1] zur Ermittlung der Bildungswärme im System Cu-Zn aus der Differenz der Lösungswärmen sind noch mit einer gewissen Unsicherheit behaftet, da das verwendete Lösungsmittel (Salpetersäure) wegen der Uneinheitlichkeit des Lösungsvorganges (vgl. S. 13) ungeeignet war. Doch kam er den tatsächlichen Verhältnissen schon recht nahe. Wie durch spätere Untersuchungen bestätigt wurde, fand er das Maximum der Bildungswärme etwa bei der Zusammensetzung Cu_2Zn_3. Auch die Versuche von Herschkowitsch[2], der mit Brom-Bromkalium als Lösungsmittel arbeitete, lieferten noch keine ganz befriedigenden Ergebnisse. Baker[3] prüfte ebenfalls die Bildungswärme dieser Legierungen aus der Differenz der Lösungswärmen der mechanisch gemischten und der legierten Metalle. Als Lösungsmittel dienten Lösungen von NH_4Cl und $FeCl_3$, ebenso wie später bei Sefing[13], oder von NH_4Cl und $CuCl_2$. Die Versuche ergaben ein Maximum der Bildungswärme bei der Zusammensetzung $CuZn_2$ mit $+10,1$ kcal/Mol.

Ist den älteren Arbeiten über die Bildungswärme im System Kupfer-Zink nur mehr ein orientierender Charakter zuzusprechen, so brachten die Versuche von Biltz und Pieper[4] zum erstenmal einen genaueren Wert. Diese Beobachter lösten einerseits eine Legierung der Zusammensetzung Cu_2Zn_3 und andererseits das Metallgemisch ($2\,Cu + 3\,Zn$) in Herschkowitschscher Lösung ($2\,Br \cdot KBr \cdot 2\,H_2O$) bei Zimmertemperatur und errechneten die Bildungswärme der Legierung aus der Differenz der Lösungswärmen zu $+16$ kcal/Mol. Der mittlere Fehler ergibt sich aus den Versuchsdaten' zu etwa $\pm 10\%$.

Die Bestimmung der Bildungswärmen über den ganzen Konzentrationsbereich erfolgte zunächst durch v. Samson-Himmelstjerna[5], der geschmolzenes Kupfer von $1300°$ C auf festes Zink goß. Dieses reagierte beim Schmelzen mit dem Kupfer unter Wärmeentwicklung, worauf dann im Wasserkalorimeter die Gesamtwärmemenge bei der Abkühlung auf Raumtemperatur gemessen und die Bildungswärme der Legierung nach Abzug des eingebrachten Wärmeinhaltes von Kupfer erhalten wurde. Die Ergebnisse sind als Dreiecke in Abb. 112 eingetragen. Danach lassen sich die Meßpunkte zwei Geraden zuordnen, die sich bei Cu_2Zn_3 (Bildungswärme $+3,0$ kcal/g-Atom) schneiden.

Ölander[6] führte Messungen der elektromotorischen Kräfte an dem System Kupfer-Zink durch. Da Ölander jedoch die Legierungen der α-Phase dieses Systems wegen ungenügender Diffusion innerhalb der Versuchsproben nicht reproduzierbar messen konnte, ist, wie Weibke[7] bereits ausführte, für die Berechnung der Bildungswärme des Systems die Kenntnis der Bildungswärme der an Zink gesättigten α-Phase (39 Atom-% Zn) notwendig. Die Verwendung der Ergebnisse von v. Samson-Himmelstjerna führte zu Werten, die gegenüber den anderen Messungen etwas zu niedrig lagen. In einer Arbeit von Weibke[8] wurde deshalb versucht, die Bildungswärmen der α-Phase durch Häufung der Beobachtungen nach dem Lösungsverfahren möglichst genau zu bestimmen, um einen zuverlässigen Ausgangswert für die weitere Berechnung nach Ölander zu bekommen. Darüber hinaus wurden von Weibke auch einige zinkreichere Legierungen gemessen. Als Lösungsmittel diente wieder Herschkowitschsche Lösung, die Versuchstemperatur betrug 90° C (Kalorimeter s. S. 24). Weibke wertete dann auf Grund seiner Ergebnisse auch die Messungen von Ölander[6] aus. Da diese zum Teil bei Temperaturen oberhalb des Schmelzpunktes von Zink ausgeführt wurden, mußte der Anteil der Schmelzwärme für den Gehalt an Zink berücksichtigt werden. Die Bildungswärmen im System Kupfer-Zink sind in Tab. 39 nach den Angaben von Weibke zusammengestellt. Die nach der Tabelle gezeichnete Kurve ist in Abb. 112 stark ausgezogen. Die lösungskalorimetrisch ermittelten Werte sind als Kreise eingezeichnet.

Wie aus der Abbildung hervorgeht, zeichnet sich auch hier die γ-Phase mit dem kompliziert kubischen Gitter (52 Atome im Elementarbereich) durch eine besonders hohe Bildungswärme aus. Da die Ölanderschen Messungen in der Nähe des Schmelzpunktes des Zinks durchgeführt wurden, beziehen sich die errechneten Bildungswärmen nur auf höhere Temperaturen, da jedoch

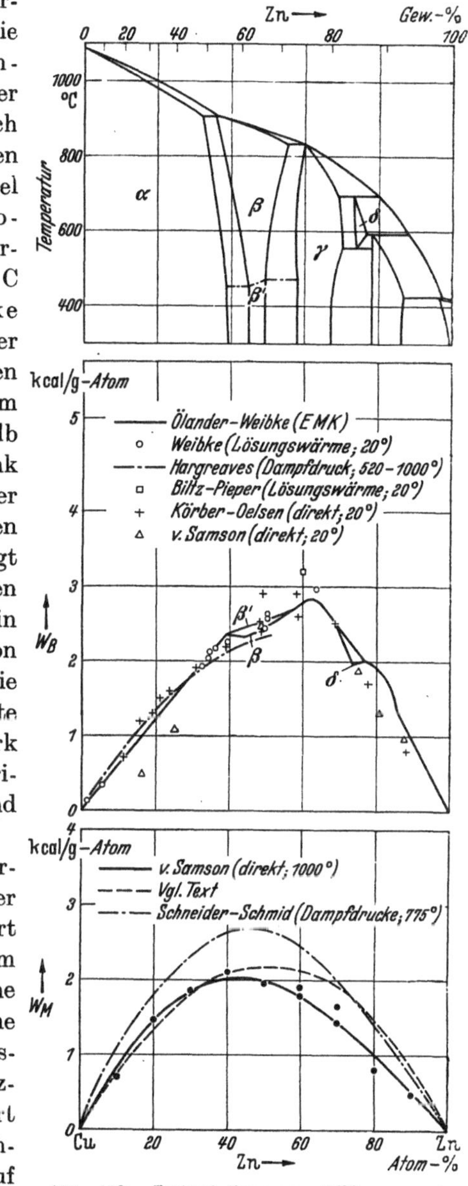

Abb. 112. Zustandsdiagramm. Bildungs- und Mischungswärmen der Kupfer-Zink-Legierungen.

die spezifischen Wärmen der Kupferlegierungen von denen der entsprechenden Gemische nur wenig abweichen[9], haben die Bildungswärmen auch für Zimmertemperatur Gültigkeit.

Eine Nachprüfung der Ergebnisse von v. Samson-Himmelstjerna durch Körber und Oelsen[10] bei Anwendung des gleichen Verfahrens unter Einhaltung besonderer Vorsichtsmaßregeln, um die Verdampfung von Zink möglichst klein zu halten, ergab, daß die Bildungswärmen im Bereich von 0 bis 40 Atom-% Zn noch etwas höher liegen, als v. Samson-Himmelstjerna angegeben hatte. Dadurch wurden auch die auf direktem Wege erhaltenen Werte denen nach Weibke und Ölander sehr gut angeglichen. Die Werte von Körber und Oelsen sind in Abb. 112 als Kreuze eingezeichnet.

Dampfdruckmessungen an verschiedenen Messingen wurden einmal von Hargreaves[11] mittels der „Taupunktsmethode" (vgl. S. 90) und andererseits von Seith und Krauss[12] durch Feststellung von Gewichtsänderungen (vgl. S. 89) ausgeführt. Hargreaves[11] arbeitete in dem Temperaturbereich von 520 bis 1000° C und mit Legierungen mit bis zu 51 % Zn. Die Auswertung seiner Meßergebnisse nach van 't Hoff ergibt für die integralen Bildungswärmen gute Übereinstimmung mit den Werten nach anderen Verfahren, wie die in Abb. 112 als strichpunktierte Linie eingezeichnete Kurve zeigt (partielle Mischungswärmen vgl. Tab. 40).

Tabelle 39. Bildungswärmen im System Cu-Zn. (Nach Weibke und dessen Auswertung der Ölanderschen Messungen.)

Phase	Atom-% Zn	W_B in kcal/g-Atom
$\varkappa$	39,0	2,35
β	44,0	2,32
	48,5	2,42
β'	48,5	2,51
	58,0	2,72 $\big\}$ 2,72
	58,0	2,71
γ	60,0	2,80
	61,6	2,83
	64,3	2,76
	69,0	2,49
δ	73,5	1,97
	76,5	2,00 $\big\}$ 2,03
	76,5	2,07
ε	83,3	1,73
	85,1	1,40
η	98,0	0,2—0,3

Tabelle 40. Partielle Bildungswärmen im System Cu-Zn. (Nach Dampfdruckmessungen von Hargreaves.)

N_{Zn} . . .	0,012	0,052	0,094	0,144	0,195	0,255	0,317	0,373	0,453	0,481	0,50
W_{Zn} in kcal	8,0	(5,1)	6,4	6,3	5,8	4,7	4,6	3,9	3,2	3,1	2,9

Die Auswertung der Dampfdruckmessungen von Seith und Krauss[12] auf integrale Bildungswärmen führt zu keiner so guten Übereinstimmung. Die Kurve verläuft höher. Allerdings haben diese Beobachter auch nur bei zwei Temperaturen gemessen (800 und 850° C) und erst von 10 % Zn an aufwärts, da sie nicht die thermochemischen Daten für die Legierungen ermitteln wollten, sondern Aufklärung über die Diffusionsgeschwindigkeit zu erlangen suchten (vgl. auch S. 103).

Vergleicht man die auf Grund zahlreicher Arbeiten erhaltenen, in Abb. 112 zusammengestellten Bildungswärmen der festen Kupfer-Zink-Legierungen, so zeigt es sich, wie gut sich die verschiedenen Verfahren gegenseitig ergänzen und bestätigen. Das ist ein Beweis, daß sowohl die direkten als auch die indirekten Methoden zu sehr brauchbaren Ergebnissen führen können, wenn sie sorgfältig und mit der notwendigen Selbstkritik angewendet worden sind. Die Bildungswärmen der festen Legierungen erscheinen damit eindeutig festgelegt.

Die Umwandlungswärme des β-Messings: $\beta \to \beta'$ hatte sich auf Grund der EMK-Messungen von Ölander[6] zu 0,09 kcal/g-Atom ergeben. v. Steinwehr und Schulze[14] bestimmten die Umwandlungswärme mit der „Haltepunktsmethode" (vgl. S. 55) zu 3 cal/g bzw. 0,19 kcal/g-Atom. Aus Messungen der spezifischen Wärme zwischen 20 und 650° C (vgl. S. 60) leitete Moser[15] die Umwandlungswärme des β-Messings durch Integration der c_p-Kurve ab und fand hierfür 11 cal/g bzw. 0,71 kcal/g-Atom. Bei einer etwas veränderten Auswertung erhielt Moser auch den Wert 0,59 kcal/g-Atom. Die Werte von Moser ergaben sich durch Integration über den Umwandlungsbereich von 130 bis 650° C. v. Steinwehr und Schulze dagegen bestimmten nur die Wärmetönung, die in einem Temperaturgebiet von etwa 430 bis 480° C auftritt. Dadurch erklärt sich der niedrigere Wert dieser Beobachter. Aus ähnlichen Gründen dürfte auch der Wert von Ölander gegenüber dem von Moser zu niedrig ausgefallen sein. Man wird den ersten Wert von Moser, 0,7 kcal/g-Atom, als den richtigen annehmen müssen.

Um die Mischungswärmen der geschmolzenen Legierungen zu erhalten, bestimmte v. Samson-Himmelstjerna[5] die Wärmeinhalte einer Reihe von Legierungen sowie der reinen Metalle zwischen Zimmertemperatur und Temperaturen oberhalb der Schmelzpunkte. Die Messung einer Isotherme war dabei nicht möglich, da oberhalb der Schmelzpunkte der kupferreichen Legierungen das Zink in den zinkreichen Legierungen bereits siedet. Es wurden deshalb von 10 zu 10% für jede Legierung die Wärmeinhalte bei mehreren Temperaturen bestimmt und die Wärmeinhalte bei 1000° C daraus linear extrapoliert. Die auf Grund der so ermittelten Wärmeinhalte gezeichnete Kurve für die Mischungswärmen (Abb. 112) bezieht sich also auf den angenommenen Fall, daß die Kupfer-Zink-Schmelzen bei 1000° C im Gleichgewicht ohne merklichen Dampfdruck existierten. Für die Berechnung der Kurve der Mischungswärmen aus den Wärmeinhalten sind in Abb. 112 die Bildungswärmen, die sich nach Ölander und Weibke ergeben, herangezogen worden. Das Maximum der Mischungswärmen liegt dann bei 40 Atom-% Zn und $+2,0$ kcal/g-Atom.

Man könnte die Auswertung der Ergebnisse von v. Samson-Himmelstjerna aber auch anders, nicht in der von ihm vorgeschlagenen Weise vornehmen[19]. — Das Zustandsdiagramm des Systems Kupfer-Zink zeigt einen starken Abfall der Liquiduskurve von der Kupfer- zur Zinkseite. Berechnet man aus den Wärmeinhalten die Mischungswärme für 1000° — wie v. Samson dies tut —, so ist auf der Zinkseite die Versuchstemperatur erheblich weiter von der Liquidustemperatur entfernt als auf der Kupferseite, und die Mischungswärme-Konzentrationskurve gibt damit kein richtiges Bild der tatsächlichen Verhältnisse. Nimmt man dagegen als Bezugstemperatur die Temperaturen auf der Verbindungsgeraden von 1200° bei Kupfer und 700° bei Zink, die also annähernd parallel zur Liquiduskurve verläuft, und berechnet hierbei die Abweichung der Wärmeinhalte von dieser Verbindungsgeraden, so erhält man für die Mischungswärme die in Abb. 112 gestrichelte Kurve. Das Maximum der Mischungswärme verschiebt sich dann zu höheren Zinkkonzentrationen, was auch mit Ergebnissen bei den festen Legierungen besser übereinstimmt. Das Maximum liegt dann nahezu bei der Zusammensetzung Cu_2Zn_3. Eine solche Art der Auswertung könnte auch entsprechend auf andere Systeme übertragen werden.

Die Messung des Dampfdrucks über Kupfer-Zink-Schmelzen von Jellinek und Rosner[16] sind für eine Auswertung auf Mischungswärmen ungeeignet[17], da außer der reinen flüchtigen Komponente nur 3 Konzentrationen gemessen wurden und auch die Messungen, wie spätere Nachprüfungen auch durch Jellinek ergaben, unsicher sind.

Dagegen haben kürzlich Schneider und Schmid[20] sehr sorgfältige Messungen der Zinkdampfdrucke über einer Reihe von flüssigen Cu-Zn-Legierungen nach der Methode von Hargreaves[11] ausgeführt und aus den Unterschieden der Verdampfungswärmen des Zinks über den Legierungen und dem reinen Metall (Rechnung nach Clausius-Clapeyron) die in Tab. 41 aufgeführten partiellen Mischungswärmen

Tabelle 41. Partielle molare Mischungswärmen im System Cu-Zn bei 775°.
(Nach Schneider und Schmid.)

N_{Zn}	0,798	0,714	0,664	0,580	0,481	0,428
$\overline{W}_{Zn}$ in kcal .	0,0	+0,3	+0,6	+1,2	+2,5	+3,3

erhalten. Die integralen Werte zeigen einen Verlauf (Abb. 112) nur wenig oberhalb der Kurven nach v. Samson-Himmelstjerna. Das Maximum ergab sich bei der von Schneider und Schmid vorgenommenen „isothermen" Auswertung (775° C) zu $+2,6_5$ kcal/g-Atom bei 45 Atom-% Zn. Auch hier würde man bei der Auswertung parallel zur Liquiduslinie entsprechend dem oben Gesagten eine Verschiebung des Maximums zu höheren Zn-Konzentrationen erwarten. Weiterhin ist bei der Betrachtung der Kurve von Schneider und Schmid zu beachten, daß die partiellen Werte nur bis herab zu 42,8 Atom-% Zn gemessen werden konnten. Dadurch enthält die Integration aber eine gewisse Unsicherheit, die bei der Verwendung der Werte berücksichtigt werden muß. — Das Maximum der A-Werte ergab sich nur wenig höher als das der W_M-Werte, nämlich zu etwa $2,7_5$ kcal/g-Atom.

Für die Schmelzwärme von γ-Messing berechneten Kubaschewski und Weibke[18] etwa 3,3 kcal/g-Atom.

[1] Galt, A.: Philos. Mag. J. Sci. (5) Bd. 49 (1900) S. 405. — [2] Herschkowitsch, M.: Z. physik. Chem. Bd. 27 (1898) S. 123. — [3] Baker, T. J.: Proc.
Roy. Soc. [London] Bd. 68 (1901) S. 9 — Z. physik. Chem. Bd. 38 (1901) S. 630.
— [4] Biltz, W., W. Wagner, H. Pieper u. W. Holverscheit: Z. anorg. allg.
Chem. Bd. 134 (1924) S. 25. — [5] Samson-Himmelstjerna, H. O. v.: Z. Metallkunde Bd. 28 (1936) S. 197. — [6] Ölander, A.: Z. physik. Chem., Abt. A Bd. 164
(1933) S. 431. — [7] Weibke, Fr.: Z. Metallkunde Bd. 29 (1937) S. 79. —
[8] Weibke, Fr.: Z. anorg. allg. Chem. Bd. 232 (1937) S. 289. — [9] Vgl. bei
H. Schimpff: Z. physik. Chem. Bd. 71 (1910) S. 257. — Schübel, P.: Z. anorg.
allg. Chem. Bd. 87 (1914) S. 81. — [10] Körber, Fr., u. W. Oelsen: Mitt. Kaiser-
Wilhelm-Inst. Eisenforsch. Düsseldorf Bd. 19 (1937) S. 209. — [11] Hargreaves, R.:
J. Inst. Metals Bd. 64 (1939) Advance Copy 823. — [12] Seith, W., u. W. Krauss:
Z. Elektrochem. angew. physik. Chem. Bd. 44 (1938) S. 98. — [13] Sefing, F. G.:
Chem. Zbl. 1937 II S. 4168. — [14] Steinwehr, H. v., u. A. Schulze: Z. Metall-
kunde Bd. 26 (1934) S. 130 — Physik. Z. Bd. 35 (1934) S. 385. — [15] Moser, H.:
Physik. Z. Bd. 37 (1936) S. 737. — [16] Jellinek, K., u. G. A. Rosner: Z. physik.
Chem., Abt. A Bd. 152 (1931) S. 67. — [17] Die Arbeit von L. Guillet und M. Ballay
[C. R. Seances Acad. Sci. Paris Bd. 175 (1922) S. 1057] über Dampfdruckmessungen
an Messing enthält keine genaueren Angaben, die eine Auswertung auf Bildungswärmen zuließen. — [18] Kubaschewski, O., u. Fr. Weibke: Z. Metallkunde
Bd. 30 (1938) S. 325. — [19] Persönliche Diskussion mit W. Oelsen (1941). —
[20] Schneider, A., u. H. Schmid: Z. Elektrochem. angew. physik. Chem. Bd. 48
(1942) S. 630.

Fe-N. Eisen-Stickstoff.

Die Lösungswärme eines Nitrids der Zusammensetzung Fe_2N in
verdünnter Schwefelsäure wurde von Fowler und Hartog[1] (1901),
diejenige von Fe_4N (6,5% N) von Satoh[2] bestimmt. Aus den Lösungswärmen erhielt man die Bildungswärmen der Nitride bei Raumtemperatur aus festem Eisen und gasförmigem Stickstoff: $[Fe_2N]$ +3,0 und
$[Fe_4N]$ +4,5 kcal/Mol. Aus Messungen der Gleichgewichtskonstanten
der Reaktion $2\,[Fe_4N] + 3\,(H_2) = 8\,[Fe] + 2\,(NH_3)$[3] ergeben sich für
die Bildungswärme von $[Fe_4N]$ aus den Komponenten bei höheren
Temperaturen Werte, die annähernd mit dem von Satoh für Raumtemperatur angegebenen übereinstimmen. Die Bildungswärme der
Eisennitride ist also schwach exotherm.

Kelley[4] leitete bei einer kritischen Auswertung der in der Literatur
vorliegenden Gleichgewichtsmessungen[5] folgende Bildungswärmen ab:
für Fe_4N 2,55 und für Fe_2N 0,92 kcal/Mol (25°C), von denen allerdings
vor allem der letzte Wert als unsicher bezeichnet wird.

[1] Fowler, G. J., u. P. J. Hartog: J. chem. Soc. [London] Bd. 79 (1901) S. 299.
Für die Verdampfungswärme von Wasser wurde an der Lösungswärme keine Korrektur angebracht. — [2] Satoh, S.: Bull. chem. Soc. Japan Bd. 7 (1932) S. 315. —
[3] Emmett, P. H., S. B. Hendricks u. S. Brunauer: J. Amer. chem. Soc.
Bd. 52 (1930) S. 1456. — Lehrer, E.: Z. Elektrochem. angew. physik. Chem.

Bd. 36 (1930) S. 388. — Satoh, S.: Sci. Pap. Inst. physic. chem. Res. Bd. 28 (1936) S. 271. — [4] Kelley, K. K.: U. S. Dep. Interior, Bur. Mines, Bull. 407 (1937) S. 33. — [5] Vgl. Fußnote 3 und ferner M. Jefferson, P. H. Emmett u. S. B. Hendricks: J. Amer. chem. Soc. Bd. 53 (1931) S. 1778. — Noyes, A. A., u. L. B. Smith: J. Amer. chem. Soc. Bd. 43 (1921) S. 475. — Baur, E., u. G. L. Voermann: Z. physik. Chem. Bd. 52 (1905) S. 467.

Fe-Ni. Eisen-Nickel.

Sauerwald und Fleischer[1] vermischten bei 1530° C flüssiges Eisen mit flüssigem Nickel und beobachteten dabei Temperaturerhöhungen von im Mittel 45°.

Wie aus Messungen der Wärmeinhalte von Eisen-Nickel-Legierungen zwischen Raumtemperatur und 1000 bzw. 1600° C von Körner, Oelsen und Lichtenberg[2] hervorgeht, lassen sich die Wärmeinhalte der Schmelzen und auch diejenigen der festen Legierungen nicht additiv aus denjenigen des Eisens und des Nickels berechnen, sondern sie liegen wesentlich tiefer, die Legierungen sind also bei höheren Temperaturen erheblich energieärmer als bei Raumtemperatur. Dagegen unterscheiden sich die Mischungswärmen der Schmelzen bei 1600° und die Bildungswärme des γ-Mischkristalls (1000°) praktisch nicht. Demnach sind die Abweichungen der Wärmeinhalte der Schmelzen von der Additivität nur auf Umwandlungen im festen Zustande unterhalb 1000° zurückzuführen. Die maximale Abweichung ergab sich bei etwa 30 Gew.-% Ni.

Aus Messungen der spezifischen Wärme einer Legierung mit 74,3 Atom-% Ni ($\sim Ni_3Fe$) zwischen 250 und 650° C errechneten Leech und Sykes[3] die Wärmetönung des Überganges vom geordneten in den ungeordneten Zustand zu 13,8 cal/g oder 0,80 kcal/g-Atom Ni_3Fe. Die zur Untersuchung gelangende Probe war dabei von 490 auf 370° in 500 Stunden abgekühlt. Da sich nach einer Abkühlungszeit von 200 Stunden die Umwandlungswärme zu 13,3 cal/g ergeben hatte, konnte geschlossen werden, daß die Umwandlung nach 500 Stunden praktisch vollständig abgelaufen war. (Über die Umwandlungsentropie vgl. S. 341.)

[1] Sauerwald, F., u. F. Fleischer: Z. Elektrochem. angew. physik. Chem. Bd. 39 (1933) S. 686. — [2] Körber, Fr., W. Oelsen u. H. Lichtenberg: Mitt. Kaiser-Wilhelm-Inst. Eisenforsch. Düsseldorf Bd. 19 (1937) S. 131. — Vgl. auch H. O. v. Samson-Himmelstjerna: Z. Metallkunde Bd. 28 (1936) S. 197. — [3] Leech, P., u. C. Sykes: Philos. Mag. J. Sci. (7) Bd. 27 (1939) S. 742.

Fe-P. Eisen-Phosphor.

Roth, Meichsner und Richter[1] leiteten einen Näherungswert für die Bildungswärme des Eisenphosphides Fe_2P ab, indem sie die Verbindung und das Gemisch der Komponenten in der kalorimetrischen Bombe oxydierten. In zwei Versuchsreihen wurden die Werte 37 und

50 kcal für die Bildungswärme eines Mols $[Fe_2P]$ bei der Entstehung aus Eisen und rotem Phosphor bei Zimmertemperatur erhalten. Die Autoren maßen der geringeren Wärmetönung aus Gründen der Versuchsführung die größere Bedeutung bei und mittelten demgemäß zu $+41 \pm 4$ kcal.

Über die im phosphorreicheren Gebiet des Systems Eisen-Phosphor bestehenden definierten Verbindungsstufen und deren thermische Beständigkeit unterrichtet eine tensionsanalytische Untersuchung von Franke, Meisel, Juza und Biltz[2]. Danach bestehen außer den bereits bekannten Verbindungen Fe_3P und Fe_2P auch die Phosphide FeP und FeP_2. Ein höheres Eisenphosphid, $FeP_{2,6}$, ist nach den Untersuchungen von Heimbrecht und Biltz[3] nicht absolut stabil. Die thermodynamische Auswertung der Temperaturabhängigkeit der beobachteten Phosphordampfdrucke nach van 't Hoff führte Franke, Meisel, Juza und Biltz bei Einrechnung der Verdampfungswärme von weißem Phosphor zu den Wärmetönungen bei der Anlagerung von Phosphor an die niederen Phosphide. Es ergaben sich folgende Teilbildungswärmen:

$$[Fe_2P] + [P]_{weiß} = 2\,[FeP] + 20 \text{ kcal},$$
$$[FeP] + [P]_{weiß} = [FeP_2] + 13 \text{ kcal}.$$

Um aus diesen Teilbildungswärmen auch die Reaktionswärmen bei Entstehung der Verbindungen aus den reinen Komponenten zu erhalten, führten Weibke und Schrag[4] eine direkte kalorimetrische Messung der Bildungswärme der niederen Eisenphosphide durch. Preßlinge aus Mischungen von fein verteiltem Eisenpulver und rotem Phosphor wurden in evakuierten Quarzrohren im Hochtemperaturkalorimeter (S. 47) bei etwa 635° C zur Reaktion gebracht und die Wärmetönung bestimmt. Die Berechnung der Bildungswärme erfolgte unter Berücksichtigung der Wärmeinhalte von Quarz, Eisen und rotem Phosphor. Die Bildungswärme für das Phosphid $[Fe_3P]$ bei seiner Entstehung aus festem Eisen und rotem Phosphor bei 635° C ergab sich dann zu $+8,8$ kcal/g-Atom; $[Fe_2P]$ entsteht in gleicher Weise unter Entbindung von $11,5$ kcal/g-Atom Legierung. Der Meßfehler wird zu $\pm 2\%$ angegeben. Die Unsicherheit der angeführten Werte dürfte etwa $\pm 5\%$ betragen. Durch Kombination der Teilbildungswärmen von Franke, Meisel, Juza und Biltz mit denen von Weibke und Schrag erhielten diese unter Berücksichtigung der Hilfsgleichung $[P]_{weiß} = [P]_{rot} + 4$ kcal das in Abb. 113 wiedergegebene energetische Diagramm. In Tab. 12 sind die Zahlenwerte für die Bildungswärmen der ausgezeichneten Konzentration aufgeführt. Dabei muß man sich naturgemäß darüber im klaren sein, daß die Kombinierung von thermochemischen Daten, die bei sehr verschiedenen Temperaturen

(Fe$_3$P und Fe$_2$P bei 635°, FeP bei 1200°, FeP$_2$ bei 930°) erhalten wurden, ohne die Kenntnis der spezifischen Wärmen der Phosphide nicht völlig korrekt ist. Indessen dürfte diese Unsicherheit in Anbetracht der Fehlergrenze der verschiedenen Methoden wohl nur von untergeordneter Bedeutung sein. Wie Abb. 113 zeigt, hat die Verbindung FeP die höchste Bildungswärme des Systems. Für Fe$_2$P war nach dem thermischen Zustandsdiagramm ein deutliches Hervortreten hinsichtlich der Bildungswärme zu erwarten, da diese Verbindung über ein Schmelzmaximum entsteht; für FeP$_2$ war das mangels thermischer Daten nicht ohne weiteres vorauszusehen. Wie aus den Werten von Weibke und Schrag fernerhin hervorgeht, muß im Bereich des Löslichkeitsgebietes bei Eisen ein gekrümmter Verlauf der Bildungswärme-Konzentrationskurve angenommen werden.

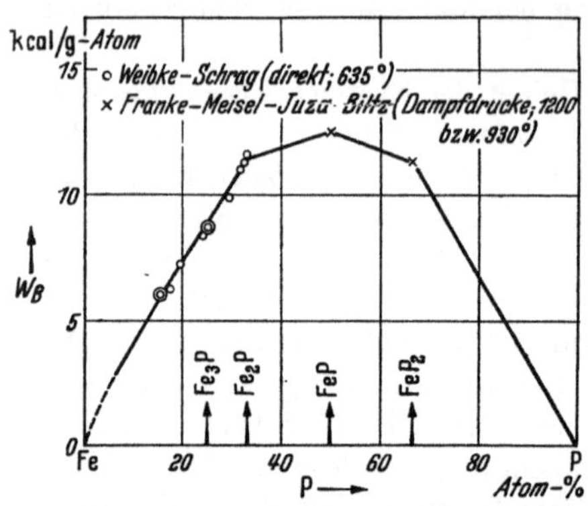

Abb. 113. Bildungswärmen der Eisenphosphide.

Tabelle 42.

Bildungswärmen im System Fe-P. (Nach Weibke und Schrag sowie Franke, Meisel, Juza und Biltz.)

Formel	Bildungswärme in kcal	
	pro Mol	pro g-Atom
Fe$_3$P	35,2	8,8
Fe$_2$P	34,5	11,5
FeP	25	12,5
FeP$_2$	34	11,3

[1] Roth, W. A., A. Meichsner u. H. Richter: Arch. Eisenhüttenwes. Bd. 8 (1934/35) S. 239. — [2] Franke, W., K. Meisel, R. Juza u. W. Biltz: Z. anorg. allg. Chem. Bd. 218 (1934) S. 346. — [3] Heimbrecht, M., u. W. Biltz: Z. anorg. allg. Chem. Bd. 242 (1939) S. 233. — [4] Weibke, Fr., u. G. Schrag: Z. Elektrochem. angew. physik. Chem. Bd. 47 (1941) S. 222.

Fe-S. Eisen-Schwefel.

FeS. Eine Besprechung der älteren Arbeiten über die Bildungswärme von FeS (α) findet sich bei Zeumer und Roth[1]:

„Thomsen[2] und Berthelot[3] bestimmten die Bildungswärme durch Fällung von Eisensulfat bzw. -azetat mit Natriumsulfid und fanden 21,8 bzw. 24,0 kcal. Das gefällte Eisensulfid war sicher wasserhaltig, also undefiniert, so daß auch eine Umrechnung der Zahlen mit neuen Werten für die Bildungswärme des Schwefelwasserstoffs zwecklos ist. Mixter[4] fand nach der Natriumsuperoxydmethode 18,8 kcal. Das von ihm verwendete Eisensulfid war aber wahrscheinlich ebenfalls nicht kristallin, ferner macht Mixter den Fehler, daß er seine Einwaagen für die Versuche niemals so wählt, daß er ein gleichmäßig zusammengesetztes Endprodukt erhält."

Zeumer und Roth[1] verzichteten auf eine Kritik der aus Reduktionsgleichgewichten zwischen 720 und 1000° berechneten Bildungswärme von Britzke und Kapustinsky[5] (+18,0 kcal/Mol bei Zimmertemperatur). Godnew und Chudjakow[6] leiten jedoch auf Grund der Messungen von Britzke und Kapustinsky einen anderen Wert für die Bildungswärme von [FeS] aus α-Eisen und rhombischem Schwefel ab als die Beobachter, nämlich +21,5 kcal/Mol.

Am meisten Bedeutung kommt wohl den aus der direkten Vereinigung von Eisen und Schwefel gewonnenen Zahlen zu. Parravano und de Cesaris[7] fanden nach dieser Methode (elektrische Zündung mit einem Platindraht) +23,07 ± 0,12 kcal/Mol. In derselben Weise erhielt Naeser[8] +23,98 ± 0,16 kcal. Zeumer und Roth[1] nahmen die direkte Vereinigung in einer kalorimetrischen Mikrobombe durch Zündung mittels einer Stahldrahtspirale unter Stickstoff vor. Für die Bildungswärme von [FeS] aus α-Fe und rhombischem Schwefel bei 20° C ergaben sich dann +22,8 ± 0,1 kcal/Mol bzw. $\boxed{+11,4}$ kcal/g-Atom. Die Übereinstimmung mit Parravano und de Cesaris ist gut. Diese Werte sind dem etwas abweichenden von Naeser vorzuziehen, da dieser mit einem Überschuß an Eisen arbeitete und vollständigen Umsatz annahm, das Endprodukt aber nicht mehr analysierte. Kapustinsky und Korshunow[9] prüften die Brauchbarkeit ihrer Apparatur (kalorimetrische Mikrobombe) mit der Bildungsreaktion von [FeS] aus den Elementen und fanden in annehmbarer Übereinstimmung mit Zeumer und Roth die Wärmetönung +22,3 kcal/Mol.

Die Bildungswärme des oberhalb 411° K beständigen β-FeS aus α-Fe und S_{rhomb} läßt sich nach einer Berechnung von Kelley[11] durch folgende Formel darstellen: $W_B = 22280 - 4,34\,T + 4,94 \cdot 10^{-3}\,T^2$ cal. Für α-FeS gilt nach Kelley: $W_B = 22270 + 5,68\,T - 13,19 \cdot 10^{-3}\,T^2$ cal.

FeS-FeS$_2$. Juza und Biltz[10] untersuchten das System Eisen-Schwefel in dem Bereich $FeS_{2,03}$ bis $FeS_{1,03}$ tensimetrisch; es wurden 5 Isothermen bei 629 bis 669° C sowie 3 bei 800 bis 1050° C aufgenommen. Das untersuchte Gebiet ist durch zwei homogene Phasen gekennzeichnet: FeS_2 (Pyrit) und FeS (Troilit). Das Homogenitätsgebiet der Verbindung FeS_2 erstreckt sich bis zu der Zusammensetzung $FeS_{1,94}$, die Troilitphase beginnt mit dem Magnetkies ($FeS_{1,12}$) und setzt sich bis in das Gebiet mit weniger Schwefel, als der Zusammensetzung FeS entspricht, fort. Juza und Biltz haben wegen der Kleinheit der Schwefeldrucke in der Nähe der Troilitphase auf eine thermodynamische Auswertung verzichtet. Nimmt man eine gewisse Unsicherheit des Ergebnisses in Kauf, so sollte eine solche Auswertung jedoch möglich sein. Aus den Kurven von Juza und Biltz wurde deshalb zunächst die Wärmetönung für das Zweiphasengebiet nach van 't Hoff berechnet. Unter Berücksichtigung der Kondensationswärme von Schwefeldampf erhält man dann $[FeS_{1,12}] + 0,88\,[S]_{rhomb} = [FeS_2] + 18{,}_5$ kcal. In dem Gebiet ($FeS_{1,12}$-FeS) wurde aus den Isothermen von Juza und Biltz zunächst eine Berechnung der partiellen Bildungswärmen nach van 't Hoff durchgeführt und unter Einbeziehung der Kondensationswärme von Schwefel durch Integration folgende Gleichung erhalten: $[FeS] + 0,12\,[S]_{rhomb} = [FeS_{1,12}] + 2,4$ kcal. Für die Entstehung von $[FeS_2]$ aus $[FeS]_\beta$ und $[S]_{rhomb}$ folgt dann die Wärmetönung: $+21$ kcal. Die Anlagerung des zweiten Schwefelatoms erfolgt also unter Freiwerden nahezu derselben Wärmetönung wie die Anlagerung des ersten. Dieser Befund steht in Übereinstimmung mit den Angaben von Mixter[4], dessen Absolutwerte jedoch infolge methodischer Fehler zu niedrig liegen. — Mit diesen Daten und den spezifischen Wärmen berechnete Kelley[11] für Raumtemperatur:

$$[FeS]_\alpha + [S]_{rhomb} = [FeS_2] + 16,0 \text{ kcal}$$

sowie

$$[Fe]_\alpha + 2\,[S]_{rhomb} = [FeS_2] + 38,8 \text{ kcal}.$$

[1] Zeumer, H., u. W. A. Roth: Z. physik. Chem., Abt. A Bd. 173 (1935) S. 365. — [2] Thomsen, J.: Thermochemische Untersuchungen, S. 240. Stuttgart 1906. — [3] Berthelot, M.: Ann. chim. phys. (5) Bd. 4 (1875) S. 187. — [4] Mixter, W. G.: Z. anorg. allg. Chem. Bd. 83 (1913) S. 97. — [5] Britzke, E. V., u. A. F. Kapustinsky: Z. anorg. allg. Chem. Bd. 194 (1930) S. 323. — [6] Godnew, J., u. A. Chudjakow: Chem. Zbl. 1936 II S. 269. — [7] Parravano, N., u. P. de Cesaris: Gazz. chim. ital. Bd. 47 (1917) S. 144. — [8] Naeser, G.: Mitt. Kaiser-Wilhelm-Inst. Eisenforsch. Düsseldorf Bd. 16 (1934) S. 1. — [9] Kapustinsky, A. F., u. J. A. Korshunow: J. physic. Chem. [Mosk.] Bd. 11 (1938) S. 213 — Chem. Zbl. 1938 II S. 3662 — Acta physicochim. URSS Bd. 10 (1939) S. 259 — Chem. Zbl. 1939 II S. 2514. — [10] Juza, R., u. W. Biltz: Z. anorg. allg. Chem. Bd. 205 (1932) S. 273. Daselbst auch weitere Literatur über die Zersetzungsdrucke von Pyrit. — [11] Kelley, K. K.: U. S. Dep. Interior, Bur. Mines, Bull. 406 (1937) S. 39.

Fe-Sb. Eisen-Antimon.

Oelsen[1] bestimmte die Bildungswärme der festen Eisen-Antimon-Legierungen von 0 bis 100%. Hierzu wurde ein gut desoxydiertes Eisen mit 0,04% C von 1600° C zu flüssigem Antimon (etwa 760° C) gegossen, die Temperaturerhöhung im Kalorimeter gemessen und der Wärmeinhalt der eingebrachten Metalle von dieser abgezogen. Die gefundenen Bildungswärmen für den Gußzustand bei Raumtemperatur sind in Abb. 114 zusammengestellt, die Meßgenauigkeit der Einzelwerte errechnete sich für die höchsten Werte zu $\pm 10\%$. Die Fehler der kleineren Temperaturdifferenzen war höher. Die Streuung

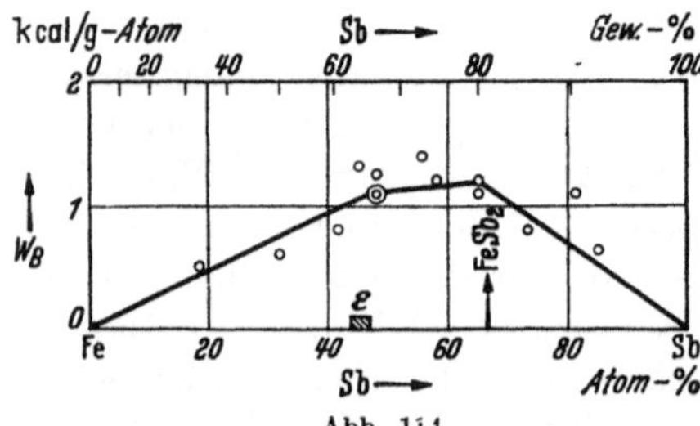

Abb. 114.
Bildungswärmen der Eisen-Antimon-Legierungen bei Raumtemperatur. (Nach W. Oelsen.)

der Versuchspunkte ist daher relativ groß. Oelsen berücksichtigte deshalb bei der Zeichnung des Linienzuges in Abb. 114 die Aussagen des Zustandsdiagramms. Im Bereich von 45 bis 70 Atom-% Sb liegen die höchsten Werte der Bildungswärmen. Sie entsprechen der Phase ε und dem Antimonid $FeSb_2$. Als Zahlenwerte ergeben sich dabei etwa folgende: ε +1,1, $FeSb_2$ +1,2 kcal/g-Atom.

Die Mischungswärme der flüssigen Legierungen ist nicht bekannt.

[1] Oelsen, W.: Z. Elektrochem. angew. physik Chem. Bd. 43 (1937) S. 530. — Körber, Fr., u. W. Oelsen: Mitt. Kaiser-Wilhelm-Inst. Eisenforsch. Düsseldorf Bd. 19 (1937) S. 209.

Fe-Se. Eisen-Selen.

Fabre[1] bestimmte die Lösungswärme von kristallisiertem FeSe in Bromwasser und berechnete damit die Bildungswärme des Selenids aus festem Eisen und metallischem Selen zu +18,4 kcal/Mol. Bichowsky und Rossini[2] korrigierten diesen Wert mit neueren Hilfsgrößen auf etwa +13 kcal/Mol bzw. +6,5 kcal/g-Atom.

[1] Fabre, Ch.: Ann. chim. phys. (6) Bd. 10 (1887) S. 520. — [2] Bichowsky, F. R., u. F. D. Rossini: Thermochemistry of the chemical Substances, S. 90. New York 1936.

Fe-Si. Eisen-Silizium.

Walter[1] hatte die Beobachtung gemacht, daß beim Erhitzen von Gemischen aus weichem Eisen und Silizium bei 1250° C, also noch weit unterhalb des Schmelzpunktes der beiden Metalle, eine spontane Wärmereaktion einsetzte, die in wenigen Sekunden den ganzen Tiegelinhalt verflüssigte und eine hoch überhitzte Schmelze zurückließ.

Körber und Oelsen[2] untersuchten die Bildungswärmen der festen Eisen-Silizium-Legierungen für den Gußzustand bei Raumtemperatur. Hierzu wurde einmal flüssiges Eisen (1600°) auf festes Silizium (97 bis 98% Si) von Raumtemperatur und für die siliziumreichen Legierungen flüssiges Silizium (1600°) auf festes Eisen gegossen. Die Metalle wurden in Sandtiegeln, und zwar das Eisen unter einer Glasschlacke, das Silizium unter einer Sanddecke geschmolzen. Die Wärmeinhalte der reinen Metalle zwischen Gieß- und Kalorimetertemperatur wurden in Leerversuchen bestimmt und für die Berechnung der Reaktionswärme von der kalorimetrisch gemessenen Wärmetönung abgezogen. Die Versuchsergebnisse sind in Abb. 115 dargestellt. Die Bildungswärme bei der Konzentration der Verbindung FeSi konnte nicht gemessen werden, jedoch geht aus der Abb. 115 eindeutig hervor, daß sich die Bildungswärmen der Eisen-Silizium-Legierungen durch zwei Geraden wiedergeben lassen, die sich bei 50 Atom-% schneiden. Aus der Kurve lassen sich folgende Zahlenwerte für die Bildungswärme, bezogen auf 1 g-Atom, entnehmen: Fe_3Si_2 $\boxed{+7,6}$, FeSi $\boxed{+9,6}$ und für die ζ-Phase $\boxed{+5,6}$ kcal.

Die Mischungswärmen der flüssigen Legierungen wurden ebenfalls von Körber und Oelsen[2] ermittelt. Sie ergaben sich bei Kenntnis der Bildungswärmen aus der gemessenen Konzentrationsabhängigkeit der Wärmeinhalte (1600 bis 20°) der Legierungen von 0 bis 100%. Die Mischungswärme-Konzentrationskurve ist in Abb. 115 dünn ausgezogen. Die Mischungswärmen liegen also in diesem System verhältnismäßig hoch, größtenteils höher als die Bildungswärmen, nur die Verbindung FeSi ist in ihrer eigenen Schmelze schwach „dissoziiert". Die Berechnung der Schmelzwärme der Verbindung FeSi,

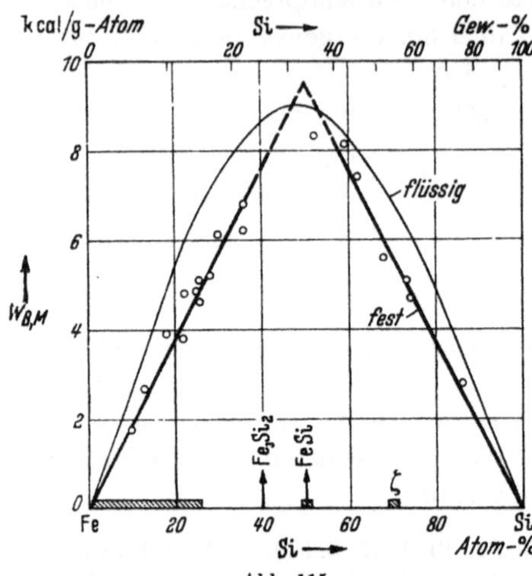

Abb. 115.
Bildungs- und Mischungswärmen der Eisen-Silizium-Legierungen. (Nach F. Körber und W. Oelsen.)

aus ihrer Bildungs- und Mischungswärme und der Schmelzwärme von Eisen und Silizium ergibt etwa 8,0 kcal/g-Atom.

[1] Walter, R.: Z. Metallkunde Bd. 13 (1921) S. 225. — [2] Körber, F., u. W. Oelsen: Mitt. Kaiser-Wilhelm-Inst. Eisenforsch. Düsseldorf Bd. 18 (1936) S. 109. — Körber, F., W. Oelsen, W. Middel u. H. Lichtenberg: Stahl u. Eisen Bd. 56 (1936) S. 1401.

Fe-Sn. Eisen-Zinn.

Versuche von Körber und Oelsen[1], Eisen von 1600° und Zinn von 1000 bis 1100° durch Zusammengießen (20°) zum annähernd vollständigen Ausreagieren zu bringen, gelangen nicht. Der Vereinigungsvorgang verlief aber eindeutig exotherm. Wie aus der Kurve für die Wärmeinhalte der Legierungen (1500 bis 20°) hervorgeht, müssen die Mischungswärmen der Legierungen im Bereich von 0 bis 20 Atom-% Sn höher und im Bereich von 20 bis 100 Atom-% erheblich niedriger liegen als die Bildungswärmen bei den entsprechenden Konzentrationen.

[1] Körber, F., u. W. Oelsen: Mitt. Kaiser-Wilhelm-Inst. Eisenforsch. Düsseldorf Bd. 19 (1937) S. 209.

Fe-Te. Eisen-Tellur.

Fabre[1] leitete (1887) für die Bildungswärme des Tellurid FeTe (aus festem Eisen und kristallisiertem Tellur) aus der Lösungswärme in Bromwasser bei Zimmertemperatur einen Wert von etwa +8 kcal/Mol bzw. +4 kcal/g-Atom ab.

[1] Fabre, Ch.: C. R. Séances Acad. Sci. Paris Bd. 105 (1887) S. 277.

Ga-N. Gallium-Stickstoff.

Die Bildungswärme von Galliumnitrid (GaN) wurde von Hahn und Juza[1] verbrennungskalorimetrisch bestimmt. Als Hilfssubstanz verwendete man Paraffinöl, die Verbrennung wurde in Einsatzschälchen aus Sinterkorund vorgenommen. Um vollständigen Umsatz zu erzielen, wurde die Verbrennung an demselben Präparat zweimal durchgeführt. Die Oxydationswärme von Ga wurde der Literatur entnommen (257,4 kcal/Mol). Dann ergab sich als Endresultat (für konstanten Druck):

$$[Ga] + \tfrac{1}{2}(N_2) = [GaN] + 24,9 \pm 1,3 \text{ kcal}.$$

[1] Hahn, H., u. R. Juza: Z. anorg. allg. Chem. Bd. 244 (1940) S. 111.

Ge-N. Germanium-Stickstoff.

Morey und Johnson[1] leiten aus Messungen des Gleichgewichtes $3 [Ge] + 4 (NH_3) \rightleftharpoons [Ge_3N_4] + 6 (H_2)$ bei 610 bis 664° C und des Ammoniakgleichgewichtes für die Bildungswärme von Germaniumnitrid aus den Elementen einen Wert von etwa $+102$ kcal/Mol ab.

Hahn und Juza[2] haben kürzlich die Verbrennungswärme von Germaniumnitrid (Ge_3N_4) und Germaniummetall mit Paraffin als Hilfssubstanz gemessen. Da ein Umsatz der Gesamtmenge der Präparate mit Sauerstoff nicht erreicht werden konnte, wurde das unverbrannt zurückbleibende Germaniummetall analytisch bestimmt. Für die Bildung des Nitrids bei konstantem Druck ergab sich folgende Reaktionsgleichung:

$$3 [Ge] + 2 (N)_2 = [Ge_3N_4] + 15,6 \pm 2,2 \text{ kcal}.$$

Der kalorimetrisch gefundene Wert muß als der sicherere angesprochen werden. Demnach beträgt die Bildungswärme, bezogen auf 1 g-Atom Nitrid, $\boxed{+2,2}$ kcal.

[1] Morey, G. H., u. W. C. Johnson: J. Amer. chem. Soc. Bd. 54 (1932) S. 3608. — [2] Hahn, H., u. R. Juza: Z. anorg. allg. Chem. Bd. 244 (1940) S. 111.

Ge-P. Germanium-Phosphor.

Germanium bildet nach den Ergebnissen präparativer, röntgenographischer und tensionsanalytischer Untersuchungen von Zumbusch, Heimbrecht und Biltz[1] mit Phosphor ein Monophosphid ($\sim$GeP) als einzige Verbindung. Aus der Temperaturabhängigkeit des Dissoziationsdruckes von GeP ergab sich nach van 't Hoff für die Reaktion $4 [GeP] = 4 [Ge] + (P_4)$ die Wärmetönung -37 kcal. Für die kondensierte Reaktion erhielten die Beobachter damit $[Ge] + [P]_{\text{weiß}} = [GeP] + 6$ kcal. Daraus folgt $[Ge] + [P]_{\text{rot}} = [GeP] + 2$ kcal.

[1] Zumbusch, M., M. Heimbrecht u. W. Biltz: Z. anorg. allg. Chem. Bd. 242 (1939) S. 237.

Hg-In. Quecksilber-Indium.

Aus der Temperaturabhängigkeit der EMK (Methode vgl. S. 69) berechneten Richards und Wilson[1] die Verdünnungswärmen in flüssigen Indiumamalgamen. Die Messungen wurden bei 0 und 30° ausgeführt. Dabei ergab sich z. B.: bei der Verdünnung eines 1,92% In enthaltenden Amalgams mit Quecksilber auf ungefähr das 5fache Volumen (0,38% In) werden pro g-Atom In (115 g) 162 cal entwickelt. Bei der Verdünnung eines Amalgams mit 0,016% In auf das doppelte Volumen (0,008% In) ergab sich eine Wärmeaufnahme der Mischung von 1 cal/g-Atom In. (Vgl. hierzu S. 117.)

[1] Richards, T. W., u. J. H. Wilson: Z. physik. Chem. Bd. 72 (1910) S. 129.

Hg-K. Quecksilber-Kalium.

Bent und Gilfillan[1] berechneten die Bildungswärme von festem KHg_{12} aus den Elementen bei Raumtemperatur (EMK-Messungen) unter Zuhilfenahme von Daten von Lewis und Keyes[2] zu $+33,82 \pm 0,03$ kcal/Mol, d. h. $+2,60$ kcal/g-Atom Legierung. Kawakami[3] untersuchte den Vereinigungsvorgang von flüssigem Kalium und flüssigem Quecksilber bei 110° C kalorimetrisch. In dem Konzentrationsbereich von 12 bis 72 Atom-% K entstanden bei ihm also die festen Legierungen aus den flüssigen Komponenten. Unter Voraussetzung der annähernden Gültigkeit der Koppschen Regel — was bei dem kleinen Temperaturintervall von 90° sicherlich berechtigt ist — ergeben sich aus seinen Daten die Bildungswärmen der Legierungen aus festem Kalium und flüssigem Quecksilber bei Raumtemperatur, wenn man

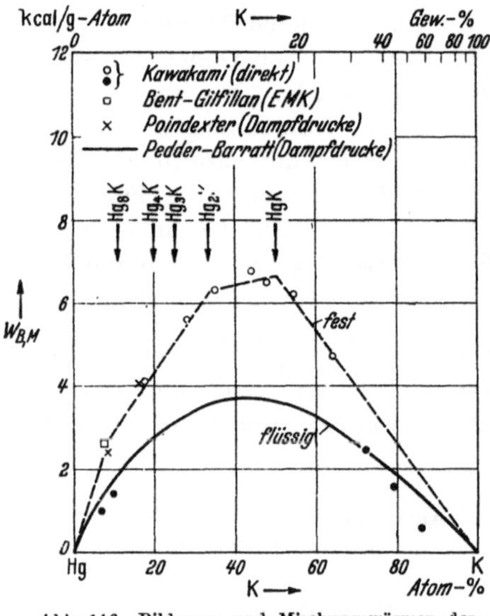

Abb. 116. Bildungs- und Mischungswärmen der Quecksilber-Kalium-Legierungen.

die Schmelzwärme von Kalium berücksichtigt. Sie sind in Abb. 116 als Kreise eingetragen. Die gestrichelte Kurve ist nach diesen Werten unter Zugrundelegung des Zustandsdiagramms gezeichnet. Die in gleicher Weise für das System Hg-Na nach Kawakami berechneten Werte erwiesen sich als etwa 10 bis 20% zu hoch. Es kann angenommen werden, daß auch bei den Kaliumamalgamen eine gewisse Unsicherheit der Meßdaten besteht. Das Maximum bei der Zusammensetzung HgK ist wahrscheinlich nicht reell; nach den allgemeinen Erfahrungen sollte es bei Hg_2K liegen. Eine Fehlermöglichkeit erscheint bei der Anordnung von Kawakami für die stärker sauerstoffempfindlichen Legierungen durch Oxydationsvorgänge gegeben. Seine Angaben werden allerdings im quecksilberreichen Teil des Systems durch zwei von Poindexter[4] aus Dampfdruckmessungen berechnete Werte für die Bildungswärmen von festen Kaliumamalgamen gestützt, die ihrerseits auch recht brauchbare Übereinstimmung mit dem Ergebnis von Bent und Gilfillan zeigen (Abb. 116). Auch die allerdings sehr viel älteren Messungen von Berthelot[5] (Lösungswärmen) führten zu ähnlichen Werten wie die der genannten Autoren.

Bent und Gilfillan[1] prüften auch die EMK[6] verdünnter flüssiger Kaliumamalgame bei Temperaturen von 0, 25 und 50°C. Als Elektrolyt diente KOH in Wasser, die Lösung einer Kaliumadditionsverbindung organischer freier Radikale in Diäthyläther oder KJ in Äthylamin. Die Tab. 43 für die partiellen molaren Mischungswärmen der unter-

Tabelle 43. Partielle Mischungswärmen ($\overline{W}_K$ in kcal) verdünnter Kaliumamalgame. (Nach Bent und Gilfillan.)

Temp. in °C	N_K			
	0,001	0,005	0,01	0,02
0	26,355	26,234	26,081	25,770
25	26,361	26,237	26,082	25,765
50	26,367	26,241	26,083	25,760

suchten Kaliumamalgame ist der Originalarbeit entnommen. Die EMK-Messungen von Armbruster und Crenshaw[7] an Zellen der Art: K-Amalgam (c_1)/KCl-Lösung/K-Amalgam (c_2) führten zu Daten, die in ausgezeichneter Übereinstimmung mit denen von Bent und Gilfillan stehen.

Millar[8] untersuchte im Hildebrandschen Laboratorium den Dampfdruck des Quecksilbers über Quecksilber-Kalium-Schmelzen mit bis zu 32 Atom-% K bei verschiedenen Temperaturen zwischen 200 und 390°C (Methode vgl. S. 87) und wertete seine Meßdaten auf Aktivitäten aus. Der Verlauf der Aktivitätskurve unterhalb der Raoultschen Geraden deutet darauf hin, daß die Mischungswärmen im System Hg-K positiv sind. Für die partiellen Mischungswärmen ergeben sich z. B. folgende Werte: für $N_{Hg} = 0,819$: $\overline{W}_{Hg} = +0,40$ kcal und für $N_{Hg} = 0,679$: $\overline{W}_{Hg} = +3,79$. Für eine Berechnung der integralen Mischungswärmen liegen indes nicht genügend Meßwerte vor.

Eine größere Zahl von Dampfdruckmessungen im System Hg-K wurde von Pedder und Barratt[9] nach der Mitführungsmethode vorgenommen, nachdem sich die Beobachter vorher von der Brauchbarkeit ihres Verfahrens durch Untersuchung der Systeme Cd-Hg und Hg-Zn (s. dort) und Vergleichen der gefundenen Daten mit denen der

Literatur überzeugt hatten. Ferner versicherten sich die Beobachter durch Sonderversuche, daß der Partialdruck des Kaliums im Amalgam auch bei hohen Kaliumkonzentrationen zu vernachlässigen ist. Die Auswertung mit der Näherungsformel S. 114 auf Mischungswärmen führt zunächst zu den partiellen Werten (Tab. 44) und durch Integration zu der Kurve in Abb. 116. Die Meßtemperatur betrug 300° C.

Die von Kawakami[3] bei der Bildung der flüssigen Amalgame aus flüssigem Kalium und flüssigem Quecksilber (110° C) erhaltenen Mischungswärmen sind in Abb. 116 als ausgefüllte Kreise eingetragen.

Die Vermischung von Kalium und Quecksilber ist also ein exothermer Vorgang, das Maximum der Mischungswärme liegt nach Pedder und Barratt bei etwa 45 Atom-% K und +3,7 kcal/g-Atom.

Tabelle 44. Partielle Mischungswärmen im System Hg-K bei 300° C.
(Nach Messungen von Pedder und Barratt.)

N_{Hg}	0,957	0,906	0,804	0,730	0,659	0,572
$\overline{W}_{Hg}$ in kcal	0,046	0,258	1,165	2,143	3,233	4,477

[1] Bent, H. E., u. E. S. Gilfillan: J. Amer. chem. Soc. Bd. 55 (1933) S. 3989. — [2] Lewis, G. N., u. F. G. Keyes: J. Amer. chem. Soc. Bd. 34 (1912) S. 119. — [3] Kawakami, M.: Z. anorg. allg. Chem. Bd. 167 (1924) S. 345. — [4] Poindexter, F. E.: Physic. Rev. Bd. 28 (1926) S. 208. — [5] Berthelot, M.: Ann. chim. phys. (5) Bd. 18 (1879) S. 433, 442. — [6] Vgl. auch System Ba-Hg. — [7] Armbruster, M. H., u. J. L. Crenshaw: J. Amer. chem. Soc. Bd. 56 (1934) S. 2525. — [8] Millar, R. W.: J. Amer. chem. Soc. Bd. 49 (1927) S. 3003. — [9] Pedder, J. S., u. S. Barratt: J. chem. Soc. [London] 1933 S. 537.

Hg-Li. Quecksilber-Lithium.

Zukowsky[1] untersuchte Quecksilber-Lithium-Legierungen mit 25 bis 50 Atom-% Hg lösungskalorimetrisch. Er verwendete verdünnte Schwefelsäure als Lösungsmittel. Unter Berücksichtigung der Schmelzwärme von Quecksilber erhielt Zukowsky Werte für die Bildungswärme der Legierungen, die in Abb. 117 (bezogen auf je 1 g-Atom Legierung) in Abhängigkeit von der Konzentration eingetragen sind. Die ausgezogene Kurve stellt dann die Bildungswärmen der festen Amalgame aus den festen Komponenten dar. Da die Messungen bei 18 bis 19° C ausgeführt wurden und die spezifische Wärme der Lithiumamalgame nicht bekannt ist, sollte

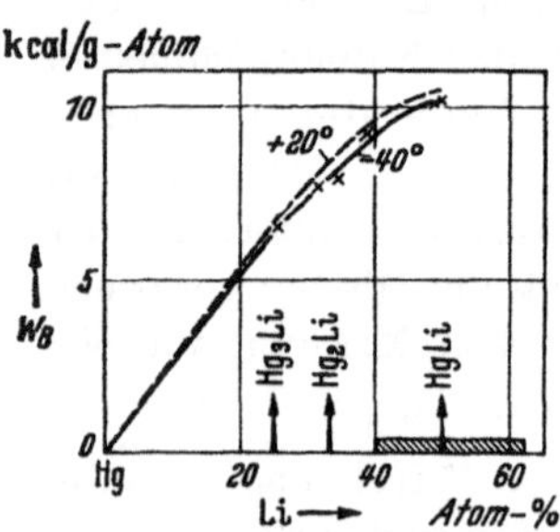

Abb. 117. Bildungswärmen der Quecksilber-Lithium-Legierungen. (Nach G. J. Zukowsky.)

die Berechnung der Wärmetönung korrekterweise nur für die Bildung aus flüssigem Quecksilber und festem Lithium erfolgen (gestrichelte Kurve in Abb. 117). Wegen der verhältnismäßig kleinen Temperaturdifferenz

zwischen Raumtemperatur und dem Schmelzpunkt von Quecksilber
dürfte jedoch die Abweichung der spezifischen Wärmen der Amalgame von
der Koppschen Regel die Meßfehler nicht übersteigen. In Abb. 117 gilt
also die obere Kurve für die Bildung der festen Lithiumamalgame aus Hg_{fl}
und [Li] bei Raumtemperatur, die untere für deren Bildung aus [Hg] und
[Li] bei etwa $-40°$ C. In dem untersuchten Konzentrationsbereich fallen
nach den Ergebnissen von Zukowsky die Höchstwerte der Liquidus-
und der Bildungswärmekurve zusammen. Für LiHg beträgt W_B^{292} 10,5
und W_B^{243} 10,2 kcal/g-Atom. Für die lithiumärmeren Verbindungen
ergeben sich folgende Werte, ebenfalls bezogen auf 1 g-Atom Amalgam:
Hg_2Li $W_B^{292} = 8,3$, $W_B^{243} = 8,0$: Hg_3Li $W_B^{292} = 6,7$, $W_B^{243} = 6,4$. Die
Bildungswärmen der lithiumreichen Verbindungen sind nicht bekannt,
ebensowenig die Mischungswärmen der geschmolzenen Legierungen.

Über die freie Bildungsenergie von $[Hg_3Li]$ vgl. Gerke[2].

[1] Zukowsky, G. J.: Z. anorg. allg. Chem. Bd. 71 (1911) S. 403. — [2] Gerke,
R. H.: J. Amer. chem. Soc. Bd. 45 (1923) S. 2507.

Hg-Na. Quecksilber-Natrium.

Lange bevor die Zusammensetzung der Quecksilber-Natrium-Verbindungen
bekannt war, hat Berthelot[1] die Bildungswärme einer Reihe von Amalgamen
durch Auflösen in Salzsäure kalorimetrisch gemessen. Ein Vergleich seiner Ergebnisse mit den späteren anderer Autoren ergibt eine recht brauchbare Übereinstimmung. — v. Wartenberg[2] löste Natrium in Quecksilber und bestimmte die Bildungswärme von $HgNa_3$ mit Hilfe eines einfachen Kalorimeters, jedoch ist diesem
Wert nach einer persönlichen Mitteilung von v. Wartenberg an Biltz[3] wegen
des Meßverfahrens kein allzu hohes Gewicht beizumessen.

Biltz und Meyer[3] prüften die Bildungswärme der festen Quecksilber-Natrium-Verbindungen bei Raumtemperatur durch Lösen der
Verbindungen und der reinen Komponenten in verdünnter Salzsäure
($HCl \cdot 8,8\ H_2O$). Die Proben wurden vor dem Einbringen in das Kalorimeter mit Paraffinöl gegen Luftangriff geschützt. Beim Eintauchen
in die Säure wurde das leichte Öl verdrängt, und das Metall reagierte.
Die aus der Differenz der Lösungswärmen erhaltenen Werte für die
Bildungswärme der Verbindungen aus flüssigem Quecksilber und
festem Natrium sind in Abb. 118 als Kreuze dargestellt. Kuba-
schewski und Seith[4] erhielten die Bildungswärme der Natriumamalgame direkt durch Aufgießen von Quecksilber (250°) auf festes
Natrium im Kalorimeter. Die Versuche wurden unter Argon ausgeführt. Die durch das reine Hg eingebrachte Wärmemenge wurde zur
Berechnung der Reaktionswärmen abgezogen. Die Ergebnisse sind in
Abb. 118 als Kreise eingetragen. Die Fehlergrenze der Einzelwerte
betrug $\pm 6\%$. Die Übereinstimmung mit den Werten von Biltz und
Meyer ist gut. Die integralen Bildungswärmen der einzelnen Verbindungen sind in Tab. 45 zahlenmäßig wiedergegeben. Der Höchst-

wert der Bildungswärme liegt, ebenso wie das Maximum der Schmelztemperatur, bei der Konzentration $NaHg_2$. Auf Grund der Meßergebnisse muß außerdem bei $NaHg_4$ eine·Richtungsänderung der Bildungswärme-Konzentrationskurve an-
genommen werden. Auch im
natriumreichen Teil muß nach
Lage der Versuchspunkte eine
Richtungsänderung auftreten.
Am besten lassen sich die Versuchspunkte verbinden, wenn
man einen stärkeren Knick bei
60 Atom-% Na annimmt (Na_3Hg_2).
Ob auch die Verbindungen
Na_7Hg_8, $NaHg$, Na_5Hg_2 und
Na_3Hg in dem energetischen Diagramm gekennzeichnet werden
müßten, läßt sich bei der Streuung der Meßwerte schwer entscheiden. Wenn man die — allerdings nicht so zahlreichen —
Meßwerte von Biltz und Meyer
zugrunde legt, so ergibt sich der
Knick der Bildungswärme-Konzentrationskurve im natriumreichen Teil bei der Zusammensetzung NaHg.

Bent und Forziati[5] wer-
teten ihre EMK-Messungen an
festen Natriumamalgamen nur
auf die Änderung der freien
Energie aus, da nur bei einer
Temperatur gemessen wurde (die
Temperatur ist jedoch nicht angegeben). Die gefundenen Werte
für $+ A$ sind von den Bildungswärmen ($+ W_B$) kaum verschieden.

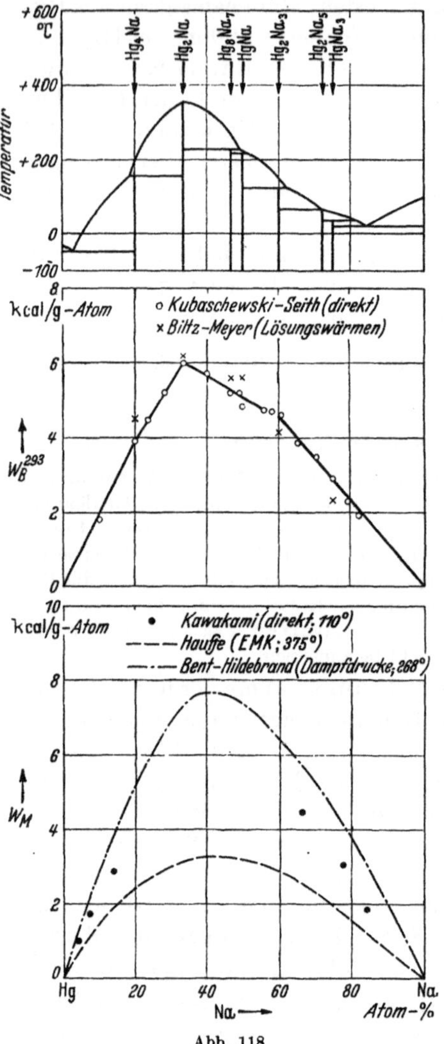

Abb. 118.
Zustandsdiagramm, Bildungs- und Mischungswärmen der Quecksilber-Natrium-Legierungen.

Die Auswertung von Dampf-
druckmessungen an festen Natriumamalgamen führte Poindex-
ter[6] auch zu Werten für die Bildungswärme der Amalgame. In dem
Konzentrationsbereich von 5 bis 40 Atom-% Na ergaben sich für die
Bildungswärme von Hg_xNa etwa $+15$ kcal/Mol (also z. B. für $Hg_2Na +5$,
für $Hg_4Na +3$ kcal/g-Atom usw.). Diese Ergebnisse liegen demnach

etwas niedriger als die der direkten kalorimetrischen Messungen. Bei der Zusammensetzung 50 Atom-% erhielt Poindexter jedoch die unwahrscheinlich hohen Werte von nahezu 10 kcal/g-Atom.

Die integralen Mischungswärmen[7] der flüssigen Quecksilber-Natrium-Legierungen wurden von Kawakami[8] auf direktem Wege durch Vereinigung der Elemente bei 110° C bestimmt. Die Ergebnisse finden sich in Abb. 118 als Punkte eingezeichnet. Nicht aufgenommen wurden die Werte in dem Konzentrationsbereich 14 bis 65 Atom-% Na, da bei der Versuchstemperatur in diesem Bereich feste Legierungen gebildet werden. Eine Extrapolation der Ergebnisse für den flüssigen Zustand, wie Kawakami sie durchführte, erscheint zu unsicher.

Eine Berechnung der Bildungswärmen der festen Legierungen mit 14 bis 65 Atom-% Na aus festem Natrium und flüssigem Quecksilber bei Raumtemperatur auf Grund der Daten von Kawakami und mit Hilfe der Schmelzwärme von Natrium führt zu Werten, die um etwa 1 kcal höher liegen, als von Kubaschewski und Seith sowie Biltz und Meyer gefunden wurde.

Tabelle 45. Bildungswärmen im System Hg-Na. (Nach Kubaschewski und Seith sowie Biltz und Meyer.)

Formel	Bildungswärme in kcal	
	pro Mol	pro g-Atom
Hg_4Na . . .	20,0	4,0
Hg_2Na . . .	18,3	6,1
Hg_3Na_7 . . .	80	5,4
$HgNa$ . . .	10,2	5,1
Hg_2Na_3 . . .	22,5	4,5
Hg_2Na_5 . . .	22,4	3,2
$HgNa_3$ . . .	11,2	2,8

Bent und Hildebrand[9] führten Dampfdruckmessungen im System Quecksilber-Natrium nach einer statischen Methode (S. 87) bei 200, 335 und 375° C durch. Die Anwendung der Reaktionsisochore führt zunächst zu den partiellen Mischungswärmen. Die Integration (vgl. Abb. 118) ist wegen des Fehlens alkalireicher Proben recht unsicher (gemessen wurde in dem Bereich $N_{Hg} = 0,95$ bis 0,60).

Messungen der elektromotorischen Kräfte an flüssigen Quecksilber-Natrium-Legierungen wurden vor allem durchgeführt von Lewis und Kraus[10], Richards und Conant[11], Shibata und Oda[12] sowie von Hauffe[13]. Von diesen geben die drei erstgenannten Arbeiten nur Untersuchungen an verdünnten Amalgamen wieder. Lewis und Kraus erhielten z. B. die partielle Wärmetönung beim Zugeben eines g-Atoms festes Na zu einer sehr großen Menge von 0,206proz. Na-Amalgam bei Raumtemperatur: $\overline{W}_{Hg} = +19,8$ kcal. Richards und Conant berechneten aus ihren Versuchsdaten die partiellen Wärmetönungen bei der Verdünnung quecksilberreicher Amalgame (Energieänderung bei der Überführung eines g-Atoms Na aus dem konzentrierteren in das verdünntere Amalgam) bei Zimmertemperatur, die in Tab. 46 wiedergegeben sind[14]. Auf eine Besprechung der Arbeit von Shibata und Oda muß verzichtet werden, da die Urschrift in Japanisch erschien und im übrigen auch genügend Material über die thermochemischen Daten an Natriumamalgamen vorliegt.

Die EMK-Messungen von Hauffe[13] gestatten eine Auswertung auf integrale Mischungswärmen über den ganzen Konzentrationsbereich. Hauffe arbeitete mit festem Glas als Elektrolyt (vgl. S. 70) bei Temperaturen von 299 und 375° C. Die Auswertung auf integrale Mischungswärmen wurde nach der im Original angegebenen Kurve für die partiellen Werte gemäß der Formel $W_M = N_A \cdot \overline{W}_A + N_B \cdot \overline{W}_B$ vorgenommen. Wie Abb. 118 zeigt, liegen die Bildungswärmen nach Hauffe niedriger als die der anderen Beobachter. — Auf die Unsicherheit bezüglich der Auswertung der Ergebnisse von Bent und Hildebrand wurde bereits oben hingewiesen. Die Werte von Kawakami geben kein klares Bild der tatsächlichen

Tabelle 46. Verdünnungswärmen von Natriumamalgamen. (Nach Richards und Conant.)

Na-Gehalt in Proz.		$\overline{W}_{Na}$ in kcal
konz. Amalgam	verd. Amalgam	
0,416	0,1978	0,196
0,416	0,1102	0,258
0,1978	0,0396	0,109
0,0396	0,01972	0,028

Verhältnisse. Möglicherweise wurden die Ergebnisse bei seiner Anordnung bei den empfindlichen Alkalilegierungen durch Oxydationsvorgänge zu höheren Werten verfälscht. Aus der Berechnung der Mischungswärme bei der Zusammensetzung $NaHg_2$ nach Kubaschewski und Weibke (S. 49) aus der Schmelzwärme[15] und Bildungswärme von $NaHg_2$ sowie der Schmelzwärme von Natrium und Quecksilber folgt, daß für diese Zusammensetzung der Wert der Mischungswärme etwa zwischen der Kurve nach Hauffe und der aus den Werten von Kawakami extrapolierten Kurve liegen müßte. Vor einer endgültigen Klarstellung der energetischen Verhältnisse bei den flüssigen Legierungen empfiehlt es sich jedoch, die Kurve nach Hauffe als die wahrscheinlichste herauszustellen. Danach erfolgt die Vereinigung von Natrium und Quecksilber zu flüssigen Natriumamalgamen unter Wärmeabgabe. Der Höchstwert der Mischungswärme liegt bei etwa 40 Atom-% Na und $+3,3$ kcal/g-Atom Legierung.

Die Schmelzwärme der Verbindung Hg_2Na wurde von Roos[15] auf Grund von Abkühlungskurven annähernd abgeschätzt. Sie ergab sich zu 2,1 kcal/g-Atom Legierung.

[1] Berthelot, M.: Ann. chim. phys. (5) Bd. 18 (1879) S. 450. — [2] Wartenberg, H. v.: Z. Elektrochem. angew. physik. Chem. Bd. 20 (1914) S. 443. — [3] Biltz, W., u. F. Meyer: Z. anorg. allg. Chem. Bd. 176 (1928) S. 23. — [4] Kubaschewski, O., u. W. Seith: Z. Metallkunde Bd. 30 (1938) S. 7. — [5] Bent, H. E., u. A. F. Forziati: J. Amer. chem. Soc. Bd. 58 (1936) S. 2220. — [6] Poindexter, F. E.: Physic. Rev. Bd. 28 (1926) S. 208. — [7] Vgl. auch System Ba-Hg. — [8] Kawakami, M.: Z. anorg. allg. Chem. Bd. 167 (1927) S. 345. — [9] Bent, H. E., u. J. H. Hildebrand: J. Amer. chem. Soc. Bd. 49 (1927) S. 3011. — [10] Lewis, G. N., u.

C. A. Kraus: J. Amer. chem. Soc. Bd. 32 (1910) S. 1459. — [11] Richards, T. W., u. J. B. Conant: J. Amer. chem. Soc. Bd. 44 (1922) S. 601. — [12] Shibata, F. L. E., u. S. Oda: J. chem. Soc. Japan Bd. 52 (1931) S. 365. — [13] Hauffe, K.: Z. Elektrochem. angew. physik. Chem. Bd. 46 (1940) S. 348. — [14] Eine Gesamtauswertung der Ergebnisse von Richards und Conant scheitert indessen daran, daß die Bezugselektrode nicht reines Na, sondern ein konzentriertes Amalgam war. — [15] Roos, G. D.: Z. anorg. allg. Chem. Bd. 94 (1916) S. 329.

Hg-Pb. Quecksilber-Blei.

Die Bildungswärmen der festen Quecksilber-Blei-Legierungen (vor allem in dem relativ großen Mischkristallgebiet auf der Bleiseite) sind nicht bekannt. Die Lösungswärme von festem Blei in flüssigem Quecksilber wurde von Tammann und Ohler[1] mit einer einfachen kalorimetrischen Anordnung bestimmt. Die Wärmetönung bei der Auflösung von einem g-Atom Blei in viel Quecksilber ergab sich zu $-1,66$ kcal bei Raumtemperatur und $-2,17$ kcal bei $97\,°$C.

Die Arbeiten über die verschiedentlich an quecksilberreichen Quecksilber-Blei-Legierungen durchgeführten Messungen der elektromotorischen Kräfte werden bei Hoyt und Stegemann[2] zusammengefaßt. Diese Autoren führen ihre eigenen EMK-Messungen an Zellen folgender Art bei $25\,°$C durch:

$$[Pb] \;/\; PbSO_4 \;/\; ZnSO_4 \;/\; PbSO_4 \;/\; \text{Pb-Hg}_{gesätt.}$$
bzw. $\qquad \text{Pb-Hg}_{gesätt.} \;/\; PbSO_4 \;/\; ZnSO_4 \;/\; PbSO_4 \;/\; \text{Pb-Hg}_{ungesätt.}$

Das Zinksulfat diente lediglich zur Verminderung des inneren Widerstandes und damit zur Erhöhung der Meßempfindlichkeit. Bei 1,42 Atom-% Pb ist das flüssige Amalgam gesättigt. Legierungen mit höherem Bleigehalt ergeben deshalb sämtlich das gleiche Potential. Die älteren Messungen von Richards und Garrod-Thomas[3] sowie Babinski[4] passen sich den Ergebnissen gut an. Hoyt und Stegemann berechneten die partiellen Bildungswärmen im flüssigen Teil des Systems bei $25\,°$C mit Hilfe ihrer eigenen Meßdaten und den von Richards und Garrod-Thomas angegebenen Temperaturkoffizienten der EMK. Daraus erhält man die in Abb. 119 gezeichneten integralen Bildungswärmen in dem Konzentrationsbereich von 0 bis 1,42 Atom-% Pb.

Die Mischungswärmen über den ganzen Konzentrationsbereich des Systems Quecksilber-Blei lassen sich auf Grund von Dampfdruckmessungen bei $324\,°$C von Hildebrand, Foster und Beebe[5] berechnen. Die von diesen Beobachtern verwendete Methode der Dampfdruckmessung ist auf S. 87 beschrieben. Aus den in der Originalarbeit angegebenen Aktivitäten erhält man die partiellen Mischungswärmen (Tab. 47) näherungsweise nach $\overline{W}_{Hg} = -RT \ln \dfrac{p/p_0}{N}$ (vgl. S. 114). Aus diesen ergibt sich durch Integration die in Abb. 120 gezeichnete Kurve. Die Mischungswärmen sind also, wie auch die

Ergebnisse der EMK-Messungen schon zeigten, endotherm. Der Tiefstwert ergibt sich zu −0,28 kcal/g-Atom bei etwa 33 Atom-% Pb.

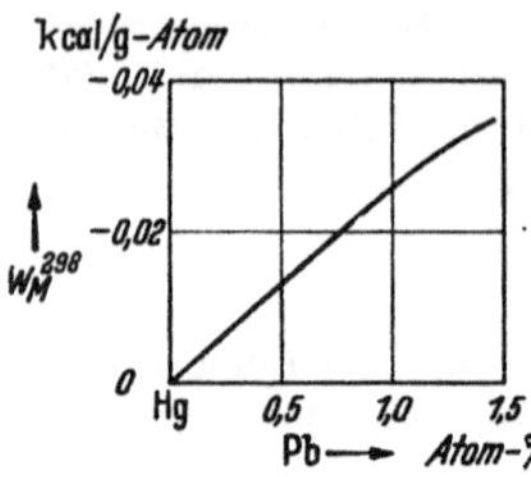

Abb. 119. Mischungswärmen
verdünnter Quecksilber-Blei-
Schmelzen bei 25° C. (Nach
C. S. Hoyt und G. Stegemann.)

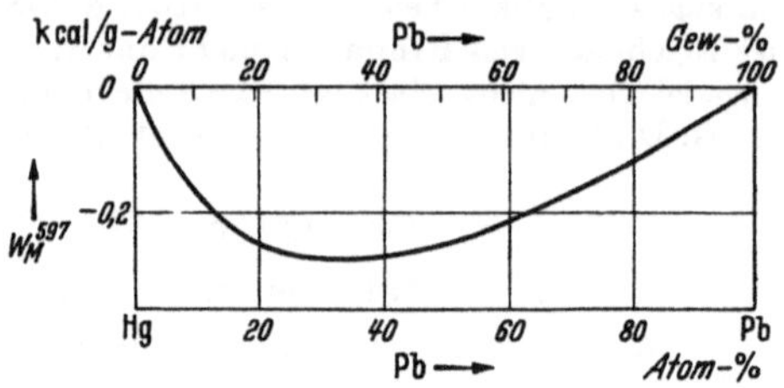

Abb. 120. Mischungswärmen der Quecksilber-Blei-Schmelzen
bei 324° C. (Nach Dampfdruckmessungen von J. H. Hildebrand, A. H. Foster und C. W. Beebe berechnet.)

Tabelle 47. Partielle Mischungswärmen** im System Hg-Pb.
(Nach Messungen von Hildebrand, Foster und Beebe.)

N_{Hg}	0,912	0,848	0,720	0,599	0,497	0,407	0,305	0,201	0,101
$\overline{W}_{Hg}$ in kcal	−0,037	−0,090	−0,205	−0,316	−0,405	−0,455	−0,456*	−0,483*	−0,362*

[1] Tammann, G., u. E. Ohler: Z. anorg. allg. Chem. Bd. 135 (1924) S. 118.
— [2] Hoyt, C. S., u. G. Stegemann: J. physic. Chem. Bd. 38 (1934) S. 753;
daselbst auch weitere Literatur über EMK-Messungen an Bleiamalgamen. —
[3] Richards, T. W., u. R. N. Garrod-Thomas: Z. physik. Chem. Bd. 72 (1910)
S. 165. — [4] Babinski: Diss. Leipzig 1906. Zitat vgl. Fußnote 2. — [5] Hildebrand,
J. H., A. H. Foster u. C. W. Beebe: J. Amer. chem. Soc. Bd. 42 (1920) S. 545.

Hg-S. Quecksilber-Schwefel.

Thermochemische Daten des Quecksilbersulfids sind nur aus einigen älteren
Arbeiten bekannt. Thomsen[1] untersuchte die Umsetzung von $HgCl_2$ mit Na_2S in
wäßriger Lösung und gibt für die Bildungswärme von [HgS] + 6,2 kcal/Mol an.
Varet[2] bestimmte die Lösungswärme von [HgS]schwarz und [HgS]zinnober in
einer wäßrigen Lösung von Natriumsulfid und Natriumhydroxyd. Bichowsky
und Rossini[3] berechnen auf Grund seiner Angaben die Bildungswärme aus den
Elementen von [HgS]schwarz zu +10,7 und von [HgS]rot zu +11,0 kcal/Mol.
Pélabon[4] untersuchte das Gleichgewicht von Wasserstoff mit Quecksilbersulfid
bei 360, 440 und 540° C. Dabei bestand der Bodenkörper aus flüssigem und kri-
stallinem HgS. Jellinek und Zakowski[5] berechnen aus den Pélabonschen
Versuchsdaten nach der Reaktionsisochore und mit Hilfe der Verdampfungswärme
von Schwefel[6] die Bildungswärme von [HgS] aus flüssigem Hg und rhombischen
S zu +8,6 kcal/Mol. Eine Auswertung der Messungen von Rinse[7] durch Kelley[8]
ergab einen höheren Wert (W_B^{298} = 15,6 kcal/Mol HgS_{rot}). Kelley kommt zu dem
Schluß, daß alle vorliegenden Daten zu unsicher sind, um eine definitive Aussage
über die thermochemischen Werte der Bildung von HgS zuzulassen.

[1] Thomsen, J.: Thermochemische Untersuchungen, S. 241. Stuttgart 1906.
— [2] Varet, R.: Ann. chim. phys. (7) Bd. 8 (1896) S. 79. — [3] Bichowsky, F. R.,
u. F. D. Rossini: Thermochemistry of the Chemical Substances, S. 70. New York

* Diese Werte halten die Beobachter für ungenau.
** Weitere Werte für p/p_0 siehe Original.

1936. — [4] Pélabon, H.: Ann. chim. phys. (7) Bd. 25 (1902) S. 365. — [5] Jelli-nek, K., u. J. Zakowski: Z. anorg. allg. Chem. Bd. 142 (1925) S. 1. — [6] Für den Übergang $(S_2) \rightarrow 2\,[S]_{rhomb}$ wurde hier der Wert 30 kcal eingesetzt, während Jellinek und Zakowski 32 kcal verwenden. — [7] Rinse, J.: Recueil Trav. chim. Pays-Bas Bd. 47 (1928) S. 28. — [8] Kelley, K. K.: U. S. Dep. Interior, Bur. Mines, Bull. 406 (1937) S. 50.

Hg-Se. Quecksilber-Selen.

Fabre[1] bestimmte die Lösungswärme von Quecksilberselenid (HgSe) in Bromwasser sowie die Fällungswärme von $HgCl_2$ mit Na_2Se in wäßriger Lösung. Mit den Angaben von Fabre berechneten Bichowsky und Rossini[2] die Bildungswärme des Quecksilberselenids aus flüssigem Quecksilber und metallischem Selen zu etwa $+8$ kcal/Mol.

[1] Fabre, Ch.: Ann. chim. phys. (6) Bd. 10 (1887) S. 545. — [2] Bichowsky, F. R., u. F. D. Rossini: Thermochemistry of the chemical Substances, S. 70. New York 1936.

Hg-Sn. Quecksilber-Zinn.

Über die Bildungswärme fester Quecksilber-Zinn-Legierungen ist nichts bekannt.

Die Mischungswärmen der flüssigen Quecksilber-Zinn-Legierungen wurden von Kawakami[1] durch direkte Vereinigung der flüssigen Komponenten bei 250° C im Kalorimeter gefunden. Die Ergebnisse sind in Abb. 121 wiedergegeben. Tammann und Ohler[2] unter-suchten mit einem einfachen Ka-lorimeter die Wärmetönung bei der Auflösung von 1 g-Atom Zinn in einer großen Menge Queck-silber (bei 97° $-3,15$ kcal; bei Raumtemperatur $-2,54$ kcal).

An Quecksilber-Zinn-Schmel-zen wurden verschiedentlich Messungen der EMK vorgenom-men, und zwar von Cady[3], van Heteren[4] sowie Richards und Wilson[5]. Die Arbeiten von

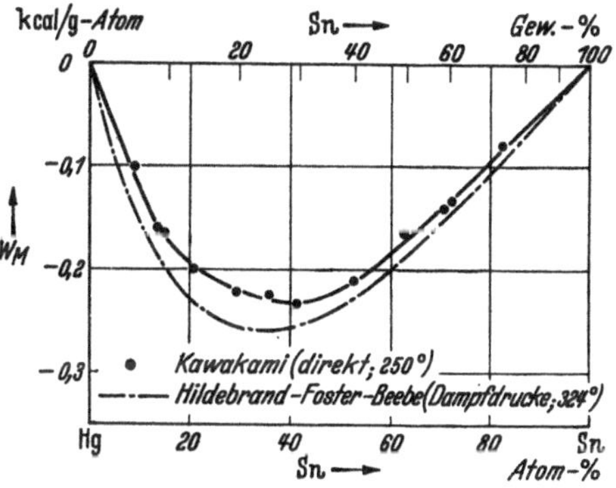

Abb. 121.
Mischungswärmen der Quecksilber-Zinn-Schmelzen.

Cady und van Heteren lassen sich nicht auf Mischungswärmen aus-werten, da keine EMK-Messungen gegen das reine Metall vorliegen. van Heteren z. B. verwendete als Bezugselektrode ein 15,95proz. Amal-gam, dessen Zustand (fest/flüssig) nicht genügend definiert ist. Richards und Wilson leiteten aus ihren Messungen ab, daß bei der Verdünnung eines 0,21% Sn enthaltenden Amalgams mit Quecksilber auf etwa das 3,5fache Volumen (0,061% Sn) 16,5 cal pro g-Atom Sn (118,7 g) aus der Umgebung aufgenommen werden.

Messungen der Quecksilberpartialdrucke über Zinnamalgamen wurden von Hildebrand, Foster und Beebe[6] sowie von Sieverts und Oehme[7] durchgeführt. Sieverts und Oehme arbeiteten nur mit Gemischen mit bis zu 10% Hg. Die neueren Messungen von Hildebrand, Foster und Beebe wurden bei einer Temperatur (324° C) ausgeführt und sind im Original bis zu den Aktivitäten ausgewertet. Die partiellen Mischungswärmen ergeben sich daraus mit der Näherungsformel $W_{Hg} = -RT \ln \frac{p/p_0}{N}$ (Tab. 48); aus diesen erhält man durch Integration den Kurvenverlauf in Abb. 121. Die Übereinstimmung mit den von Kawakami[1] auf direktem Wege gefundenen Zahlenwerten ist gut.

Tabelle 48. Partielle Bildungswärmen im System Hg-Sn.
(Nach Hildebrand, Foster und Beebe.)

N_{Hg} . . .	0,912	0,907	0,848	0,777	0,720	0,599	0,497
W_{Hg} in kcal	−0,037	−0,046	−0,090	−0,173	−0,205	−0,316	−0,405
N_{Hg} . . .	0,407	0,305	0,292	0,201	0,125	0,101	
$\overline{W}_{Hg}$ in kcal	−0,455	(−0,456)	(−0,518)	(−0,483)	(0−,208)	(−0,362)*	

Wie aus dem energetischen Diagramm hervorgeht, reagiert flüssiges Quecksilber mit flüssigem Zinn unter Wärmeaufnahme. Das Minimum der Mischungswärme liegt bei etwa 35 Atom-% Sn und −0,25 kcal/g-Atom Legierung. Eine von Scheil[8] aus dem Zustandsdiagramm berechnete W_M-Kurve steht mit der Hildebrandschen in sehr guter Übereinstimmung.

Hauffe[9] vergleicht in einer neueren Arbeit die einerseits aus der Kurve von Kawakami[1], andrerseits aus den Dampfdruckmessungen von Hildebrand, Foster und Beebe[6] sowie Sieverts und Oehme[7] berechneten partiellen Mischungswärmen im System Quecksilber-Zinn und findet einen asymmetrischen Verlauf der partiellen molaren Mischungswärmen als Funktion der Molenbruchzusammensetzung.

[1] Kawakami, M.: Z. anorg. allg. Chem. Bd. 167 (1927) S. 345. — [2] Tammann, G., u. E. Ohler: Z. anorg. allg. Chem. Bd. 135 (1924) S. 118. — [3] Cady, H. P.: J. physic. Chem. Bd. 2 (1898) S. 551; vgl. auch System Ba-Hg. — [4] Heteren, W. J. van: Z. anorg. allg. Chem. Bd. 42 (1904) S. 129. — [5] Richards, T. W., u. J. H. Wilson: Z. physik. Chem. Bd. 72 (1910) S. 129. — [6] Hildebrand, J. H., A. H. Foster u. C. W. Beebe: J. Amer. chem. Soc. Bd. 42 (1920) S. 545. — [7] Sieverts, A., u. H. Oehme: Ber. dtsch. chem. Ges. Bd. 46 (1913) S. 1238. — [8] Scheil, E.: Z. Elektrochem. angew. physik. Chem. Bd. 49 (1943) S. 246. — [9] Hauffe, K.: Z. Elektrochem. angew. physik. Chem. Bd. 46 (1940) S. 348.

Hg-Tl. Quecksilber-Thallium.

Biltz, Meyer und Messerknecht[1] bestimmten die Bildungswärme einer Legierung der Zusammensetzung Hg_5Tl_2 (Schmelzpunkt

---

* Die eingeklammerten Werte halten die Beobachter für ungenau.

14,5° C) durch Lösen der Substanz und von reinem Thallium in Quecksilber im Bunsenschen Eiskalorimeter. Aus den Meßdaten folgt für die Bildungswärme der festen Legierung aus flüssigem Quecksilber und festem Thallium bei 0° C +2,5 kcal/Mol bzw. $\boxed{+0,3_5}$ kcal/g-Atom Legierung. Mit der Schmelzwärme von Quecksilber und der Molekularwärme von Hg_5Tl_2 berechneten Biltz, Meyer und Messerknecht die Bildungswärme der Legierung bei −39° C, bezogen auf festes Quecksilber, zu −0,4 kcal/Mol oder $\boxed{-0,0_6}$ kcal/g-Atom. Die Bildung von $[Hg_5Tl_2]$ aus 5 [Hg] und 2 [Tl] erfolgt also unter Wärmeaufnahme.

Untersuchungen der EMK von festen Thalliumamalgamen führte Ölander[2] durch. Er prüfte zur Entscheidung der Frage, welche Formel der intermediären Phase bei 20 bis 31% Tl zukommt, die EMK und deren Temperaturkoeffizient für 16 verschiedene Zusammensetzungen dieser Phase. Der Elektrolyt war eine Lösung von etwa 1% Thalliumazetat in 96proz. Äthylalkohol. Die Meßtemperatur betrug −20 bis −75° C. Die Auswertung auf integrale Bildungswärmen ist nicht möglich, da die quecksilberreichste Legierung bereits zum Teil flüssig war, und Ölander nicht gegen reines Thallium, sondern gegen eine Standardlegierung (zweiphasig) mit 55% Tl gemessen hatte. Auf Grund der Angaben von Ölander ist jedoch auf eine negative Bildungswärme der festen Phase aus den festen Komponenten zu schließen, was mit dem Befund von Biltz, Meyer und Messerknecht übereinstimmt.

Da die Quecksilber-Thallium-Legierungen bei Raumtemperatur über einen großen Konzentrationsbereich flüssig sind, bilden sie ein für die bequeme Untersuchung von Legierungsschmelzen sehr geeignetes System. In der Literatur finden sich daher auch eine Reihe von Veröffentlichungen über thermochemische und EMK-Messungen an flüssigen Thalliumamalgamen bei 20 bis 30° C. Richards und Wilson[3] sowie Richards und Daniels[4] haben die EMK und deren Temperaturkoeffizienten zwischen verschieden konzentrierten Amalgamen mit einer einfachen Anordnung (vgl. S. 69) bei Raumtemperatur bestimmt. Mit Hilfe der Helmholtzschen Gleichung errechnet sich aus diesen Messungen die Wärmetönung bei der Überführung von 1 g-Atom Thallium von der konzentrierteren in die verdünntere Schmelze. Die Ergebnisse der EMK-Messungen wurden von Richards und Daniels[4] und später von Richards und Smyth[5] durch thermochemische (kalorimetrische) Untersuchungen nachgeprüft. Dabei gab man sukzessive Thallium zu Quecksilber bzw. den gebildeten Amalgamschmelzen und ermittelte die Wärmetönung der Lösungsvorgänge. Diese erwiesen sich im quecksilberreichen Teil des Systems (bis ∼10% Tl) als exotherm, im thalliumreicheren dagegen als endotherm. Da die

Konzentrationsänderungen beim Zusatz von Thallium jeweils nur einige Prozent betrugen, entsprachen die gefundenen Wärmetönungen annähernd den partiellen Mischungswärmen der flüssigen Thallium-amalgame. Die Übereinstimmung der Ergebnisse aus den kalorimetrischen und den EMK-Messungen war gut. Die Zahlenwerte von Richards und Mitarbeitern wurden von Lewis und Randall[6] sowie Teeter[7] thermodynamisch ausgewertet. Die von Teeter berechnete Kurve der integralen Mischungswärmen bei 30° C ist in Abb. 122 strich-punktiert eingezeichnet. Die Isotherme bei 30° wird von der Liquidus-linie bei 44,1 Atom-% Tl geschnitten, so daß bei den thallium-reicheren Legierungen die Daten für den Zustand fest/flüssig gelten.

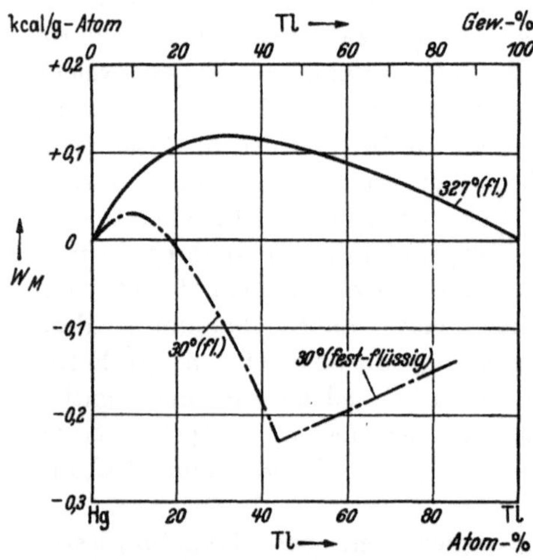

Abb. 122. Mischungswärmen der Quecksilber-Thallium-Schmelzen bei 327° C (nach Dampf-druckmessungen von J. H. Hildebrand und E. D. Eastman berechnet) und bei 30° C. (Nach C. E. Teeter.)

Dampfdruckmessungen von Quecksilber über flüssigen Thalliumamalgamen wurden von Hirst und Olson[8] sowie von Hildebrand und Eastman[9] durchgeführt. Auf die Wiedergabe der Ergebnisse von Hirst und Olson wird hier verzichtet, da nur 2 Konzentrationen zur Auswertung herangezogen werden können, und diese demzufolge für die integrale Mischungswärme zu ungenauen Resultaten führen muß. Aus den Daten von Hildebrand und Eastman (Aktivitäten des Quecksilbers in Amalgamen bei 327° C) erhält man die in Abb. 122 ausgezogene Kurve für die Mischungswärmen der flüssigen Quecksilber-Thallium-Legierungen.

Die Kurve bei 327° gilt also für die Bildung der geschmolzenen Legierungen aus flüssigem Quecksilber und flüssigem Thallium. Bei 30° ist Thallium dagegen fest. Rechnet man mit der Schmelzwärme von Thallium um, so würde die Mischungswärme der Bildung der flüssigen Amalgame aus den zwei flüssigen Komponenten bei Zimmer-temperatur etwa 100 cal/g-Atom höher liegen. Möglicherweise nimmt mit zunehmender Temperatur die Mischungswärme erheblich ab.

Ölander[2] gibt eine rohe Schätzung der Schmelzwärme von Hg_5Tl_2 auf Grund der Angaben von Biltz, Meyer und Messerknecht[1] sowie von Teeter[7]; danach erhält man etwa 300 cal/g-Atom. Kuba-schewski[10] bestimmte die Schmelzwärme einer Legierung derselben

Konzentration in der Weise, daß er die auf $0°$ C abgekühlte Legierungs-
probe in ein Kalorimeter von $20°$ C einwarf und die Wärmeaufnahme
der Probe messend verfolgte. Aus den Versuchsergebnissen und der
spezifischen Wärme[1] von Hg_5Tl_2 zwischen 0 und $20°$ errechnet sich
die Schmelzwärme der Legierung zu 485 cal/g-Atom.

[1] Biltz, W., F. Meyer u. C. Messerknecht: Z. anorg. allg. Chem. Bd. 176
(1928) S. 23. — [2] Ölander, A.: Z. physik. Chem., Abt. A Bd. 171 (1935) S. 425.
— [3] Richards, T. W., u. J. H. Wilson: Z. physik. Chem. Bd. 72 (1910) S. 129. —
[4] Richards, T. W., u. F. Daniels: J. Amer. chem. Soc. Bd. 41 (1919) S. 1732. —
[5] Richards, T. W., u. C. P. Smyth: J. Amer. chem. Soc. Bd. 45 (1923) S. 1455.
— [6] Lewis, G. N., u. M. Randall: J. Amer. chem. Soc. Bd. 43 (1921) S. 233. —
[7] Teeter, C. E.: J. Amer. chem. Soc. Bd. 53 (1931) S. 3917. — [8] Hirst, L. L.,
u. A. R. Olson: J. Amer. chem. Soc. Bd. 51 (1929) S. 2398. — [9] Hildebrand,
J. H., u. E. D. Eastman: J. Amer. chem. Soc. Bd. 37 (1915) S. 2452. — [10] Kubaschewski, O.: Z. Elektrochem. angew. physik. Chem. Bd. 47 (1941) S. 475.

Hg-Zn. Quecksilber-Zink.

Über die Bildungswärmen fester Quecksilber-Zink-Legierungen liegt nur
eine ältere Untersuchung von Tayler[1] vor. Dieser Beobachter löste sowohl Legierungen mit 8,7 und 25,9% Zn als auch reines Zink[2] in Quecksilber und ermittelte
die Lösungswärme kalorimetrisch. Bei der Herstellung der Legierung mit 25,9%
Zn erhielt Tayler zwei Schichten (vgl. Zustandsdiagramm), deren Lösungswärmen getrennt bestimmt wurden. Den Zahlenwerten von Tayler kann keine
große Genauigkeit zugesprochen werden, da vor allem der Zustand der Legierungen
nicht einwandfrei definiert war. Jedoch ist den Versuchen zu entnehmen, daß die
Bildungswärme bei den untersuchten Konzentrationen und bei Raumtemperatur
wahrscheinlich schwach negativ ist.

Quecksilber-Zink-Legierungen sind bei Raumtemperatur bis zu
einigen Prozent Zink flüssig. Von verschiedenen Bearbeitern wurden
in diesem Gebiet EMK-Messungen[3] vorgenommen, die auch zu Aussagen über die Wärmetönungen bei der Verdünnung (vgl. hierzu
auch S. 117) der konzentrierteren Amalgame mit Quecksilber führten.
Solche Untersuchungen liegen vor von Henderson[4], Crenshaw[5],
Richards und Forbes[6], Richards und Garrod-Thomas[7] sowie
Pearce und Eversole[8]. Wie die neuesten Versuche von Pearce und
Eversole zeigen, kommt den Ergebnissen von Richards und Mitarbeitern[6,7] die größte Genauigkeit zu. Diese Autoren bestimmten die
EMK zwischen verschieden verdünnten Amalgamen mit einer gesättigten Zinksulfatlösung als Elektrolyt ($23°$ C). Für die Wärmetönung bei der Verdünnung eines Amalgams mit 0,91% Zn auf etwa
das 9fache Volumen (0,10% Zn) ergab sich z. B. eine Wärmeaufnahme
von 59 cal/g-Atom festes Zink. Das entspricht einer Reaktion nach
der Gleichung $ZnHg_{35,49} + 200,1\ Hg = ZnHg_{325,6} - 59$ cal. Beim Verdünnen eines 0,9proz. Amalgams mit der gleichen Menge Quecksilber
ergab sich unmittelbar kalorimetrisch die Wärmetönung nach der
Gleichung $ZnHg_{35,9} + {\sim}36\ Hg = ZnHg_{72} - 12,4$ cal.

Clayton und Vosburgh[9] haben in Übereinstimmung mit anderen Autoren festgestellt, daß die EMK einer Zelle $Zn/Zn^{++}/Zn$ (im gesättigten Amalgam) gleich Null ist.

Dampfdruckmessungen über geschmolzenen Zinkamalgamen von Hildebrand[10] gestatten eine Berechnung der Mischungswärmen über den ganzen Konzentrationsbereich. Zur Erhöhung der Meßgenauigkeit wurde der Dampfdruck der Amalgame gleichzeitig mit dem von reinem Quecksilber geprüft. Die Versuchstemperatur lag bei 300° C[12]. In der Originalarbeit ist die Auswertung nur bis zu den Aktivitäten durchgeführt. Die näherungsweise Berechnung der partiellen Mischungswärmen nach $\overline{W}_{Hg} = -RT \ln \frac{p/p_0}{N}$ ergibt die in Tab. 49 (auszugsweise) wiedergegebenen Werte. Die Integration führt zu der strichpunktierten Kurve in Abb. 123. Pedder und Barratt[11] führten ebenfalls Dampfdruckmessungen am System Quecksilber-Zink, und zwar mit Hilfe der Mitführungsmethode, bei 284° C[12] durch. Die Auswertung der Ergebnisse ergibt die ausgezogene Kurve in Abb. 123. Berücksichtigt man die geringe Gesamtwärmemenge, die bei der Legierungsbildung

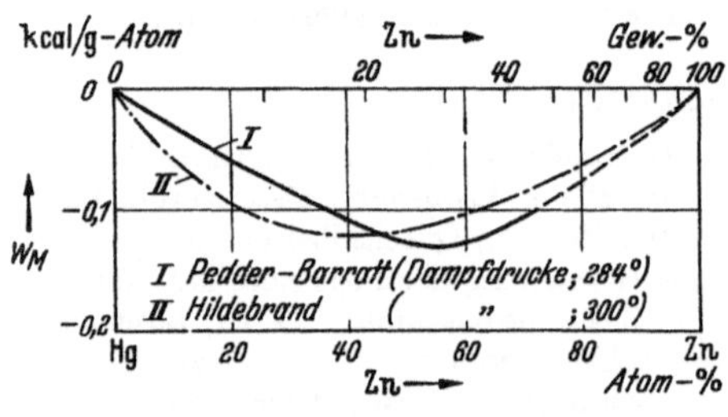

Abb. 123. Mischungswärmen der Quecksilber-Zink-Schmelzen.

aufgenommen wird, so ist die Übereinstimmung der Kurven gut. Nur über die Lage des Minimums, 40 Atom-% Zn (Hildebrand) bzw. 55 Atom-% Zn (Pedder und Baratt) besteht eine gewisse Abweichung. Der kleinste Wert der Mischungswärme wurde bei beiden

Tabelle 49. Partielle Mischungswärmen im System Hg-Zn bei 300° C.
(Nach Messungen von Hildebrand.)

N_{Hg} . . .	0,923	0,871	0,746	0,671	0,571	0,481	0,428	0,373
$\overline{W}_{Hg}$ in kcal	−0,006	−0,017	−0,060	−0,080	−0,137	−0,175	−0,181	−0,241

Untersuchungen übereinstimmend zu $-0,12_5$ kcal/g-Atom Legierung gefunden. Scheil[13] berechnete kürzlich auf Grund des Zustandsdiagramms eine W_M-Kurve, die ihr Minimum bei −0,17 kcal und 60 Atom-% Zn hat. Bezüglich der Lage des Minimums wäre danach von den experimentell ermittelten Kurven diejenige von Pedder und Barratt vorzuziehen.

[1] Tayler, J. B.: Philos. Mag. J. Sci. (5) Bd. 50 (1900) S. 37. — [2] Über die Lösungswärme von Zn in viel Hg vgl. auch G. Tammann und E. Ohler: Z. anorg. allg. Chem. Bd. 135 (1924) S. 118. — [3] Vgl. auch System Ba-Hg, 1. Absatz. — [4] Henderson, W. D.: Physic. Rev. Bd. 29 (1909) S. 507. — [5] Crenshaw, J. L.: J. physic. Chem. Bd. 14 (1910) S. 158. — [6] Richards, T. W., u. G. S. Forbes:

Z. physik. Chem. Bd. 58 (1907) S. 683. — [7] Richards, T. W., u. R. N. Garrod-Thomas: Z. physik. Chem. Bd. 72 (1910) S. 165. — [8] Pearce, J. N., u. J. F. Eversole: J. physic. Chem. Bd. 32 (1928) S. 209. — [9] Clayton, W. J., u. W. C. Vosburgh: J. Amer. chem. Soc. Bd. 58 (1936) S. 2093. — [10] Hildebrand, J. H.: Trans. Amer. electrochem. Soc. Bd. 22 (1912) S. 319. — [11] Pedder, J. S., u. S. Barratt: J. chem. Soc. [London] 1933, S. 537. — [12] Bei 284 bis 300° C liegt bei Legierungen mit mehr als etwa 70 Atom-% Zn neben der Schmelze auch fester α-Mischkristall vor. Die in Abb. 123 gezeichneten Kurven sind in diesem Konzentrationsbereich jedoch für die unterkühlten Schmelzen extrapoliert, gelten also in Wirklichkeit nur für Temperaturen über 420° C. — [13] Scheil, E.: Z. Elektrochem. angew. physik. Chem. Bd. 49 (1943) S. 246.

In-N. Indium-Stickstoff.

Die Verbrennungswärme von Indiumnitrid (InN) wurde von Hahn und Juza[1] in der gleichen Weise wie diejenige von Galliumnitrid (s. dort) bestimmt. Die Verbrennungswärme von reinem Indium beträgt (nach Roth und Becker) 222,5 kcal/Mol. Man erhielt dann für konstanten Druck folgende Gleichung:

$$[In] + \tfrac{1}{2}(N_2) = [InN] + 4,6 \pm 0,7 \text{ kcal.}$$

[1] Hahn, H., u. R. Juza: Z. anorg. allg. Chem. Bd. 244 (1940) S. 111.

Ir-S. Iridium-Schwefel.

Versuche zum isothermen Abbau der Schwefel-, Selen- und Tellurverbindungen der Platinmetalle (Iridium, Rhodium, Ruthenium, Osmium, Palladium und Platin) von Wöhler, Ewald und Krall[1] führten nur zu qualitativen Aussagen und lassen sich nicht quantitativ auf Bildungswärmen auswerten.

Präparative, tensionsanalytische und röntgenographische Untersuchungen des Systems Iridium-Schwefel durch Biltz, Laar, Ehrlich und Meisel[2] ergaben als höchstes Sulfid eine Pseudopyritphase der Zusammensetzung Ir_3S_8; weiterhin bestehen IrS_2 und Ir_2S_3. Der isotherme Abbau von Ir_2S_3 bis zum reinen Iridium[3] ließ sich bei Temperaturen von 944 bis 1073° C durchführen. Die thermodynamische Auswertung der Dampfdruckmessungen nach van 't Hoff ergab die Reaktionsgleichung $4/3 \,[Ir] + (S_2) = 2/3 \,[Ir_2S_3] + 64$ kcal für eine mittlere Temperatur von 1050° C. Die Auswertung nach Nernst ergab etwas niedrigere Reaktionswärmen. Biltz und Mitarbeiter führten ferner Dampfdruckmessungen an Präparaten mit höheren Schwefelgehalten aus. Für IrS_2 liegen 3 Isothermen (880, 904, 944° C) vor, die eine thermodynamische Berechnung der Dissoziationswärme nach van 't Hoff erlaubten. Man erhielt: $2\,[Ir_2S_3] + (S_2) = 4\,[IrS_2] + 48$ kcal ($\bar{t} = 910°$ C). Die Temperaturabhängigkeit des Zersetzungsdrucks von Ir_3S_8 konnte wegen der Trägheit der Einstellung nicht genau festgelegt werden. Nach Nernst folgte aus der durch viele Messungen belegten 880°-Isotherme die Dissoziationswärme: $3\,[IrS_2] + (S_2) = [Ir_3S_8] + 46$ kcal. Mit der Verdampfungswärme des rhombischen Schwefels zu gasförmigem S_2 (30 kcal) wurden folgende Bildungswärmen der 3 Sulfide aus den Elementen berechnet: Ir_2S_3: $W_B^{1323} = + 51$ kcal/Mol; IrS_2: $W_B^{1183} = + 30$ kcal/Mol; Ir_3S_8: $W_B^{1153} = + 105$ kcal/Mol. Nach Angabe der Beobachter sind die Wärmewerte für Ir_2S_3 und IrS_2 im Rahmen der Genauigkeit der Methode zuverlässig. Die Bildungswärme von Ir_3S_8 konnte nur roh geschätzt werden, wenn man den Gang der nach Nernst für alle 3 Iridiumsulfide folgenden Bildungswärme auf die nach van 't Hoff berechneten Werte übertrug und damit den van 't Hoffschen

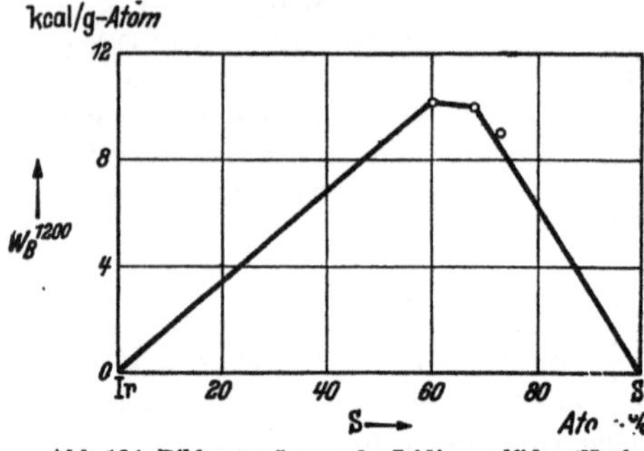

Abb. 124. Bildungswärmen der Iridiumsulfide. (Nach W. Biltz, J. Laar, P. Ehrlich und K. Meisel.)

$IrS_{1,5}$- und IrS_2-Werten auf $IrS_{2,67}$ extrapolierte. Die Ergebnisse, bezogen auf 1 g-Atom Sulfid, sind in Abb. 124 in Abhängigkeit von der Konzentration aufgetragen.

[1] Wöhler, L., K. Ewald u. H. G. Krall: Ber. dtsch. chem. Ges. Bd. 66 (1933) S. 1638. — [2] Biltz, W., J. Laar, P. Ehrlich u. K. Meisel: Z. anorg. allg. Chem. Bd. 233 (1937) S. 257. — [3] In dem Gebiet zwischen Ir_2S_3 und Ir treten bei den gewählten Meßtemperaturen keine weiteren Sulfide auf. Ferner ergab sich kein Hinweis für das Bestehen größerer Mischkristallgebiete bei den Komponenten.

K-Na. Kalium-Natrium.

Die Bildungswärme der festen Kalium-Natrium-Legierungen ist nicht bekannt.

Joannis[1] erhielt für die Mischungswärme von Natrium-Kalium-Legierungen durch Bestimmung der Lösungswärme der flüssigen Legierungen in Wasser, Werte mit wechselndem Vorzeichen, die nicht sehr wahrscheinlich erscheinen.

Nach kalorimetrischen Untersuchungen von Kawakami[2] (direkte Vereinigung der Komponenten bei 110°) ist die Mischungswärme bei der Vereinigung von flüssigem Natrium und Kalium schwach endotherm und erreicht bei etwa 50 Atom-% ihren niedrigsten Wert: —50 cal/g-Atom.

[1] Joannis, A.: Ann. chim. phys. (6) Bd. 12 (1887) S. 376. — [2] Kawakami, M.: Z. anorg. allg. Chem. Bd. 167 (1927) S. 345.

K-S. Kalium-Schwefel.

Bichowsky und Rossini[1] berechneten die Bildungswärme einiger Kaliumsulfide auf Grund der Angaben von Sabatier[2], Favre und Silbermann[3] sowie Rengade und Costeanu[4] (Lösungswärmen).

Dabei wurde das Ergebnis der letztgenannten beiden Autoren als fraglich hingestellt; die Lösungswärme in Wasser ergab sich als zu hoch.

Die gefundenen Werte für die Bildungswärme liegen, wie Abb. 125 zeigt, nahezu auf einer Geraden, die ihren Höchstwert bei der Verbindung K_2S (+40,0 kcal/g-Atom) hat. Aus der Abbildung lassen sich demnach ohne weiteres auch die Bildungswärmen der anderen Kaliumsulfide, die bisher nicht untersucht wurden, ablesen.

[1] Bichowsky, F. R., u. F. D. Rossini: Thermochemistry of the chemical Substances, S. 154. New York 1936. — [2] Sabatier, P.: Ann. chim. phys. (5) Bd. 22 (1881) S. 5. — [3] Favre, P. A., u. J. T. Silbermann: Ann. chim. phys. (3) Bd. 37 (1853) S. 406. — [4] Rengade, E., u. N. Costeanu: C. R. Séances Acad. Sci. Paris Bd. 158 (1914) S. 946.

K-Se. Kalium-Selen.

Bichowsky und Rossini[1] berechneten die Bildungswärme von [K_2Se] mit Hilfe der von Fabre[2] gemessenen Neutralisationswärme von KOH mit H_2Se sowie der Lösungswärme des wasserfreien Salzes und der Hydrate in Wasser (Raumtemperatur). Es ergab sich $2\,[K] + [Se]_{Met} = [K_2Se] + 74\,\text{kcal}$.

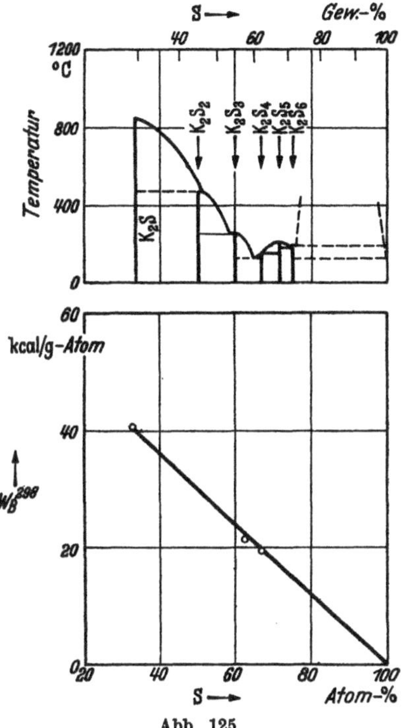

Abb. 125.
Bildungswärmen der Kaliumsulfide.

[1] Bichowsky, F. R., u. F. D. Rossini: Thermochemistry of the chemical Substances, S. 156. New York 1936. — [2] Fabre, Ch.: Ann. chim. phys. (6) Bd. 10 (1887) S. 472.

La-Mg. Lanthan-Magnesium.

Canneri und Rossi[1] bestimmten die Bildungswärme von Lanthan-Magnesium-Legierungen der Zusammensetzung LaMg und $LaMg_3$. Sie wurden nach dem Verfahren der Lösungskalorimetrie durchgeführt; dabei wurde als Lösungsmittel verdünnte Salzsäure ($HCl \cdot 8{,}8\,H_2O$) verwendet. Als Mittel aus je 4 Messungen ergaben sich folgende Werte für W_B^{293}: LaMg +5,7, $LaMg_3$ +12,9 kcal/Mol oder bezogen auf 1 g-Atom: LaMg $\boxed{+2{,}9}$ und $LaMg_3$ $\boxed{+3{,}2}$ kcal. Der mittlere Fehler ergibt sich aus den Versuchsdaten zu ±7%. Die Größenordnung der Zahlenwerte erscheint nach den allgemeinen Erfahrungen richtig, jedoch macht Biltz[2] darauf aufmerksam, daß nach Canneri und Rossi Lanthan und Praseodym bei der Bildung analoger Verbindungen sehr verschieden große Wärmemengen liefern und daß die Vorzeichen der Unterschiede beim Vergleich der analog zusammengesetzten La-Mg- und Pr-Mg-Verbindungen wechseln (vgl. bei Mg-Pr).

[1] Canneri, G., u. A. Rossi: Gazz. chim. ital. Bd. 62 (1932) S. 202. — [2] Biltz, W.: Z. Metallkunde Bd. 29 (1937) S. 73.

La-N. Lanthan-Stickstoff.

Neumann, Kröger und Kunz[1] errechneten die Bildungswärme des Lanthannitrids (LaN) aus dessen Lösungswärme in verdünnter Salzsäure (HCl · 20 H_2O) unter Zuhilfenahme der erforderlichen thermochemischen Daten zu $+72,7$ kcal/Mol bei Zimmertemperatur. In brauchbarer Übereinstimmung damit fanden Neumann, Kröger und Haebler[2] bei der direkten Azotierung von Lanthan (97,5% La in beiden Arbeiten) in der kalorimetrischen Bombe bei 970° C: $+71,5$ kcal/Mol für Zimmertemperatur und konstanten Druck. Die Azotierung führte zu einem Präparat mit 6% N_2 (theoretisch 9,15% N). Der Stickstoffdruck betrug 25 at; die Reaktionstiegel waren mit Lanthanoxyd ausgekleidet. Bezogen auf 1 g-Atom LaN erhält man als Mittel aus den beiden Meßreihen die Bildungswärme zu $\boxed{+36,1}$ $\pm 0,4$ kcal.

[1] Neumann, B., C. Kröger u. H. Kunz: Z. anorg. allg. Chem. Bd. 207 (1932) S. 133. — [2] Neumann, B., C. Kröger u. H. Haebler: Z. anorg. allg. Chem. Bd. 207 (1932) S. 145.

Li-N. Lithium-Stickstoff.

Guntz[1] bestimmte aus der Lösungswärme des Lithiumnitrids in Wasser die Bildungswärme des Li_3N zu $+49,5$ kcal/Mol. Dieser Wert wurde von Roth[2] auf $+47,0$ kcal korrigiert. Neumann, Kröger und Haebler[3] azotierten Lithium direkt durch Erhitzen des Metalls in einem kleinen Öfchen in der Kalorimeterbombe. Als Tiegelmaterial diente Eisen oder Chromnickelstahl. Die Azotierung verlief bei einem Stickstoffdruck von 5 at und einer Temperatur von 620° C quantitativ bis zum Li_3N. Die Bildungswärme des Lithiumnitrids ergab sich als Mittelwert aus 5 Messungen zu $+47,2 \pm 0,3$ kcal/Mol bei konstantem Volumen, d. h. $+47,5$ kcal/Mol bzw. $\boxed{+11,8_7}$ kcal/g-Atom bei konstantem Druck in guter Übereinstimmung mit dem von Roth korrigierten Wert von Guntz.

[1] Guntz: C. R. Séances Acad. Sci. Paris Bd. 123 (1896) S. 995. — [2] Roth, W. A.: Landolt-Börnstein-Roth-Scheel Eg.-Bd. 1 (1927) S. 817. — [3] Neumann, B., C. Kröger u. H. Haebler: Z. anorg. allg. Chem. Bd. 204 (1932) S. 81.

Li-Pb. Lithium-Blei.

Die Bildungswärmen der festen Lithium-Blei-Legierungen sind durch Untersuchungen von Seith und Kubaschewski[1] bekannt. Die Beobachter gossen flüssiges Blei von 1000° aus Eisentiegeln auf festes Lithium, das sich in Graphittiegeln in einem Kalorimeter befand, und bestimmten die Wärmetönung bei der Legierungsbildung unter Berücksichtigung der durch das Blei eingebrachten Wärmemenge. Die Versuche wurden unter Argon als Schutzgas ausgeführt. Die gefundenen Bildungswärmen (Abb. 126) gelten für den Gußzustand bei Raumtemperatur. Die Genauigkeit der Einzelmessung betrug $\pm 6\%$. Zeichnet man nach den gemessenen Werten unter Zugrundelegung des Zustandsdiagramms die Kurve für die Konzentrationsabhängigkeit der Bildungswärmen, so ergibt sich das Maximum bei der Verbindung Li_7Pb_2 (Schmelzmaximum!). Bei den Zusammensetzungen der Verbindungen Li_4Pb und $LiPb$ müssen Richtungsänderungen der Kurve angenommen werden, während dies für die Verbindungen Li_3Pb und Li_5Pb_2

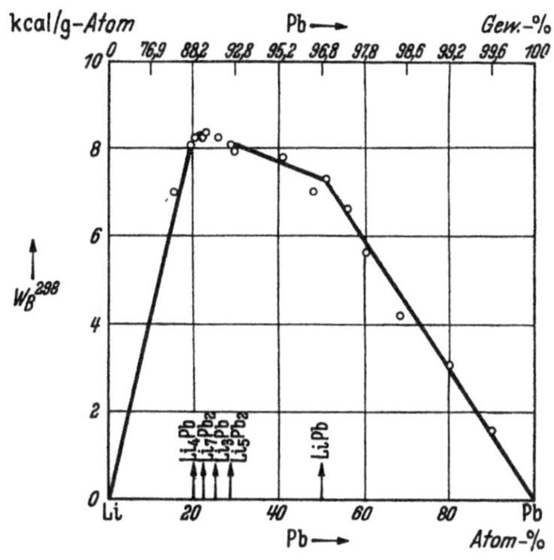

Abb. 126. Bildungswärmen der Lithium-Blei-Legierungen bei Raumtemperatur. (Nach W. Seith und O. Kubaschewski.)

Tabelle 50.
Bildungswärmen im System Li-Pb. (Nach Seith und Kubaschewski.)

Formel	Bildungswärmen in kcal	
	pro Mol	pro g-Atom
Li_4Pb . . .	42	8,3
Li_7Pb_2 . . .	76	8,4
Li_3Pb . . .	33	8,3
Li_5Pb_2 . . .	57	8,2
$LiPb$	14,6	7,3

anscheinend nicht der Fall ist. Die Zahlenwerte für die einzelnen Verbindungen sind in Tab. 50 zusammengefaßt.

Die Mischungswärmen im System Lithium-Blei sind bisher nicht bestimmt worden.

[1] Seith, W., u. O. Kubaschewski: Z. Elektrochem. angew. physik. Chem. Bd. 43 (1937) S. 743.

Li-Sb. Lithium-Antimon.

Kubaschewski und Seith[1] konnten die Bildungswärme für den Gußzustand der festen Lithium-Antimon-Legierungen in dem

Konzentrationsbereich von 40 bis 100 Atom-% Sb durch Aufgießen von flüssigem Antimon (1000°) auf festes Lithium im Kalorimeter an Hand von 4 Messungen ermitteln. Die Versuche wurden in Graphittiegeln unter Argon ausgeführt. Für die Berechnung der Reaktionswärmen für Raumtemperatur aus den gemessenen Temperaturerhöhungen mußte der jeweilige Wärmeinhalt des Antimons (1000 — 25°) in Abzug gebracht werden. Legierungen mit weniger als 40 Atom-% Sb konnten bei der gewählten Anordnung nicht gemessen werden. Das Zustandsdiagramm des Systems Lithium-Antimon ist nicht bekannt, jedoch ist mit Wahrscheinlichkeit anzunehmen, daß es dem der Natrium-Antimon-Legierungen (s. dort) ähnlich ist, wobei auch die Angabe von Lebeau (vgl. Hansen) als Hinweis dient, daß bei der Zusammensetzung Li_3Sb eine Verbindung mit dem Schmelzpunkt 950°C liegt. Nach Zintl[3] sind außerdem die lithiumreichsten Verbindungen des Lithiums mit Metallen 1 bis 4 Stellen vor den Edelgasen valenzmäßig zusammengesetzt. Man kann deshalb unter Anlehnung an die thermochemischen Ergebnisse im System Natrium-Antimon auf Grund der Werte von Kubaschewski und Seith mit einiger Sicherheit das in Abb. 127 dargestellte energetische Diagramm zeichnen[2]. Danach würde die Verbindung Li_3Sb unter Abgabe von +10,7 kcal/g-Atom aus den festen Komponenten entstehen. Die Bildung der wahrscheinlichen Verbindung LiSb aus den festen Metallen ist mit einer Wärmetönung von +7,2 kcal/g-Atom verbunden.

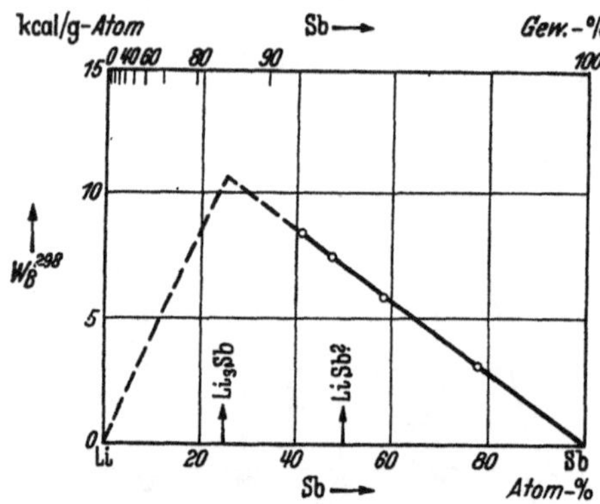

Abb. 127. Bildungswärmen der Lithium-Antimon-Legierungen bei Raumtemperatur. (Nach O. Kubaschewski und W. Seith.)

[1] Kubaschewski, O., u. W. Seith: Z. Metallkunde Bd. 30 (1938) S. 7. — [2] Das in der Originalarbeit wiedergegebene Diagramm wird den tatsächlichen Verhältnissen sicherlich nicht gerecht. — [3] Zintl, E.: Angew. Chem. Bd. 52 (1939) S. 1.

Li-Se. Lithium-Selen.

Bichowsky und Rossini[1] berechneten die Bildungswärme von [Li_2Se] mit Hilfe der von Fabre[2] (1887) gemessenen Neutralisationswärme von LiOH mit H_2Se sowie der Lösungswärme des wasserfreien Salzes und des Hydrates ($Li_2Se \cdot 9\,H_2O$) in Wasser (Raumtemperatur). Es ergab sich: $2\,[Li] + [Se] = [Li_2Se] + 85$ kcal.

[1] Bichowsky, F. R., u. F. D. Rossini: Thermochemistry of the chemical Substances, S. 134. New York 1936. — [2] Fabre, Ch.: Ann. chim. phys. (6) Bd. 10 (1887) S. 472.

Li-Sn. Lithium-Zinn.

Die Bildungswärme der festen Lithium-Zinn-Legierungen wurden von Kubaschewski und Seith[1] für den ganzen Konzentrationsbereich auf direktem Wege gemessen. Die Vereinigung der Metalle im Kalorimeter geschah durch Aufgießen von flüssigem Zinn (1000°) auf festes Lithium. Die Versuche wurden in Graphittiegeln unter Argon durchgeführt. Nach Abzug der durch das Zinn eingebrachten Wärmemenge ergaben sich die Reaktionswärmen für den Gußzustand bei Raumtemperatur direkt aus den gemessenen Temperaturerhöhungen. Die gefundenen Werte lassen sich zwanglos einer Kurve zuordnen (Abb. 128), die mit den Aussagen des Zustandsdiagramms in Übereinstimmung steht. Der Höchstwert der Bildungswärme fällt mit dem Schmelzmaximum (Li_7Sn_2) zusammen. Die durch ein niedrigeres Schmelzmaximum ausgezeichnete Verbindung LiSn tritt durch eine deutliche Richtungsänderung in der Bildungswärme-Konzentrationskurve hervor. Ebenfalls läßt sich bei der Verbindung Li_4Sn eine Richtungsänderung erkennen. Dagegen machen sich die peritektisch entstehenden Verbindungen Li_5Sn_2, Li_2Sn und $LiSn_2$ energetisch nicht bemerkbar. Die Zahlenwerte für die Bildungswärmen der einzelnen Verbindungen, die sich aus der Kurve von Kubaschewski und Seith ergeben, sind in Tab. 51 zusammengestellt. Die Fehlergrenze wird zu ±6% angegeben.

Die Mischungswärmen der Lithium-Zinn-Legierungen sind nicht bekannt.

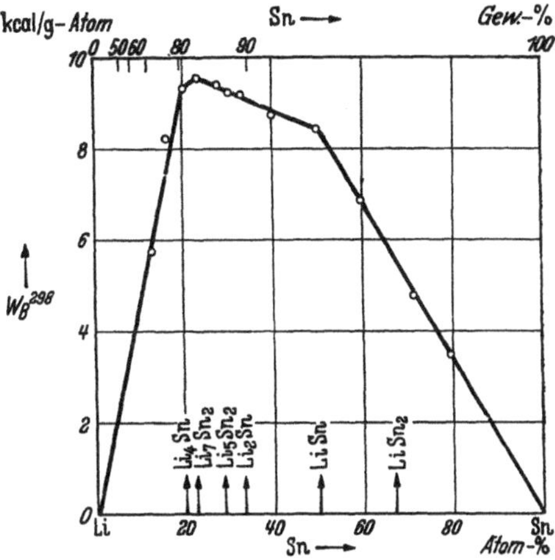

Abb. 128. Bildungswärmen ꬑ Lithium-Zinn-Legierungen bei Raumtemperatur.
(Nach O. Kubaschewski und W. Seith.)

Tabelle 51.
Bildungswärmen im System Li-Sn.
(Nach Kubaschewski und Seith.)

Formel	Bildungswärmen in kcal	
	pro Mol	pro g-Atom
Li_4Sn . . .	47	9,4
Li_7Sn_2 . . .	86	9,6
Li_5Sn_2 . . .	66	9,4
Li_2Sn . . .	27,3	9,1
$LiSn$	16,8	8,4
$LiSn_2$ . . .	17,1	5,7

[1] Kubaschewski, O., u. W. Seith: Z. Metallkunde Bd. 30 (1938) S. 7.

Li-Tl. Lithium-Thallium.

Die **Bildungswärme** der thalliumreichsten Verbindung im System Lithium-Thallium, LiTl, ist von **Kubaschewski**[1] auf direktem Wege bestimmt worden. Dieser Beobachter goß flüssiges Thallium (800°) auf festes Lithium, das sich in einem Graphittiegel im Kalorimeter befand, und erhielt die Wärmetönung der Bildung der festen Legierung aus den festen Elementen bei Raumtemperatur direkt aus der gemessenen Temperaturerhöhung nach Abzug des eingebrachten Wärmeinhalts des Thalliums. **Kubaschewski** arbeitete nicht direkt bei der Zusammensetzung der Verbindung, sondern in dem Bereich (LiTl + Tl). Eine Extrapolation auf die Zusammensetzung der Verbindung ist jedoch möglich, da die gegenseitige Löslichkeit von Lithium und LiTl gering ist und keine Zwischenverbindungen auftreten. · Für die Bildungswärme von [LiTl] ergab sich als Mittelwert von 5 Versuchen $\boxed{+6{,}4}$ $\pm$ 0,3 kcal/g-Atom. Die Bildungswärmen der lithiumreicheren Verbindungen ließen sich nach dieser Methode nicht erfassen; die Mischungen reagierten nicht mehr vollständig durch. Da jedoch die Verbindung LiTl durch das höchste Schmelzmaximum im System Lithium-Thallium ausgezeichnet ist, dürfte diese Zusammensetzung auch durch die höchste Bildungswärme gekennzeichnet sein.

Über die **Mischungswärmen** der flüssigen Lithium-Thallium-Legierungen ist nichts bekannt.

[1] **Kubaschewski**, O.: Z. Elektrochem. angew. physik. Chem. Bd. 47 (1941) S. 623.

Mg-N. Magnesium-Stickstoff.

Matignon[1] berechnete die Bildungswärme von Magnesiumnitrid (Mg_3N_2) aus dessen Lösungswärme in verdünnter Schwefelsäure zu +119,7 kcal/Mol. Durch direkte Azotierung von Magnesium bei 920° C und 25 at Stickstoffdruck mit 25% MgO als Katalysator erhielten **Neumann**, **Kröger** und **Haebler**[2] die fast theoretische Ausbeute an Mg_3N_2. Die Durchführung der Azotierung in einem kleinen Öfchen in der Kalorimeterbombe (Platintiegel mit MgO-Auskleidung) führte die Beobachter zu einem Wert der Bildungswärme von +116 $\pm$ 2 kcal/Mol bei Raumtemperatur. In guter Übereinstimmung damit steht ein lösungskalorimetrisch von **Neumann**, **Kröger** und **Kunz**[3] (Lösungsmittel: HCl · 20 H_2O) ermittelter Wert: $W_B^{293} = +115{,}2$ kcal/Mol bzw. $\boxed{+23{,}0}$ kcal/g-Atom. Aus der von **Brunner**[4] bestimmten Lösungswärme von Mg_3N_2 in Wasser errechneten **Neumann**, **Kröger** und **Kunz**[3] auf Grund neuerer thermochemischer Gleichungen für die Bildungswärme der Verbindung +115,1 kcal/Mol. Aus der guten Übereinstimmung der drei anderen Werte läßt sich folgern, daß derjenige von **Matignon**[1] etwas zu hoch ist.

[1] Matignon, C.: C. R. Séances Acad. Sci. Paris Bd. 154 (1912) S. 1351. —
[2] Neumann, B., C. Kröger u. H. Haebler: Z. anorg. allg. Chem. Bd. 204 (1932)
S. 81. — [3] Neumann, B., C. Kröger u. H. Kunz: Z. anorg. allg. Chem. Bd. 207
(1932) S. 133. — [4] Brunner, R.: Diss. Dresden 1917, vgl. Fußnote 3.

Mg-Pb. Magnesium-Blei.

Zur Bestimmung der Bildungswärmen der Magnesium-Blei-
Legierungen brachten Seith und Kubaschewski[1] die Ausgangs-
metalle getrennt im Eisentiegel auf 1000° und ließen die flüssigen Metalle im Kalorimeter (Graphittiegel) bei Raumtemperatur miteinander
reagieren. Nach der Reaktion
kühlte sich die gebildete Legierung ab und lieferte eine
bestimmte Wärmemenge an das
Kalorimeter. Aus dieser erhielt
man die Reaktionswärme nach
Abzug des Wärmeinhalts der eingebrachten Metalle. Die gefundenen Bildungswärmen für den
Gußzustand bei Raumtemperatur sind in Abb. 129 als Kreise
eingezeichnet. In Übereinstimmung mit dem Zustandsdia-
gramm ergab sich ein Maximum der Bildungswärme bei
der Zusammensetzung Mg_2Pb.

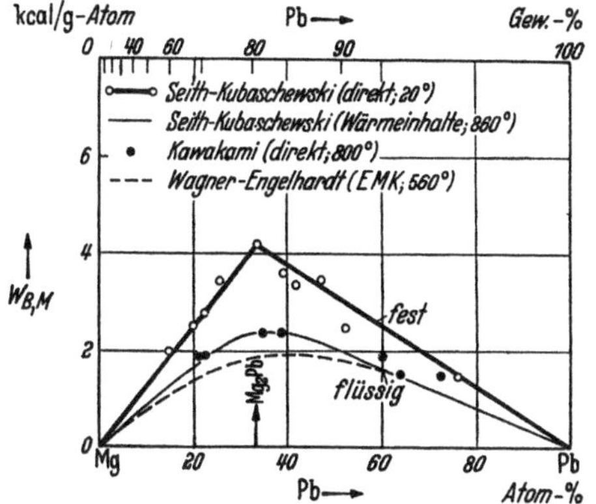

Abb. 129. Bildungs- und Mischungswärmen der
Magnesium-Blei-Legierungen.

Die Bildungswärmen der übrigen Legierungen liegen annähernd auf zwei
Geraden, die sich bei der Zusammensetzung Mg_2Pb schneiden. Mg_2Pb
entsteht aus den Elementen unter Abgabe von $\boxed{+4,2} \pm 0,2$ kcal/g-Atom.

Die Mischungswärme der Magnesium-Blei-Legierungen wurden
ebenfalls von Seith und Kubaschewski[1] aus den Wärmeinhalten
der Legierungen (860 — 25°) und den von ihnen gefundenen Bildungswärmen erhalten. Die von diesen Beobachtern angegebene Kurve befindet sich in sehr guter Übereinstimmung mit den Werten von Kawakami[2], der die Mischungswärme bei der direkten Synthese der Legierungen aus den Elementen bei 800° C ermittelte. Etwas niedriger
ergeben sich die Mischungswärmen, wenn man sie aus den EMK-
Messungen an flüssigen Mg-Pb-Legierungen von Wagner und Engelhardt[3] berechnet. Da bei diesen Beobachtern nur bei einer Temperatur (560° C) und überdies nur gegen Bezugslegierungen, aber nicht
gegen reines Magnesium gemessen wurde, mußte die Auswertung auf
partielle Werte nach $\overline{W}_{Mg} = -RT \cdot \ln \frac{a}{N}$ (vgl. S. 114) vorgenommen

werden. Die Formel ist jedoch nur für reguläre Mischungen gültig; diese Voraussetzung trifft für die Mg-Pb-Schmelzen möglicherweise nicht zu, da auch für den flüssigen Zustand mit dem Wirksamsein heteropolarer Anziehungskräfte zu rechnen ist.

Die Bildung der flüssigen Legierungen erfolgt, wie die der festen, exotherm. Das Maximum der Mischungswärme liegt nach Seith und Kubaschewski sowie Kawakami bei etwa 33 Atom-% Pb und +2,4 kcal/g-Atom Legierung.

Die Schmelzwärme der Verbindung Mg_2Pb wurde von Kubaschewski und Weibke[4] aus den Bildungs- und Mischungswärmen und den Schmelzwärmen der Komponenten zu etwa 3,1 kcal/g-Atom berechnet. Eine Abschätzung dieses Wertes aus der Kurve für die mittlere spezifische Wärme von Mg_2Pb durch Kubaschewski[5] ergab 3,2 kcal/g-Atom.

[1] Seith, W., u. O. Kubaschewski: Z. Elektrochem. angew. physik. Chem. Bd. 43 (1937) S. 743. — [2] Kawakami, M.: Sci. Rep. Tôhoku, Imp. Univ. Bd. 19 (1930) S. 521. — [3] Wagner, C., u. G. Engelhardt: Z. physik. Chem., Abt. A Bd. 159 (1932) S. 241. — [4] Kubaschewski, O., u. Fr. Weibke: Z. Metallkunde Bd. 30 (1938) S. 325. — [5] Kubaschewski, O.: Z. Elektrochem. angew. physik. Chem. Bd. 47 (1941) S. 475.

Mg-Pr. Magnesium-Praseodym.

Die Bildungswärmen der Magnesium-Praseodym-Verbindungen Mg_3Pr und $MgPr$ wurden von Canneri und Rossi[1] für Raumtemperatur durch Lösen der Verbindungen sowie der Komponenten in verdünnter Salzsäure ($HCl \cdot 8,8\ H_2O$) und kalorimetrische Bestimmung der Lösungswärmen ermittelt. Als Mittelwert aus je 3 Versuchen ergaben sich folgende Bildungswärmen: Mg_3Pr $+11,0 \pm 1,5$ und $MgPr$ $+8,2$ $\pm 1,5$ kcal/Mol Legierung. (Über die auffallenden Unterschiede dieser Werte mit den Bildungswärmen der entsprechenden Magnesium-Lanthan-Verbindungen, auf die Biltz aufmerksam macht, vgl. System La-Mg.)

[1] Canneri, G., u. A. Rossi: Gazz. chim. ital. Bd. 63 (1933) S. 182.

Mg-S. Magnesium-Schwefel.

Sabatier[1] erhielt für die Bildungswärme von Magnesiumsulfid aus den Elementen bei Raumtemperatur aus der Lösungswärme in verdünnter Salzsäure den Wert $+79,4$ kcal/Mol. Bichowsky und Rossini[2] korrigierten diesen auf $+82,2$ kcal. Durch direkte Vereinigung von Magnesium und rhombischem Schwefel in der kalorimetrischen Bombe bestimmten neuerdings Kapustinsky und Korshunow[3] die Bildungswärme von [MgS] zu $+84,39 \pm 0,27$ kcal/Mol, d. h. $\boxed{+42,2}$ kcal/g-Atom.

[1] Sabatier, P.: Ann. chim. phys. (5) Bd. 22 (1881) S. 22. — [2] Bichowsky, F. R., u. F. D. Rossini: Thermochemistry of the chemical Substances, S. 114. New York 1936. — [3] Kapustinsky, A. F., u. J. A. Korshunow: Acta physicochim. URSS Bd. 10 (1939) S. 259 — Chem. Zbl. 1939 II S. 2514.

Mg-Sb. Magnesium-Antimon.

Grube[1] machte darauf aufmerksam, daß beim Legieren von Magnesium und Antimon im Konzentrationsgebiet der Verbindung Mg_3Sb_2 eine sehr heftige Reaktion erfolgt, die mit einem starken Temperaturanstieg verbunden ist.

Die Bildungswärmen der Magnesium-Antimon-Legierungen wurden von Kubaschewski und Walter[2] durch Reagierenlassen von Preßlingen aus den Metallpulvergemischen im Hochtemperaturkalorimeter bestimmt. Die Beobachter arbeiteten bei einer Versuchstemperatur von etwa 650° C, also oberhalb der eutektischen Temperaturen des binären Systems. Feste Legierungen bildeten sich demnach nur bei der Zusammensetzung Mg_3Sb_2. Die anderen Legierungen enthielten

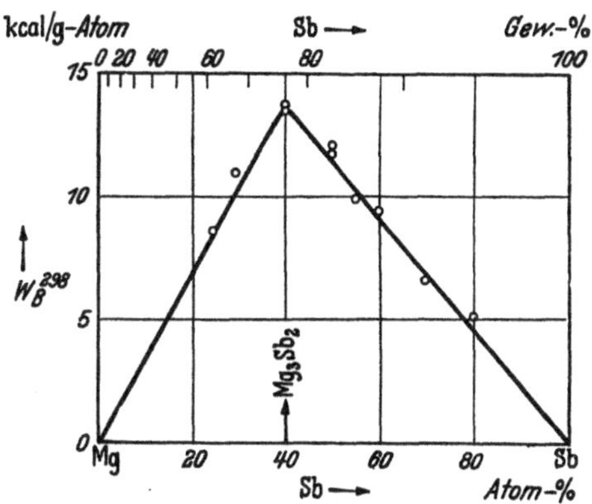

Abb. 130. Bildungswärmen der Magnesium-Antimon-Legierungen bei 650° C. (Nach O. Kubaschewski und A. Walter.)

neben festem Mg_3Sb_2 auch flüssiges Mg bzw. Sb. Unter Annahme der Gültigkeit der Koppschen Regel lassen sich aus den Versuchsdaten bei Berücksichtigung der Schmelzwärme der reinen Metalle die Bildungswärmen bei Raumtemperatur für alle untersuchten Legierungen (Abb. 130) berechnen. Die Werte müssen auf Grund des Zustandsdiagramms auf zwei geraden Linien liegen, die sich bei der Zusammensetzung Mg_3Sb_2 schneiden. Wie aus Abb. 130 hervorgeht, ist das in der Tat annähernd der Fall. Die Bildungswärme von $[Mg_3Sb_2]$ ergab sich zu $\boxed{+13,6} \pm 0,6$ kcal/g-Atom.

Die Mischungswärmen der flüssigen Legierungen sind nicht bekannt.

[1] Grube, G.: Z. anorg. allg. Chem. Bd. 49 (1906) S. 87. — Vgl. auch G. Grube u. R. Bornhak: Z. Elektrochem. angew. physik. Chem. Bd. 40 (1934) S. 140. — [2] Kubaschewski, O., u. A. Walter: Z. Elektrochem. angew. physik. Chem. Bd. 45 (1939) S. 732.

Mg-Sn. Magnesium-Zinn.

Mit Hilfe des Lösungsverfahrens hatten Biltz und Holverscheit[1] die Bildungswärme von $[Mg_2Sn]$ zu $+49$ kcal/Mol bestimmt. Dabei diente als Lösungsmittel Salzsäure mit einem Zusatz von Ferrichlorid. Der Wert von 49 kcal ergab sich unter der Annahme, daß sich das Zinn in der Lösung unter quantitativer Reduktion des Ferrichlorids zu Ferrochlorid löst, während sich das Magnesium ohne Reduktion mit der Salzsäure unter Bildung von Wasserstoff in $MgCl_2$ umsetzt. Unter der Voraussetzung dagegen, daß das Mg in Mg-Zn-Legierungen gleichfalls mit zur Reduktion des $FeCl_3$ in $FeCl_2$ beiträgt, ergibt sich die Bildungswärme nach Biltz und Meyer[2] zu +59 kcal/Mol. Biltz betont an anderer Stelle[3], daß nach der Regel über die Beziehung der Bildungswärme zum Edelkeitsunterschied der Legierungspartner eigentlich ein Wert von etwa +20 kcal zu erwarten wäre, und ferner, „daß in den Ergebnissen (der Bildungswärmen) die (in Ferrichlorid gelösten) Zinnlegierungen zum Teil etwas abseits stehen" und „daß hier eine gelegentliche Nachprüfung erwünscht wäre". Ferner machen Kubaschewski und Walter[4] darauf aufmerksam, daß auf Grund eines Vergleiches mit anderen intermetallischen Verbindungen des Magnesiums und Natriums die von Biltz und Mitarbeitern angegebene Bildungswärme von $[Mg_2Sn]$ zu hoch sein muß.

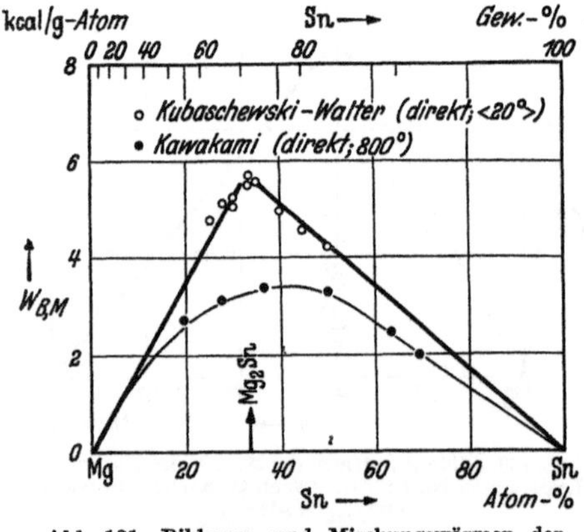

Abb. 131. Bildungs- und Mischungswärmen der Magnesium-Zinn-Legierungen.

Kubaschewski und Walter[4] ließen Preßlinge aus Gemischen von Magnesium- und Zinnpulver im Hochtemperaturkalorimeter bei etwa 650° C reagieren und erhielten die Bildungswärmen der Legierungen aus der Temperaturerhöhung des Kalorimeters. Da die Versuchstemperatur oberhalb der eutektischen Temperaturen lag, mußte man, um die Bildungswärme der festen Legierungen zu erhalten, bei der Ausrechnung der Versuchsergebnisse auch den Anteil der Schmelzwärme des neben festem Mg_2Sn flüssig vorliegenden Metalles berücksichtigen. Da in dem System Magnesium-Zinn nur eine Verbindung auftritt (Mg_2Sn), die mit den reinen Metallen in nur geringem Maße Mischkristalle bildet, müssen die Bildungswärmen der heterogenen Legierungen auf 2 Geraden liegen, die sich bei der stöchiometrischen Zusammensetzung Mg_2Sn schneiden. Wie man in Abb. 131 erkennt, ist das nach Umrechnung der Ergebnisse unter Addition der Schmelzwärme des flüssig vorliegenden Anteils an Magnesium bzw. Zinn der Fall. Unter Annahme der annähernden Gültigkeit der Koppschen Regel hat die in Abb. 131 gezeichnete Kurve auch für Raumtemperatur Gültigkeit. Die Verbindung $[Mg_2Sn]$ bildet sich unter Abgabe von $\boxed{+5{,}6} \pm 0{,}4$ kcal/g-Atom.

Die Mischungswärmen der flüssigen Magnesium-Zinn-Legierungen wurden von Kawakami[5] durch direkte Vereinigung der flüssigen Komponenten im Kalorimeter bei 800° C erhalten und sind ebenfalls in Abb. 131 eingetragen. Die Legierungsbildung erfolgt unter Wärmeabgabe an die Umgebung. Das Maximum der Mischungswärme liegt bei 40 Atom-% Sn und +3,4 kcal/g-Atom.

Die Schmelzwärme der Verbindung Mg_2Sn wurde von Kubaschewski[6] aus den vorliegenden Daten für die Bildungs- und Mischungswärme sowie den Schmelzwärmen der reinen Elemente zu 3,8 kcal/g-Atom berechnet.

[1] Biltz, W., u. W. Holverscheit: Z. anorg. allg. Chem. Bd. 140 (1924) S. 261. — [2] Biltz, W., u. F. Meyer: Z. anorg. allg. Chem. Bd. 176 (1928) S. 23. — [3] Biltz, W.: Z. Metallkunde Bd. 29 (1937) S. 75. — [4] Kubaschewski, O., u. A. Walter: Z. Elektrochem. angew. physik. Chem. Bd. 45 (1939) S. 732. — [5] Kawakami, M.: Sci. Rep. Tôhoku Imp. Univ. Bd. 19 (1930) S. 521. — [6] Kubaschewski, O.: Z. Elektrochem. angew. physik. Chem. Bd. 47 (1941) S. 475.

Mg-Te. Magnesium-Tellur.

Die Vereinigung von Magnesium und Tellur erfolgt nach Berthelot und Fabre[1] bei Rotglut außerordentlich heftig, meistens unter Explosion. Um die direkte Synthese im Hochtemperaturkalorimeter (S. 47) vornehmen zu können, verdünnten Kubaschewski und Wittig[2] deshalb die Ausgangsmischung der Metallpulver (Mg:Te $= 1:1$) mit Magnesiumpulver. Da die Chalkogenide Ionenverbindungen sind, ist keine wesentliche Mischkristallbildung zwischen [Mg] und [MgTe] anzunehmen. Man erhält also durch Messen der Wärmetönung bei der direkten Vereinigung von Magnesium und Tellur die Bildungswärme von [MgTe] auch bei Magnesiumüberschuß. Als Zahlenwert ergab sich hierbei (als Mittel aus den 4 besten Messungen) bei einer Versuchstemperatur von etwa 620° C $+50 \pm 5$ kcal/Mol bzw. $\boxed{+25}$ kcal/g-Atom . MgTe. Die Fehlergrenze ist verhältnismäßig groß, da bei der gewählten Versuchsanordnung nur kleine Gesamtwärmemengen gemessen werden konnten.

[1] Berthelot, M., u. Ch. Fabre: Ann. chim. phys. (6) Bd. 14 (1888) S. 104. — [2] Kubaschewski, O., u. F. E. Wittig: Z. Elektrochem. angew. physik. Chem. Bd. 47 (1941) S. 433.

Mg-Tl. Magnesium-Thallium.

Für die Bildungswärme der Verbindung [MgTl] aus den festen Komponenten bei 290° C liegt nur eine angenäherte Angabe von Kubaschewski[1] vor, der sie auf Grund von Versuchen mit einer sehr einfachen Anordnung auf etwa $+5$ bis $+6,5$ kcal/g-Atom schätzte.

[1] Kubaschewski, O.: Z. Elektrochem. angew. physik. Chem. Bd. 47 (1941) S. 623.

Mg-Zn. Magnesium-Zink.

Roos[1] gibt für die Bildungswärme der Verbindung $MgZn_2$ den lösungskalorimetrisch ermittelten sehr hohen Wert von $+24,9$ kcal/Mol an (Kritik der Resultate von Roos durch Biltz vgl. System Al-Mg).

v. Wartenberg und Mair[2] bestimmten die Lösungswärme der Legierung $MgZn_2$ sowie von Magnesium und Zink in verdünnter Salzsäure und erhielten für die Bildungswärme der Verbindung bei Raumtemperatur $+13,1 \pm 0,2$ kcal/Mol[3]. In befriedigender Übereinstimmung damit fanden Biltz und Hohorst[4], ebenfalls über die Lösungswärmen in verdünnter Salzsäure (HCl · 8,8 H_2O), für die Bildungswärme von [MgZn$_2$] aus den Elementen $+12,6 \pm 0,2$ kcal/Mol bzw. $\boxed{+4,2}$ kcal/g-Atom Legierung. Da die Legierung MgZn$_2$ durch ein ausgeprägtes Schmelzmaximum gekennzeichnet ist, MgZn und MgZn$_5$ aber peritektisch entstehen, so ist anzunehmen, daß der erstgenannten Konzentration auch die höchste Bildungswärme im System Magnesium-Zink zukommt. Die beiden anderen Verbindungen machen sich möglicherweise in dem energetischen Diagramm gar nicht oder nur schwach durch Richtungsänderungen in der Bildungswärme-Konzentrationskurve bemerkbar.

Kawakami[5] erhielt die Mischungswärmen der flüssigen Magnesium-Zink-Legierungen durch direkte Vereinigung der flüssigen Komponenten im Kalorimeter bei 800° C. Die Einwaagen der Metalle waren so gewählt, daß nach der Reaktion im Mittel 0,3 g-Atom Legierung vorlagen. Die Ergebnisse sind in Abb. 132 dargestellt. Die Legierungsbildung erfolgt unter Wärmeabgabe, der Höchstwert liegt bei etwa 60 Atom-% Zn und $+1,5$ kcal/g-Atom.

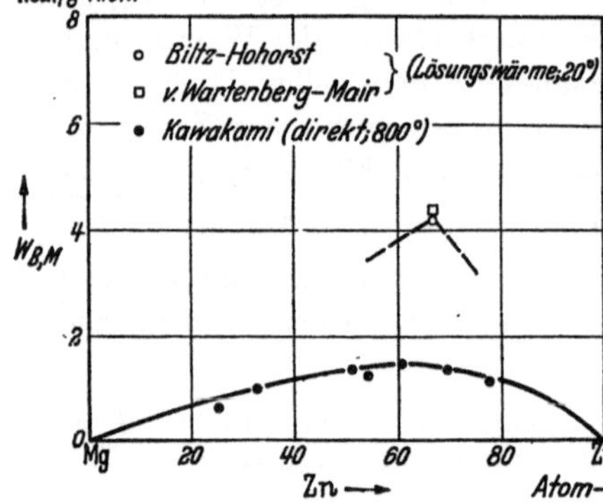

Abb. 132. Zustandsdiagramm, Bildungs- und Mischungswärmen der Magnesium-Zink-Legierungen.

Roos[1] leitete aus thermischen Abkühlungskurven die Schmelzwärme der Verbindung MgZn$_2$ ab. Es ergaben sich etwa: 3,4 kcal/g-Atom.

[1] Roos, G. D.: Z. anorg. allg. Chem. Bd. 94 (1916) S. 329. — [2] Wartenberg. H. v., u. L. Mair: Z. Elektrochem. angew. physik. Chem. Bd. 20 (1914) S. 443. — [3] In der Originalarbeit ist die Bildungswärme um eine Zehnerpotenz tiefer angegeben, was sich bei gemeinsamer Nachprüfung durch Biltz und v. Wartenberg (vgl. Fußnote 4) als Irrtum herausstellte. — [4] Biltz, W., u. G. Hohorst: Z. anorg. allg. Chem. Bd. 121 (1922) S. 1. — [5] Kawakami, M.: Sci. Rep. Tôhoku Imp. Univ. (5) Bd. 19 (1930) S. 521.

Mn-N. Mangan-Stickstoff.

Zur Bestimmung der Bildungswärme von $[Mn_5N_2]$ (ζ-Phase) benutzten Neumann, Kröger und Haebler[1] die direkte Nitrierung bei höherer Temperatur in der kalorimetrischen Bombe mit Hilfe einer Heizspirale aus Platin. Die Nitrierung von pyrophorem Mangan bei 500 bis 600° C und 16 bzw. 25 at Stickstoffdruck sowie bei 900 bis 1000° C und 10 at Stickstoffdruck führte zu Stickstoffaufnahmen, die nahezu der Zusammensetzung Mn_5N_2 entsprachen. Die Bildungswärme von $[Mn_5N_2]$ aus festem Mangan und gasförmigem Stickstoff bei Raumtemperatur ergab sich aus den 3 besten Versuchen zu $+57,2 \pm 0,4$ kcal/Mol (bei konstantem Volumen), d. h. $+57,8$ kcal/Mol bzw. $\boxed{+8,2_5}$ kcal/g-Atom bei konstantem Druck. Neumann, Kröger und Kunz[2] prüften diesen Wert an dem durch direkte Nitrierung erhaltenen Präparat lösungskalorimetrisch; als Lösungsmittel diente 30proz. Schwefelsäure. Sie erhielten für die Bildungswärme des $[Mn_5N_2]$ $+56,8$ kcal/Mol ($+8,1$ kcal/g-Atom) in guter Übereinstimmung mit dem obengenannten Zahlenwert. Da hierbei eine Reihe von Hilfsgleichungen auf Grund älterer Arbeiten herangezogen werden mußten, kommt dem direkt gefundenen Wert die größere Wahrscheinlichkeit zu. Einen Näherungswert für die Bildungswärme im System Mn-N erhielten Neumann, Kröger und Haebler[1] auch durch die Verbrennung von reinem sowie stickstoffhaltigem Mangan (5,1% N) unter einem Druck von 25 at Sauerstoff. Die Beobachter fanden aus der Differenz der Verbrennungswärmen eine Bildungswärme von $62,4$ kcal/Mol N_2, wobei allerdings wegen der angewendeten Methode mit einer höheren Fehlergrenze zu rechnen ist. Da der Stickstoffgehalt der untersuchten Proben nahezu der Zusammensetzung Mn_4N (ε-Phase) entspricht, wäre also für diese Phase eine Bildungswärme von $31,2$ kcal/Mol bzw. $6,2$ kcal/g-Atom abzuleiten. Die ε-Phase wäre danach energetisch kaum vor der ζ-Phase bevorzugt, denn durch direkte Extrapolation des verbrennungskalorimetrisch erhaltenen Wertes auf die Zusammensetzung Mn_5N_2 erhält man $W_B = 8,9$ kcal/g-Atom in brauchbarer Übereinstimmung mit dem oben umrandeten Wert.

Eine ausführliche Kritik der von Satoh[3] mit Hilfe der Dissoziationsdrucke im System Mangan-Stickstoff (Schenck und Kortengräber[4] sowie Shukow[5]) und der spezifischen Wärmen berechneten Bildungswärmen von Mangannitriden bei Raumtemperatur (Mn_4N 39,9 und Mn_5N_2 56,9 kcal/Mol) findet sich in einem zusammenfassenden Bericht von Roth[6].

Maier[7] diskutiert die Ergebnisse von Neumann, Kröger und Haebler und weist darauf hin, daß das verwendete Mangan 0,25% H_2 enthielt, für das bei der Verbrennung nicht korrigiert wurde, und daß ferner bei der direkten Nitrierung eine Temperatursteigerung von nur 0,06° beobachtet wurde, was also nicht zu einem sehr genauen Endresultat führen kann. Die Ergebnisse von

Neumann, Kröger und Kunz waren Maier anscheinend nicht bekannt. — Die relativ gute Übereinstimmung der nach 3 verschiedenen Methoden erhaltenen Ergebnisse sollte jedoch die Brauchbarkeit der oben angegebenen Werte nicht bezweifeln lassen. — Maier[7] schließt ferner aus den Literaturangaben über das System Mn-N, daß bis zu einem Stickstoffgehalt von 15% lediglich die Phase Mn_3N_2 besteht (? vgl. hierzu Hansen), und berechnet ihre Bildungswärme aus den Elementen zu 33,5 kcal/Mol.

[1] Neumann, B., C. Kröger u. H. Haebler: Z. anorg. allg. Chem. Bd. 196 (1931) S. 65. — [2] Neumann, B., C. Kröger u. H. Kunz: Z. anorg. allg. Chem. Bd. 207 (1932) S. 133. — [3] Satoh, S.: Sci. Pap. Inst. physic. chem. Res. Bd. 35 (1939) S. 158. — [4] Schenck, R., u. A. Kortengräber: Z. anorg. allg. Chem. Bd. 210 (1933) S. 273. — [5] Shukow, I.: Chem. Zbl. 1910 I S. 1220. — [6] Roth, W. A.: Z. Elektrochem. angew. physik. Chem. Bd. 45 (1939) S. 337. — [7] Maier, C. G.: Inf. Circ. 6769, Bureau of Mines, 1934 S. 99. Zitiert nach Kelley: U. S. Dep. Interior, Bur. Mines, Bull. 407 (1937) S. 38.

Mn-Ni. Mangan-Nickel.

Die Bildungs- und Mischungswärmen der Mangan-Nickel-Legierungen sind nicht bekannt.

Für eine Legierung der Zusammensetzung $MnNi_3$ besteht zwischen 320 und 600° C ein Übergangsgebiet geordnet → ungeordnet. Im Rahmen anderer Untersuchungen wurden von Kaya und Nakayama[1] Messungen der spezifischen Wärme in dem Temperaturbereich von 100 bis 700° C ausgeführt. Aus den Messungen errechneten die Beobachter die Umwandlungswärme zu 12,90 cal/g, d. h. 745 cal/g-Atom $MnNi_3$. Die Reinheit des verwendeten Mangans (97% Mn) war jedoch nicht sehr befriedigend.

[1] Kaya, S., u. M. Nakayama: Proc. physico-math. Soc. Japan (3) Bd. 22 (1940) S. 126.

Mn-P. Mangan-Phosphor.

Biltz, Wiechmann und Meisel[1] konnten das Bestehen der Verbindung MnP_3 tensionsanalytisch nachweisen und das Bestehen der Verbindung MnP bestätigen. Die gegenseitige Mischbarkeit der beiden Verbindungen ist sehr gering. Die Abbauversuche bei 596 bis 678° C ergaben bei der Auswertung nach van 't Hoff die Dissoziationswärme von Mangantriphosphid: $2\,[MnP_3] = 2\,[MnP] + (P_4) - 54$ kcal. Mit der Verdampfungswärme des weißen Phosphors errechnet sich die Bildungswärme des Mangantriphosphids aus festem, weißem Phosphor und Manganmonophosphid zu $+20,5$ kcal/Mol. Über die Bildungswärmen der Verbindungen aus den Elementen lassen sich jedoch auf Grund der angeführten Arbeit keine Aussagen machen.

[1] Biltz, W., F. Wiechmann u. K. Meisel: Z. anorg. allg. Chem. Bd. 234 (1937) S. 117.

Mn-S. Mangan-Schwefel.

Die Bildungswärme von gefälltem, rosafarbigem Mangansulfid (MnS), bezogen auf rhombischen Schwefel, wird von Thomsen[1] zu $+44,4$ kcal/Mol, also $\boxed{+22,2}$ kcal/g-Atom, angegeben. Berthelot[2] gibt den Wert 45,6. Jellinek und Podjaski[3] schließen aus ihren Gleichgewichtsmessungen der Reaktion $MnCl_2 + H_2S = MnS + 2\,HCl$ (Anwendung der Nernstschen Näherungsgleichung), daß die von Wologdine und Penkiewitsch[4] bei der direkten Synthese beobachtete Bildungswärme des MnS (62,9 kcal/Mol) nicht richtig ist (vgl. hierzu auch S. 39) und den Werten von Thomsen bzw. Berthelot die größere Wahrscheinlichkeit zukommt. Kelley[5] bevorzugte noch 1939 den Wert von Thomsen als den zuverlässigsten. Britzke, Kapustinsky und Wesselowsky[6] untersuchten dieselbe Gleichgewichtsreaktion wie Jellinek und Podjaski mit Hilfe eines statischen Verfahrens bei 680 bis 1000° K und berechneten für die Wärmetönung der Reaktion $[Mn] + [S]_{rhomb} = [MnS]$ einen Wert von 44,6 kcal in guter Übereinstimmung mit den Angaben von Thomsen.

Die Bildungswärme von grünem Mangansulfid wurde von Könneker und Biltz[7] lösungskalorimetrisch ermittelt; als Lösungsmittel diente verdünnte Salzsäure $(HCl \cdot H_2O)$. Dabei wurde angenommen, daß die Lösungswärme von H_2S in verdünnter HCl die gleiche ist wie die im Wasser. Als thermochemische Gleichung ergab sich: $[Mn] + [S]_{rhomb} = [MnS]_{grün} + 44,8$ kcal, als Bildungswärme in kcal/g-Atom also: 22,4. Nimmt man den Unterschied der Bildungswärme gegen Thomsens Wert als reell, so ergibt sich für den Übergang $[MnS]_{rosa} \rightarrow [MnS]_{grün}$ ein Betrag von etwa 0,4 kcal. Ferner machen Könneker und Biltz darauf aufmerksam, daß die Bildungswärme von [MnS] das Doppelte der von [FeS] beträgt. Diese Beziehung aber ist von Wichtigkeit für eine bedeutungsvolle Reaktion der Technologie des Eisens, nämlich für die Umsetzung von metallischem Mangan mit Schwefeleisen: $[Mn] + [FeS] = [MnS] + [Fe] + 22,0$ kcal. — Kapustinsky und Korshunow[8] erhielten bei der unmittelbaren Vereinigung von Mangan und Schwefel in der kalorimetrischen Bombe einen höheren Wert als Könneker und Biltz, nämlich $48,75 \pm 0,52$ kcal/Mol. Da letzterer Wert auf dem direkten Wege erhalten wurde, ist er wahrscheinlich genauer; bezogen auf 1 g-Atom MnS beträgt dann die Bildungswärme: $\boxed{+24,4}$ kcal. Die Umwandlungswärme $[MnS]_{rosa} \rightarrow [MnS]_{grün}$ würde sich dann zu 4,4 kcal/Mol ergeben.

Biltz und Wiechmann[9] führten Versuche über den Abbau und die Synthese des Hauerits (MnS_2) durch. Zwischen $[MnS_2]$ und [MnS] trat kein anderes Sulfid als selbständiger Bodenkörper auf. Es zeigte sich, daß der Schwefeldampfdruck über Hauerit vom Dampfdruck des elementaren Schwefels nicht nennenswert abweicht. Da die Anlagerung des zweiten Schwefelatoms also keinen wesentlichen Energiegewinn bringt, darf man die Bildungswärme von $[MnS_2]$ aus den festen Elementen gleich der des $[MnS]$ setzen und man erhält: $[Mn] + 2[S]_{rhomb} = [MnS_2] + \sim 45$ kcal (bzw. ~ 49 kcal unter Zugrundelegung des Ergebnisses von Kapustinsky und Korshunow).

[1] Thomsen, J.: Thermochemische Untersuchungen, S. 240. Stuttgart 1906. — [2] Berthelot, M.: Ann. chim. phys. (5) Bd. 4 (1875) S. 187. — [3] Jellinek, K., u. G. v. Podjaski: Z. anorg. allg. Chem. Bd. 171 (1928) S. 261. — Vgl. auch die älteren Versuche von K. Jellinek und J. Zakowski: Z. anorg. allg. Chem. Bd. 142 (1925) S. 1. — [4] Wologdine, S., u. B. Penkiewitsch: C. R. Séances Acad. Sci. Paris Bd. 158 (1914) S. 498. — [5] Kelley, K. K.: J. Amer. chem. Soc. Bd. 61 (1939) S. 203. — [6] Britzke, E. V., A. F. Kapustinsky u. B. K. Wesselowsky: Z. anorg. allg. Chem. Bd. 213 (1933) S. 65. — [7] Könneker, A., u. W. Biltz: Z. anorg. allg. Chem. Bd. 242 (1939) S. 225. — [8] Kapustinsky, A. F., u. J. A. Korshunow: Acta physicochim. URSS Bd. 10 (1939) S. 259 — Chem. Zbl. 1939 II S. 2514. — [9] Biltz, W., u. F. Wiechmann: Z. anorg. allg. Chem. Bd. 228 (1936) S. 268.

Mn-Se. Mangan-Selen. Mn-Te. Mangan-Tellur.

Die Bildungswärme von Manganselenid ist nur auf Grund einer älteren Angabe bekannt. Fabre[1] erhielt sie aus der Lösungswärme in Bromwasser zu $+30{,}6$ kcal/Mol. Eine Neuberechnung durch Bichowsky und Rossini[3] ergab $+26{,}3$ kal/Mol.

Kelley[2] bestimmte die spezifische Wärme von $[MnSe]$ von 50 bis $290°$ K und von $[MnTe]$ von 50 bis $330°$ K. MnSe zeigte dabei eine kleine Spitze in der C_p/T-Kurve bei $116°$ K und eine sehr ausgesprochene in dem Temperaturbereich 230 bis $260°$ K. MnTe hat ebenfalls eine solche Spitze, deren Maximum bei etwa $307°$ K gefunden wurde.

[1] Fabre, Ch.: Ann. chim. phys. (6) Bd. 10 (1887) S. 523. — [2] Kelley, K. K.: J. Amer. chem. Soc. Bd. 61 (1939) S. 203. — [3] Bichowsky, F. R., u. F. D. Rossini: Thermochemistry of the chemical Substances, S. 93. New York 1936.

Mo-N. Molybdän-Stickstoff.

Die Bildungswärme eines Nitrids der Zusammensetzung Mo_2N (γ-Phase im System Mo-N) wurde von Neumann, Kröger und Kunz[1] durch Messungen der Verbrennungswärmen von sehr reinem Molybdän sowie des Nitrids in der kalorimetrischen Bombe ermittelt[4]. Die Verbrennungen wurden in Quarzschälchen unter 35 at O_2-Druck ausgeführt und führten zu nahezu vollständigem Umsatz. Die Zündung geschah mit einem Nickeldraht. Als Bildungswärme von $[Mo_2N]$ aus festem Molybdän und gasförmigem Stickstoff ergaben sich $+16{,}6 \pm 0{,}6$ kcal/Mol oder $\boxed{+5{,}5}$ kcal/g-Atom bei Raumtemperatur und konstantem Druck. Eine Berechnung der Bildungswärme von Satoh[2] aus den von Sieverts und Zapf[3] bei 820° C gemessenen Dissoziationsdrucken und der spezifischen Wärme von Mo_2N führte zu nahezu dem gleichen Wert (16,8 kcal/Mol bei Raumtemperatur).

[1] Neumann, B., C. Kröger u. H. Kunz: Z. anorg. allg. Chem. Bd. 218 (1934) S. 379. — [2] Satoh, S.: Sci. Pap. Inst. physic. chem. Res. Bd. 34 (1938) S. 362. — [3] Sieverts, A., u. G. Zapf: Z. anorg. allg. Chem. Bd. 229 (1936) S. 161. — [4] Die Mischkristallbildung in dem Bereich Mo_2N-Mo ist anscheinend nur gering.

Mo-S. Molybdän-Schwefel.

Parravano und Malquori[1] haben das Reduktionsgleichgewicht des Molybdändisulfids: $[MoS_2] + 2 (H_2) = 2 (H_2S) + [Mo]$ mit einer dynamischen Methode (nach Jellinek und Zakowski, S. 100) bei 805 bis 1100° C untersucht[2]. Aus den Gleichgewichtsdrucken $\frac{p_{H_2S}}{p_{H_2}}$ wurde zunächst der Schwefeldampfdruck des Sulfids bei den verschiedenen Versuchstemperaturen berechnet. Kelley[3] wertet die Ergebnisse dieser Beobachter mit Hilfe der spez. Wärmen (C_p von MoS_2 geschätzt) und von Entropiedaten aus. Die Auswertung führt zu folgender Wärmetönung bei 25° C:

$$[Mo] + 2 [S]_{rhomb} = [MoS_2] + 56,3 \text{ kcal.}$$

Die Genauigkeit dieses Wertes kann allerdings nicht sehr hoch angenommen werden: ± 5 kcal (geschätzt).

[1] Parravano, N., u. G. Malquori: Atti R. Accad. naz. Lincei, Rend. Bd. 7 (1928) S. 109. — [2] Der Bodenkörper war bei allen Temperaturen fest und bestand nur aus den zwei Phasen MoS_2 und Mo. — Bezüglich der Dampfdruckmessungen von Parravano und Malquori [Atti R. Accad. naz. Lincei, Rend. Bd. 7 (1928) S. 19] an MoS_3 vgl. die Notiz von Biltz und Köcher [Z. anorg. allg. Chem. Bd. 248 (1941) S. 172]. Demnach ist Molybdäntrisulfid thermolabil. — [3] Kelley, K. K.: U. S. Dep. Interior, Bur. Mines, Bull. 406 (1937) S. 53.

N-Si. Stickstoff-Silizium.

Matignon[1] ermittelte die Gleichgewichtsdaten der Reaktion $3 [SiO_2] + 6 [C]_{am} + 2 (N_2) = [Si_3N_4] + 6 (CO)$ bei 1700° K und erhielt mit Hilfe der Nernstschen Näherungsgleichung die Bildungswärme von $[Si_3N_4]$ aus festem Silizium und gasförmigem Stickstoff bei Raumtemperatur zu $+159$ kcal/Mol. Satoh[2] berechnete mit den spezifischen Wärmen von Si_3N_4 und Si sowie den von Hincke und Brantley[3] gemessenen Dissoziationsdrucken des Siliziumnitrids (bei 1600 und 1800° K) für dessen Bildungswärme bei Raumtemperatur $+163$ kcal/Mol[4]. Kelley[5] berechnet, ebenfalls mit den Angaben von Hincke und Brantley, für W_B^{298}: $+179$ kcal/Mol bzw. $\boxed{+25,6}$ kcal/g-Atom Nitrid.

[1] Matignon, C.: Bull. Soc. chim. (4) Bd. 13 (1913) S. 791. — [2] Satoh, S.: Sci. Pap. Inst. physic. chem. Res. Bd. 34 (1938) S. 144. — [3] Hinke, W. B., u.

L. R. Brantley: J. Amer. chem. Soc. Bd. 52 (1930) S. 48. — [4] Satoh bestimmte beispielsweise die mittlere spezifische Wärme nur bei 3 Temperaturen bis 585° C und extrapolierte dann auf die Temperatur der Gleichgewichtsmessung (1423° C)! — [5] Kelley, K. K.: U. S. Dep. Interior, Bur. Mines, Bull. 407 (1937) S. 39.

N-Sr. Stickstoff-Strontium.

Guntz und Benoit[1] stellten sich durch Überleiten von Stickstoff über Strontium ein 95proz. Strontiumnitrid (Sr_3N_2) her. Die Bildungswärme des Nitrids (umgerechnet auf 100%) ergab sich lösungskalorimetrisch zu $+91,4$ kcal/Mol bzw. $\boxed{+18,3}$ kcal/g-Atom. Als Lösungsmittel diente verdünnte Salzsäure.

[1] Guntz, A., u. F. Benoit: Ann. Chimie (9) Bd. 20 (1923) S. 5. — Vgl. auch Landolt-Börnstein-Roth-Scheel, I. Erg.-Bd. S. 822.

N-Ta. Stickstoff-Tantal.

Die Bildungswärme des Tantalnitrids (TaN) wurde von Neumann, Kröger und Kunz[1] durch Messen der Verbrennungswärme von Ta und TaN in der kalorimetrischen Bombe ermittelt. Die Verbrennung erfolgte in Einsatztiegeln aus Tantaloxyd, Titandioxyd oder Quarz und unter 25 at Sauerstoffdruck. Zur Zündung diente Nickeldraht. Der Verbrennungsgrad wurde analytisch ermittelt. Die Bildung von [TaN] aus festem Tantal und gasförmigem Stickstoff bei Zimmertemperatur ist nach den Ergebnissen mit einer Wärmetönung von $+58,1 \pm 1,7$ kcal verbunden. Bezogen auf 1 g-Atom Nitrid beträgt die Bildungswärme also $\boxed{+29}$ kcal.

Satoh[2] berechnete die Bildungswärme aus dem von Andrews[3] gemessenen Dissoziationsdruck bei 2240° K und der spezifischen Wärme des Nitrids. Obwohl der Gleichgewichtsdruck nur für eine Temperatur vorlag, und Satoh die mittleren spezifischen Wärmen nur bei 3 Temperaturen und bis 500° C an einem Nitrid mit 93,5% TaN (Rest Ta) ermittelte und dann auf 1967° C extrapolierte, erhielt er eine gute Übereinstimmung der Bildungswärme mit dem Wert von Neumann, Kröger und Kunz; es ergaben sich $+58,7$ kcal/Mol. Ein von Slade und Higson[4] ebenfalls aus Messungen des Dissoziationsdruckes abgeleiteter Wert liegt offensichtlich zu hoch.

[1] Neumann, B., C. Kröger u. H. Kunz: Z. anorg. allg. Chem. Bd. 218 (1934) S. 379. — [2] Satoh, S.: Sci. Pap. Inst. physic. chem. Res. Bd. 34 (1938) S. 477. — [3] Andrews, M. R.: J. Amer. chem. Soc. Bd. 54 (1932) S. 1845. — [4] Slade, R. E., u. G. I. Higson: J. chem. Soc. London Bd. 115 (1919) S. 215.

N-Th. Stickstoff-Thorium.

Aus Versuchen zur direkten Nitrierung von Thor (99% Th) im Eisentiegel in der kalorimetrischen Bombe bei 970 bis 1000° C und 25 at N_2-Druck errechneten Neumann, Kröger und Haebler[1] die molare Bildungswärme von [Th_3N_4] aus festem Thorium und gasförmigem

Stickstoff zu $+308{,}5 \pm 4$ kcal bei konstantem Volumen. Bei einer Nachprüfung dieses Wertes erhielten Neumann, Kröger und Kunz[2] aus der Differenz der Verbrennungswärmen des reinen Metalls und des Nitrids $311{,}2$ kcal/Mol, ein Wert, der mit dem obigen recht brauchbar übereinstimmt. Bezogen auf 1 g-Atom Nitrid erhält man dann im Mittel aus den Ergebnissen bei den Arbeiten für die Bildungswärme von [Th_3N_4] aus festem Thor und gasförmigem Stickstoff $+44{,}3$ kcal für konstantes Volumen bzw. $\boxed{+44{,}5}$ kcal für konstanten Druck.

[1] Neumann, B., C. Kröger u. H. Haebler: Z. anorg. allg. Chem. Bd. 207 (1932) S. 145. — [2] Neumann, B., C. Kröger u. H. Kunz: Z. anorg. allg. Chem. Bd. 218 (1934) S. 379.

N-Ti. Stickstoff-Titan.

Die Bildungswärme von Titannitrid (TiN) aus festem Titan und gasförmigem Stickstoff wurde von Neumann, Kröger und Kunz[1] aus den Verbrennungswärmen des reinen Metalls und des Nitrids in der kalorimetrischen Bombe ermittelt. Die Verbrennung erfolgte in TiO_2-Einsatztiegeln unter 35 at Sauerstoff ohne Heizsubstanz (Zündung mit Nickeldraht). Die Bildungswärme ergab sich für Raumtemperatur und konstanten Druck aus der Differenz der Mittelwerte der Verbrennungswärmen von Metall und Nitrid zu $+80{,}3 \pm 0{,}4$ kcal/Mol oder $\boxed{+40{,}2}$ kcal/g-Atom. Jedoch dürfte die Fehlergrenze wegen der Ermittlung der Bildungswärme aus der Differenz der Verbrennungswärmen höher einzusetzen sein (vgl. z. B. S. 33).

[1] Neumann, B., C. Kröger u. H. Kunz: Z. anorg. allg. Chem. Bd. 218 (1934) S. 379.

N-U. Stickstoff-Uran.

Neumann, Kröger und Haebler[1] erhielten durch direkte Nitrierung von Uran (83—89% U) in der kalorimetrischen Bombe bei 700 bis 1000°C und 25 at Stickstoffdruck für die Bildungswärme von U_3N_4 $+274 \pm 5$ kcal/Mol oder $+30{,}6$ kcal/g-Atom für Raumtemperatur. (Vgl. auch System Ce-N.) Für konstanten Druck beträgt die Bildungswärme dann 275 kcal/Mol.

[1] Neumann, B., C. Kröger u. H. Haebler: Z. anorg. allg. Chem. Bd. 207 (1932) S. 145.

N-V. Stickstoff-Vanadium.

Der Dissoziationsdruck von Vanadiumnitrid (VN) bei 1203 und 1271°C ist von Slade und Higson[1] gemessen worden. Mit den Ergebnissen dieser Beobachter und den mittleren spezifischen Wärmen von VN (bis 459°C bei 3 Temperaturen gemessen und auf höhere Temperaturen extrapoliert) sowie V berechnete Satoh[2] die Bildungswärme des Vanadiumnitrids bei Raumtemperatur zu etwa $+66$ kcal/Mol, die zuverlässigere Rechnung von Kelley[3] ergab $W_B^{298} = +41$ kcal/Mol. Die Genauigkeit dieses Wertes ist schwer anzugeben, vor allem da auch die Phasengleichgewichte in den Bereich VN-V noch nicht eindeutig festgelegt sind, jedoch darf sie nicht überschätzt werden.

[1] Slade, R. E., u. G. I. Higson: J. chem. Soc. London Bd. 115 (1919) S. 215. — [2] Satoh, S.: Sci. Pap. Inst. physic. chem. Res. Bd. 34 (1938) S. 241. — [3] Kelley, N. N.: U. S. Dep. Interior, Bur. Mines, Nr. 407 (1937) S. 42.

N-Zn. Stickstoff-Zink.

Die Bildungswärme des Zinknitrids (Zn_3N_2) wurde von Juza, Neuber und Hahn[1] durch Lösungskalorimetrie mit verdünnter Salzsäure bestimmt. Es wurden 2 Meßreihen mit aus Zinkamid und Zinkstaub hergestellten Nitridpräparaten durchgeführt. Man erhielt dann für die Wärmetönung der Bildung von $[Zn_3N_2]$ aus $3\,[Zn]$ und (N_2) bei konstantem Druck $+5{,}3$ kcal/Mol bzw. $\boxed{+1{,}1}$ kcal/g-Atom Nitrid. Die Unsicherheit des Wertes wird zu etwa ± 1 kcal/Mol angegeben.

[1] Juza, R., Anna Neuber u. H. Hahn: Z. anorg. allg. Chem. Bd. 239 (1938) S. 273.

N-Zr. Stickstoff-Zirkon.

Die Bildungswärme von Zirkonnitrid (ZrN) aus festem Zirkon und gasförmigem Stickstoff wurde von Neumann, Kröger und Kunz[1] aus der Verbrennungswärme des Nitrids und des reinen Metalls in der kalorimetrischen Bombe ermittelt. Als Einsatztiegel dienten solche aus einem Gemisch von Zirkonoxyd und Magnesiumoxyd; der Sauerstoffdruck betrug 25 at; die Zündung erfolgte mit einem Nickeldraht. Die Verbrennung des Nitrids geschah unter Zusatz von Paraffinöl. Die Bildungswärme des Zirkonnitrids für $18°$ C und konstanten Druck errechnete sich aus der Differenz der Mittelwerte der Verbrennungswärmen von Metall und Nitrid zu $+82{,}2 \pm 1{,}1$ kcal/Mol oder $\boxed{+41{,}1}$ kcal/g-Atom.

[1] Neumann, B., C. Kröger u. H. Kunz: Z. anorg. allg. Chem. Bd. 218 (1934) S. 379. Die Verbrennungswärme des reinen Metalls ist in bester Übereinstimmung mit den Angaben von Roth und Becker [Z physik. Chem., Abt. A. Bd. 159 (1932) S. 21].

Na-Pb. Natrium-Blei.

Die Bildungswärmen der festen Natrium-Blei-Legierungen wurden von Seith und Kubaschewski[1] durch Messen der Wärmetönung beim Aufgießen von flüssigem Blei (1000°) auf festes Natrium, das sich im Kalorimeter befand, unter Berücksichtigung des Wärmeinhalts des Bleis zwischen Gieß- und Raumtemperatur bestimmt. Die Versuche wurden unter Argon ausgeführt. Die Versuchsergebnisse (Genauigkeit der. Einzelmessung $\pm 6\%$) geben ein deutliches Bild der Abhängigkeit der Bildungswärme von der Konzentration: Abb. 133. Die Schmelzmaxima der Verbindungen Na_4Pb, Na_5Pb_2 und $NaPb$ sind, wie das Zustandsdiagramm zeigt, annähernd gleich hoch. Die Bildungswärme-Konzentrationskurve ergibt jedoch eine energetische Bevorzugung der Verbindung $NaPb$. Die beiden anderen Verbindungen sind durch Richtungsänderungen gekennzeichnet. Für die Verbindungen Na_2Pb und Na_2Pb_5 lassen sich solche nicht erkennen. — Die Zahlenwerte der Bildungswärmen bei Raumtemperatur sind nach den Ergebnissen von Seith und Kubaschewski in Tab. 52 zusammengestellt.

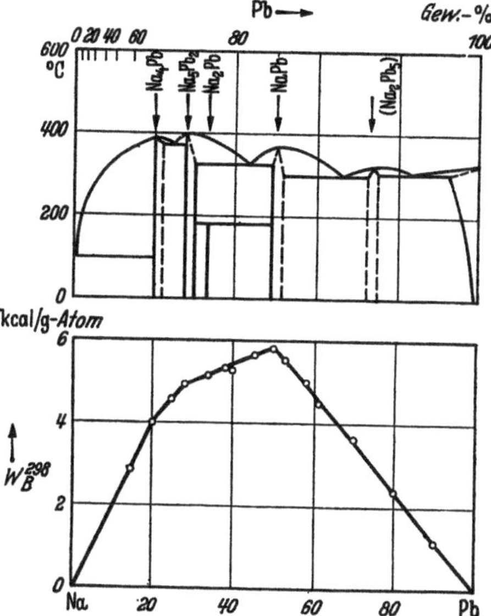

Abb. 133. Zustandsdiagramm und Bildungswärmen der Natrium-Blei-Legierungen. (Bildungswärmen bei Raumtemperatur nach W. Seith und O. Kubaschewski.)

Kraus und Ridderhof[2] haben die Reaktionswärme von Natrium mit in flüssigem Ammoniak gelöstem $PbBr_2$ bei $-33,4°$ C gemessen (vgl. S. 17). Aus den beiden Reaktionsgleichungen

$$PbBr_2 \text{ (gel)} + 6\,[Na] = 2\,NaBr \text{ (gel)} + [Na_4Pb] + 104,4 \text{ kcal}$$

$$PbBr_2 \text{ (gel)} + 2\,[Na] = 2\,NaBr \text{ (gel)} + [Pb] \qquad + 91,2 \text{ kcal}$$

ergab sich die Bildungswärme von $[Na_4Pb]$ zu $+13,2$ kcal/Mol. Wir möchten jedoch dem durch direkte Vereinigung der Komponenten im Kalorimeter gewonnenen Wert die größere Wahrscheinlichkeit zusprechen.

Die Mischungswärmen der flüssigen Natrium-Blei-Legierungen sind nicht bekannt.

Tabelle 52. Bildungswärmen im System Na-Pb. (Nach Seith und Kubaschewski.)

Formel	Bildungswärme in kcal	
	pro Mol	pro g-Atom
Na_4Pb . .	20	4,0
Na_5Pb_2 . .	35	5,0
Na_2Pb . .	15,6	5,2
$NaPb$ . .	11,6	5,8
Na_2Pb_5 . .	22	3,2

Von Roos[3] wurden die Schmelzwärmen einiger Verbindungen aus deren thermischen Abkühlungskurven orientierend ermittelt. Bezogen auf 1 g-Atom Legierung ergaben sich folgende Werte: Na_2Pb 1,7, $NaPb$ $1,9_5$ und Na_2Pb_5 1,7 kcal.

[1] Seith, W., u. O. Kubaschewski: Z. Elektrochem. angew. physik. Chem. Bd. 43 (1937) S. 743. — [2] Kraus, C. A., u. J. A. Ridderhof: J. Amer. chem. Soc. Bd. 56 (1934) S. 79. — [3] Roos, G. D.: Z. anorg. allg. Chem. Bd. 94 (1916) S. 329.

Na-S. Natrium-Schwefel.

Bichowsky und Rossini[1] berechneten die Bildungswärme von $[Na_2S]$ zu $+89,8$ und von $[Na_2S_4]$ zu $+99,8$ kcal/Mol. Sie verwendeten für diese Berechnung vor allem die Angaben von Sabatier[2] (Lösungswärmen). Die von Rengade und Costeanu[3] gefundene Lösungswärme von Na_2S in Wasser wird als unwahrscheinlicher hingestellt. Etwas niedrigere Werte, als die angegebenen, erhielten Kraus und Ridderhof[4], nämlich $+87,0$ kcal/Mol für $[Na_2S]$ und $+96,2$ für $[Na_2S_2]$. Bei diesen Versuchen wurde Schwefel zu einer Lösung von Natrium in flüssigem Ammoniak ($-33,4°$ C) gegeben. Eine kurze Beschreibung der kalorimetrischen Meßmethodik findet sich auf S. 17.

Bezogen auf 1 g-Atom Sulfid beträgt also die Bildungswärme von Na_2S $\boxed{+29,5}$ (Mittelwert), von Na_2S_2 $\boxed{+24,0}$ und von Na_2S_4 $\boxed{+16,6}$ kcal. D. h. die durch ein hohes Schmelzmaximum (980°) ausgezeichnete Verbindung Na_2S hat auch die höchste Bildungswärme, die beiden anderen Verbindungen[5] aber treten auf der (hier nicht gezeichneten) Bildungswärme-Konzentrationskurve nur wenig hervor. Da also die Anlagerung von weiteren Schwefelatomen an die Verbindung Na_2S ohne wesentliche Wärmetönung erfolgt, kann auch die Bildungswärme der Verbindung Na_2S_5 geschätzt werden; sie beträgt etwa 14 kcal/g-Atom.

[1] Bichowsky, F. R., u. F. D. Rossini: Thermochemistry of the chemical Substances, S. 140. New York 1936. — [2] Sabatier, P.: Ann. chim. phys. (5) Bd. 22 (1891) S. 5. — [3] Rengade, E., u. N. Costeanu: C. R. Seances Acad. Sci. Paris Bd. 158 (1914) S. 946. — [4] Kraus, C. A., u. J. A. Ridderhof: J. Amer. chem. Soc. Bd. 56 (1934) S. 79. — [5] Na_2S_4 schmilzt ebenfalls kongruent, aber schon bei 285°; Na_2S_2 zerfällt bei 475° in Na_2S + Schmelze.

Na-Sb. Natrium-Antimon.

Die Bildungswärmen der Natrium-Antimon-Legierungen wurden von Kubaschewski und Seith[1] für den Gußzustand bei Raumtemperatur durch direkte Vereinigung der Partner bestimmt. Es wurde flüssiges Antimon (1000° C) auf festes Natrium (im Kalorimeter) gegossen und die Reaktionswärme (für die Bildung der festen Legierungen aus den festen Komponenten) aus der gemessenen Wärmetönung unter Abzug des Wärmeinhalts von Antimon (1000 — 25°) berechnet. Als Tiegelmaterial diente Graphit; die Versuche wurden unter

Argon ausgeführt. Die Abhängigkeit der Bildungswärme von der Konzentration ist in Abb. 134 graphisch dargestellt. Die Genauigkeit der Einzelmessungen wurde zu $\pm 6\%$ berechnet. Die Versuchswerte lassen sich zwei geraden Linien zuordnen, die sich bei der Zusammensetzung der Verbindung Na_3Sb schneiden. Die Verbindung $NaSb$ macht sich in dem energetischen Diagramm nicht durch eine Richtungsänderung der Kurve bemerkbar. Ihre Bildungswärme beträgt $\boxed{+7,9}$ kcal/g-Atom, die der Verbindung Na_3Sb $\boxed{+11,8}$ kcal/g-Atom. Die ausgesprochene energetische Bevorzugung der valenzmäßig

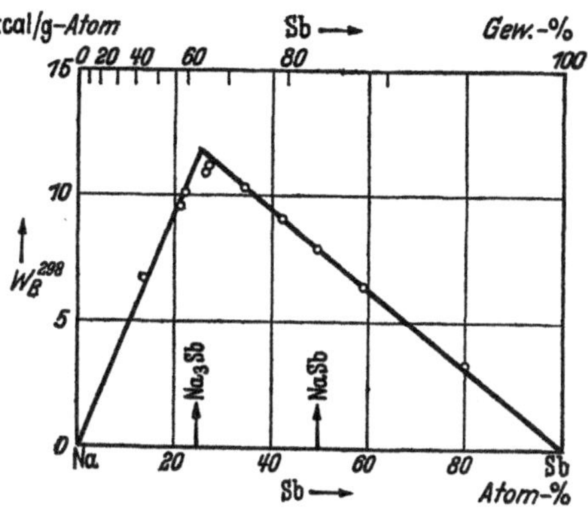

Abb. 134. Bildungswärmen der Natrium-Antimon-Legierungen bei Raumtemperatur.
(Nach O. Kubaschewski und W. Seith.)

zusammengesetzten Verbindung Na_3Sb war auch nach dem Verlauf der Schmelzkurve der Natrium-Antimon-Legierungen zu erwarten.

Die Mischungswärmen der Natrium-Antimon-Legierungen sind bisher nicht bestimmt worden.

[1] Kubaschewski, O., u. W. Seith: Z. Metallkunde Bd. 30 (1938) S. 7.

Na-Se. Natrium-Selen.

Bichowsky und Rossini[1] berechneten die Bildungswärme der Verbindung Na_2Se mit Hilfe der von Fabre[2] gemessenen Neutralisationswärme von $NaOH$ mit H_2Se sowie der Lösungswärme des wasserfreien Salzes und der Hydrate in Wasser (Raumtemperatur). Es ergab sich: $2\,[Na] + [Se]_{met} = [Na_2Se] + 59$ kcal.

[1] Bichowsky, F. R., u. F. D. Rossini: Thermochemistry of the chemical Substances, S. 142. New York 1936. — [2] Fabre, Ch.: Ann. chim. phys. (6) Bd. 10 (1887) S. 472.

Na-Sn. Natrium-Zinn.

Biltz und Holverscheit[1] ermittelten die Bildungswärmen folgender Natrium-Zinn-Verbindungen auf lösungskalorimetrischem Wege: Na_4Sn, Na_2Sn, Na_4Sn_3, $NaSn$ und $NaSn_2$. Als Lösungsmittel diente Ferrichlorid-Salzsäure. Die Versuche wurden bei Raumtemperatur durchgeführt. Die Zahlenwerte der Bildungswärmen von Biltz und Holverscheit wurden später von Biltz und Meyer[2] korrigiert. Zu dieser Korrektur führte folgende Überlegung: Zinn löst sich in der salzsauren Ferrichloridlösung unter quantitativer Reduktion von $FeCl_3$

zu $FeCl_2$; das unedle Metall Natrium löst sich darin ohne jede Reduktion von $FeCl_3$ lediglich auf Kosten der Salzsäure unter Wasserstoffentwicklung. Die älteren Werte hatten sich unter der Annahme ergeben, daß das Natrium, in Verbindung mit Zinn, ebenfalls nicht zur Reduktion des Ferrichlorids beiträgt. Die Neuberechnung der Bildungswärme durch Biltz und Meyer erfolgte unter der nicht ohne weiteres begründeten Voraussetzung, daß das mit Zinn verbundene Natrium auch zur Reduktion des $FeCl_3$ beiträgt.

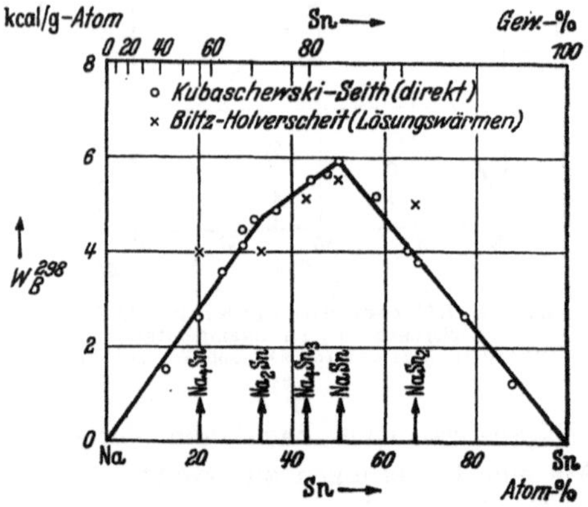

Eine neuere Bestimmung der Bildungswärmen der Natrium-Zinn-Legierungen wurde von Kubaschewski und Seith[3] auf direktem Wege vorgenommen. Flüssiges Zinn (1000°) wurde auf festes Natrium, das sich im Kalorimeter befand, gegossen. Die Reaktionswärmen wurden aus den gemessenen Temperaturerhöhungen unter Berücksichtigung des Wärmeinhalts von Zinn berechnet. Als Tiegelmaterial diente Graphit, als Schutzgas Argon; die gemessenen Bildungswärmen gelten für den Gußzustand der Legierungen und Raumtemperatur. Die aus 15 Versuchen erhaltenen Werte sind in Abb. 135 eingetragen. Ein Vergleich mit den Angaben von Biltz und Mitarbeitern zeigt

Abb. 135.
Bildungswärmen der Natrium-Zinn-Legierungen.

Tabelle 53. Bildungswärmen im System Na-Sn. (Nach Kubaschewski und Seith.)

Formel	Bildungswärme in kcal	
	pro Mol	pro g-Atom
Na_4Sn ..	13,5	2,7
Na_2Sn ..	14,4	4,8
Na_4Sn_3 ..	38	5,4
$NaSn$ ...	12,0	6,0
$NaSn_2$ ..	12,0	4,0

eine annähernde Übereinstimmung mit den ursprünglichen Werten von Biltz und Holverscheit, dagegen liegen die von Biltz und Meyer korrigierten Werte wesentlich höher. In Abb. 135 sind wegen der besseren Übereinstimmung mit den Ergebnissen der direkten Messung nur diejenigen von Biltz und Holverscheit eingezeichnet. Die Bildungswärmen der Natrium-Zinn-Verbindungen sind in Tab. 53 nach den Angaben von Kubaschewski und Seith zusammengestellt. Die höchste Bildungswärme in dem System Natrium-Zinn hat die Verbindung mit dem höchsten Schmelzmaximum (576° C), $NaSn$. Aus den Versuchsdaten ergibt sich ferner deutlich eine Richtungsänderung der Bildungswärme-Konzentrationskurve bei der Verbindung Na_2Sn (Schmelzmaximum: 477° C). Die anderen Verbindungen (Na_4Sn, Na_4Sn_3, $NaSn_2$), die durch peritektische Reaktion entstehen, sind anscheinend energetisch nicht wesentlich bevorzugt.

Die Mischungswärmen der flüssigen Natrium-Zinn-Verbindungen sind nicht bekannt.

[1] Biltz, W., u. W. Holverscheit: Z. anorg. allg. Chem. Bd. 140 (1924) S. 261. — [2] Biltz, W., u. F. Meyer: Z. anorg. allg. Chem. Bd. 176 (1928) S. 23. — [3] Kubaschewski, O., u. W. Seith: Z. Metallkunde Bd. 30 (1938) S. 7.

Na-Te. Natrium-Tellur.

Kraus und Ridderhof[1] haben die Reaktionswärme von Natrium mit Tellur in flüssigem Ammoniak bei $-33,4°$ C bestimmt. So ergab sich die Bildungswärme von Na_2Te aus der Wärmetönung bei der Einwirkung von Te auf eine Lösung von Na in NH_3 (unter Berücksichtigung der Lösungswärme des Na) im Mittel aus 3 Messungen zu $+84,3 \pm 0,8$ kcal/Mol, beim Zugeben von Na zu einer Mischung aus NH_3 und Te aus einer Messung zu $+82,5$ kcal/Mol (vgl. auch S. 18). Aus den Wärmetönungen der Reaktionen $Na_2Te + Te = Na_2Te_2 \cdot am$ und $Na_2Te_2 + am = Na_2Te_2 \cdot am$ und der Bildungswärme von Na_2Te errechnete sich diejenige von Na_2Te_2 zu $+101,8$ kcal/Mol. Bezogen auf 1 g-Atom Tellurid ergibt sich dann: $Na_2Te +28,1$ bzw. $+27,5$ kcal und NaTe $+25,4$ kcal.

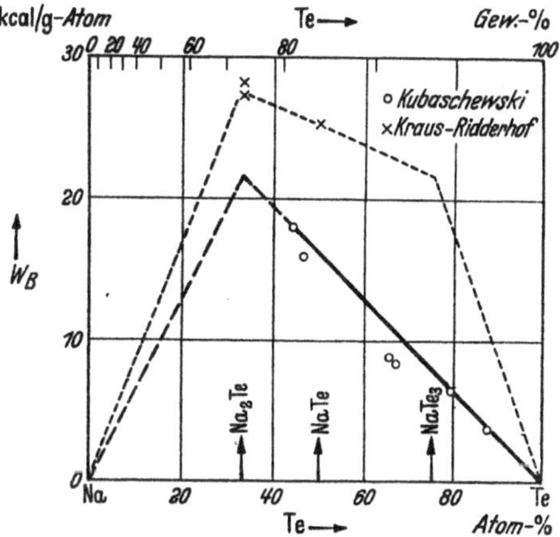

Abb. 136.
Bildungswärmen des Systems Natrium-Tellur.

Kubaschewski[2] hat kürzlich auf anderem Wege Werte für die Bildungswärme der Natriumtelluride gefunden, die um etwa 25% tiefer liegen. Dabei wurde flüssiges Tellur (800°) zu festem Natrium im Kalorimeter gegossen und die Bildungswärme bei verschiedenen Konzentrationen aus der Reaktionswärme unter Abzug des Wärmeinhalts von Te berechnet. Die Reaktion verlief sehr heftig. Die Genauigkeit der Werte wird deshalb nur zu $\pm 10\%$ angegeben.

In Abb. 136 sind die Ergebnisse zusammengestellt. Ein gewisser Unterschied der Angaben von Kubaschewski sowie Kraus und Ridderhof ist wohl durch die Verschiedenheit der Meßtemperaturen bedingt. Außerdem wurden die Bildungswärmen bei der direkten Methode für den Gußzustand erhalten, was bei der Heftigkeit der

Reaktion zu etwas zu niedrigen Werten geführt haben könnte. Trotzdem dürfte den auf direktem Wege gefundenen Werten die größere Wahrscheinlichkeit zugesprochen werden müssen, sofern überhaupt ein Vergleich der Werte möglich ist. Ein Unterschied der nach den beiden Methoden erhaltenen Zahlenwerte könnte nämlich dadurch bedingt sein, daß man bei der direkten Vereinigung der Komponenten und bei dem Ausfällen der Verbindungen aus flüssigem Ammoniak Präparate erhält, die sich durch ihre Bindungsart und damit ihren Energieinhalt unterscheiden[3]. Dem nicht ganz gleichmäßigen Reaktionsverlauf bei Kubaschewski wurde bei der Zeichnung der Bildungswärme-Konzentrationskurve (Abb. 136) dadurch Rechnung getragen, daß man sie durch die höchsten Werte legte Die Extrapolation der Kurve bis zum Na_2Te erscheint bei der Betrachtung des Zustandsdiagramms berechtigt. Die Bildungswärmen der 3 Verbindungen aus metallischem Tellur und Natrium bei Raumtemperatur betragen dann: Na_2Te +22, $NaTe$ +16,5 und $NaTe_3$ +8 kcal/g-Atom Tellurid. — Nimmt man die Werte von Kraus und Ridderhof zur Grundlage des energetischen Diagramms, so ergibt sich ein Knick in der Bildungswärme-Konzentrationskurve, der in Abb. 136 bei der Zusammensetzung der Verbindung $NaTe_3$ gezeichnet wurde (gestrichelte Linie), weil diese Verbindung im Gegensatz zu $NaTe$ über ein Schmelzmaximum entsteht. Doch scheint diese Kurve aus den erwähnten Gründen unsicherer.

Thermochemische Daten für den flüssigen Zustand sind im System Na-Te nicht bekannt.

[1] Kraus, C. A., u. J. A. Ridderhof: J. Amer. chem. Soc. Bd. 56 (1934) S. 79. — [2] Kubaschewski, O.: Z. Elektrochem. angew. physik. Chem. Bd. 47 (1941) S. 623. — [3] Vgl. z. B. E. Zintl, J. Goubeau u. W. Dullenkopf, Z. physik. Chem., Abt. A Bd. 154 (1931) S. 1.

Na-Tl. Natrium-Thallium.

Den thalliumreichen Teil des Systems Natrium-Thallium untersuchte Kubaschewski[1] in bezug auf die Bildungswärme der Legierungen. Flüssiges Thallium, das im Eisentiegel auf 800° erhitzt worden war, wurde im Kalorimeter auf festes Natrium gegossen. Die Versuche wurden unter Argon ausgeführt. Die Bildungswärme der Legierungen für den Gußzustand ergab sich nach Abzug der durch das Thallium eingebrachten Wärmemenge. Es gelang mit der gewählten Anordnung nicht, Legierungen mit weniger als 55 Atom-% Tl herzustellen. In Abb. 137 sind die Meßergebnisse und das Zustandsdiagramm[2] gegenübergestellt. Aus dieser Gegenüberstellung geht hervor, daß sich die unter Zersetzung schmelzende Verbindung $NaTl_2$ und wahrscheinlich auch das Löslichkeitsgebiet beim Thallium im energetischen

Diagramm nicht wesentlich bemerkbar machen. Durch Extrapolation der gezeichneten Kurve bis 50 Atom-% ergibt sich die Bildungswärme von [NaTl] aus den Elementen zu $\boxed{+4{,}5}$ $\pm$ 0,2 kcal/g-Atom. Da auch die natriumreicheren Verbindungen, Na_2Tl und Na_6Tl, unter Zersetzung schmelzen, ist es unwahrscheinlich, daß sich diese Verbindungen durch ausgesprochene Richtungsänderungen in der Bildungswärme-Konzentrationskurve bemerkbar machen, so daß der in Abb. 137 gestrichelt gezeichnete Kurventeil den tatsächlichen Verhältnissen wahrscheinlich nahe kommt.

[1] Kubaschewski, O.: Z. Elektrochem. angew. physik. Chem. Bd. 47 (1941) S. 623. — [2] Das Zustandsdiagramm des Systems Na-Tl wurde nach einer neueren Arbeit von G. Grube und A. Schmidt [Z. Elektrochem. angew. physik. Chem. Bd. 42 (1936) S. 201] gezeichnet.

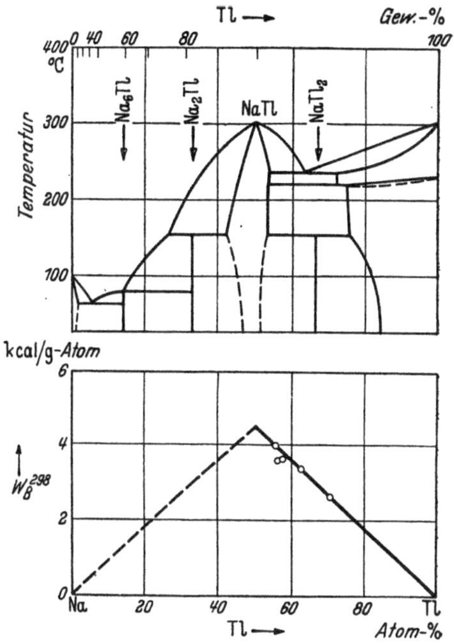

Abb. 137.
Zustandsdiagramm und Bildungswärmen der Natrium-Thallium-Legierungen. (Bildungswärmen bei Raumtemperatur nach O. Kubaschewski.)

Nd-S. Neodym-Schwefel.

Die Lösungswärme von Nd_2S_3 in Salzsäure wurde von Matignon[1] bestimmt und daraus die Bildungswärme zu +286 kcal/Mol ermittelt. Bichowsky und Rossini[2] berechneten die Bildungswärme neu (unter Benutzung der Angaben von Matignon) zu +263 kcal/Mol; das entspricht $+52{,}6$ kal/g-Atom.

[1] Matignon, C.: C. R. Séances Acad. Sci. Paris Bd. 141 (1905) S. 53 — Ann. chim. phys. Bd. 10 (1907) S. 104. — [2] Bichowsky, F. R., u. F. D. Rossini: Thermochemistry of the chemical Substances, S. 110. New York 1936.

Ni-P. Nickel-Phosphor.

Durch präparative, thermische und mikroskopische Untersuchungen am System Nickel-Phosphor sind die Verbindungen Ni_3P, Ni_5P_2 und Ni_2P bekannt. Tensionsanalytische Versuche von Biltz und Heimbrecht[1] an Nickelphosphiden mit mehr als 22,3 Atom-% P ergaben die Existenz von drei weiteren Phosphiden: Ni_6P_5, NiP_2 und NiP_3.

Die thermodynamische Auswertung der Temperaturabhängigkeit der Phosphordampfdrucke in den entsprechenden Zweiphasengebieten unter Berücksichtigung der Verdampfungswärme von weißem Phosphor führte zu den thermochemischen Gleichungen:

$$\tfrac{3}{2}\,[Ni_2P] \;+\; [P]_{weiß} = \tfrac{1}{2}\,[Ni_6P_5] + 12 \text{ kcal},$$
$$\tfrac{1}{7}\,[Ni_6P_5] + [P]_{weiß} = \tfrac{6}{7}\,[NiP_2] + 11 \text{ kcal},$$
$$[NiP_2] \;+\; [P]_{weiß} = [NiP_3] \;\;\;\; + \;\; 7 \text{ kcal}.$$

(Die Werte gelten für den Temperaturbereich von 600 bis 800° C.) Damit war jedoch die Bildungswärme der Phosphide aus den Elementen noch nicht bekannt. Um diese Lücke zu schließen, führten Weibke und Schrag[2] eine Bestimmung der Wärmetönungen bei der Bildung der niederen Phosphide im Hochtemperaturkalorimeter (S. 47) durch. Die fein gepulverten Ausgangselemente wurden innig vermischt, zu Preßlingen geformt und diese in evakuierte Quarzkölbchen eingeschlossen. Die Quarzkölbchen wurden auf 250° vorgewärmt und dann in das Hochtemperaturkalorimeter (630°) eingeworfen. Die Berechnung der Reaktionswärme aus den gemessenen Temperaturerhöhungen erfolgte unter Berücksichtigung des Wärmeinhaltes von Quarz, Nickel

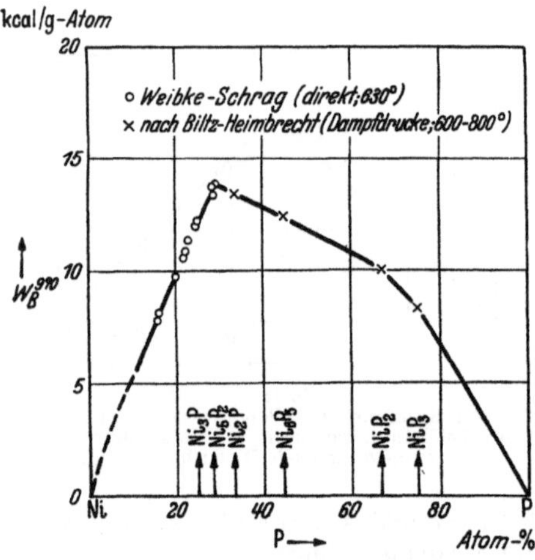

Abb. 138.
Bildungswärmen der Nickelphosphide.

und Phosphor zwischen 250 und 630°. Die Messungen von Weibke und Schrag konnten bis zu 28,6 Atom-% P (Ni_5P_2) ausgedehnt werden; Versuche mit phosphorreicheren Preßlingen ergaben keine reproduzierbaren Werte. Zwischen etwa 10 und 28,6 Atom-% P ist der Kurvenverlauf der Bildungswärme linear (Abb. 138: Kreise), bei kleineren Phosphorgehalten erfolgt der Anstieg mit Erhöhung der Konzentration an Phosphor stärker als linear (Homogenitätsgebiet).

Bei dem Versuch, das System Nickel-Phosphor auf Gesamtbildungswärmen auszuwerten, begegnete man einer Schwierigkeit. Die kalorimetrische Untersuchung (Weibke und Schrag) endet bei der Zusammensetzung Ni_5P_2, der thermische Abbau der höheren Phosphide (Biltz und Heimbrecht) gelang bisher nur bis zur Stufe Ni_2P. Es fehlt somit für die thermochemische Gesamtauswertung das Teilstück Ni_5P_2-Ni_2P. Nun durfte man allerdings nach den Erfahrungen bei der Synthese der Nickelphosphide und nach dem Verlauf der Schmelzkurve für das System Nickel-Phosphor (ausgeprägtes Schmelzmaximum bei Ni_5P_2, sehr schwaches Maximum bei Ni_2P) annehmen, daß von den beiden Phosphiden Ni_5P_2 und Ni_2P das erstere die höhere Bildungswärme aufweist, während Ni_2P im Verlauf der Kurve für die Bildungswärmen in Abhängigkeit von der Zusammensetzung der Proben praktisch nicht hervortritt. — Mit der Umwandlungswärme des weißen in roten Phosphor (4 kcal/g-Atom P) erhält man zunächst aus den tensionsanalytisch ermittelten Daten folgende Gleichungen:

$$[NiP_{0,5}] + 0,3\,[P]_{rot} = [NiP_{0,83}] + 2{,}_7 \text{ kcal},$$
$$[NiP_{0,5}] + 1,5\,[P]_{rot} = [NiP_2] \quad + 10{,}_9 \text{ kcal},$$
$$[NiP_{0,5}] + 2,5\,[P]_{rot} = [NiP_3] \quad + 13{,}_9 \text{ kcal}.$$

Mit Hilfe dieser Gleichungen und der Bildungswärme von Ni_5P_2 aus den Elementen erhält man unter der oben gemachten Annahme, daß das Ni_2P im Verlauf der Bildungswärmen-Konzentrationskurve praktisch nicht hervortritt, die in Tab. 54 zusammengestellten Bildungswärmen der Nickelphosphide für etwa 700° C (Einzelheiten dieser Auswertung vgl. die Originalarbeit von Weibke und Schrag). Man erkennt die sehr ausgeprägte Abstufung der Energiebeträge; die ersten

Tabelle 54. Bildungswärmen im System Ni-P. (Nach Weibke und Schrag sowie Biltz und Heimbrecht.)

Formel	Bildungswärme in kcal	
	pro Mol	pro g-Atom
Ni_3P . . .	48,4	12,1
Ni_5P_2 . . .	95,9	13,7
Ni_2P . . .	40	13,3
Ni_6P_5 . . .	136	12,4
NiP_2 . . .	30	10,0
NiP_3 . . .	33	8,3

Phosphoranteile werden ungleich fester gebunden (48,4 bzw. 47,5 kcal) als die folgenden (8 bzw. 7 kcal) oder gar die letzten ($\sim$3 kcal). Abb. 138 zeigt das energetische Schaubild des Systems Nickel-Phosphor.

[1] Biltz, W., u. M. Heimbrecht: Z. anorg. allg. Chem. Bd. 237 (1938) S. 132. — [2] Weibke, Fr., u. G. Schrag: Z. Elektrochem. angew. physik. Chem. Bd. 47 (1941) S. 222.

Ni-S. Nickel-Schwefel.

Der tensimetrische Abbau von $NiS_{2,0}$ durch Biltz, Voigt und Meisel[1] ergab das Bestehen der Verbindungen NiS_2 und NiS. Wegen Deutungsschwierigkeiten in dem Gebiet zwischen diesen beiden Verbindungen wurden von Biltz, Voigt, Weibke, Ehrlich und Meisel[1] Saladin-Aufnahmen in diesem Gebiete gemacht. Diese erwiesen einmal eine bereits bekannte Umwandlung des Millerits (NiS) bei 396° C, die mit einer Wärmetönung von 7 cal/g (roh geschätzt), d. h. 0,62 kcal/Mol, verläuft; zum andern ermöglichten sie eine Deutung des Systems, wie folgt: Bei Raumtemperatur liegen NiS und NiS_2 als heterogenes Gemenge vor. Oberhalb der Umwandlungstemperatur des Millerits nimmt dieser Schwefel auf. Bei Temperatursteigerung nimmt die Löslichkeit von Schwefel zu, so daß eine praktisch lückenlose Mischbarkeit zwischen NiS und NiS_2 entsteht. Betrachtet man das Gebiet NiS-NiS_2 als Homogenitätsgebiet und wertet die Dampfdruckmessungen nach van't Hoff auf partielle Bildungswärmen aus, so ergibt sich nach Integration: $2 [NiS] + (S_2) = 2 [NiS_2] + 47$ kcal und mit der Verdampfungswärme des Schwefels (30 kcal):

$$[NiS] + [S]_{rhomb} = [NiS_2] + 8{,}5 \text{ kcal.}$$

Damit ist über die Bildungswärme der untersuchten Nickelsulfide aus den Elementen noch nichts bekannt. Thomsen[2] erhielt die Bildungswärme von gefälltem NiS (aus der Reaktion $NiSO_4 \cdot aq + Na_2S_3 \cdot aq = NiS + Na_2SO_4 \cdot aq$) zu $+17{,}4$ kcal/Mol. Jellinek und Zakowski[3] berechneten für die Bildungswärme von festem NiS aus den festen Elementen aus Messungen des Gleichgewichtes $[NiS] + (H_2) = [Ni] + (H_2S)$ bei 630° C mit Hilfe der Nernstschen Näherungsgleichung den unsicheren Wert $+20{,}4$ kcal/Mol. Bichowsky und Rossini[4] geben in einer tabellarischen Zusammenstellung nach Umrechnung der Ergebnisse von Thomsen für die Bildungswärme von NiS ebenfalls $+20{,}4$ kcal/Mol an[5]. Nimmt man diesen Wert als annähernd richtig an, so ergeben sich für die Bildungswärme von NiS_2 aus den Elementen etwa $+29$ kcal/Mol.

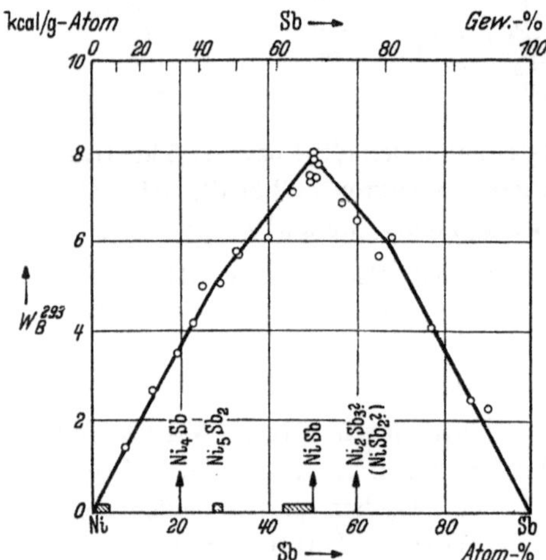

Abb. 139. Bildungswärmen der Nickel-Antimon-Legierungen bei Raumtemperatur. (Nach F. Körber und W. Oelsen). (Neuere Phasenbezeichnungen vgl. Text.)

[1] Biltz, W., A. Voigt, Fr. Weibke, P. Ehrlich u. K. Meisel: Z. anorg. allg. Chem. Bd. 228 (1936) S. 275. — [2] Thomsen, J.: Thermochemische Untersuchungen, S. 240. Stuttgart 1906. — [3] Jellinek, K., u. J. Zakowski: Z. anorg. allg. Chem. Bd. 142 (1925) S. 1. — [4] Bichowsky, F. R., u. F. D. Rossini: Thermochemistry of the chemical Substances, S. 85. New York 1936. — [5] Die sehr gute Übereinstimmung mit Jellinek und Zakowski ist wohl mehr zufällig.

Ni-Sb. Nickel-Antimon.

Die Bildungswärmen der festen Nickel-Antimon-Legierungen für den Gußzustand wurden von Oelsen[1] bestimmt. Hierzu wurden gut desoxydiertes flüssiges Nickel (1600°) und flüssiges Antimon (700°) im Raumtemperatur-kalorimeter miteinander vereinigt. Aus der Temperaturerhöhung berechnete Oelsen die Reaktionswärmen unter Berücksichtigung des

Wärmeinhalts der eingegossenen Metalle. Abb. 139 enthält die Versuchsergebnisse. Bei 50 Atom-% tritt ein ausgeprägter Höchstwert der Bildungswärme auf. Dieser entspricht dem Antimonid NiSb, das durch ein wohlausgebildetes Maximum auf der Schmelzkurve ausgezeichnet ist. In dem Konzentrationsbereich 0 bis 50 Atom-% Sb mußte nach Lage der Versuchspunkte ein Knick in der Bildungswärme-Konzentrationskurve angenommen werden, der wohl der Zusammensetzung des Antimonids Ni_5Sb_2 zukommt. Ebenso muß im antimonreichen Teil ein Knick auf

Tabelle 55. Bildungswärmen im System Ni-Sb. (Nach Körber und Oelsen.)

Formel	Bildungswärmen in kcal	
	pro Mol	pro g-Atom
Ni_3Sb . .	17,8	$4,4_5$
Ni_5Sb_2 . .	36,4	5,2
$NiSb$ . . .	15,8	7,9
$NiSb_2$ . .	17,7	5,9

treten, den Oelsen bei der Zusammensetzung $NiSb_2$ zeichnete. Nach neueren Untersuchungen von Fürst und Halla[2] ist die Zusammensetzung $NiSb_2$ für die antimonreiche Phase gesichert (Markasitstruktur). Die nickelreiche δ-Phase kristallisiert nach Fürst und Halla als Ni_3Sb mit Nickelüberschuß ($Ni_{13}Sb_4$). — In Tab. 55 sind die Zahlenwerte der Bildungswärmen der ausgezeichneten Konzentrationen im System Nickel-Antimon zusammengestellt.

Die Mischungswärmen der Nickel-Antimon-Legierungen sind nicht bekannt.

[1] Oelsen, W.: Z. Elektrochem. angew. physik. Chem. Bd. 43 (1937) S. 530. — Körber, F., u. W. Oelsen: Mitt. Kaiser-Wilhelm-Inst. Eisenforsch. Düsseldorf Bd. 19 (1937) S. 209. — [2] Fürst, U., und F. Halla: Z. physik. Chem., Abt. B Bd. 40 (1938) S. 302.

Ni-Se. Nickel-Selen.

Fabre[1] bestimmte die Lösungswärme von kristallisiertem NiSe in Bromwasser sowie die Fällungswärme bei der Reaktion von $NiSO_4$ mit Na_2Se. Bichowsky und Rossini[2] berechneten die Bildungswärme des Selenids aus festem Nickel und metallischem Selen bei $20°$ C mit den Angaben von Fabre zu 14 kcal/Mol.

[1] Fabre, Ch.: Ann. chim. phys. (6) Bd. 10 (1887) S. 525. — [2] Bichowsky, F. R., u. F. D. Rossini: Thermochemistry of the chemical Substances, S. 85. New York 1936.

Ni-Si. Nickel-Silizium.

Die Kenntnis der Bildungswärmen der festen Nickel-Silizium-Legierungen verdanken wir den Untersuchungen von Oelsen und v. Samson-Himmelstjerna[1]. Diese Beobachter vereinigten gut desoxydiertes Nickel und Silizium (97 bis 98% Si) im Kalorimeter. Die

Legierungen mit 0 bis 50 Atom-% Si wurden durch Zugießen von Nickel (1600°) zu festem Siliziummetall, diejenigen mit 50 bis 100 Atom-% Si durch Zugießen von Silizium (1600°) auf festes Nickel gebildet. Der durch die flüssigen Metalle eingebrachte Wärmeinhalt wurde jeweils zur Berechnung der Reaktionswärme in Abzug gebracht. Die Ergebnisse sind in Abb. 140 wiedergegeben. Die Kurve für die Konzentrationsabhängigkeit der Bildungswärme wurde unter Zuhilfenahme des Zustandsdiagramms gezeichnet. Die höchste Bildungswärme kommt demnach der Phase Ni_2Si zu, diejenige von NiSi liegt nur wenig tiefer. Das steht in Übereinstimmung mit den Aussagen des Zustandsdiagramms, wonach Ni_2Si über ein ausgeprägtes Schmelzmaximum (1290°), NiSi aber über ein wesentlich flacheres (1000°) entsteht. Die anderen Verbindungen scheinen energetisch nicht besonders ausgezeichnet zu sein. Die Zahlenwerte der Bildungswärmen sind in Tab. 56 zusammengestellt.

Die Mischungswärmen der flüssigen Nickel-Silizium-Legierungen sind ebenfalls von Oelsen und v. Samson-Himmelstjerna[1] bestimmt worden. Hierzu wurden die Wärmeinhalte der reinen Metalle und verschiedener Legierungen zwischen 1600 und 20° ermittelt. Aus diesen und den Bildungswärmen erhält man in beschriebener Weise (S. 50) die Mischungswärmen, die in Abb. 140 als dünn ausgezogene Kurve dargestellt sind. Bei den Nickel-Silizium-Legierungen

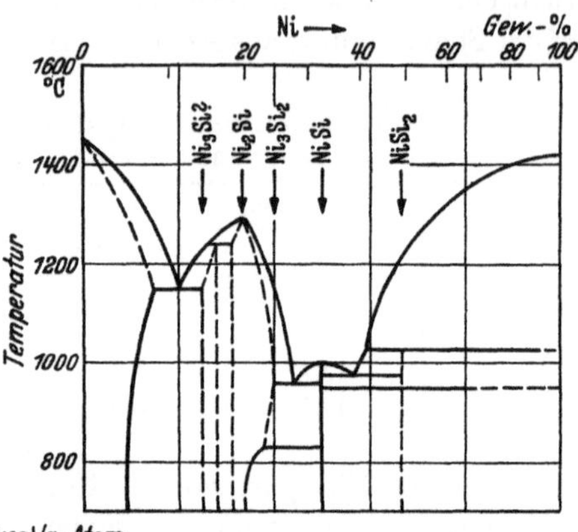

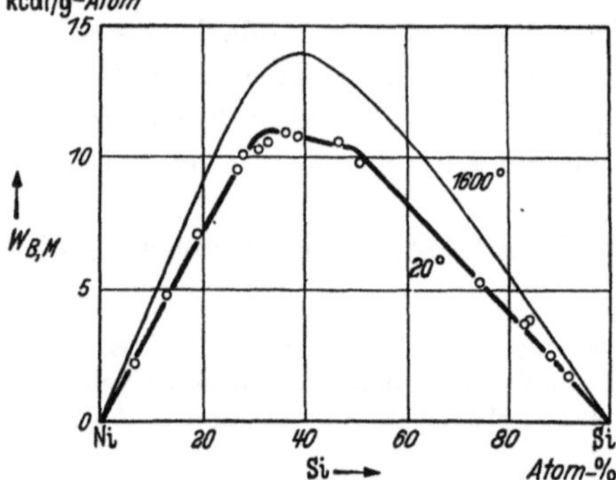

Abb. 140. Zustandsdiagramm, Bildungs- und Mischungswärmen der Nickel-Silizium-Legierungen. (Energetisches Diagramm nach W. Oelsen und H. O. v. Samson-Himmelstjerna.)

Tabelle 56. Bildungswärmen im System Ni-Si. (Nach Oelsen und v. Samson-Himmelstjerna.)

Formel	Bildungswärmen in kcal	
	pro Mol	pro g-Atom
(Ni_3Si) . . .	35,5	8,9
Ni_2Si	33,5	11,1
Ni_3Si_2 . . .	53,5	10,7
NiSi	20,5	10,3
($NiSi_2$) . . .	20,5	6,9

haben wir also einen der seltenen Fälle, wo die Mischungswärmen der
flüssigen die Bildungswärmen der festen Legierungen im ganzen Konzentrationsbereich übertreffen. Das Maximum der Mischungswärmen
liegt bei etwa 40 Atom-% Si und $+14{,}0$ kcal/g-Atom.

Die Schmelzwärmen der unzersetzt schmelzenden Verbindungen
lassen sich aus den Bildungs-
und Mischungswärmen sowie
den Schmelzwärmen der Komponenten berechnen (vgl. S. 49).
Dann ergeben sich für Ni_2Si
etwa 4,0 und für NiSi etwa
5,3 kcal/g-Atom Legierung.

[1] Oelsen, W., u. H. O. v. Samson-Himmelstjerna: Mitt. Kaiser-Wilhelm-Inst. Eisenforsch. Düsseldorf Bd. 18 (1936) S. 131. —
Körber, F., W. Oelsen, W. Middel u. H. Lichtenberg: Stahl u.
Eisen Bd. 56 (1936) S. 1401.

Ni-Sn. Nickel-Zinn.

Die Bildungswärmen der
festen Nickel-Zinn-Legierungen
wurden von Körber und Oelsen[1] über den ganzen Konzentrationsbereich durch direkte
Vereinigung der Komponenten
im Kalorimeter bestimmt. Die
Temperatur des Nickels betrug
etwa 1600°, die des Zinns 800
bis 900° C. Die Wärmeinhalte
der eingebrachten reinen Metalle
wurden zur Berechnung der Reaktionswärme abgezogen. Auf

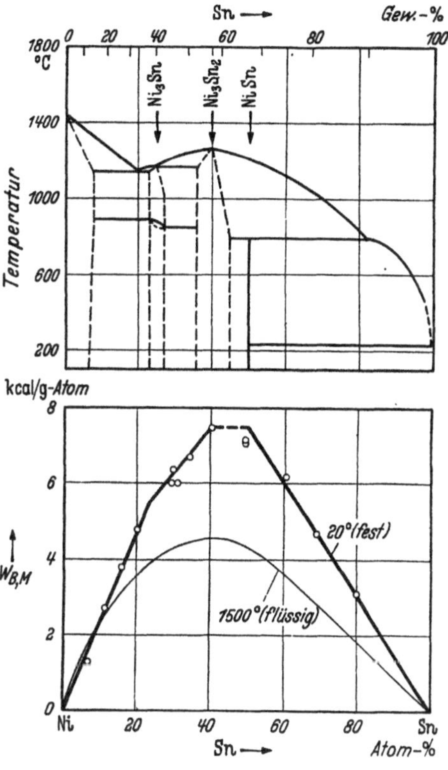

Abb. 141. Zustandsdiagramm, Bildungs- und Mi-
schungswärmen der Nickel-Zinn-Legierungen.
(Energetisches Diagramm nach F. Körber und
W. Oelsen.)

Grund der Versuchswerte und mit Hilfe des Zustandsdiagramms wurde die
in Abb. 141 wiedergegebene Kurve als die wahrscheinlichste gezeichnet.
Im Bereich von 40 bis 50 Atom-% Sn werden Höchstwerte der Bildungswärmen erreicht, die nach dem Zustandsschaubild den Verbindungen
Ni_3Sn_2 und NiSn entsprechen. Auffällig ist nach Körber und Oelsen,
daß die unter Zersetzung schmelzende Verbindung NiSn fast die gleiche
Bildungswärme aufweist wie die durch ein Maximum der Schmelzkurve
ausgezeichnete Verbindung Ni_3Sn_2. Ein weiterer Knick muß nach
Lage der Versuchspunkte im Bereich der Phase Ni_3Sn (etwa 23 bis

27 Atom-% Sn) angenommen werden. Die Bildungswärmen der ausgezeichneten Zusammensetzungen sind in Tab. 57 zahlenmäßig aufgeführt. Es fällt auf, daß die Bildungswärmen der Nickel-Zinn-Legierungen etwa doppelt so hoch liegen wie die der Kobalt-Zinn-Legierungen.

Die Mischungswärmen der Nickel-Zinn-Legierungen sind ebenfalls durch die Messungen von Körber und Oelsen[1] bekannt. Diese Beobachter ermittelten die Reaktionswärme für den flüssigen Zustand aus den Wärmeinhalten der Legierungen sowie der reinen Metalle zwischen 1500° C und Raumtemperatur (Berechnung mit Hilfe der Bildungswärme vgl. S. 50). Die Bildung der flüssigen Legierungen aus den Elementen erfolgt, ebenso wie die der festen, unter Wärmeabgabe. Das Maximum der Mischungswärme liegt bei etwa 40 Atom-% Sn und +4,6 kcal/g-Atom. Im Bereich von 0 bis 10 Atom-% Sn sind die Mischungswärmen etwas höher als die Bildungswärmen.

Tabelle 57. Bildungswärmen im System Ni-Sn. (Nach Körber und Oelsen.)

Formel	Bildungswärmen in kcal	
	pro Mol	pro g-Atom
Ni_3Sn . . .	22,8	5,7
Ni_3Sn_2 . . .	37,5	7,5
$NiSn$	15	7,5

Die Schmelzwärme der Verbindungen Ni_3Sn_2 und $NiSn$ wurde von Kubaschewski und Weibke[2] aus deren Bildungs- und Mischungswärmen und den Schmelzwärmen der Metalle zu $5{,}5_3$ bzw. $5{,}1_7$ kcal/g-Atom berechnet.

[1] Körber, F., u. W. Oelsen: Mitt. Kaiser-Wilhelm-Inst. Eisenforsch. Düsseldorf Bd. 19 (1937) S. 209. — Körber, F., W. Oelsen, W. Middel u. H. Lichtenberg: Stahl u. Eisen Bd. 56 (1936) S. 1401. — [2] Kubaschewski, O., u. Fr. Weibke: Z. Metallkunde Bd. 30 (1938) S. 325.

Ni-Te. Nickel-Tellur.

Fabre[1] leitete für die Bildungswärme des Nickelmonotellurids NiTe (aus festem Nickel und kristallisiertem Tellur) aus dessen Lösungswärme in Bromwasser bei 22° C (115,5 kcal) den Wert +14,1 kcal/Mol ab. Bichowsky und Rossini[2] errechnen mit der Lösungswärme nach Fabre und neueren Hilfsgrößen +11 kcal.

[1] Fabre, Ch.: Ann. chim. phys. (6) Bd. 14 (1888) S. 113. — [2] Bichowsky, F. R., u. F. D. Rossini: Thermochemistry of the chemical Substances, S. 85. New York 1936.

Os-P. Osmium-Phosphor.

Präparativ, durch röntgenographische Untersuchungen und tensionsanalytisch konnten Biltz, Ehrhorn und Meisel[1] feststellen, daß OsP_2 als Grenzverbindung bei Phosphorentzug ohne Zwischenstufe in Osmium übergeht (1000° C). Bei 1190° C hatte ein Präparat $OsP_{1{,}91}$ einen Phosphordruck von 8 mm. Bei Berechnung der Reaktionswärme nach der Nernstschen Näherungsgleichung ergab sich: $[Os] + (P_2) = [OsP_2] +$ etwa 70 kcal, d. h. für die Bildungswärme aus den festen Partnern (Phosphor: weiß) etwa 55 kcal. Dieser Wert kann naturgemäß nur als rohe Schätzung aufgefaßt werden.

[1] Biltz, W., H. J. Ehrhorn u. K. Meisel: Z. anorg. allg. Chem. Bd. 240 (1939) S. 117.

Os-S. Osmium-Schwefel.

Tensimetrische Abbauversuche von Juza[1] an OsS_2-Präparaten zeigten, daß in dem Konzentrationsbereich OsS_2-Os kein weiteres Sulfid auftritt (Versuchstemperatur 994 und 1044° C). Die thermodynamische Auswertung der Dampfdruckisothermen ergab nach van 't Hoff die Gleichung $[Os] + (S_2) = [OsS_2] + 62 \pm 1,5$ kcal, nach Nernst errechneten sich 55 kcal. Mit der Verdampfungswärme von Schwefel erhält man für die Bildungswärme von $[OsS_2]$ aus den festen Komponenten $+32$ bzw. $+25$ kcal/Mol. Für den Vergleich mit evt. kalorimetrischen Daten wird das Mittel dieser beiden Werte, nämlich $+29$ kcal/Mol, also $\boxed{+9,7}$ kcal/g-Atom als Bildungswärme des OsS_2 vorgeschlagen.

[1] Juza, R.: Z. anorg. allg. Chem. Bd. 219 (1934) S. 129.

P-Re. Phosphor-Rhenium.

Tensimetrische Abbauversuche im System Rhenium-Phosphor von Haraldsen[1] führten zum Nachweis folgender Verbindungen: ReP_3, ReP_2, ReP und $ReP_{0,5}$.[2] Aus der Temperaturabhängigkeit der Zersetzungsdrucke ließen sich die Bildungswärmen der nachgewiesenen Phosphide aus dem nächstniederen Phosphid und Phosphordampf nach van 't Hoff berechnen. Die Gesamtbildungswärme aus Metall und Phosphordampf ließen sich dagegen nicht ableiten, da die Bildungswärme von Re_2P noch nicht bekannt ist. Haraldsen erhielt die thermochemischen Gleichungen:

$$4\,[ReP_3] = 4\,[ReP_2] + (P_4) - 78 \text{ kcal}$$
$$2\,[ReP_3] = 2\,[ReP_2] + (P_2) - 66 \text{ kcal} \qquad \bar{t} = 910°\,C,$$
$$4\,[ReP_2] = 4\,[ReP] + (P_4) - 65 \text{ kcal}$$
$$2\,[ReP_2] = 2\,[ReP] + (P_2) - 59 \text{ kcal} \qquad \bar{t} = 997°\,C,$$
$$4\,[ReP] = 2\,[Re_2P] + (P_2) - 63 \text{ kcal} \qquad \bar{t} = 1162°\,C\,;$$

mit den Hilfsgleichungen:

$$4\,[P]_{weiß} = (P_4) - 13 \text{ kcal},$$
$$(P_4) \quad = 2\,(P_2) - 53 \text{ kcal}$$

errechnete Haraldsen dann die Wärmetönungen für die kondensierten Systeme:

$$[ReP_2] + [P]_{weiß} = [ReP_3] + 16 \text{ kcal},$$
$$[ReP] + [P]_{weiß} = [ReP_2] + 13 \text{ kcal},$$
$$[Re_2P] + [P]_{weiß} = 2\,[ReP] + 15 \text{ kcal}.$$

[1] Haraldsen, H.: Z. anorg. allg. Chem. Bd. 221 (1935) S. 397. — [2] Der Druck fiel nicht immer genau bei einem einfachen Atomverhältnis ab, sondern z. B. bei $RhP_{1,18}$ und $RhP_{0,56}$.

P-Rh. Phosphor-Rhodium.

Das System Phosphor-Rhodium wurde von **Faller, Strotzer und Biltz**[1] mittels präparativer, analytischer, tensionsanalytischer und röntgenographischer Untersuchungen aufgeklärt. Danach bestehen in dem System folgende Verbindungen: RhP_3, RhP_2, Rh_5P_4 und Rh_2P. Der tensimetrische Abbau gelang bei Temperaturen von 968 bis 1100° C. Für die Dissoziationswärme $2\,[RhP_3] = 2\,[RhP_2] + (P_2)$ errechneten sich nach **van 't Hoff** —54 kcal. Daraus ergab sich mit der Verdampfungswärme von weißem Phosphor:

$$[RhP_2] + [P]_{weiß} = [RhP_3] + 11 \text{ kcal.}$$

Die für die Dissoziation des Rh_5P_4 nötige Wärmemenge ließ sich aus den Versuchen nur roh nach **Nernst** abschätzen. Hiernach werden bei der kondensierten Reaktion $1/6\,[Rh_5P_4] + [P]_{weiß} = 5/6\,[RhP_2]$ etwa 2 bis 3 kcal mehr frei als bei der Bildung von $[RhP_3]$ aus $[RhP_2]$ und $[P]_{weiß}$. Über die Bildungswärmen der Rhodiumphosphide aus den Elementen lassen die Messungen keine Aussagen zu.

[1] **Faller, F. E., E. F. Strotzer** u. **W. Biltz**: Z. anorg. allg. Chem. Bd. 244 (1940) S. 317.

P-Si. Phosphor-Silizium.

Biltz, Hartmann, Wrigge und **Wiechmann**[1] konnten das Siliziumphosphid SiP darstellen. Tensimetrische Abbauversuche dieser Verbindung führten bis zu einem schwach phosphorhaltigen Silizium. Die Auswertung der Dampfdruckmessungen nach **van 't Hoff** ergab für das Zweiphasensystem bei Zugrundelegung der Molekülart P_4 die Dissoziationswärme 74 kcal mit der Molekülart P_2 64 kcal (1050° C), wenn man die Mittelwerte der zwischen den einzelnen Meßpunkten erhaltenen Wärmebeträge bildete oder über sämtliche Meßpunkte graphisch mittelte. Mit der Verdampfungswärme von weißem Phosphor erhielt man die Wärmetönung für die kondensierte Reaktion: $[Si]_{P\text{-haltig}} + [P]_{weiß} = [SiP] + 15$ kcal. Die Gleichung bezieht sich auf schwach phosphorhaltiges Silizium als zweiten Bodenkörper und berücksichtigt nicht die Änderung der Wärmeinhalte der Reaktionsteilhaber, „kann also nur bedingt als Bildungswärme von Siliziumphosphid gelten".

[1] **Biltz, W., H. Hartmann, F. W. Wrigge** u. **F. Wiechmann**: S.-B. preuß. Akad. Wiss., physik.-math. Kl. 1938 X.

P-Ta. Phosphor-Tantal.

Neuere präparative und röntgenographische Untersuchungen am System Phosphor-Tantal von **Zumbusch** und **Biltz**[1] ergaben das Bestehen von 2 Tantalphosphiden: TaP_2 und TaP. Die Tensionsanalyse des Systems TaP_2/TaP zeigte ferner, daß Zwischenverbindungen fehlen und daß das gegenseitige Lösevermögen der beiden Verbindungen gering ist. Die thermodynamische Auswertung der Abbauversuche ergab bei der Auswertung nach van 't Hoff für die Reaktion $4\,[TaP] + (P_4) = 4\,[TaP_2]$ eine Wärmetönung von $+61$ kcal. Für die kondensierte Reaktion gilt nach der obigen Gleichung mit der Verdampfungswärme von weißem Phosphor:

$$[TaP] + [P]_{weiß} = [TaP_2] + 12 \text{ kcal.}$$

Über die Bildungswärme der Verbindungen aus den Elementen läßt sich auf Grund der Versuche von Zumbusch und Biltz nichts aussagen.

[1] Zumbusch, M., u. W. Biltz: Z. anorg. allg. Chem. Bd. 246 (1941) S. 35.

P-U. Phosphor-Uran.

Heimbrecht, Zumbusch und Biltz[1] erhielten durch Synthese der Elemente die Uranphosphide UP_2, U_3P_4 und UP. Die Tensionsanalyse des Teilsystems UP_2/U_3P_4 bei 805, 847 und 882° C (Methode vgl. S. 94) ergab Isothermen, die nur in einem Teil des Konzentrationsbereiches annähernd horizontal verliefen. Da zunächst eine Entscheidung, ob dieser Befund auf Mischkristallbildung oder auf Umhüllungserscheinungen an den Partikeln des niederen Phosphids zurückzuführen ist, nicht mit Sicherheit zu treffen war, wird die aus den Dampfdruckwerten und der Kondensationswärme von Phosphor nach van 't Hoff berechnete Teilbildungswärme der Reaktion $\frac{1}{2}\,[U_3P_4] + [P]_{weiß} = \frac{3}{2}\,[UP_2] + 10$ kcal als Höchstwert betrachtet.

[1] Heimbrecht, M., Maria Zumbusch u. W. Biltz: Z. anorg. allg. Chem. Bd. 245 (1941) S. 391.

P-V. Phosphor-Vanadium.

Für Vanadiumdiphosphid konnten vor kurzem Zumbusch und Biltz[1] die Teilbildungswärme bei seiner Entstehung aus Vanadiummonophosphid und Phosphor auf Grund tensimetrischer Abbauversuche bestimmen. Die Messungen des Phosphordruckes wurden in dem Temperaturbereich von 657 bis 689° C nach van 't Hoff ausgewertet. Für die kondensierte Reaktion ergab sich:

$$[VP] + [P]_{weiß} = [VP_2] + 11 \text{ kcal.}$$

Weitere thermochemische Angaben sind für das System Phosphor-Vanadium nicht möglich.

[1] Zumbusch, Maria, u. W. Biltz: Z. anorg. allg. Chem. Bd. 249 (1942) S. 1.

P-Zr. Phosphor-Zirkon.

Im System Phosphor Zirkon bestehen nach präparativen, röntgenographischen und tensionsanalytischen Untersuchungen von Strotzer, Biltz und Meisel[1] als Verbindungen: ZrP_2, ZrP und ein Subphosphid der ungefähren Zusammensetzung Zr_3P. ZrP_2 läßt sich isotherm abbauen zum ZrP (420 bis 826° C); die thermodynamische Auswertung der Temperaturabhängigkeit der Zersetzungsdrucke lieferte: $4\,[ZrP_2] = 4\,[ZrP] + (P_4) - 50$ kcal.[2] Für die kondensierte Reaktion ergab sich:

$$[ZrP] + [P]_{weiß} = [ZrP_2] + 9 \text{ kcal.}$$

Über die Bildungswärme der Verbindungen aus den Elementen lassen die Messungen keine Aussagen zu.

[1] Strotzer, E. F., W. Biltz u. K. Meisel: Z. anorg. allg. Chem. Bd. 239 (1938) S. 216. — [2] Die Auswertung nach Nernst ergab den gleichen Wert. Das ist ungewöhnlich, da die Werte nach Nernst in der Regel tiefer liegen als die nach van 't Hoff.

Pb-S. Blei-Schwefel.

Eines der wenigen Sulfide, die durch Schwefelwasserstoff absolut wasserfrei und kristallin gefällt werden, ist das Bleisulfid. Ältere Bestimmungen der Bildungswärme von [PbS] aus der Fällungswärme mit H_2S bzw. Na_2S sind diejenigen von Thomsen[1] und Berthelot[2] Thomsen fand $+18,4$, Berthelot $+20,3$ kcal/Mol. Auf Grund einer Neubestimmung der Bildungswärme von $PbCl_2$ berechnet Günther[3] nach den Thomsenschen Angaben die Bildungswärme des Sulfids zu $+20,9$ kcal/Mol. Dieser Wert erhöht sich nach Watanabe[7] mit einer neuen Angabe für die Bildungswärme von H_2S auf $+23,0_5$ kcal/Mol. Einen genauen Wert leiteten Zeumer und Roth[4] ab, die die Fällungswärme von Blei mit Schwefelwasserstoff einer experimentellen Nachprüfung unterzogen und ferner die Ionisationswärme des Bleis $Pb + 2\,\oplus = Pb^{2+}$ bestimmten. Für die anderen Hilfsgleichungen wurden die besten Werte der Literatur genommen. Unter Berücksichtigung der möglichen Fehler ergab sich $[Pb] + [S]_{rhomb} = [PbS] + 23,1 \pm 0,2$ kcal bei 20° C in guter Übereinstimmung mit dem umgerechneten Wert von Thomsen. In kcal/g-Atom ausgedrückt beträgt der Zahlenwert der Bildungswärme von [PbS] also $\boxed{+11,5_5}$

Eine weitere Anzahl von Arbeiten beschäftigt sich mit der Bestimmung der Bildungswärme des Bleisulfids aus Gleichgewichtsmessungen. Jellinek und Deubel[5] untersuchten, in Fortsetzung der Arbeit von Jellinek und Zakowski[6], das Reduktionsgleichgewicht $[PbS] + (H_2) = Pb + (H_2S)$ mit Hilfe der Strömungsmethode (S. 100) in dem Temperaturbereich von 655 bis 1000° C. Für die Reduktion $2\,[Pb] + (S_2) = 2\,[PbS]$ ergab sich so die Reaktionswärme $+81,6$ kcal, wobei unter Verwendung der Molwärmen der beteiligten Stoffe auf $T = 0$ umgerechnet wurde. Mit der Verdampfungswärme des Schwefels ist also die Bildungswärme des Bleisulfids aus festem Blei und rhombischem Schwefel $+25,8$ kcal/Mol bzw. 25,9 bei Raumtemperatur. Watanabe[7] rechnete mit den Versuchsdaten von Jellinek und Deubel in anderer Weise[8] und teilweise neueren Hilfswerten und erhielt in besserer Übereinstimmung mit Zeumer und Roth für W_B^{298} +22,9 kcal/Mol. Kapustinsky und Makolkin[9] erhielten aus Messungen der EMK der Kette Pt/H_2 (p at)/HCl (x-mol)/HCl (x-mol)// H_2 (p at)/PbS ($x = 0,05$, $0,1$ und $0,5$) im Temperaturgebiet von 15 bis 35° C für die Bildungswärme von Bleisulfid +22,5 kcal/Mol, ebenfalls in brauchbarer Übereinstimmung mit den von Zeumer und Roth sowie Thomsen kalorimetrisch erhaltenen Werten.

[1] Thomsen, J.: Thermochemische Untersuchungen, S. 241. Stuttgart 1906. — [2] Berthelot, M.: Thermochim. Bd. 2 S. 341. — [3] Günther, P.: Z. Elektrochem. angew. physik. Chem. Bd. 23 (1917) S. 197. — [4] Zeumer, H., u. W. A. Roth: Z. physik. Chem., Abt. A Bd. 173 (1935) S. 365. — [5] Jellinek, K., u. A. Deubel: Z. Elektrochem. angew. physik. Chem. Bd. 35 (1929) S. 451. — [6] Jellinek, K., u. J. Zakowski: Z. anorg. allg. Chem. Bd. 142 (1925) S. 1. — [7] Watanabe, M.: Sci. Rep. Tôhoku Imp. Univ. Bd. 22 (1933) S. 419. — [8] Jellinek u. Deubel berechnen zunächst die Wärmetönung der Reaktion 2 Pb_{fl} + (S_2) = 2 [PbS] nach der Reaktionsisochore für 800° C (79,93 kcal) und danach, unter Einsetzen der Molwärmen der beteiligten Stoffe, für $T = 0$. Watanabe berechnet mit den Daten von Jellinek und Deubel und den Molarwärmen die Wärmetönung der Reaktion [PbS] + (H_2) = [Pb] + (H_2S) für Zimmertemperatur (18,1 kcal) und danach mit der Bildungswärme von H_2S aus rhombischem Schwefel und Wasserstoff die Bildungswärme des Bleisulfids bei Raumtemperatur. — [9] Kapustinsky, A. F., u. J. A. Makolkin: J. physic. Chem. [Mosk.] Bd. 12 (1938) S. 371. — Chem. Zbl. 1939 II S. 3027 — ferner Acta physicochim. URSS Bd. 10 (1939) S. 245 — Chem. Zbl. 1939 II S. 2514.

Pb-Sb. Blei-Antimon.

Die Bildungswärmen der festen Blei-Antimon-Legierungen dürften wegen der geringen gegenseitigen Löslichkeit der Komponenten und des Fehlens von intermetallischen Verbindungen praktisch gleich Null sein.

Die Wärmetönung bei der Vermischung der flüssigen Metalle wurden von Kawakami[1] sowie Seltz und DeWitt[2] übereinstimmend als im wesentlichen schwach exotherm beobachtet. Kawakami be-

Tabelle 58. Integrale Mischungswärmen im System Pb-Sb
(in cal/g-Atom).

Atom-% Sb	10	20	30	40	50	60	70	80	90
W_m { Kawakami (800°). .	—	(+35)	+70	+90	+94	+86	+72	+54	—
Seltz-DeWitt (475°)	−18	−4	+9	+16	+45	+55	+70	+59	+33

stimmte die Mischungswärme durch direkte Vereinigung der Komponenten im Kalorimeter bei 800° C. Seltz und DeWitt berechneten sie aus ihren EMK-Messungen an Zellen der Art Pb_{fl}/$PbCl_2$ in KCl-LiCl/Pb-Sb_{fl} in dem Temperaturbereich von 370 bis 630° C. Die Ergebnisse der beiden Arbeiten sind in Tab. 58 wiedergegeben, dabei wurden die Werte von Kawakami für die Konzentrationen von 10 zu 10 Atom-%

aus dessen Meßpunkten interpoliert. Auf eine graphische Darstellung wurde wegen der Kleinheit der Werte verzichtet. Die absolute Genauigkeit der Meßwerte sollte wegen der geringen Gesamtwärmemenge, die bei der Legierungsbildung entwickelt wird, nicht überschätzt werden. Bei den antimonärmeren Legierungen weichen die Ergebnisse der beiden Arbeiten etwas voneinander ab, jedoch ist der Kurvenverlauf bei Kawakami ein solcher, daß auch bei ihm für die Legierung mit 10 Atom-% Sb ein negativer Wert der Mischungswärme erwartet werden könnte, so daß der von Seltz und DeWitt beobachtete Vorzeichenwechsel bei den antimonärmeren Legierungen reell zu sein scheint.

Guthrie und Libman[3] berechneten aus den Meßdaten für die spezifische Wärme von Pb-Sb-Schmelzen von Wüst und Durrer[4] die Wärmetönung beim Übergang der Legierungen vom festen in den flüssigen Zustand bei der eutektischen Temperatur. Doch scheinen diese Daten unsicher zu sein.

[1] Kawakami, M.: Sci. Rep. Tôhoku Imp. Univ. Bd. 19 (1930) S. 521. — [2] Seltz, H., u. B. J. DeWitt: J. Amer. chem. Soc. Bd. 61 (1939) S. 2594. — [3] Guthrie, A. N., u. E. E. Libman: J. Amer. chem. Soc. Bd. 51 (1929) S. 1711. — [4] Wüst, F., u. R. Durrer: Forsch. Gebiete Ingenieurwes., Ausg. A. H. 241 (1922).

Pb-Se. Blei-Selen.

Die Verbindung PbSe ist die einzige, die in dem binären System auftritt. Ihre Bildungswärme wurde von Fabre[1] aus der Fällungswärme (mit H_2Se) zu $+13,0$ und aus der Lösungswärme in Bromwasser zu $+15,8$ kcal/Mol gefunden. Günther[2] berechnet mit diesen Angaben auf Grund einer Neubestimmung der Bildungswärme von $PbCl_2$ den Wert $+18,4$ kcal. Bichowsky und Rossini[3] geben ebenfalls auf Grund der alten Messungen in einer kritischen Zusammenstellung die Bildungswärme von [PbSe] zu $+20$ kcal/Mol bzw. $\boxed{+10}$ kcal/g-Atom an. Dieser Wert dürfte nach den allgemeinen Erfahrungen bei einem Vergleich mit anderen Bildungswärmen den tatsächlichen Verhältnissen nahekommen (Fehlergrenze geschätzt: $\pm0,5$ kcal/g-Atom).

[1] Fabre, C.: Ann. chim. phys. (6) Bd. 10 (1887) S. 540. — [2] Günther, P.: Z. Elektrochem. angew. physik. Chem. Bd. 23 (1917) S. 197. — [3] Bichowsky, F. R., u. F. D. Rossini: Thermochemistry of the chemical Substances, S. 59. New York 1936.

Pb-Sn. Blei-Zinn.

Blei und Zinn bilden ein einfaches eutektisches System. Die Angaben über die Ausdehnung der Löslichkeitsgebiete auf der Pb- und der Sn-Seite weichen sehr stark voneinander ab (vgl. Hansen). Offenbar ist die Löslichkeit von Sn in Pb sehr stark temperaturabhängig und beträgt bei Raumtemperatur nur wenige Prozent. Die Löslichkeit von Pb in Sn ist anscheinend gering. Wegen der Unsicherheit dieser Angaben ist es sehr schwer zu entscheiden, inwieweit die von Tayler[2] aus der Differenz der Lösungswärmen (Legierungen und reine Komponenten) in Quecksilber ermittelten Bildungswärmen korrekt sind bzw. dem Gleichgewichtszustand entsprechen. Aus seinen Ergebnissen muß jedoch gefolgert werden, daß die Bildung der zinnreichen Legierungen exotherm, die der bleireichen endotherm erfolgt. Folgende Werte sind aus den Ergebnissen von Tayler abzuleiten: 94,0 (Atom-)% Sn + 483, 74,0% + 270, 31,7% −143, 8,4% −220, 3,5% −204 kcal/g-Atom Legierung. Es ergibt sich also im Gebiet kleiner Pb-Konzentrationen ein starker Anstieg, im Gebiet kleiner Sn-Konzentrationen ein Abfall von W_B. In dem Gebiet der Mischungslücke liegen die W_B-Werte (in Abhängigkeit von der atomprozentischen Zusammensetzung). wie das auch gefordert werden muß, auf einer Geraden, der sich ein von Magnus und Mannheimer[1] ebenfalls aus der Lösungswärme in Hg ermittelter Wert für 50 Atom-% ($W_B = +16 \pm 37$ cal/g-Atom) gut anpaßt. Die Gerade schneidet die Null-Linie von W_B bei 46 Atom-%Sn. Die maximale Bildungswärme der β-Phase

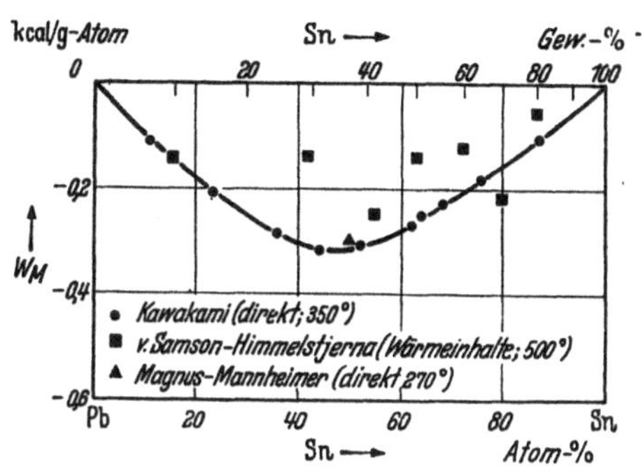

Abb. 142.
Mischungswärmen der Blei-Zinn-Schmelzen.

müßte auf Grund der vorliegenden Ergebnisse zu annähernd +500 cal/g-Atom angenommen werden. Für die α-Phase ergibt sich durch Extrapolation des geradlinigen Mittelteils: $W_B \simeq -400$ cal/g-Atom, aus den Messungen jedoch nur −200 cal.

Die Mischungswärmen der flüssigen Blei-Zinn-Legierungen wurden von Kawakami[3] durch direkte Vereinigung der Komponenten im Kalorimeter bei 350° C ermittelt. Seine Werte sind als ausgefüllte Kreise in Abb. 142 eingetragen. Danach bilden sich die Legierungen unter Wärmeaufnahme aus der Umgebung. Das Minimum der Mischungswärme liegt bei etwa 45 Atom-% Sn und −0,32 kcal/g-Atom. v. Samson-Himmelstjerna[4] bestimmte die Mischungswärmen aus dem Wärmeinhalt einer Reihe von Legierungen zwischen 500° und Raumtemperatur unter Annahme der Bildungswärme (feste Legierungen) Null. Die Streuung der Werte ist bei dem von ihm verwendeten Verfahren größer (Abb. 142). Im allgemeinen liegen die Mischungswärmen von v. Samson etwas höher als die von Kawakami, was durch die höhere Meßtemperatur begründet sein kann. Ein von Magnus und Mannheimer[1] auf direktem Wege bei etwa 270° C erhaltener Wert gleicht sich der Kurve von Kawakami gut an.

[1] Magnus, A., u. M. Mannheimer: Z. physik. Chem. Bd. 121 (1926) S. 267. — [2] Tayler, J. B.: Philos. Mag. J. Sci. (5) Bd. 50 (1900) S. 37. — [3] Kawakami, M.: Z. anorg. allg. Chem. Bd. 167 (1927) S. 345. — [4] Samson-Himmelstjerna, H. O. v.: Z. Metallkunde Bd. 28 (1936) S. 197.

Pb-Te. Blei-Tellur.

Im System Blei-Tellur tritt nur eine Verbindung auf: PbTe.

Die Bildungswärme dieser Verbindung wurde von Fabre[1] aus der Lösungswärme im Bromwasser mit älteren Hilfsdaten zu $+11{,}4$ kcal/Mol ermittelt. Günther[2] berechnete mit den Angaben von Fabre und einer Neubestimmung der Bildungswärme von $PbCl_2$ (und damit $PbBr_2$ nach Thomsen) die Bildungswärme zu $+14{,}0$ kcal/Mol[3]. Diese Werte liegen, wie eine Neubestimmung[4] ergab, zu niedrig.

McAteer und Seltz[4] bestimmten die EMK der Kette: $Pb_{fl}/PbCl_2$ in LiCl-KCl/[Te] + [PbTe] in dem Temperaturbereich von 355 bis 408° C und berechneten aus der Temperaturabhängigkeit der EMK die Bildungswärme von festem Bleitellurid. Die Beobachter nahmen die Gültigkeit der Koppschen Regel an und erhielten dann mit der Schmelzwärme von Blei für $W_B^{298} + 16{,}6 \pm 0{,}12$ kcal/Mol bzw. $\boxed{+8{,}3}$ kcal/g-Atom. Die Berechnung der Fehlergrenze erfolgte auch unter Einbeziehung einer gewissen Unsicherheit für die Gültigkeit der Koppschen Regel.

Thermochemische Daten für den flüssigen Zustand sind nicht bekannt.

[1] Fabre, Ch.: Ann. chim. phys. (6) Bd. 14 (1888) S. 119. — [2] Günther, P.: Z. Elektrochem. angew. physik. Chem. Bd. 23 (1917) S. 197. — [3] Vgl. hierzu auch Bonhoeffer und Grüss im Landolt-Börnstein-Roth-Scheel H.W. S. 1539. — [4] McAteer, J. H., u. H. Seltz: J. Amer. chem. Soc. Bd. 58 (1936) S. 2081.

Pb-Tl. Blei-Thallium.

Die Bildungswärmen der festen Blei-Thallium-Legierungen können aus Messungen der EMK der Kette [Tl]/(Na, K, Tl)OCO · CH_{3fl}/ [Tl-Pb] von Ölander[1] berechnet werden. Dieser Beobachter untersuchte 41 Legierungselektroden bei verschiedenen Temperaturen von

Tabelle 59. Partielle Bildungswärmen der festen Pb-Tl-Legierungen.
(Nach Ölander.)

N_{Tl}	0,870	0,832	0,734	0,636	0,562	0,500	0,438	0,356	0,212	0,157
$\overline{W}_{Tl}$ in kcal	0,49	0,66	0,84	0,94	0,99	1,01	1,04	1,04	0,71	0,66

245 bis 295° C. Die Proben wurden nach der Messung analysiert. Die Berechnung der Wärmetönungen aus der Temperaturabhängigkeit der EMK führt zunächst zu den partiellen Bildungswärmen, die auszugsweise in Tab. 59 wiedergegeben sind. Die Auswertung auf integrale Bildungswärmen ergibt die in Abb. 143 gezeichnete Kurve. Danach

kommen der β-Phase (Zustandsdiagramm und Phasenbezeichnungen nach Ölander) die höchsten Bildungswärmen zu. Das Maximum (0,67 kcal/g-Atom) liegt annähernd bei der Zusammensetzung Tl_7Pb, bei der nach Ölander wahrscheinlich teilweise geordnete Atomverteilung vorliegt.

Die Mischungswärmen der Blei-Thallium-Legierungen lassen sich aus EMK-Messungen von Hildebrand und Sharma[2], die mit flüssigen Elektroden arbeiteten, berechnen. Als Elektrolyt diente Lithiumchlorid-Kaliumchlorid mit Thalliumchloridzusatz. Die Meßtemperaturen waren 438, 500 und 563° C. Hildebrand und Sharma werteten ihre Messungen nur auf Aktivitäten aus, und zwar sowohl für Thallium als auch für Blei. (Umrechnung nach Duhem.) Die Umrechnung auf partielle Wärmetönungen (Tab. 60) und nachfolgende Integration führt zu der dünn ausgezogenen Kurve in Abb. 143. Die Bildung der flüssigen Legierungen erfolgt also — wie die der festen — exotherm. Das Maximum der Mischungswärme liegt bei etwa 65 Atom-% Tl und $+0,3_5$ kcal/g-Atom.

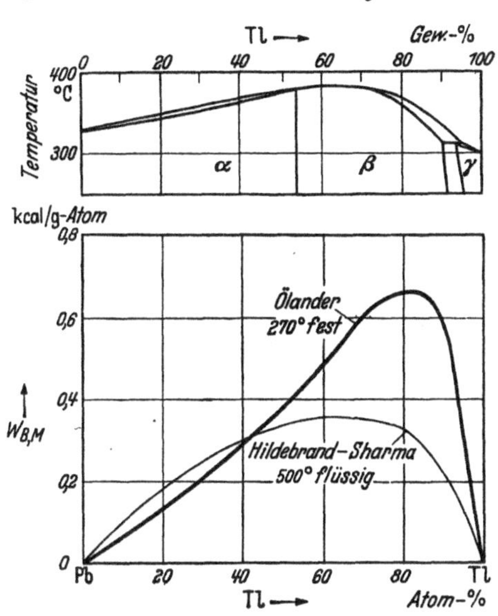

Abb. 143. Zustandsdiagramm, Bildungs- und Mischungswärmen der Blei-Thallium-Legierungen.

Die Schmelzwärme von 2 Blei-Thallium-Legierungen wurde von Kubaschewski[3] durch Bestimmung ihrer Wärmeinhalte zwischen Raumtemperatur und verschiedenen Temperaturen oberhalb und unterhalb des Schmelzpunktes ermittelt. Als Schmelzwärme ergab sich: Tl_5Pb_3 1,35 und Tl_7Pb 1,26 kcal/g-Atom Legierung.

Tabelle 60. Partielle Mischungswärmen der flüssigen Pb-Tl-Legierungen bei 500° C. (Nach Messungen von Hildebrand und Sharma.)

N_{Tl}	0,1	0,2	0,3	0,4	0,5	0,6	0,7	0,8	0,9
$\overline{W}_{Tl}$ in kcal	+0,79	0,67	0,60	0,47	0,38	0,28	0,24	0,24	−0,12
$\overline{W}_{Pb}$ in kcal	−0,08	+0,08	0,10	0,10	0,14	0,16	0,30	1,07	2,18

[1] Ölander, A.: Z. physik. Chem., Abt. A Bd. 168 (1934) S. 274. — [2] Hildebrand, J. H., u. J. N. Sharma: J. Amer. chem. Soc. Bd. 51 (1929) S. 462. — [3] Kubaschewski, O.: Z. Elektrochem. angew. physik. Chem. Bd. 47 (1941) S. 475.

Pb-Zn. Blei-Zink

Die Bildungswärme der festen Blei-Zink-Legierungen dürfte wegen ihrer praktisch vollständigen Unmischbarkeit gleich Null sein.

Die von Tayler[1] lösungskalorimetrisch, mit Quecksilber als Lösungsmittel, für eine Legierung mit 24% Zn gefundene endotherme Bildungswärme (~ -500 cal/ g-Atom) dürfte zu tief liegen.

Im flüssigen Zustand weisen die Blei-Zink-Legierungen eine ausgedehnte Mischungslücke auf. Das kommt auch in den von Kawakami[2] durch direkte Vereinigung der flüssigen Metalle im Kalorimeter (450° C) gefundenen integralen Mischungswärmen zum Ausdruck (Abb. 144). Die Mischungswärmen nehmen in dem bleireichen Mischungsbereich zunächst stärker endotherme Werte an, um dann im Gebiet der Mischungslücke linear zur Zinkseite anzusteigen. Das

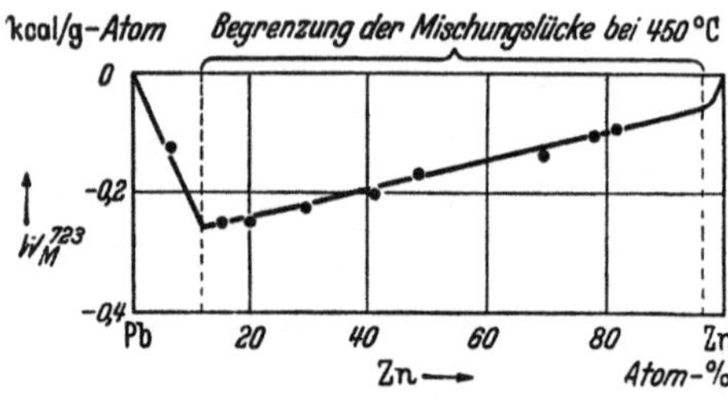

Abb. 144. Mischungswärmen der Blei-Zink-Schmelzen bei 450° C. (Nach M. Kawakami.)

enge Mischungsgebiet auf der Zinkseite macht sich anscheinend ebenfalls in der Mischungswärme-Konzentrationskurve bemerkbar. Jellinek und Wannow[3] berechneten aus ihren Dampfdruckmessungen am System Pb-Zn bei 653 und 754° C die partielle Wärmetönung bei der Zumischung von 1 g-Atom Zn zu einer großen Menge einer Mischung von 5 Gew.-% Zn und erhielten $\overline{W}_{Zn}^{975} = -2{,}57$ kcal. In brauchbarer Übereinstimmung damit beträgt der entsprechende Wert nach Kawakami $-2{,}20$ kcal. Auch die von Scheil[4] aus dem Zustandsdiagramm berechneten integralen Mischungswärmen stimmen für 450° C gut mit den Kawakamischen Werten überein. Scheil erhält ferner unter der Annahme der Additivität der spez. Wärmen die Isothermen der Mischungswärme auch für höhere Temperaturen.

[1] Tayler, J. B.: Philos. Mag. J. Sci. (5) Bd. 50 (1900) S. 37. — [2] Kawakami, M.: Z. anorg. allg. Chem. Bd. 167 (1927) S. 345. — [3] Jellinek, K., u. H. A. Wannow: Z. Elektrochem. angew. physik. Chem. Bd. 41 (1935) S. 346. — [4] Scheil, E.: Z. Elektrochem. angew. physik. Chem. Bd. 49 (1943) S. 250.

Pd-S. Palladium-Schwefel.

Biltz und Laar[1] konnten aus tensimetrischen Abbauisothermen in dem Konzentrationsbereich PdS_2-PdS bei 451, 476 und 501° C die Dissoziationswärme von $[PdS_2]$ nach van 't Hoff berechnen und daraus mit der Verdampfungswärme von Schwefel die Wärmetönung der Reaktion $[PdS] + [S]_{rhomb} = [PdS_2]$ zu $+1{,}5$ bis $+2{,}0$ kcal ableiten. Die Bildungswärme der Sulfide aus den Elementen ist nicht bekannt.

[1] Biltz, W., u. J. Laar: Z. anorg. allg. Chem. Bd. 228 (1936) S. 257.

Pd-Sb. Palladium-Antimon.

Die Bildungs- und Mischungswärmen des Systems Palladium-Antimon sind nicht bekannt.

Jaeger und Poppema[1] bestimmten die Wärmeinhalte und damit die mittleren spezifischen Wärmen einer homogenen Legierung der Zusammensetzung Pd_3Sb zwischen Raumtemperatur und Temperaturen von 200 bis 1000° sowie der Verbindungen PdSb und $PdSb_2$ für den Temperaturbereich von 200 bis 600° C. Die Messungen der spezifischen Wärme von Pd_3Sb bestätigten das Vorhandensein einer Umwandlung bei 950° C. Aus den Messungen von Jaeger und Poppema läßt sich die Umwandlungswärme der Reaktion α-$Pd_3Sb \rightarrow \beta$-Pd_3Sb graphisch aus der Differenz der Wärmeinhalte der beiden Modifikationen ermitteln. Man erhält 4,9 cal/g = $2,1_7$ kcal/Mol bzw. 0,54 kcal/g-Atom. Es muß jedoch auf die gewisse Unsicherheit dieser Auswertung aufmerksam gemacht werden: bei der relativ schnellen Abkühlung der Proben im Kalorimeter braucht nämlich auch bei den sorgfältigsten Messungen die Umwandlung nicht immer vollständig abzulaufen, wodurch ein zu niedriger Wert der Umwandlungswärme vorgetäuscht werden könnte.

[1] Jaeger, F. M., u. T. J. Poppema: Recueil Trav. Chim. Pays-Bas Bd. 55 (1936) S. 492.

Pt-S. Platin-Schwefel.

In dem System Platin-Schwefel bestehen die beiden Verbindungen PtS_2 und PtS. Biltz und Juza[1] untersuchten einmal das Gebiet PtS_2-PtS und andrerseits PtS-Pt durch tensimetrischen Abbau bei 616 bis 691° C bzw. 1060 bis 1186° C (jeweils 3 Temperaturen). Die Abbauisothermen deuteten auf eine nur geringe Mischbarkeit der Komponenten in den untersuchten Bereichen hin. Die thermodynamische Auswertung der Messungen erfolgte sowohl nach van 't Hoff als auch nach Nernst; sie ergab:

$$2\,[PtS_2] = 2\,[PtS] + (S_2); \quad -W_D^{923} = \begin{cases} 40 \text{ kcal nach van 't Hoff} \\ 39 \text{ kcal nach Nernst} \end{cases}$$

$$2\,[PtS] = 2\,[Pt] + (S_2); \quad -W_D^{1070} = \begin{cases} 64 \text{ kcal nach van 't Hoff} \\ 60 \text{ kcal nach Nernst.} \end{cases}$$

Die Umrechnung mit der Verdampfungswärme von Schwefel ergab die Bildungswärme der festen Sulfide aus festem Platin und rhombischem Schwefel bei der Versuchstemperatur: [PtS] $+17$ kcal/Mol, $[PtS_2]$ $+22$ kcal/Mol. Für Raumtemperatur berechnete Kelley[2] mit den spezifischen Wärmen und den Daten von Biltz und Juza für [PtS] $W_B^{298} = +20,2$ kcal/Mol oder $\boxed{+10,1}$ kcal/g-Atom, für $[PtS_2]$ $W_B^{298} = +26,6$ kcal/Mol bzw. $\boxed{+8,9}$ kcal/g-Atom.

[1] Biltz, W., u. R. Juza: Z. anorg. allg. Chem. Bd. 190 (1930) S. 161. —
[2] Kelley, K. K.: U. S. Dep. Interior, Bur. Mines, Bull. Bd. 406 (1937) S. 56. Spez. Wärmen von PtS und PtS_2 geschätzt.

Rb-S. Rubidium-Schwefel.

Rengade und Costeanu[1] geben für die Bildungswärme von $[Rb_2S]$ bei Raumtemperatur aus dessen Lösungswärme im Wasser etwa $+87$ kcal/Mol an. Da die Übereinstimmung der Ergebnisse dieser Autoren mit denen anderer

Arbeiten [s. System K-S] nicht gut ist, so muß der obige Wert mit Vorbehalt aufgenommen werden.

[1] Rengade, E., u. N. Costeanu: C. R. Séances Acad. Sci. Paris Bd. 158 (1914) S. 946.

Re-S. Rhenium-Schwefel.

Tensimetrische Abbauversuche an ReS_2-Präparaten bei 1110, 1189 und 1225° C von Juza und Biltz[1] führten bis zum reinen Metall. Verbindungen mit einem Schwefelgehalt kleiner als in ReS_2 sowie ausgedehntere Mischkristallgebiete traten bei den Bedingungen der Untersuchungen nicht auf. Die Auswertung der Abbauisothermen nach van 't Hoff ergab $[ReS_2] = [Re] + (S_2) - 70{,}5$ kcal. Für die kondensierte Reaktion errechnete sich dann mit der Verdampfungswärme des Schwefels:

$$[Re] + 2\,[S]_{rhomb} = [ReS_2] + 40\ kcal.$$

Wegen der guten Druckkonstanz bei den Messungen erscheint dieser Wert recht zuverlässig. Die Beobachtung der Erhitzungskurve der auf nassem Wege hergestellten Verbindung Re_2S_7 durch Biltz und Weibke[2] deutet mit Sicherheit auf eine exotherme Zerfallsreaktion dieses Sulfids hin, nach $[Re_2S_7] = 2\,[ReS_2] + 3\,[S] + Wärme$.

[1] Juza, R., u. W. Biltz: Z. Elektrochem. angew. physik. Chem. Bd. 37 (1931) S. 498. — [2] Biltz, W., u. Fr. Weibke: Z. anorg. allg. Chem. Bd. 203 (1931) S. 3.

Rh-S. Rhodium-Schwefel.

Tensionsanalytische Untersuchungen am System Rhodium-Schwefel von Juza, Hülsmann, Meisel und Biltz[1] zeigten das Bestehen der bis dahin nur teilweise bekannten Verbindungen Rh_2S_5, Rh_2S_3, Rh_3S_4 und Rh_9S_8, dagegen ließen sich die Verbindungen RhS_2 und RhS nicht nachweisen. Die thermodynamische Auswertung der Abbauisothermen nach van 't Hoff führte zu folgenden Gleichungen:

$$\tfrac{3}{2}\,[Rh_3S_4] = \tfrac{1}{2}\,[Rh_9S_8] + (S_2) - 69\,kcal; \quad \bar{t} = 1070°\,C,$$
$$6\,[Rh_2S_3] = 4\,[Rh_3S_4] + (S_2) - 70\,kcal; \quad \bar{t} = 1070°\,C,$$
$$[Rh_2S_5] = [Rh_2S_3] + (S_2) - 50\,kcal; \quad \bar{t} = 770°\,C.$$

Unter Berücksichtigung der Verdampfungswärme von Schwefel erhielten die Beobachter für die kondensierten Reaktionen:

$$[Rh_9S_8] + 4\,[S]_{rhomb} = 3\,[Rh_3S_4] + 80\ kcal,$$
$$2\,[Rh_3S_4] + [S]_{rhomb} = 3\,[Rh_2S_3] + 20\ kcal,$$
$$[Rh_2S_3] + 2\,[S]_{rhomb} = [Rh_2S_5] + 10\ kcal.$$

Über die Bildungswärmen der Rhodiumsulfide aus den Elementen kann jedoch nichts ausgesagt werden, da die Bildungswärme des niedersten Sulfids (Rh_9S_8) nicht bekannt ist.

[1] Juza, R., O. Hülsmann, K. Meisel u. W. Biltz: Z. anorg. allg. Chem. Bd. 225 (1935) S. 369.

Ru-S. Ruthenium-Schwefel.

Die Bildungswärme von festem Ruthendisulfid (RuS_2) aus festem Ruthenium und rhombischem Schwefel wurde von Juza und Meyer[1] auf Grund tensimetrischer Abbauversuche auf etwa $+42$ kcal/Mol für Raumtemperatur geschätzt („Unsicherheit einige kcal"). Die Auswertung der Dampfdruckmessungen bei 1153 und 1185° C für die Dissoziation $[RuS_2] \to [Ru] + (S_2)$ hatten nämlich nach van 't Hoff -77 kcal und nach Nernst -70 kcal ergeben. Da über die spez. Wärme von RuS_2 nichts bekannt ist und die Rechnung nach van 't Hoff die sicherer ist, sollte man jedoch für die Wärmetönung der kondensierten Reaktion den Wert von etwa 47 kcal/Mol bevorzugen.

[1] Juza, R., u. W. Meyer: Ż. anorg. allg. Chem. Bd. 213 (1933) S. 273.

S-Sb. Schwefel-Antimon.

Guinchant und Chrétien[1] berechneten mit Hilfe der aus der Fällungswärme durch Berthelot[2] erhaltenen Bildungswärme von Antimontrisulfid („rot, feucht") und der Lösungswärme der verschiedenen Sb_2S_3-Modifikationen in Natriumsulfidlösung u. a. die Bildungswärme von schwarzem Antimontrisulfid zu $+38,2$ kcal/Mol[3]. Zu Aussagen über die Bildungswärme des Antimontrisulfids führten ferner Messungen von Reduktionsgleichgewichten[7] einmal von Jellinek und Zakowski[4], zum anderen von Britzke und Kapustinsky[5]. Die Auswertung der Ergebnisse von Jellinek und Zakowski nach van 't Hoff führte zu dem sehr unwahrscheinlichen Wert der Bildungswärme von etwa Null. Wegen der größeren Zahl der Versuche und der verbesserten Versuchsdurchführung kommt den Ergebnissen von Britzke und Kapustinsky die größere Wahrscheinlichkeit zu. Diese arbeiteten bei 5 Temperaturen in dem Bereich von 523 bis 923° C. Mit der Auswertung nach van 't Hoff und unter Berücksichtigung der Sublimations- bzw. Schmelzwärme der beteiligten Stoffe berechneten Britzke und Kapustinsky[5, 6] für die kondensierte Reaktion 2 [Sb] $+ 3$ $[S]_{rhomb} = [Sb_2S_3] + 38,3$ kcal in sehr guter Übereinstimmung mit dem Wert von Guinchant und Chrétien. Unter der Annahme, daß die Dissoziationswärme nur wenig temperaturabhängig ist, kann man auch schreiben $W_B^{298} = \boxed{+7,7}$ kcal/g-Atom.

Kürzlich bestimmten Fricke und Dönges[8] vergleichsweise die Lösungswärme des orangeroten, röntgenamorphen und des grauschwarzen, kristallinen Antimontrisulfids, die beide in besonders reinem Zustand hergestellt waren, in $^3/_4$ n wäßriger Na_2S-Lösung bei 25° und fanden für die „Kristallisationswärme" des Sb_2S_3 aus der Differenz der Lösungswärmen $7,5_3 \pm 0,1_2$ kcal/Mol bzw. $1,5_1$ kcal/g-Atom.

[1] Guinchant u. Chretien: C. R. Séance Acad. Sci. Paris Bd. 139 (1904) S. 51. — [2] Berthelot, M.: Thermochim. Bd. 2 S. 163. — [3] Für die Bildungswärme von Sb_2S_3 (rot, trocken) erhalten Guinchant und Chrétien 32,6, für Sb_2S_3 (lila) 33,9 kcal/Mol. — [4] Jellinek, K., u. J. Zakowski: Z. anorg. allg. Chem. Bd. 142 (1925) S. 1. — [5] Britzke, E. V., u. A. F. Kapustinsky: Z. anorg. allg. Chem. Bd. 194 (1930) S. 323. — [6] Britzke, E. V., u. A. F. Kapustinsky: Z. anorg. allg. Chem. Bd. 213 (1933) S. 71. — [7] Eine genaue Messung des Reduktionsgleichgewichtes $Sb_2S_3 + 3 H_2 = 2 Sb + 3 H_2S$ wurde, allerdings nur für eine Temperatur (400° C), von R. Schenck, W. Kroos u. W. Knepper [Z. anorg. allg. Chem. Bd. 236 (1938) S. 271] durchgeführt. — [8] Fricke, R., u. E. Dönges: Z. anorg. allg. Chem. Bd. 250 (1942) S. 202.

S-Sn. Schwefel-Zinn.

Die Gleichgewichtskonstanten der Reaktion $[SnS] + (H_2) = Sn_{fl} + (H_2S)$ wurden sowohl von Jellinek und Zakowski[1] als auch von Britzke und Kapustinsky[2] bestimmt. Wegen der größeren Zahl der Versuche und der verbesserten Form der Versuchsdurchführung ist den Ergebnissen der beiden letztgenannten Autoren die größere Wahrscheinlichkeit zuzusprechen. Britzke und Kapustinsky arbeiteten mit einem dynamischen Verfahren bei 4 Temperaturen von 510 bis 823° C sowie bei 923° C. Sie berechneten die Bildungswärme von [SnS] aus flüssigem Zinn und rhombischem Schwefel zu $+20,5$ kcal/Mol (gegenüber $+19,8$ nach Jellinek und Zakowski). Mit der Schmelzwärme von Zinn und unter der Annahme, daß die Dissoziationswärme nicht wesentlich temperaturabhängig sei, erhielten sie[3] für die Bildungswärme von [SnS] aus den festen Komponenten 18,5 kcal/Mol. Dieser Wert wurde neuerdings von Kapustinsky und Makolkin[4] durch Messungen der EMK der Kette $Pt/H_2 (p\,at)/HCl\,(x\text{-mol})// HCl\,(x\text{-mol})/H_2S\,(p\,at)/SnS$ ($x = 0,05$, $0,1$ und $0,5$) in dem Temperaturgebiet 15 bis 35° C nachgeprüft. Die Berechnung der Bildungswärme für die Reaktion $[Sn] + [S]_{rhomb} = [SnS]$ aus der Temperaturabhängigkeit der EMK ergab für W_B^{298} $+18,1_8$ kcal/Mol bzw. $\boxed{+9,1}$ kcal/g-Atom Sulfid. Die Übereinstimmung mit den Ergebnissen der Messungen der Reduktionsgleichgewichte ist befriedigend.

[1] Jellinek, K., u. J. Zakowski: Z. anorg. allg. Chem. Bd. 142 (1925) S. 1. — [2] Britzke, E. V., u. A. F. Kapustinsky: Z. anorg. allg. Chem. Bd. 194 (1930) S. 323. — [3] Britzke, E. V., u. A. F. Kapustinsky: Z. anorg. allg. Chem. Bd. 213 (1933) S. 71. — [4] Kapustinsky, A. F., u. J. A. Makolkin: J. physic. Chem. [Mosk.] Bd. 12 (1938) S. 371 — Chem. Zbl. 1939 II S. 3027 — Acta physicochim. URSS Bd. 10 (1939) S. 245 — Chem. Zbl. 1939 II S. 2514.

S-Sr. Schwefel-Strontium.

Sabatier[1] bestimmte die Lösungswärme von wasserfreiem Strontiumsulfid in verdünnter Salzsäure bei Raumtemperatur und berechnete mit älteren Hilfswerten die Bildungswärme des Sulfids aus den festen

Elementen zu $+98$ kcal/Mol. Eine Neuberechnung durch Bichowsky und Rossini[2] ergab etwa $+113$ kcal/Mol.

[1] Sabatier, P.: Ann. chim. phys. (5) Bd. 22 (1881) S. 5 — C. R. Séances Acad. Sci. Paris Bd. 88 (1879) S. 651. — [2] Bichowsky, F. R., u. F. D. Rossini: Thermochemistry of the chemical Substances, S. 123. New York 1936.

S-Th. Schwefel-Thorium.

Bei der Auswertung der Ergebnisse von Tensionsanalysen des Teilsystems ThS_2/Th_3S_7 nach van 't Hoff (650 bis 750° C) fanden Strotzer und Zumbusch[1] folgende Reaktionsgleichung:

$$6 [ThS_2] + (S_2) = 2 [Th_3S_7] + 38 \text{ kcal},$$

also für die kondensierte Reaktion:

$$3 [ThS_2] + [S]_{rhomb} = [Th_3S_7] + 4 \text{ kcal}.$$

Da nach den Untersuchungen von Strotzer und Zumbusch noch zwei weitere, niedere Phosphide bestehen, deren Bildungswärmen ebensowenig wie die des Thoriumdisulfids bekannt sind, war auch für Th_3S_7 eine Auswertung auf Gesamtbildungswärmen nicht möglich.

[1] Strotzer, E. F., u. Maria Zumbusch: Z. anorg. allg. Chem. Bd. 247 (1941) S. 415.

S-Ti. Schwefel-Titan.

Versuche zum tensimetrischen Abbau des Systems Schwefel-Titan von Biltz, Ehrlich und Meisel[1] gelangen nur im Bereich der höheren Titansulfide (TiS_3 und TiS_2). Röntgenographisch ließen sich im schwefelärmeren Gebiet folgende Sulfide nachweisen: Ti_2S_3, TiS und $TiS_{< 1 \text{ bis } 0,25}$. Die Dampfdruckmessungen[2] im Bereich TiS_3-TiS_2 bei 500 bis 551° C führten nach ihrer Auswertung nach van 't Hoff zu der Dissoziationswärme von $[TiS_3]$ in $[TiS_2]$ und gasförmigem Schwefel. Mit der Verdampfungswärme des Schwefels gelangte man zu folgender Gleichung für die kondensierte Reaktion:

$$[TiS_2] + [S]_{rhomb} = [TiS_3] + 4 \text{ kcal}.$$

Die Versuchsergebnisse lassen keine Aussagen über die Bildungswärme der Sulfide aus den reinen Komponenten zu.

[1] Biltz, W., P. Ehrlich u. K. Meisel: Z. anorg. allg. Chem. Bd. 234 (1937) S. 97. — [2] Dampfdruckmessungen an Titansulfiden vgl. auch J. Kleffner [Metall u. Erz Bd. 31 (1934) S. 307] sowie Picon [Bull. Soc. chim. France (5) Bd. 1 (1934) S. 919].

S-Tl. Schwefel-Thallium.

Thomsen[1] fand für die Bildungswärme von $[Tl_2S]$ aus der Fällungswärme 19,7 kcal/Mol. Bichowsky und Rossini[2] korrigierten diesen Wert mit neueren Hilfsgrößen auf $+22$ kcal/Mol.

[1] Thomsen, J.: Thermochemische Untersuchungen, S. 241. Stuttgart 1906.
— [2] Bichowsky, F. R., u. F. D. Rossini: Thermochemistry of the chemical Substances, S. 62. New York 1936.

S-U. Schwefel-Uran.

Präparative, tensionsanalytische und röntgenographische Untersuchungen am System Schwefel-Uran von Strotzer, Schneider und Biltz[1] erwiesen das Bestehen folgender Uransulfide: US_3, US_2, U_2S_3 und U_4S_3. Aus den Meßdaten der Tensionsanalyse in dem Konzentrationsgebiet US_2/US_3[2] bei 500 bis 700° C folgt nach van 't Hoff:

$$2\,[US_2] + (S_2) = 2\,[US_3] + 40 \text{ kcal}$$

bzw. für die kondensierte Reaktion:

$$[US_2] + [S]_{rhomb} = [US_3] + 5 \text{ kcal}.$$

Da die Bildungswärmen der niederen Sulfide nicht bekannt sind, ist eine Ableitung der Gesamtbildungswärme der Sulfide aus den Elementen nicht möglich.

[1] Strotzer, E. F., O. Schneider u. W. Biltz: Z. anorg. allg. Chem. Bd. 243 (1940) S. 307. — [2] Eine nennenswerte Mischbarkeit der Einzelphasen besteht nicht.

S-V. Schwefel-Vanadin.

Durch präparative, röntgenographische und tensionsanalytische Untersuchungen stellten Biltz und Köcher[1] fest, daß im System Vanadium-Schwefel die Verbindungen VS_4, V_2S_3 und VS bestehen. Der tensionsanalytische Abbau des Teilsystems $VS_4/VS_{1,5}$ führte zur Festlegung der Teilbildungswärme von VS_4. Die Auswertung der bei 390, 412 und 440° C ausgeführten Versuche nach van 't Hoff ergab zunächst die Dissoziationswärme von VS_4. Mit dieser und der Sublimationswärme von Schwefel erhielten Biltz und Köcher folgende Gleichung:

$$[V_2S_3] + 5\,[S]_{rhomb} = 2\,[VS_4] + 10 \text{ kcal}.$$

Die Gesamtbildungswärmen der Sulfide aus den Elementen sind nicht bekannt.

[1] Biltz, W., u. A. Köcher: Z. anorg. allg. Chem. Bd. 241 (1939) S. 324.

S-W. Schwefel-Wolfram.

Parravano und Malquori[1] untersuchten das Reduktionsgleichgewicht des Wolframdisulfids: $[WS_2] + 2\,(H_2) = 2\,(H_2S) + [W]$ mit einer dynamischen Methode (nach Jellinek und Zakowski, S. 100) bei 795 bis 1065° C[2]. Aus den Gleichgewichtsdrucken $\frac{p_{H_2S}}{p_{H_2}}$ wurde zunächst der Schwefeldampfdruck des Sulfids bei den verschiedenen Versuchstemperaturen berechnet. Aus den Werten für p_{S_2} errechnet sich die Bildungswärme von [WS$_2$] aus [W] und (S$_2$) nach van 't Hoff zu etwa 76 kcal/Mol. Mit der Kondensationswärme von S$_2$ zu rhombischem Schwefel erhält man dann durch Mittlung und ohne Berücksichtigung der unbekannten spez. Wärmen die für Raumtemperatur gültige Gleichung:

$$[W] + 2\,[S] = [WS_2] + 46 \text{ kcal.}$$

Die Genauigkeit dieser Angabe kann auf etwa ± 3 kcal geschätzt werden.

Bezogen auf 1 g-Atom Sulfid beträgt die Bildungswärme dann $\boxed{+15{,}_3}$ ± 1 kcal.

[1] Parravano, N., u. G. Malquori: Atti R. Accad. naz. Lincei Bd. 7 (1928) S. 189. — [2] Der Bodenkörper bestand bei allen Temperaturen ausschließlich aus festem WS$_2$ und W. Angaben über das Auftreten größerer Mischkristallgebiete in dem untersuchten Bereich finden sich nicht.

S-Zn. Schwefel-Zink.

Thomsen[1] und Berthelot[2] geben für die Bildungswärme von gefälltem Zinksulfid (ZnS) $+39{,}6$ bzw. $+43{,}0$ kcal/Mol an. Mixter[3] bestimmte die Bildungswärme von Zinkblende mit der Natriumsuperoxydmethode (S. 35) zu $+41{,}3$ kcal/Mol. Zeumer und Roth[4] geben eine ausführliche Kritik der Versuchsdurchführung von Mixter und erhalten, ebenfalls nach der Natriumsuperoxydmethode, unter Ausschaltung aller möglichen Fehlerquellen $+41{,}5 \pm 1{,}5$ kcal/Mol bzw. $+20{,}7_5$ kcal/g-Atom. Die gute Übereinstimmung des Mixterschen Wertes mit dem ihren wird von Zeumer und Roth eher auf einen Zufall zurückgeführt. In einer neueren Arbeit geben Kapustinsky und Korshunow[5] die Ergebnisse von anscheinend sehr sorgfältigen Untersuchungen wieder. Gut gereinigtes und sehr fein verteiltes Zink wurde mit Schwefel direkt umgesetzt und die Wärmetönung der Reaktion bestimmt. Als Mittelwert aus 5 Versuchen ergab sich die Bildungswärme von [ZnS] zu $45{,}20 \pm 0{,}6$ kcal/Mol bei 15° C. Die Genauigkeit der Messungen wird eingehend diskutiert. Wegen der hohen Reaktionstemperatur (2000° C) und aus Untersuchungen im polarisierten Licht wurde auf die Bildung von Wurtzit geschlossen. Mit der Umwandlungswärme (25° C) Wurtzit $\rightarrow$ Sphalerit von 3,19 kcal/Mol[6] wurde die Bildungswärme des Sphalerits bei 25° C zu $+48{,}42$ kcal/Mol oder $+24{,}2$ kcal/g-Atom berechnet. Die Arbeit von Kapustinsky und Korshunow erschien in russischer Sprache, so daß eine eingehende Kritik der vorliegenden Zahlenwerte schwierig ist. Da diese jedoch durch direkte Synthese des Sulfids aus den Elementen erhalten wurden, während Zeumer und Roth nach der sehr schwierigen Na$_2$O$_2$-Methode arbeiteten, wird man vorläufig[7] am besten den Mittelwert der beiden Arbeiten, nämlich $\boxed{22{,}5}$ kcal/g-Atom verwenden.

Aus Gleichgewichtsuntersuchungen der Umsetzung von [ZnS] mit (HCl) bei höheren Temperaturen berechneten Britzke, Kapustinsky und Wesselowsky[6] die Affinität des Zinks zum Schwefel.

[1] Thomsen, J.: Thermochemische Untersuchungen, S. 241. Stuttgart 1906. — [2] Berthelot, M.: Ann. chim. phys. (5) Bd. 4 (1875) S. 141. — [3] Mixter, W. G.: Z. anorg. allg. Chem. Bd. 83 (1913) S. 97. — [4] Zeumer, H., u. W. A. Roth: Z. anorg. allg. Chem. Bd. 224 (1935) S. 257. — [5] Kapustinsky, A. F., u. J. A. Korshunow: J. physic. Chem. [Mosk.] Bd. 11 (1938) S. 220 — Chem. Zbl. 1938 II S. 3662 — Acta physicochim. URSS Bd. 10 (1939) S. 259 — Chem. Zbl. 1939 II S. 2514. — [6] Britzke, E. V., A. F. Kapustinsky u. B. K. Wesselowsky: Z. anorg. allg. Chem. Bd. 213 (1933) S. 65. — [7] Nach Privatmitteilung von W. A. Roth, Oktober 1941.

S-Zr. Schwefel-Zirkon.

Im Rahmen einer präparativen, röntgenographischen und tensions-analytischen Untersuchung des Systems Schwefel-Zirkon konnten Strotzer, Biltz und Meisel[1] die Verbindungen ZrS_3, ZrS_2, Zr_3S_2, Zr_4S_3 und $\sim Zr_3S$ nachweisen. Der isotherme Abbau konnte bis zur Zusammensetzung $ZrS_{1,8}$ durchgeführt werden. ZrS_3 weist ein Homogenitätsgebiet ($ZrS_{2,8}$ bis $ZrS_{3,2}$), ZrS_2 ein ebensolches bis $ZrS_{1,8}$ auf. Die Auswertung der Dampfdruckmessungen nach van 't Hoff ergab mit der Verdampfungswärme des Schwefels: $[ZrS_2] + [S]_{rhomb} = [ZrS_3]$ $+8{,}5$ kcal. Dabei wurde jedoch zunächst außer acht gelassen, daß zwischen ZrS_3 und ZrS_2 größere Homogenitätsgebiete auftreten. Berücksichtigt man, daß die Auswertung der Versuchsdaten über die Temperaturabhängigkeiten des Dampfdruckes der flüchtigen Komponente nach der van 't Hoffschen Reaktionsisochore zunächst zu den partiellen Wärmetönungen führt, und integriert zur Ableitung der Gesamtbildungswärme über die gemessenen partiellen Werte innerhalb der Grenzen der Homogenitätsgebiete, so ergibt sich:

$$
\begin{aligned}
ZrS_2 &\rightarrow ZrS_{2,4} &&+ 3{,}26 \text{ kcal (homogenes Gebiet),}\\
ZrS_{2,4} &\rightarrow ZrS_{2,75} &&+ 2{,}98 \text{ kcal (heterogenes Gebiet),}\\
\underline{ZrS_{2,75}} &\rightarrow \underline{ZrS_3} &&\underline{+ 0{,}28 \text{ kcal (homogenes Gebiet),}}\\
ZrS_2 &\rightarrow ZrS_3 &&+ 6{,}5_2 \text{ kcal.}
\end{aligned}
$$

Der gefundene Wert für die Teilbildungswärme von $[ZrS_3]$ aus $[ZrS_2]$ und rhombischem Schwefel liegt um 2 kcal niedriger als der von Strotzer, Biltz und Meisel errechnete und kommt damit dem entsprechenden Wert bei der Bildung von $[TiS_3]$ aus $[TiS_2]$ und $[S]$ (4 kcal) näher.

Die Gesamtbildungswärmen der Zirkonsulfide aus den Elementen sind nicht bekannt.

[1] Strotzer, E. F., W. Biltz u. K. Meisel: Z. anorg. allg. Chem. Bd. 242 (1939) S. 249.

Sb-Sn. Antimon-Zinn.

Die Bildungswärmen der festen Antimon-Zinn-Legierungen sind nicht bekannt.

Die Mischungswärmen im System Antimon-Zinn wurden von Kawakami[1] durch direkte Vereinigung der flüssigen Metalle bei 800° C im Kalorimeter bestimmt. Danach erfolgt die Legierungsbildung exotherm (vgl. Abb. 145). Der Höchstwert der Mischungswärmen findet sich bei etwa 35 Atom-% Sn und $+1{,}1_5$ kcal/g-Atom.

[1] Kawakami, M.: Sci. Rep. Tôhoku Imp. Univ. Bd. 19 (1930) S. 521.

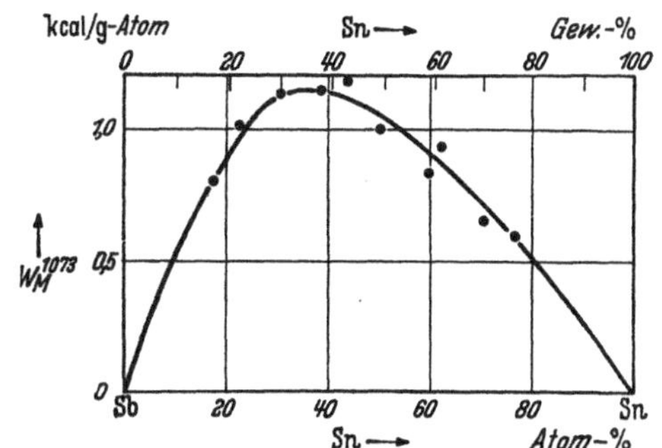

Abb. 145. Mischungswärmen der Antimon-Zinn-Schmelzen bei 800° C. (Nach M. Kawakami.)

Sb-Zn. Antimon-Zink.

Zur Kenntnis der Bildungswärme der Antimon-Zink-Legierungen gelangte man auf zwei Wegen. Für Raumtemperatur wurde sie von Oelsen und Middel[1] durch Zusammengießen von flüssigem Antimon (713° C) und flüssigem Zink (550°) im Kalorimeter bestimmt. Der Wärmeinhalt der eingegossenen reinen Metalle zwischen Guß- und Raumtemperatur war dabei durch Versuche ermittelt worden. Die erhaltenen Wärmetönungen gelten wegen der relativ schnellen Abkühlung der Reaktionsmischungen für den Gußzustand. Der Fehler der Einzelmessungen war infolge der geringen entwickelten Gesamtwärmemenge verhältnismäßig groß, doch lassen sich die Meßpunkte annähernd durch zwei gerade Linien darstellen, die sich in einem Punkt, bei der Konzentration SbZn, schneiden. Die Bildungswärme dieser Verbindung aus den Elementen beträgt $\boxed{+1{,}8}$ kcal/g-Atom Legierung. Oelsen und Middel vergleichen ihre Ergebnisse mit dem Zustandsdiagramm. Dabei scheint zunächst keine Übereinstimmung zu bestehen. Denn dort ist die Verbindung Sb_2Zn_3 durch eine Höchsttemperatur auf der Schmelzkurve ausgezeichnet, während SbZn bei etwas tieferer Temperatur unter Zersetzung schmilzt. „Eine Übereinstimmung zwischen den Aussagen des Zustandsschaubildes und der Bildungswärme-Konzentrationsbeziehung ist nur dann zu erzielen, wenn die Verbindungen Sb_2Zn_3 und Sb_6Zn_4 nur bei höheren Temperaturen stabil sind und bei der Abkühlung auf Raumtemperatur in SbZn und Zn zerfallen.'' Für diese Folgerung aus der Bildungswärme-Konzentrationskurve spricht eine Reihe von Beobachtungen über die Änderungen der Eigenschaften der Legierungen mit der Zusammensetzung bei Raumtemperatur, über die Oelsen und Middel im einzelnen berichten. Das Zustandsdiagramm müßte danach für tiefere Temperaturen noch geändert werden.

Die Bildungswärmen bei höheren Temperaturen wurden 3 Jahre später von Seltz und DeWitt[2] gefunden, wobei diese Autoren noch keine Kenntnis der Oelsenschen Arbeit hatten. Seltz und DeWitt bestimmten die EMK von Zellen der Art: $Zn_{fl}/ZnCl_2$ in $LiCl + KCl_{fl}/Zn$ (in flüssigen Zn-Sb-Legierungen) bei Temperaturen von 490 bis 564° C. Bei den Konzentrationen, bei denen die flüssige Phase im Gleichgewicht mit einer festen Verbindung steht, konnte die Bildungswärme der festen Verbindungen aus den flüssigen Elementen berechnet werden. Mit den Schmelzwärmen von Zink und Antimon ergaben sich dann die Bildungswärmen der festen Verbindungen aus den festen Komponenten. Die Ergebnisse sind als Kreuze in Abb. 146 eingezeichnet. Der Wert für die Bildungswärme von $[Sb_2Zn_3]$ mußte fortgelassen werden, weil er sich als von Null kaum verschieden ergab. Offenbar hat hier ein Meßfehler vorgelegen. Die mit Hilfe der anderen Werte gestrichelt gezeichnete Kurve in Abb. 146 zeigt annähernd den Verlauf, wie er von Oelsen und Middel[1] zunächst erwartet wurde. Der Höchstwert

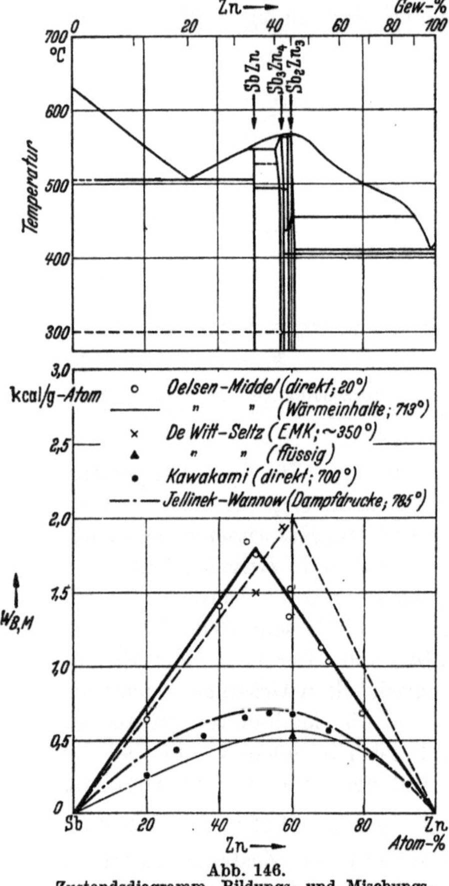

Abb. 146.
Zustandsdiagramm, Bildungs- und Mischungswärmen der Antimon-Zink-Legierungen.

liegt bei der Zusammensetzung Sb_2Zn_3 und etwa $+2{,}0$ kcal/g-Atom. Der Unterschied der Kurven nach Oelsen und Middel einerseits und DeWitt und Seltz andererseits macht es wahrscheinlich, daß die Phasenverhältnisse im System Antimon-Zink bei Raumtemperatur andere sind als dicht unterhalb der eutektischen Temperaturen.

Zur Bestimmung der Mischungswärmen der Antimon-Zink-Legierungen gelangten ebenfalls verschiedene Verfahren zur Anwendung. Oelsen und Middel[1] errechneten diese aus den von ihnen gemessenen

Wärmeinhalten der reinen Metalle und einer Reihe von Legierungen zwischen 713 und 20° mit Hilfe der Bildungswärmen bei Raumtemperatur. Ihre Ergebnisse sind als dünn ausgezogene Kurve in Abb. 146 dargestellt. Kawakami[3] bestimmte die Mischungswärme der Legierungen durch direkte Vereinigung von flüssigem Zink und Antimon bei 700° C im Kalorimeter. Die Werte von Kawakami sind mit denen von Oelsen und Middel in recht guter Übereinstimmung, wenn man die Genauigkeit der verwendeten Verfahren berücksichtigt. Jellinek und Wannow[4] haben den Dampfdruck des Zinks über flüssigen Antimon-Zink-Legierungen bei 785° C mit der Mitführungsmethode (Stickstoff als Trägergas) gemessen. Die Auswertung der Messungen auf partielle Mischungswärmen wurde von den Beobachtern nach einem Ansatz von Hildebrand (vgl. S. 115) vorgenommen. Die Berechnung nach der Näherungsformel $\overline{W} = -RT \ln \dfrac{p/p_0}{N}$ liefert höhere Werte für $\overline{W}_{Zn}$. Die Zahlenwerte, die sich nach den beiden Auswertungsverfahren ergeben, sind in Tab. 61 zusammengestellt. In Abb. 146 sind lediglich die

Tabelle 61. Partielle Mischungswärmen im System Sb-Zn.
(Nach Jellinek und Wannow.)

N_{Zn}		0,763	0,596	0,484	0,235
$\overline{W}_{Zn}$ Berechnung	nach Jellinek . .	−0,085	+0,248	+0,404	+0,890
	nach Wagner . .	−0,029	+0,32	+0,94	+1,78

Mischungswärmen aufgenommen, die sich bei der Integration der aus der 2. Näherungsformel berechneten partiellen Werte ergeben. Sie passen sich den Ergebnissen der anderen Autoren gut an. Die Berechnung nach Jellinek und Wannow führt zu integralen Werten, die etwa halb so groß sind. DeWitt und Seltz[2] berechneten aus ihren EMK-Messungen die Mischungswärme für eine Legierung mit 60 Atom-% Zn (Abb. 146).

Nach übereinstimmenden Ergebnissen von Oelsen und Middel, Kawakami sowie Jellinek und Wannow erfolgt also die Vereinigung von flüssigem Antimon und Zink zu flüssigen Legierungen unter Wärmeabgabe. Der Höchstwert der Mischungswärme liegt bei etwa 55 Atom-% Zn und $+0,6_5$ kcal/g-Atom Legierung.

Für die Schmelzwärme der einzigen kongruent schmelzenden Verbindung des Systems Sb_2Zn_3 berechneten DeWitt und Seltz[2] aus ihren Ergebnissen 12,2 kcal/Mol bzw. 2,44 kcal/g-Atom. Da hierbei jedoch der sehr unwahrscheinliche Wert für die Bildungswärme von $[Sb_2Zn_3]$ (s. oben) eingeht, so dürfte die Angabe zu niedrig sein. Mit dem in Abb. 146 extrapolierten Wert für die Bildungswärme von $[Sb_2Zn_3]$ (2,0 kcal/g-Atom) würde man für die Schmelzwärme der Verbindung den Wert ~4,4 kcal/g-Atom erhalten, der auch wahrscheinlicher ist.

[1] Oelsen, W., u. W. Middel: Mitt. Kaiser-Wilhelm-Inst. Eisenforsch. Düsseldorf Bd. 19 (1937) S. 1. — [2] De Witt, B., u. H. Seltz: J. Amer. chem. Soc. Bd. 61 (1939) S. 3170. — Seltz, H.: Trans. electrochem. Soc. Bd. 77 (1940) S. 233. — [3] Kawakami, M.: Z. anorg. allg. Chem. Bd. 167 (1927) S. 345. — [4] Jellinek, K., u. H. A. Wannow: Z. Elektrochem. angew. physik. Chem. Bd. 41 (1935) S. 346.

Se-Sr. Schwefel-Strontium.

Die Bildungswärme des Strontiumselenids SrSe aus den Elementen (Selen: metallisch) ergab sich nach Fabre[1] aus der Lösungswärme in verdünnter Salzsäure zu $+68$ kcal/Mol bei Raumtemperatur. Bichowsky und Rossini[2] berechnen mit der Lösungswärme von Fabre und neueren Hilfsgrößen den Wert $+83$ kcal/Mol.

[1] Fabre, Ch.: Ann. chim. phys. (6) Bd. 10 (1887) S. 472. — [2] Bichowsky, F. R., u. F. D. Rossini: Thermochemistry of the chemical Substances, S. 123. New York 1936.

Se-Tl. Selen-Thallium.

Die Bildungswärme von [Tl$_2$Se] wurde von Fabre[1] aus dessen Fällungswärme in wäßriger Lösung sowie der Lösungswärme in Bromwasser bei Raumtemperatur bestimmt. Ergebnis:

$$2\,[\text{Tl}] + [\text{Se}]_{\text{met}} = [\text{Tl}_2\text{Se}] + 18 \text{ kcal}.$$

[1] Fabre, Ch.: Ann. chim. phys. (6) Bd. 10 (1887) S. 472.

Se-Zn. Selen-Zink.

Bichowsky und Rossini[1] berechneten mit Hilfe der von Fabre[2] angegebenen Fällungs- und Lösungswärmen von Zinkselenid, ZnSe, dessen Bildungswärme aus festem Zink und metallischem Selen zu etwa $+34$ kcal/Mol bzw. $+17$ kcal/g-Atom.

[1] Bichowsky, F. R., u. F. D. Rossini: Thermochemistry of the chemical Substances, S. 65. New York 1936. — [2] Fabre, Ch.: Ann. chim. phys. (6) Bd. 10 (1887) S. 529.

Si-Sr. Silizium-Strontium.

Die Bildungswärmen des Strontiummonosilizids (SrSi) und Strontiumdisilizids (SrSi$_2$) wurden von Wöhler und Schuff[1] durch Bestimmung der Verbrennungswärme gefunden, wobei die Präparate gemischt mit Alkalichlorat und Paraffinöl in Sauerstoff in der Kalorimeterbombe verbrannt wurden. Zur Förderung der Silikatbildung wurde ferner Strontiumoxyd zugesetzt. Das Strontiummonosilizid enthielt 2,08% FeSi$_2$, das Strontiumdisilizid 2,16% FeSi$_2$ und 13,6% freies Si. Als Verbrennungsrückstand fanden sich bei SrSi 1,60% FeSi$_2$, bei SrSi$_2$ und 5,5% Si. Die Verbrennungswärme des Siliziums sowie die Wärmetönung der Reaktion des gebildeten SiO$_2$ mit überschüssigem SrO wurden in die Korrektur einbezogen, dagegen wurde die Verbrennungswärme von $FeSi_2$ nicht berücksichtigt[2]. Für die Bildungswärme von [SrSi] ergaben sich $+113$ kcal/Mol bzw. $+56{,}5$ kcal/g-Atom und für $SrSi_2$ $+147$ kcal/Mol bzw. $+49$ kcal/g-Atom.

[1] Wöhler, L., u. W. Schuff: Z. anorg. allg. Chem. Bd. 209 (1932) S. 53. — [2] Eine entsprechende Korrektur ändert die oben angegebenen Bildungswärmen nicht.

Sn-Te. Zinn-Tellur.

Die Bildungswärme der Verbindung SnTe wurde von McAteer und Seltz[1] auf Grund von EMK-Messungen an Zellen der Art $Sn_{fl}/SnCl_2$ in $LiCl\text{-}KCl_{fl}/[Te] + [SnTe]$ und $Sn_{fl}/SnCl_{2fl}/[Te] + [SnTe]$ in dem Temperaturbereich 270 bis 395° C ermittelt. Sie ergibt sich unter Berücksichtigung der Schmelzwärme von Zinn und unter Annahme der Gültigkeit der Koppschen Regel[2] bei Raumtemperatur zu 14,65 kcal/Mol. Der Fehler der Messung beträgt ± 50 cal, die Unsicherheit des Wertes für die Schmelzwärme von Sn und der Anwendbarkeit des Koppschen Gesetzes wird zu ± 40 und ± 30 cal geschätzt. Man erhält demnach für die Bildungswärme von SnTe, bezogen auf 1 g-Atom, $\boxed{+7{,}3_3}$ $\pm 0{,}0_3$ kcal. Da die Verbindung SnTe die einzige des Systems ist und größere Mischkristallgebiete in diesem nicht auftreten, ist die Bildungswärme jeder beliebigen Legierung durch ihren Gehalt an SnTe bestimmt.

[1] McAteer, J. H., u. H. Seltz: J. Amer. chem. Soc. Bd. 58 (1936) S. 2081. — [2] Vgl. Fußnote 3 bei Cd-Te.

Sn-Tl. Zinn-Thallium.

Die Bildungswärmen der festen Zinn-Thallium-Legierungen sind nicht bekannt. Sie sind wahrscheinlich sehr klein.

Die Mischungswärmen der flüssigen Legierungen lassen sich aus den Ergebnissen von Hildebrand und Sharma[1] ableiten. Diese Beobachter bestimmten die EMK von flüssigen Zinn-Thallium-Legierungen gegenüber flüssigem Thallium als Bezugselektrode bei 352, 414 und 478° C. Der Elektrolyt bestand aus einem Gemisch von LiCl und KCl, dem geringe Mengen von TlCl und KOH zugesetzt waren. Tab. 62

Tabelle 62. Partielle Mischungswärmen im System Sn-Tl.

Temp. in °C	N_{Tl}					
	0	0,2	0,4	0,6	0,8	1,0
352	$-1{,}805$	$-1{,}155$	$-0{,}650$	$-0{,}289$	$-0{,}072$	0
414	$-2{,}182$	$-1{,}395$	$-0{,}786$	$-0{,}349$	$-0{,}087$	0
478	$-2{,}160$	$-1{,}670$	$-0{,}940$	$-0{,}418$	$-0{,}104$	0

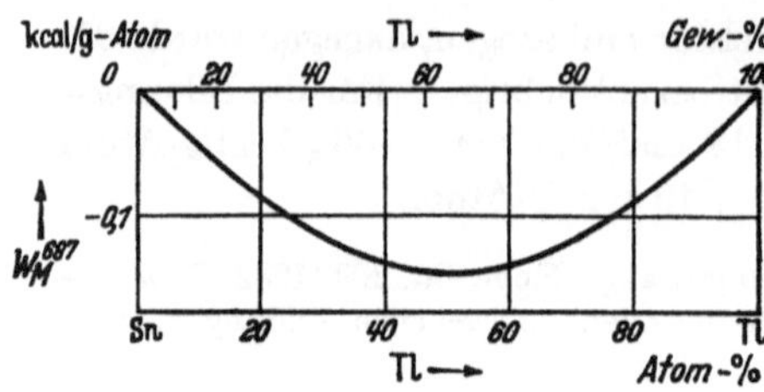

Abb. 147.
Mischungswärmen der Zinn-Thallium-Schmelzen bei 352 bis 478° C. (Nach EMK-Messungen von J. H. Hildebrand und J. N. Sharma berechnet.)

gibt die von Hildebrand und Sharma aus ihren Ergebnissen berechneten Werte für $\overline{W}_{Tl}$, und in Abb. 147 sind die aus den Werten bei 414° C durch Integration erhaltenen Mischungswärmen des Systems Zinn-Thallium graphisch wiedergegeben. Danach erfolgt die Bildung der flüssigen Legierungen unter Wärmeaufnahme. Das Minimum liegt bei etwa 50 Atom-% und —0,15 kcal/g-Atom Legierung.

[1] Hildebrand, J. H., u. J. N. Sharma: J. Amer. chem. Soc. Bd. 51 (1929) S. 462.

Sn-Zn. Zinn-Zink.

Die Bildungswärmen der festen Zinn-Zink-Legierungen sind wegen der geringen gegenseitigen Löslichkeit der Komponenten und wegen des Fehlens von intermetallischen Verbindungen wahrscheinlich praktisch gleich Null. Herschkowitsch[1] sowie Tayler[2] gaben nach lösungskalorimetrischen Untersuchungen für die Bildungswärme der Legierungen Werte an, die sich bereits in ihren Vorzeichen unterscheiden. Ein größeres Gewicht kann diesen älteren Arbeiten nicht beigemessen werden.

Aufklärung über die Mischungswärmen im System Zinn-Zink geben uns einige Arbeiten, die sich vollständig verschiedene Meßmethoden zur Grundlage nahmen. Kawakami[3] wählte den Weg der direkten Vereinigung der Komponenten im Kalorimeter bei 450° C. Taylor[4] bestimmte bei 431, 466, 539 und 570° C die EMK von Zinn-Zink-Legierungen gegenüber Zink mit Kalium-Lithiumchlorid, dem etwas Zinkchlorid zugesetzt war, als Elektrolyt. Die aus der Temperaturabhängigkeit der Messungen berechneten partiellen Bildungswärmen wurden aus den Angaben von Taylor gemittelt und sind in

Tabelle 63. Partielle Mischungswärmen im System Sn-Zn bei 500° C. (Nach Taylor, Mittelwerte.)

N_{Zn}	0,1	0,2	0,3	0,4	0,5	0,6	0,7	0,8	0,9
$\overline{W}_{Zn}$ in kcal . . .	—2,21	—1,94	—1,65	—1,37	—1,11	—0,83	—0,59	—0,35	—0,14
$\overline{W}_{Cd}$ in kcal . . .	—0,02	—0,07	—0,17	—0,33	—0,55	—0,89	—1,40	—2,17	—3,20

Tab. 63 zusammengestellt. Burmeister und Jellinek[5] sowie Jellinek und Wannow[6] bestimmten den Dampfdruck von Zink über Zinn-Zink-Legierungen bei 684, 700 und 785° C nach der Mitführungsmethode. Die nach einem Ansatz von Hildebrand aus den Meßdaten berechneten Werte für $\overline{W}$ liegen höher als diejenigen von Taylor. Das wird auch aus den Kurven für die integralen Mischungswärmen (Abb. 148) ersichtlich. Die Ergebnisse von Kawakami (450°) und Taylor (500°) zeigen eine recht gute Übereinstimmung, vor allem, wenn man die geringe, bei der Legierungsbildung aufgenommene Gesamtwärmemenge berücksichtigt. Die aus den Messungen von Jellinek und Wannow bei 700 und 785° berechnete Kurve der Mischungswärmen verläuft wesentlich flacher. Die in der Abbildung nicht miteingezeichnete Kurve nach Burmeister und Jellinek (684°) verläuft etwa 0,03 kcal unterhalb derjenigen von Jellinek und Wannow. Nach einer während der Korrektur erschienenen Arbeit von Scheil[7], der die Mischungswärmen aus dem Zustandsdiagramm der Sn-Zn-Legierungen berechnet, scheint der tatsächliche Kurvenverlauf etwa in der Mitte zwischen dem nach Jellinek, Burmeister und Wannow einerseits und nach Kawakami und Taylor andererseits zu liegen. Scheil findet das Minimum bei 60 Atom-% Zn und $-0{,}5$ kcal/g-Atom. Eine experimentelle Neuuntersuchung des Systems ist notwendig.

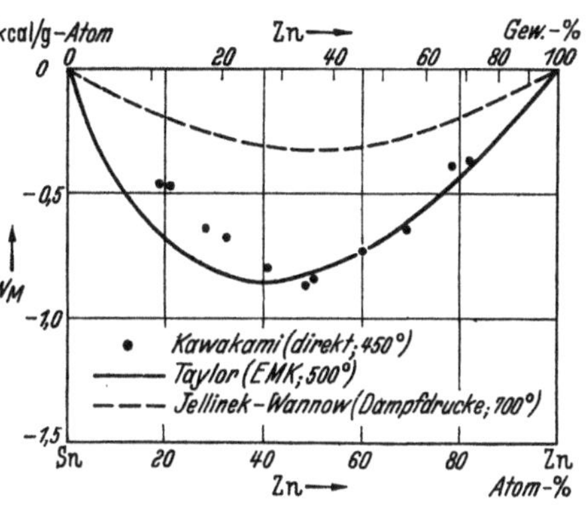

Abb. 148.
Mischungswärmen der Zinn-Zink-Schmelzen.

[1] Herschkowitsch, M.: Z. physik. Chem. Bd. 27 (1898) S. 123. — [2] Tayler, B.: Philos. Mag. J. Sci. (5) Bd. 50 (1900) S. 37. — [3] Kawakami, M.: Z. anorg. allg. Chem. Bd. 167 (1927) S. 345. — [4] Taylor, N. W.: J. Amer. chem. Soc. Bd. 45 (1923) S. 2865. — [5] Burmeister, E., u. K. Jellinek: Z. physik. Chem., Abt. A Bd. 165 (1933) S. 121. — [6] Jellinek, K., u. H. A. Wannow: Z. Elektrochem. angew. physik. Chem. Bd. 41 (1935) S. 346. — [7] Scheil, E.: Z. Elektrochem. angew. physik. Chem. Bd. 49 (1943) S. 246.

Te-Tl. Tellur-Thallium.

Die Bildungswärme von [Tl$_2$Te] wurde von Fabre[1] mit Hilfe der Lösungswärme der Verbindung in Bromwasser bei 22° C ermittelt (159,5 kcal). Die Umrechnung mit den neueren Hilfsgleichungen durch Bichowsky und Rossini[2] ergab etwa $+7$ kcal/Mol.

[1] Fabre, Ch.: Ann. chim. phys. (6) Bd. 14 (1888) S. 115. — [2] Bichowsky, F. R., u. F. D. Rossini: Thermochemistry of the chemical Substances, S. 63. New York 1936.

Te-Zn. Tellur-Zink.

In dem System Tellur-Zink tritt nur eine Verbindung auf, das Zinktellurid ZnTe. Für die Bildungswärme dieser Verbindung aus den Komponenten fand Fabre[1] (1888) durch Lösen in Bromwasser $+15{,}5$ kcal/g-Atom[4]. McAteer und Seltz[2] führten EMK-Messungen an Zellen der Art [Zn]/ZnCl$_2$ in LiCl-KCl$_{fl}$/[Te] + [ZnTe] bei 355 bis 418° C aus und berechneten aus der Temperaturabhängigkeit der EMK für die Bildungswärme von [ZnTe] $+28{,}2 \pm 0{,}1$ kcal/Mol bzw. $+14{,}1$ kcal/g-Atom. Kubaschewski[3] prüfte, um den Anschluß der mit seiner Anordnung gemessenen Werte auch an die Arbeiten von Seltz zu gewinnen, die Bildungswärme von [ZnTe], indem er Preßlinge aus Mischungen von Zink- und Tellurpulver in einem Hochtemperaturkalorimeter bei 620° C reagieren ließ, und erhielt $+14{,}7 \pm 0{,}7$ kcal/g-Atom. Unter Annahme der Gültigkeit der Kopp-schen Regel sollten diese Werte auch Gültigkeit für Raumtemperatur besitzen. Wir schlagen vor, mit dem Mittelwert aus den Messungen von McAteer und Seltz sowie Kubaschewski $\boxed{+14{,}4} \pm 0{,}3$ kcal/g-Atom zu rechnen. Die Bildungswärmen der anderen Tellur-Zink-Legierungen sind dann durch deren Gehalt an ZnTe bestimmt, wie das aus Abb. 149 hervorgeht.

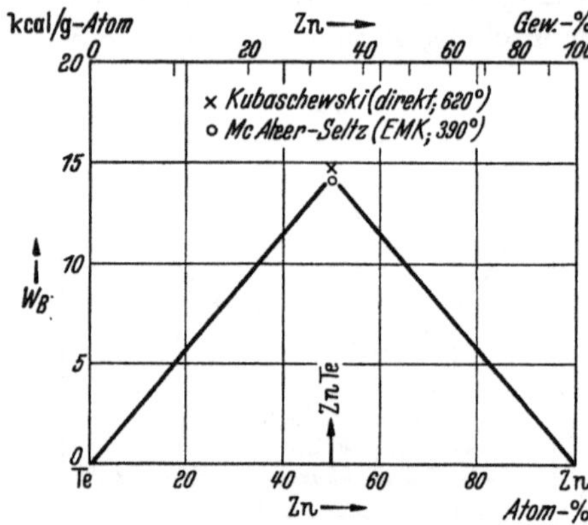

Abb. 149.
Bildungswärmen der Tellur-Zink-Legierungen.

Die Mischungswärmen der flüssigen Zink-Tellur-Legierungen sind nicht bekannt.

---

[1] Fabre, Ch.: Ann. chim. phys. (6) Bd. 14 (1888) S. 116. — [2] McAteer, J. H., u. H. Seltz: J. Amer. chem. Soc. Bd. 58 (1936) S. 2081. — [3] Kubaschewski, O.: Z. Elektrochem. angew. physik. Chem. Bd. 47 (1941) S. 623. — [4] Nach Umrechnung mit neueren Hilfsgrößen.

B. Ternäre Legierungssysteme.

Legierungen des Aluminiums mit Eisen-Nickel, Eisen-Kobalt, Kupfer-Nickel, Eisen-Silizium und Kupfer-Mangan.

Daß beispielsweise bei der Zugabe von Aluminium zu einer Kupfer-Nickel-Schmelze beträchtliche Temperaturerhöhungen auftreten können, war schon von Austin und Murphy[1] beobachtet worden. Die Bildungswärmen für den Gußzustand einer Reihe technisch wichtiger, ternärer, aluminiumhaltiger Legierungen wurden von Körber, Oelsen und Lichtenberg[2] untersucht. Diese Beobachter gossen bei ihren quantitativen Versuchen gut desoxydierte Schmelzen von Fe-Ni und Fe-Co von etwa 1600° C bzw. von Cu-Ni (1200 bis 1500° C) zu Aluminium, das eine Temperatur von etwa 800 bis 900° hatte, und ließen die Mischungen im Kalorimeter auf Raumtemperatur abkühlen. Im Falle

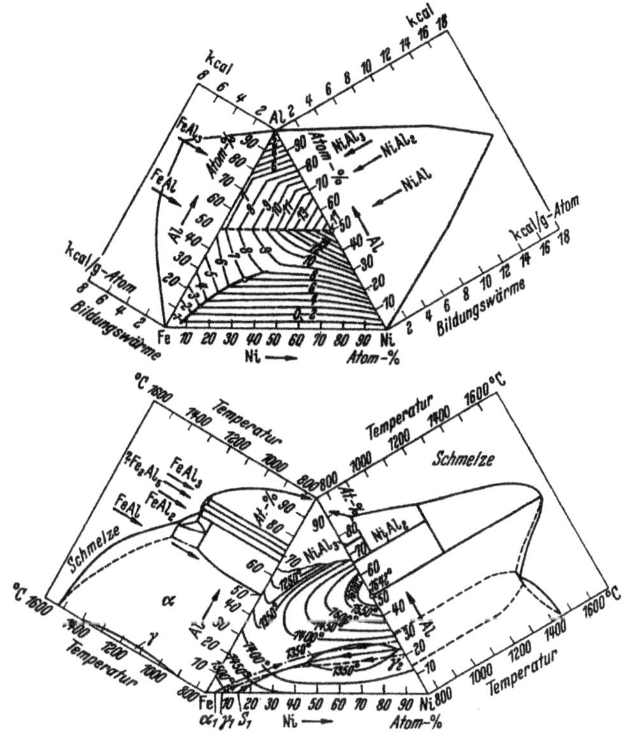

Abb. 150. Schichtliniendiagramm der Bildungswärmen (oben) und der Schmelzfläche (unten) der Dreistofflegierungen Eisen-Nickel-Aluminium. (Bildungswärmen bei Raumtemperatur nach F. Körber, W. Oelsen und H. Lichtenberg; Zustandsdiagramm nach W. Köster.)

der Fe-Si-Al-Legierungen wurde flüssiges Eisen (1600°) zu Al-Si-Schmelzen von 1100 bis 1600° gegossen. Für die Berechnung der Bildungswärmen aus den gemessenen Reaktionswärmen mußten die Wärmeinhalte der eingebrachten Schmelzen, die durch Versuche bekannt waren, in Abzug gebracht werden. Aus den Untersuchungen von Körber, Oelsen und Lichtenberg konnte nur die Wärmetönung für das Hinzutreten des Aluminiums zu den binären Legierungen Fe-Ni, Fe-Co und Cu-Ni bzw. des Eisens zu Al-Si hergeleitet werden, doch dürften die beobachteten Wärmetönungen nicht sehr verschieden sein von den Bil-

dungswärmen der Legierungen aus den 3 Elementen, da die Bildungswärmen der angeführten binären Schmelzen sicherlich klein sind gegenüber den Wärmetönungen beim Hinzutritt der 3. Komponente. Die
Dreistofflegierungen wurden jeweils auf 4 bis 7 Schnitten untersucht
(mit Ausnahme von Al-Cu-Mn, s. weiter unten). Die Bildungswärmen
der Randsysteme von Al mit Fe, Ni, Co und Cu sowie von Fe mit Si

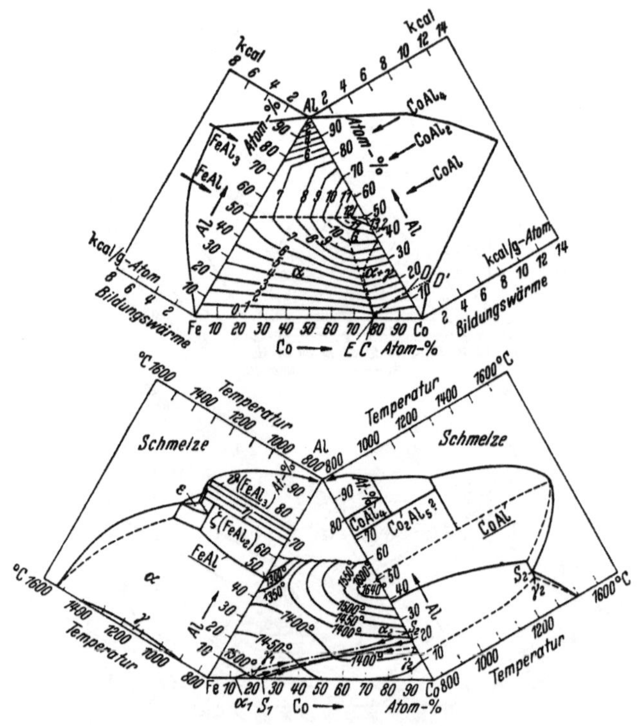

Abb. 151. Schichtliniendiagramm der Bildungswärmen (oben) und der Schmelzfläche (unten)
der Dreistofflegierungen Eisen-Kobalt-Aluminium. (Bildungswärmen bei Raumtemperatur nach
F. Körber, W. Oelsen und H. Lichtenberg; Zustandsdiagramm nach W. Köster.)

und Al waren bereits aus früheren Untersuchungen der Beobachter
bekannt (s. bei den binären Legierungen) und wurden zum Teil nachgeprüft.

Die Ergebnisse der Untersuchungen von Körber, Oelsen und
Lichtenberg an den Systemen Al-Fe-Ni, Al-Co-Fe, Al-Cu-Ni und
Al-Fe-Si sind in Form von Schichtliniendiagrammen zusammen mit den
Zustandsdiagrammen in den Abb. 150 bis 153 wiedergegeben. Es zeigen
sich deutlich Parallelen zwischen den energetischen und thermischen
Schaubildern. Im System Aluminium-Eisen-Nickel[3] (Abb. 150)
liegt der Höchstwert der Bildungswärme bei der binären Verbindung

NiAl. Von diesem Spitzenwert ausgehend fallen die Bildungswärmen nach allen Seiten hin steil ab. Längs der gestrichelten Geraden bei 50 Atom-% Al zieht sich quer durch das Dreistoffgebiet ein ausgeprägter Grat. Die verhältnismäßig hohe Bildungswärme der Verbindung $FeAl_3$ macht sich auch in den Schichtlinien der ternären Legierungen

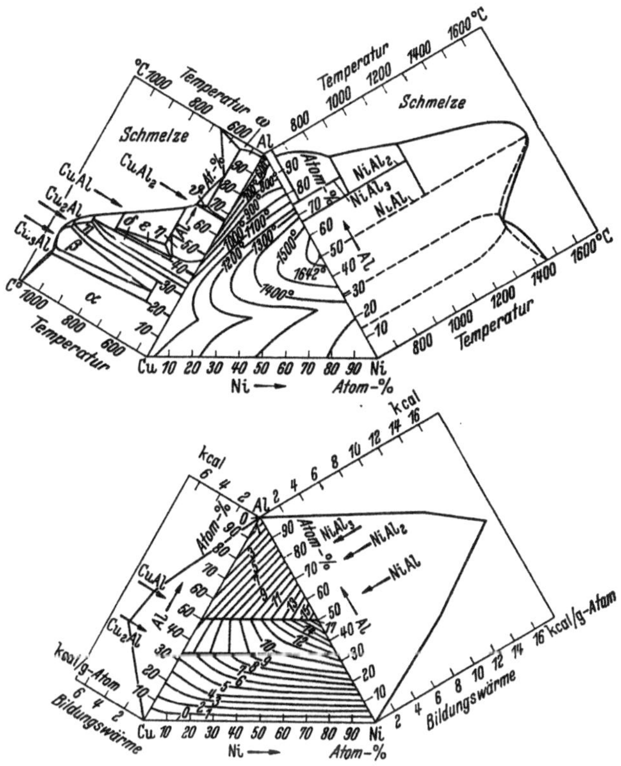

Abb. 152. Schichtliniendiagramm der Schmelzfläche (oben) und der Bildungswärmen (unten) der Dreistofflegierungen Kupfer-Nickel-Aluminium. (Bildungswärmen bei Raumtemperatur nach F. Körber, W. Oelsen und H. Lichtenberg; Zustandsdiagramm nach C. R. Austen und A. I. Murphy.)

bemerkbar. Der Verlauf der Schichtlinien steht auch sonst im Zusammenhang mit den Aussagen des Zustandsdiagramms.

Das energetische Diagramm des Systems Aluminium-Kobalt-Eisen[3] ist im großen und ganzen dem des Systems Aluminium-Eisen-Nickel sehr ähnlich (Abb. 151). Besonders auffällig ist wieder der ausgeprägte Grat der Bildungswärmefläche, der von dem Höchstwert bei CoAl seinen Ausgang nimmt und nahe 50 Atom-% Al quer durch das Dreistoffsystem bis zum FeAl zieht. Auch hier ist der Einfluß der Verbindung $FeAl_3$ auf die Bildungswärme der ternären Legierungen zu sehen. Auch unterhalb 50 Atom-% Al machen sich deutliche Zusammenhänge zwischen dem energetischen und dem thermischen Diagramm bemerkbar.

Die Bildungswärmen der Aluminium-Kupfer-Nickel-Legierungen[4] sowie deren Zustandsdiagramm sind in Abb. 152 wiedergegeben. Das System zeigt wieder den Höchstwert der Bildungswärme bei der Zusammensetzung der binären Verbindung NiAl. Von da verläuft ein ausgesprochener Grat bei 50 Atom-% Al bis zur Verbindung CuAl. Parallel zu diesem verläuft ein weiterer Grat bei 33 Atom-% Al, ausgehend vom Cu_2Al, und verliert sich etwa bei Ni : Cu = 1 : 1. Bei den Legierungen mit mehr als 50 Atom-% Al erfolgt ein ziemlich gleichmäßiger Abfall vom NiAl bis zur Aluminiumecke.

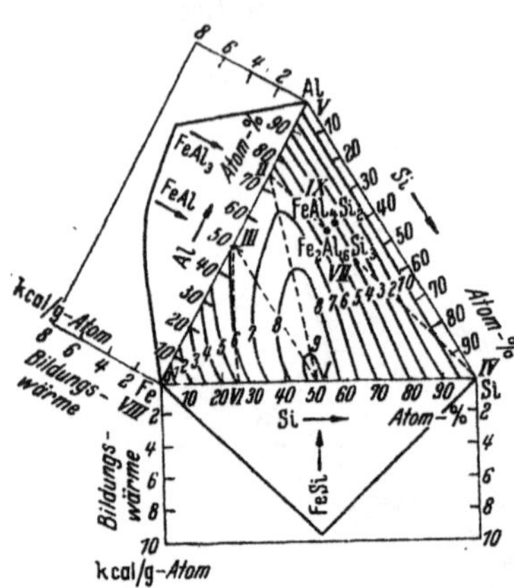

Abb. 153. Schichtliniendiagramm der Bildungswärmen der Dreistofflegierungen Eisen-Aluminium-Silizium. (Nach F. Körber, W. Oelsen und H. Lichtenberg.)

Das Zustandsdiagramm der Aluminium-Eisen-Silizium-Legierungen[4] ist noch nicht genau bekannt. Die Gestalt der Bildungswärmefläche[5] (Abb. 153) ist durch die Werte der Bildungswärmen der drei binären Verbindungen FeSi, $FeAl_3$ und FeAl bestimmt. Der Höchstwert liegt bei der Zusammensetzung FeSi. Die ternäre Kristallart $Fe_2Al_6Si_3$ (?) oder $FeAl_4Si_2$ (?), die in den aluminiumreichen Legierungen auftritt, spielt nach Oelsen[4] anscheinend energetisch nur die Rolle einer ziemlich lockeren Anlagerungsverbindung.

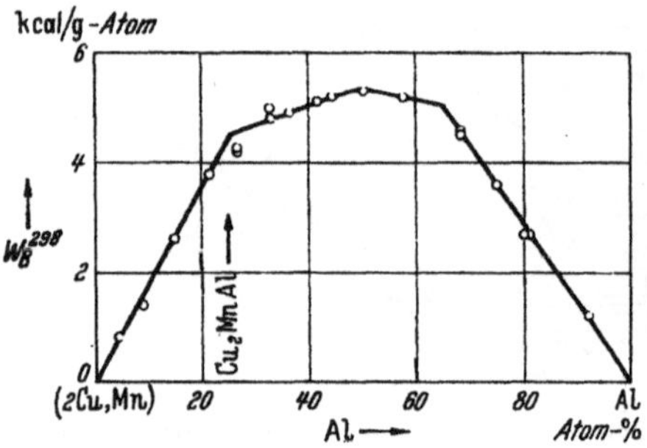

Abb. 154.
Die Bildungswärme einer Legierungsreihe des Systems Kupfer-Aluminium-Mangan. (Nach F. Körber, W. Oelsen und H. Lichtenberg.)

In ähnlicher Weise, wie die obigen Systeme, prüften Körber, Oelsen und Lichtenberg[2] auch die Dreistofflegierungen des Schnittes (2 Cu-Mn)-Al, indem sie Mischungen von Kupfer und Mangan im Verhältnis 2 : 1 von 1200° C zu flüssigem Aluminium (820 bis 870° C) gossen. Die Ergebnisse sind in Abb. 154 dargestellt. Der Höchstwert der Bildungswärme fand sich bei 50 Atom-% Al. Die ferromagnetische Legierung Cu_2MnAl ist durch einen deutlichen Knick der Bildungswärme-Konzentrationskurve hervorgehoben.

[1] Austin, C. R., u. A. J. Murphy: J. Inst. Met. London Bd. 29 (1923) S. 327.
— [2] Körber, F., W. Oelsen u. H. Lichtenberg: Mitt. Kaiser-Wilhelm-Inst.
Eisenforsch. Düsseldorf Bd. 19 (1937) S. 131. — [3] Al-Fe-Ni und Al-Co-Fe vgl.
auch F. Körber, W. Oelsen, W. Middel und H. Lichtenberg: Stahl u. Eisen
Bd. 56 (1936) S. 1401. — [4] A-Cu-Ni und Al-Fe-Si vgl. auch W. Oelsen: Z. Elektrochem. angew. physik. Chem. Bd. 43 (1937) S. 530. — [5] Die Schichtlinien wurden von den Bearbeitern bei der relativ geringen Zahl der Einzelwerte ohne
Knicke eingezeichnet, da die Phasengrenzen der Dreistofflegierungen Al-Fe-Si,
besonders im mittleren Bereich, noch nicht festgestellt wurden.

Wismut-Blei-Zinn.

Die Dreistofflegierungen des Systems Wismut-Blei-Zinn sind den
Randsystemen entsprechend im flüssigen Zustand lückenlos mischbar
und bilden im festen Zustand praktisch keine Mischkristalle. v. Samson-Himmelstjerna[1] bestimmte die Wärmeinhalte der Legierungen
zwischen 500 und 20° C auf 3 Schnitten
durch die Wismutecke. Hierzu wurden
die flüssigen Legierungen im Kalorimeter von Raumtemperatur abgekühlt.
Die aus den Meßpunkten und den
Wärmeinhalten der Randsysteme (vgl.
S. 170, 174, 300) graphisch extrapolierten
Kurven gleicher Wärmeinhalte sind in
Abb. 155 ausgezogen wiedergegeben. Aus
diesen errechnen sich die Mischungswärmen unter der Annahme, daß allen
festen Legierungen die Bildungswärme
Null zukommt. Die Wärmemengen, die
beim Mischen von einem g-Atom Legierung bei 500° frei werden, sind in

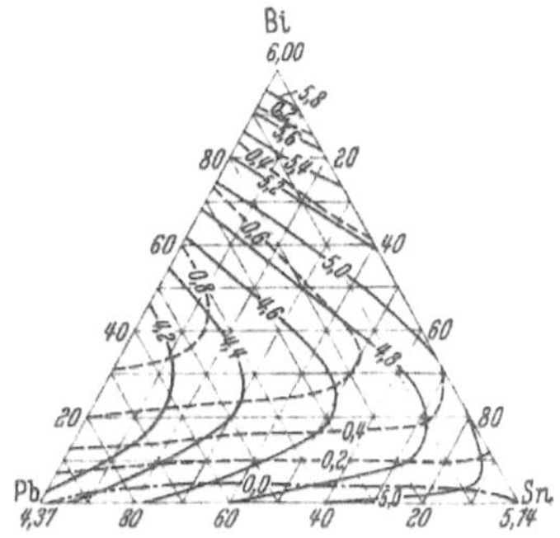

Abb. 155. Blei-Wismut-Zinn: —— Wärmeinhalte in kcal g-Atom Legierung von
500° (20°); - - - Mischungswärmen in kcal/
g-Atom bei 500° C. (Nach H. O. v. Samson-Himmelstjerna.)

Abb. 155 gestrichelt dargestellt. Auf der strichpunktierten Kurve in der
Nähe der Seite Blei-Zinn sind die Mischungswärmen gleich Null; die
wismutreicheren Legierungen entstehen exotherm, die wismutärmeren
endotherm. Die Höchstwerte der Mischungswärmen finden sich im zinn-
armen Teil bei etwa 45 Atom-% Bi.

[1] Samson-Himmelstjerna, H. O. v.: Z. Metallkunde Bd. 28 (1936) S. 197.

Kupfer-Zink-Aluminium und Kupfer-Zink-Nickel.

Hargreaves[1] bestimmte den Dampfdruck des Zinks über sowohl
aluminium- als auch nickelhaltigen Messinglegierungen mittels der
Taupunktsmethode (vgl. S. 90) bei verschiedenen Temperaturen bis
etwa 25° unterhalb des Schmelzpunktes. Es ergab sich, daß Legierungen aus Kupfer und Nickel und einer bestimmten Menge Zink einen
niedrigeren Dampfdruck haben als ein einfaches Messing mit dem-

selben Prozentgehalt an Zink. Aluminiumzusätze erhöhen dagegen den Dampfdruck einer Legierung mit gegebenem Zinkgehalt.

[1] Hargreaves, R.: J. Inst. Metals Bd. 64 (1939) S. 115.

Legierungen des Zinks mit Antimon-Zinn, Blei-Zinn und Kadmium-Zinn.

Jellinek und Wannow[1] bestimmten die Dampfspannungen des Zinks über den vollständig mischbaren flüssigen Legierungen des Systems Antimon-Zinn-Zink bei 700° C und über den unvollständig mischbaren Legierungen des Systems Blei-Zinn-Zink bei 653°, ferner die Dampfspannungen von Zink und Kadmium über den flüssigen, vollständig mischbaren Kadmium-Zinn-Zink-Legierungen bei 700° und berechneten die Aktivitäten. Gemessen wurde bei je 2 Konzentrationen auf den Schnitten Zn-„Sb_3Sn", Zn-„$SbSn_3$", Sn-„Cd_3Zn" und Sn-„$CdZn_3$" sowie von der Zn-Ecke zu den binären Sn-Pb-Legierungen mit 25, 50 und 75 Gew.-% nach der Mitführungsmethode mit Stickstoff als Trägergas.

[1] Jellinek, K., u. H. A. Wannow: Z. Elektrochem. angew. physik. Chem. Bd. 41 (1935) S. 346.

III. Zur Systematik thermochemischer Meßdaten von Legierungssystemen.

Im ersten und zweiten Teil sind vor allem die Verfahren, die zu thermochemischen Meßwerten führen, und die mit ihrer Hilfe ermittelten Ergebnisse zusammengefaßt und besprochen worden. Im dritten Teil sollen die Beziehungen zwischen den Bildungs-, Mischungs- und Schmelzwärmen zu anderen charakteristischen Daten der Legierungsbildung kurz herausgestellt werden. Obwohl es bisher noch nicht möglich gewesen ist, die Zusammenhänge auf quantitative, allgemeingültige Rechenformeln zurückzuführen, so geben sie doch die Möglichkeit, unbekannte thermochemische Daten auf Grund der Kenntnis verschiedener anderer Größen, die mit der Legierungsbildung verknüpft sind, annähernd abzuschätzen. Darüber hinaus dürfte der weitere Ausbau der im folgenden geschilderten Zusammenhänge unseren Einblick in das Problem der metallischen Bindung und des metallischen Zustands zu vertiefen in der Lage sein.

A. Über die Bildungs- und Mischungswärmen in Legierungssystemen im Zusammenhang mit ihrem Aufbau und der Stellung der Partner im periodischen System.

Eine Zusammenstellung der Bildungswärmen zahlreicher intermetallischer Verbindungen, die in dem Laboratorium von W. Biltz gemessen worden waren, führten diesen zu folgender Erkenntnis[1]:

[1] Biltz, W.: Z. anorg. allg. Chem. Bd. 134 (1924) S. 37.

„Addiert ein verbundenes Metallpaar noch mehr Atome einer schon vorhandenen Art, so vollzieht sich dies energetisch nach Art der Bildung von Komplexverbindungen[1]." Anders formuliert[2] bedeutet das: **Innerhalb eines binären Systems mit mehreren Verbindungen werden die ersten Anteile an Fremdmetall mit stärkerer Wärmeentwicklung gebunden als die folgenden.** Bei einer Betrachtung der im zweiten Teil wiedergegebenen Diagramme fällt sofort die weitgehende Gültigkeit dieser Beziehung auf; sie ist daran zu erkennen, daß die Bildungswärme-Konzentrationskurven der Konzentrationsachse meist spitze oder stumpfe und nur sehr selten überstumpfe Winkel offen zukehren. Am Beispiel des verbindungsreichen Systems Quecksilber-Natrium sei die gefundene Regelmäßigkeit näher erläutert:

$$4\,\mathrm{Hg} + \mathrm{Na} = \mathrm{Hg_4Na} \quad + 20{,}0\,\text{kcal} \qquad 3\,\mathrm{Na} + \mathrm{Hg} = \mathrm{Na_3Hg} \quad + 11{,}2\,\text{kcal}$$
$$\mathrm{Hg_4Na} + \mathrm{Na} = 2\,\mathrm{Hg_2Na} + 16{,}6 \;\; \text{,,} \qquad 5\,\mathrm{Na_3Hg} + \mathrm{Hg} = 3\,\mathrm{Na_5Hg_2} + 11{,}2 \;\; \text{,,}$$
$$\tfrac{4}{3}\mathrm{Hg_2Na} + \mathrm{Na} = \tfrac{1}{3}\mathrm{Hg_8Na_7} + 2{,}3 \;\; \text{,,} \qquad \tfrac{3}{4}\mathrm{Na_5Hg_2} + \mathrm{Hg} = \tfrac{5}{4}\mathrm{Na_3Hg_2} + 11{,}2 \;\; \text{,,}$$
$$\mathrm{Hg_8Na_7} + \mathrm{Na} = 8\,\mathrm{HgNa} + 2{,}1 \;\; \text{,,} \qquad \mathrm{Na_3Hg_2} + \mathrm{Hg} = 3\,\mathrm{NaHg} + 8{,}3 \;\; \text{,,}$$
$$2\,\mathrm{HgNa} + \mathrm{Na} = \mathrm{Hg_2Na_3} + 2{,}1 \;\; \text{,,} \qquad 7\,\mathrm{NaHg} + \mathrm{Hg} = \mathrm{Na_7Hg_8} + 8{,}3 \;\; \text{,,}$$
$$\tfrac{1}{2}\mathrm{Hg_2Na_3} + \mathrm{Na} = \tfrac{1}{2}\mathrm{Hg_2Na_5} \pm 0 \;\; \text{,,} \qquad \tfrac{1}{6}\mathrm{Na_7Hg_8} + \mathrm{Hg} = \tfrac{7}{6}\mathrm{NaHg_2} + 8{,}3 \;\; \text{,,}$$
$$\mathrm{Hg_2Na_5} + \mathrm{Na} = 2\,\mathrm{HgNa_3} \pm 0 \;\; \text{,,} \qquad \tfrac{1}{2}\mathrm{NaHg_2} + \mathrm{Hg} = \tfrac{1}{2}\mathrm{NaHg_4} + 0{,}8 \;\; \text{,,}$$

Man erkennt, daß jeder weitere Anteil an Fremdmetall mit kleinerer oder höchstens gleich großer Wärmetönung gebunden wird wie der vorhergehende; dabei ist es gleichgültig, welche Komponente man als Grund- und welche als Zusatzmetall betrachtet.

Die vorstehend skizzierte Regelmäßigkeit besagt, daß die innere Energie einer Legierungsphase im allgemeinen kleiner ist als diejenige des entsprechend zusammengesetzten unverbundenen Gemisches der beiden benachbarten Phasen. Während jedoch die freie Energie einer stabilen Legierungsphase stets kleiner sein muß als die additiv aus den freien Energien der Nachbarphasen berechnete, findet man für die inneren Energien Ausnahmen von einem solchen Verhalten. Als Beispiele sei auf die auch weiter unten erwähnten negativen Mischungswärmen einer Reihe von flüssigen Legierungssystemen und ferner auf die Verhältnisse in den festen Systemen Au-Zn (Abb. 79, S. 161), Ag-Cd (Abb. 59, S. 125), Au-Cd (Abb. 76, S. 152) und Bi-Tl verwiesen. — In

---

[1] Eine ähnliche Auffassung wurde schon früher von anderen Autoren vertreten. So hatte F. Foerster [Z. anorg. Chem. Bd. 10 (1895) S. 309] die intermetallischen Verbindungen den kristallwasserhaltigen Stoffen und den Doppelsalzen an die Seite gestellt, und M. Berthelot [Ann. chim. phys. (5) Bd. 18 (1879) S. 442] hatte auf eine gewisse Ähnlichkeit in der thermochemischen Abstufung bei der Bildung von Natriumamalgamen mit der bei Salzhydraten auftretenden hingewiesen.

[2] Biltz, W.: Z. Metallkunde Bd. 29 (1937) S. 73. — Vgl. auch Fr. Weibke: Angew. Chem. Bd. 53 (1940) S. 74.

Abb. 156 sind die Kurven der Bildungsarbeit (A) und der Bildungswärme (W_B) der Wismut-Thallium-Legierungen gegenübergestellt. Wie man sieht, zeigt die W_B-Kurve einspringende Ecken, die in der A-Kurve fehlen.

Nähere Aussagen über die Größe der in Zweistoffsystemen zu erwartenden Bildungswärmen lassen sich machen, wenn man die Zustandsbilder der Systeme zu Hilfe nimmt. Diese Zusammenhänge haben besonders Körber und Oelsen[1], die als erste systematisch vollständige Legierungsreihen untersuchten, ausführlich besprochen.

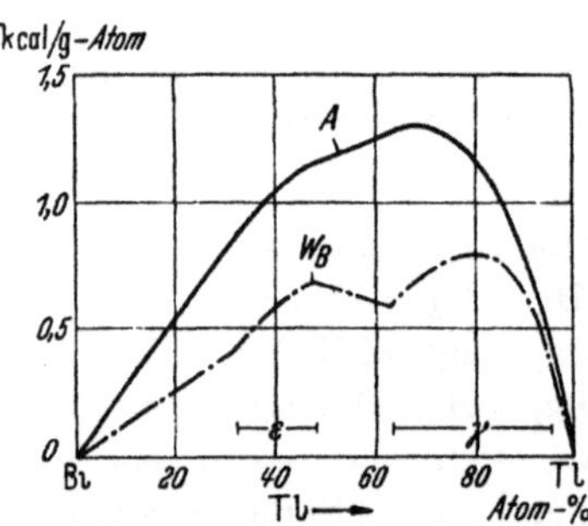

Abb. 156. Bildungswärmen und Bildungsarbeiten der Wismut-Thallium-Legierungen. (Nach A. Ölander.)

In Abb. 157 ist eine Reihe charakteristischer Zustandsbilder den entsprechenden energetischen Schaubildern gegenübergestellt. Bei dem Vergleich der Diagramme fällt als besonders kennzeichnend auf, daß bei der Bildung solcher Verbindungen, die über ein sehr hohes und stark ausgeprägtes Schmelzmaximum entstehen, auch relativ große Wärmetönungen auftreten[2]. Ionenverbindungen z. B. haben hohe Bildungswärmen; in den Zustandsbildern zeigt sich bei der Zusammensetzung dieser Verbindungen allgemein ein besonders deutlich ausgeprägtes Maximum in der Liquiduskurve, dessen Temperatur den Schmelzpunkt der Komponenten weit übertrifft (Beispiel: Te-Zn). Treten in Legierungssystemen neben Verbindungen mit hohen Schmelzmaxima auch andere auf, die über nur schwach ausgebildete Maxima oder gar peritektisch entstehen, so machen sie sich in der Kurve der Bildungswärme nicht oder nur wenig bemerkbar (Na-Sb). Im allgemeinen sind jedoch in Legierungssystemen mit mehreren Verbindungen deren Schmelz- bzw. Zerfallstemperaturen nicht übermäßig verschieden. Man wird dann bei der Zusammensetzung der einzelnen Verbindungen Richtungsänderungen in der Bildungswärme-Konzentrationskurve erwarten, wobei wieder die höchsten Werte der Liquidus- und der energetischen Kurve meist zusammenfallen (Hg-Na). Die Wärmeentwicklung bei der Bildung aus den Elementen kann auch für die unter Zersetzung schmelzenden Verbindungen erheblich sein, zum mindesten von der gleichen Größenordnung wie diejenigen der kongruent schmelzenden Verbindungen (Ni-Sn). Haben in einem Legierungssystem mehrere

---

[1] Oelsen, W., u. W. Middel: Mitt. Kaiser-Wilhelm-Inst. Eisenforsch. Düsseldorf Bd. 19 (1937) S. 1. — Körber, F.: Stahl u. Eisen Bd. 56 (1936) S. 1401.

[2] Sind die Verbindungen bei der Versuchstemperatur bereits zerfallen, so gilt dies natürlich nicht (z. B. $AlCu_3$, Sb_2Zn_3: S. 139 u. 314).

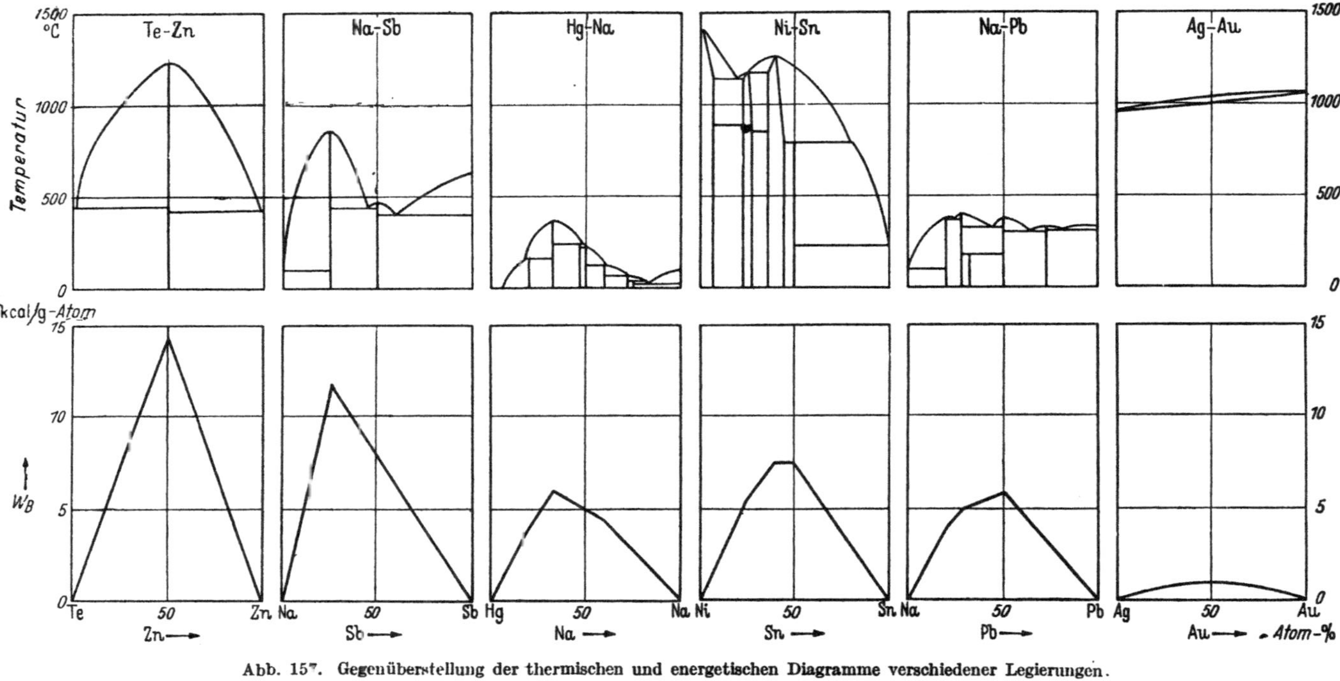

Abb. 157. Gegenüberstellung der thermischen und energetischen Diagramme verschiedener Legierungen.

Verbindungen annähernd die gleiche Schmelz- bzw. Zerfallstemperatur, so ist eine Entscheidung allein auf Grund des Zustandsbildes, welcher von diesen Verbindungen wahrscheinlich die höchste Bildungswärme zukommt, schwer möglich. (Beispiel: Na-Pb.)

Treten in einer binären Legierungsreihe neben intermetallischen Verbindungen mit engem auch solche mit größerem Homogenitätsgebiet auf, so findet man energetisch keine grundsätzliche Bevorzugung der einen oder anderen Kristallart. Legierungssysteme mit lückenloser Mischbarkeit der Partner (Au-Cu, Ag-Au) ergeben jedoch relativ kleine Wärmetönungen bei der Bildung der Legierungen aus ihren Komponenten.

Betrachtet man die Stellung der Partner einer binären Legierung im periodischen System, so ergeben sich auch hier auffallende Zusammenhänge. Von besonders ausgeprägtem Einfluß ist dabei der „Grad der Heteropolarität[1]", d. h. bei solchen Verbindungen, bei denen vor allem Coulombsche Kräfte für das Zustandekommen der Bindung verantwortlich sind, wird man wesentlich höhere Bildungswärmen erwarten als bei Legierungen, deren Bindungsverhältnisse in der Hauptsache durch die metallische Bindung bestimmt sind. Zwischen diesen beiden Bindungsarten treten die verschiedensten Abstufungen im Grad der Heteropolarität auf. Man kennt neben den reinen Salzen und den metallischen Legierungsphasen auch eine größere Zahl von „salzartigen" intermetallischen Verbindungen, deren nähere Kenntnis wir vor allem den systematischen Untersuchungen von E. Zintl[2] verdanken. Hierzu gehören im wesentlichen die valenzmäßig zusammengesetzten Verbindungen des Lithiums und Magnesiums sowie auch des Natriums und des Kalziums mit Elementen, die im periodischen System 1 bis 4 Stellen vor den Edelgasen stehen. In Tab. 64 sind eine Reihe solcher Verbindungen und ihre Bildungswärmen zusammengestellt. Es zeigt sich eine auffallende Ähnlichkeit in dem thermochemischen Verhalten der vier zum Vergleich herangezogenen Alkalien bzw. Erdkalkalien gegenüber den Elementen der 4. bis 7. Hauptgruppe. Allgemein läßt sich sagen, daß nahezu alle aufgeführten Verbindungen entsprechend ihrem ausgeprägt heteropolaren Charakter relativ hohe Bildungswärmen haben. Die höchsten Wärmetönungen treten bei der Bildung der reinen Salze, der Halogenide, auf. Beim Übergang über die Sulfide, Selenide und Telluride zu den Antimoniden und Wismutiden und schließlich zu den Stanniden und Plumbiden erfolgt ein ziemlich regelmäßiger Abfall der Bildungswärmen. Dieses Verhalten ist auf das stärkere Hervortreten der metallischen gegen-

---

[1] Vgl. U. Dehlinger: Z. Elektrochem. angew. physik. Chem. Bd. 46 (1940) S. 627.

[2] Zum Beispiel E. Zintl und H. Kaiser: Z. anorg. allg. Chem. Bd. 211 (1933) S. 113. — Zintl, E., u. E. Husemann: Z. physik. Chem., Abt. B Bd. 21 (1933) S. 138.

über den Coulombschen Bindungskräften zurückzuführen. Verhältnismäßig klein ergab sich z. B. die Bildungswärme von „Na$_4$Sn". Bei dieser Verbindung ist aber auch keine wesentliche Heteropolarität mehr vorhanden, da sie nicht genau in der valenzmäßigen Zusammensetzung kristallisiert, sondern in einer Legierungsstruktur mit der Zusammensetzung Na$_{15}$Sn$_4$.[1] Damit im Zusammenhang steht auch die Tatsache, daß die höchste Bildungswärme im System Natrium-Zinn nicht

Tabelle 64. Bildungswärmen von Verbindungen des Lithiums, Natriums, Magnesiums und Kalziums mit Elementen, 1 bis 4 Stellen vor den Edelgasen (in kcal/g-Atom Verbindung).

Die fettgedruckten Zahlen bedeuten, daß der valenzmäßigen Zusammensetzung auch die höchste Bildungswärme des Systems entspricht.

LiCl	**49,4**	—		—		—	
LiBr	**41,9**	Li$_2$Se	**28,3**	—		—	
LiJ	**32,5**	—		Li$_3$Sb	**10,9**	Li$_4$Sn	9,4
				Li$_3$Bi	**13,8**	Li$_4$Pb	8,0
NaCl	**49,2**	Na$_2$S	**29,6**	—		—	
NaBr	**43,4**	Na$_2$Se	(19,7)	—		—	
NaJ	**34,6**	Na$_2$Te	22	Na$_3$Sb	**11,8**	Na$_4$Sn	2,9
				Na$_3$Bi	**11,4**	Na$_4$Pb	4,0
MgCl$_2$	**51,1**	MgS	**42,2**	—		—	
MgBr$_2$	**41,3**	—		—		—	
MgJ$_2$	**28,9**	MgTe	25	Mg$_3$Sb$_2$	**13,6**	Mg$_2$Sn	**5,7**
				Mg$_3$Bi$_2$	**7,4**	Mg$_2$Pb	**4,2**
CaCl$_2$	**63,7**	CaS	**56,7**	Ca$_3$P$_2$	**24,0**	Ca$_2$Si	(29)
CaBr$_2$	**54,0**	CaSe	**40,9**	—		—	
CaJ$_2$	**42,7**	—		Ca$_3$Sb$_2$	**32,0**	—	
				Ca$_3$Bi$_2$	**22,4**	Ca$_2$Pb	**15,5**

der annähernd-valenzmäßig zusammengesetzten, sondern der Verbindung NaSn zukommt. Ähnliche Verhältnisse finden wir z. B. im System Natrium-Blei.

Wie Tab. 64 zeigt, erfolgt ein Abfall der Bildungswärmen nicht nur in waagerechter Richtung, sondern auch von „oben nach unten". Es ist bekannt, daß Metallchloride allgemein höhere Bildungswärmen haben als die entsprechenden Bromide und Jodide. Demgemäß entstehen auch die Antimonide mit höherer Wärmetönung als die Wismutide (Ausnahme: Li$_3$Sb/Li$_3$Bi), die Stannide mit höherer als die Plumbide usw. Es wäre erwünscht, wenn das Bild, das uns Tab. 64 andeutungsweise vermittelt, durch die thermochemische Untersuchung

---

[1] Zintl, E., u. A. Harder: Z. physik. Chem., Abt. B Bd. 34 (1936) S. 238.

der Verbindungen der Vergleichsmetalle mit Arsen, Germanium, Phosphor und Silizium vervollständigt würde.

Betrachtet man weiterhin intermetallische Verbindungen der Alkalien und Erdalkalien mit zweifellos heteropolarem Charakter, die aber nicht valenzmäßig zusammengesetzt sind (Tab. 65), so findet man auch hier Bildungswärmen, die größenordnungsmäßig denen der valenzmäßig zusammengesetzten, heteropolaren, intermetallischen Verbindungen entsprechen.

Etwas kleinere Werte dagegen zeigen im allgemeinen die Hume-Rothery-Legierungen. Nach den Vorstellungen von Dehlinger[1] sind die Bildungswärmen dieser Legierungen im wesentlichen ebenfalls auf das Vorhandensein einer gewissen Heteropolarität zurückzuführen. Ihre Heteropolarität ist kristallchemisch folgendermaßen zu begründen: Die Metallpartner geben ihre Velenzelektronen an das gemeinsame Elektronengas ab, und es ist z. B. bei CuZn eine halbe Elektronenladung aus der Nähe des Zn in die Nähe des Cu gerückt, der Umkreis des Zn also gegenüber dem Umkreis des Cu positiv geladen. Nun müßte nach dieser Vorstellung stets die Zusammensetzung AB vor den anderen Zusammensetzungen energetisch bevorzugt sein, während experimentell meist eine energetische Bevorzugung des γ-Messing-Typs gefunden wurde: vgl. Tab. 66. Als Ursache der Bildungswärme der Hume-Rothery-Systeme ist also ihre Heteropolarität sicherlich nicht allein maßgebend, sondern es spielen hier offenbar auch die jeweils vorliegende Elektronenkonfiguration und die Packungsdichte eine Rolle. Im flüssigen Zustande, wo die letztgenannten Einflüsse weitgehend entfallen, findet man dagegen das Maximum der Mischungswärme tatsächlich meist bei der Zusammensetzung von 50 Atom-%.

Tabelle 65. Bildungswärmen von heteropolaren Verbindungen ohne valenzmäßige Zusammensetzung (Verbindungen mit Cäsiumchloridstruktur).

Formel	W_B in kcal/g-Atom
LiBi	8,5
NaBi	7,8
LiTl	6,4
LiHg	10,2
CaTl	17,5

Ausnehmend hohe Bildungswärmen in Tab. 66 zeigen die Legierungen der Eisenmetalle mit Aluminium. Weibke und Schrag vergleichen die Bildungswärmen der Aluminide der Eisenmetalle und des Kupfers mit den Wärmetönungen, die bei der Entstehung der entsprechenden Aluminide und Silizide, also den Verbindungen mit Nachbarelementen, auftreten (Abb. 158). Es fällt auf, daß hier kein Anstieg von den reinen Legierungen zu den mehr halbmetallischen Stoffen besteht, wie das vielleicht nach den Ergebnissen bei den Zintlschen Legierungen zu erwarten

[1] Dehlinger, U.: Z. Elektrochem. angew. physik. Chem. Bd. 46 (1940) S. 627.

wär. Man könnte dies mit Weibke und Schrag[1] auf Grund der von Dehlinger[2] entwickelten Betrachtungsweise darauf zurückführen, daß einerseits in den den Hume-Rotheryschen Typen zugehörigen Le-

Tabelle 66.
Integrale molare Bildungswärmen von Hume-Rothery-Phasen.

β-Messing-Typ (VEK. = 3:2)		γ-Messing-Typ (VEK. = 21:13)		ε-Messing-Typ (VEK. = 7:4)	
Formel	W_B	Formel	W_B	Formel	W_B
		Cu_5Cd_8	0,6	$CuCd_3$	—
CuZn	2,5	Cu_5Zn_8	**2,9**	$CuZn_3$	2,0
Cu_3Al	—	Cu_9Al_4	**5,4**		
Cu_5Sn	—	$Cu_{31}Sn_8$	1,4	Cu_3Sn	**1,8**
AgCd	1,3	Ag_5Cd_8	**1,4**	$AgCd_3$	1,2
AgZn	1,6	Ag_5Zn_8	**1,9**	$AgZn_3$	1,2
AuCd	**3,9**	Au_5Cd_8	3,8	$AuCd_3$	3,1
AuZn	5,5	Au_5Zn_8	—	$AuZn_3$	5,6
AlFe[3]	6,1				
AlCo[3]	**13,2**				
AlNi[3]	**16,0**				

gierungen der Übergangsmetalle mit Aluminium die Heteropolarität, besonders bei äquiatomarer Zusammensetzung, bereits stärker ausgeprägt ist. Demgemäß erreichen die Bildungswärmen hier relativ

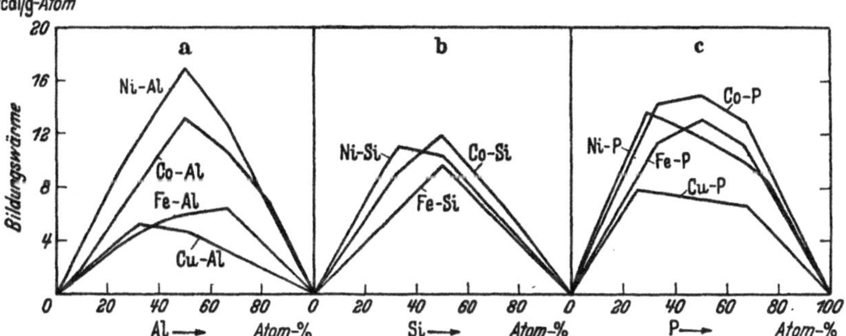

Abb. 158. Vergleich der Bildungswärmen der Aluminide, Silizide und Phosphide der Eisenmetalle und des Kupfers.

hohe Beträge. Die Phosphide andrerseits sind nicht valenzmäßig zusammengesetzt und weisen dementsprechend einen verhältnismäßig hohen Anteil an metallischer Bindung auf, die die Bildungswärmen im Vergleich zu reinen Salzen erniedrigt. Insgesamt wird somit eine An-

---

[1] Weibke, Fr., u. G. Schrag: Z. Elektrochem. angew. physik. Chem. Bd. 47 (1941) S. 222.

[2] Dehlinger, U.: Z. Elektrochem. angew. physik. Chem. Bd. 46 (1940) S. 627.

[3] Den Übergangsmetallen (Fe, Co, Ni) wird bekanntlich in diesem Zusammenhang ein Beitrag von null Elektronen zugeordnet.

gleichung der energetischen Daten stattfinden. Bei den Siliziden ist nach dem Verlauf der Schmelzkurven die Heteropolarität schwächer als bei den Aluminiden und die Bildungswärme deshalb geringer. Doch sollte man aus diesen Betrachtungen keine allgemeinen Schlußfolgerungen ziehen, da die Verbindungen der Eisenmetalle thermochemisch häufig eine Sonderstellung einnehmen, was wahrscheinlich mit den Besonderheiten des elektronischen Aufbaus zusammenhängt.

Während bei den Zintlschen Verbindungen eine ausgesprochene und bei den Hume-Rothery-Phasen noch eine geringe Heteropolarität anzunehmen ist, haben wir bei einer dritten Legierungsgruppe, den Laves-Phasen, eine rein metallische Bindung vor uns[1]. Man sollte hier also wegen der Bindungsart nur mit kleineren Affinitätswerten der Legierungsbildung rechnen. Das wenige vorhandene experimentelle Material über die energetischen Daten der Laves-Phasen erlaubt keine weiterreichende Systematik, doch zeigen die wenigen zur Verfügung stehenden W_B-Werte von Laves-Phasen, daß bei ihrer Entstehung entgegen der oben ausgesprochenen Vermutung recht beträchtliche Wärmemengen frei werden. So entstehen Al_2La und Al_2Ca unter Entbindung von 12 bzw. 18 kcal/g-Atom. Man kann diese relativ hohen Bildungswärmen mit der bedeutenden Kompression, die beim Einbau des Lanthans bzw. Calciums erfolgt, im Zusammenhang bringen, wie dies kürzlich von Kubaschewski[2] versucht wurde, und wir werden auf den Zusammenhang zwischen der Wärmetönung und der Deformation der Einzelbausteine bei der Legierungsbildung auf S. 337 noch zurückkommen.

In der Literatur liegen auch verschiedentliche Versuche vor, Beziehungen zwischen der Bildungswärme homologer Verbindungen und den Ordnungszahlen herauszuarbeiten. Wie Roth und Becker[3] an Hand eines sorgsam ausgewählten, größeren Versuchsmaterials über die Bildungswärmen von Oxyden und Chloriden zeigen konnten, besteht eine einfache Linearbeziehung zwischen Bildungswärme und Ordnungszahl, die öfter angenommen wurde, nur in seltenen Fällen. Im allgemeinen haben die Kurven Maxima (bzw. Minima) und Wendepunkte. In manchen Fällen erlaubten die Kurven Voraussagen zu machen, die durch das Experiment bestätigt wurden. Eine Übertragung dieser bei ausgesprochenen heteropolaren Verbindungen gefundenen Verhältnisse auf die metallischen Phasen erscheint jedoch verfrüht, da einmal das Versuchsmaterial zu einer gründlichen ver-

---

[1] Schulze, G. E. R.: Z. Elektrochem. angew. physik. Chem. Bd. 45 (1939) S. 849.

[2] Kubaschewski, O.: Z. Elektrochem. angew. physik. Chem. Bd. 48 (1942) S. 651.

[3] Roth, W. A., u. G. Becker: Z. physik. Chem., Abt. A Bd. 159 (1932) S. 1.

gleichenden Darstellung noch nicht ausreicht, und andrerseits durch die Wirksamkeit von Coulombschen und metallischen Bindungskräften nebeneinander bei solchen Verbindungen (bzw. Legierungen) der Vergleich erschwert wird. Eine Diskussion der Kurven für die Abhängigkeit der Azotierungswärme von der Ordnungszahl der Elemente wurde von Kröger[1] durchgeführt. Es ergaben sich ähnliche Linienzüge wie bei Roth und Becker. Sie erlaubten mit einiger Wahrscheinlichkeit die Interpolation der bisher unbekannten Bildungswärmen von Scandium-, Yttrium-, Vanadium-, Niob- und Wolframnitrid und ließen gewisse Aussagen auch über weitere Nitride zu. Die von Kröger interpolierten Bildungswärmen sind in Tab. 67 zusammengestellt.

Faßt man die Ergebnisse dieses Abschnittes zusammen, so kann man sagen, daß sich über die Bildungswärmen in binären Legierungssystemen gewisse Aussagen machen lassen, wenn man das Zustandsbild der Legierungen kennt und die Stellung der Partner im periodischen System zur Hilfe nimmt. So wird man hohe Bildungswärmen erwarten, wenn der Schmelzpunkt einer Legierung gegenüber dem der Komponenten hoch ist, ferner wenn man valenzmäßig zusammengesetzte Verbindungen vor sich hat, deren Struktur auf einen salzartigen Charakter und damit auf das Vorhandensein stärkerer Coulombscher Kräfte hindeutet.

Tabelle 67.
Bildungswärme einiger Nitride, aus den Bildungswärme-Ordnungszahlkurven interpoliert (Kröger).

Verbindung	Bildungswärme in kcal	
	pro Mol	pro g-Atom
ScN	68	34
YN	71,5	36
NbN	59	29,5
VN	60	30
W_2N	17	6

B. Über den Zusammenhang zwischen der Bildungswärme von Legierungen und dem Edelkeitsunterschied der Partner.

Bereits bei der Auswertung der ersten systematischen Versuche machte W. Biltz[2] darauf aufmerksam, daß ein Zusammenhang zwischen der Bildungsaffinität und der Edelart der Partner intermetallischer Verbindungen besteht. Die Zusammenstellung des Versuchsmaterials führte zunächst zu folgender Formulierung der beobachteten Zusammenhänge: „Ein Vergleichsmetall bindet ein anderes mit um so größerer Affinität, je unedler dieses ist." Nachdem das Zahlenmaterial

---

[1] Kröger, C.: Z. anorg. allg. Chem. Bd. 218 (1934) S. 396.
[2] Biltz, W.: Z. anorg. allg. Chem. Bd. 134 (1924) S. 37. — Vgl. auch W. Biltz: Angew. Chem. Bd. 48 (1935) S. 729.

über die Bildungswärmen durch neuere Messungen weiter vermehrt worden war, ließ sich diese Beziehung näher dahingehend präzisieren[1], daß eine deutliche Parallelität zwischen den Differenzen der Edelart der Partner und den Bildungswärmen zahlreicher intermetallischer Verbindungen mit einem gemeinsamen Vergleichselement und von gleichem Formeltypus besteht. Sehr viel allgemeiner läßt sich, wie Biltz betont, diese Regel gestalten, wenn die energetischen Zustandsbilder der Legierungssysteme bekannt sind. Man wählt dann als Vergleichsmaß für die integralen Bildungswärmen die von den Kurven der Bildungswärmen und den Abszissenachsen eingeschlossenen Flächen und für die Differenzen der Edelart der Partner den Unterschied ihrer Normalpotentiale. Die energetischen Diagramme sind besonders für eine Reihe von Legierungssystemen mit Lithium, Natrium und Magnesium bekannt, so daß hier ein solcher Vergleich möglich ist. Kubaschewski und Seith[2] prüften die von Biltz gefundene Regel an den von ihnen thermochemisch untersuchten Systemen nach und fanden sie, wie

Tabelle 68. Vergleich der von den Bildungswärme-Konzentrationskurven eingeschlossenen Flächen einiger Legierungssysteme in beliebigen Verhältniszahlen (untere Reihe) mit den Differenzen der Normalpotentiale der Partner in Volt (obere Reihe).

		3,2		3,1		2,9		2,9		
		Li/Bi	>	Li/Sb	>	Li/Sn	>	Li/Pb		
		69		(54)		57		43		
		V		V		V		V		
	3,5	2,9		2,8		2,6		2,6		2,3
	Na/Hg >	Na/Bi	>	Na/Sb	>	Na/Sn	>	Na/Pb	>	Na/Cd
	34!	57		59		32		33		14
		V		V		V		V		
		1,8		1,7		1,5		1,4		
		Mg/Bi	>	Mg/Sb	>	Mg/Sn	>	Mg/Pb		
		36		68!		30		21		

Tab. 68 zeigt, recht gut bestätigt: Betrachtet man Systeme mit einem gemeinsamen Vergleichselement, so werden mit fallender Differenz der Normalpotentiale auch die von den Kurven der Bildungswärmen umschlossenen Flächen kleiner. Auffallende Ausnahmen in der Tab. 68 bilden lediglich die Systeme Na-Hg und Mg-Sb.

Kubaschewski[3] verglich kürzlich die Kurven der Mischungsarbeiten von flüssigen Amalgamen mit den Edelkeitsunterschieden der Partner. Auch hierbei ergab sich ein deutlicher Zusammenhang

[1] Biltz, W.: Z. Metallkunde Bd. 29 (1937) S. 73.

[2] Kubaschewski, O. u. W. Seith: Z. Metallkunde Bd. 30 (1938) S. 7.

[3] Kubaschewski, O.: Z. Elektrochem. angew. physik. Chem. Bd. 48 (1942) S. 647.

zwischen der Größe der von den A-Kurven umschlossenen Flächen und der Differenz der Normalpotentiale. Ferner zeigte sich in der genannten Arbeit[1], daß die von Biltz gefundene Regel bei dem Vergleich von festen intermetallischen Verbindungen vom gleichen Formeltypus und mit einem gemeinsamen Vergleichselement in den homologen Reihen zwar recht gut erfüllt ist, bei weiter entfernter Stellung der Vergleichselemente im periodischen System dagegen teilweise recht beträchtliche Abweichungen auftreten. Das dürfte damit im Zusammenhang stehen, daß die bekannten Bindungsarten in metallischen Legierungsphasen in verschiedener Weise wirksam sind. Es ist verständlich, daß diejenigen Phasen, die durch einen Elektronenaustausch der Komponenten zustande kommen, bezüglich ihrer Affinitätsverhältnisse nicht ohne weiteres vergleichbar sind mit solchen, bei deren Bildung die Valenzelektronen der Partner an ein gemeinsames Elektronengas abgegeben werden. Die Anwendbarkeit der oben angeführten Regel aber erfährt dadurch, daß sie diese Verschiedenartigkeit nicht mit erfassen kann, eine gewisse Einschränkung. So handelt es sich z. B. bei den in Tab. 68 aufgeführten Systemen, bei denen die Regel weitgehend erfüllt ist, vor allem um solche, die intermetallische Phasen mit vorwiegend heteropolarer Bindung aufweisen.

C. Zusammenhänge zwischen der Wärmetönung und der Volumenänderung bei der Legierungsbildung.

Richards[2] verglich (1902) die damals bekannten Bildungswärmen von Halogeniden mit der Differenz der additiv aus dem Volumen der Komponenten berechneten Raumbeanspruchung und dem Molekularvolumen der Bromide und fand dabei auffallende Zusammenhänge zwischen der Bildungswärme und der Kontraktion der Verbindungen. Er faßte daher die Reaktionswärme im wesentlichen als Kompressionswärme auf. Eine erweiternde Betrachtung dieser Zusammenhänge durch Biltz bei intermetallischen Verbindungen an Hand des von ihm und seinen Mitarbeitern zusammengetragenen Materials thermo- und raumchemischer Zahlenwerte führte zunächst zu keinem befriedigenden Ergebnis. In einem zusammenfassenden Vortrag von Biltz[3] heißt es: „Die Volumenkontraktion bei der Bildung intermetallischer Verbindungen geht der Bildungswärme keineswegs immer symbat." Einzelfälle ließen jedoch die Vermutung aufkommen (z. B. AlCo), daß mit einer großen Energielieferung auch eine starke Raumschwindung verbunden ist. Auch die Beobachtung, daß die Raumschwindung bei Verbindun-

---

[1] Kubaschewski, O.: Z-Elektrochem. angew. physik. Chem. Bd. 48 (1942) S. 647.
[2] Richards, T. W.: Z. physik. Chem. Bd. 40 (1902) S. 597; Bd. 49 (1904) S. 15.
[3] Biltz, W.: Angew. Chem. Bd. 48 (1935) S. 729.

gen, deren Partner in starkem elektrochemischem Gegensatz zueinander stehen, besonders ausgeprägt ist[1], während andererseits eine gewisse Proportionalität zwischen der Bildungswärme und dem Edelkeitsunterschied der Komponenten gefunden worden war (s. S. 336), deutete auf das Bestehen solcher Zusammenhänge hin.

Bei einer neuerlichen Untersuchung dieser Verhältnisse verglich Kubaschewski[2] zur Vereinfachung zunächst nur solche Phasen miteinander, die mit der gleichen Koordinationszahl (KZ.) kristallisieren, da nur in diesen Fällen eine direkte Abhängigkeit der Volumenänderung von der Bildungswärme zu erwarten war. In der Tat ergab sich eine auffallende Proportionalität zwischen Wärmetönung und prozentualer Raumschwindung (bzw. Raummehrung) bei der Verbindungsbildung. Abb. 159[3] verdeutlicht diesen Befund für Verbindungen vom Typ AB mit ZnS-, NaCl- bzw. β-Messing-Struktur[4]. Man erkennt hierbei weiterhin: bei gleicher Raumschwindung ist die Bildungswärme bei niedriger Koordinationszahl erheblich größer als bei hoher Koordinationszahl. Man muß diese Beziehung wohl folgendermaßen deuten: Die Koordinationszahl wenigstens einer der Komponenten der aufgeführten Verbindungen ist hoch (12). Wird nun eine Verbindung gebildet, die ebenfalls eine hohe Koordi-

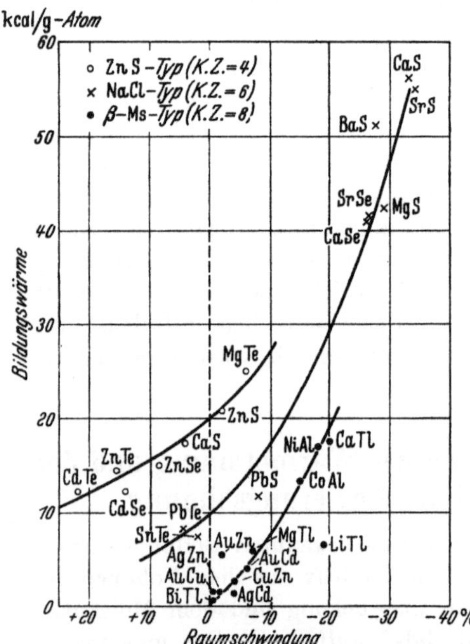

Abb. 159. Volumänderung und Wärmetönung bei der Bildung intermetallischer Phasen der Zusammensetzung AB mit den Koordinationszahlen 4, 6 und 8 (Nach O. Kubaschewski.)

---

[1] Vgl. W. Biltz u. Fr. Weibke: Z. anorg. allg. Chem. Bd. 223 (1935) S. 321.

[2] Kubaschewski, O.: Z. Elektrochem. angew. physik. Chem. Bd. 47 (1941) S. 623.

[3] Die Werte für die Atom- und Molekularvolumina wurden dem Buch von W. Biltz: Raumchemie der festen Stoffe, Leipzig 1934, entnommen.

[4] Die NiAs-Typen (KZ.: 6) passen sich dem obigen Bild nicht an. Das läßt sich vielleicht folgendermaßen deuten: Die in Abb. 159 aufgeführten Verbindungen kristallisieren in kubischer Struktur oder hexagonal mit dem Achsenverhältnis $c/a = 1{,}6$. Bei den hexagonalen NiAs-Strukturen dagegen sind die Abweichungen vom Idealwert $c/a = 1{,}6$ teilweise recht beträchtlich; die Raumschwindungen geben dadurch die tatsächlich in den Verbindungen vorliegenden Abstandsänderungen nur unvollkommen wieder.

nationszahl besitzt, so ändert sich die Packungsdichte nur wenig, bei kleiner Raumschwindung ist also auch die Bildungswärme klein. Wird dagegen eine Verbindung mit kleiner aus Elementen mit hoher Koordinationszahl gebildet, so wird nur dann eine kleine Bildungswärme zu erwarten sein, wenn, entsprechend der weniger dichten Packung der Atome in der Verbindung, das Molekularvolumen um einen gewissen Betrag größer ist als die Summe der Atomvolumina. Bei gleicher Raumschwindung aber müßte dann eine Verbindung mit niedriger Koordination eine höhere Bildungswärme haben als eine solche mit hoher Koordination, vorausgesetzt, daß die Koordinationsverhältnisse der Ausgangselemente in beiden Fällen annähernd gleich sind. — Auf Grund dieser Überlegungen ließe sich auch das abweichende Verhalten von LiTl erklären. Bei den β-Messing-Typen haben die Ausgangselemente alle die Koordinationszahl 12, Li dagegen hat 8. Wahrscheinlich spielen hier aber noch andere Gründe mit, die mit der Stellung des Li im periodischen System verknüpft sind.

Kubaschewski konnte die annähernde Proportionalität zwischen Bildungswärme und Raumschwindung auch bei anderen Strukturtypen (γ-Messing, CaF_2, $NaPb_3$) zeigen, bei denen die Koordinationsverhältnisse jedoch nicht so übersichtlich sind.

Man hat es vorläufig hier nur mit Ansätzen zu tun, die möglicherweise weiter ausgebaut und vor allem rechnerisch erfaßt werden können. Die zahlenmäßige Beschreibung der in Abb. 159 zusammengestellten Werte z. B. gelingt durch die empirisch gefundene Formel:

$$W_B = -0{,}56 \cdot \Delta V + 0{,}014 \cdot \Delta V^2 - 0{,}0003 \cdot \Delta V^3 + 40 - 5 \cdot KZ,$$

die durch die ausgezogenen Kurven für die Koordinationszahlen 4, 6 und 8 dargestellt ist. Für eine genaue rechnerische Behandlung der vorliegenden Zusammenhänge wird jedoch noch die Einbeziehung weiterer Faktoren, z. B. der Grad der Heteropolarität, notwendig sein. Es ist jedoch auffallend, daß sich trotz der Verschiedenartigkeit der Bindungsverhältnisse bei den von Kubaschewski zum Vergleich herangezogenen Gittertypen relativ einfache Beziehungen ergeben.

D. Wärmetönung und Entropieänderung beim Schmelzen und bei Umwandlungsvorgängen.

Der Quotient aus der molekularen Verdampfungswärme beim Siedepunkt und der absoluten Siedetemperatur ergibt für die meisten Substanzen annähernd den Wert 21,5. — Dieser Satz ist als die Regel von Trouton (1884) bekannt. Er wurde schon von Pictet (1876) aufgestellt.

Tammann[1] prüfte die Gültigkeit einer ähnlichen Beziehung zwischen den Schmelzwärmen und den Schmelztemperaturen verschiedener Substanzen, der sogenannten Cromptonschen Regel, an Hand eines größeren Versuchsmaterials. Dabei ergab sich beispielsweise, daß der Quotient W_E/T_E (Schmelzwärme/absolute Schmelztemperatur), die Entropieänderung beim Schmelzen, bei den reinen Metallen um den Wert von etwa 2,2 cal/Grad schwankt. Wie eine Nachprüfung auf Grund der Tab. 11 (S. 119) ergibt, kommen vor allem die Schmelzentropien folgender Metalle dem angegebenen Mittelwert sehr nahe: Cu, Ag, Au, Zn,

Tabelle 69. Unordnungsanteil der Entropieänderung beim Schmelzen und Ordnungszahl von Legierungen.

Legierung	Ordnungs-zustand	W_E^{Leg} $\dfrac{\text{kcal}}{\text{g-Atom}}$	$(W_E/T_E)^{\text{Leg}}$ cal/Grad	$(W_E/T_E)^{\text{Add}}$ cal/Grad	Unordnungs-anteil cal/Grad
CdSb	geordnet	3,83	5,25	3,98	1,3
Mg_2Sn . . .		3,8	3,6	2,37	1,2
Mg_2Pb . . .		3,2	3,9	2,00	1,9
$MgZn_2$ . . .		3,20	3,70	2,34	1,4
$NaHg_2$ . . .		2,08	3,29	2,22	1,1
$CuAl_2$ . . .		3,00	3,48	2,33	1,2
NaPb . . .		1,95	3,05	2,05	1,0
Na_2Pb_5 . . .	teilweise geordnet	1,69	2,86	2,13	0,7
Cu_5Cd_8 . . .		2,31	2,84	2,43	0,4
Tl_7Pb . . .		1,26	2,06	1,84	0,2
Bi_2Tl		1,86	3,82	3,82	0,0
Tl_5Pb_3 . . .	un-geordnet	1,35	2,07	1,93	0,1
Bi_3Tl_2 . . .		1,73	3,55	3,62	0
$AgCd_2$ . . .		2,05	2,37	2,37	0,0
Hg_5Tl_2 . . .		0,48	1,7	2,19	—0,5

Cd, Hg, Pb, Mn, Fe, Co, Ni und Pd während Si, Sn, Sb, Bi, Te und Ca, also vorwiegend Elemente mit niedriger Koordination, höhere Werte für W_E/T_E aufweisen. Für die Alkalimetalle liegen die Werte etwas niedriger, nämlich bei 1,7 cal/Grad.

Nun machten Kubaschewski und Weibke[2] auf Grund des ihnen zur Verfügung stehenden Versuchsmaterials darauf aufmerksam, daß dieser Quotient bei intermetallischen Verbindungen größer ist und im Mittel etwa 3,5 cal/Grad beträgt. Der Unterschied in den Werten für die reinen Metalle und die intermetallischen Verbindungen wurde von Wagner[3] theoretisch begründet. Danach müßte die Entropieänderung beim Schmelzen geordneter intermediärer Kristallarten im Mittel um

---

[1] Tammann, G.: Z. physik. Chem. Bd. 85 (1913) S. 273.
[2] Kubaschewski, O., u. F. Weibke: Z. Metallkunde Bd. 30 (1938) S. 325.
[3] Wagner, C.: Z. Metallkunde Bd. 31 (1939) S. 18.

etwa 1,3 cal/Grad[1] größer sein als bei den reinen Metallen, da die Entropie der flüssigen Legierungen einen Unordnungsanteil enthält, der im wesentlichen bei den intermediären Kristallarten im festen Zustand und ebenso bei den reinen Metallen im flüssigen und festen Aggregatzustand fehlt. Formelmäßig ausgedrückt müßte W_E/T_E im Falle einer vollständig geordneten Atomverteilung im festen Zustand um den Unordnungsanteil $- R (N_A \cdot \ln N_A + N_B \cdot \ln N_B)$ größer sein als bei den reinen Metallen, wenn $R = 1{,}983$ cal/Grad die Gaskonstante ist.

In Tab. 69 ist eine Zusammenstellung[2] der Wärmetönungen und Entropieänderungen beim Schmelzen verschieden geordneter Legierungen wiedergegeben. Der Unordnungsanteil in Spalte 6 ergab sich aus der Differenz der Schmelzentropien der betreffenden Legierung (Spalte 4) und des entsprechend zusammengesetzten unverbundenen Metallgemisches (Spalte 5). Die Zahlenwerte in Spalte 6 müßten nach den obigen Überlegungen für vollständig geordnete Legierungen je nach der molaren Zusammensetzung 1,0 bis 1,5 cal/Grad[1], für vollständig ungeordnete 0 cal/Grad betragen. Für teilweise geordnete Legierungen wären Werte zwischen 0 und 1,3 cal/Grad zu erwarten. Wie sich aus Tab. 69 ergibt, sind diese Voraussagen auch annähernd erfüllt.

Tabelle 70. Entropieänderung beim Übergang ungeordnet → geordnet.

Legierung	W_U/T_U in cal/Grad
AuCu . . .	0,57
AuCu$_3$ . . .	0,53
CuPt	0,85
Cu$_3$Pt . . .	0,53
CuZn	0,96
FeNi$_3$ . . .	1,00
MnNi$_3$ . . .	0,87

Treten in metallischen Systemen bei hohen Temperaturen ungeordnete Mischkristallgebiete und bei tiefen Temperaturen Umwandlungen auf, die mit Ordnungsvorgängen verbunden sind, so müßte man für die Umwandlungsentropie (Umwandlungswärme/absolute Umwandlungstemperatur) ebenfalls Werte von im Mittel 1,3 cal/Grad erwarten. Bei einer Nachprüfung dieser Beziehung an Hand des experimentellen Materials (Tab. 70) ergeben sich Werte für W_U/T_U, die kleiner sind als nach der Theorie zu erwarten ist. Das kann einmal dadurch begründet sein, daß die Ordnung der Tieftemperaturphase nicht vollständig ist; so beträgt z. B. der Ordnungsgrad von AuCu 0,5 und von AuCu$_3$ 0,4 %[3]. Andrerseits wurde bereits weiter oben betont, daß es methodisch schwierig ist, Umwandlungsvorgänge geordnet → ungeordnet vollständig zu erfassen, so daß die gemessenen Wärmetönungen zum

---

[1] Für die Zusammensetzung AB z. B. errechnet sich der Wert zu 1,4, für AB_2 zu 1,3 und für AB_3 zu 1,1 cal/Grad.

[2] Kubaschewski, O.: Z. Elektrochem. angew. physik. Chem. Bd. 48 (1942) S. 655; Bd. 47 (1941) S. 475.

[3] Weibke, F., u. U. Frhr. v. Quadt: Z. Elektrochem. angew. physik. Chem. Bd. 45 (1939) S. 715.

Teil niedriger beobachtet wurden, als es den tatsächlichen Verhältnissen entspricht. Es besteht also die Möglichkeit, daß die relativ kleinen Werte von W_U/T_U in Tab. 70 teilweise meßtechnisch begründet sind. Die sehr sorgfältigen Messungen von Leech und Sykes[1] z. B. bei denen die Abkühlungsdauer im Bereich der Umwandlung 500 Stunden betrug, führten für $FeNi_3$ zu einem Wert von $W_U/T_U = 1{,}00$ cal/Grad, was dem berechneten Wert für einen Übergang zur vollständigen Ordnung (1,12) sehr nahe kommt.

E. Flüssige Legierungen.

Über die Affinitätsverhältnisse in festen Legierungen lassen sich also auf Grund der Zustandsdiagramme sowie kristall- und raumchemischer Überlegungen meist gewisse Aussagen machen. Dagegen sind Zusammenhänge zwischen den Affinitätswerten und anderen charakteristischen Größen der Bildung flüssiger Legierungen bisher weniger Gegenstand eingehender Betrachtungen gewesen. Die in der Literatur zu diesem Thema veröffentlichten Arbeiten lassen vielmehr erkennen, daß es zunächst einer weiteren gründlichen experimentellen Durcharbeitung des Gebietes bedarf, ehe an eine fundierte und umfassende theoretische Auswertung herangegangen werden kann. Wir wollen uns darauf beschränken, einige Arbeiten herauszugreifen und deren vorläufige Erkenntnisse darzulegen.

Kawakami[2] hat als einer der ersten ein ausgedehnteres experimentelles Material zur Thermochemie flüssiger Legierungen beschafft. Auf Grund seiner Ergebnisse kam er bereits zu folgenden Feststellungen: „Für Legierungen, bei denen keine intermetallischen Verbindungen auftreten, ist die Mischungswärme negativ (mit Ausnahme einiger Wismutlegierungen), für Legierungen dagegen, bei denen eine oder mehrere intermetallische Verbindungen auftreten, ist die Mischungswärme positiv." D. h. die Werte der Mischungswärmen liegen meist niedriger als diejenigen der Bildungswärmen. In Systemen mit geringer Mischbarkeit im festen Zustand sind die Bildungswärmen sehr klein, die Mischungswärmen demnach meist negativ. In Systemen mit Verbindungs- bzw. Mischkristallbildung nehmen die Bildungswärmen teilweise größere Zahlenwerte an; der Übergang in den flüssigen Zustand ist dann gewöhnlich mit einem Nachlassen der Attraktionskraft verbunden, die Mischungswärmen sind kleiner, haben aber noch positives Vorzeichen. In einer Reihe von Systemen sind die Mischungswärmen aber auch größenordnungsmäßig gleich den Bildungswärmen, worauf Körber und Oelsen[3] verschiedentlich hinwiesen, und können

---

[1] Leech, P., u. C. Sykes: Philos. Mg. J. Sci. (7) Bd. 27 (1939) S. 742.

[2] Kawakami, M.: Z. anorg. allg. Chem. Bd. 167 (1927) S. 345.

[3] Körber, F.: Stahl u. Eisen Bd. 56 (1936) S. 1401. — Oelsen, W., u. W. Middel: Mitt. Kaiser-Wilhelm-Inst. Eisenforsch. Düsseldorf Bd. 19 (1937) S. 1.

sie in Ausnahmefällen sogar beträchtlich übertreffen (Bi-Tl, Hg-Tl, Ni-Si). Aus der letzteren Tatsache ersieht man bereits, daß der Dissoziationsbegriff im üblichen Sinne bei Legierungsschmelzen nicht verwendet werden darf. Wenn trotzdem zuweilen bei Legierungen von einer „Dissoziation in der eigenen Schmelze" gesprochen wird, so ist damit lediglich ein Ausdruck gewählt, um die thermochemisch beobachtete Abnahme der Anziehungskräfte zwischen den Komponenten beim Übergang von dem festen in den flüssigen Zustand zu bezeichnen.

Die Höchstwerte der Mischungswärmen in Systemen, die im festen Zustand Mischkristall- oder Verbindungsbildung aufweisen, liegen meist nahe bei der Konzentration der Verbindung mit der höchsten Bildungswärme. Hierauf wurde bereits mehrfach hingewiesen[1].

Bei dem Vergleich der Kurven für die Bildungs- und Mischungswärmen ist jedoch zu beachten, daß die Mischungswärmen gewöhnlich nur bei einer Temperatur gemessen wurden. Da die Temperaturabhängigkeit der Mischungswärmen aber sicherlich nicht zu vernachlässigen ist, muß der Unterschied zwischen der Meßtemperatur und der jeweiligen Liquidustemperatur eine Rolle spielen. Das wird sich besonders bei solchen Systemen auswirken, bei denen die Liquidustemperatur einer starken Änderung mit der Konzentration unterworfen ist. D. h. ist die Meßtemperatur der Mischungswärme bei einer Konzentration x sehr viel höher als die Liquidustemperatur, bei einer Konzentration y aber nur wenig von dieser verschieden, so ist die „Dissoziation der Schmelze" bei x erheblich größer als bei y. Man müßte also eigentlich, um vergleichbare Verhältnisse zu haben, die Mischungswärmen bei Temperaturen bestimmen, die bei jeder Konzentration den gleichen Abstand von der Liquiduskurve haben. — Die geschilderten Verhältnisse sind bereits an einem Beispiel verdeutlicht worden: im System Kupfer-Zink (vgl. S. 234) liegen Messungen der Mischungswärmen bei verschiedener Temperatur vor. Zeichnet man (Abb. 112) die Konzentrationsabhängigkeit isotherm für 1000 °C, so ergibt sich das Maximum von W_M bei 45 Atom-$\%$ Zn. Bestimmt man dagegen die Mischungswärmen für Temperaturen, die auf einer Geraden, annähernd parallel zu der Liquiduskurve liegen, so verschiebt sich das Maximum zu der Konzentration von etwa 60 Atom-$\%$ Zn, was mit den Ergebnissen an den festen Legierungen zufriedenstellender übereinstimmt.

Nach den Ergebnissen von Kawakami besteht also ein gewisser Zusammenhang zwischen dem thermochemischen Verhalten fester und flüssiger Legierungssysteme[2]. Wie aus einer Gegenüberstellung der maximalen Bildungs- und Mischungswärmen von 19 Legierungssystemen

---

[1] Zum Beispiel W. Oelsen und W. Middel: Mitt. Kaiser-Wilhelm-Inst. Eisenforsch. Düsseldorf Bd. 19 (1937) S. 1. — Seith, W., u. O. Kubaschewski: Z. Elektrochem. angew. physik Chem. Bd. 43 (1937) S. 743.

[2] F. Sauerwald kommt in einer kürzlich erschienenen Arbeit [Z. Metallkunde Bd. 35 (1943) S. 105] durch vergleichende Betrachtung verschiedener Eigenschaftswerte von schmelzflüssigen Legierungen (Mischungswärme und -arbeit, Aktivitäten, Volumenänderung, Oberflächenspannung, elektrische Leitfähigkeit, magnetische Suszeptibilität) zu dem Schluß, daß eine Unterscheidung flüssiger Legierungen in solche mit und ohne „Verbindungscharakter" begründet ist. Zwischen den beiden Gruppen ergeben sich stetige Übergänge.

von **Kubaschewski**[1] hervorgeht, ist das Verhältnis $W_{M_{max}}/W_{B_{max}}$ in vielen Fällen etwa gleich 0,6, d. h. daß die Bildungswärme der festen Legierungen beim Zusammenbrechen des Kristallgitters und Übergang in den flüssigen Zustand auf etwa zwei Drittel des ursprünglichen Wertes absinkt. Auffallende Ausnahmen bilden die Systeme des Siliziums mit den Eisenmetallen und das System Wismut-Thallium, bei denen die Mischungswärme die Bildungswärme erreicht oder sie gar übertrifft, ferner die Systeme Co-Sn und Sb-Zn, bei denen W_M gegenüber W_B ausnehmend klein ist.

Wir hatten gesehen, daß das Zustandekommen der Affinität bei den festen Legierungen wenigstens teilweise auf Grund der Stellung

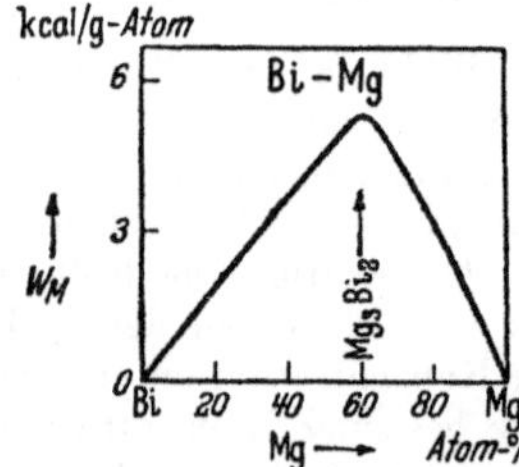

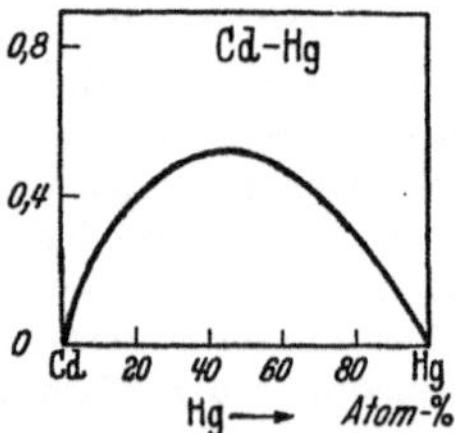

Abb. 160.
Integrale molare Mischungswärmen in den Systemen Wismut-Magnesium und Kadmium-Quecksilber.

der Partner im periodischen System und den Bindungsverhältnissen gedeutet werden kann. Wegen des engen Zusammenhangs der thermochemischen Daten fester und flüssiger Legierungen ist also auch für den flüssigen Zustand ein Einfluß des Bindungscharakters nicht unwahrscheinlich. In Abb. 160 sind die Kurven der integralen Mischungswärmen flüssiger Bi-Mg- und Cd-Hg-Legierungen gegenübergestellt. Der Unterschied im Verlauf der beiden Kurven ist auffallend. Während die W_M-Kurve der Cd-Hg-Legierungen, für deren Bildung im festen Zustand wohl im wesentlichen metallische Bindungskräfte maßgebend sind, einen annähernd parabolischen Verlauf nimmt, zeigt die entsprechende Kurve des Systems Bi-Mg einen ausgesprochenen Höchstwert bei der Zusammensetzung Bi_2Mg_3. Dieser Zusammensetzung entspricht aber im festen Zustand eine Verbindung von ausgesprochen heteropolarem Charakter. Es ist daraus zu folgern, daß auch in flüssigen Bi-Mg-Legierungen wenigstens teilweise ein Elektronenaustausch stattfindet und daß die Ionen Mg^{++} und Bi^{---} mit so starken Coulombschen Kräften aufeinander wirken, daß bei der stöchiometrischen Zusammensetzung ein ausgeprägtes Maximum der Mischungswärme auftritt. Noch deutlicher müßte das unterschiedliche Verhalten der

---

[1] **Kubaschewski**, O.: Z. Elektrochem. angew. physik. Chem. Bd. 48 (1942) S. 559, 646.

beiden Systeme Cd-Hg und Bi-Mg zum Ausdruck kommen, wenn man die partiellen Mischungswärmen zu Rate zieht. Eine genaue Berechnung von $\overline{W}$ ist jedoch für das System Bi-Mg nicht möglich, da der Verlauf der integralen Kurve hierzu nicht genau genug bekannt ist. Um jedoch die vorliegenden Verhältnisse zu verdeutlichen, haben wir die nach Abb. 160 zu erwartende Kurve für $\overline{W}_{Mg}$ und ebenso diejenige für $\overline{W}_{Hg}$ im System Cd-Hg in Abb. 161 schematisch aufgetragen. Während in Abb. 161b $\overline{W}_{Hg}$ in Abhängigkeit von N_{Hg}/N_{Cd} einen gleichmäßigen Verlauf nimmt, findet sich bei der $\overline{W}_{Mg}$-Kurve (Abb. 161a)

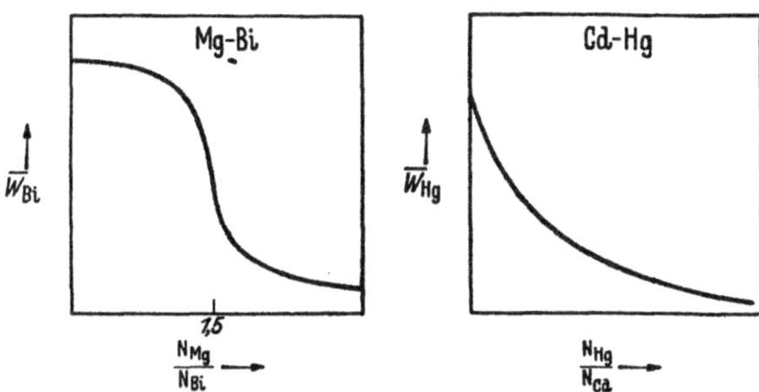

Abb. 161. Schematische Darstellung des vermutlichen Verlaufs der Kurven für die partielle molare Mischungswärmen in den Systemen Wismut-Magnesium und Kadmium-Quecksilber.

bei $N_{Mg}/N_{Bi} = 1,5$ eine „Stufe", die wiederum mit dem heteropolaren Charakter der flüssigen Legierung Bi_2Mg_3 im Zusammenhang stehen muß[1]. — Eine experimentelle Erforschung der partiellen Werte energetischer Größen an flüssigen Legierungssystemen, die im festen Zustand heteropolar aufgebaute Phasen enthalten, müßten unsere Kenntnis des flüssigen Zustandes wesentlich bereichern können.

Weiterhin wichtig für das Zustandekommen der energetischen Kurven flüssiger Legierungen ist die Frage der Raumbeanspruchung der Komponenten[2]. Während bei festen Mischkristallen eine Mischbarkeit nur dann auftritt, wenn der Raumbedarf der Partner nicht allzu verschieden ist, tritt bei flüssigen Legierungen eine Mischbarkeit auch bei sehr unterschiedlichem Raumbedarf in Erscheinung. In dem letzteren Fall muß eine Veränderung der Konzentration auch eine ins Gewicht fallende Veränderung der Zahl der nächsten Nachbarn zur

---

[1] Vgl. auch die theoretische Ableitung der $\overline{W}_{Ag}$-Kurve im System Ag-Te von C. Wagner: Thermodynamik metallischer Mehrstoffsysteme, S. 37. Leipzig 1940.

[2] Wagner, C.: Thermodynamik metallischer Mehrstoffsysteme, S. 33. Leipzig 1940. — Guggenheim, E. A.: Proc. Roy. Soc. [London], Ser. A Bd. 148 (1935) S. 304. — Fowler, R. H., u. G. S. Rushbrooke: Trans. Faraday Soc. Bd. 33 (1937) S. 1272.

Folge haben. Hierdurch wird aber die thermochemisch in Erscheinung tretende Wechselwirkung zwischen den Einzelbausteinen beeinflußt.

Schneider und Schmid[1] machten ferner darauf aufmerksam, daß die Polarisationseigenschaften der Partner einer Legierung für das Zustandekommen der Mischungsarbeit bzw. -wärme von gewissem, vielleicht in bestimmten Fällen entscheidendem Einfluß ist. In diesem Sinne deuten sie z. B. die gegenüber Ag-Zn und Cu-Zn überraschend hohen Wärmetönungen bei der Bildung flüssiger Au-Zn-Legierungen. Der im Vergleich mit Ag und Cu infolge der Lanthanidenkontraktion zu kleine Atomradius von Au bedingt eine sehr geringe Polarisierbarkeit, aber eine erhöhte Polarisationswirkung dieses Metalls gegenüber dem unedleren Zn, auf dessen Kosten der Hauptteil der gesamten Schwindung geht[2].

F. Allgemeine Regeln.

Fassen wir die in dem vorliegenden Kapitel behandelten Fragen noch einmal zusammen, so erhalten wir folgende Regeln, die im wesentlichen auf empirischem Wege gefunden worden sind und die die Möglichkeit der Abschätzung unbekannter Wärmetönungen bei der Legierungsbildung geben:

1. Innerhalb eines Systems mit mehreren intermetallischen Verbindungen werden die ersten Anteile an Fremdmetall mit stärkerer Wärmeentwicklung gebunden als die folgenden (Biltz).

2. Die höchsten integralen Bildungswärmen in einem binären System wird man bei der Zusammensetzung des höchsten Schmelzmaximums der Liquiduslinie erwarten. Die Bildungswärmen sind besonders hoch, wenn die Schmelztemperatur beim Schmelzmaximum gegenüber der Schmelztemperatur der Komponenten hoch ist. Treten in einer binären Legierungsreihe neben intermetallischen Verbindungen auch Mischkristallreihen auf, so findet man energetisch keine grundsätzliche Bevorzugung der einen oder anderen Kristallart (Körber, Oelsen).

3. Die in Legierungen und Verbindungen wirksamen Bindungskräfte sind auch maßgebend für die Größe der Bildungswärmen bei ihrer Entstehung aus den Komponenten. So werden bei Salzen und salzartigen Verbindungen, deren Bindungsverhältnisse vor allem durch Coulombsche Kräfte bestimmt sind, sehr viel höhere Bildungswärmen beobachtet als bei Legierungsstrukturen mit vorwiegend metallischer Bindung.

---

[1] Schneider, A., u. H. Schmid: Z. Elektrochem. angew. physik. Chem. Bd. 48 (1942) S. 640.

[2] Diese Vorstellungen besitzen nach Schneider und Schmid (l. c.) auch Gültigkeit für die festen Legierungen. So zeigen z. B. die intermetallischen Phasen Hg_5Tl_2 und Au_4Hg endotherme W_B-Werte; es handelt sich hierbei um Phasen, deren Partner sicherlich beide schwer polarisierbar sind, da sowohl Hg als auch Tl und Au die Lanthanidenkontraktion „hinter sich" haben.

4. Die Bildungswärmen zahlreicher intermetallischer Verbindungen mit einem gemeinsamen Vergleichselement und vom gleichen Formeltypus verlaufen symbat den Differenzen der Edelart der Partner (Biltz).

5. Wärmetönung und Raumschwindung bei der Legierungsbildung sind für Legierungen gleicher Koordinationszahl und ähnlicher Bindungsart proportional. Bei gleicher Raumschwindung ist die Bildungswärme bei niedriger Koordinationszahl erheblich größer als bei hoher Koordinationszahl (Richards, Biltz, Kubaschewski).

6. Beim Übergang vom festen in den flüssigen Zustand erfolgt im allgemeinen ein Nachlassen der Attraktionskräfte. In vielen Fällen beträgt die Mischungswärme einer Legierung etwa zwei Drittel der Bildungswärme einer Legierung gleicher Zusammensetzung.

7. Die Höchstwerte der Bildungs- und Mischungswärmen in Legierungssystemen liegen annähernd bei der gleichen Konzentration (Körber, Oelsen, Seith, Kubaschewski).

8. Der Quotient Schmelzwärme/absolute Schmelztemperatur für 1 g-Atom einer geordneten Legierung übertrifft den additiv für die reinen Komponenten berechneten im Mittel um 1,3 cal/Grad (Wagner, Kubaschewski, Weibke).

Bei der Aufstellung dieser Regeln betrachtete man im allgemeinen die Bildungswärme als ein Maß für die Affinität. Die Heranziehung der Bildungswärmen für den Vergleich mit anderen Größen geschah vor allem deshalb, weil das experimentelle Material hierbei sehr viel reichhaltiger ist als die bisher bekanntgewordenen Angaben über die Affinitäten. Eine Umrechnung der Bildungswärmen aus den Versuchsergebnissen ist aber nur in einem kleinen Teil der untersuchten Systeme möglich. Es wäre interessant, die in diesem Kapitel besprochenen und vorstehend zusammengestellten Regelmäßigkeiten an Hand von Daten über die Änderung der freien Energie bei der Legierungsbildung nachzuprüfen. Es erscheint möglich, daß damit eine teilweise Überführung der Regeln in Gesetzmäßigkeiten gelingt, die uns weiteren Aufschluß über das Problem des metallischen Zustandes geben würden. Vorläufig ist jedoch ein solcher Versuch aus dem erwähnten Mangel an Meßdaten nicht oder doch nur sehr unvollständig möglich.

IV. Bedeutung thermochemischer Meßdaten für die Metallurgie.

Zum Schluß sei noch kurz auf die Bedeutung der Kenntnis thermochemischer Meßwerte für die Metallurgie hingewiesen, soweit sie sich nicht schon aus den vorherigen Ausführungen ergeben hat. Diese erstreckt sich im wesentlichen auf zwei Gebiete; das eine ist die Chemie der metallurgischen Reaktionen, z. B. die Gleichgewichte der Metall-Schlacken-Reaktionen, das andere sind die Vorgänge beim Legieren der Metalle, also der Reaktionsablauf bei ihrem Zusammentreten.

Die Frage des Reaktionsablaufs beim Legieren von Metallen wurde von Körber und Oelsen[1] im Anschluß an die eingehenden Untersuchungen dieser Beobachter über die Bildungswärmen der Eisenmetalle mit verschiedenen Elementen, wie Silizium, Aluminium, Zinn und Antimon erörtert. Danach „hat die Kenntnis der Bildungswärmen von Legierungen für den Metallurgen eine erhebliche Bedeutung auch als Energiequelle, deren Ergiebigkeit man nicht unterschätzen sollte"

Bei der Herstellung von Vorlegierungen ermöglicht in vielen Fällen die Wärmeentwicklung, die bei der Vereinigung der Komponenten auftritt, die Verwendung von tieferen Ausgangstemperaturen, als dem Schmelzpunkt der Legierungen entspricht. Z. B. wird bei der Herstellung einer Eisen-Aluminium-Vorlegierung die Aluminiumschmelze auf etwa 700° gehalten und flüssiges Eisen zugegeben. Dabei genügt die durch das Eisen eingebrachte Wärmemenge nicht, um die Legierungen über ihre Schmelztemperatur zu erhitzen. Durch die Wärmetönung der Legierungsbildung jedoch tritt eine zusätzliche Erwärmung der Schmelze auf, die ausreicht, um die Legierung in flüssigem Zustand zu halten, und die gleichzeitig eine gründliche Durchmischung bewirkt. Der Reaktion Fe + Al = FeAl im festen Zustand entspricht nach Körber und Oelsen eine Temperaturerhöhung von 750° unter der Voraussetzung, daß die gesamte Wärmetönung der Reaktion zur Erhitzung der Legierung dient, also keine Wärmeabgabe nach außen erfolgt. Die Mischungswärmen im flüssigen Zustand liegen größenordnungsmäßig nur wenig tiefer wie die der festen. Bei der Bildung der erwähnten Legierung der Zusammensetzung FeAl im flüssigen Zustand ergibt sich aus der Mischungswärme eine Temperatursteigerung von etwa 450°. Da bei dem Arbeiten mit größeren Metallmengen die Wärmeabgabe an die Umgebung nicht sehr stark ins Gewicht fällt, kann also diese Temperatursteigerung zum großen Teil ausgenutzt werden.

In Tab. 71 finden sich für verschiedene intermetallische Verbindungen die Temperatursteigerungen angegeben, die eintreten würden, wenn die gesamte Reaktionswärme für den festen Zustand nur zum Erhitzen der Reaktionserzeugnisse aufgewendet wird. Die Schmelzwärmen wurden dabei nicht berücksichtigt. Die angenäherte Berechnung der Temperaturerhöhung geschieht dabei in einfacher Weise durch Division der Bildungswärme durch die Summe der spezifischen Wärmen bei der mittleren Versuchstemperatur der an der Umsetzung beteiligten Komponenten. In gleicher Weise läßt sich die Umrechnung auch für den geschmolzenen Zustand vornehmen. Die Ergebnisse der Umrechnung an einigen flüssigen Legierungen sind in Tab. 72 zusammengestellt.

Wie man sieht, sind die beim Legieren der Metalle erreichbaren Temperatursteigerungen teilweise recht beträchtlich. Über den Wärmegewinn hinaus wird durch derartige Reaktionen aber auch für eine gründliche Durchmischung der Legierungsschmelzen gesorgt. Die zu

---

[1] Körber, F., W. Oelsen, W. Middel u. H. Lichtenberg: Stahl u. Eisen Bd. 56 (1936) S. 1401.

erreichenden Endtemperaturen hängen von den Ausgangstemperaturen der Reaktionsteilnehmer ab. Das lebhafte Einsetzen dieser Reaktionen hat natürlich das Erreichen bestimmter „Zündtemperaturen" der Reaktionsteilnehmer zur Voraussetzung. In Tab. 73 sind für verschiedene Metallgemische diejenigen Temperaturen eingetragen, bei denen eine

Tabelle 71. Umrechnung der Reaktionswärmen auf Temperaturerhöhungen der Reaktionserzeugnisse ohne Berücksichtigung der Schmelzwärmen.

Zusammensetzung der gebildeten Legierung	Bildungswärme in cal/Mol	Temperatursteigerung in ° C
FeSi	19200	+1200
CoSi	24000	+1550
NiSi	20600	+1400
FeAl	12200	+ 750
FeAl$_3$	26800	+ 900
CoAl	26400	+1700
NiAl	34000	+2200
Cu$_2$Al	16000	+ 800
CuAl	9500	+ 700
Cu$_2$Zn$_3$	15000	+ 450
Cu$_3$Sn	8000	+ 300
Ca$_2$Pb	47000	+2150
CaPb	25000	+1800

Tabelle 72. Temperatursteigerungen bei der Bildung flüssiger Legierungen aus flüssigen Komponenten.

Zusammensetzung der gebildeten Legierung	Mischungswärme in cal/g-Atom	Temperatursteigerung in ° C
Fe-Si (30% Si). .	9000 (1600°)	+1100
Fe-Al (30% Al) .	3600	+ 450
Cu-Al (20% Al) .	4500 (1150°)	+ 600
Cu-Zn (50%). . .	1700 (1000°)	+ 220
Cu-Sn (30% Sn) .	1100 (1150°)	+ 150
Mg-Pb (35% Pb) .	2500 (860°)	+ 350

Reaktion und damit eine starke Temperatursteigerung einsetzte. Die Beobachtungen wurden von Kubaschewski und A. Walter[1] an Preßkörpern aus den Gemischen der Metallpulver gemacht (Kalzium in Spänen). Die Angabe über das Einsetzen der Reaktion bei Gemischen von Eisen- und Siliziumstücken stammt von R. Walter[2]. Man ersieht aus Tab. 73, daß eine Reaktion zwischen verschiedenen Metallen bereits

[1] Kubaschewski, O., u. A. Walter: Z. Elektrochem. angew. physik. Chem. Bd. 45 (1939) S. 732. — Vgl. auch G. Masing: Z. anorg. Chem. Bd. 62 (1909) S. 265.

[2] Walter, R.: Z. Metallkunde Bd. 13 (1921) S. 225.

bei Temperaturen erhöhter Platzwechselgeschwindigkeit erfolgen kann, bei denen teilweise jedoch die Komponenten noch in festem Zustand vorliegen. In gewissen Grenzen werden natürlich die Zündtemperaturen von verschiedenen Faktoren, wie Form und Oberflächenbeschaffenheit der reagierenden Metalle, abhängig sein.

Vielfach sind allerdings bei der Herstellung von Legierungen bzw. Vorlegierungen die Zusätze erheblich kleiner, als es den Angaben der Tab. 71 und 72 entspricht. Aber auch in solchen Fällen sind die Temperaturerhöhungen durchaus noch nicht zu vernachlässigen. So be-

Tabelle 73. Reaktionstemperaturen von Metallgemischen.

Metallgemisch	Molares Mischungs-verhältnis der Komponenten	Schmelz-temperaturen in °C	Reaktions-temperatur in °C
Mg/Sb	3 : 2	650/631	610
Ca/Sb	3 : 2	850/631	620
Ca/Bi	3 : 2	850/271	600
Ca/Tl	1 : 1	850/303	580
Ca/Pb	2 : 1	850/327	550
Mg/Sn	2 : 1	650/232	600
Fe/Si	2 : 1	1535/1440	1250

wirkt nach Körber und Oelsen die Reaktion beim Zusatz von 1 Gew.-% kalten Siliziums zu einer Eisenschmelze von 1600° neben dem Erhitzen und Schmelzen des Siliziums noch eine Temperatursteigerung der ganzen Schmelze um 12°, beim Zusatz zum Kobalt eine Steigerung um etwa 30° und zum Nickel eine Steigerung um etwa 40°. Ein Vorwärmen oder gar ein Schmelzen des Siliziums ändert diese Zahlenwerte noch ganz beträchtlich.

Ein umfassendes Eingehen auf die zweite anfangs erwähnte Frage nach der Thermochemie metallurgischer Reaktionen würde den Rahmen dieses Buches wesentlich überschreiten. Es sei hierzu auf einige Arbeiten verwiesen, die dieses wichtige Gebiet von verschiedenen Gesichtspunkten aus behandeln: Ausführliche Zusammenfassungen finden sich z. B. bei F. Körber und W. Oelsen[1], C. Wagner[2], R. Schenck[3] und H. Schenck[4]. — Aus dem großen Fragenkomplex sei jedoch ein Beispiel herausgegriffen und die aus der Praxis bekannte erleichterte

---

[1] Körber, F.: Z. Elektrochem. angew. physik. Chem. Bd. 43 (1937) S. 450. — Körber, F., u. W. Oelsen: Mitt. Kaiser-Wilhelm-Inst. Eisenforsch. Düsseldorf Bd. 18 (1936) S. 109.

[2] Wagner, C.: Thermodynamik metallischer Mehrstoffsysteme, S. 92. Leipzig 1940.

[3] Schenck, R.: Z. Elektrochem. angew. physik. Chem. Bd. 43 (1937) S. 438; Bd. 46 (1940) S. 27.

[4] Schenck, H.: Einführung in die physikalische Chemie der Eisenhüttenprozesse, I., II. Berlin 1932 u. 1934.

Reduktion schwer reduzierbarer Oxyde durch die Mischkristallbildung mit edleren Metallen kurz besprochen.

Bezeichnen wir die edlere Komponente einer binären Legierung mit A und die unedlere mit B und nehmen wir an, daß B ein Oxyd BO_2 bildet, bezeichnen wir weiterhin die integrale Bildungsarbeit von BO_2 mit A_1 und die partielle Bildungsarbeit der Edel-Unedelmetall-Legierung A_mB_n mit $\bar{A}_2$ so errechnet sich die Affinität des Sauerstoffs zu dem legierten, unedleren Partner (A) nach dem Schema:

$$B + O_2 = BO_2 \qquad +A_1 \left.\right\}$$
$$B + A_mB_n = A_mB_{n+1} \quad +\bar{A}_2 \left.\right\} -$$
$$\overline{\phantom{A_mB_{n+1} + O_2 = BO_2 + A_m B_n + A}}$$
$$A_mB_{n+1} + O_2 = BO_2 + A_m B_n + A$$
$$A = A_1 - \bar{A}_2$$

(Hierbei ist zu beachten, daß der durch Überstreichen als partielle Größe gekennzeichnete Wert $\bar{A}_2$ für die Auflösung von 1 g-Atom B in einer theoretisch unendlich großen Menge der Legierung gilt, so daß A_mB_n und A_mB_{n+1} in ihrer Zusammensetzung praktisch nicht unterschieden sein dürfen.) Aus dem angeführten Schema[1] geht ohne weiteres hervor, daß die Affinität des Sauerstoffs zum unedleren Partner umso stärker herabgesetzt wird, je größer die Bildungsarbeit der Legierungen ist. Nun ist ja A durch die Formel $A = -RT \ln p_{O_2}$ mit dem Sauerstoffdruck p_{O_2} verknüpft. Da eine Erhöhung von $\bar{A}_2$ eine Verringerung von A zur Folge hat, wird also durch Edelmetallzusatz der Sauerstoffdruck über dem Oxyd des unedleren Metalles erhöht. Das bedeutet eine leichtere Reduzierbarkeit eines Metalloxydes bei Gegenwart edlerer Metallpartner, z. B. durch Wasserstoff oder Kohle.

Die geschilderten Verhältnisse wurden eingehend von Grube und Ratsch[2] studiert. Den Beobachtern gelang die Reduktion von Cr_2O_3, Nb_2O_5 und V_2O_5 mit Wasserstoff, wenn die Oxyde mit Eisen-, Kobalt- oder Nickelpulver gemischt waren. Dabei enthielten die entstehenden oxydfreien Legierungen bis zu 30% Unedelmetall. In Umkehrung des Verfahrens konnten Grube und Flad[3] aus Messungen der O_2-Drucke über Cr_2O_3 und Cr_2O_3-Ni-Gemischen und Berechnung von A und A_1 in den obigen Gleichungen die Bildungsarbeiten der Cr-Ni-Legierungen ermitteln (vgl. S. 218).

---

[1] Berechnung der Sauerstoffaffinität am praktischen Beispiel, nämlich zum Cu in Cu-Au- und Cu-Pt-Legierungen aus der Bildungsarbeit von Cu_2O und den Bildungsarbeiten der Legierungen vgl. O. Kubaschewski: Z. Elektrochem. angew. physik. Chem. Bd. 49 (1943) (im Druck).

[2] Grube, G., u. K. Ratsch: Z. Elektrochem. angew. physik. Chem. Bd. 45 (1939) S. 838. — Reduktion von Ni-Nb_2O_5-Gemischen vgl. auch G. Grube, O. Kubaschewski u. K. Zwiauer: Z. Elektrochem. angew. physik. Chem. Bd. 45 (1939) S. 881.

[3] Grube, G., u. M. Flad: Z. Elektrochem. angew. physik. Chem. Bd 48 (1942) S. 377.

Für die rechnerische Behandlung dieser Probleme ist zwar die Kenntnis der Bildungsarbeiten Voraussetzung, ihre Beurteilung ist jedoch auch auf Grund der Bildungswärmen möglich. — Ganz allgemein muß hier betont werden, daß eine Vernachlässigung der Bildungsaffinitäten von Legierungen bei einer thermodynamischen Betrachtung von Gleichgewichtsreaktionen, bei denen auch die Entstehung oder der Zerfall von Legierungsphasen beteiligt ist, zu erheblichen Fehlern Anlaß geben würde, da die Bildungs- und Mischungswärmen von Legierungen zum Teil denjenigen der Metalloxyde, -halogenide, -sulfide usw. sehr nahe kommen.

Namenverzeichnis.

(Die Autorennamen des II. Teils sind nicht in diesem Verzeichnis aufgeführt.)

Sachverzeichnis.

(Von einer Einordnung der einzelnen Legierungen wurde abgesehen. Diese werden in alphabetischer Reihenfolge im II. Teil besprochen.)